Teubner Studienbücher

Mathematik

Ahlswede/Wegener: **Suchprobleme.** DM 29,80

Aigner: **Graphentheorie.** DM 29,80

Ansorge: **Differenzenapproximationen partieller Anfangswertaufgaben.** DM 29,80 (LAMM)

Behnen/Neuhaus: **Grundkurs Stochastik.** 2. Aufl. DM 36,–

Bohl: **Finite Modelle gewöhnlicher Randwertaufgaben.** DM 32,– (LAMM)

Böhmer: **Spline-Funktionen.** DM 32,–

Bröcker: **Analysis in mehreren Variablen.** DM 34,–

Bunse/Bunse-Gerstner: **Numerische Lineare Algebra.** 314 Seiten. DM 36,–

Clegg: **Variationsrechnung.** DM 19,80

v. Collani: **Optimale Wareneingangskontrolle.** DM 29,80

Collatz: **Differentialgleichungen.** 6. Aufl. DM 34,– (LAMM)

Collatz/Krabs: **Approximationstheorie.** DM 29,80

Constantinescu: **Distributionen und ihre Anwendung in der Physik.** DM 22,80

Dinges/Rost: **Prinzipien der Stochastik.** DM 36,–

Fischer/Sacher: **Einführung in die Algebra.** 3. Aufl. DM 23,80

Floret: **Maß- und Integrationstheorie.** DM 34,–

Grigorieff: **Numerik gewöhnlicher Differentialgleichungen**
Band 2: DM 34,–

Hackbusch: **Theorie und Numerik elliptischer Differentialgleichungen.** DM 38,–

Hainzl: **Mathematik für Naturwissenschaftler.** 4. Aufl. DM 36,– (LAMM)

Hässig: **Graphentheoretische Methoden des Operations Research.** DM 26,80 (LAMM)

Hettich/Zenke: **Numerische Methoden der Approximation und semi-infinitiven Optimierung.** DM 26,80

Hilbert: **Grundlagen der Geometrie.** 12. Aufl. DM 28,80

Jeggle: **Nichtlineare Funktionalanalysis.** DM 28,80

Kall: **Analysis für Ökonomen.** DM 28,80 (LAMM)

Kall: **Lineare Algebra für Ökonomen.** DM 24,80 (LAMM)

Kall: **Mathematische Methoden des Operations Research.** DM 26,80 (LAMM)

Kohlas: **Stochastische Methoden des Operations Research.** DM 26,80 (LAMM)

Krabs: **Optimierung und Approximation.** DM 28,80

Lehn/Wegmann: **Einführung in die Statistik.** DM 24,80

Müller: **Darstellungstheorie von endlichen Gruppen.** DM 25,80

Rauhut/Schmitz/Zachow: **Spieltheorie.** DM 34,– (LAMM)

Schwarz: **FORTRAN-Programme zur Methode der finiten Elemente.** DM 25,80

Schwarz: **Methode der finiten Elemente.** 2. Aufl. DM 39,– (LAMM)

Stiefel: **Einführung in die numerische Mathematik.** 5. Aufl. DM 34,– (LAMM)

Stiefel/Fässler: **Gruppentheoretische Methoden und ihre Anwendung.** DM 29,80 (LAMM)

Stummel/Hainer: **Praktische Mathematik.** 2. Aufl. DM 38,–

Fortsetzung auf der 3. Umschlagseite

Grundkurs Stochastik

Eine integrierte Einführung in Wahrscheinlichkeitstheorie und Mathematische Statistik

Von Dr. rer. nat. Konrad Behnen
Professor an der Universität Hamburg

und Dr. rer. nat. Georg Neuhaus
Professor an der Universität Hamburg

2., durchgesehene Auflage
Mit 33 Abbildungen, 253 Aufgaben
und zahlreichen Beispielen

B. G. Teubner Stuttgart 1987

Prof. Dr. rer. nat. Konrad Behnen

Geboren 1941 in Werpeloh. Von 1962 bis 1967 Studium der Mathematik und Physik an der Universität Münster. 1967 Diplom in Mathematik, 1969 Promotion an der Universität Münster. 1970/71 Gastaufenthalt an der Universität Berkeley. 1974 Habilitation an der Universität Freiburg. Professuren für Mathematische Stochastik an den Universitäten Karlsruhe (1974/75), Bremen (1975/78) und Hamburg (seit 1978).

Prof. Dr. rer. nat. Georg Neuhaus

Geboren 1943 in Banfe/Wittgenstein. Von 1962 bis 1967 Studium der Mathematik und Physik in Münster. 1967 Diplom, 1969 Promotion in Münster. 1970 Medizinische Abteilung der Farbwerke Hoechst. Von 1970 bis 1974 Assistent in Münster und Freiburg. 1974 Habilitation im Fach Mathematik. Von 1974 bis 1977 Professor in Gießen. Seit 1977 Professor in Hamburg.

CIP-Kurztitelaufnahme der Deutschen Bibliothek

Behnen, Konrad:
Grundkurs Stochastik : e. integrierte Einf. in Wahrscheinlichkeitstheorie u. math. Statistik / von Konrad Behnen u. Georg Neuhaus. – 2., durchges. Aufl. – Stuttgart : Teubner, 1987.
(Teubner-Studienbücher : Mathematik)

NE: Neuhaus, Georg:

ISBN 978-3-519-12069-8 ISBN 978-3-322-91843-7 (eBook)
DOI 10.1007/978-3-322-91843-7

Vorwort

In vielen Studienordnungen für das Mathematik-Studium an deutschen Hochschulen sind einführende Vorlesungen über Stochastik (Wahrscheinlichkeitstheorie und Mathematische Statistik) vorgesehen, an denen sowohl Hörer teilnehmen, die sich im Verlauf ihres Studiums verstärkt mit Stochastik befassen wollen, als auch solche, die sich anschließend anderen Bereichen der Mathematik zuwenden.

Will man der ersten Gruppe gerecht werden, so liegt es nahe, zunächst systematisch ein maßtheoretisches Fundament zu schaffen, um erst danach zu den eigentlich stochastischen Fragestellungen überzuleiten. Hierbei kommt allerdings die zweite Gruppe zu kurz, die natürlicherweise daran interessiert ist, einen bis zu einem gewissen Grad in sich abgeschlossenen Einblick in Denkweisen und Methoden der Stochastik zu erhalten, die jedoch kein Interesse daran hat, einen Großteil der zur Verfügung stehenden Zeit einer systematischen Erarbeitung maßtheoretischer Grundlagen zu opfern. Viele Autoren haben den Bedürfnissen der letztgenannten Gruppe dadurch Rechnung getragen, daß sie unter Verzicht auf maßtheoretische Begriffsbildungen die grundlegenden Ideen der Stochastik anhand spezieller Modelle, bei denen keine maßtheoretischen Kenntnisse benötigt werden,entwickeln.

Aber auch diese Vorgehensweise birgt Nachteile: Solche, meist als "elementar" bezeichneten Darstellungen sind wenig praktikabel als Basis für weiterführende Veranstaltungen der Stochastik. Einige Mühe muß später darauf verwendet werden, die anhand von Spezialfällen entwickelten Begriffe in maßtheoretischem Gewand erneut zu formulieren und auf ihre Konsistenz mit den alten Begriffen zu überprüfen.

Eine Antriebsquelle für uns, dieses Lehrbuch zu schreiben, war der Wunsch, durch eine geeignete Organisation der Inhalte einen Ausweg aus dem obigen Dilemma zu finden. Unsere Vorstellung dabei ist, die stochastische Modellbildung in der exakten maßtheoretischen Sprech- und Bezeichnungsweise vorzunehmen, jedoch nur insoweit maßtheoretische Begriffe und Ergebnisse bereitzustellen, als diese für das Verständnis unumgänglich nötig sind. So werden etwa Existenzsätze der Maßtheorie (z.B. der Fortsetzungssatz von

Carathéodory), die leicht zu verstehen, aber zeitaufwendig zu beweisen sind, zunächst nur zitiert und erst später in einem Ergänzungskapitel bewiesen. Dagegen hielten wir es für notwendig, das allgemeine μ-Integral, verbunden mit den üblichen Grenzwertsätzen, wegen seiner zentralen Stellung als technisches Hilfsmittel und zur Einübung der damit zusammenhängenden Begriffe, in voller Allgemeinheit zu entwickeln (was jedoch erstaunlich wenig Raum beansprucht).

Neben diesen curricular-technischen Aspekten haben wir besonderen Wert auf eine sorgfältige Diskussion der stochastischen Modellbildung gelegt, etwa auf eine saubere Unterscheidung zwischen mathematischem Modell und der dadurch modellierten Realität und auf die Problemetik der Anwendung statistischer Ergebnisse in der Realität.

Unsere Darstellung beginnt natürlicherweise mit der Entwicklung stochastischer Modelle, die zufallsabhängige Phänomene beschreiben. Die Bereitstellung und Analyse von Modellen sehen wir jedoch als eine (notwendige und wichtige) Vorstufe für die Beantwortung statistischer Fragen an, also von Fragen, wie man aus Beobachtungsdaten oder Messungen Information über das tatsächlich zugrundeliegende Modell gewinnen kann. Demgemäß haben wir von Anfang an jede sich bietende Gelegenheit genutzt, statistische Fragestellungen bzw. Verfahren bei gerade aufgestellten Modellen anzusprechen bzw. zu entwickeln. So kommt es, daß in den Kapiteln 1 bis 3, in denen aus systematischen Gründen Modellbildungsaspekte im Vordergrund stehen, die wichtigsten statistischen Verfahren (Schätzer, Tests und Konfidenzbereiche) anhand von Beispielen eingeführt und prinzipiell diskutiert werden, bevor sie in den Kapiteln 6 bis 8 systematischer behandelt werden.

Der vorliegende Kurs ist von beiden Autoren und von Kollegen in Hamburg für Diplom-Studenten der Mathematik erprobt worden. Er erfordert insgesamt einen Zeitumfang von ca. 6 Semesterwochenstunden. Mit geringen Modifikationen hat er sich gleichfalls für "Nebenfächler" (Informatiker, Physiker)und für Wirtschaftsmathematiker als geeignet erwiesen. Das maßtheoretische Ergänzungskapitel (Kapitel 9) kann u.E. zunächst durchaus unbehandelt bleiben. In ihm wird dokumentiert, welche maßtheoretischen Lücken im Haupttext verblieben sind, so daß bei weiterführenden Veranstaltungen ohne Zeitverlust der Anschluß hergestellt werden kann.

Wir danken unseren Mitarbeitern J.-P. Kreiß und W. Pfeil für die Herstellung der Abbildungen und die Kontrolle der Übungsaufgaben. Den Herren J. Christensen und A. Gudewer danken wir für die sorgfältige Korrektur des Textes. Zu besonderem Dank sind wir Frau B. Kempas und Frau H. Thormann verpflichtet, die die Reinschrift des vorliegenden Manuskriptes nebst verschiedener Überarbeitungen mit viel Sorgfalt hergestellt haben.

Hamburg, im Januar 1984

K. Behnen, G. Neuhaus

Die 2. Auflage ist gegenüber der 1. Auflage im wesentlichen unverändert geblieben. Lediglich Druckfehler und einige Ungereimtheiten wurden verbessert.

Hamburg, im Juli 1985

K. Behnen, G. Neuhaus

Inhalt

SYMBOLE

$\mathbb{N}$ natürliche Zahlen $\{1,2,...\}$

$\mathbb{N}_0$ natürliche Zahlen $\{0,1,...\}$

$\mathbb{Z}$ ganze Zahlen $\{0,\pm 1,...\}$

$\mathbb{R}$ reelle Zahlen

$\mathbb{B}$ Borel σ-Algebra über $\mathbb{R}$

$\mathbb{R}^k$ k-dim. euklidischer Raum

$\mathbb{B}^k$ Borel σ-Algebra über $\mathbb{R}^k$

$\mathcal{P}(\Omega)$ Potenzmenge von Ω

$(\Omega,\mathcal{A}),(\mathcal{X},\mathcal{B})$ Meßräume

$(\Omega,\mathcal{A},P),(\mathcal{X},\mathcal{B},P)$ W-Räume

$P_1 \otimes P_2^1$ Koppelung

$\mu_1 \otimes \mu_2$ Produktmaß

$\mathcal{A} \otimes \mathcal{B}$ Produkt-σ-Algebra

$(\mathcal{X},\mathcal{B},\{P_\vartheta : \vartheta \in \Theta\})$ statistisches Modell

1 Der Wahrscheinlichkeitsraum

Eines der Grundziele der Mathematik besteht darin, Erfahrungen des Menschen über Vorgänge der Natur in Modelle, d.h. Axiome, umzusetzen, diese mathematisch zu analysieren, also Theoreme aus ihnen abzuleiten und durch Rückinterpretation in die Erfahrungswelt nutzbar zu machen. Dabei zeigt es sich häufig, daß Modifizierungen am mathematischen Modell nötig werden, die wiederum Anlaß zu erneuter Analyse und Rückinterpretation sind, usw. . Das folgende Schema verdeutlicht diesen Kreislauf.

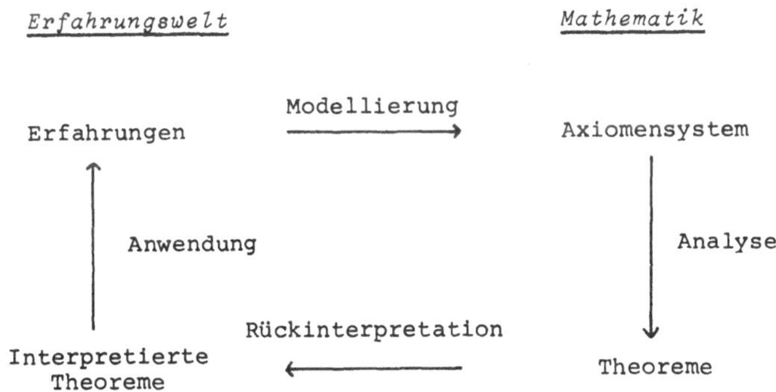

Wir wollen uns hier mit einem allgegenwärtigen Teilaspekt der Erfahrungswelt auseinandersetzen: dem Zufall.

Das Ziel dieses Kapitels ist die Entwicklung eines Basismodells zur Beschreibung und mathematischen Analyse des Zufalls. Daher wird im nächsten Abschnitt zunächst eine Brücke zwischen Erfahrungswelt und mathematischer Theorie hergestellt.

1.1 Existenz- und Anwendungspostulat

Jeder Mensch ist - ob er es will oder nicht - gezwungen, mit dem Zufall zu leben und mit ihm fertig zu werden. Genau genommen ist ja in allem, was wir tun und erleben, stets ein Rest an zufallsbedingter Unsicherheit vorhanden: wenn wir über eine Brücke gehen, so kann sie einstürzen, wenn wir etwas beobachten, so können wir einer optischen Täuschung unterliegen. Unsicherheit wohin wir blicken - und dennoch behaupten wir uns, oder besser ausgedrückt: die Natur hat uns mit einem geeigneten "Apparat" zur Beherrschung zufälliger Vorgänge ausgerüstet. Im Grunde wollen wir als Mathematiker nichts anderes, als der Natur abzuschauen, wie sie mit dem Zufall "umgeht", d.h. aber, wir müssen uns selbst, unsere Erfahrungen mit zufälligen Phänomenen und unsere Reaktionen darauf analysieren.

Zunächst einmal fällt auf, daß verschiedene zufällige Vorgänge neben dem Wissen, daß das Endergebnis nicht exakt vorhersehbar ist, unterschiedliche gefühlsmäßige Grade der Unsicherheit über den Ausgang in uns hervorrufen. Wir planen eine Urlaubsreise in südliche Länder, weil wir dort *eher* Sonnenschein als etwa an der Nordsee erwarten. Im Winter fahren Skifahrer in schnee*sichere* Regionen. Einem Arzneimittel, das schon vielen geholfen hat, *vertraut man mehr* als einem bisher noch wenig verwendeten. Wir lassen uns lieber von einem *sicheren* als von einem unsicheren Autofahrer mitnehmen. Die Liste solcher Klassifizierung von "Unsicherheit" ließe sich beliebig verlängern.

Gemeinsam ist diesen Bewertungen, daß sich in ihnen gesammelte Erfahrung ausdrückt - nicht allein persönliche Erfahrung, sondern ebenso durch Überlieferung erworbene, ja sogar angeborene, also die in den Genen enthaltene Erfahrung der Evolution.

Wenn wir nun daran gehen, ein mathematisches Modell zur Beschreibung und Bewertung zufallsabhängiger Vorgänge aufzustellen, so soll dies in Übereinstimmung mit dem obigen Gesichtspunkt geschehen, daß Bewertung und gesammelte Erfahrung eng miteinander verwoben sind. Anstelle des Begriffes "zufälliger Vorgang" führen wir den Terminus technicus "Zufallsexperiment" ein:

1.1.1 DEFINITION: *Der Begriff Zufallsexperiment steht für eine Situation, die ein "vom Zufall beeinflußtes" Ergebnis hervorbringt. Dabei sind die potentiell möglichen Ergebnisse des Zufallsexperiments (Versuchsergebnisse) durch die Elemente einer vorgegebenen, nichtleeren Menge Ω zu beschreiben. Die Menge Ω heißt Stichprobenraum (Ergebnisraum, Merkmalsraum oder Grundraum) des Zufallsexperiments.*

Für die Modellbildung wichtig ist die inhaltliche Zuordnung der realen Versuchsergebnisse zu den Elementen von Ω.

1.1.2 BEISPIELE:

1) Sommerurlaub am Meer mit den vom Zufall beeinflußten Ergebnissen "gutes Wetter" bzw. "schlechtes Wetter". Ordnen wir dem guten Wetter das Element 1 und dem schlechten Wetter das Element 0 der Menge $\Omega = \{0,1\}$ zu, so ist Ω ein Stichprobenraum für dieses Zufallsexperiment. Bei obiger Zuordnung könnten wir auch $\Omega = \mathbb{N}_0 = \{0,1,2,...\}$ als (wenig sinnvollen) Stichprobenraum definieren. Einem $i \in \{2,3,...\}$ entspricht dann kein reales Ergebnis.

2) Werfen eines Würfels mit den vom Zufall beeinflußten Ergebnissen "Augenzahl ist i", i=1,2,...,6. Hier ist bei kanonischer Zuordnung "Augenzahl i" zum Element i der Menge $\Omega = \{1,2,...,6\}$ die Menge Ω ein natürlicher Stichprobenraum für dieses Zufallsexperiment.

3) Verabreichung eines Medikaments gegen eine bestimmte Krankheit mit den vom Zufall beeinflußten Ergebnissen "Besserung", "keine Veränderung", "Verschlechterung". Mit der Zuordnung "Besserung", "keine Veränderung" bzw. "Verschlechterung" zu den Elementen 1,0 bzw. -1 der Menge $\Omega = \{-1,0,1\}$ stellt Ω einen Stichprobenraum für dieses Zufallsexperiment dar.

4) Messen der Schwingungsdauer eines Pendels mit den vom Zufall beeinflußten Ergebnissen "gemessene Schwingungsdauer". Mit der Zuordnung "gemessene Schwingungsdauer" zur entsprechenden reellen Zahl $\omega \in \mathbb{R}$ ist $\Omega = \mathbb{R}$ ein Stichprobenraum für dieses Zufallsexperiment. Auch wenn in der Realität keine negativen Werte gemessen werden, ist die Verwendung von $\mathbb{R}$ statt $[0,\infty)$ als Stichprobenraum häufig bequemer.

5) Krebssterbeverhalten einer bestimmten, zu Beginn des Jahres 1969 lebenden Person im Jahr 1969 mit den vom Zufall beeinflußten Ergebnissen "Krebstod" bzw. "kein Krebstod". Mit der Zuordnung "Krebstod" bzw. "kein Krebstod" zu den Elementen 1 bzw. 0 der Menge $\Omega = \{0,1\}$ stellt Ω einen Stichprobenraum für dieses Zufallsexperiment dar.

6) Tennis-Ranglistenturnier mit den n Spielern Nr. 1,2,...,n und der erspielten Rangliste als dem vom Zufall beeinflußten Ergebnis. Die Menge

$$\Omega = \{\omega = (\omega_1,...,\omega_n): \omega \text{ ist Permutation von } (1,...,n)\}$$

mit der Zuordnung "$(\omega_1,\ldots,\omega_n) \in \Omega$ bedeutet, daß Spieler Nr. ω_j den Platz j in der Rangliste erreicht hat, $j=1,\ldots,n$" stellt dann einen Stichprobenraum für dieses Zufallsexperiment dar.

Die Wahl eines Stichprobenraums Ω für ein Zufallsexperiment ist häufig abhängig von der *Wahl der Beobachtungstiefe* im Zufallsexperiment: Von einem Patienten (Versuchsperson, Versuchseinheit) können z.B. die verschiedensten Daten wie

(Blutdruck, Gewicht, Alter, Geschlecht, Wohnort)

als gebündeltes Versuchsergebnis verwendet werden, obwohl man sich im Moment nur für das Paar

(Alter, Blutdruck/Gewicht)

interessiert. Hier würde also eine Modellierung der geringeren Beobachtungstiefe, die nur Alter und Blutdruck/Gewicht erfaßt, ausreichen. Im Hinblick auf weitere und genauere Untersuchungen kann es jedoch nützlich sein, die Modellierung der größeren Beobachtungstiefe durchzuführen, die alle fünf Komponenten erfaßt. Man würde dann z.B. mit dem Stichprobenraum

$$\Omega = \Omega_1 \times \Omega_2 \times \Omega_3 \times \Omega_4 \times \Omega_5$$

arbeiten und die folgende Zuordnung benutzen:

$\omega = (\omega_1,\omega_2,\ldots,\omega_5)$ = (Blutdruck, Gewicht, Alter, Geschlecht, Wohnort).

1.1.3 BEMERKUNG: Eine geringere Beobachtungstiefe kann immer durch einen zweiten Stichprobenraum $\mathcal{X}$ und eine Abbildung $X : \Omega \to \mathcal{X}$ in folgender Weise beschrieben werden: Genau dann tritt das Ergebnis $x \in \mathcal{X}$ ein, wenn irgendeines der Ergebnisse aus $\{\omega \in \Omega : X(\omega) = x\}$ eintritt. In einem solchen Zusammenhang wird die Abbildung $X : \Omega \to \mathcal{X}$ später auch *Zufallsvariable (ZV)* genannt, da die Ergebnisse $X(\omega) \in \mathcal{X}$ ebenso wie die Ergebnisse $\omega \in \Omega$ durch den Zufall beeinflußt werden.

1.1.4 DEFINITION: *Gegeben seien nichtleere Mengen Ω und $\mathcal{X}$ und eine Abbildung $X : \Omega \to \mathcal{X}$. Dann heißt*

$$X^{-1}(\{x\}) := \{\omega \in \Omega : X(\omega) = x\}$$

das (X-) Urbild der einelementigen Menge $\{x\} \subset \mathcal{X}$. Allgemeiner heißt

$$X^{-1}(B) := \{\omega \in \Omega : X(\omega) \in B\}$$

das (X-) Urbild der Teilmenge $B \subset X$. Offenbar definiert die Urbildbildung immer eine Abbildung X^{-1} von der Potenzmenge $P(X)$ in die Potenzmenge $P(\Omega)$.

Anmerkung: Ist die Abbildung $X : \Omega \to X$ *invertierbar* mit der *inversen Abbildung* $i_X : X \to \Omega$, so gilt

$$X^{-1}(\{x\}) = \{\omega \in \Omega : X(\omega) = x\} = \{i_X(x)\} \ \forall x \in X.$$

Im Gegensatz zur inversen Abbildung (X-Punkte in Ω-Punkte) existiert die *Urbildabbildung* $X^{-1} : P(X) \to P(\Omega)$ (X-Teilmengen in Ω-Teilmengen) immer. □

Häufig interessieren nicht so sehr die einzelnen Versuchsergebnisse, sondern durch den Versuchsausgang beschreibbare *Ereignisse*, z.B. beim Tennis-Ranglistenturnier das Ereignis "Spieler 1 wird Ranglistenletzter", welches offenbar durch die Teilmenge $A = \{\omega = (\omega_1,\ldots,\omega_n) \in \Omega : \omega_n = 1\}$ von Ω charakterisiert wird, oder beim Messen der Schwingungsdauer eines Pendels das Ereignis "die Schwingungsdauer liegt innerhalb $t_0 \pm \varepsilon$" (t_0 sei ein hypothetischer Wert und $\varepsilon > 0$ eine Fehlerschranke), welches sich durch das Intervall $A = [t_0-\varepsilon, t_0+\varepsilon]$ beschreiben läßt. Bei Modellierung durch Ω und späterem Übergang zu einer geringeren Beobachtungstiefe gemäß $X : \Omega \to X$ interessiert z.B. für ein $x_0 \in X$ das Ereignis "x_0 tritt ein". Dieses Ereignis kann in X offenbar durch die einelementige Teilmenge $\{x_0\} \subset X$ beschrieben werden, während es in Ω repräsentiert wird durch die Teilmenge

$$X^{-1}(\{x_0\}) = \{\omega \in \Omega : X(\omega) = x_0\} \subset \Omega.$$

Formal ist ein Ereignis eine Aussage, die für alle $\omega \in \Omega$ erklärt und für jedes $\omega \in \Omega$ entweder wahr oder falsch ist. Ordnen wir "wahr" den Wert 1 und "falsch" den Wert 0 zu und bezeichnet

$$A := \{\omega \in \Omega : \text{"Aussage A" ist wahr für } \omega\}$$

die Wahrheitsmenge der "Aussage A", so kann die "Aussage A" offenbar sowohl mit ihrer Wahrheitsmenge $A \subset \Omega$ als auch mit der *Indikatorfunktion von A*,

$$1_A : \Omega \to \{0,1\}, \quad 1_A(\omega) = \begin{cases} 1, & \text{falls } \omega \in A, \\ 0, & \text{falls } \omega \notin A, \end{cases}$$

identifiziert werden. Es hat sich eingebürgert, als Ereignisse die korrespondierenden Teilmengen des Stichprobenraums zu bezeichnen. Zur Manipulation von Ereignissen werden häufig die Indikatorfunktionen der Ereignisse verwendet.

1.1.5 DEFINITION: *Ereignisse sind (geeignete) Teilmengen des Stichprobenraums Ω.*

Diese Konvention hat zur Folge, daß sich auch aussagenlogische Verknüpfungen in mengentheoretische Operationen übersetzen und daß umgekehrt Beziehungen zwischen Teilmengen von Ω ihre aussagenlogische Entsprechung haben. Wir geben einige Beispiele, die sich natürlich auf die jeweils gegebene Grundmenge Ω (Stichprobenraum des Zufallsexperiments) beziehen:

Mengentheoretische Operation oder Beziehung		*Aussagenlogische Entsprechung*
A^c, $\Omega \setminus A$	*Komplement* von A in Ω	"nicht A"
$A \cap B$, AB	*Durchschnitt* von A und B	"A und B"
$A \cup B$	*Vereinigung* von A und B	"A oder B"
$A \setminus B := AB^c$	*relatives Komplement* von B in A	"A, aber nicht B"
$A \Delta B := (A \cup B) \setminus (AB)$	*symmetrische Differenz* von A und B	"A oder B, aber nicht A und B"
$A = B$	A *gleich* B	"A gleichbedeutend mit B"
$A \subset B$, $AB = A$	A ist *Teilmenge* von B	"A impliziert B"
$AB = \emptyset$	A und B sind *disjunkt*	"A und B sind unverträglich"

Spezielle Mengen bzw. Aussagen

Ω	*Stichprobenraum*	"Die stets wahre Aussage"
$\emptyset$	*leere Menge*	"Die stets falsche Aussage"

Anmerkungen: Im Fall $AB = \emptyset$ schreiben wir statt $A \cup B$ auch $A + B$. "A oder B" wird immer im nicht ausschließenden Sinne verwendet.

Nachdem nun eine mathematische Form zur Beschreibung von Versuchsausgängen und Ereignissen bei Zufallsexperimenten gefunden ist, soll jetzt ein weiterer Aspekt des Zufalls präzisiert werden.

Wir haben uns eingangs anhand einiger Beispiele bewußt gemacht, daß man im täglichen Leben ständig graduelle Unterschiede in der Beurteilung von zufälligen Vorgängen macht, *den Zufall also bewertet*. Wir fragen uns nun: Nach welchen "Spielregeln" gehen wir dabei (bewußt oder unbewußt) vor ?

Der entscheidende Gesichtspunkt, der hier weiterhilft, wurde oben schon betont: Die Bewertung zufälliger Ereignisse ist das Ergebnis gesammelter Erfahrung. Es ist deshalb zu fordern, daß eine "Bewertungsfunktion" wesentliche Merkmale des Sammelns von Erfahrung widerspiegelt.

Die einfachste mathematische Beschreibung des Ansammelns von Erfahrung ist das Zählen. Man zählt, wie oft ein Ereignis A bei einer bestimmten Zahl von Wiederholungen eines Zufallsexperimentes mit Stichprobenraum Ω eingetreten ist, also z.B. bei wievielen Patienten ein Medikament Besserung bewirkte, wie oft bei hundert Münzwürfen "Zahl" erschien, wieviele Krebstote im letzten Jahr Raucher waren, wie oft in den vergangenen 20 Jahren der August verregnet war usw. . Bei n Wiederholungen des Zufallsexperimentes sei $h_n(A)$-mal das Ereignis A eingetreten; $h_n(A)$ heißt *absolute Häufigkeit* des Eintretens von A bei n Wiederholungen. Es ist klar, daß in einer Zahlenangabe, etwa $h_n(A) = 15$, ohne Angabe von n ein wesentlicher Aspekt dessen, was man unter "Bewertung" versteht, nicht berücksichtigt ist. Eine Angabe "15 Stimmen für den Präsidenten" kann ja sowohl eine katastrophale Abstimmungsniederlage als auch einen grandiosen Erfolg bedeuten - entscheidend ist die Relation zur Gesamtzahl der abgegebenen Stimmen, also die *relative Häufigkeit*

$$H_n(A) := h_n(A)/n.$$

Offensichtlich gilt für jedes Ereignis A und jede Wiederholungszahl n

$$0 \le H_n(A) \le 1, \ H_n(\Omega) = 1, \ H_n(\emptyset) = 0.$$

Unsere oben aufgestellte Forderung, wesentliche Merkmale des Sammelns von Erfahrung zu extrahieren, können wir nun präziser fassen:

Eine Bewertungsfunktion für die Wahrscheinlichkeit von Ereignissen sollte sich an Eigenschaften der relativen Häufigkeiten orientieren.

Implizit im Begriff der Ansammlung von Erfahrung ist die Vorstellung enthalten, daß sich bei wachsender Beobachtungszahl n hinter dem "Nebel" zufälliger Versuchsergebnisse deutlicher und deutlicher eine Gesetzmäßigkeit zeigt. Für die relativen Häufigkeiten ist dies vielfach belegt: Bei wiederholtem Werfen einer Münze stabilisiert sich erfahrungsgemäß die relative Häufigkeit H_n("Zahl") für große Werte von n um einen Wert, der nahe bei 1/2 liegt.

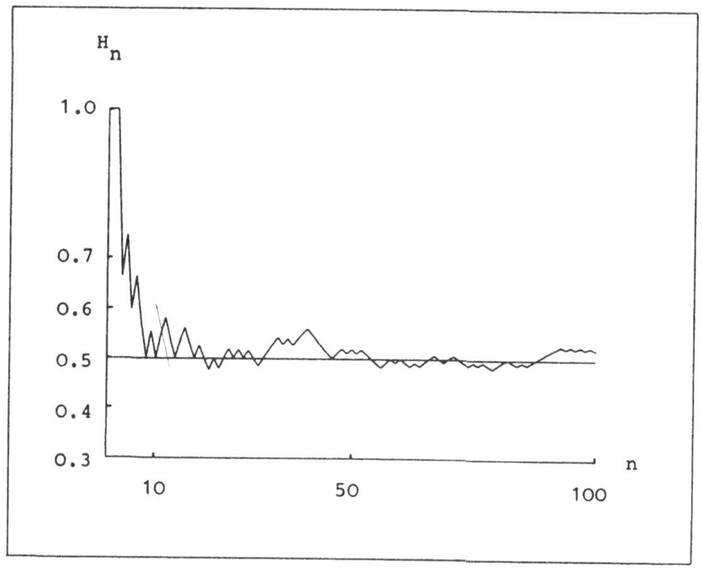

Abb. 1.1.1: Die relative Häufigkeit H_n("Zahl") bei n=1,...,100 Münzwürfen

Dieselbe Erfahrung kann man generell mit Zufallsexperimenten machen, die sich ohne gegenseitige Beeinflussung in identischer Versuchsausführung wiederholen lassen: Die relative Häufigkeit für das Eintreten eines bestimmten Ereignisses stabilisiert sich in ähnlicher Weise wie in Abb. 1.1.1. Natürlich muß man in der Realität stets irgendwann einmal mit den Beobachtungen aufhören, gewinnt jedoch zwangsläufig die Überzeugung, daß eine innere Gesetzmäßigkeit die Folge $H_n(A)$, n=1,2,..., einem Grenzwert entgegentreibt, der das Kondensat der Erfahrung über das zufällige Eintreten oder Nichteintreten von A ist. Man ist also überzeugt, daß

$$\lim_{n\to\infty} H_n(A) =: P(A)$$

für alle "vorkommenden" Folgen von Versuchsergebnissen existiert und denselben Wert P(A) liefert, den man dann natürlicherweise die Wahrscheinlichkeit von A nennen könnte. Man nennt obige Grenzwertvermutung das *empirische Gesetz der großen Zahlen*. Intuitiv liegt es nahe, diese Erfahrungstatsache zur Grundlage einer mathematischen Definition der Wahrscheinlichkeit von A zu machen, handelt sich damit jedoch die begriffliche Schwierigkeit ein, mathematisch fassen zu müssen, wann eine unendliche Folge von Versuchsergebnissen als "vorkommend" zu betrachten ist. Dieser Weg wurde von R. von Mises (1931) beschritten, führte jedoch letztlich nicht zum vollen Erfolg. Wir verwenden das empirische Gesetz der großen Zahlen auf andere Weise, nämlich als empirische Begründung für die beiden folgenden Postulate, die die *Brücke* zwischen Erfahrungswelt und Mathematik schlagen. Als Bewertungsfunktion (Wahrscheinlichkeitsmaß) lassen wir dann jede Mengenfunktion zu, die gewisse Grundeigenschaften von relativen Häufigkeiten erfüllt (*axiomatische Vorgehensweise*).

Die Angabe einer expliziten Bewertungsfunktion im konkreten Anwendungsfall ist dann ein Problem, auf das wir später immer wieder (auch bei der Entwicklung der Methoden der mathematischen Statistik) zurückkommen werden.

1.1.6 EXISTENZPOSTULAT: *Jedes Ereignis A besitzt im Rahmen eines Zufallsexperiments eine objektiv vorhandene Wahrscheinlichkeit P(A).*

Dies soll auch in Fällen gelten, in denen ein Zufallsexperiment prinzipiell nicht wiederholbar ist, wie z.B. bei der Funktionsprüfung einer Blitzlichtbirne. P(A) ist sozusagen ein exakter Zahlenwert des "Wahrscheinlichkeitsgefühls" für das Eintreten von A, ähnlich wie die Temperatur eines Körpers in Grad Celsius ein exakter Wert des Wärmegefühls ist, das dieser in uns hervorruft. Nach diesem Verständnis ist die "Wahrscheinlichkeit" eine physikalische Größe wie Temperatur, Wärmemenge oder elektrische Spannung.

Da für die Werte der Wahrscheinlichkeiten P(A) ebenso wie bei relativen Häufigkeiten gelten soll

$$0 \leq P(A) \leq 1, \quad P(\Omega) = 1, \quad P(\emptyset) = 0,$$

benutzen wir das nachfolgende Postulat zur Rückinterpretation von mathematischen Ergebnissen in die Erfahrungswelt:

1.1.7 ANWENDUNGSPOSTULAT: *Ereignisse, die eine nahe bei 1 liegende Wahrscheinlichkeit tragen, werden in der Erfahrungswelt als mit Sicherheit eintretend angesehen.*

Das Anwendungspostulat enthält durch die Formulierung "nahe bei 1" offenbar eine subjektive Komponente. Verschiedene Personen können unterschiedliche "Sicherheitsstufen" für sich selbst zugrundelegen: ein risikofreudiger Autofahrer überholt in Fällen, in denen dies ein vorsichtiger Fahrer nicht tun würde - je risikofreudiger jemand ist, umso weiter von 1 entfernte Werte der Wahrscheinlichkeit wird er als "praktisch gleich 1" ansehen.

Existenz- und Anwendungspostulat bilden wie gesagt die Brücke zwischen Realität und Mathematik. Das Existenzpostulat versichert uns, daß es eine physikalische Größe "Wahrscheinlichkeit" gibt, es sich also "lohnt" ein mathematisches Modell aufzustellen, während das Anwendungspostulat die Möglichkeit eröffnet, aus (nahe bei 1 liegenden) Zahlenwerten der Wahrscheinlichkeit (im noch endgültig zu etablierenden mathematischen Modell) Konsequenzen für die Realität zu ziehen.

Das hier explizit ausgesprochene Existenzpostulat, dessen *undifferenzierte* Annahme uns in die Klasse der *Objektivisten* einreihen würde, wird von den *Subjektivisten* abgelehnt, die anstelle einer objektiv vorhandenen Wahrscheinlichkeit ein subjektives Wahrscheinlichkeitsgefühl, das unbestreitbar bei jeder Person vorhanden ist, als Basiserfahrung ansehen, die es zu modellieren gilt. Wir wollen hier einen "gemäßigt objektivistischen" Standpunkt einnehmen, indem wir objektive Wahrscheinlichkeiten allein *im Rahmen des speziell betrachteten Zufallsexperimentes* postulieren, uns aber durchaus bewußt sind, daß diese sich bei verändernden Umständen z.B. im Laufe der Zeit verändern können. Der Hauptgrund für den gemäßigt objektivistischen Standpunkt ist der Gesichtspunkt, daß sich Leben im Laufe der Evolution in Anpassung an die vorgefundenen Gegebenheiten der Umwelt entwickelt. Von dort erscheint es natürlich, auch anzunehmen, daß Denkstrukturen wie z.B. die Fähigkeit zu subjektiven Wahrscheinlichkeitsbewertungen zur Natur "passen", sich also im Einklang mit den Gegebenheiten der Natur entwickelt haben. Es ist hier nicht der Ort, um in eine letztlich philosophische Abwägung des objektivistischen und subjektivistischen Standpunktes einzutreten, zumal das im folgenden entwickelte Modell des allgemeinen W-Raumes mit beiden verträglich ist.

Wir wollen nun endgültig darangehen, ein (axiomatisches) Modell für die Behandlung von Zufallsexperimenten aufzustellen. Dazu stellen wir zunächst die Grundeigenschaften von relativen Häufigkeiten zusammen, die wir im folgenden Abschnitt zur Axiomatisierung heranziehen wollen:

Gegeben seien ein Stichprobenraum Ω eines Zufallsexperiments und Teilmengen A,B,... von Ω (interessierende Ereignisse). Dann gilt unabhängig von der Anzahl n der Wiederholungen des Zufallsexperiments, für die entsprechenden relativen Häufigkeiten:

$H_n(A) \geq 0$ (H_n ist *nichtnegativ*),

$H_n(\Omega) = 1$ (H_n ist *normiert*),

$H_n(A+B) = H_n(A) + H_n(B)$ (H_n ist *additiv*).

Achtung: Die Schreibweise $A+B (= A \cup B)$ setzt $AB = \emptyset$ voraus !

Von einer Wahrscheinlichkeitsbewertung (Wahrscheinlichkeitsmaß) wird man also zumindest verlangen, daß sie *nichtnegativ*, *normiert* und *additiv* ist.

1.2 Das allgemeine Modell

Wie schon angekündigt, sollen in diesem Abschnitt die Basisaxiome formuliert und an ersten Beispielen veranschaulicht werden. Bisher haben wir jedoch noch nicht darüber gesprochen, welche Ereignisse als sinnvoll angesehen werden, d.h., für welche Teilmengen des Stichprobenraums Ω ein Wahrscheinlichkeitsmaß P (P steht für probability) definiert werden soll. Die einfachste Möglichkeit besteht darin, zu fordern, daß P für jede Teilmenge A aus Ω erklärt ist, daß also der Definitionsbereich von P die *Potenzmenge von Ω* ist, nämlich $\mathcal{P}(\Omega) = \{A : A \subset \Omega\}$. Dies ist in allen Fällen sinnvoll und möglich, in denen Ω *endlich* ist, es also nur endlich viele potentielle Versuchsausgänge gibt. Für endliche Stichprobenräume Ω definieren wir deshalb Wahrscheinlichkeitsmaße in folgender Weise:

1.2.1 DEFINITION: *Gegeben sei eine* ***endliche****, nichtleere Menge* Ω *(endlicher Stichprobenraum). Jede (Mengen-)Funktion* $P:\mathcal{P}(\Omega)\to\mathbb{R}$ *mit den Eigenschaften*

(1.2.1)	$P(A)\geq 0\ \forall A\subset\Omega$	*(P ist nichtnegativ),*
(1.2.2)	$P(\Omega)=1$	*(P ist normiert),*
(1.2.3)	$P(A+B)=P(A)+P(B)$ $\forall A,B\subset\Omega$ *mit* $AB=\emptyset$	*(P ist additiv),*

heißt ein ***Wahrscheinlichkeitsmaß (W-Maß)*** *über* Ω*. Das Paar* (Ω,P) *heißt dann* ***endlicher Wahrscheinlichkeitsraum (endlicher W-Raum)****.*

Endliche W-Räume stellen insofern die wichtigsten wahrscheinlichkeitstheoretischen Modelle dar, als an ihnen - von allem maßtheoretischen Beiwerk frei - Grundideen der W-Theorie und Mathematischen Statistik am anschaulichsten entwickelt werden können. Insbesondere für einführende Darstellungen an Schulen sollte deshalb der Begriff des endlichen W-Raumes die Basis bilden.

An dieser Stelle wollen wir nur einige einfache Beispiele diskutieren. Anspruchsvollere Beispiele und Anwendungen werden in späteren Abschnitten (z.B. Abschnitt 1.4) ausführlich besprochen.

1.2.2 BEISPIELE:

1) Krebssterbeverhalten gemäß Beispiel 1.1.2(5) mit $\Omega=\{0,1\}$. Sieht man die Krebssterbewahrscheinlichkeit $P\{1\}=p\in(0,1)$ als gegeben an, so wird P durch die Forderungen (1.2.1) bis (1.2.3) vollständig festgelegt:

   $P(\emptyset)=0$, denn $P(\emptyset)=P(\emptyset+\emptyset)=P(\emptyset)+P(\emptyset)$,

   $P\{1\}=p$, $P(\Omega)=1$, und schließlich

   $P\{0\}=P\{0\}+P\{1\}-P\{1\}=P(\Omega)-p=1-p\in(0,1)$.

   Dieses (durch $p\in(0,1)$ bestimmte) konkrete W-Maß P über dem Stichprobenraum $\{0,1\}$ heißt ***Bernoulli(p) Verteilung***. *(Statt W-Maß sagt man auch* ***W-Verteilung****,* da ein W-Maß Wahrscheinlichkeiten auf die Teilmengen von Ω "verteilt".)

<u>Anmerkung:</u> Wenn keine Mißverständnisse zu befürchten sind, schreiben wir kurz $P\{\ldots\}$ statt $P(\{\ldots\})$.

2) Werfen eines *symmetrischen* Würfels mit $\Omega = \{1,2,\ldots,6\}$, vgl. Beispiel 1.1.2(2). Übersetzt man die Symmetrieannahme in die *Forderung* $P\{1\} = P\{2\} = \ldots = P\{6\}$, so wird auch hier P durch die zusätzlichen Basisforderungen (1.2.1) bis (1.2.3) vollständig festgelegt: Es gilt nämlich (vgl. Aufg. 1.2.11) $P\{i\} = 1/6$ $\forall i=1,\ldots,6$ und

(1.2.4) $\quad P(A) = |A| \,/\, |\Omega| \quad \forall A \subset \Omega,$

wobei $|A|$ die Anzahl der Elemente von A bezeichnet.

Allgemeiner ist *für jeden endlichen Stichprobenraum* Ω durch Formel (1.2.4) ein konkretes W-Maß P über Ω definiert, vgl. Aufg. 1.2.11. Es heißt *Laplace-Verteilung* oder *Gleichverteilung* über Ω. Der endliche W-Raum (Ω,P) heißt dann *Laplace-Experiment* über Ω. Man nennt - Laplace folgend - $|A|$ die *Zahl der* (für das Ereignis A) *günstigen Fälle* und $|\Omega|$ die *Zahl der möglichen Fälle*. Wegen $P\{\omega\} = 1 \,/\, |\Omega| \;\forall \omega \in \Omega$ bezeichnet man die Durchführung eines Laplace Experiments über Ω als *zufällige Entnahme* eines Elementes aus Ω.

3) Werfen eines (möglicherweise gezinkten) Würfels mit $\Omega = \{1,2,\ldots,6\}$, vgl. Beispiel 1.1.2(2). Hier ist die Symmetrie-Forderung aus 2) offensichtlich unangebracht. Jedes Tupel $(p_1,\ldots,p_6) \in \mathbb{R}^6$ mit $p_i \geq 0$, $i=1,\ldots,6$, und $p_1+p_2+\ldots+p_6 = 1$ beschreibt jedoch ein Würfelexperiment mit zugehörigem W-Maß P über Ω, das durch die *Forderung* $P\{i\} = p_i$, $i=1,2,\ldots,6$, und die zusätzlichen Basisforderungen (1.2.1) bis (1.2.3) vollständig festgelegt ist, vgl. Aufg. 1.2.11. Ein gezinkter Würfel liegt offenbar genau dann vor, wenn gilt $(p_1,\ldots,p_6) \neq (1/6,\ldots,1/6)$.

4) n-faches Werfen einer idealen Münze. Als Stichprobenraum wählen wir $\Omega = \{0,1\}^n = \{x=(x_1,\ldots,x_n) : x_i \in \{0,1\},\ i=1,\ldots,n\}$; dabei bedeute $x_i = 1(0)$, daß Kopf (Zahl) das Ergebnis des i-ten Wurfs ist. Aus Symmetriegründen wird das beschreibende W-Maß P jeder Folge von Nullen und Einsen dieselbe Wahrscheinlichkeit zuweisen, d.h. P ist die Laplace-Verteilung über Ω mit $P\{x\} = 1 \,/\, |\Omega| = 1/2^n \;\forall x \in \Omega$. Eine eingehende Diskussion der Hintergründe, die zu dieser plausiblen Festlegung des beschreibenden W-Maßes führen, wird in Kapitel 2 erfolgen, Anwendungen

und Erweiterungen dieses wichtigen endlichen W-Raumes finden sich in Kapitel 3.

Allgemeiner erhalten wir die folgende Charakterisierung von W-Maßen über endlichen Stichprobenräumen:

1.2.3 SATZ: *Gegeben sei ein endlicher Stichprobenraum* Ω.

a) *Ist P ein W-Maß über* Ω, *so gilt für* $p(\omega) := P\{\omega\}$, $\omega \in \Omega$, *die Beziehung*

$$(1.2.5) \qquad p(\omega) \geq 0 \quad \forall \omega \in \Omega, \quad \sum_{\omega \in \Omega} p(\omega) = 1.$$

b) *Ist* $p : \Omega \to \mathbb{R}$ *eine Abbildung mit den Eigenschaften (1.2.5), so gibt es genau ein W-Maß P über* Ω *mit* $P\{\omega\} = p(\omega)$ $\forall \omega \in \Omega$.

Eine Abbildung $p : \Omega \to \mathbb{R}$ *mit den Eigenschaften (1.2.5) heißt Zähldichte. Eine Zähldichte definiert genau ein W-Maß P über* Ω *gemäß* $P\{\omega\} = p(\omega)$ $\forall \omega \in \Omega$.

Der einfache *Beweis* sei dem Leser als Aufg. 1.2.12 überlassen.

Bedingt durch endliche Meßgenauigkeit sind im Grunde alle Zufallsexperimente endlich, so daß man sich im Prinzip auf das Studium endlicher W-Räume beschränken könnte. Dieselbe Situation finden wir in der Physik: Beispielsweise ist bei jeder Temperaturmessung die Meßskala notwendigerweise stets endlich. Dennoch fassen wir die Temperatur als eine kontinuierliche Größe auf, da es sich einfach als zweckmäßiger erweist, anstelle einer für jede Meßskala eigenen Temperatur, eine universelle Temperatur zu postulieren. Analog liegen die Verhältnisse bei der Modellierung von Zufallsexperimenten. Betrachtet man etwa die tägliche Messung einer Temperatur an einem bestimmten Punkt und zu einer bestimmten Zeit in einer Stadt als ein Zufallsexperiment, so wird man entsprechend ein Intervall der reellen Achse, in dem die Temperatur mit Sicherheit liegt, als Stichprobenraum Ω wählen. Hier ist die Frage nach dem Definitionsbereich eines W-Maßes, das dieses Experiment beschreibt, aufgrund der Verwendung eines idealisierten, kontinuierlichen Stichprobenraumes entsprechend schwieriger zu beantworten. Wir begnügen uns im Moment mit der Feststellung, daß es i.a. unmöglich ist, W-Maße mit sinnvoll vorgegebenen Eigenschaften auf der Potenzmenge einer überabzählbaren Menge, z.B. auf $\mathcal{P}(\mathbb{R})$, zu erklären. Dieser Problemkreis ist unter der Bezeichnung "klassisches Maßproblem" bekannt, vgl. Hausdorff (Math. Ann. 75, 1914). Er wird im Abschnitt 4.1 etwas genauer diskutiert.

Ist es also einerseits unter bestimmten sinnvollen Nebenbedingungen unmöglich, W-Maße auf allen Elementen der Potenzmenge des zugrundeliegenden Stichprobenraumes Ω zu erklären, so ist es andererseits für die meisten Fragestellungen auch nicht erforderlich, alle Teilmengen von Ω mit einer Wahrscheinlichkeit zu belegen. Man würde sich das Leben nur unnötig erschweren, wenn man immer versuchen würde, *alle* Teilmengen von Ω gleichzeitig zu bewerten.

Wir wollen daher auch in der Frage des Definitionsbereiches eines W-Maßes *axiomatisch vorgehen* und uns überlegen, daß es "natürliche" Eigenschaften gibt, die ein Definitionsbereich eines W-Maßes besitzen sollte. Jeder Bereich mit den geforderten Eigenschaften wird dann als (potentieller) Definitionsbereich zugelassen. Im *konkreten* Beispiel oder Anwendungsfall muß dann natürlich auch der Definitionsbereich (den Bedürfnissen entsprechend) konkret festgelegt werden.

Zunächst ist der Stichprobenraum Ω stets bewertbar mit dem Wert $P(\Omega) = 1$. Weiter bestimmen sich eine Menge A und ihr Komplement A^c gegenseitig vollständig. Wenn A bewertet ist, sollte auch A^c bewertbar sein und zwar wegen $A + A^c = \Omega$ und der Additivität von P mit dem Wert $P(A^c) = 1 - P(A)$. Eine qualitativ weitergehende, aber anschaulich naheliegende Forderung besagt, daß mit zwei bewertbaren Mengen A,B stets auch die (nicht notwendig disjunkte) Vereinigung $A \cup B$ bewertbar sein sollte. Außer in Sonderfällen wie $AB = \emptyset$, $A \subset B$ oder $B \subset A$ läßt sich dann $P(A \cup B)$ jedoch nicht mehr aus P(A) und P(B) allein berechnen, sondern muß gesondert festgelegt werden. Wir fassen diese Eigenschaften eines Definitionsbereiches in der nachfolgenden Definition zusammen:

1.2.4 DEFINITION: *Gegeben sei ein Stichprobenraum Ω. Dann heißt jedes System $\mathbb{A}$ von Teilmengen von Ω [d.h. $\mathbb{A} \subset \mathcal{P}(\Omega)$] mit den Eigenschaften*

(1.2.6) $\Omega \in \mathbb{A}$,

(1.2.7) $A^c \in \mathbb{A}$, *falls* $A \in \mathbb{A}$ $[A \in \mathbb{A} \Rightarrow A^c \in \mathbb{A}]$,

(1.2.8) $A \cup B \in \mathbb{A}$, *falls* $A,B \in \mathbb{A}$ $[A,B \in \mathbb{A} \Rightarrow A \cup B \in \mathbb{A}]$,

eine (Mengen-) Algebra über Ω.

Nach unseren bisherigen Überlegungen wären Algebren $\mathcal{A}$ über dem Stichprobenraum Ω natürliche Definitionsbereiche für W-Maße. Wie der Leser sofort nachprüfen kann, sind die folgenden Systeme von Teilmengen des Stichprobenraumes Ω auch Algebren über Ω:

$\mathcal{P}(\Omega)$ ["größte" Algebra über Ω],

$\{\emptyset,\Omega\}$ ["kleinste" Algebra über Ω],

$\{\emptyset,A,A^c,\Omega\}$ für gegebene Teilmenge $A\subset\Omega$ mit $\emptyset \neq A \neq \Omega$.

Nehmen wir nun an, daß ein W-Maß P eine Algebra $\mathcal{A}$ über dem Stichprobenraum Ω als Definitionsbereich hat und außerdem die Eigenschaften (1.2.1) bis (1.2.3) besitzt, so zeigt das nachfolgende Beispiel, daß wir im Falle *unendlicher Stichprobenräume* noch nicht ganz zufrieden sind:

1.2.5 MOTIVATIONSBEISPIEL: Wir betrachten die zufallsabhängige Anzahl von Teilchen eines radioaktiven Präparats, die in einer Zeiteinheit in die Zählkammer eines Geigerzählers eindringen. Diese Anzahl ist sicherlich endlich. Es ist jedoch schwer oder zumindest unbequem, eine feste obere Schranke für die (potentiell) beobachtbare Anzahl festzulegen. Daher wird man für dieses Zufallsexperiment den Stichprobenraum $\Omega = \mathbb{N}_0 = \{0,1,2,\ldots\}$ wählen, wobei $\omega \in \Omega$ der Anzahl der beobachteten Teilchen entspricht. Das W-Maß P mit den oben genannten Eigenschaften soll natürlich die Wahrscheinlichkeiten für das Auftreten der möglichen Anzahlen beschreiben und der Definitionsbereich $\mathcal{A}$ (Algebra über Ω) sollte hier mindestens die einelementigen Teilmengen von Ω enthalten. Hieraus folgt insbesondere

$$\{0,1,\ldots,n\}\in\mathcal{A},\quad \{n+1,n+2,\ldots\}\in\mathcal{A}\quad \forall n\in\mathbb{N}$$

und wir erhalten für alle $n\in\mathbb{N}$ durch einfache Induktion

$$\begin{aligned}1 = P(\Omega) &= P(\{0,1,\ldots,n\} + \{n+1,n+2,\ldots\})\\ &= P(\{0,1,\ldots,n\}) + P(\{n+1,n+2,\ldots\})\\ &= P(\{0\}+\{1\}+\ldots+\{n\}) + P(\{n+1,n+2,\ldots\})\\ &= \sum_{i=0}^{n} P\{i\} + P\{n+1,n+2,\ldots\}.\end{aligned}$$

Wegen (1.2.1) folgt hieraus

$$0 \leq s_n := \sum_{i=0}^{n} P\{i\} \leq 1 \quad \forall n\in\mathbb{N} \text{ und}$$

$$s_1 \leq s_2 \leq s_3 \leq \dots \ .$$

Also folgt die Existenz von $s \in [0,1]$ mit $\lim_{n\to\infty} s_n = s$. Dies bedeutet gerade

$$\lim_{n\to\infty} P(\{n+1,n+2,\dots\}) = \lim_{n\to\infty} (1-s_n) = 1-s \in [0,1].$$

Aus den bisherigen Forderungen an P läßt sich *nicht* beweisen, daß $s=1$ gilt. Der formal mögliche Fall $s<1$ hat jedoch Konsequenzen, die mit unseren Vorstellungen von einem W-Maß nicht übereinstimmen, denn er impliziert (wegen $s_n \leq s \ \forall n \in \mathbb{N}$) die Abschätzung

$$P(\{n+1,n+2,\dots,\}) \geq 1-s > 0 \quad \forall n \in \mathbb{N} \ .$$

D.h., in diesem Fall würde für beliebig große n die Wahrsch. dafür, daß die Anzahl der beobachteten Teilchen größer als n ist, nie unter die strikt positive Konstante 1-s fallen. Dies würde jedoch unserer durch das empirische Gesetz der großen Zahlen geprägten Vorstellung widersprechen.

Um solche der Anschauung widersprechende Effekte zu verhindern, bietet es sich im Zusammenhang des Beispiels an, eine zusätzliche Forderung an P zu stellen, nämlich die ***Approximationsforderung***

$$\sum_{i=0}^{\infty} P\{i\} = 1 \ [= P(\Omega) = P(\bigcup_{i=0}^{\infty} \{i\})].$$

Im Fall allgemeiner Räume wird man stattdessen die allgemeinere Forderung der ***σ-Additivität*** an P stellen, d.h. die Approximationsforderung

$$P(\bigcup_{i=1}^{\infty} A_i) = \lim_{n\to\infty} \sum_{i=1}^{n} P(A_i) =: \sum_{i=1}^{\infty} P(A_i) \quad \text{für alle Folgen}$$

paarweise disjunkter Ereignisse $A_i \in \mathcal{A}$.

Dabei ist es natürlich, durch eine entsprechende Forderung an den Definitionsbereich $\mathcal{A}$ sicherzustellen, daß mit $A_1, A_2, \dots \in \mathcal{A}$ auch $\bigcup_{i=1}^{\infty} A_i \in \mathcal{A}$ gilt. Dies führt auf die folgende axiomatische Definition eines allgemeinen Definitionsbereiches für ein allgemeines, axiomatisch definiertes W-Maß.

1.2.6 DEFINITION: *Gegeben sei ein Stichprobenraum Ω. Dann heißt jedes System $\mathcal{A} \subset \mathcal{P}(\Omega)$ mit den Eigenschaften*

(1.2.9) $\Omega \in \mathcal{A}$,

(1.2.10) $A^c \in \mathcal{A}$, *falls* $A \in \mathcal{A}$,

(1.2.11) $\bigcup_{i=1}^{\infty} A_i \in \mathcal{A}$, *falls* $A_i \in \mathcal{A}\ \forall i \in \mathbb{N}$,

eine ***σ-Algebra*** *über* Ω.

Historisch wurde das Präfix "σ-" für "abzählbar unendliche Vereinigung bzw. Summe" und "δ-" für "abzählbar unendlicher Durchschnitt" verwendet. Heute zeigt das Präfix "σ-" an, daß sich die betreffenden Operationen auf höchstens "abzählbar unendlich viele" Gegenstände beziehen. In Definition 1.2.6 bedeutet dies, daß in (1.2.11) nur abzählbar unendlich viele Ereignisse vereinigt werden. Der Stichprobenraum Ω und auch $\mathcal{A}$ dürfen selbstverständlich auch überabzählbar sein.

1.2.7 BEMERKUNG: σ-Algebren sind natürliche Definitionsbereiche von W-Maßen. Ist $\mathcal{A}$ eine σ-Algebra über Ω, so heißt deshalb das Tupel $(\Omega,\mathcal{A})$ ein ***Meßraum*** und die Elemente von $\mathcal{A}$ heißen ***Ereignisse***.

Jede σ-Algebra $\mathcal{A}$ hat für jedes $n \in \mathbb{N}$ auch die Eigenschaft

(1.2.12) $\bigcup_{i=1}^{n} A_i \in \mathcal{A}$, falls $A_i \in \mathcal{A}\ \forall i=1,\dots,n$.

Insbesondere gilt also (1.2.8) für σ-Algebren. D.h., jede σ-Algebra über Ω ist auch eine Algebra über Ω. [Der Nachweis von (1.2.12) ergibt sich wegen $\emptyset = \Omega^c \in \mathcal{A}$ und der Setzung $A_i := \emptyset$ für $i = n+1, n+2, \dots$ unmittelbar aus (1.2.11)].

1.2.8 BEISPIELE:

1) Die Mengensysteme $\mathcal{P}(\Omega)$, $\{\emptyset,\Omega\}$ und $\{\emptyset,A,A^c,\Omega\}$ für gegebene Teilmenge $A \subset \Omega$ mit $\emptyset \neq A \neq \Omega$ sind nicht nur Algebren, sondern auch σ-Algebren über Ω. Dies ergibt sich unmittelbar aus der Überprüfung von (1.2.9) bis (1.2.11). $\mathcal{P}(\Omega)$ ist also *ein konkretes Beispiel* für einen natürlichen Definitionsbereich von W-Maßen.

2) Ist $\mathcal{A}$ eine Algebra über Ω mit nur endlich vielen Elementen, d.h. $|\mathcal{A}| \in \mathbb{N}$, so ist $\mathcal{A}$ auch σ-Algebra über Ω, da sich die Forderung (1.2.11) wegen $|\mathcal{A}| \in \mathbb{N}$ auf (1.2.8) reduziert.

3) Für einen unendlichen Stichprobenraum Ω, z.B. $\Omega = \mathbb{R}$, ist $\mathcal{A} := \{A \subset \Omega : A \text{ ist endlich oder } A^c \text{ ist endlich}\}$ eine Algebra

über Ω, aber *keine* σ-Algebra über Ω, während für einen beliebigen Stichprobenraum Ω das Mengensystem $\mathcal{B} := \{B \subset \Omega : B$ ist abzählbar oder B^c ist abzählbar$\}$ eine σ-Algebra über Ω ist, vgl. Aufg. 1.2.13. Enthält Ω zwei disjunkte, überabzählbare Teilmengen, z.B. $\Omega = \mathbb{R}$, so gilt außerdem $\mathcal{B} \neq \mathcal{P}(\Omega)$.

Nachdem nun alle Begriffe bereitgestellt und erläutert wurden, formulieren wir in der nachfolgenden Definition das Axiomensystem für ein allgemeines W-Maß. Es geht auf A.N. Kolmogorov (1933) zurück und ist heute das allgemein anerkannte Grundmodell zur Beschreibung von Zufallsexperimenten.

1.2.9 DEFINITION: *Gegeben sei eine σ-Algebra $\mathcal{A}$ über einem Stichprobenraum Ω. Jede Abbildung $P : \mathcal{A} \to \mathbb{R}$ mit den Eigenschaften*

(1.2.13) $\quad P(A) \geq 0 \quad \forall A \in \mathcal{A}$ $\qquad$ *(P ist nichtnegativ),*

(1.2.14) $\quad P(\Omega) = 1$ $\qquad$ *(P ist normiert),*

(1.2.15) $\quad P(\sum_{i=1}^{\infty} A_i) = \sum_{i=1}^{\infty} P(A_i)$ $\qquad$ *(P ist σ-additiv)*

$\forall$ *Folgen paarweise disjunkter Ereignisse* $(A_i \in \mathcal{A},\ i \in \mathbb{N})$,

heißt ein Wahrscheinlichkeitsmaß (W-Maß) auf $\mathcal{A}$. Das Tripel $(\Omega, \mathcal{A}, P)$ heißt dann ein Wahrscheinlichkeitsraum (W-Raum).

KONVENTION: *Ebenso wie die Schreibweise $A + B$ für $A \cup B$ die Disjunktheit von A und B zur Voraussetzung hatte, setzt die Schreibweise*

$$\sum_{i=1}^{\infty} A_i \ \left(\text{bzw. } \sum_{i=1}^{n} A_i\right) \text{ für } \bigcup_{i=1}^{\infty} A_i \ \left(\text{bzw. } \bigcup_{i=1}^{n} A_i\right)$$

die paarweise Disjunktheit der A_i, $i \in \mathbb{N}$ (bzw. der $A_1, \ldots, A_n$) voraus, d.h. bei dieser Schreibweise wird auch ohne explizite Erwähnung immer $A_i \cap A_j = \emptyset \ \forall i \neq j$ vorausgesetzt.

Ein W-Raum in der Form der Definition 1.2.9 ist ein noch recht abstraktes Gebilde, vergleichbar etwa den statischen Regeln, die ein Architekt bei der Konstruktion eines Bauwerkes beachten muß. Eines der Ziele dieser Einführung wird darin bestehen, das allgemeine Regelwerk des W-Raumes anhand konkreter Beispiele zum Leben zu erwecken. Bevor wir die Eigenschaften von W-Räumen genauer untersuchen und den Zusammenhang zur Definition 1.2.1 herstellen, wollen wir die bisher durchgeführte Modellierung zusammenfassen:

1) Der *Stichprobenraum* Ω enthält alle potentiell möglichen Ausgänge des Zufallsexperiments (Versuchsergebnisse) als Elemente. Er kann den realen und mathematischen Bedürfnissen entsprechend gewählt werden.

2) Die *σ-Algebra* $\mathcal{A}$ über Ω modelliert das System der (im konkreten Anwendungsfall) betrachteten Ereignisse. Auch sie wird den realen und mathematischen Bedürfnissen entsprechend im Anwendungsfall konkretisiert.

3) Das *W-Maß* P über $\mathcal{A}$ beschreibt die Wahrscheinlichkeitsbewertung der betrachteten Ereignisse. Im Anwendungsfall wird P nur selten als bekannt angesehen werden können. In den meisten Fällen werden nur einige Annahmen über die ungefähre Form von P möglich sein. Es ist dann Aufgabe der *Statistik*, genauere Aussagen über das tatsächlich zugrunde liegende W-Maß (auf der Basis von Versuchsergebnissen) zu gewinnen, während die *Wahrscheinlichkeitstheorie* (W-Theorie) allgemeine Eigenschaften von W-Räumen untersucht, um insbesondere auch Hilfsmittel für die Statistik bereitstellen zu können.

1.2.10 KOROLLAR: *Ist $(\Omega,\mathcal{A},P)$ ein W-Raum, so gilt für alle $n \in \mathbb{N}$ auch die (endliche) Additivität*

(1.2.16) $$P\left(\sum_{i=1}^{n} A_i\right) = \sum_{i=1}^{n} P(A_i) \quad \forall A_1,\dots,A_n \in \mathcal{A} \quad \text{(paarweise disjunkt)}$$

und die Nulltreue

(1.2.17) $$P(\emptyset) = 0.$$

Der Beweis ergibt sich unmittelbar aus den Basiseigenschaften: Wegen $P(\Omega) = P(\Omega+\emptyset+\emptyset+\dots) = P(\Omega)+P(\emptyset)+P(\emptyset)+\dots$ folgt $P(\emptyset)=0$ und somit für paarweise disjunkte Ereignisse $A_1,\dots,A_n \in \mathcal{A}$

$$P\left(\sum_{i=1}^{n} A_i\right) = P\left(\sum_{i=1}^{n} A_i + \emptyset + \emptyset + \dots\right)$$
$$= \sum_{i=1}^{n} P(A_i) + P(\emptyset) + P(\emptyset) + \dots = \sum_{i=1}^{n} P(A_i).$$

Im Fall endlicher Stichprobenräume Ω ist mit $\mathcal{P}(\Omega)$ auch jede σ-Algebra $\mathcal{A}$ über Ω endlich. Nach Beispiel 1.2.8(2) und Bemerkung 1.2.7 sind in diesem Fall die Begriffe "Algebra über Ω" und "σ-Algebra über Ω" äquivalent. Ebenso ist hier auch die Forderung (1.2.15) der σ-Additivität äquivalent zur Forderung (1.2.16) der endlichen Additivität, da in einer disjunkten Vereinigung $\sum_{i=1}^{\infty} A_i$ notwendigerweise alle A_i bis auf höchstens endlich viele Ausnahmen gleich der leeren Menge sein müssen. Wie schon früher betont, ist *bei endlichen Stichprobenräumen* Ω die Begriffsbildung der σ-Algebra überflüssig, da man hier *stets die Potenzmenge* $\mathcal{P}(\Omega)$ *als (endlichen) Definitionsbereich von W-Maßen* zugrundelegen kann. Mit dieser Konvention ist *im Falle endlicher Stichprobenräume* die allgemeine Definition 1.2.9 äquivalent mit der speziellen Definition 1.2.1 endlicher W-Räume.

Angeleitet durch das Motivationsbeispiel 1.2.5 haben wir *im Falle unendlicher Stichprobenräume* in Definition 1.2.9 anstelle der endlichen Additivität von P die Approximationseigenschaft der σ-Additivität gefordert, also eine Eigenschaft, die es erlaubt, die Wahrsch. einer aus (abzählbar) unendlich vielen Teilstücken zusammengesetzten Menge als Summe der Wahrsch. der Teilstücke zu berechnen. Dies ist besonders vorteilhaft, wenn sich komplizierte Mengen aus einfachen Teilen aufbauen lassen. Jede offene Menge der Ebene läßt sich z.B. als abzählbare Summe von Rechtecken schreiben.

Der Übergang von der (endlichen) Additivität zur σ-Additivität ist etwa vergleichbar dem Übergang von endlichen zu unendlichen Reihen in der Analysis. Vereinfachend: Eine Wahrscheinlichkeitstheorie über unendlichen Räumen ohne σ-Additivität ist wie eine Analysis ohne Grenzwertbegriff.

Nebenbei bemerkt sind relative Häufigkeiten H_n, die unsere Wegweiser zu den obigen Definitionen waren, stets erklärbar auf der σ-Algebra $\mathcal{P}(\Omega)$ und dort σ-additiv, also W-Maße auf $\mathcal{P}(\Omega)$: Die Beziehung (1.2.15) besagt ja einfach, daß der Anteil von n Versuchen, für die mindestens eines der Ereignisse $A_1, A_2, \ldots$ eingetreten ist, sich zusammensetzt aus den Eintrittshäufigkeiten für jedes einzelne Ereignis A_i.

Die Begriffsbildung des W-Raumes $(\Omega, \mathcal{A}, P)$ ist innerhalb der Mathematik unter einem anderen Namen wohlbekannt: In der *Maßtheorie* heißt $(\Omega, \mathcal{A}, P)$ *Maßraum* mit dem *normierten Maß* P, vgl. Abschnitt 1.3. Dennoch ist "Wahrscheinlichkeitstheorie" mehr als "Maßtheorie". Klar wird dies, wenn wir uns daran erinnern, daß wir erst einen Teil unserer Erfahrung, die sich im empirischen Gesetz der großen Zahlen manifestiert, in den W-Raum übernommen haben. Grundlage für die Feststellung, daß sich die Folge $H_n(A)$, $n \geq 1$, stabilisiert, war doch die Voraussetzung, daß sich das Zufallsexperiment (beliebig oft) wiederholen läßt und sich die einzelnen Experimente dabei gegenseitig nicht beeinflussen. Dieser intuitive Begriff der *Unabhängigkeit* von Zufallsexperimenten ist wesentlicher Bestandteil der Erfahrungswelt bei zufallsgesteuerten Vorgängen. Wir werden ihn in mathematischer Formulierung erst später im Zusammenhang mit der *Koppelung von Zufallsexperimenten* einführen. Intuitiv ist jedoch klar, was gemeint ist: Koppelung liegt vor, wenn der Ausgang eines ersten Zufallsexperimentes das zweite Zufallsexperiment beeinflußt. Man denke z.B. an eine Bedienungsstation mit mehreren Schaltern (Paketannahme, Fahrkartenverkauf usw.), die alle frei seien. Ein ankommender Kunde sucht sich (zufällig einen Schalter aus (1. Experiment) und wird vom jeweiligen Schalterbeamten eine gewisse (zufällige) Zeit bedient (2. Experiment). Wenn nicht alle Beamte gleich schnell arbeiten, hängt das zweite Experiment offenbar vom Ausgang des ersten ab: die Experimente sind gekoppelt. Im Falle, daß alle Beamten gleich schnell arbeiten, ist es dagegen für die Bedienungszeit irrelevant, welcher Schalter gewählt wird: die Experimente sind unabhängig.

Der zusätzliche Begriff der Koppelung und damit gleichzeitig der Begriff der Unabhängigkeit von Zufallsexperimenten macht den eigentlichen Unterschied zwischen Wahrscheinlichkeitstheorie und Maßtheorie aus.

1.3 Einige Rechenregeln für Maßräume

Die Aufstellung und Untersuchung konkreter W-Räume in späteren Abschnitten und das Rechnen mit Wahrscheinlichkeiten und Maßen erleichtern wir uns durch die Ableitung einiger häufig benötigter Eigenschaften und Rechenregeln.

Die Regeln für das Rechnen mit Mengen (Assoziativgesetze, Distributivgesetze usw.) setzen wir als bekannt voraus. Erinnert sei nur an die *Regeln von de Morgan*

(1.3.1) $$\left(\bigcap_{i\in I} A_i\right)^c = \bigcup_{i\in I} A_i^c, \quad \left(\bigcup_{i\in I} A_i\right)^c = \bigcap_{i\in I} A_i^c,$$

für beliebige Systeme $\{A_i : i\in I\} \subset \mathcal{P}(\Omega)$ und beliebige Indexmengen I. Vor der Ableitung von Rechenregeln für W-Maße stellen wir einige hilfreiche *Eigenschaften von σ-Algebren* $\mathcal{A}$ über Ω zusammen, die unmittelbar aus (1.2.9) bis (1.2.12) folgen:

(1.3.2) Gilt $A_1, A_2, \ldots \in \mathcal{A}$, dann auch $\bigcap_{i=1}^{\infty} A_i = (\bigcup_{i=1}^{\infty} A_i^c)^c \in \mathcal{A}$.

(1.3.3) Gilt $A_1, \ldots, A_n \in \mathcal{A}$, dann auch $\bigcap_{i=1}^{n} A_i = (\bigcup_{i=1}^{n} A_i^c)^c \in \mathcal{A}$.

(1.3.4) Gilt $A, B \in \mathcal{A}$, dann auch $A \setminus B = A \cap B^c \in \mathcal{A}$.

(1.3.5) Gilt $A, B \in \mathcal{A}$, dann auch $A \Delta B = (A \cup B) \setminus (AB) \in \mathcal{A}$.

Im restlichen Teil dieses Abschnitts leiten wir einige Rechenregeln für W-Maße ab. Dabei wird in den meisten Fällen nur von der Nichtnegativität (1.2.13), der σ-Additivität (1.2.15) und der Nulltreue (1.2.17) Gebrauch gemacht. Auch auf die Endlichkeit (Bildbereich $\mathbb{R}$) kann häufig verzichtet werden. Dies ist recht nützlich, da später auch nicht-endliche Maße bei Volumenmessungen in $\mathbb{R}^k$ auftreten. Aus diesem Grunde führen wir die folgende Verallgemeinerung von Definition 1.2.9 ein:

1.3.1 DEFINITION: *Gegeben sei ein Meßraum $(\Omega, \mathcal{A})$, d.h. ein Stichprobenraum Ω und eine σ-Algebra $\mathcal{A}$ über Ω. Jede Abbildung $\mu : \mathcal{A} \to \mathbb{R} \cup \{\infty\}$ mit den Eigenschaften*

(1.3.6) $\mu(A) \geq 0 \quad \forall A \in \mathcal{A}$ *(μ ist nichtnegativ),*

(1.3.7) $\mu(\emptyset) = 0$ *(μ ist nulltreu),*

(1.3.8) $\mu(\sum_{i=1}^{\infty} A_i) = \sum_{i=1}^{\infty} \mu(A_i)$ *(μ ist σ-additiv)*

$\forall$ *Folgen paarweise disjunkter Ereignisse $(A_i \in \mathcal{A} : i \in \mathbb{N})$,*

heißt ein <u>Maß</u> auf $\mathcal{A}$. Das Tripel $(\Omega, \mathcal{A}, \mu)$ heißt dann ein <u>Maßraum</u>, insbesondere ist also jeder W-Raum $(\Omega, \mathcal{A}, P)$ auch ein Maßraum.

Es ist also zugelassen, daß $\mu(A) = \infty$ für gewisse Elemente $A \in \mathcal{A}$ gilt. Tritt auf der rechten Seite von (1.3.8) ein Term $\mu(A_i) = \infty$ auf, so wird die unendliche Summe wohldefiniert [wegen (1.3.6)] gleich ∞ gesetzt. Liefert die linke Seite von (1.3.8) den Wert ∞ und gilt $\mu(A_i) < \infty \ \forall i \in \mathbb{N}$, so steht auf der rechten Seite von (1.3.8) eine Reihe, die im Sinne der nachfolgenden Bemerkung "gegen den Wert ∞ konvergiert". Liefert die linke Seite von (1.3.8) einen endlichen Wert, so steht auf der rechten Seite von (1.3.8) natürlich eine konvergente Reihe mit nichtnegativen Summanden im üblichen Sinne.

1.3.2 BEMERKUNG zu Reihen mit Summanden aus $[0,\infty]$:
Für $a_i \in [0,\infty]$, $i \in \mathbb{N}$, ist

$$\sum_{i=1}^{\infty} a_i := \lim_{n\to\infty} \sum_{i=1}^{n} a_i$$

immer wohldefiniert im abgeschlossenen Intervall $[0,\infty]$ mit den *üblichen Konventionen:*

1) $b+\infty=\infty \ \forall b \in [0,\infty]$,

2) $\lim_{n\to\infty} b_n = \infty$ für jede Folge $b_1,b_2,\ldots \in [0,\infty]$ mit der Eigenschaft, daß für jedes $k \in \mathbb{N}$ ein $n_k \in \mathbb{N}$ existiert mit $b_n > k \ \forall n \geq n_k$.

Denn für $b_n := \sum_{i=1}^{n} a_i$, $n \in \mathbb{N}$, gilt wegen $a_i \in [0,\infty]$ insbesondere $0 \leq b_1 \leq b_2 \leq b_3 \leq \ldots$ und damit *entweder* gewöhnliche Konvergenz in $[0,\infty)$ *oder* Konvergenz gegen ∞ im Sinne von 2). Insgesamt erhalten wir also bei Reihen mit Summanden aus $[0,\infty]$ *immer Konvergenz* in $[0,\infty]$. Außerdem sind *beliebige Umordnungen erlaubt*, da sich das Konvergenzverhalten (und der Limeswert) bei Umordnung von Reihen mit nichtnegativen Summanden bekanntlich nicht ändert.

1.3.3 RECHENREGELN für Maße: Im folgenden sei $(\Omega,\mathcal{A},\mu)$ ein Maßraum und $A,B,A_1,A_2,\ldots \in \mathcal{A}$ seien gegeben. Dann gilt:

(1.3.9) $\quad \mu(\sum_{i=1}^{n} A_i) = \sum_{i=1}^{n} \mu(A_i) \quad$ (μ ist *endlich additiv*),

denn

$$\mu(\sum_{i=1}^{n} A_i) = \mu(\sum_{i=1}^{n} A_i + \emptyset + \emptyset + \ldots)$$
$$= \sum_{i=1}^{n} \mu(A_i) + \mu(\emptyset) + \mu(\emptyset) + \ldots = \sum_{i=1}^{n} \mu(A_i).$$

(1.3.10) $\quad A \subset B$ impliziert $\mu(A) \leq \mu(B)$ (μ ist *isoton*). Ist außerdem $\mu(B) < \infty$, so auch $\mu(A) < \infty$, und es gilt dann

$$\mu(B \setminus A) = \mu(B) - \mu(A) \quad (\mu \text{ ist } \textit{subtraktiv}).$$

Der Beweis ergibt sich mit (1.3.9) unmittelbar aus

$$\mu(B) = \mu(A+(B\setminus A)) = \mu(A) + \mu(B\setminus A) \geq \mu(A).$$

(1.3.11) $\quad$ Für W-Maße P auf $\mathcal{A}$ gilt insbesondere:

$P(B\setminus A) = P(B) - P(A)$, falls $A \subset B$,

$$0 \leq P(A) \leq P(\Omega) = 1, \quad P(A^c) = P(\Omega \setminus A) = 1 - P(A).$$

(1.3.12) Approximation durch "*Ausschöpfung von innen*":
Ist $(A_i : i \in \mathbb{N})$ eine *isotone Folge von Ereignissen*, d.h. $A_1 \subset A_2 \subset A_3 \subset \ldots$, so gilt

$$\mu\left(\bigcup_{i=1}^{\infty} A_i\right) = \lim_{n\to\infty} \mu(A_n) \quad (\mu \text{ ist } \underline{\textit{stetig von unten}}).$$

Der *Beweis* ergibt sich im Fall der Existenz von $k \in \mathbb{N}$ mit $\mu(A_k) = \infty$ aus $\mu(A_i) = \infty \ \forall i \geq k$ (wegen der Isotonie) und aus $\mu(\bigcup_{i=1}^{\infty} A_i) \geq \mu(A_k) = \infty$. Für den Rest des Beweises dürfen wir also $0 \leq \mu(A_i) < \infty \ \forall i \in \mathbb{N}$ voraussetzen.

Wegen $A_0 := \emptyset \subset A_1 \subset A_2 \subset A_3 \subset \ldots$ gilt zusätzlich

$$\bigcup_{i=1}^{\infty} A_i = A_1 + (A_2 \setminus A_1) + (A_3 \setminus A_2) + \ldots = \sum_{i=1}^{\infty} (A_i \setminus A_{i-1}).$$

Damit folgt aus (1.3.8) und (1.3.10)

$$\mu\left(\bigcup_{i=1}^{\infty} A_i\right) = \mu\left(\sum_{i=1}^{\infty} (A_i \setminus A_{i-1})\right) = \sum_{i=1}^{\infty} \mu(A_i \setminus A_{i-1})$$

$$= \lim_{n\to\infty} \sum_{i=1}^{n} (\mu(A_i) - \mu(A_{i-1})) = \lim_{n\to\infty} \mu(A_n).$$

(1.3.13) Approximation durch "*Überdeckung von außen*":
Ist $(A_i : i \in \mathbb{N})$ eine *antitone Folge von Ereignissen*, d.h. $A_1 \supset A_2 \supset A_3 \supset \ldots$, und gilt $\mu(A_1) < \infty$, d.h. $\mu(A_i) < \infty \ \forall i \in \mathbb{N}$, so folgt

$$\mu\left(\bigcap_{i=1}^{\infty} A_i\right) = \lim_{n\to\infty} \mu(A_n) \quad (\mu \text{ ist } \underline{\textit{stetig von oben}}).$$

Zum *Beweis* stellen wir fest, daß die Folge $(A_1 \setminus A_i : i \in \mathbb{N})$ die Voraussetzungen von (1.3.12) erfüllt. Es gilt daher

$$\mu\left(\bigcup_{i=1}^{\infty} (A_1 \setminus A_i)\right) = \lim_{n\to\infty} \mu(A_1 \setminus A_n) = \mu(A_1) - \lim_{n\to\infty} \mu(A_n).$$

Andererseits gilt

$$\mu\left(\bigcup_{i=1}^{\infty} (A_1 \setminus A_i)\right) = \mu\left(A_1 \cap \bigcup_{i=1}^{\infty} A_i^c\right) = \mu\left(A_1 \setminus \bigcap_{i=1}^{\infty} A_i\right) = \mu(A_1) - \mu\left(\bigcap_{i=1}^{\infty} A_i\right).$$

Wegen $\mu(A_1) < \infty$ folgt offensichtlich die Behauptung.

(1.3.14) $\mu\left(\bigcup_{i=1}^{\infty} A_i\right) \leq \sum_{i=1}^{\infty} \mu(A_i)$ (μ ist *sub-σ-additiv*).

Zum *Beweis*, dessen Einzelheiten dem Leser als Übungsaufgabe überlassen werden, beweise man zunächst mit Hilfe von (1.3.12) die Gleichheit

$$\mu\Big(\bigcup_{i=1}^{\infty} A_i\Big) = \lim_{n\to\infty} \mu\Big(\bigcup_{i=1}^{n} A_i\Big).$$

In einem zweiten Schritt beweise man mit Hilfe einer geeigneten disjunkten Darstellung von $\bigcup_{i=1}^{n} A_i$ die Ungleichung

$$(1.3.15) \qquad \mu\Big(\bigcup_{i=1}^{n} A_i\Big) \leq \sum_{i=1}^{n} \mu(A_i) \qquad (\mu \text{ ist } \textit{subadditiv}).$$

Wie (1.3.10), (1.3.11) und (1.3.13) zeigen, erhalten wir weitergehende Aussagen für endliche Maße (im Sinne der folgenden Definition).

1.3.4 DEFINITION UND BEMERKUNG: *Ein Maß μ über (Ω, A) heißt endlich, falls $\mu(\Omega) < \infty$ gilt. Wegen (1.3.10) gilt dann auch $0 \leq \mu(A) \leq \mu(\Omega) < \infty$ $\forall A \in A$. Ein W-Maß P über (Ω, A) ist insbesondere ein endliches Maß über (Ω, A).*

Ist das Maß μ endlich, so gilt die allgemeine Additionsformel oder Siebformel von Sylvester-Poincaré:

$$(1.3.16) \qquad \mu\Big(\bigcup_{i=1}^{n} A_i\Big) = \sum_{\emptyset \neq T \subset \{1,\ldots,n\}} (-1)^{|T|-1} \mu\Big(\bigcap_{i\in T} A_i\Big).$$

Der Beweis von (1.3.16) wird dem Leser ebenso als Übungsaufgabe überlassen (vgl. Aufg. 1.1.2 bzw. Aufg. 1.3.2) wie der Beweis der nachfolgenden Bemerkungen über Zusammenhänge zwischen der σ-Additivität und der Stetigkeit von unten bzw. oben, mit denen wir diesen Abschnitt abschließen wollen.

1.3.5 BEMERKUNG: Gegeben sei ein Meßraum (Ω, A) und eine Abbildung $\mu : A \to \mathbb{R} \cup \{\infty\}$ mit den Eigenschaften (1.3.6) [μ nichtnegativ], (1.3.7) [μ nulltreu] und (1.3.9) [μ endlich additiv]. Dann sind die *Stetigkeit von unten* [vgl. (1.3.12)] und die *σ-Additivität* [vgl. (1.3.8)] *äquivalent*. Die σ-Additivität sichert also gerade die "Maßausschöpfung von innen".
Gilt außerdem $\mu(\Omega) < \infty$, so ist die σ-Additivität auch äquivalent zur Stetigkeit von oben [vgl. (1.3.13)] und sogar äquivalent zur *$\emptyset$-Stetigkeit:*

(1.3.17) Ist $(A_i : i \in \mathbb{N})$ eine *antitone Folge von Ereignissen* mit den Eigenschaften $\bigcap_{i=1}^{\infty} A_i = \emptyset$ und $\mu(A_1) < \infty$, so folgt

$$\lim_{n\to\infty} \mu(A_n) = 0 \quad (\mu \text{ ist } \emptyset\text{-}stetig).$$

Da die $\emptyset$-Stetigkeit offenbar aus der Stetigkeit von oben folgt, haben wir mit (1.3.13) insbesondere bewiesen, daß jedes Maß $\emptyset$-stetig ist. Es sei jedoch angemerkt, daß (im Gegensatz zur Stetigkeit von unten) die Stetigkeit von oben bzw. die $\emptyset$-Stetigkeit nur für Ereignisfolgen mit $\mu(A_i) < \infty$ erklärt wird.

1.4. Diskrete Wahrscheinlichkeitsräume

Wie schon in Abschnitt 1.2 betont, werden im abstrakten W-Raum $(\Omega,\mathcal{A},P)$ Konstruktionsprinzipien formuliert, die nach unseren obigen Überlegungen bei der Aufstellung konkreter W-Modelle zu beachten sind, vergleichbar den statischen Regeln, die ein Architekt bei der Errichtung eines Bauwerkes befolgt. So vielfältig wie dessen Gestaltungsmöglichkeiten sind, so vielfältig sind die Möglichkeiten der Aufstellung konkreter W-Räume. Neben höchst komplexen Exemplaren gibt es auch Modelle mit sehr einfachen Strukturen. Letztere sind besonders gut geeignet, ein Gefühl dafür zu entwickeln, welche Möglichkeiten im allgemeinen W-Raum $(\Omega,\mathcal{A},P)$ stecken.

Die zunächst behandelten Beispiele gehören zur Klasse der sogenannten diskreten W-Räume, welche die endlichen W-Räume dahingehend verallgemeinern, daß der Stichprobenraum Ω auch unendlich viele Punkte enthalten und sich die Wahrsch. auf abzählbar viele Punkte konzentrieren darf. Diese leichte Ausweitung der Definition 1.2.1 wird sich später als nützlich erweisen.

1.4.1 Definition und Satz: *Gegeben seien ein Stichprobenraum Ω, eine abzählbare [d.h. endliche oder abzählbar unendliche] Teilmenge $T \subset \Omega$ und Zahlen $p_t \in \mathbb{R} \cup \{+\infty\}$, $t \in T$, mit der Eigenschaft*

(1.4.1) $\quad p_t > 0 \quad \forall t \in T.$

Mit den Konventionen $\infty \cdot 0 = 0$, $\infty \cdot 1 = \infty$ wird dann durch

(1.4.2) $\quad \mu(A) := \sum_{t\in T} p_t 1_A(t) = \sum_{t\in A\cap T} p_t, \quad A \subset \Omega,$

ein Maß μ *auf* $(\Omega, P(\Omega))$ *definiert.* μ *heißt dann ein* *diskretes Maß* *über* Ω *und* T *heißt* *Träger* *von* μ. (Ω,μ) *heißt* *diskreter Maßraum.* μ *ist genau dann normiert [d.h. ein* *diskretes W-Maß* P *über* Ω*], wenn gilt*

$$(1.4.3) \qquad \sum_{t\in T} p_t = 1.$$

In diesem Fall heißt (Ω, P) *diskreter W-Raum.*

BEMERKUNG: a) In der obigen Definition ist $(\Omega, P(\Omega),\mu)$ ein Maßraum im Sinne der Definition 1.3.1. Die bei diskreten Maßräumen obligatorische σ-Algebra $P(\Omega)$ wird also nicht extra notiert.
b) Gelegentlich nennen wir jede *abzählbare* Teilmenge $T_o \subset \Omega$ mit $T_o \supset T$ einen Träger von μ (im schwachen Sinne). Offenbar ist ein Träger T_o von μ (im schwachen Sinne) dadurch gekennzeichnet, daß T_o eine abzählbare Teilmenge von Ω ist mit der Eigenschaft $\mu(\Omega \setminus T_o) = 0$. Bei einem Träger (im strengen Sinne der Definition 1.4.1) muß außerdem gelten $\mu\{t\} > 0 \ \forall t \in T$.

Zum *Beweis* von 1.4.1 stellen wir fest, daß durch (1.4.2) eine Abbildung $\mu : P(\Omega) \to \mathbb{R} \cup \{\infty\}$ wohldefiniert wurde (weshalb?). Außerdem ist μ offensichtlich nichtnegativ und nulltreu. Der Nachweis der σ-Additivität von μ ergibt sich wegen Bemerkung 1.3.2 unmittelbar aus

$$(1.4.4) \qquad 1_{\sum_{i=1}^{\infty} A_i} = \sum_{i=1}^{\infty} 1_{A_i},$$

denn

$$\mu\Big(\sum_{i=1}^{\infty} A_i\Big) = \sum_{t\in T} p_t 1_{\sum_{i=1}^{\infty} A_i}(t) = \sum_{i=1}^{\infty} \sum_{t\in T} p_t 1_{A_i}(t) = \sum_{i=1}^{\infty} \mu(A_i).$$

Also ist μ tatsächlich ein Maß auf $(\Omega, P(\Omega))$. Weiter ist μ genau dann normiert [ein W-Maß], wenn gilt $1 = \mu(\Omega) = \sum_{t\in T} p_t 1_\Omega(t) = \sum_{t\in T} p_t$. □

1.4.2 BEMERKUNG: Offenbar spielen in Definition 1.4.1 nur der Träger T und die Maße [bzw. Wahrsch.] der Trägerpunkte, nämlich $\mu\{t\} = p_t$, $t \in T$, eine Rolle. Auf $\Omega \setminus T$ liegt keine Masse. Häufig setzt man daher ohne inhaltliche Einschränkung $\Omega = T$. Ist $\Omega = T$ endlich und $\mu[=: P]$ normiert, so ist der diskrete W-Raum (Ω,P) gemäß Definition 1.4.1 nichts anderes als der endliche W-Raum (Ω,P) gemäß Definition 1.2.1.

Eine Charakterisierung der diskreten Maße in der Menge aller Maße über $(\Omega,P(\Omega))$ liefert das nachfolgende Lemma:

1.4.3 LEMMA: *a) Ist μ ein Maß über $(\Omega,P(\Omega))$, so ist μ genau dann diskret, wenn es eine abzählbare Teilmenge $T_o \subset \Omega$ gibt mit $\mu(\Omega \setminus T_o) = 0$.*

b) Zwei diskrete Maße μ_1 und μ_2 über Ω stimmen genau dann überein, wenn gilt

$$(1.4.5) \qquad \mu_1\{\omega\} = \mu_2\{\omega\} \quad \forall \omega \in \Omega.$$

c) Ist μ ein diskretes Maß über Ω, so ist der Träger T_μ von μ eindeutig bestimmt gemäß $T_\mu = \{\omega \in \Omega : \mu\{\omega\} > 0\}$.

Beweis: Aufgabe 1.4.1.

Mit Hilfe von Lemma 1.4.3 können wir nun die in Satz 1.2.3 (für endliche W-Räume) angegebene Charakterisierung von W-Maßen durch Zähldichten auf diskrete W-Maße verallgemeinern.

1.4.4 DEFINITION UND SATZ: *Gegeben sei ein Stichprobenraum Ω. Eine Abbildung $p : \Omega \to \mathbb{R}$ mit den Eigenschaften*

$$(1.4.6) \qquad \begin{aligned} &p(\omega) \geq 0 \ \forall \omega \in \Omega, \ T_p := \{\omega \in \Omega : p(\omega) > 0\} \text{ ist abzählbar,} \\ &\sum_{\omega \in T_p} p(\omega) = 1, \end{aligned}$$

heißt Zähldichte über Ω.

a) Ist P ein diskretes W-Maß über Ω, so wird durch

$$(1.4.7) \qquad p(\omega) = P\{\omega\}, \ \omega \in \Omega,$$

eine Zähldichte p über Ω definiert.

b) Ist p eine Zähldichte über Ω, so gibt es genau ein W-Maß P über $(\Omega,P(\Omega))$ mit (1.4.7). P ist dann ein diskretes W-Maß über Ω.

Beweis: Teil a) folgt unmittelbar aus Definition 1.4.1. Für den Nachweis von Teil b) stellen wir zunächst fest, daß nach Definition/Satz 1.4.1 durch

$$(1.4.8) \qquad P(A) = \sum_{\omega \in T_p} p(\omega) 1_A(\omega), \ A \subset \Omega$$

ein diskretes W-Maß P über Ω mit Eigenschaft (1.4.7) definiert wird. Sei nun Q ein W-Maß über $(\Omega,\mathcal{P}(\Omega))$ mit (1.4.7). Dann gilt

$$Q(\Omega\setminus T_p) = 1-Q(T_p) = 1 - \sum_{\omega\in T_p} p(\omega) = 0.$$

Also ist Q nach Lemma 1.4.3 (a) diskret, und zwar wegen (1.4.7) mit der Eigenschaft $Q\{\omega\} = P\{\omega\}$ $\forall\omega\in\Omega$. Lemma 1.4.3 liefert $Q = P$. □

1.4.5 BEMERKUNG: Statt (1.4.8) schreiben wir häufig *formal überabzählbare Summen* gemäß

(1.4.9) $$P(A) = \sum_{\omega\in A} p(\omega) = \sum_{\omega\in\Omega} p(\omega)\, 1_A(\omega),\quad A\subset\Omega,$$

die jedoch immer als *abzählbare* Summen (Reihen) interpretiert werden können, da sie nur auf die abzählbare Indexmenge $\{\omega\in\Omega : p(\omega) > 0\}$ bezogen werden.

Gelegentlich liegen die Trägerpunkte eines Maßes μ in indizierter Form $T = \{t_i : i\in I\}$ vor. Wir schreiben dann auch p_i statt p_{t_i}, also insbesondere $\mu\{t_i\} = p_i$, $i\in I$. Sind die Trägerpunkte eines diskreten Maßes μ die reellen Zahlen $a_1 < \ldots < a_n$, so veranschaulicht man sich μ wie in der folgenden *Abbildung 1.4.1 (Stabdiagramm, n=4)*:

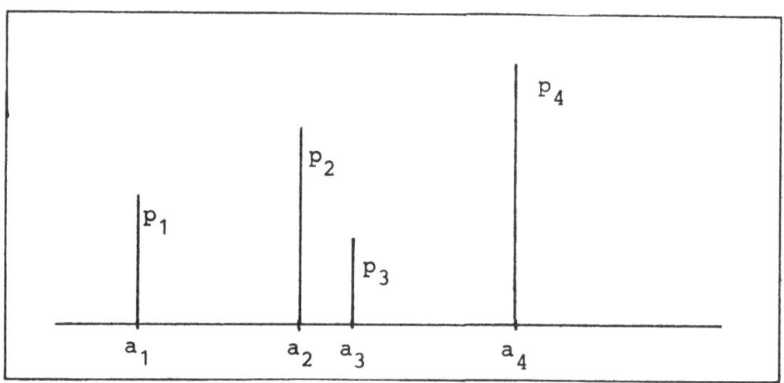

Diskrete W-Räume treten in Fällen auf, in denen ein Zufallsexperiment nur endlich viele oder abzählbar unendlich viele Versuchsergebnisse hervorbringen kann: eine geworfene Münze zeigt "Kopf" oder "Zahl", ein Würfel die Zahlen 1,...,6, ein Medikament kann "Besserung" oder "keine Besserung" bewirken, die Zahl der an einem Tag in einem Büro geführten Telefongespräche ist ein Element aus {0,1,2,...}, usw. Demgegenüber haben wir in Abschnitt 1.2. schon angesprochen, daß es z.B. bei der Modellierung zufallsabhängiger physikalischer Messungen sinnvoll ist, überabzählbare Mengen als Stichprobenräume zu verwenden. In solchen Fällen kann - wie erwähnt - ein W-Maß mit sinnvoll vorgegebenen Eigenschaften i.a. nicht mehr auf der gesamten Potenzmenge des Stichprobenraumes definiert werden. Dies war gerade die Begründung für die Einführung des allgemeinen W-Raumes $(\Omega,\mathcal{A},P)$ mit einer i.a. von $\mathcal{P}(\Omega)$ verschiedenen σ-Algebra $\mathcal{A}$. Zufallsexperimente der letztgenannten Art werden in Abschnitt 4.2 behandelt. Im vorliegenden Abschnitt behandeln wir jedoch nur diskrete W-Räume, bei denen jede Teilmenge von Ω eine Wahrscheinlichkeit trägt.

In Beispiel 1.2.2 wurden einige endliche W-Räume vorgestellt. Sie sind nach Bemerkung 1.4.2 insbesondere auch Beispiele für diskrete W-Räume. So sind etwa im Fall des allgemeinen Würfels mit dem Stichprobenraum $\Omega=\{1,2,\ldots,6\}$ die Zahlen $p_i \geq 0$, $i=1,\ldots,6$, mit $p_1+p_2+\ldots+p_6=1$ zur vollständigen Festlegung des zugehörigen diskreten W-Maßes erforderlich. Als Träger ergibt sich $T=\{i\in\Omega : p_i>0\}$. Auch das schon erwähnte *Laplace-Experiment* ist hier einzuordnen: P sei das diskrete W-Maß mit dem *endlichen Träger* $\Omega=\{\omega_1,\ldots,\omega_N\}$, das jedem Trägerpunkt dieselbe Wahrscheinlichkeit zuordnet, nämlich $P\{\omega_1\}=\ldots=P\{\omega_N\}=1/N$. Dann gilt offenbar [vgl. auch Formel (1.2.4)]

$$(1.4.10) \qquad P(A) = \sum_{t\in\Omega} \frac{1}{N} 1_A(t) = |A|/|\Omega| \quad \forall A\subset\Omega.$$

Wie schon erwähnt beschreibt ein Laplace-Experiment die *zufällige Entnahme eines Elementes aus dem endlichen Stichprobenraum* Ω.

Für praktische Belange besonders wichtige Laplace Experimente sind die sog. *"n-fachen zufälligen Stichprobenentnahmen aus einer N-elementigen Grundgesamtheit"*. Z.B. wird aus einer Warensendung von N Glühbirnen zur Kontrolle der Qualität eine Stichprobe vom Umfang n "zufällig" entnommen, womit gemeint ist, daß ein geeigneter Zufallsmechanismus n Stück so auswählt, daß keine der $\binom{N}{n}$ Auswahlmöglichkeiten bevorzugt wird, also ein Laplace-Experiment über den $\binom{N}{n}$ Auswahlmöglichkeiten vorliegt. Ein ähnliches Verfahren wird bei der klinischen Überprüfung eines neuen Medikamentes angewandt: zur Vermeidung systematischer Fehler erhält eine "zufällig" ausgewählte Gruppe von n bei insgesamt N Personen das neue Medikament, während die restlichen N-n Personen das Standardmedikament erhalten.

Wie ein Zufallsmechanismus zur zufälligen Entnahme von n Elementen aus einer Grundgesamtheit von N Stück physikalisch realisiert werden könnte, ist uns aus der allsamstäglichen Ziehung der Lottozahlen "6 aus 49" bekannt; aus einer sich drehenden Plexiglaskugel, in der sich zunächst N=49 durchnumerierte Loskugeln befinden, werden nacheinander n=6 Kugeln gezogen (ohne Zusatzzahl), wobei zwischen den Ziehungen jeweils eine längere Mischphase liegt. Bei diesem Zufallsmechanismus scheint es dem Betrachter weitgehend gesichert zu sein, daß keine der $\binom{49}{6}$ möglichen Mengen von 6 Zahlen bevorzugt gezogen wird. Eine genaue Analyse dieses Beispiels erfolgt in Abschnitt 2.1 mit Hilfe des schon erwähnten Begriffs der Koppelung von Zufallsexperimenten.

Laplace-Experimente werden häufig als *Urnenmodelle* veranschaulicht: man denkt sich dabei eine Urne mit N durchnumerierten gleichartigen Kugeln, von denen nach sorgfältigem Mischen eine Kugel wahllos herausgegriffen werde. Das Ziehen einer Kugel mit der Nr. i entspricht im oben definierten Laplace-Experiment über $\Omega = \{\omega_1, \ldots, \omega_N\}$ einem Versuchsergebnis ω_i. Die zufällige Entnahme einer n-elementigen Stichprobe aus einer Grundgesamtheit von N Elementen kann so als Urnenmodell mit $\binom{N}{n}$ "Kugeln" veranschaulicht werden. Jede "Kugel" ist dabei eine spezielle n-elementige Teilmenge von $\{1,\ldots,N\}$.

Das Berechnen von Wahrscheinlichkeiten bei Laplace-Experimenten besteht gemäß (1.4.10) im Abzählen der Elementzahlen von A und Ω. Das klingt simpel, ist auch häufig simpel, führt aber in vielen Fällen zu nichttrivialen kombinatorischen Fragestellungen.

1.4.6 BEISPIEL (Geburtstagexperiment): Wir befragen n Personen einer Vorlesung nach ihrem Geburtstag. Zur Vereinfachung machen wir die Annahme, daß die 365 Tage des Jahres alle gleichwahrscheinlich als Geburtstag sind. Die Befragung *einer* Person entspricht somit der zufälligen Entnahme *einer* Kugel aus einer Urne mit N=365 Kugeln. Unter der zusätzlichen Annahme, daß die Geburtstagsdaten verschiedener Personen nicht wechselseitig voneinander abhängen, also insbesondere keine Zwillinge vorkommen, erscheint die folgende *Modellannahme* plausibel [vgl. auch Abschnitt 2.2]:

Die Verteilung der Geburtstage von n Personen auf die N=365 Tage des Jahres werde durch eine Laplace-Verteilung P_o über dem Stichprobenraum $\Omega = \{1,2,\ldots,N\}^n$ beschrieben, wobei eine Realisierung $\underset{\sim}{\omega} = (\omega_1,\ldots,\omega_n) \in \Omega$ bedeuten soll, daß die i-te Person am Tage ω_i Geburtstag hat, $i=1,\ldots,n$.

Wie groß ist nun unter dieser Modellannahme die Wahrscheinlichkeit dafür, daß (mindestens) 2 Personen am gleichen Tag Geburtstag haben, also für das Ereignis

$$A := \{\underset{\sim}{\omega} \in \Omega : \omega_i = \omega_j \text{ für mindestens ein Paar } (i,j) \text{ mit } i \neq j\}?$$

Wir können uns dabei auf den Fall $1 \leq n \leq N$ beschränken (warum?). Wegen $P_o(A) = 1-P_o(A^c)$ reicht es, $|A^c|$ zu bestimmen mit

$$A^c = \{\underset{\sim}{\omega} \in \Omega : \text{ alle } \omega_i,\ i=1,\ldots,n, \text{ sind paarweise verschieden}\}.$$

Es gilt $|A^c| = N(N-1)\ldots(N-n+1) = N!/(N-n)!$, denn für ω_1 gibt es N Möglichkeiten, bei Festlegung von ω_1 noch (N-1) Möglichkeiten für ω_2 usw. Wegen $|\Omega| = N^n$ ergibt sich

(1.4.11) $\quad P_o(A) = 1-N!/(N^n\cdot(N-n)!)$.

Mit Hilfe der *Stirling Formel* [s. Krickeberg/Ziezold, § 21],

(1.4.12) $\quad n! = n^{n+1/2}\, e^{-n+\varepsilon_n} \sqrt{2\pi}$ mit $\frac{1}{12n+1} < \varepsilon_n < \frac{1}{12n}$, $n \in \mathbb{N}$,

läßt sich (1.4.11) (approximativ) durch

$$P_o(A) = 1-e^{-n}\cdot\left(\frac{N}{N-n}\right)^{N-n+1/2}\cdot e^{\varepsilon_N-\varepsilon_{N-n}}$$

berechnen gemäß

n	5	10	20	23	30	40	50	60
$P_o(A)$	0.027	0.117	0.411	0.507	0.706	0.891	0.970	0.994

denn für N=365 und $1 \leq n \leq 60$ gilt $e^{\varepsilon_N-\varepsilon_{N-n}} = 1{,}000$.

Gegen die obige Modellannahme der Laplace-Verteilung über Ω spricht die Erfahrung, daß sich in bestimmten Jahreszeiten die Geburten "drängen". Intuitiv müßte sich die Wahrscheinlichkeit für A dadurch noch erhöhen. Daß dies tatsächlich der Fall ist, zeigt z.B. A.G. Munford, A Note on the Uniformity Assumption in the Birthday Problem, The American Statistician, Vol. 31 (1977), p. 119. In jedem Fall erscheinen die Werte der Tabelle verblüffend groß. □

Während Laplace-Experimente insbesondere auch Beispiele für endliche W-Räume darstellen, erfordert Beispiel 1.2.5 zur Modellierung ein diskretes W-Maß mit abzählbar unendlichem Träger. Einen unendlichen Träger hat auch die Poisson-Verteilung, mit der sich z.B. die Anzahl der Zerfälle in einem radioaktiven Präparat in einer Zeiteinheit modellieren läßt, vgl. auch Abschnitt 3.3:

1.4.7 BEISPIEL (Poisson(λ) Experiment): Gegeben sei der Stichprobenraum $\mathbb{N}_0 = \{0,1,2,...\}$ und der Parameter λ mit $0 < \lambda < \infty$. Dann ist $p(\cdot;\lambda)$ gemäß

(1.4.13) $$p(k;\lambda) = e^{-\lambda}\, \lambda^k/k!\,, \quad k \in \mathbb{N}_0,$$

offenbar (Reihendarstellung der Exponentialfunktion!) eine Zähldichte über $\mathbb{N}_0$. Das zugehörige (diskrete) W-Maß über $\mathbb{N}_0$ heißt *Poisson(λ) Verteilung* (kurz: *P(λ)-Verteilung*). Der Modellparameter $\lambda > 0$ kann dazu benutzt werden, eine "passende" Poisson-Verteilung für eine konkrete Situation zu finden. Der Träger einer Poisson(λ)-Verteilung ist der gesamte Stichprobenraum $\mathbb{N}_0$. □

1.4.8 BEISPIEL (abzählendes Maß): Gegeben sei ein abzählbarer Stichprobenraum Ω. Dann wird gemäß Definition 1.4.1 durch

(1.4.14) $$\mu_a\{\omega\} = 1 \quad \forall \omega \in \Omega$$

ein diskretes Maß μ_a über Ω definiert. Es gilt offenbar

(1.4.15) $$\mu_a(A) = |A| \quad \forall A \subset \Omega.$$

Das Maß μ_a zählt also die Anzahl der Elemente des vorgelegten Ereignisses und heißt daher *abzählendes Maß*. μ_a ist ein endliches Maß genau dann, wenn Ω endlich ist. In diesem Fall definiert

(1.4.16) $$P_0(A) := \mu_a(A)/\mu_a(\Omega), \quad A \subset \Omega,$$

gerade die Laplace-Verteilung P_0 über Ω. □

1.5 DISKRETE ZUFALLSVARIABLE

In Abschnitt 1.1 wurde schon die Wahl der Beobachtungstiefe und deren nachträgliche Verringerung kurz angesprochen (vgl. Bemerkung 1.1.3). In diesem Abschnitt wollen wir für einfache Situationen klären, welcher W-Raum zu wählen ist, wenn ein Modell durch eine spezifizierte Verringerung der Beobachtungstiefe vereinfacht wird.

Der allgemeine Fall wird in Abschnitt 5.1 diskutiert.

Im folgenden sei also ein beliebiger W-Raum $(\Omega, \mathcal{A}, P)$ gegeben und die Verringerung der Beobachtungstiefe sei durch einen weiteren Stichprobenraum $\mathcal{X}$ und eine Abbildung $X : \Omega \to \mathcal{X}$ spezifiziert. Unsere Frage lautet: Läßt sich ein (diskretes) W-Maß P^X über $\mathcal{X}$ angeben, das die über $(\Omega, \mathcal{A})$ gegebene Bewertung P auf $\mathcal{X}$ überträgt, und zwar konsistent mit dem Begriff der Verringerung der Beobachtungstiefe?

Um die konsistente Übertragung der Wahrscheinlichkeiten sicherzustellen, ist es offenbar notwendig, die *Forderung*

(1.5.1) $\quad P^X(B) = P(X^{-1}(B)) \quad \forall B \subset \mathcal{X},$

zu erfüllen. Hierbei bedeutet $X^{-1}(B)$ das X-Urbild der Menge B, vgl. Definition 1.1.4. Offensichtlich ist aber die rechte Seite von (1.5.1) nur dann definiert, wenn gilt

(1.5.2) $\quad X^{-1}(B) \in \mathcal{A} \quad \forall B \subset \mathcal{X}$

denn P ist nach Voraussetzung nur über der σ-Algebra $\mathcal{A}$ definiert. Unsere oben gestellte Frage übersetzt sich daher in die beiden Fragen: Können wir die Beziehung (1.5.2) sicherstellen? Wenn (1.5.2) gilt, ist dann durch (1.5.1) ein W-Maß P^X über $\mathcal{P}(\mathcal{X})$ definiert?

1.5.1 SATZ UND DEFINITION: *Gegeben sei ein W-Raum $(\Omega, \mathcal{A}, P)$ und eine Abbildung $X : \Omega \to \mathcal{X}$ mit der Eigenschaft (1.5.2). Dann wird durch (1.5.1) ein W-Maß P^X über $(\mathcal{X}, \mathcal{P}(\mathcal{X}))$ definiert. P^X heißt das von X und P induzierte W-Maß oder auch Verteilung von X unter P. Ist Q ein W-Maß über $(\mathcal{X}, \mathcal{P}(\mathcal{X}))$ mit $Q = P^X$, so sagt man: X ist nach Q verteilt, kurz: $X \sim Q$.*

Eine Abbildung X mit diesen Eigenschaften nennen wir Zufallsvariable (ZV). Später werden wir allgemeiner auch dann von einer ZV sprechen, wenn (1.5.2) und (1.5.1) nur für alle B aus einer geeigneten σ-Algebra $\mathcal{B}$ über $\mathcal{X}$ erfüllt sind, vgl. Satz 5.1.4.

Beweis: Wegen (1.5.2) definiert (1.5.1) eine Abbildung $P^X : \mathcal{P}(\mathcal{X}) \to \mathbb{R}$, für die also nur über der σ-Algebra $\mathcal{P}(\mathcal{X})$ die Eigenschaften (1.2.13) bis (1.2.15) eines W-Maßes zu überprüfen sind: Die Nichtnegativität (1.2.13) für P^X ist nach Definition erfüllt. Die Normiertheit (1.2.14) für P^X ergibt sich wegen $X^{-1}(\mathcal{X}) = \Omega$ aus der Normiertheit von P. Die σ-Additivität (1.2.15) für P^X über $\mathcal{P}(\mathcal{X})$ ergibt sich wegen (vgl. Aufgabe 1.1.7)

$$X^{-1}\Big(\sum_{i=1}^{\infty} B_i\Big) = \sum_{i=1}^{\infty} X^{-1}(B_i),\ B_i \subset \mathcal{X},$$

aus der σ-Additivität von P über $\mathcal{A}$. □

Damit ist die zweite Frage vollständig und positiv beantwortet. Zur ersten Frage stellen wir hier fest, daß die Forderung (1.5.2) sicher nicht für jede Abbildung X und jede σ-Algebra $\mathcal{A}$ erfüllbar ist. Der Leser möge einfache Beispiele selbst konstruieren. Wir beschränken uns im folgenden auf einen einfachen Fall, in dem wir von *diskreten ZV* sprechen:

1.5.2 DEFINITION: *Gegeben sei ein W-Raum $(\Omega,\mathcal{A},P)$ und eine Abbildung $X : \Omega \to \mathcal{X}$. Ist* $X(\Omega) = \{X(\omega) : \omega \in \Omega\}$ *abzählbar und gilt*

$$(1.5.3) \qquad X^{-1}(\{x\}) = \{\omega \in \Omega : X(\omega) = x\} \in \mathcal{A} \quad \forall x \in X(\Omega),$$

so heißt X diskrete ZV mit Werten in $\mathcal{X}$.

Eine diskrete ZV X erfüllt (1.5.2). Dies ergibt sich aus (vgl. Aufgabe 1.1.7)

$$X^{-1}(B) = X^{-1}(B \cap X(\Omega)) = \sum_{x \in B \cap X(\Omega)} X^{-1}(\{x\}),\ B \subset \mathcal{X},$$

unter Benutzung von (1.5.3) und (1.2.11). Das von X und P induzierte W-Maß P^X (vgl. Satz 1.5.1) ist nach Lemma 1.4.3 ein diskretes W-Maß und hat die Darstellung

$$(1.5.4) \qquad P^X(B) = \sum_{x \in B} P(X^{-1}(\{x\})),\ B \subset \mathcal{X}.$$

1.5.3 BEISPIEL (Augensumme zweier Würfel): Das Werfen zweier symmetrischer Würfel werde modelliert durch die Laplace-Verteilung P über $\Omega = \{1,2,\dots,6\}^2$, wobei eine Realisierung $\underset{\sim}{\omega} = (\omega_1,\omega_2) \in \Omega$ bedeuten soll, daß der 1. Würfel die Augenzahl ω_1 und der 2. Würfel die Augenzahl ω_2 anzeigt. Interessiert uns nur die Augensumme der beiden Würfel, so kann diese Verringerung der Beobachtungstiefe durch die Abbildung $X : \Omega \to \mathbb{N}$ gemäß $X(\omega_1,\omega_2) = \omega_1+\omega_2$, $(\omega_1,\omega_2) \in \Omega$, dargestellt werden. X ist nach Definition 1.5.2 eine diskrete ZV. Die induzierte Verteilung P^X besitzt offensichtlich den Träger $X(\Omega) = \{2,3,\dots,12\}$ und die folgende Zähldichte $p_X : \mathbb{N} \to \mathbb{R}$ $(\forall n \in \mathbb{N})$

$$p_X(n) = P^X\{n\} = P(X^{-1}(\{n\})) = P\{\underset{\sim}{\omega} \in \Omega : \omega_1 + \omega_2 = n\}$$
$$= \frac{|\{(i,j) \in \{1,2,\dots,6\}^2 : i+j=n\}|}{|\Omega|} = \frac{1}{36} \sum_{i=1}^{6} \sum_{j=1}^{6} 1_{\{n\}}(i+j).$$

Insbesondere gilt $p_X(12) = \frac{1}{36}$, $p_X(11) = \frac{2}{36}$. □

1.5.4. BEISPIEL (Indikator eines Ereignisses): Gegeben sei der W-Raum $(\Omega, \mathcal{A}, P)$ als Modell für ein bestimmtes Zufallsexperiment. Interessiert uns nur das Eintreten oder Nichteintreten eines bestimmten Ereignisses $A \in \mathcal{A}$, so kann diese Verringerung der Beobachtungstiefe durch die Abbildung $X : \Omega \to \{0,1\}$ gemäß $X = 1_A$ dargestellt werden. Wegen $A \in \mathcal{A}$ ist $X = 1_A$ nach Definition 1.5.2 eine diskrete ZV. Die induzierte Verteilung P^X über $\{0,1\}$ ist eine Bernoulli(p) Verteilung mit $p = P^X\{1\} = P(A)$, vgl. Beispiel 1.2.2(1). Das induzierte Bernoulli-Experiment $(\{0,1\}, P^X)$ reicht gerade noch aus, um das Eintreten oder Nichteintreten des vorgegebenen Ereignisses A festzustellen und zu bewerten. □

1.5.5 BEZEICHNUNGEN: Bei gegebener Abbildung $X : \Omega \to \mathcal{X}$ benutzen wir meistens die bequemen und suggestiven Bezeichnungen

$$\{X \in B\} := \{\omega \in \Omega : X(\omega) \in B\} = X^{-1}(B), \quad B \subset \mathcal{X},$$

$$\{X = x\} := \{\omega \in \Omega : X(\omega) = x\} = X^{-1}(\{x\}), \quad x \in \mathcal{X}.$$

Dann schreibt sich z.B. die Darstellung (1.5.4) als

$$P^X(B) = P\{X \in B\} = \sum_{x \in B} P\{X = x\}, \quad B \subset \mathcal{X}.$$

1.5.6 BEMERKUNG: Wir haben oben (diskrete) ZV eingeführt, um Zufallsexperimente mit verringerter Beobachtungstiefe zu erfassen. Ein weiterer Grund für die Verwendung von ZV zur Beschreibung von Zufallsexperimenten ist, daß sich mit Hilfe von ZV verbal formulierte Aussagen oft sehr bequem in die Sprache der W-Theorie übersetzen lassen, vgl. 1.5.5. Jedes Zufallsexperiment, das durch ein (diskretes) W-Maß Q über $(\mathcal{X}, \mathcal{P}(\mathcal{X}))$ beschrieben wird, läßt sich auch durch eine diskrete ZV X über einem W-Raum $(\Omega, \mathcal{A}, P)$ beschreiben, d.h. es gilt $P^X = Q$. Man wähle z.B. $\Omega = \mathcal{X}$, $\mathcal{A} = \mathcal{P}(\mathcal{X})$, $P = Q$ und definiere X als im wesentlichen die Identität auf Ω, genauer $X(\omega) = \omega$ $\forall \omega \in T$, T Träger von Q, bzw. $X(\omega) = x_o$ $\forall \omega \in T^c$ für ein beliebiges Element $x_o \in \mathcal{X}$. Gemäß Definition 1.5.2 ist X eine diskrete ZV und für $B \subset \mathcal{X}$ gilt tatsächlich $P^X(B) = Q\{\omega : X(\omega) \in B, \omega \in T\} + Q\{\omega : X(\omega) \in B, \omega \in T^c\} = Q(B \cap T) = Q(B)$, d.h. $X \sim Q$. □

In Abschnitt 1.4 wurden Beispiele angegeben, in denen der Stichprobenraum in natürlicher Weise als abzählbar unendliche Menge zu wählen war. Wir geben nun ein Beispiel dafür, daß bei ganz einfach strukturierten Zufallsexperimenten sogar die Verwendung eines überabzählbaren Stichprobenraums nötig wird.

1.5.7 BEISPIEL (unendlich viele Münzwürfe): Eine ideale Münze werde solange geworfen, bis insgesamt r-mal Kopf erschienen ist. Da dieser Zeitpunkt unbekannt ist, benötigen wir zur Beschreibung dieses Zufallsexperimentes unbegrenzt lange Versuchsreihen. Ein natürlicher Stichprobenraum hierfür ist die überabzählbare Menge $\Omega = \{0,1\}^{\mathbb{N}} = \{x = (x_1,x_2,\dots) : x_i \in \{0,1\}\ \forall i\}$, wobei $x_i = 1(0)$ bedeutet, daß der i-te Wurf Kopf (Zahl) ergab. Da es eine Laplace-Verteilung mit unendlichem Träger nicht geben kann (warum?), müssen wir nach einem anderen beschreibenden W-Maß suchen. Bezeichne dazu $X_i : \Omega \to \{0,1\}$, $X_i(x) = x_i$, $x = (x_1,x_2,\dots) \in \Omega$, die Projektion auf die i-te Komponente. Die Abbildung $(X_1,\dots,X_n) : \Omega \to \{0,1\}^n$ beschreibt also die ersten n Würfe. Aus Beispiel 1.2.2(4) wissen wir, daß die Laplace-Verteilung über $\{0,1\}^n$ das n-fache Werfen mit einer idealen Münze modelliert. Wenn P ein W-Maß über Ω ist, das unendlich viele ideale Münzwürfe beschreibt, so muß die induzierte Verteilung $P^{(X_1,\dots,X_n)}$ die ersten n Würfe beschreiben, also die Laplace-Verteilung über $\{0,1\}^n$ sein. In Abschnitt 9.3 wird gezeigt, daß es genau ein solches Maß P über Ω gibt (versehen mit einer geeigneten σ-Algebra $\mathcal{A}$, die alle Ereignisse der Form $(X_1,\dots,X_n)^{-1}(B)$, $B \subset \{0,1\}^n$, $n \geq 1$, enthält). Im Gegensatz zu $P^{(X_1,\dots,X_n)}$ ist P kein diskretes W-Maß. □

1.6 VERWERFUNG VON W-MASSEN AUFGRUND VON BEOBACHTUNGEN

Bisher haben wir uns nur mit der Modellierung von Zufallsexperimenten befaßt und erste Eigenschaften der Basismodelle untersucht. Auch wenn der Modellierungsprozeß noch keineswegs abgeschlossen ist, wollen wir uns in diesem Abschnitt exemplarisch der zentralen statistischen Frage zuwenden: Können wir durch Ausführung des Zufallsexperiments feststellen, ob ein vorgeschlagenes W-Maß P_o das vorliegende Zufallsexperiment angemessen beschreibt? Die Interpretationsbrücke für die Anwendung mathematisch-statistischer Verfahren in der "Erfahrungswelt" bildet das Anwendungspostulat 1.1.7.

1.6.1 BEISPIEL (Wilcoxon-Test): Um die Wirksamkeit eines neuen Verfahrens (I) mit der eines (Standard-)Verfahrens (II) (Heilverfahren, Lernmethode etc.) zu vergleichen, werde eine Gruppe von N Versuchsobjekten (Patienten, Studenten etc.) zufällig in zwei Gruppen der Größe m bzw. n $(m+n=N)$ eingeteilt. Auf die erste Gruppe werde das Verfahren I angewendet, auf die zweite Gruppe (Kontrollgruppe) das Verfahren II. Nach der Durchführung des Versuchs werden die N Ergebnisse in eine Rangfolge gebracht derart, daß das schlechteste (zweitschlechteste,...,beste) Ergebnis den Wert 1(2,...,N) erhält. Dies kann entweder durch eine direkte Ermittlung der Rangfolge oder auch aufgrund von irgendwelchen Meßwerten (z.B. Punktzahlen bei psychologischen Tests) geschehen. Die *Hypothese* der Gleichwertigkeit von I und II wird man verwerfen und I als überlegen bezeichnen, wenn die Rangzahlen der ersten Gruppe hinreichend groß gegenüber den Rangzahlen der zweiten Gruppe sind. Letzteres kann man mit Hilfe von Teststatistiken präzisieren, bei denen große Werte großen Rangzahlen der ersten Gruppe entsprechen.

Eine einfache, vielverwendete Teststatistik dieser Art ist die *Wilcoxon-Statistik*,

(1.6.1) $$S_W = \sum_{i=1}^{m} R_i,$$

also die Summe der Ränge R_i, $i=1,...,m$, der ersten Gruppe. Überschreitet S_W nach der Versuchsausführung einen geeignet gewählten kritischen Wert c,

(1.6.2) $$S_W \geq c,$$

so verwirft man die Hypothese der Gleichwertigkeit von I und II und sieht I als überlegen an, während man bei $S_W < c$ nur konstatiert, daß man die Hypothese der Gleichwertigkeit aufgrund der Daten nicht verwerfen kann. Dieses Testverfahren heißt *Wilcoxon-Test* (genauer: *Wilcoxon-Rangsummen-Test* zur Unterscheidung gegenüber anderen ebenfalls nach dem Statistiker Wilcoxon benannten Tests). Der Wilcoxon-Test liefert eine Vorschrift dafür, wie man sich nach der Versuchsausführung zwischen den Aussagen A_1: "Verwerfung der Hypothese" und A_o: "Keine Verwerfung der Hypothese" zu entscheiden hat.

Verwerfung der Hypothese bedeutet hier, daß Verfahren I gegenüber Verfahren II als überlegen angesehen wird. Die Möglichkeiten, daß etwa II gegenüber I überlegen ist, oder daß I und II nicht im Sinne von "besser" und "schlechter" vergleichbar sind, bleibt in diesem Modell unberücksichtigt.

Zur Präzisierung der obigen Darstellung verwenden wir als Stichprobenraum die Menge aller möglichen Versuchsausgänge, also $\Omega = \mathcal{R}_N$ mit

$$\mathcal{R}_N = \{r=(r_1,\ldots,r_N) : r \text{ ist eine Permutation von } (1,\ldots,N)\}.$$

Der *Rang* R_i des i-ten Versuchsobjekts ist dann definiert als Abbildung $R_i : \mathcal{R}_N \to \{1,\ldots,N\}$ mit $R_i(r) = r_i$, $r \in \mathcal{R}_N$; $\{R_i=1\}$ bedeutet z.B., daß das i-te Versuchsobjekt das schlechteste Ergebnis geliefert hat. Die Hypothese der Gleichwertigkeit von I und II beschreiben wir wegen der postulierten zufälligen Auswahl der Versuchsobjekte durch die Laplace-Verteilung P_o über $\mathcal{R}_N$,

(1.6.3) $\quad P_o(\{r\}) = 1/N! \quad \forall r \in \mathcal{R}_N.$

Den kritischen Wert c in (1.6.2) bestimmt man üblicherweise als kleinsten Wert x derart, daß für einen vorgegebenen "kleinen" Wert $\alpha \in (0,1)$ [üblich sind Werte: $\alpha = 0.05$, $\alpha = 0.01$, $\alpha = 0.001$], das sog. *(Signifikanz-)Niveau*, die Ungleichung $P_o\{S_W \geq x\} \leq \alpha$ gerade noch erfüllt ist, also gemäß

(1.6.4) $\quad c = c(\alpha) = \text{Min } \{x : P_o\{S_W \geq x\} \leq \alpha\}.$

Ist das oben beschriebene Entscheidungsverfahren vernünftig? Hierzu einige grundsätzliche Überlegungen:

Der Test wird allein deshalb durchgeführt, weil wir nicht sicher sind, ob das *wahre* W-Maß P, das den Versuch tatsächlich beschreibt, die Laplace-Verteilung P_o über $\mathcal{R}_N$ ist [Modell für: "I und II sind gleichwertig"], oder ob P ein W-Maß ist, das das Auftreten großer Rangzahlen in der ersten Gruppe begünstigt [Modell für: "I ist II überlegen"].

Ist die wahre Verteilung gleich P_o, so trägt der *kritische Bereich* $K = \{S_W \geq c(\alpha)\}$ nach Wahl von $c(\alpha)$ eine Wahrscheinlichkeit, die das vorgegebene Niveau α nicht übersteigt, d.h. es gilt $P_o(K^c) \geq 1-\alpha$. Ist α so klein gewählt, daß eine Wahrscheinlichkeit von $1-\alpha$ als "groß" im Sinne des Anwendungspostulates gelten kann, so muß das Ereignis K^c demgemäß in der Praxis mit Sicherheit eintreten, wenn P_o richtig ist. Tritt tatsächlich jedoch K bei der Versuchsausführung ein, so läßt dies nur den Schluß zu, daß P_o als beschreibendes W-Maß zu verwerfen ist. Genauso lautet aber die

Entscheidungsvorschrift des Wilcoxon-Tests bei Eintreten von K.

Tritt andererseits bei der Versuchsausführung das Ereignis $K^c = \{S_W < c(\alpha)\}$ ein, so kann man nur konstatieren, daß genau dies zu erwarten ist, wenn P_o die wahre Verteilung ist. Das Anwendungspostulat fordert ja das Eintreten von Ereignissen in der Praxis, wenn diese große Wahrscheinlichkeiten haben, also hier das Eintreten von K^c, denn $P_o(K^c)$ ist groß ($\geq 1-\alpha$). Hierher stammt die Vorschrift, sich bei Eintreten von $\{S_W < c(\alpha)\}$ für die Aussage A_o: "Keine Verwerfung der Hypothese" zu entscheiden.

Man bemerkt, daß es bei der gerade durchgeführten Diskussion nicht auf die spezielle Gestalt des kritischen Bereichs $K = \{S_W \geq c(\alpha)\}$ ankommt, sondern allein auf die Tatsache $P_o(K) \leq \alpha$. Dennoch ist es nicht gleichgültig, welchen kritischen Bereich K mit der Nebenbedingung $P_o(K) \leq \alpha$ man zugrundelegt. Z.B. erfüllt der kritische Bereich $K = \emptyset$ die Nebenbedingung wegen $P_o(\emptyset) = 0$, er ist jedoch gänzlich ungeeignet zur Entscheidung, ob I überlegen ist oder nicht, da alle Versuchsergebnisse nach $K^c = \Omega$ fallen und man sich stets für A_o entscheiden würde. Günstig wäre dagegen ein kritischer Bereich K (mit $P_o(K) \leq \alpha$), bei dem im Falle der Überlegenheit von I das beschreibende W-Maß P einen möglichst großen Wert P(K) ergibt, denn dann ist zu erwarten, daß K häufig eintritt, man sich also häufig richtigerweise für A_1 entscheidet. In diese Richtung zielt die Wahl des kritischen Bereichs $K = \{S_W \geq c(\alpha)\}$ nach Wilcoxon: Wenn I überlegen ist, werden die Werte von $S_W = \sum_{i=1}^{m} R_i$ häufiger größer sein als bei Gleichwertigkeit von I und II, d.h. die Wahrscheinlichkeit des Ereignisses $\{S_W \geq c(\alpha)\}$ wird bei Überlegenheit von I größere Werte haben als unter P_o ("I und II gleichwertig"). □

Bevor wir auf die praktische Durchführung des Wilcoxon-Tests eingehen, stellen wir -losgelöst vom obigen Beispiel - die wesentlichen Gedanken noch einmal zusammen.

1.6.2 ZUSAMMENFASSUNG (Schlußweise der statistischen Testtheorie): Als *Modell* für ein Zufallsexperiment sei der W-Raum $(\Omega,\mathcal{A},P)$ gegeben. Das W-Maß P sei jedoch teilweise oder vollständig unbekannt. Wir formulieren (versuchsweise oder aus theoretischen Überlegungen) die *Hypothese* "$P = P_o$" mit bekanntem W-Maß P_o und wählen (vor Ausführung des Zufallsexperiments) einen (geeigneten) *kritischen Be-*

reich $K \in \mathcal{A}$ mit der Eigenschaft $P_o(K) \leq \alpha$ für ein vorgewähltes (*Signifikanz- oder Sicherheits-Niveau*) $\alpha \in (0,1)$. Wir nennen K einen kritischen Bereich zum Niveau α für die Hypothese "$P = P_o$".

Abgesehen von der Auswahl eines möglichst guten kritischen Bereichs, die sich danach richtet, welche alternativen Kandidaten für das beschreibende Maß P man möglichst gut von P_o "trennen" möchte (s. die Schlußüberlegungen in Beispiel 1.6.1) und abgesehen von Verallgemeinerungen auf komplexere Fragestellungen, ist hiermit die "mathematische Seite" erledigt.

Der *statistische Schluß* liegt schon auf der "Anwendungsseite": Tritt bei der Ausführung des Zufallsexperiments das kritische Ereignis K ein, so verwerfe man die Hypothese "$P = P_o$" (Anwendungspostulat), bzw. behalte sie bei, falls K^c eintritt. Es wurde schon früher betont, daß bei Heranziehung des Anwendungspostulats subjektive Einflüsse, die sich hier in der Wahl des Niveaus α zeigen, unvermeidlich sind. □

Zwei *Mahnungen zur Vorsicht* erscheinen hier angebracht: 1) Das Anwendungspostulat ist kein Axiom unserer Theorie, daher kann man mit seiner Hilfe keinen Beweis für Aussagen innerhalb der mathematischen Theorie erhalten. Es ist lediglich Interpretationsbrücke für unser Verhalten in der realen Welt.
2) Die statistische Schlußweise besitzt keinerlei Bedeutung, falls der kritische Bereich erst in Kenntnis des Ausgangs des Zufallsexperiments gewählt wird.

Um letzteres zu erläutern, betrachten wir ein Beispiel: Im Vorgriff auf eine spätere genauere Modelldiskussion machen wir für das Lottospiel "6 aus 49" (ohne Zusatzzahl) die Modellannahme (Hypothese): Die Verteilung P der Tippreihen wird durch die Laplace-Verteilung P_o über den $\binom{49}{6}$ möglichen Tippreihen beschrieben, d.h., P_o ist die Laplace-Verteilung über dem Stichprobenraum

$$\Omega = \{(i_1,\ldots,i_6) \in \mathbb{N}^6 : 1 \leq i_1 < i_2 < \ldots < i_6 \leq 49\}.$$

Am 26.3.83 wurde die Reihe (1,7,11,26,27,42) gezogen.
Wählen wir $K = \{(1,7,11,26,27,42)\}$, so gilt $P_o(K) = 1/\binom{49}{6} = 7.15 \times 10^{-8}$. Offenbar ist es aber unsinnig, die hypothetisch angenommene Laplace-Verteilung P_o auf der Basis dieser extrem kleinen Wahrscheinlichkeit für das *tatsächlich eingetretene* Ereignis K zu verwerfen. Wie stellt sich dagegen die Situation aus der

Sicht eines Hauptgewinners vom 26.3.83 dar, der doch wohl den oben angegebenen kritischen Bereich K *vor der Ziehung* ausgewählt hat? Liegt hier ein Widerspruch?

1.6.3 BEISPIEL (Fortsetzung von Beispiel 1.6.1: Numerische Durchführung des Wilcoxon-Tests): Bei gegebenem Niveau α ist der Wilcoxon-Test festgelegt, wenn der kritische Wert $c(\alpha)$ bekannt ist. Wegen (1.6.4) ist dazu $P_0\{S_W \geq x\}$ zu berechnen und danach der kleinste Wert x zu bestimmen derart, daß noch gerade $P_0\{S_W \geq x\} \leq \alpha$ gilt. Da P_0 die Laplace-Verteilung über Ω ist und $S_W = \sum_{i=1}^m R_i$ bei Permutation der Ränge $R_1,\ldots,R_m$ bzw. $R_{m+1},\ldots,R_N$ (jeweils untereinander) gleich bleibt, gilt

$$P_0\{S_W \geq x\} = \frac{1}{N!} \left|\{r \in \mathcal{R}_N : \sum_{i=1}^m r_i \geq x\}\right|$$

$$= \frac{m!n!}{N!} \left|\{r \in \mathcal{R}_N : r_1 < \ldots < r_m, r_{m+1} < \ldots < r_N, \sum_{i=1}^m r_i \geq x\}\right|,$$

also

$$P_0\{S_W \geq x\} = \frac{1}{\binom{N}{m}} \left|\{(r_1,\ldots,r_m) : r_i \in \{1,\ldots,N\}\ \forall i,\ r_1 < \ldots < r_m, \sum_{i=1}^m r_i \geq x\}\right|, \tag{1.6.5}$$

wobei die letzte Gleichung daraus folgt, daß die Menge $\{r_{m+1},\ldots,r_N\}$ durch $\{r_1,\ldots,r_m\}$ bestimmt ist. Da S_W ganzzahlig ist, reicht es, ganzzahlige Werte von x zu betrachten. Um $c(\alpha)$ zu bestimmen, ordne man deshalb zweckmäßigerweise die m-Tupel $(r_1,\ldots,r_m)$ in (1.6.5) nach fallenden Werten von $\sum_{i=1}^m r_i$ an und schreite so lange fort, bis das Niveau ausgeschöpft ist.

Sei z.B. m=5, n=7, also N=12, und α=0.01. Wir stellen die folgende Tabelle auf:

r_1	r_2	r_3	r_4	r_5	$\sum_{i=1}^5 r_i$
8	9	10	11	12	50
7	9	10	11	12	49
6	9	10	11	12	48
7	8	10	11	12	48
5	9	10	11	12	47
6	8	10	11	12	47
7	8	9	11	12	47

4	9	10	11	12	46
5	8	10	11	12	46
6	7	10	11	12	46
6	8	9	11	12	46
7	8	9	10	12	46
usw.					45

Wir stellen fest: $P_o\{S_W=50\} = P_o\{S_W=49\} = 1/\binom{N}{m} = 1/792$, $P_o\{S_W=48\} = 2/792$, $P_o\{S_W=47\} = 3/792$, $P_o\{S_W=46\} = 5/792, \ldots$ Wegen $(1+1+2+3)/792 \leq 0.01 < (1+1+2+3+5)/792$ gilt $P_o\{S_W \geq 47\} = 7/792 \leq 0.01 < P\{S_W \geq 46\} = 12/792$, d.h. der kritische Bereich zum Niveau $\alpha = 0.01$ ist $\{S_W \geq 47\}$, der kritische Wert also $c(0.01) = 47$.

Die bisherigen Rechnungen zur Bestimmung des kritischen Bereichs haben mit der eigentlichen Versuchsausführung nichts zu tun und können, wie oben geschehen, vorher erledigt werden. Bei der Anwendung des Wilcoxon-Tests ist dann nur noch zu kontrollieren, ob die beobachteten Ränge $(r_1,\ldots,r_m)$ die Bedingung $\sum_{i=1}^{m} r_i \geq c(\alpha)$ erfüllen oder nicht. Z.B. mögen sich bei der Durchführung des Zufallsexperiments der Rangvektor $r^* := (12,5,9,11,10 \,\|\, 8,1,4,6,7,2,3)$ ergeben haben. Wegen $\sum_{i=1}^{5} r_i = 12+5+9+11+10 = 47 \geq c(0.01) = 47$ fällt r^* in den kritischen Bereich zum Niveau $\alpha = 0.01$, also wird P_o verworfen und die Aussage "I ist II überlegen" akzeptiert.

Abgesehen von der obigen direkten Bestimmung von kritischen Bereichen, kann bei größeren Werten von m und n auf Tafelwerke zurückgegriffen werden, vgl. z.B. Wilcoxon et al. (1970), bei denen für Standardwerte von α und $m,n \leq 50$ die kritischen Werte von $S_W - \frac{m(m+1)}{2}$ tabelliert sind. (Man zieht den kleinstmöglichen Wert $1+\ldots+m = m(m+1)/2$ von S_W ab, um nicht zu große Zahlenwerte in den Tabellen zu erhalten, vgl. auch Aufgabe 1.6.1.) Bei nicht zu kleinen Stichproben (z.B. $m,n \geq 10$ bei $\alpha = 0.05$) läßt sich aufgrund von Grenzwertsätzen, die in diesem Buch jedoch nicht behandelt werden können (s. Witting/Nölle (1970), Kap. 3; vgl. aber Abschnitt 4.2), zeigen, daß für die transformierte Größe

$$(1.6.6) \qquad T_W = \sqrt{\frac{12}{mn(N+1)}}\left(S_W - \frac{m(N+1)}{2}\right)$$

die approximative Gleichheit

(1.6.7) $\quad P_o\{T_W \geq t\} \approx \int_t^\infty \frac{1}{\sqrt{2\pi}} e^{-x^2/2} dx \quad \forall t \in \mathbb{R}$,

gilt. Derjenige t-Wert, für den die rechte Seite in (1.6.7) gleich einem vorgegebenen Niveau α wird, heißt <u>α-Fraktil der Standard Normalverteilung</u> und wird mit u_α bezeichnet. Näheres in Kapitel 4; hier nur einige Werte von u_α(vgl. auch Tabellen I/II):

α	0.5	0.1	0.05	0.01	0.001
u_α	0	1.282	1.645	2.326	3.090

Es gilt dann nach (1.6.7) für $t = u_\alpha$

(1.6.8) $\quad P_o\{T_W \geq u_\alpha\} \approx \alpha$.

Zur (approximativen) Durchführung des Wilcoxon-Tests prüft man also nach, ob die aus den beobachteten Rängen berechnete Größe T_W den Wert u_α übertrifft oder nicht. Im obigen numerischen Beispiel erhält man $T_W(r^*) = \sqrt{\frac{12}{5 \cdot 7 \cdot 13}}\,(47 - \frac{5 \cdot 13}{2}) = 2.355 > u_{0.01} = 2.326$, also Ablehnung von P_o wie bei der exakten Auswertung. Natürlich wird man bei diesen kleinen Werten von m und n die exakte Berechnung vorziehen, obwohl - wie numerische Vergleiche zeigen - auch für solch kleine Werte von m und n die Approximation (1.6.8) gute Resultate liefert. □

Bevor wir das eingeführte Testschema in einem weiteren Beispiel erproben, sollen noch einige Begriffe ergänzt und Verallgemeinerungen angesprochen werden:
Ist in Wirklichkeit die Hypothese "$P=P_o$" richtig, so kann bei Ausführung des Experiments natürlich trotzdem K eintreten. Aufgrund des statistischen Schlusses in 1.6.2 wird dann die *Hypothese "$P=P_o$" fälschlicherweise verworfen*. Diese *Fehlentscheidung (1. Art)* kann jedoch nur mit der Wahrscheinlichkeit $P_o(K)$ auftreten. $P_o(K)$ heißt daher (exakte) <u>*Fehlerwahrscheinlichkeit (1. Art)*</u> für das Testen der Hypothese "$P=P_o$" auf der Basis des kritischen Bereichs K. Die vorgegebene obere Schranke $\alpha \in (0,1)$ nennt man <u>*(Signifikanz- oder Sicherheits-)Niveau*</u> für das Testen der Hypothese "$P=P_o$".

1.6.4 Zusammengesetzte Hypothesen: Als Modell für das betrachtete Zufallsexperiment sei der W-Raum (Ω, A, P) gegeben, wobei P jedoch wieder unbekannt sei. Wir wollen nun zulassen, daß *mehrere* W-Maße hypothetisch in Betracht gezogen werden, nämlich jedes Element einer vorgegebenen Menge H_o von W-Maßen über (Ω,A). Unsere Hypothese lautet nun "$P \in H_o$". (Hierfür hat sich die Sprechweise "Die *Nullhypothese* H_o wird unterstellt" eingebürgert.)

Analog zu 1.6.2 wählen wir ein *(Sicherheits-)Niveau* $\alpha \in (0,1)$ und einen *kritischen Bereich* $K \in A$ mit der Eigenschaft

(1.6.9) $\quad P_o(K) \leq \alpha \quad \forall P_o \in H_o.$

Wir nennen K einen *kritischen Bereich zum Niveau* α *für die Nullhypothese* H_o. Der statistische Schluß läuft ab wie in 1.6.2 (Verwerfung der Nullhypothese H_o, falls K eintritt, bzw. Beibehaltung von H_o, falls K nicht eintritt). Die Beziehung (1.6.9) stellt auch hier sicher, daß Fehlentscheidungen (1. Art) [H_o liegt tatsächlich vor, wird aber verworfen] höchstens mit Wahrscheinlichkeit α auftreten können.

Die Schlußbemerkungen in Beispiel 1.6.1 zeigen, daß die Erfüllung von (1.6.9) allein noch keine gute Wahl von K garantiert, denn die Wahl $K=\emptyset$ erfüllt z.B. immer (1.6.9), hilft aber in keiner Weise bei der Entscheidung über die Nullhypothese H_o. Für ein gutes Entscheidungsverfahren, d.h. einen guten kritischen Bereich K, ist es erwünscht, daß auch *Fehlentscheidungen (2. Art)* [H_o liegt tatsächlich nicht vor, wird aber nicht verworfen] mit möglichst geringer Wahrscheinlichkeit auftreten. Dies übersetzt sich in die *zusätzliche Forderung*

(1.6.10) $\quad P(K)$ möglichst groß, falls $P \notin H_o$.

Bei Vorliegen von $P \notin H_o$ heißt $1-P(K)$ *Fehlerwahrscheinlichkeit (2. Art)* an der Stelle P für das Testen der Nullhypothese H_o auf der Basis des kritischen Bereichs K.

Im letzten Abschnitt von Beispiel 1.6.1 haben wir gesehen, daß die Wahl des kritischen Bereichs $K=\{S_W \geq c(\alpha)\}$ beim Wilcoxon-Test intuitiv gerade so angelegt ist, daß er für $P \neq P_o$, d.h. bei Überlegenheit von I gegenüber II, gerade (1.6.10) erfüllt. Eine systematische Behandlung der angeschnittenen Fragen wird in Kapitel 8 erfolgen.

1.6.5 BEISPIEL (gezinkter Würfel): Wir vermuten, daß unser Gegenspieler beim Würfeln einen so verfälschten Würfel benutzt, daß die

Wahrscheinlichkeit für das Auftreten der "Sechs" größer als 1/6 ist. Unser Ziel ist es, durch 10-maliges Würfeln zu "beweisen", daß der benutzte Würfel tatsächlich "nicht fair" ist. Nach dem bisherigen Stand unserer Theorie haben wir dazu folgende Punkte zu klären:

1) Bereitstellung eines Modells für 10-maliges Würfeln,
2) Formulierung einer geeigneten Nullhypothese H_o,
3) Wahl eines Sicherheitsniveaus $\alpha \in (0,1)$,
4) Wahl eines "guten" kritischen Bereichs K zum Niveau α für die Nullhypothese H_o.

Zu 1: Als Stichprobenraum ist $\Omega = \{1,2,...,6\}^{10}$ offenbar gut geeignet, wobei eine Realisierung $\underset{\sim}{\omega} = (\omega_1,...,\omega_{10}) \in \Omega$ bedeuten soll, daß der i-te Wurf die Augenzahl ω_i zeigt, i=1,...,10. Da der Würfel möglicherweise gezinkt ist, modellieren wir ihn durch ein (unbekanntes) diskretes W-Maß über Ω.

Zu 2: Da unser Testverfahren nur die Kontrolle der Fehlerwahrscheinlichkeit 1. Art zuläßt, sollte die Nullhypothese H_o das 10-malige faire Würfeln beschreiben. Aus Symmetrieüberlegungen wird man "10-maliges faires Würfeln" durch die Laplace-Verteilung P_o über Ω modellieren. Dies liefert die Nullhypothese $H_o{:}P = P_o$.

Zu 3: Da wir einen Rechtsstreit in Erwägung ziehen, wählen wir mit $\alpha = 0.005$ ein sehr kleines Niveau. D.h., wir lassen nur eine sehr kleine Fehlerwahrscheinlichkeit 1. Art zu. Dadurch vermeiden wir mit großer Wahrscheinlichkeit eine falsche Beschuldigung unseres Gegners.

Zu 4: Wenn unsere Vermutung richtig ist, werden wir "zu häufig" eine "Sechs" sehen. Da wir unsere Vermutung "beweisen" wollen, werden wir sie bei der Wahl von $K \subset \Omega$ mit $P_o(K) \leq 0.005$ berücksichtigen. Natürliche Kandidaten für die Wahl von K sind daher die Ereignisse

$$A_r = \left\{ \underset{\sim}{\omega} \in \Omega : \begin{array}{l}\text{mindestens r Komponenten}\\ \text{von } \underset{\sim}{\omega} \text{ zeigen die "Sechs"}\end{array} \right\}, \ r=1,2,...,10.$$

Wegen (1.6.10) und $A_1 \supset A_2 \supset ... \supset A_{10}$ suchen wir das kleinste $r_o \in \{1,...,10\}$ mit $P_o(A_{r_o}) \leq 0.005$ und setzen dann $K = A_{r_o}$.
Es gilt $P_o(A_r) = |A_r| \,/\, |\Omega| = |A_r| \,/\, 6^{10}$ und

$$|A_r| = \sum_{j=r}^{10} \left| \left\{ \underset{\sim}{\omega} \in \{1,...,6\}^{10} : \begin{array}{l}\text{genau j Komponenten}\\ \text{von } \underset{\sim}{\omega} \text{ zeigen die "Sechs"}\end{array} \right\} \right|$$

$$= \sum_{j=1}^{10} \binom{10}{j} |\{(6,\dots,6,i_{j+1},\dots,i_{10}) : i_\ell \in \{1,\dots,5\},\ \ell=j+1,\dots,10\}|$$

$$= \sum_{j=r}^{10} \binom{10}{j} 5^{10-j}.$$

Damit ergibt sich die Darstellung

$$P_o(A_r) = \sum_{j=r}^{10} \binom{10}{j} 5^{10-j}/6^{10} = \sum_{j=r}^{10} \binom{10}{j} \left(\frac{1}{6}\right)^j \left(1-\frac{1}{6}\right)^{10-j}.$$

Aus der Tabelle

r	10	9	8	7	6	5
$P_o(A_r)$	1.65×10^{-8}	8.43×10^{-7}	1.94×10^{-5}	2.68×10^{-4}	0.0024	0.0155

entnehmen wir $r_o=6$, also $K=A_6$.

Unsere Chancen für den "Nachweis" einer Verfälschung des Würfels hängen natürlich ganz entscheidend vom Grad der Verfälschung ab, der sich in der Abweichung des (unbekannten) tatsächlich zugrundeliegenden W-Maßes P vom W-Maß P_o widerspiegelt. Diese Chance ist gerade gleich der unbekannten Wahrscheinlichkeit P(K). Diesen Zusammenhang kann man zur Planung von aussagekräftigen Zufallsexperimenten ausnutzen, vgl. etwa Beispiel 3.2.8.

AUFGABEN ZU KAPITEL 1:

<u>Aufg. 1.1.1:</u> Seien A,B und $A_1,A_2,\dots$ Teilmengen von Ω. Man zeige:

a) $1_A = 1 - 1_{A^c}$; b) $1_{\bigcap_i A_i} = \prod_1^\infty 1_{A_i}$; c) $1_{\sum_i A_i} = \sum_i 1_{A_i}$;

d) $1_{\bigcup_i A_i} = \max_i 1_{A_i}$; e) $1_{\bigcap_i A_i} = \min_i 1_{A_i}$; f) $1_{A\Delta B} = |1_A - 1_B|$.

<u>Aufg. 1.1.2:</u> Für eine Folge $A_1,A_2,\dots$ von Teilmengen aus Ω zeige man die Gleichung

a) $$1_{A_1\cup\dots\cup A_n} = \sum_{\emptyset\neq T\subset\{1,\dots,n\}} (-1)^{|T|-1}\, 1_{\bigcap_{i\in T} A_i},$$

wobei $|T|$ die Anzahl der Elemente von T bezeichne.

Hinweis: Die linke Seite ist gleich $1-\prod_{i=1}^n (1-1_{A_i})$.

b) Sind die Mengen $A_1,A_2,\dots$ endlich, so gilt

$$|\bigcup_{i=1}^{n} A_i| = \sum_{\emptyset \neq T \subset \{1,\ldots,n\}} (-1)^{|T|-1} |\bigcap_{i\in T} A_i| .$$

Aufg. 1.1.3: Eine Firma stellt drei verschiedene Artikel a,b,c her. Sie berichtet, daß von 1000 befragten Haushalten 67 mindestens a und b, 95 mindestens b und c, 116 mindestens a und c, 53 alle drei und 190 mindestens zwei der Artikel benutzen. Kann das stimmen? Hinweis: Aufg. 1.1.2.

Aufg. 1.1.4: Seien $A_i \subset \Omega$, $i \in I$, I eine beliebige Indexmenge. Man beweise die de Morgan'schen Regeln (vgl. (1.3.1)).

a) $(\bigcup_{i\in I} A_i)^c = \bigcap_{i\in I} A_i^c$ b) $(\bigcap_{i\in I} A_i)^c = \bigcup_{i\in I} A_i^c$.

Aufg. 1.1.5: Man vereinfache die folgenden Ausdrücke:
a) $(A\cup B)(A\cup B^c)$, b) $(AB)\cup(AB^c)$, c) $(A\cup B)(B\cup C)$,
d) $(A\cup B)(A^c\cup B)(AB^c)$, e) $(A\cup B)(A^c\cup B)(A\cup B^c)$.

Aufg. 1.1.6: Für eine Folge von Teilmengen $A_1, A_2, \ldots$ aus Ω definiere man
$\liminf_{n\to\infty} A_n := \bigcup_{n=1}^{\infty} \bigcap_{k=n}^{\infty} A_k$, bzw. $\limsup_{n\to\infty} A_n := \bigcap_{n=1}^{\infty} \bigcup_{k=n}^{\infty} A_k$.
Man zeige:
a) $\limsup_{n\to\infty} A_n = \{\omega \in \Omega : \omega \in A_n$ für unendlich viele $n\}$;
b) $\liminf_{n\to\infty} A_n = \{\omega \in \Omega : \omega \in A_n$ für schließlich alle $n\}$;
c) $1_{\limsup_{n\to\infty} A_n} = \limsup_{n\to\infty} 1_{A_n}$; d) $1_{\liminf_{n\to\infty} A_n} = \liminf_{n\to\infty} 1_{A_n}$.

Aufg. 1.1.7: Seien $X : \Omega \to \mathcal{X}$ eine beliebige Funktion und A, B, A_i Teilmengen von $\mathcal{X}$ $\forall i \in I$, I eine beliebige Indexmenge. Dann gilt:
a) $X^{-1}(\bigcap_i A_i) = \bigcap_i X^{-1}(A_i)$; b) $X^{-1}(\bigcup_i A_i) = \bigcup_i X^{-1}(A_i)$; c) $X^{-1}(\emptyset) = \emptyset$;
d) $X^{-1}(\mathcal{X}) = \Omega$; e) $A \cap B = \emptyset \Rightarrow X^{-1}(A) \cap X^{-1}(B) = \emptyset$; f) $X^{-1}(A^c) = (X^{-1}(A))^c$.
Man bezeichnet die Eigenschaften a) - f) als *Operationstreue* von X^{-1}.

Aufg. 1.1.8: Seien A,B,C Ereignisse (Teilmengen) des Stichprobenraums Ω. Man gebe mengentheoretische Ausdrücke für Teilmengen von Ω an, die die folgenden aussagenlogischen Entsprechungen haben:
a) alle 3 Ereignisse A,B,C treten ein; b) wenigstens eines der 3 Ereignisse tritt ein; c) höchstens eines der 3 Ereignisse tritt ein; d) genau eines der 3 Ereignisse tritt ein; e) wenigstens zwei der 3 Ereignisse treten ein; f) genau zwei der 3 Ereignisse treten ein.

Aufg. 1.1.9: Man zeige: Für Mengen $A, B, C, A_1, A_2, \ldots, B_1, B_2, \ldots$ aus Ω gilt
a) $(A\Delta B)\Delta C = A\Delta(B\Delta C)$; b) $A\Delta B = A^c\Delta B^c$; c) $\bigcup_1^{\infty} A_n \,\Delta\, \bigcup_1^{\infty} B_n \subset \bigcup_1^{\infty}(A_n \Delta B_n)$.

Aufg. 1.1.10: Seien A,B,C Ereignisse. Man zeige, daß $A \Delta B \Delta C$ nicht dem Ereignis "genau eines der Ereignisse A,B,C tritt ein" entspricht.

Das Abzählen der "günstigen" Fälle bei konkreten Laplace-Experimenten führt häufig auf kombinatorische Fragestellungen. Da dies für uns im Grunde ein Nebenaspekt ist, haben wir auf einen gesonderten Abschnitt dazu verzichtet und beschränken uns auf die Bereitstellung einiger Standardformeln im Rahmen der folgenden Aufgabe. Eine ausführliche Darstellung findet man bei Feller (1970).

Aufg. 1.2.1: Sei A eine n-elementige Menge und $r \in \mathbb{N}$.

a) Für $\Omega = \{(a_1,\ldots,a_r): a_i \in A \ \forall i\} =: A^r$ zeige man: $|\Omega| = n^r$.

Interpretationen: (i) Aufteilung r durchnumerierter Kugeln auf n durchnumerierte Zellen mit erlaubter Mehrfachbesetzung, wobei Kugel i in Zelle a_i fällt. (ii) Sukzessive Entnahme von r Kugeln aus einer Urne mit n Elementen mit Zurücklegen. Bei der i-ten Entnahme wird die Kugel a_i gezogen.

b) Für $\Omega = \{(a_1,\ldots,a_r): a_i \in A \ \forall i,\ a_i \neq a_j \ \forall i \neq j\}$ zeige man $|\Omega| = (n)_r := n(n-1)\ldots(n-r+1)$, $(1 \le r \le n)$.

Interpretationen: Wie in a), aber in (i) ohne Mehrfachbesetzung, in (ii) ohne Zurücklegen der Kugeln.

c) A sei wie oben, aber vollständig geordnet und $1 < r < n$. Für $\Omega = \{(a_1,\ldots,a_r): a_i \in A \ \forall i,\ a_1 < \ldots < a_r\}$ zeige man $|\Omega| = \binom{n}{r} := \frac{n!}{r!(n-r)!}$

Interpretationen: Es gibt $\binom{n}{r}$ r-elementige Teilmengen einer n-elementigen Menge.

Aufg. 1.2.2: Frage des Chevalier de Méré: Ist es vorteilhafter, beim Spiel mit einem Würfel auf das Eintreten mindestens einer 6 in vier Würfen oder beim Spiel mit zwei Würfeln auf das Eintreten einer Doppel-6 (Sechserpasch) in 24 Würfen zu setzen?

Aufg. 1.2.3: Wie viele Möglichkeiten gibt es, ein Skatspiel mit 32 Karten an drei Spieler zu verteilen (10 Karten pro Spieler, 2 Karten als "Skat")? Allgemeiner: Wie viele Möglichkeiten gibt es, n Karten so an k Spieler zu verteilen, daß der j-te Spieler genau n_j Karten erhält $(j=1,\ldots,k, n_j \in \mathbb{N}_0 \ \forall j,\ \Sigma n_j = n)$?

Wie groß ist bei Annahme einer Laplace-Verteilung über allen Möglichkeiten die Wahrsch. dafür, daß
a) jeder Spieler genau einen Buben erhält und ein Bube im Skat liegt,
b) jeder Spieler mindestens einen Buben erhält,
c) ein bestimmter Spieler alle Buben erhält,
d) irgendein Spieler alle Buben erhält?

Aufg. 1.2.4: Es werden n Kugeln zufällig auf N unterscheidbare (d.h. durchnumerierte) Urnen verteilt, wobei
a) die Kugeln ebenfalls unterscheidbar seien,
b) die Kugeln nicht unterscheidbar seien,
c) die Kugeln nicht unterscheidbar seien und jede Urne ein Fassungsvermögen von maximal einer Kugel habe $(N \ge n)$.

Die jeweils möglichen unterscheidbaren Aufteilungen der Kugeln auf die Urnen werden als gleichwahrscheinlich angenommen (Laplace-Experiment). Wie groß ist in jedem der obigen drei Fälle die Wahrsch., daß in Urne 1 genau k Kugeln fallen, $k \in \{0,\ldots,n\}$?
(In einigen physikalischen Anwendungen entsprechen den Kugeln Elementarteilchen, während den Urnen mögliche Energiezustände der Teilchen entsprechen. Die in der Physik gebräuchlichen Begriffe

MAXWELL-BOLTZMANN-Statistik, BOSE-EINSTEIN-Statistik bzw. FERMI-DIRAC-Statistik werden dann gerade durch die in a),b) bzw. c) gemachten Annahmen beschrieben).

Aufg. 1.2.5: Zwei gleich starke Mannschaften A und B führen gegeneinander ein Ballspiel aus und spielen solange, bis insgesamt 2n+1 Tore ($n \in \mathbb{N}_0$) gefallen sind.

a) Man beschreibe das Spielgeschehen durch einen geeigneten endlichen W-Raum (Ω,P) und berechne die Wahrsch., daß eine Mannschaft im ganzen Spiel stets in Führung liegt.
b) Für große n gebe man für die in a) berechnete Wahrsch. einen asymptotischen Ausdruck an.

Hinweis zu a): Man ordne den Elementen aus Ω folgendermaßen Pfade zu: Fällt das erste Tor für Mannschaft A[B], so beginnt man in einem x-y-Diagramm im Punkt (1,0)[(0,1)]. Fällt das nächste Tor für Mannschaft A[B], so geht man um eine Einheit in Richtung x-Achse[y-Achse] usw. Die Mächtigkeit bestimmter Teilmengen von Ω kann man dadurch bestimmen, daß man die entsprechenden Pfade an dem ersten Berührungspunkt mit einer geeigneten Geraden spiegelt *(André'sches Spiegelungsprinzip)*.

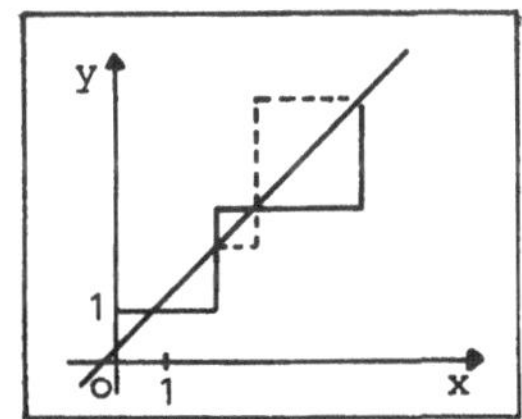

Aufg. 1.2.6: 100 Studenten stehen für ein Skriptum zum Preis von 1 DM Schlange. 60 Studenten haben je eine 1-DM-Münze, die restlichen haben nur 2-DM-Münzen. Wie groß ist die Wahrsch., daß bei anfangs leerer Kasse der Verkauf ohne Geldwechselschwierigkeiten abläuft? Hinweis: In ähnlicher Weise wie in Aufg. 1.2.5 ordne man jedem 100-Tupel von Einsen und Zweien einen Pfad zu und verwende wiederum das André'sche Spiegelungsprinzip.

Aufg. 1.2.7: Auf einem leeren Schachbrett werden zwei verschiedenfarbige a) Türme, b) Läufer zufällig aufgestellt (Laplace-Experiment). Wie groß ist die Wahrsch. dafür, daß sich die Figuren schlagen können?

Aufg. 1.2.8: Aus einem Kartenspiel mit 52 Karten (= 4 Farben zu je 13 Karten) werden nacheinander a) ohne b) mit Zurücklegen zwei Karten gezogen. Man gebe jeweils einen Stichprobenraum Ω an und charakterisiere das Ereignis A: "mindestens eine der gezogenen Karten ist eine Herz-Karte" als Teilmenge von Ω. Wieviele Elemente enthalten Ω und A?

Aufg. 1.2.9: Es werden n Briefe wahllos in n adressierte Umschläge gesteckt (Laplace-Experiment). Wie groß ist die Wahrsch. dafür, daß kein Brief in den richtigen Umschlag gerät? Was ergibt der Grenzübergang $n \to \infty$? Hinweis: Aufg. 1.1.2(b). Die erste Frage ist bekannt als *Rencontre Problem*.

Aufg. 1.2.10: Man zeige ohne Abzählen: Beim Werfen mit 3 Würfeln (Laplace-Experiment) ist die Wahrsch., eine Augensumme ≤ 10 zu erzielen, gleich 1/2. Hinweis: Das gesuchte Ereignis und sein

Komplement haben gleichviele Elemente.

Aufg. 1.2.11: Mit den Bezeichnungen von Beispiel 1.2.2(2) zeige man
a) $P\{i\} = \frac{1}{6}$, $\forall i=1,\dots,6$; b) $P(A) = \frac{|A|}{|\Omega|}$, $\forall A \subset \Omega$;
c) Für jeden endlichen Stichprobenraum Ω ist durch (1.2.4) ein konkretes W-Maß P über Ω definiert.

Ferner zeige man, daß das W-Maß P aus Beispiel 1.2.2(3) durch (1.2.1)-(1.2.3) vollständig festgelegt ist.

Aufg. 1.2.12: Man beweise Satz 1.2.3.

Aufg. 1.2.13: Ω sei eine unendliche Menge. Für die beiden Mengensysteme a) $\mathcal{A}_1 := \{A \subset \Omega : A \text{ endlich oder } A^c \text{ endlich}\}$ bzw.
b) $\mathcal{A}_2 := \{A \subset \Omega : A \text{ abzählbar oder } A^c \text{ abzählbar}\}$ prüfe man: Ist $\mathcal{A}_i$, $i=1,2$, eine Algebra oder sogar eine σ-Algebra?

Aufg. 1.2.14: a) Ist $A_1, A_2, \dots$ eine Folge paarweise verschiedener Teilmengen von Ω, so enthält das System $\mathcal{C} = \{\bigcap_{i \in I} A_i \cap \bigcap_{i \in I^c} A_i^c : I \subset \mathbb{N}\}$ eine Folge $B_1, B_2, \dots$ disjunkter, nichtleerer Mengen $B_n \in \mathcal{C}$. b) Es gibt keine abzählbar unendliche σ-Algebra.

Aufg. 1.2.15: Um die Anzahl N der Fische in einem Teich zu schätzen, werden K Fische gefangen, markiert und wieder ausgesetzt. Man wartet bis eine gute Vermischung aller Fische angenommen werden kann und fängt dann n Fische.
a) Man beschreibe das Zufallsexperiment bei festem (N,K,n) und berechne die Wahrsch. für "k markierte Fische befinden sich unter den n eingefangenen".
b) Man bestimme bei festen Werten K,n,k einen Wert $\hat{N}$ von N derart, daß diese Wahrsch. möglichst groß wird. $\hat{N}$ ist ein plausibler Schätzwert für das unbekannte N, ein sog. *Maximum-Likelihood* Schätzer für N, s. Abschnitt 6.3. Gibt es andere plausible Schätzer?

Aufg. 1.3.1: Man beweise die Sub-σ-Additivität (1.3.14).

Aufg. 1.3.2: Man beweise die Siebformel (1.3.16) mit vollständiger Induktion.

Aufg. 1.3.3: Man beweise die Aussagen der Bemerkung 1.3.5.

Aufg. 1.3.4: Sei $(\Omega,\mathcal{A},P)$ ein W-Raum und A_n, $n \in \mathbb{N}$, eine Folge in $\mathcal{A}$. Man zeige
a) 1. BOREL-CANTELLI-Lemma: Aus $\sum_{n=1}^{\infty} P(A_n) < \infty$ folgt $P(\limsup_{n\to\infty} A_n) = 0$.
b) Seien $\varepsilon_n \geq 0$, $n \in \mathbb{N}$, reelle Zahlen. Aus $P(A_n) \geq 1-\varepsilon_n$ $\forall n$ folgt $P(\bigcap_n A_n) \geq 1 - \sum_n \varepsilon_n$.

Aufg. 1.3.5: Sei μ_i, $i \geq 1$, eine Folge von Maßen über $(\Omega,\mathcal{A})$, a_i, $i \geq 1$, eine Folge nichtnegativer reeller Zahlen und A_i, $i \geq 1$, eine Folge von Elementen aus $\mathcal{A}$. Man zeige: Durch $\mu(A) := \sum_{i=1}^{\infty} a_i \mu_i(A_i A)$, $A \in \mathcal{A}$, wird ein Maß μ über $(\Omega,\mathcal{A})$ definiert.

Aufg. 1.4.1: Man beweise Lemma 1.4.3.

Aufg. 1.4.2: Eine Urne enthalte 2n rote und 2n schwarze Kugeln. Wie groß ist die Wahrsch., daß bei zufälliger Entnahme von 2n Kugeln beide Farben gleich häufig vertreten sind? Man gebe eine Approximation der Wahrscheinlichkeit mit Hilfe der Stirling-Formel (1.4.12) an.

Aufg. 1.5.1: In Beispiel 1.5.7 sei T die Anzahl der Nullen bevor zum r-ten mal die Eins erscheint.
Man zeige:
a) $P\{T=i\} = \binom{i+r-1}{i} \cdot (\frac{1}{2})^{r+i}$, $i \in \mathbb{N}_o$.
b) Die Verteilung von T in a) ist ein Spezialfall (p=1/2) der *negativen Binomial(r,p) Verteilung* kurz: *NB(r,p)-Verteilung* ($r \in \mathbb{N}$, $o<p\leq 1$) mit dem Träger $\mathbb{N}_o$ und der Zähldichte
$$p(i) = \binom{i+r-1}{i} p^r q^i, \; i \in \mathbb{N}_o, \; q := 1-p .$$
Man zeige direkt, daß p eine Zähldichte ist.
Hinweis zu b): Man verwende (ohne Beweis) die Newtonsche Binomialformel $(1+t)^a = \sum_{i=o}^{\infty} \binom{a}{i} t^i$, $-1<t<1$, $a \in \mathbb{R}$, $\binom{a}{i} = a(a-1)\ldots(a-i+1)/i!$.
Die NB(r,p)-Verteilung ist wie in a) die Verteilung von T, wenn die Münze nicht notwendig ideal ist, sondern mit der Wahrsch. p Kopf (1) ergibt. Die NB(1,p)-Verteilung heißt auch *geometrische(p)* Verteilung.

Aufg. 1.5.2: In Analogie zu den Beispielen 1.2.2(4) und 1.4.6 wird man das n-malige unabhängige Durchführen eines Laplace-Experiments über einer endlichen Menge A aus Symmetriegründen durch die Laplace-Verteilung P über der Produktmenge $\Omega = A^n$ beschreiben. Für eine Teilmenge $B \subset A$ sei eine diskrete ZV S_n auf Ω definiert gemäß
$$S_n(\omega) = \sum_{i=1}^{n} 1_B(\omega_i), \quad \omega = (\omega_1,\ldots,\omega_n) \in \Omega.$$
Man zeige: $P\{S_n=k\} = \binom{n}{k} p^k (1-p)^{n-k} =: b(k;n,p)$, $k=0,\ldots,n$ mit $p = |B|/|A|$. Für jedes $p \in [0,1]$ ist $b(k;n,p)$, $k=0,\ldots,n$ eine Zähldichte. Das zugehörige W-Maß heißt *Binomial(n,p) Verteilung*, kurz *B(n,p)-Verteilung*. Bezeichnet man das Eintreten von B im Einzelexperiment als "Erfolg", so ist S_n die "Gesamtzahl der Erfolge bei n unabhängigen Wiederholungen des Einzelexperiments"; p ist die Erfolgswahrsch. des Einzelexperiments. Die Unabhängigkeit der Einzelexperimente haben wir hier, wie auch in den oben zitierten Beispielen, aus "Symmetriegründen" durch die Annahme der Gleichwahrsch. berücksichtigt. Eine eingehende Diskussion der Fragen, wie Unabhängigkeit bzw. Abhängigkeit von Experimenten zu modellieren ist, findet in den Abschnitten 2.1 und 2.2 statt.

Aufg. 1.6.1: Mit den Bezeichnungen aus Beispiel 1.6.1 zeige man:
Für jedes $r = (r_1,\ldots,r_N) \in R_N$ gilt
$$S_W(r) - \frac{m(m+1)}{2} = |\{(r_i,r_j): r_i > r_j, \; i=1,\ldots,m, j=m+1,\ldots,N\}|.$$
Die obige Gleichung liefert eine neue Interpretation für die Teststatistik S_W des Wilcoxon-Tests: $S_W-m(m+1)/2$ ist die Anzahl aller Paare, die aus den Beobachtungen der ersten und der zweiten Gruppe gebildet werden können, bei denen die Beobachtung der ersten Gruppe derjenigen der zweiten Gruppe überlegen ist. Die rechte Seite nennt

man die *Mann-Whitney* Darstellung der Wilcoxon-Statistik.

Aufg. 1.6.2: Aus einer Gruppe von 9 Ratten wurden in einem Lernexperiment 5 zufällig ausgewählt und darauf trainiert, das Verhalten von Leitratten nachzuahmen. Die 9 Ratten wurden daraufhin zusammen in eine Situation gebracht, in der die Nachahmung des Leittieres zu einer Belohnung führte. Es ergaben sich folgende Meßwerte (Anzahl der benötigten Versuche bis zehn aufeinanderfolgende Versuche positiv verlaufen waren):

Trainierte Ratten:	78	64	75	45	82
Kontrollgruppe:	110	70	53	51	

Man berechne den zugehörigen Rangvektor (Beachte: kleinere Werte entsprechen besseren Ergebnissen), berechne den Wert x_o der Wilcoxon-Statistik und berechne den sog. *p-Wert* $P_o\{S_W \geq x_o\}$.

Daten aus Siegel, Nonparametric Statistics, McGraw Hill Book Company, New York, 1956, p. 119.

Hinweis: Man zeige, daß S_W symmetrisch um $m(N+1)/2$ verteilt ist, d.h. daß gilt

$$P_o(S_W = \tfrac{1}{2}m(N+1)+x) = P_o(S_W = \tfrac{1}{2}m(N+1)-x).$$

Aufg. 1.6.3: Der Cholesteringehalt im Blut wurde je 11 mal bei einer Gruppe von Männern im Alter von 20-30 Jahren bzw. 40-50 Jahren gemessen. Es ergaben sich die folgenden Werte

20-30 Jahre	135	222	251	260	269	235	386	252	352	173	156
40-50 Jahre	294	311	286	264	277	336	208	346	239	172	254

Unter der Verwendung der Approximation (1.6.8) teste man mit dem Wilcoxon-Test, ob der Cholesteringehalt in der älteren Gruppe höher ist als in der jüngeren Gruppe. ($\alpha = 0.05$)

Daten aus Dixon and Massey, Introduction to Statistical Analysis, 3rd edition, McGraw Hill (1969).

Aufg. 1.6.4: In der Situation von Beispiel 1.6.1 sei als kritischer Bereich K eine der Mengen $A_k = \{R_1>k,\dots,R_m>k\}$ mit $0 \leq k \leq n$ gewählt. Eintreten von A_k bedeutet, daß alle Ränge der ersten Gruppe größer als k sind. Man wird also erwarten, daß bei Überlegenheit von I gegenüber II die Wahrscheinlichkeit von A_k gegenüber dem Fall der Gleichwertigkeit von I und II groß wird - im Einklang mit (1.6.9). Man gebe eine Formel für $P_o(A_k)$ an und bestimme für den Fall m=5, n=7 den minimalen Wert von k mit $P_o(A_k) \leq \alpha = 0.05$. Zu welchem minimalen Niveau würde die Hypothese "$P=P_o$" bei den numerischen Daten aus Beispiel 1.6.1 gerade noch abgelehnt werden?

Aufg. 1.6.5: Mit den Bezeichnungen aus Beispiel 1.6.1 zeige man:

a) $P_o\{R_i=j\} = 1/N \;\forall i,j=1,\dots,N$

b) $P_o\{R_i=k,R_j=l\} = 1/N(N-1) \;\forall i,j,k,l=1,\dots,N,\; i\neq j,\; k\neq l$

c) Die N-dimensionale diskrete ZV $\Delta = (\sum_{i=1}^{m} 1_{\{1\}}(R_i),\dots,\sum_{i=1}^{m} 1_{\{N\}}(R_i))$ ist unter P_o Laplace-verteilt über

$D = \{\delta = (\delta_1,\dots,\delta_N) \in \{0,1\}^N : \sum_{i=1}^{N} \delta_i = m\}$, also $P_o\{\Delta = \delta\} = 1/\binom{N}{m}$ $\forall \delta \in D$.

Aufg. 1.6.6: In der Situation des Beispiels 1.6.1 werde anstelle der Wilcoxon-Statistik die (einseitige) *Kolmogorov-Smirnov-Statistik* $K^+_{mn} = (\frac{N}{mn})^{1/2} \max_{1<k<N} (k \cdot \frac{m}{N} - B_k)$ mit $B_k = \sum_{i=1}^{m} 1_{[1,k]}(R_i)$ verwendet. Der heuristische Hintergrund ist folgender: Die ZV B_k besitzt unter P_o den Erwartungswert (s. Abschnitt 5.2) km/N, was man so interpretieren kann, daß B_k im Mittel um km/N schwankt. Ist I gegenüber II überlegen, so tendiert jedes R_i zu größeren Werten als unter P_o, d.h. K^+_{mn} tendiert ebenfalls zu größeren Werten.

Man zeige: a) Im Falle N=2m gilt für h=0,...,m

$$P_o\{\max_{1\leq k\leq N} (k - 2B_k) \geq h\} = \binom{2m}{m+h} / \binom{2m}{m}$$

b) Im Falle N=2m gilt für $t \geq 0$

$$P_o\{K^+_{mm} \geq t\} \to e^{-2t^2}, \quad m \to \infty.$$

Hinweis zu a): Man verbinde die Punkte (0,0), $(k,k-2B_k)$, k=1,...,N, in der (x,y)-Ebene geradlinig zu einem Polygonzug. Aus Aufgabe 1.6.5(c) folgere man, daß alle Polygonzüge unter P_o die gleiche Wahrscheinlichkeit haben. Abzuzählen sind die Polygonzüge, die die Parallele $y \equiv h$ zur x-Achse treffen. Jeden solchen Polygonzug spiegele man an der Geraden $y \equiv h$ rechts vom ersten Treffpunkt (*André'sches Spiegelungsprinzip*) und zähle die gespiegelten Polygonzüge. b) Man verwende die Stirling-Formel (1.4.12) und die Aussage (3.3.3).
Die Aussage b) gilt auch im Falle $m \neq n$ falls $m \to \infty$, $n \to \infty$, s. Witting/Nölle, S.170. Die hier verwendete Form der Kolmogorov-Smirnov-Statistik ist nicht die übliche, s. Aufgabe 5.1.6.

Aufg. 1.6.7: Für den Fall m=n=11 bestimme man den kritischen Wert des Kolmogorov-Smirnov-Tests mit der Teststatistik K^+_{mn} aus Aufgabe 1.6.6 ($\alpha = 0.05$). Man zeichne den zu den Daten aus Aufgabe 1.6.3 gehörigen Polygonzug (s. Aufgabe 1.6.6) und stelle fest, ob die Hypothese "$P=P_o$" zu verwerfen ist.

Aufg. 1.6.8: Sei $\mathcal{P}$ eine Familie von diskreten W-Maßen auf einem Stichprobenraum $\mathcal{X}$ und $P_o \in \mathcal{P}$, dann heißt mit

$$T(x) := \frac{\sup\{P\{x\}, P\in\mathcal{P}\}}{P_o\{x\}}, \quad x \in \mathcal{X},$$

(Konvention $\frac{0}{0} := 1$, $\frac{a}{0} := \infty$ für $a > 0$) ein Test zur (einfachen) Nullhypothese $H_o = \{P_o\}$ und dem kritischen Bereich

$$K_t := \{x : x \in \mathcal{X},\ T(x) > t\}, \quad t \in \mathbb{R}$$

Likelihood-Quotienten-Test (LQ-Test) zum natürlichen Niveau $P_o(K_t)$.

a) Ausgehend vom Maximum-Likelihood Prinzip, wonach man von zwei W-Maßen dasjenige als dem wahren W-Maß näherliegend ansieht, unter welchem eine vorliegende Beobachtung x wahrscheinlicher ist, diskutiere man die Plausibilität von K_t.

b) Man bestimme für die Familie der B(n,p)-Verteilungen mit n=10, $p \in (0,1)$ einen LQ-Test mit maximalem kritischen Bereich zur Nullhypothese $H_o: p_o = 0.38$ und zum Niveau $\alpha = 0.01$.
Hinweis: Die Zähldichte $b(\cdot;n,p)$ der B(n,p)-Verteilung ist in (2.1.21) definiert.

c) Skizziere in (b) die Fehlerwahrsch. 2. Art $\beta(p) := P_p(K_t^c)$, $p \neq p_o$.

2 Koppelung diskreter Zufallsexperimente

Wir gehen nun an die Erweiterung des Basismodells aus Kapitel 1 auf mehrere zusammenhängende Zufallsexperimente. Um Ablenkungen durch technische (maßtheoretische) Probleme zu vermeiden, beschränken wir uns hier auf diskrete Zufallsexperimente. Der allgemeine Fall wird in Kapitel 5 behandelt.

2.1 Mehrstufige Zufallsexperimente und das Koppelungspostulat

Ziel dieses Abschnitts ist die Entwicklung eines Modells für mehrstufige Zufallsexperimente und die Bereitstellung einer Interpretationsbrücke.

In Abschnitt 1.4 wurde die "n-fache zufällige Stichprobenentnahme aus einer N-elementigen Grundgesamtheit" als Laplace-Experiment über den $\binom{N}{n}$ Auswahlmöglichkeiten definiert und anhand der Ziehung der Lottozahlen "6 aus 49" (ohne Zusatzzahl) eine Möglichkeit der physikalischen Realisierung eines solchen Experiments plausibel gemacht. Nun, die Ziehung der Lottozahlen besteht offenbar aus 6 Einzelexperimenten, nämlich dem Ziehen der einzelnen Kugeln, wobei es (aus Symmetriegründen) anschaulich klar erscheint, daß zufällige Entnahme der einzelnen Kugeln aus dem jeweiligen Restbestand in der Urne impliziert, daß das Gesamtexperiment "6-fache Entnahme" gleichfalls zufällig, d.h. ein Laplace-Experiment über den 6-elementigen Teilmengen ist. Bemerkenswert ist dabei vor allem, daß die Einzelexperimente alle verschieden sind und voneinander abhängen: Als *Modell für die 1. Ziehung* eignet sich offenbar die Laplace-Verteilung P_1 über dem Stichprobenraum $\Omega_1=\{1,2,...,49\}$. Das *Modell für die 2. Ziehung* kann offensichtlich nicht unabhängig vom Ausgang der 1. Ziehung gewählt werden. Sei $\omega_1 \in \Omega_1$ das Ergebnis der 1. Ziehung, dann eignet sich die Laplace-Verteilung P_{2,ω_1} über dem Stichprobenraum $\Omega_{2,\omega_1} = \Omega_1\setminus\{\omega_1\}$ als Modell für die für die 2. Ziehung. Diese Überlegungen lassen sich induktiv fortsetzen bis zum *Modell für die 6. Ziehung:*
Sei $(\omega_1,\omega_2,...,\omega_5)$ das Ergebnis der Ziehungen 1 bis 5, dann eignet sich die Laplace-Verteilung $P_{6,\omega_1,...,\omega_5}$ über dem Stichprobenraum $\Omega_{6,\omega_1,...,\omega_5} = \Omega\setminus\{\omega_1,...,\omega_5\}$ als Modell für die 6. Ziehung.

Wir werden uns im folgenden überlegen, wie sich generell (diskrete) Einzelexperimente zu einem Gesamtexperiment zusammensetzen lassen. Die obige anschauliche Feststellung, daß gelegentlich Laplace'sche Einzelexperimente zu Laplace'schen Gesamtexperimenten führen, wird sich dann als einfache Folgerung ergeben.

Ist erst einmal der formale Apparat zur Koppelung von Einzelexperimenten geschaffen, so lassen sich viele interessante komplexe Modelle aus einfachen Einzelexperimenten aufbauen. Zur Vereinfachung betrachten wir zunächst nur 2 gekoppelte Zufallsexperimente. Die Übertragung der Ergebnisse auf mehrere gekoppelte Zufallsexperimente erfolgt dann induktiv. Es liege also folgende *Ausgangssituation* vor:

Ein *1. Zufallsexperiment* sei modelliert durch das diskrete W-Maß P_1 bzw. die Zähldichte p_1 über dem Stichprobenraum Ω_1.

Ist $\omega_1 \in \Omega_1$ irgendein realisierbares Ergebnis des 1. Zufallsexperiments, d.h. $p_1(\omega_1) > 0$, so sei das *2. Zufallsexperiment* modelliert durch das diskrete W-Maß P_{2,ω_1} mit dem Träger T_{2,ω_1}.

Wie das Lotto-Beispiel zeigt, müssen wir zulassen, daß sowohl das W-Maß als auch sein Träger im 2. Experiment vom Ausgang des 1. Experiments abhängen. Die folgende Bemerkung zeigt jedoch, daß wir ohne Einschränkung für alle W-Maße P_{2,ω_1} des 2. Experiments einen festen Stichprobenraum Ω_2 annehmen können.

2.1.1 BEMERKUNG/KONVENTION: In der oben dargestellten Ausgangssituation fassen wir alle diskreten W-Maße P_{2,ω_1} als diskrete W-Maße über einem festen Stichprobenraum Ω_2 auf. Dies ist immer möglich durch Wahl einer Menge Ω_2 mit der Eigenschaft $\Omega_2 \supset T_{2,\omega_1}$ $\forall \omega_1$ und durch (triviale) Erweiterung von P_{2,ω_1} auf Ω_2 gemäß

$$P_{2,\omega_1}(A) = P_{2,\omega_1}(A \cap T_{2,\omega_1}), \; A \subset \Omega_2.$$

2.1.2 BEISPIEL: Als konkretes Beispiel zweier gekoppelter Experimente betrachten wir als 1. Zufallsexperiment das Werfen einer idealen Münze,d.h., P_1 sei die Laplace-Verteilung über $\Omega_1 := \{K,Z\}$. Das 2. Zufallsexperiment bestehe in einem weiteren idealen Münzwurf, falls der erste Wurf Kopf (K) ergab, bzw. im Werfen eines idealen Würfels, falls der erste Wurf Zahl (Z) ergab. Hier ist also

$P_{2,K}$ die Laplace-Verteilung über $T_K := \{K,Z\}$,

$P_{2,Z}$ die Laplace-Verteilung über $T_Z := \{1,2,...,6\}$.

Nach Bemerkung 2.1.1 können wir $P_{2,K}$ und $P_{2,Z}$ ohne Probleme als diskrete W-Maße über dem gleichen Stichprobenraum $\Omega_2 = T_K \cup T_Z = \{K,Z,1,...,6\}$ auffassen. Abbildung 2.1.1 veranschaulicht dieses Beispiel.

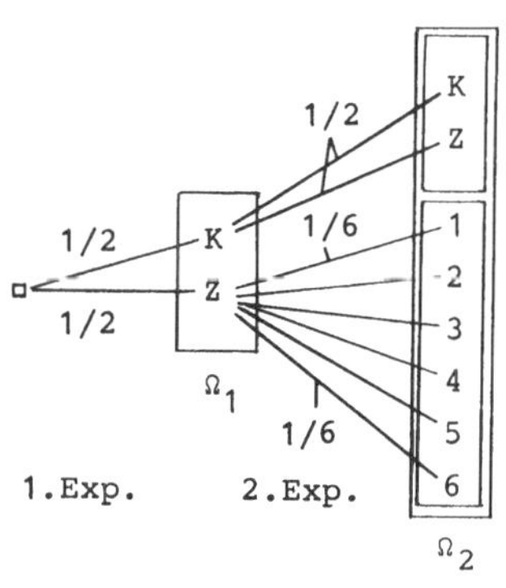

Abb. 2.1.1: Zwei gekoppelte Experimente

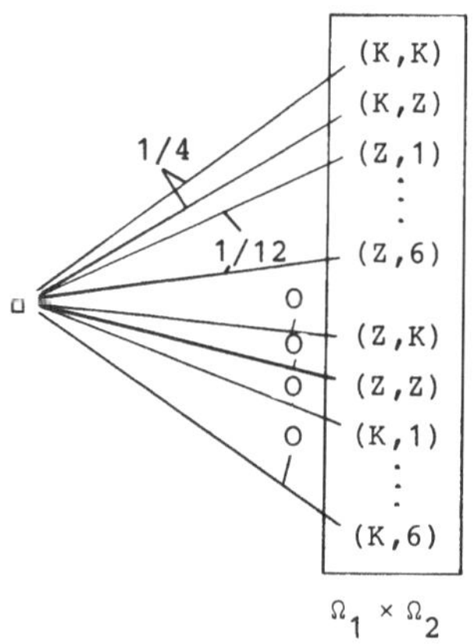

Abb. 2.1.2: 2-stufiges Gesamtexperiment

2.1.3 BEMERKUNG/KONVENTION: Offensichtlich braucht das 2. Zufallsexperiment nur für solche $\omega_1 \in \Omega_1$ erklärt zu werden, für die $p_1(\omega_1)>0$ gilt, die also tatsächlich im 1. Zufallsexperiment realisierbar sind. Man erhält jedoch eine *formale Vereinfachung*, wenn auch für alle $\omega_1 \in \Omega_1$ mit $p_1(\omega_1) = 0$ ein 2. Zufallsexperiment durch ein (beliebiges) diskretes W-Maß P_{2,ω_1} über Ω_2 erklärt wird.

Dann läßt sich durch

$$P_2^1(\omega_1;A) := P_{2,\omega_1}(A), \omega_1 \in \Omega_1, A \subset \Omega_2,$$

eine (diskrete) Übergangswahrscheinlichkeit P_2^1 im Sinne der folgenden Definition erklären. In Zukunft denken wir uns das 2. Experiment stets durch eine diskrete Übergangswahrscheinlichkeit P_2^1 bzw. eine Übergangszähldichte p_2^1 beschrieben.

2.1.4 DEFINITION: *Gegeben seien zwei Stichprobenräume Ω_1 und Ω_2. Eine Abbildung*

$$P_2^1 : \Omega_1 \times \mathcal{P}(\Omega_2) \to [0,1]$$

heißt *<u>diskrete Übergangswahrscheinlichkeit (ÜW) von Ω_1 nach Ω_2</u>* *oder* *<u>diskreter Markov-Kern</u>* *(von Ω_1 nach Ω_2), falls gilt:*

(2.1.1) *Für jedes (festgehaltene) $\omega_1 \in \Omega_1$ ist die Abbildung $P_2^1(\omega_1;\cdot) : \mathcal{P}(\Omega_2) \to [0,1]$ ein diskretes W-Maß über Ω_2.*

Eine Abbildung $p_2^1 : \Omega_1 \times \Omega_2 \to \mathbb{R}$ heißt *<u>Übergangszähldichte (ÜZ-Dichte) von Ω_1 nach Ω_2</u>*, *wenn für jedes (festgehaltene) $\omega_1 \in \Omega_1$ die Abbildung $p_2^1(\omega_1,\cdot) : \Omega_2 \to \mathbb{R}$ eine Zähldichte über Ω_2 ist.*

2.1.5 BEMERKUNG: *Wegen Satz 1.4.4 besteht eine Korrespondenz zwischen diskreten ÜW P_2^1 von Ω_1 nach Ω_2 und ÜZ-Dichten p_2^1 von Ω_1 nach Ω_2 über die Beziehung*

(2.1.2) $P_2^1(\omega_1;\{\omega_2\}) = p_2^1(\omega_1,\omega_2) \;\forall(\omega_1,\omega_2) \in \Omega_1 \times \Omega_2.$

Die Ergebnisse des in der Ausgangssituation beschriebenen 2-stufigen Experiments stellen sich nun als Elemente (ω_1,ω_2) des Produktraumes $\Omega_1 \times \Omega_2$ dar, wobei allerdings nicht jedes Paar $(\omega_1,\omega_2) \in \Omega_1 \times \Omega_2$ im tatsächlichen Experiment realisierbar sein muß.

Wir fragen uns: Welche Wahrscheinlichkeiten sind den Paaren (ω_1,ω_2) vernünftigerweise zuzuweisen, d.h. welches W-Maß P beschreibt das Gesamtexperiment über $\Omega_1 \times \Omega_2$?

Zur Beantwortung dieser Frage greifen wir ein weiteres Mal auf das empirische Gesetz der großen Zahlen zurück, in dem die Erfahrungstatsache ausgedrückt ist, daß die Wahrsch. eines Ereignisses A durch den relativen *Anteil* der Fälle approximiert wird, in denen A bei einer langen Reihe gleicher und sich gegenseitig nicht beeinflussender Zufallsexperimente eintritt. Verwenden wir diesen Anteilaspekt in Beispiel 2.1.2, so bedeutet dies z.B., daß bei häufiger unabhängiger Wiederholung des gekoppelten Experimentes in der Hälfte der Fälle zunächst "Zahl" eintritt und in ein Sechstel *dieser* Fälle anschließend die "Fünf" erscheint. Im Gesamtexperiment wird sich demgemäß in $\frac{1}{2} \cdot \frac{1}{6} = \frac{1}{12}$ der Fälle das Paar (Z,5) ergeben. Für ein das Gesamtexperiment beschreibendes W-Maß P über

$\Omega_1 \times \Omega_2$ wird also als Konsequenz des empirischen Gesetzes der großen Zahlen $P\{(Z,5)\} = \frac{1}{2} \cdot \frac{1}{6}$ zu setzen sein, vgl. Abb. 2.1.2.

Entsprechend stellen wir für das *Gesamtexperiment im allgemeinen Fall* fest:

a) Als Stichprobenraum ist $\Omega = \Omega_1 \times \Omega_2$ offensichtlich geeignet.

b) Genau die Ergebnisse $(\omega_1,\omega_2) \in \Omega$ mit $p_1(\omega_1) > 0$ und $p_2^1(\omega_1,\omega_2) > 0$ sind realisierbar. Die Menge der realisierbaren Ergebnisse

(2.1.3) $\quad T := \{(\omega_1,\omega_2) \in \Omega : p_1(\omega_1)p_2^1(\omega_1,\omega_2) > 0\}$

ist nichtleer und abzählbar (Beweis ?), und das modellierende W-Maß P sollte ein diskretes W-Maß über Ω mit Träger T gemäß (2.1.3) sein. Zur Festlegung von P ist nach Satz 1.4.4 nur noch die Angabe einer Zähldichte p über Ω erforderlich.

c) Analog zum speziellen Beispiel *postulieren* wir für eine Zähldichte p des modellierenden W-Maßes P die Eigenschaft

(2.1.4) $\quad p(\omega) = p_1(\omega_1)p_2^1(\omega_1,\omega_2) \quad \forall\omega = (\omega_1,\omega_2) \in \Omega.$

Dann ist wegen $p(\omega) \geq 0\ \forall\omega\in\Omega$, $p(\omega) = 0\ \forall\omega\in\Omega\setminus T$, $p(\omega)>0\ \forall\omega\in T$, der Abzählbarkeit von T und

$$\sum_{\omega\in T} p(\omega) = \sum_{\omega_1:p_1(\omega_1)>0} p_1(\omega_1) \sum_{\omega_2:p_2^1(\omega_1,\omega_2)>0} p_2^1(\omega_1,\omega_2)$$

$$= \sum_{\omega_1:p_1(\omega_1)>0} p_1(\omega_1)\cdot 1 = 1$$

durch (2.1.4) tatsächlich eine Zähldichte p über Ω definiert und das zugehörige diskrete W-Maß P über Ω hat den Träger T.

2.1.6 Definition und Satz: *Das durch (2.1.4) aus P_1 und P_2^1 konstruierte diskrete W-Maß P über $\Omega_1 \times \Omega_2$ wird mit $P_1 \otimes P_2^1$ bezeichnet und heißt Koppelung von P_1 und P_2^1. Die zugehörige, in Formel (2.1.4) angegebene Zähldichte bezeichnen wir in analoger Weise mit $p_1 \otimes p_2^1$. Der diskrete W-Raum $(\Omega_1\times\Omega_2,\ P_1 \otimes P_2^1)$ heißt Koppelung von (Ω_1,P_1) mit (Ω_2,P_2^1). Nach Formel (1.4.9) gilt die Darstellung*

(2.1.5) $\quad P_1 \otimes P_2^1(A) = \sum_{(\omega_1,\omega_2)\in A} p_1(\omega_1)p_2^1(\omega_1,\omega_2), \quad A \subset \Omega_1\times\Omega_2.$

Im Fall $A=A_1\times A_2$, $A_1 \subset \Omega_1$, $A_2 \subset \Omega_2$ ergibt sich hieraus

$$(2.1.6)\qquad P_1 \otimes P_2^1(A_1\times A_2) = \sum_{\omega_1\in A_1} p_1(\omega_1)P_2^1(\omega_1;A_2).$$

Die postulierte Verwendung von $(\Omega_1 \times \Omega_2,\ P_1 \otimes P_2^1)$ als Modell für das in der Ausgangssituation beschriebene 2-stufige Zufallsexperiment formulieren wir in Anlehnung an die früher formulierten Existenz- und Anwendungspostulate als *Koppelungspostulat*, um deutlich zu machen, daß es sich bei dieser Modellierung im Grunde um kein Theorem, sondern um ein durch das empirische Gesetz der großen Zahlen motiviertes Axiom handelt.

2.1.7 KOPPELUNGSPOSTULAT *(für 2-stufige Experimente): Werden die beiden Stufen eines zweistufigen Experiments durch ein diskretes W-Maß P_1 über Ω_1 bzw. durch eine diskrete UW P_2^1 von Ω_1 nach Ω_2 modelliert, so wird das (gekoppelte) Gesamtexperiment durch die Koppelung $(\Omega_1\times\Omega_2,\ P_1 \otimes P_2^1)$ von (Ω_1,P_1) mit (Ω_2,P_2^1) modelliert.*

Die obigen Überlegungen lassen sich unmittelbar auf n-stufige Zufallsexperimente übertragen, $n \geq 2$.

2.1.8 SATZ UND DEFINITION: *P_1 sei ein diskretes W-Maß über Ω_1 mit Zähldichte p_1. Weiter sei für jedes $i \in \{2,\ldots,n\}$ eine diskrete UW P_i^{i-1} von $\Omega_1\times\cdots\times\Omega_{i-1}$ nach Ω_i gegeben mit UZ-Dichte p_i^{i-1}. Dann definiert*

$$(2.1.7)\quad p(\underset{\sim}{\omega})=p_1(\omega_1)\prod_{i=2}^{n} p_i^{i-1}(\omega_1,\ldots,\omega_{i-1},\omega_i),\ \underset{\sim}{\omega}=(\omega_1,\ldots,\omega_n)\in \mathop{\times}_{i=1}^{n}\Omega_i,$$

eine Zähldichte über $\Omega = \mathop{\times}_{i=1}^{n}\Omega_i$. Das zugehörige diskrete W-Maß P über Ω wird mit

$$P_1 \otimes P_2^1 \otimes \cdots \otimes P_n^{n-1} \quad \text{bzw.} \quad P_1 \otimes \bigotimes_{i=2}^{n} P_i^{i-1}$$

bezeichnet und heißt <u>Koppelung von $P_1,P_2^1,\ldots,P_n^{n-1}$</u>. Die entsprechende Zähldichte p aus (2.1.7) wird in analoger Weise mit $p_1 \otimes \bigotimes_{i=2}^{n} p_i^{i-1}$ bezeichnet. Der diskrete W-Raum $(\mathop{\times}_{i=1}^{n}\Omega_i,\ P_1 \otimes \bigotimes_{i=2}^{n} P_i^{i-1})$ heißt <u>Koppelung</u> der entsprechenden Teilexperimente. Nach Formel (1.4.9) gilt die Darstellung

$$(2.1.8)\quad P_1 \otimes \bigotimes_{i=2}^{n} P_i^{i-1}(A) = \sum_{(\omega_1,\ldots,\omega_n)\in A} p_1(\omega_1) \prod_{i=2}^{n} p_i^{i-1}(\omega_1,\ldots,\omega_i),\quad A \subset \mathop{X}_{i=1}^{n} \Omega_i .$$

<u>Beweis:</u> Analog zum 2-stufigen Fall erhält man die Abzählbarkeit von $T = \{\underset{\sim}{\omega}\in\Omega : p(\underset{\sim}{\omega}) > 0\}$ und durch entsprechende Rekursion auch $\sum_{\underset{\sim}{\omega}\in T} p(\underset{\sim}{\omega}) = 1$. Wegen $p(\underset{\sim}{\omega}) \geq 0 \;\; \forall \underset{\sim}{\omega} \in \Omega$ ist damit alles bewiesen. □

<u>Bemerkung:</u> Bei beobachteten Werten $\omega_1,\ldots,\omega_{i-1}$ in den ersten i-1 Experimenten wird das i-te Experiment durch das diskrete W-Maß $P_i^{i-1}(\omega_1,\ldots,\omega_{i-1};\cdot)$ über Ω_i beschrieben, $i=2,\ldots,n$.

2.1.9 KOPPELUNGSPOSTULAT *(für n-stufige Experimente): Werden die Stufen eines n-stufigen Experiments durch ein diskretes W-Maß P_1 über Ω_1 und diskrete UW P_i^{i-1} von $\mathop{X}_{j=1}^{i-1} \Omega_j$ nach Ω_i, $i=2,\ldots,n$, modelliert, so wird das Gesamtexperiment durch die Koppelung $(\mathop{X}_{i=1}^{n} \Omega_i,\; P_1 \otimes \bigotimes_{i=2}^{n} P_i^{i-1})$ modelliert.*

Um es noch einmal deutlich zu sagen: Das W-Maß (2.1.8) existiert immer. Das Koppelungspostulat postuliert nur, daß das gekoppelte Experiment durch (2.1.8) modelliert wird.

2.1.10 BEISPIEL (Sukzessive zufällige Entnahme von Elementen einer Grundgesamtheit <u>ohne Zurücklegen</u>): Wir betrachten die zufällige sukzessive Entnahme von n Elementen aus einer N-elementigen Grundgesamtheit Ω $(2 \leq N < \infty,\; 1 \leq n \leq N)$ und behaupten, daß das Gesamtexperiment "n-fache Entnahme" beschrieben wird durch eine Laplace-Verteilung über der $N\cdot(N-1)\ldots(N-n+1) = N!/(N-n)!$ elementigen Menge

$$(2.1.9)\qquad \Omega^n_{\neq} := \{(\omega_1,\ldots,\omega_n) \in \Omega^n \text{ mit } \omega_i \neq \omega_j \;\; \forall i\neq j\}.$$

Dies bedeutet zum Beispiel, daß beim üblichen Zufallsmechanismus der Ziehung der Lottozahlen "6 aus 49" alle möglichen (nicht nachträglich der Größe nach angeordneten) 6-Tupel gleichwahrscheinlich sind, wenn die sechs einzelnen Ziehungen Laplace-Experimente sind.

Die Entnahme des ersten Elementes wird nach Voraussetzung durch eine Laplace-Verteilung P_1 über $\Omega_1 = \Omega$ beschrieben, die i-te Entnahme, i=2,...,n, durch eine diskrete ÜW P_i^{i-1} von Ω^{i-1} nach Ω gemäß

$$(2.1.10)\begin{cases}\text{Für } \underset{\sim}{\omega}_{i-1} \in \Omega_{\neq}^{i-1} \text{ ist } P_i^{i-1}(\underset{\sim}{\omega}_{i-1};\cdot) \text{ eine Laplace-Verteilung} \\ \text{über dem \underline{Träger} } \Omega\setminus\{\omega_1,\dots,\omega_{i-1}\}. \\ \text{Für } \underset{\sim}{\omega}_{i-1} \in \Omega^{i-1}\setminus\Omega_{\neq}^{i-1} \text{ ist } P_i^{i-1}(\underset{\sim}{\omega}_{i-1};\cdot) \text{ ein beliebiges} \\ \text{diskretes W-Maß über } \Omega.\end{cases}$$

Hierbei ist $\Omega_{\neq}^{i-1} \subset \Omega^{i-1}$ in (2.1.9) definiert, und für die nicht realisierbaren Punkte $\underset{\sim}{\omega}_{i-1} = (\omega_1,\dots,\omega_{i-1}) \in \Omega^{i-1}\setminus\Omega_{\neq}^{i-1}$ wird ein diskretes W-Maß $P_i^{i-1}(\underset{\sim}{\omega}_{i-1};\cdot)$ über Ω nur aus formalen Gründen erklärt, vgl. Bem. 2.1.3. Für die Zähldichte p_1 von P_1 gilt also

$$(2.1.11) \qquad p_1(\omega) = 1/N \;\; \forall\omega \in \Omega,$$

während die ÜZ-Dichte p_i^{i-1} von P_i^{i-1} für die realisierbaren Punkte $(\omega_1,\dots,\omega_{i-1}) \in \Omega_{\neq}^{i-1}$ die Darstellung

$$(2.1.12) \quad p_i^{i-1}(\omega_1,\dots,\omega_{i-1},\omega_i) = \begin{cases}\frac{1}{N-i+1}, & \text{falls } \omega_i \in \Omega\setminus\{\omega_1,\dots,\omega_{i-1}\}, \\ 0 \quad , & \text{falls } \omega_i \in \{\omega_1,\dots,\omega_{i-1}\},\end{cases}$$

besitzt.

Das n-stufige Gesamtexperiment wird nach dem Koppelungspostulat modelliert durch das diskrete W-Maß

$$(2.1.13) \quad P = P_1 \otimes \bigotimes_{i=2}^{n} P_i^{i-1} \quad \text{über} \quad \Omega^n.$$

Behauptung: P ist eine Laplace-Verteilung über dem Träger $\Omega_{\neq}^n$, d.h. die Zähldichte p von P hat die Darstellung

$$(2.1.14) \quad p(\underset{\sim}{\omega}) = \begin{cases}(N-n)!/N!, & \text{falls } \underset{\sim}{\omega} \in \Omega_{\neq}^n, \\ 0 \quad , & \text{falls } \underset{\sim}{\omega} \in \Omega^n\setminus\Omega_{\neq}^n .\end{cases}$$

Wegen Satz 2.1.8 und $|\Omega_{\neq}^n| = N(N-1)\cdots(N-n+1) = N!/(N-n)!$ ist die Behauptung vollständig bewiesen, wenn wir (2.1.14) für $\underset{\sim}{\omega} \in \Omega_{\neq}^n$ nachweisen. Sei also $\underset{\sim}{\omega} = (\omega_1,\dots,\omega_n) \in \Omega_{\neq}^n$ gegeben. Dann gilt für alle i=2,...,n auch $(\omega_1,\dots,\omega_{i-1}) \in \Omega_{\neq}^{i-1}$ und $\omega_i \in \Omega\setminus\{\omega_1,\dots,\omega_{i-1}\}$, also wegen (2.1.11), (2.1.12) und (2.1.7) tatsächlich

$$p(\underset{\sim}{\omega}) = p_1(\omega_1) \prod_{i=2}^{n} p_i^{i-1}(\omega_1,\dots,\omega_{i-1},\omega_i) = (N-n)!/N! \; .$$

Im folgenden benutzen wir daher $\Omega_{\neq}^n$ als Stichprobenraum für das Gesamtexperiment.

Bei der Ziehung der Lottozahlen, oder allgemein bei der früher beschriebenen "n-fachen zufälligen Stichprobenentnahme" legt man auf die Reihenfolge der gezogenen Elemente keinen Wert, sondern interessiert sich nur für die aus den n gezogenen Elementen $\omega_1,\ldots,\omega_n$ gebildete Menge $\{\omega_1,\ldots,\omega_n\}$. (Dies drückt sich bei der Ziehung der Lottozahlen darin aus, daß die gezogenen Zahlen der Größe nach angegeben werden.) Eine solche Verringerung der Beobachtungstiefe wird offenbar durch die Abbildung

$$X : \Omega^n_{\neq} \to \mathcal{X} = \{\{\omega_1,\ldots,\omega_n\} : (\omega_1,\ldots,\omega_n) \in \Omega^n_{\neq}\},$$
$$X(\omega_1,\ldots,\omega_n) = \{\omega_1,\ldots,\omega_n\} \; \forall(\omega_1,\ldots,\omega_n) \in \Omega^n_{\neq},$$

beschrieben. Das induzierte (diskrete) W-Maß P^X über $\mathcal{X}$ ist dann die Laplace-Verteilung über $\mathcal{X}$, denn für jedes Element $x=\{\omega_1,\ldots,\omega_n\}\in\mathcal{X}$ gilt

$$\text{(2.1.15)} \quad \begin{aligned} P^X\{x\} &= P(X^{-1}(\{x\})) = P\{\pi(\omega_1,\ldots,\omega_n) : \pi \in S_n\} \\ &= \sum_{\pi\in S_n} P\{\pi(\omega_1,\ldots,\omega_n)\} = n!\,\frac{(N-n)!}{N!} = 1/\binom{N}{n}, \end{aligned}$$

wobei S_n die Menge der Permutationen von n Koordinaten bedeutet. Die Wahrscheinlichkeit dafür, daß bei der sukzessiven zufälligen Entnahme von n Elementen, die aus den Komponenten gebildete Menge gleich $\{\omega_1,\ldots,\omega_n\}$ ist, ist also für alle derartigen Mengen gleich, nämlich $1/\binom{N}{n}$. Der beschriebene Zufallsmechanismus ist demnach - wie schon früher bei der Ziehung der Lottozahlen vermutet - eine "zufällige Stichprobenentnahme". Wir betonen noch einmal, daß dies (bei der hier gewählten Modellierung) ein auf dem Koppelungspostulat beruhendes Ergebnis ist, welches zwar aus Symmetriegründen sehr naheliegt, aber dennoch eines Beweises bedurfte.

2.1.11 BEISPIEL (Irrfahrtsmodell): Der Botaniker Brown entdeckte 1827, daß in Wasser gemengte Blütenpollen bei Betrachtung unter einem genügend starken Mikroskop in lebhafter Bewegung ganz unregelmäßige Bahnen beschreiben. Man nennt diese Erscheinung heute Brownsche Molekularbewegung. Sie entsteht durch den unregelmäßigen Aufprall der Wassermoleküle auf die Teilchen der Suspension.
Trägt man in gleichen Zeitabständen die jeweilige Position eines Teilchens in der Ebene auf und verbindet die sukzessiven Positio-

nen durch Geradenstücke, so entsteht eine typische Zickzackbahn.

Ein 1-dimensionales (approximatives) Modell der Brownschen Molekularbewegung ist das (symmetrische) Irrfahrtsmodell: Startend im Punkt 0 der Zahlengeraden (Zeitachse) bewegt sich ein Teilchen in $n \geq 1$ Schritten der Länge 1 (Zeiteinheiten) jeweils um eine Einheit nach oben mit der Wahrscheinlichkeit p bzw. um eine Einheit nach unten mit der Wahrscheinlichkeit 1-p. Im Falle p=1/2 spricht man von einer *symmetrischen Irrfahrt*. Mit ω_i, $1 \leq i \leq n$, werde die Position des Teilchens nach i Schritten bezeichnet. Wir interessieren uns hauptsächlich für die Verteilung der Position des Teilchens nach n Schritten bei gegebenem Parameter $p \in (0,1)$.

Offenbar handelt es sich bei diesem Zufallsexperiment um n gekoppelte Experimente. Die Position des Teilchens nach dem ersten Schritt wird durch das W-Maß P_1 mit $P_1\{1\} = p$, $P_1\{-1\} = 1-p$ gesteuert, während der i-te Schritt durch die allein von der letzten Position ω_{i-1} abhängigen ÜZ-Dichte

$$(2.1.16)\quad p_i^{i-1}(\omega_{i-1},\omega_i) = \begin{cases} p & \text{für } \omega_i = \omega_{i-1}+1, \\ 1-p, & \text{für } \omega_i = \omega_{i-1}-1, \\ 0 & \text{sonst,} \end{cases}$$

beschrieben wird, i=2,...,n. Als Grundmengen wählen wir $\Omega_1 = \cdots = \Omega_n = \{0,\pm1,\pm2,\cdots\} = \mathbb{Z}$.

Der zeitliche Verlauf des n-stufigen Experimentes läßt sich durch die folgende Abbildung 2.1.3 veranschaulichen:

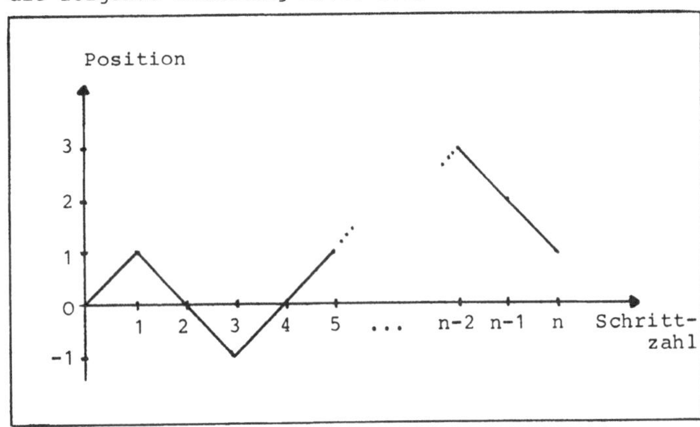

Abb. 2.1.3: Zeitlicher Verlauf des n-stufigen Experiments

Das Gesamtexperiment wird nach dem Koppelungspostulat durch das diskrete W-Maß P_n über Z^n mit Zähldichte p_n gemäß (2.1.7) und (2.1.16) beschrieben. Für den Träger T_n von P_n gilt daher

(2.1.17) $T_n = \{(\omega_1,\dots,\omega_n) \in Z^n : \omega_i-\omega_{i-1}\in\{-1,+1\}, i=1,\dots,n\}$,

wobei $\omega_o:=0$ (Position des Teilchens beim Start) gesetzt wurde. Offenbar gilt $|T_n| = 2^n$, und mit Hilfe der Abbildung

(2.1.18)
$$K : T_n \to \{0,1,\dots,n\}$$
$$K(\omega_1,\dots,\omega_n) = |\{i\in\{1,\dots,n\} : \omega_i-\omega_{i-1} = 1\}|$$

läßt sich wegen (2.1.16) die Zähldichte p_n auf T_n in der folgenden übersichtlichen Form darstellen,

(2.1.19) $p_n(\underset{\sim}{\omega}) = p^{K(\underset{\sim}{\omega})}(1-p)^{n-K(\underset{\sim}{\omega})} \quad \forall \underset{\sim}{\omega} \in T_n$,

denn $K(\omega)$ und $n-K(\omega)$ geben gerade die *Anzahl der Aufwärtsbewegungen* bzw. die *Anzahl der Abwärtsbewegungen* an, wenn die Realisierung $\underset{\sim}{\omega}=(\omega_1,\dots,\omega_n) \in T_n$ gemäß Abbildung 2.1.3 dargestellt wird. Für ω_n, die Position des Teilchens nach n Schritten, gilt offenbar für alle $(\omega_1,\dots,\omega_n) \in T_n$ die Darstellung

$$\omega_n = K(\omega_1,\dots,\omega_n) - (n-K(\omega_1,\dots,\omega_n)) = 2\,K(\omega_1,\dots,\omega_n) - n.$$

Also beschreibt die über T_n definierte diskrete Zufallsvariable $2K-n$ mit Werten in $\{2k-n:k=0,1,\dots,n\}$ das stochastische Verhalten der Position des Teilchens nach n Schritten. Für die Verteilung von $2K-n$ bzw. K unter P_n gilt ($\forall k \in \{0,1,\dots,n\}$):

$$P_n^{2K-n}\{2k-n\}=P_n\{2K-n=2k-n\}=P_n\{K=k\}=P_n\{\underset{\sim}{\omega}\in T_n:K(\underset{\sim}{\omega})=k\}$$
$$= \sum_{\underset{\sim}{\omega}\in T_n} p_n(\underset{\sim}{\omega})1_{\{k\}}(K(\underset{\sim}{\omega})) = \sum_{\underset{\sim}{\omega}\in T_n} p^{K(\underset{\sim}{\omega})}(1-p)^{n-K(\underset{\sim}{\omega})}1_{\{k\}}(K(\underset{\sim}{\omega}))$$
$$= p^k(1-p)^{n-k} \sum_{\underset{\sim}{\omega}\in T_n} 1_{\{k\}}(K(\underset{\sim}{\omega})) = \binom{n}{k}p^k(1-p)^{n-k},$$

denn es gibt offenbar genau $\binom{n}{k}$ Elemente in T_n mit genau k "Aufwärtsbewegungen".

Die stochastische Position des Teilchens nach n Schritten läßt sich also durch ein diskretes W-Maß Q_n^* über $\{2k-n:k=0,1,\dots,n\}$ gemäß

(2.1.20) $Q_n^*\{2k-n\} = \binom{n}{k}p^k(1-p)^{n-k} =: b(k;n,p), k=0,1,\ldots,n,$

beschreiben. Die Größen $b(k;n,p), k=0,1,\ldots,n$, heißen *Binomialwahrscheinlichkeiten* wegen ihres Zusammenhangs mit dem "binomischen Lehrsatz" $1=(p+1-p)^n = \sum_{k=0}^{n} \binom{n}{k}p^k(1-p)^{n-k}$.

Das stochastische Verhalten der "Anzahl der Aufwärtsbewegungen" wird entsprechend durch das diskrete W-Maß Q_n über $\{0,1,\ldots,n\}$ mit der Zähldichte

(2.1.21) $q_n(k) = b(k;n,p),\ k=0,1,\ldots,n,$

beschrieben. Q_n heißt *Binomial(n,p) Verteilung* oder kurz *B(n,p)-Verteilung*. Sie ist durch Angabe der Parameter n und p vollständig bestimmt, und zwar durch die Zähldichte $b(\cdot;n,p)$ über $\{0,1,\ldots,n\}$. Ein hierdurch beschriebenes Zufallsexperiment nennen wir *Binomial(n,p) Experiment*. Solche Experimente werden in Abschnitt 3.1 im Zusammenhang mit Bernoulli-Experimenten genauer analysiert.

2.1.12 BEISPIEL (Selektion): M. Eigen und R. Winkler beschreiben in ihrem Buch "Das Spiel - Naturgesetze steuern den Zufall" (Piper, München, 3. Aufl. 1979) sog. "Kugelspiele", die dazu dienen sollen, Mechanismen der Evolution modellmäßig zu erfassen. Eines der dort behandelten Kugelspiele heißt "Selektionsspiel". Wir wollen hier eine vereinfachte Version beschreiben:

Zwei Populationen (rote und schwarze Kugeln) teilen sich einen "Lebensraum" mit den Plätzen 1,...,N. Zu Beginn der Beobachtung seien r rote und s schwarze Kugeln, r+s=N, auf den Lebensraum verteilt. Es werde weiterhin angenommen, daß Kugeln "sterben" können oder "geboren" werden nach dem folgenden Verfahren:

1. Einer der Plätze 1,...,N wird "zufällig" ausgewählt, die dort befindliche Kugel "stirbt", d.h. wird entfernt.

2. Aus den restlichen N-1 Plätzen wird einer "zufällig" ausgewählt: Ist die dort befindliche Kugel rot (schwarz), so wird die im vorangegangenen Schritt entstandene Leerstelle mit einer "neugeborenen" roten (schwarzen) Kugel aufgefüllt.

Die Schritte 1. und 2. werden zusammengefaßt als ein *Versuch* bezeichnet und beliebig oft wiederholt, vgl. Abb. 2.1.4. Es erscheint anschaulich klar, daß nach genügend vielen Versuchen *eine* Population irgendwann einmal alle Plätze besetzt. Damit wäre die andere Population "ausgestorben".

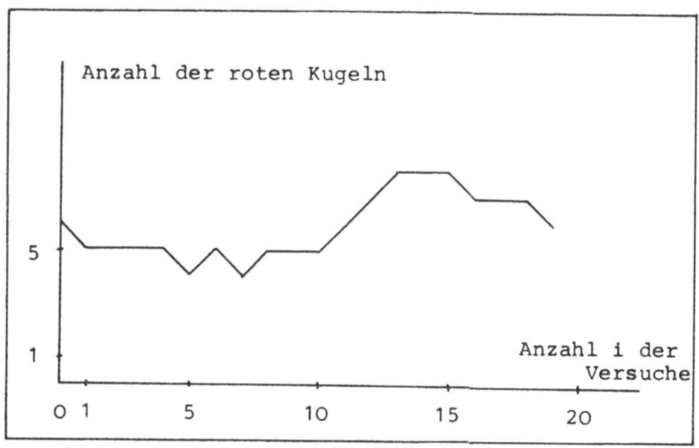

Abb. 2.1.4: Anzahl der roten Kugeln in Abhängigkeit von der Anzahl der Versuche für N=12, r=s=6.

Es liegen gekoppelte Experimente vor, da offenbar die Wahrscheinlichkeit dafür, daß sich die Zahl der roten Kugeln beim i-ten Versuch erhöht bzw. gleich bleibt bzw. abnimmt von der Situation im letzten Zeitpunkt (i-1) abhängt, jedoch nicht von früheren Zeitpunkten, vgl. Beispiel 2.1.11. Wir wollen die ÜW $P_i^{i-1}:\Omega\times P(\Omega)\to[0,1]$ bestimmen, wobei $\Omega=\{0,1,\dots,N\}$ sei und ein Element aus Ω die Anzahl ω der roten Kugeln bezeichne. Ist die Zahl der roten Kugeln nach dem (i-1)-ten Versuch gleich k, so ist sie nach dem i-ten Versuch gleich $j\in\{k-1,k,k+1\}$. Da die

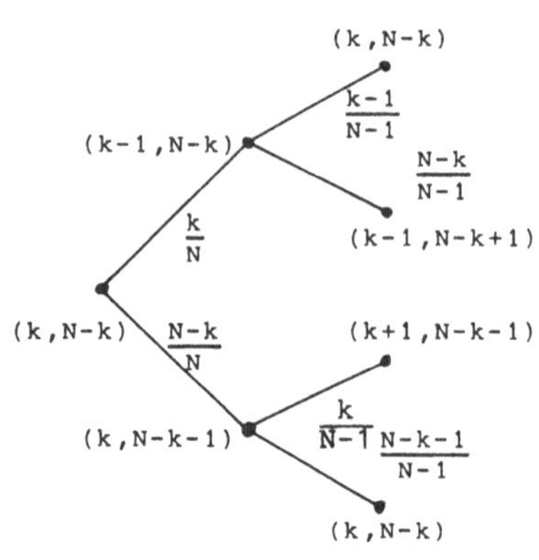

Abb. 2.1.5: Berechnung von p(k,j).

ÜZ-Dichte $P_i^{i-1}(k;\{j\})$ von i unabhängig sein muß, schreiben wir stattdessen p(k,j). Für k=0 oder k=N ist offenbar p(k,k)=1.

Zur Bestimmung von p(k,j) für $1 \leq k \leq N-1$ betrachten wir das Schema in Abb. 2.1.5, wobei an den Knotenpunkten jeweils die Anzahlen (•,•) der (roten, schwarzen) Kugeln notiert werden und an den Kanten die Übergangswahrscheinlichkeiten vermerkt sind. Eine Aufwärtsbewegung [Abwärtsbewegung] bedeutet dabei "Ziehung einer roten [schwarzen] Kugel".

Für $1 \leq k \leq N-1$ erhalten wir somit die Übergangswahrsch.

$$(2.1.22)\qquad \begin{aligned} p(k,k-1) &= p(k,k+1) = \frac{N-k}{N} \cdot \frac{k}{N-1} \\ p(k,k) &= \frac{k}{N} \cdot \frac{k-1}{N-1} + \frac{N-k}{N} \cdot \frac{N-k-1}{N-1} = 1 - \frac{2k(N-k)}{N(N-1)} . \end{aligned}$$

Wir sehen, daß die Wahrscheinlichkeiten dafür, daß im i-ten Versuch die Anzahl der roten Kugeln um 1 zunimmt [bzw. um 1 abnimmt], einander gleich sind: p(k,k+1) = p(k,k-1). Die zufallsgesteuerte Entwicklung der roten Population (vgl. Abb. 2.1.4) kann daher als Überlagerung zweier Zufallsmechanismen gedeutet werden, nämlich einer *symmetrischen* Irrfahrt (startend im Punkt (0,r)) und eines "Dehnungsmechanismus", der sich in jedem erreichten Punkt (i,k) des Pfades mit Wahrsch. p(k,k) dazu entschließt, die Population unverändert zu lassen und mit Wahrsch. 1-p(k,k) dazu, einen Schritt einer symmetrischen Irrfahrt durchzuführen.

Wir wollen uns nun überlegen, daß nach genügend vielen Versuchswiederholungen tatsächlich mit hoher Wahrsch. eine der Populationen ausstirbt: Aus (2.1.22) folgt $p(k,k) \leq p(1,1) = 1-2/N$ für $1 \leq k \leq N-1$. Ersetzen wir dann für $1 \leq k \leq N-1$ die Wahrsch. p(k,k) durch 1 - 2/N, so wird die "Dehnungswahrscheinlichkeit" vergrößert. Es ist klar, daß bei einem Verfahren, das einen "Dehnungsmechanismus" mit Wahrsch. 1-2/N statt p(k,k) hat, die Zeit bis zum Aussterben einer Population größer wird. Es reicht deshalb zu zeigen, daß in einem vereinfachten Modell, in dem p(k,k) [und p(k,k+1)=p(k,k-1)] durch $q^* := 1 - 2/N$ [und 1/N] ersetzt wird, die Wahrsch. dafür, daß die Zahl der roten Kugeln die Werte N oder 0 erreicht, bei wachsender Zahl n der Versuche gegen 1 strebt.

Das vereinfachte Modell besteht aus einer symmetrischen Irrfahrt (startend in (0,r)), überlagert durch einen "Dehnungsmechanismus" mit *konstanter* Dehnungswahrscheinlichkeit" $q^* = 1 - 2/N$. Letzteres hat zur Folge, daß ein Pfad in Abb. 2.1.4 nunmehr nicht mehr durch O und N beschränkt zu sein braucht. Um das vereinfachte Modell zu beschreiben, wählen wir für $1\leq r<N$ als Stichprobenraum für die Ausführung von n Versuchen die Menge

$$\Omega_r^n = \{\underset{\sim}{\omega}_n = (\omega_1,\ldots,\omega_n) : \omega_i \in \mathbb{Z},\ |\omega_i-\omega_{i-1}|\leq 1\ \forall i\},\ \omega_o:=r,$$

wobei wir ω_i nunmehr entsprechend Beispiel 2.1.11 als Position eines Teilchens zur Zeit i deuten.
Das (vereinfachte) Gesamtexperiment wird dann beschrieben durch das W-Maß $P^n := P_1 \otimes \bigotimes_{i=2}^{n} P_i^{i-1}$ mit $P_1\{r\} = 1-2/N$; $P_1\{r\pm1\} = 1/N$,

sowie

$$(2.1.23)\quad p(k,j) := P_i^{i-1}(k,\{j\}) = \begin{cases} 1/N & \text{für } j=k\pm1, \\ 1-2/N & \text{für } j=k. \end{cases}$$

Aussterben der roten bzw. schwarzen Kugeln bedeutet somit, daß mindestens ein ω_i kleiner als 1 bzw. größer als N-1 ist. Um zu zeigen, daß die Aussterbewahrscheinlichkeit mit wachsendem n gegen 1 strebt, reicht es zu zeigen, daß für $M_n(\underset{\sim}{\omega}_n) = \max\limits_{0\leq i\leq n} \omega_i$ gilt:

$$P^n\{M_n\geq N\} \to 1 \text{ für } n \to\infty.$$

Zunächst wird für $a \in \mathbb{N}$, $a \geq r$, gezeigt

$$(2.1.24)\quad P^n\{M_n\geq a\} = 2P^n\{S_n>a\} + P^n\{S_n=a\} \text{ mit } S_n(\underset{\sim}{\omega}_n) = \omega_n.$$

Aus Symmetriegründen ist (2.1.24) für a=r richtig. Sei nun a>r: Wegen $P^n\{M_n\geq a\} - P^n\{S_n=a\} = P^n\{M_n\geq a,\ S_n<a\} + P^n\{M_n\geq a,\ S_n>a\}$ und $P^n\{M_n\geq a,\ S_n>a\} = P^n\{S_n>a\}$, reicht es zu zeigen, daß die Mengen $\{M_n\geq a,\ S_n>a\}$ und $\{M_n\geq a,\ S_n<a\}$ dieselbe Wahrsch. tragen. Zu jedem Punkt $\underset{\sim}{\omega}_n$ der ersten Menge gehört genau ein Punkt $\underset{\sim}{\omega}_n^*$ der zweiten Menge, der dieselbe Wahrsch. trägt, und umgekehrt; $\underset{\sim}{\omega}_n^*$ entstehe dabei aus $\underset{\sim}{\omega}_n$ durch Spiegelung des Pfades $(\omega_1,\ldots,\omega_n)$ an der Achsenparallele a vom ersten Versuch i ab, für den $\omega_i=a$ gilt, vgl. Abb. 2.1.6. Wegen (2.1.23) haben $\underset{\sim}{\omega}_n$ und $\underset{\sim}{\omega}_n^*$ dieselbe Wahrsch.; es folgt (2.1.24). Das obige Argument bezeichnet man als *André'sches Spiegelungsprinzip.*

Seien nun $X_i(\underset{\sim}{\omega}_n):=\omega_i-\omega_{i-1}$, i=1,...,n, die *Zuwächse* in $\underset{\sim}{\omega}_n$.

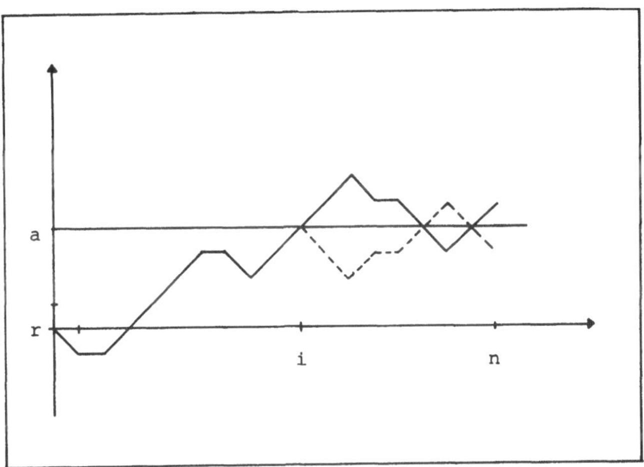

Abb. 2.1.6: André'sches Spiegelungsprinzip

Dann ist $S_n = r + \sum_{i=1}^{n} X_i$, und als Folgerung des zentralen Grenzwertsatzes 7.2.3 von Lindeberg-Lévy erhält man (auf jetzt noch nicht voll verständliche Weise, vgl. Aufgabe 7.2.4)

(2.1.25) $$P^n\{S_n > a\} = P^n\{\frac{1}{\sqrt{n}} \sum_{i=1}^{n} X_i > \frac{a-r}{\sqrt{n}}\} \to \frac{1}{2} ;$$

es folgt $P^n\{M_n \geq N\} \to 1$ für $n \to \infty$, wie behauptet.

Unter Verwendung des Spiegelungsprinzips kann man sich ferner leicht überlegen, daß im Falle gleich großer Populationen zu Beginn der Versuche jede Farbe dieselbe Aussterbewahrsch. 1/2 besitzt und daß die Überlebenswahrsch. z.B. der roten Kugeln eine monoton wachsende Funktion der anfänglichen Zahl r ist.

Das hier beschriebene Selektionsspiel wird von M. Eigen und R. Winkler als ein Beispiel für eine Situation angeführt, in der im vorhinein klar ist, daß eine Population aussterben wird, jedoch vom Zufall bestimmt wird, welche es trifft. Das Darwin'sche "survival of the fittest" hat hier keine Bedeutung, vielmehr müßte man vom "survival of the survivor" sprechen.

Neben dem Selektionsspiel werden in dem genannten Buch zahlreiche andere, meist komplexere Kugelspiele beschrieben, die jedem Leser, der an wahrscheinlichkeitstheoretischen Modellbildungen interessiert ist, zum Studium empfohlen seien.

2.2 Unabhängige Koppelung und Produktexperimente

In diesem Abschnitt soll der für die Wahrscheinlichkeitstheorie und mathematische Statistik wichtige Begriff der stochastischen Unabhängigkeit bzw. der unabhängigen Wiederholung als Spezialfall der Koppelung modelliert werden. Dazu kehren wir zum allgemeinen Fall der Koppelung von n (diskreten) Zufallsexperimenten zurück, bei denen das 1. Experiment durch ein diskretes W-Maß P_1 über Ω_1 und das i-te Experiment, $2 \leq i \leq n$, durch eine diskrete ÜW P_i^{i-1} von $\mathop{X}\limits_{j=1}^{i-1} \Omega_j$ nach Ω_i beschrieben seien. Das n-stufige Gesamtexperiment wird nach dem Koppelungspostulat durch das diskrete W-Maß $P_1 \otimes \bigotimes\limits_{i=2}^{n} P_i^{i-1}$ über $\mathop{X}\limits_{i=1}^{n} \Omega_i$ beschrieben. In den ÜW P_i^{i-1} drücken sich Art und Stärke der Koppelung des i-ten mit den (i-1) vorangehenden Experimenten aus.

Die stärkste Koppelung tritt ein, wenn der Ausgang $\underset{\sim}{\omega}_{i-1} \in \mathop{X}\limits_{j=1}^{i-1} \Omega_j$ der ersten i-1 Experimente den Ausgang ω_i des i-ten Experimentes determiniert, d.h. wenn für eine geeignete Abbildung $f_i : \mathop{X}\limits_{j=1}^{i-1} \Omega_j \to \Omega_i$ stets $P_i^{i-1}(\underset{\sim}{\omega}_{i-1};\{f_i(\underset{\sim}{\omega}_{i-1})\}) = 1$ gilt. Man spricht in diesem Fall von *totaler Koppelung* (des i-ten mit den ersten i-1 Experimenten).

Wesentlich wichtiger ist für uns jedoch der entgegengesetzte Extremfall, daß die ÜW P_i^{i-1} überhaupt nicht vom Ergebnis der ersten i-1 Experimente abhängen, daß also $P_i^{i-1}(\underset{\sim}{\omega}_{i-1};\cdot)$ für alle $\underset{\sim}{\omega}_{i-1}$ ein und dasselbe W-Maß P_i über Ω_i ist. Wir sprechen in diesem Fall von *unabhängiger Koppelung* (des i-ten mit den ersten i-1 Experimenten).

2.2.1 Definition: *Liegt für jedes $i=2,\ldots,n$ unabhängige Koppelung des i-ten Experiments mit den vorhergehenden (i-1) Experimenten vor, so nennen wir das zugehörige Gesamtexperiment ein Zufallsexperiment mit unabhängiger Koppelung.*

Jedes der n Zufallsexperimente wird also *unabhängig* von den anderen n-1 Zufallsexperimenten definiert durch ein diskretes W-Maß P_i über Ω_i, $i=1,\dots,n$. Die (unabhängige) Koppelung bedeutet nur, daß diese n Zufallsexperimente als *ein Gesamtexperiment betrachtet werden.* Wir haben hier mit voller Absicht die sonst nicht gebräuchliche und im ersten Moment vielleicht paradox klingende Formulierung "unabhängige Koppelung" gewählt, um klar auszudrücken, daß die n Experimente *gleichzeitig* betrachtet werden (Koppelung), sie sich aber dabei *gegenseitig nicht beeinflussen* (Unabhängigkeit).

2.2.2 BEZEICHNUNG UND SATZ: *Werden die diskreten Zufallsexperimente (Ω_i, P_i) mit Zähldichte p_i, $i=1,\dots,n$, unabhängig gekoppelt, so wird das zugehörige (diskrete) Gesamtexperiment mit $(\mathop{X}_{i=1}^{n} \Omega_i, \bigotimes_{i=1}^{n} P_i)$ bezeichnet. Das W-Maß $\bigotimes_{i=1}^{n} P_i = P_1 \otimes \cdots \otimes P_n$ heißt <u>Produktmaß</u> der W-Maße $P_1,\dots,P_n$. Wegen (2.1.7) gilt nämlich für die Zähldichte $\bigotimes_{i=1}^{n} p_i$ von $\bigotimes_{i=1}^{n} P_i$ die Produktdarstellung*

$$(2.2.1) \qquad \bigotimes_{i=1}^{n} p_i(\underset{\sim}{\omega}) = \prod_{i=1}^{n} p_i(\omega_i) \qquad \forall \underset{\sim}{\omega}=(\omega_1,\dots,\omega_n) \in \mathop{X}_{i=1}^{n} \Omega_i .$$

Hat ein Ereignis A selbst Produktgestalt $A = \mathop{X}_{i=1}^{n} A_i$ mit $A_i \subset \Omega_i$, so folgt aus (2.1.8) und (2.2.1) durch sukzessives Aussummieren über alle n Komponenten die häufig verwendete Formel

$$(2.2.2) \qquad \bigotimes_{i=1}^{n} P_i(\mathop{X}_{i=1}^{n} A_i) = \prod_{i=1}^{n} P_i(A_i).$$

Offenbar kann man beliebige diskrete W-Maße (Zufallsexperimente) P_i über Ω_i vorgeben und diese unabhängig koppeln. Das Produktmaß $\bigotimes_{i=1}^{n} P_i$ über $\mathop{X}_{i=1}^{n} \Omega_i$ beschreibt dann jeweils das Gesamtexperiment.

Bisher betrachteten wir Gesamtexperimente, die sich aus vorgegebenen Einzelexperimenten aufbauten. Im Gegensatz dazu fragen wir nun umgekehrt, wie man einem *vorgegebenen* (diskreten) *W-Maß* P über $\mathop{X}_{i=1}^{n} \Omega_i$ ansehen kann, ob es aus Einzelexperimenten mit unabhängiger Koppelung entstanden sein kann, d.h. ob W-Maße P_i über Ω_i *existieren* mit $P = \bigotimes_{i=1}^{n} P_i$. Dazu einige Vorüberlegungen:

2.2.3 SATZ UND DEFINITION: *Gegeben sei ein diskretes W-Maß P über dem Stichprobenraum* $\mathop{X}\limits_{i=1}^{n} \Omega_i$. *Dann wird für jedes* $i=1,\ldots,n$ *durch*

$$(2.2.3)\qquad P_i(A_i) = P(\mathop{X}\limits_{j=1}^{i-1} \Omega_j \times A_i \times \mathop{X}\limits_{j=i+1}^{n} \Omega_j),\quad \forall A_i \subset \Omega_i,$$

ein diskretes W-Maß P_i *über* Ω_i *definiert.* P_i *heißt i-te* ***Randverteilung*** *von P und* (Ω_i, P_i) *heißt i-tes* ***Randexperiment*** *von* $(\mathop{X}\limits_{j=1}^{n} \Omega_j,\ P)$.

Es beschreibt offenbar das stochastische Verhalten der i-ten Komponente bei Nichtbeachtung aller übrigen Komponenten.

2.2.4 BEMERKUNG: Daß (2.2.3) tatsächlich ein diskretes W-Maß über Ω_i definiert, folgt aus Satz 1.5.1: Für die **Projektion auf die i-te Komponente**

$$(2.2.4)\qquad \pi_i : \mathop{X}\limits_{j=1}^{n} \Omega_j \to \Omega_i,\quad \pi_i(\omega_1,\ldots,\omega_n) = \omega_i,$$

gilt für die zugehörige induzierte (diskrete) Verteilung P^{π_i},

$$(2.2.5)\qquad P^{\pi_i}(A_i) = P(\pi_i^{-1}(A_i)) = P_i(A_i)\quad \forall A_i \subset \Omega_i.$$

Die i-te Randverteilung von P ist also gerade das von π_i und dem diskreten P induzierte (diskrete) W-Maß über Ω_i. Analog definiert man eine **"höherdimensionale" Randverteilung** $P_{i_1,\ldots,i_k}$ als von P und der Projektion $\pi_{i_1,\ldots,i_k}$ auf $\Omega_{i_1}\times\cdots\times\Omega_{i_k}$ induziertes W-Maß.

2.2.5 BEISPIEL: In Beispiel 2.1.2 haben wir einen idealen Münzwurf (1. Experiment) mit einem 2. Experiment (idealer Münzwurf bzw. Wurf eines idealen Würfels) gekoppelt. Das Gesamtexperiment wurde dann durch das gekoppelte W-Maß P über $\Omega_1\times\Omega_2=\{K,Z\}\times\{K,Z,1,\ldots,6\}$ beschrieben (vgl. Abbildung 2.1.2), das wir auch in der folgenden Tabellenform angeben können:

$\Omega_1 \backslash \Omega_2$	K	Z	1	2	3	4	5	6	gesamt
K	1/4	1/4	0	0	0	0	0	0	1/2
Z	0	0	1/12	1/12	1/12	1/12	1/12	1/12	1/2
gesamt	1/4	1/4	1/12	1/12	1/12	1/12	1/12	1/12	1

Die Zeilen- und Spaltensummen der Tafel, die an den entsprechenden *Rändern* der Tafel aufgelistet wurden, sind gerade die Wahrscheinlichkeiten der entsprechenden *Randverteilungen* von P. □

Nach diesen Vorbereitungen können wir nun die oben gestellte Frage nach der Darstellung eines vorgegebenen diskreten W-Maßes P als Produktmaß vollständig beantworten.

2.2.6 SATZ: *Gegeben sei ein diskretes W-Maß P über dem Stichprobenraum* $\overset{n}{\underset{i=1}{X}} \Omega_i$, *und* P_i *bezeichne die i-te Randverteilung von P (vgl. Def. 2.2.3). Genau dann gibt es eine Darstellung* $P = \bigotimes_{i=1}^{n} Q_i$ *mit geeigneten diskreten W-Maßen* Q_i *über* Ω_i, *wenn gilt* $P = \bigotimes_{i=1}^{n} P_i$.

Es folgt dann notwendigerweise $Q_i = P_i, i=1,\ldots,n$.

Beweis: Angenommen es gibt eine Darstellung $P = \bigotimes_{i=1}^{n} Q_i$ mit diskreten W-Maßen Q_i über Ω_i. Es ist dann nur zu zeigen: $Q_i = P_i, i=1,\ldots,n$. Sei also $i \in \{1,\ldots,n\}$ und $A_i \subset \Omega_i$ gegeben, dann folgt aus $P = \bigotimes_{i=1}^{n} Q_i$ wegen (2.2.2) und (2.2.3) die Identität

$$Q_i(A_i) = \Big(\prod_{j=1}^{i-1} Q_j(\Omega_j)\Big) Q_i(A_i) \prod_{j=i+1}^{n} Q_j(\Omega_j) = \bigotimes_{j=1}^{n} Q_j\Big(\overset{i-1}{\underset{k=1}{X}} \Omega_k \times A_i \times \overset{n}{\underset{k=i+1}{X}} \Omega_k\Big)$$

$$= P\Big(\overset{i-1}{\underset{k=1}{X}} \Omega_k \times A_i \times \overset{n}{\underset{k=i+1}{X}} \Omega_k\Big) = P_i(A_i). \quad \square$$

Wenn eine Produktdarstellung von P überhaupt möglich ist, so nur mit den Randverteilungen P_i von P. Daher ist die folgende Definition sinnvoll und nützlich.

2.2.7 DEFINITION: *P sei ein diskretes W-Maß über dem Stichprobenraum* $\overset{n}{\underset{i=1}{X}} \Omega_i$. *Ist P das Produktmaß* $\bigotimes_{i=1}^{n} P_i$ *der i-ten Randverteilungen* P_i *von P, so sagen wir, daß P ein* _Produktexperiment_ *beschreibt.*

Ein Produktexperiment $(\overset{n}{\underset{i=1}{X}} \Omega_i, \bigotimes_{i=1}^{n} P_i)$ *heißt auch Experiment mit* _stochastisch unabhängigen Komponenten_ *(vgl. auch Definition 2.2.1 und Satz 2.2.2).*

Bemerkung: Zur Prüfung, ob P ein Produktexperiment (Experiment mit unabhängiger Koppelung) beschreibt, berechnet man die i-ten Randverteilungen P_i von P, $i=1,\ldots,n$, bildet des Produktmaß $\bigotimes_{i=1}^{n} P_i$ und vergleicht es mit P.

2.2.8 BEISPIEL: Das in Beispiel 2.2.5 dargestellte Experiment P über $\Omega_1 \times \Omega_2 = \{K,Z\} \times \{K,Z,1,2,3,4,5,6\}$ ist kein Experiment mit stochastisch unabhängigen Komponenten (Produktexperiment), denn das Produktmaß $P_1 \otimes P_2$ der beiden Randverteilungen P_1 und P_2 von P ist von P verschieden. Dies ist unmittelbar aus einem Vergleich der nachfolgenden Darstellung von $P_1 \otimes P_2$ mit der Darstellung von P in Beispiel 2.2.5 ersichtlich:

$\Omega_1 \backslash \Omega_2$	K	Z	1	2	3	4	5	6	1-te Randvtlg.
K	1/8	1/8	1/24	1/24	1/24	1/24	1/24	1/24	1/2
Z	1/8	1/8	1/24	1/24	1/24	1/24	1/24	1/24	1/2
2-te Randvtlg.	1/4	1/4	1/12	1/12	1/12	1/12	1/12	1/12	1

Zum Abschluß dieses Abschnitts diskutieren wir eine leicht abgewandelte Form der "n-fachen Entnahme" aus Beispiel 2.1.10, die auf ein Experiment mit stochastisch unabhängigen Komponenten führt. Weitere Beispiele werden im Laufe der nächsten Abschnitte vorgestellt, wobei insbesondere auf die n-fachen Bernoulli-Experimente in Abschnitt 3.1 hingewiesen sei.

2.2.9 BEISPIEL (Zufällige Entnahme von Elementen einer Grundgesamtheit <u>mit Zurücklegen</u>): Wir betrachten die zufällige sukzessive Entnahme von n Elementen aus einer N-elementigen Grundgesamtheit Ω ($2 \leq N < \infty$, $n \in \mathbb{N}$), wobei das jeweils gezogene Element nach jeder einzelnen Ziehung sofort wieder zurückgelegt werde; jede Einzelziehung erfolgt also zufällig aus derselben N-elementigen Grundgesamtheit. Offenbar liegt ein Fall unabhängiger Koppelung vor. Die Einzelexperimente werden durch die Laplace-Verteilung P_i über $\Omega_i = \Omega$ beschrieben, das Gesamtexperiment P über Ω^n durch $P = \bigotimes_{i=1}^{n} P_i$.

Wegen $P\{\underset{\sim}{\omega}\} = \prod_{i=1}^{n} P_i\{\omega_i\} = (\frac{1}{N})^n \quad \forall \underset{\sim}{\omega} = (\omega_1,\ldots,\omega_n) \in \Omega^n$ ist P gerade die Laplace-Verteilung über Ω^n. □

Die folgende Bemerkung, deren leichter Beweis dem Leser überlassen bleibt (vgl. Aufgabe 2.2.1), zeigt, daß hier ein allgemeinerer Zusammenhang besteht.

2.2.10 Bemerkung: Gegeben seien $n \in \mathbb{N}$ und endliche Stichprobenräume $\Omega_i, i=1,\ldots,n$.

a) Ist P_i eine Laplace-Verteilung über $\Omega_i, i=1,\ldots,n$, so ist $\bigotimes_{i=1}^{n} P_i$ eine Laplace-Verteilung über $\mathop{\times}_{i=1}^{n} \Omega_i$.

b) Ist P eine Laplace-Verteilung über $\mathop{\times}_{i=1}^{n} \Omega_i$, so ist die i-te Randverteilung P_i von P eine Laplace-Verteilung über $\Omega_i, i=1,\ldots,n$, und P ist das Produktmaß seiner Randverteilungen: $P = \bigotimes_{i=1}^{n} P_i$.

Abschließend sei bemerkt, daß sich die oben definierten Begriffe der Koppelung von Experimenten bzw. von Produktexperimenten später unmittelbar vom diskreten Fall auf beliebige Zufallsexperimente ausdehen lassen. Die einzigen zusätzlichen Überlegungen sind technischer (maßtheoretischer) Natur, während Heuristik und Motivation unverändert gültig bleiben.

2.3 Stochastisch unabhängige diskrete Zufallsvariable

Der Begriff "stochastisch unabhängige Komponenten" läßt sich in kanonischer Weise auf diskrete Zufallsvariable $X=(X_1,\ldots,X_n)$ bezüglich (Ω,A,P) übertragen. Solche ZV sind eine bequeme und anschauliche Möglichkeit zur Modellierung von Zufallsexperimenten. Zunächst stellen wir fest, daß für die Diskretheit von $(X_1,\ldots,X_n)$ die Diskretheit der Komponenten $X_i, i=1,\ldots,n$, genügt.

2.3.1 Lemma: *Gegeben seien ein W-Raum (Ω,A,P) und Abbildungen $X_i : \Omega \to \mathcal{X}_i$, $i=1,\ldots,n$. Dann ist $X=(X_1,\ldots,X_n)$ genau dann eine* *__diskrete ZV__ mit Werten in $\mathcal{X} = \mathop{\times}_{i=1}^{n} \mathcal{X}_i$, wenn die X_i, $i=1,\ldots,n$, diskrete ZV sind.*

__Beweis:__ Die Äquivalenz gilt, weil $X(\Omega) \subset \mathop{\times}_{i=1}^{n} X_i(\Omega)$ genau dann abzählbar ist, wenn alle $X_i(\Omega)$, $i=1,\ldots,n$, abzählbar sind, und weil in diesem Fall genau dann $X^{-1}(\{x\}) \in A \ \forall x=(x_1,\ldots,x_n) \in X(\Omega)$ gilt, wenn für alle i gilt $X_i^{-1}(\{x_i\}) \in A \ \forall x_i \in X_i(\Omega)$, vgl. Aufgabe 2.3.1. □

2.3.2 BEMERKUNG: Ist $X=(X_1,\ldots,X_n)$ eine diskrete ZV über (Ω,A,P) mit Werten in $\mathcal{X} = \mathop{\times}\limits_{i=1}^{n} \mathcal{X}_i$, so ist die i-te Randverteilung von P^X gerade das von X_i und P über $\mathcal{X}_i$ induzierte W-Maß P^{X_i}, $i=1,\ldots,n$ (vgl. Aufgabe 2.3.2).

2.3.3 DEFINITION: *Für $i=1,\ldots,n$ sei X_i eine diskrete ZV über (Ω,A,P) mit Werten in $\mathcal{X}_i$. Dann heißen $X_1,\ldots,X_n$ <u>stochastisch unabhängig bezüglich P</u>, wenn gilt*

$$P^{(X_1,\ldots,X_n)} = \bigotimes_{i=1}^{n} P^{X_i}. \tag{2.3.1}$$

Das von $(X_1,\ldots,X_n)$ und P induzierte (diskrete) W-Maß $P^{(X_1,\ldots,X_n)}$ über $\mathop{\times}\limits_{i=1}^{n} \mathcal{X}_i$ heißt <u>gemeinsame Verteilung von $X_1,\ldots,X_n$ unter P</u>, wofür häufig auch das Symbol $L_P(X_1,\ldots,X_n)$ verwendet wird.

2.3.4 BEMERKUNG: Es gibt zu einem (diskreten) Produktexperiment $(\mathcal{X},Q) := (\mathop{\times}\limits_{i=1}^{n} \mathcal{X}_i, \bigotimes\limits_{i=1}^{n} P_i)$ stets stochastisch unabhängige ZV $X_1,\ldots,X_n$ auf einem geeigneten W-Raum (Ω,A,P) mit $P^{(X_1,\ldots,X_n)}=Q$. Zum *Beweis* sei $X = (X_1,\ldots,X_n)$ die nach Bemerkung 1.5.6 existierende diskrete ZV mit $P^X=Q$. Nach Bemerkung 2.3.2 gilt $P^{X_i}=Q_i \ \forall i$, also $P^X = \bigotimes\limits_{i=1}^{n} P^{X_i}$.

Die ZV X_i ist offenbar die Projektion auf die i-te Komponente, vgl. Bemerkung 2.2.4.

Allgemeiner kann man sogar zeigen (vgl. Satz 9.3.4), daß es auch zu unendlich vielen vorgegebenen (diskreten) Experimenten $(\mathcal{X}_i,P_i)$, $i \geq 1$, einen W-Raum (Ω,A,P) gibt und diskrete ZV $X_i:\Omega\to\mathcal{X}_i$ mit $P^{X_i} = P_i \ \forall i$ sowie $P^{(X_1,\ldots,X_n)} = \bigotimes\limits_{i=1}^{n} P^{X_i} \ \forall n \geq 1$. Die ZV $X_1,\ldots,X_n,\ldots$ beschreiben dann die unabhängige Ausführung der unendlich vielen Experimente $(\mathcal{X}_i,P_i)$, $i \geq 1$. [Analog zum Fall mit endlich vielen Komponenten wählt man dazu $\Omega = \mathop{\times}\limits_{i=1}^{\infty} \mathcal{X}_i$, P als das in Satz 9.3.4

definierte unendliche Produktmaß $P = \bigotimes_{i=1}^{\infty} P_i$ über einer geeigneten σ-Algebra $\mathcal{A}$ und X_i als Projektion auf die i-te Komponente.] Siehe hierzu auch Beispiel 1.5.7.

Stochastische Unabhängigkeit der $X_1,\dots,X_n$ bedeutet also gerade, daß die gemeinsame Verteilung von $X_1,\dots,X_n$ durch *unabhängige Koppelung der Verteilungen der einzelnen ZV* X_i gewonnen werden kann. D.h., die "potentiellen Einzelbeobachtungen" X_i beeinflussen sich unter dem Modell $(\Omega,\mathcal{A},P)$ nicht gegenseitig. Diese Eigenschaft hängt natürlich vom zugrunde liegenden W-Maß P über $(\Omega,\mathcal{A})$ ab, vgl. Aufgabe 2.3.3.

Mit den Bezeichnungen 1.5.5 erhalten wir das folgende Kriterium für stochastische Unabhängigkeit, das häufig auch direkt als Definition für stochastische Unabhängigkeit benutzt wird.

2.3.5 SATZ: *$X_i, i=1,\dots,n$, seien diskrete ZV über $(\Omega,\mathcal{A},P)$ mit Werten jeweils in $\mathcal{X}_i$. Dann sind folgende Aussagen äquivalent:*

1) *$X_1,\dots,X_n$ sind stochastisch unabhängig bezüglich P.*

2) $P(\bigcap_{i=1}^{n} \{X_i \in B_i\}) = \prod_{i=1}^{n} P\{X_i \in B_i\} \quad \forall B_i \subset \mathcal{X}_i, i=1,\dots,n.$

3) $P(\bigcap_{i=1}^{n} \{X_i=x_i\}) = \prod_{i=1}^{n} P\{X_i=x_i\} \qquad \forall x_i \in X_i(\Omega),\ i=1,\dots,n.$

Beweis: a) Setzen wir die Aussage 1) voraus, so folgt wegen (2.3.1) und (2.2.2) für alle $B_i \subset \mathcal{X}_i$

$$P(\bigcap_{i=1}^{n} \{X_i \in B_i\})=P^{(X_1,\dots,X_n)}(B_1\times\dots\times B_n)=P^{X_1}(B_1)\cdots P^{X_n}(B_n)$$
$$= \prod_{i=1}^{n} P\{X_i \in B_i\},$$ also die Aussage 2).

b) Setzen wir die Aussage 2) voraus, so folgt Aussage 3).

c) Zum Abschluß des Beweises setzen wir Aussage 3) voraus und folgern Aussage 1): Da sowohl $P^{(X_1,\dots,X_n)}$ als auch $\bigotimes_{i=1}^{n} P^{X_i}$ diskrete W-Maße über $\times_{i=1}^{n} \mathcal{X}_i$ sind, ist nach Lemma 1.4.3 nur zu zeigen:

$$P^{(X_1,\dots,X_n)}\{x\} = \bigotimes_{i=1}^{n} P^{X_i}\{x\} \quad \forall x \in \times_{i=1}^{n} \mathcal{X}_i.$$

Für $x \in \mathop{\times}\limits_{i=1}^{n} X_i(\Omega)$ ist dies gerade die (vorausgesetzte) Aussage 3).

Für $x \in \mathop{\times}\limits_{i=1}^{n} \mathcal{X}_i \setminus \mathop{\times}\limits_{i=1}^{n} X_i(\Omega)$ dagegen gilt

$$P^{(X_1,\ldots,X_n)}\{x\} = 0 = \bigotimes_{i=1}^{n} P^{X_i}\{x\},$$

da die Träger beider W-Maße offensichtlich in $\mathop{\times}\limits_{i=1}^{n} X_i(\Omega)$ enthalten sind. □

Die folgende Aussage ist im Fall einer weiteren Verringerung der Beobachtungstiefe sehr hilfreich. Sie entspricht unserer anschaulichen Interpretation der stochastischen Unabhängigkeit.

2.3.6 Satz: *$X_i, i=1,\ldots,n$, seien diskrete ZV über $(\Omega,\mathcal{A},P)$ mit Werten jeweils in $\mathcal{X}_i$. Weiter seien f_1 eine Abbildung von $\mathop{\times}\limits_{i=1}^{m} \mathcal{X}_i$ nach $\mathcal{Y}_1$ und f_2 eine Abbildung von $\mathop{\times}\limits_{i=m+1}^{n} \mathcal{X}_i$ nach $\mathcal{Y}_2$ mit $1 \le m \le n$. Dann gelten für $Y_1=f_1\circ(X_1,\ldots,X_m)$ und $Y_2=f_2\circ(X_{m+1},\ldots,X_n)$ die Aussagen:*

a) Y_1 und Y_2 sind diskrete ZV über $(\Omega,\mathcal{A},P)$ mit Werten in $\mathcal{Y}_1$ bzw. $\mathcal{Y}_2$.

b) Sind $X_1,\ldots,X_n$ stochastisch unabhängig bzgl. P, so sind auch Y_1,Y_2 stochastisch unabhängig bzgl. P.

c) Die Aussagen können auf disjunkte Zerlegungen von $\{1,\ldots,n\}$ mit mehr als zwei Teilen verallgemeinert werden.

Beweis: a) $Y_1(\Omega)$ und $Y_2(\Omega)$ sind abzählbar, und es gilt

$$Y_1^{-1}(B_1) = (X_1,\ldots,X_m)^{-1}(f_1^{-1}(B_1)) \in \mathcal{A} \quad \forall B_1 \subset \mathcal{Y}_1$$

und $Y_2^{-1}(B_2) \in \mathcal{A} \quad \forall B_2 \subset \mathcal{Y}_2$.

b) Der Beweis folgt aus Satz 2.3.5, denn $\forall y_1 \in \mathcal{Y}_1,\ y_2 \in \mathcal{Y}_2$ gilt (ebenfalls wegen Satz 2.3.5):

$$P\{Y_1=y_1,Y_2=y_2\} = P\{(X_1,\ldots,X_m)\in f_1^{-1}(\{y_1\}),(X_{m+1},\ldots,X_n)\in f_2^{-1}(\{y_2\})\}$$

$$= \sum_{(x_1,\ldots,x_n)\in f_1^{-1}(\{y_1\})\times f_2^{-1}(\{y_2\})} P\Big(\bigcap_{i=1}^{n}\{X_i=x_i\}\Big)$$

$$= \sum_{(x_1,\ldots,x_m)\in f_1^{-1}(\{y_1\})} \prod_{i=1}^{m} P\{X_i=x_i\} \cdot$$

$$\cdot \sum_{(x_{m+1},\ldots,x_n)\in f_2^{-1}(\{y_2\})} \prod_{i=m+1}^{n} P\{X_i=x_i\}$$

$$= P\{Y_1=y_1\}P\{Y_2=y_2\}.$$

c) Dieser (nur technisch etwas aufwendigere) Beweis bleibt dem Leser überlassen. □

2.3.7 BEISPIEL: Wir modellieren das 4-fache Werfen eines idealen Würfels durch die diskreten ZV $X_1,\ldots,X_4$ mit Werten jeweils in $\mathcal{X}_i = \{1,2,\ldots,6\}$, wobei X_i die Augenzahl des i-ten Wurfes beschreiben soll. Die Forderung eines idealen Würfels führt zu der Annahme einer Laplace-Verteilung für X_i über $\mathcal{X}_i$. Da die 4 Würfe sich gegenseitig nicht beeinflussen sollen, fordern wir die stochastische Unabhängigkeit von $X_1,\ldots,X_4$. (Nach Definition 2.3.3 und Bemerkung 2.2.10 bedeuten diese beiden Forderungen gerade, daß die gemeinsame Verteilung von $(X_1,\ldots,X_4)$ eine Laplace-Verteilung über $\{1,2,\ldots,6\}^4$ ist.) Modellieren wir nun die Augensumme der beiden ersten Würfe durch die diskrete ZV $Y_1 = X_1 + X_2$ (mit Werten in $\mathcal{Y}_1 = \{2,3,\ldots,12\}$) und die maximale Augenzahl der beiden letzten Würfe durch die diskrete ZV $Y_2 = X_3 \vee X_4$ mit Werten in $\mathcal{Y}_2 = \{1,\ldots,6\}$, so sind Y_1, Y_2 nach Satz 2.3.6 stochastisch unabhängig, d.h., für alle $y_1 \in \mathcal{Y}_1$, $y_2 \in \mathcal{Y}_2$ gilt $P\{Y_1=y_1, Y_2=y_2\} = P\{Y_1=y_1\}P\{Y_2=y_2\}$. □

Da Ereignisse vollständig durch ihre Indikatoren charakterisiert sind, definieren wir die stochastische Unabhängigkeit von Ereignissen über die stochastische Unabhängigkeit ihrer Indikatoren. Wegen der anschaulichen Interpretation des Begriffs "unabhängige Koppelung" halten wir diese Vorgehensweise für besser motiviert als die übliche Definition, die in Satz 2.3.9(b) als Folgerung erscheint.

2.3.8 DEFINITION: *Gegeben sei ein W-Raum $(\Omega,\mathcal{A},P)$ und $n \in \mathbb{N}$, $n \geq 2$. Dann heißen die Ereignisse $A_1,A_2,\ldots,A_n \in \mathcal{A}$ <u>stochastisch unabhängig</u> bzgl. P, wenn die Indikatoren $1_{A_1},1_{A_2},\ldots,1_{A_n}$ stochastisch unabhängig bzgl. P sind.*

Bemerkung: Die Abbildung $1_A:\Omega \to \{0,1\}$ ist genau dann eine diskrete ZV, wenn $A \in \mathcal{A}$ gilt.

2.3.9 SATZ: *Gegeben seien ein W-Raum $(\Omega,\mathcal{A},P)$ und Ereignisse $A,B,A_1,\dots,A_n \in \mathcal{A}$ mit $n \in \mathbb{N}$, $n \geq 2$. Dann gilt:*

a) A und B sind genau dann stochastisch unabhängig bzgl. P, wenn gilt: $P(AB) = P(A)P(B)$.

b) $A_1,\dots,A_n$ sind genau dann stochastisch unabhängig bzgl. P, wenn eine der folgenden äquivalenten Aussagen gilt:

$$(2.3.2)\quad P(\bigcap_{i\in I} A_i \cap \bigcap_{j\in J} A_j^c) = \prod_{i\in I} P(A_i)\cdot \prod_{j\in J} P(A_j^c)\ \forall I,J\subset\{1,\dots,n\} \text{ mit } I\cap J=\emptyset,$$

$$(2.3.3)\quad P(\bigcap_{i\in I} A_i) = \prod_{i\in I} P(A_i)\ \forall I\subset\{1,\dots,n\}.$$

Hierbei wird die folgende Konvention benutzt:

$$(2.3.4)\quad \bigcap_{i\in\emptyset} A_i = \bigcap_{j\in\emptyset} A_j^c = \Omega,\quad \prod_{i\in\emptyset} P(A_i) = \prod_{j\in\emptyset} P(A_j^c) = 1.$$

Beweis: Teil a) ist ein Spezialfall von Teil b) (n=2). Zum Beweis von Teil b) stellen wir zunächst fest, daß (2.3.2) wegen $\mathcal{P}(\{0,1\}) = \{\emptyset,\{0\},\{1\},\{0,1\}\}$, $\emptyset=\{1_{A_i}\in\emptyset\}$, $A_i=\{1_{A_i}\in\{1\}\}$, $A_i^c = \{1_{A_i}\in\{0\}\}$, $\Omega = \{1_{A_i}\in\{0,1\}\}$, und Satz 2.3.5 äquivalent zur stochastischen Unabhängigkeit von $A_1,\dots,A_n$ ist. Weiter folgt (2.3.3) unmittelbar aus (2.3.2) für $J = \emptyset$. Zum Abschluß des Beweises setzen wir (2.3.3) voraus und folgern (2.3.2) durch Induktion über die Anzahl der Elemente von J:

1) Für $|J| = 0$ folgt $J=\emptyset$, und (2.3.2) ist in diesem Fall identisch mit (2.3.3).

2) Die Gleichheit in (2.3.2) sei bereits für den Fall $0 \leq |J| \leq k$ mit $k < n$ nachgewiesen.

3) Es sei $|J| = k+1$, also $J \neq \emptyset$. Wir wählen ein $j_0\in J$ und setzen $J_0=J\setminus\{j_0\}$. Mit $I,J \subset \{1,\dots,n\}$, $I \cap J = \emptyset$ gilt dann wegen 2)

$$P(\bigcap_{i\in I} A_i\cap \bigcap_{j\in J} A_j^c) = P(\bigcap_{i\in I} A_i\cap \bigcap_{j\in J_0} A_j^c \cap (\Omega\setminus A_{j_0}))$$

$$= P(\bigcap_{i\in I} A_i\cap \bigcap_{j\in J_0} A_j^c) - P(\bigcap_{i\in I+\{j_0\}} A_i\cap \bigcap_{j\in J_0} A_j^c)$$

$$= \prod_{i\in I} P(A_i) \prod_{j\in J_0} P(A_j^c) - \prod_{i\in I+\{j_0\}} P(A_i) \prod_{j\in J_0} P(A_j^c)$$

$$= \prod_{i\in I} P(A_i) \prod_{j\in J_0} P(A_j^c)(1-P(A_{j_0})) = \prod_{i\in I} P(A_i) \prod_{j\in J} P(A_j^c),$$

also die Gleichheit in (2.3.2). □

2.3.10 KOROLLAR: *Gegeben seien ein W-Raum (Ω,A,P) und Ereignisse $A_1,\ldots,A_n \in A$ mit $n \in \mathbb{N}$, $n \geq 2$. Wählen wir $B_1,\ldots,B_n$ in beliebiger Weise gemäß $B_i \in \{A_i,A_i^c\}$, $i=1,\ldots,n$, so gilt:*

$A_1,\ldots,A_n$ sind genau dann stochastisch unabhängig bzgl. P, wenn $B_1,\ldots,B_n$ stochastisch unabhängig bzgl. P sind. Im Falle der stochastischen Unabhängigkeit von $A_1,\ldots,A_n$ gilt also

$$P\left(\bigcap_{i=1}^{n} B_i\right) = \prod_{i=1}^{n} P(B_i).$$

Beweis: Aussage (2.3.2) ist nach Satz 2.3.9 offenbar sowohl zur stochastischen Unabhängigkeit von $A_1,\ldots,A_n$ als auch (bei der obigen Wahl) zur stochastischen Unabhängigkeit von $B_1,\ldots,B_n$ äquivalent. □

Wie Aufgabe 2.3.4 zeigt, ist der in naheliegender Weise definierte Begriff der *paarweisen stochastischen Unabhängigkeit* im Fall $n \geq 3$ nicht äquivalent zur oben definierten stochastischen Unabhängigkeit.

2.4 ELEMENTARE BEDINGTE WAHRSCHEINLICHKEITEN

In Abschnitt 2.1 haben wir zu vorgegebenen mehrstufigen Zufallsexperimenten das Gesamtexperiment durch Koppelung modelliert. Auch der umgekehrte Vorgang, die formale Zerlegung eines Experiments in gekoppelte Einzelexperimente, ist für die Analyse und Modellierung von Zufallsexperimenten von großer Bedeutung. Insbesondere ermöglicht die Darstellung von Wahrsch. durch bedingte Wahrsch. oft eine bessere Berechnung bzw. Festsetzung. Zur Vermeidung von technischen Schwierigkeiten beschränken wir uns hier zunächst wieder auf diskrete ZV. Der allgemeine Fall wird in Abschnitt 5.4 behandelt.

Im folgenden sei (Ω,A,P) ein gegebener W-Raum, und X_1,X_2 seien diskrete ZV über (Ω,A,P) mit Werten in $\mathcal{X}_1$ bzw. $\mathcal{X}_2$. Nach Lemma 2.3.1 ist dann $X=(X_1,X_2)$ eine diskrete ZV über (Ω,A,P) mit Werten in $\mathcal{X}=\mathcal{X}_1\times\mathcal{X}_2$. Die Verteilung von P^X von X unter P beschreibt das Experiment mit entsprechend verringerter Beobachtungstiefe. In Abschnitt 2.3 wurde festgestellt, daß $P^{(X_1,X_2)}$ genau dann durch unabhängige Koppelung von P^{X_1} und P^{X_2} entsteht, wenn X_1,X_2 stochastisch unabhängig bzgl. P sind, wenn also das Ergebnis der (potentiellen) Beobachtung X_1 das Ergebnis der (potentiellen) Beobachtung X_2 nicht beeinflußt und umgekehrt.

Wir wollen nun klären, ob $P^{(X_1,X_2)}$ immer durch Koppelung eines diskreten W-Maßes Q_1 über $\mathcal{X}_1$ mit einer diskreten ÜW Q_2^1 von $\mathcal{X}_1$ nach $\mathcal{X}_2$ dargestellt werden kann und welche Informationen wir zur Berechnung von $P\{(X_1,X_2)\in B\}$ brauchen. Als Beispiel stelle man sich etwa vor, daß X_1 die Lungenkrebsanfälligkeit und X_2 die Rauchgewohnheiten modellieren möge. $P^{(X_1,X_2)}$ ist dann eine Darstellung des gemeinsamen stochastischen Verhaltens von Lungenkrebsanfälligkeit und Rauchgewohnheiten. Es sei angemerkt, daß die gemeinsame Verteilung von (X_1,X_2) nur den stochastischen Zusammenhang modelliert, aus dem allein *keinerlei Kausalitäten* abgeleitet werden können.

2.4.1 SATZ: *X_1 und X_2 seien diskrete ZV über $(\Omega,\mathcal{A},P)$ mit Werten in $\mathcal{X}_1$ bzw. $\mathcal{X}_2$. Dann gibt es immer eine Darstellung von $P^{(X_1,X_2)}$ gemäß*

$$(2.4.1)\quad P^{(X_1,X_2)} = P^{X_1} \otimes P^{X_2|X_1},$$

wobei P^{X_1} die (diskrete) Verteilung von X_1 über $\mathcal{X}_1$ ist und $P^{X_2|X_1}$ eine diskrete ÜW von $\mathcal{X}_1$ nach $\mathcal{X}_2$ bezeichnet. Die Darstellung (2.4.1) ist in dem Sinne eindeutig, daß für jede weitere Darstellung $P^{(X_1,X_2)} = Q_1 \otimes Q_2^1$ mit einem diskreten W-Maß Q_1 über $\mathcal{X}_1$ und einer diskreten ÜW Q_2^1 von $\mathcal{X}_1$ nach $\mathcal{X}_2$ einerseits $P^{X_1}=Q_1$ gilt und andererseits für alle $x_1 \in \mathcal{X}_1$ mit $P\{X_1=x_1\}>0$ die Gleichung

$$(2.4.2)\quad P^{X_2|X_1}(x_1;B_2) = Q_2^1(x_1;B_2) = \frac{P\{X_1=x_1,X_2\in B_2\}}{P\{X_1=x_1\}} \quad \forall B_2 \subset \mathcal{X}_2$$

erfüllt ist.

Beweis: Zunächst nehmen wir die Existenz einer Darstellung $P^{(X_1,X_2)} = Q_1 \otimes Q_2^1$ mit diskretem W-Maß Q_1 und diskreter ÜW Q_2^1 an. Wegen (2.1.6) folgt dann für alle $B_1 \subset \mathcal{X}_1$

$$P^{X_1}(B_1) = P\{X_1\in B_1,X_2\in\mathcal{X}_2\} = P^{(X_1,X_2)}(B_1\times\mathcal{X}_2) = Q_1 \otimes Q_2^1(B_1\times\mathcal{X}_2)$$

$$= \sum_{x_1\in B_1} Q_1\{x_1\}Q_2^1(x_1;\mathcal{X}_2) = \sum_{x_1\in B_1} Q_1\{x_1\} = Q_1(B_1),$$

also

$$(2.4.3)\quad P^{X_1} = Q_1 \quad \text{und} \quad P^{(X_1,X_2)} = P^{X_1} \otimes Q_2^1.$$

Aus (2.4.3) und (2.1.6) folgt für alle $x_1 \in \mathcal{X}_1$ und $B_2 \subset \mathcal{X}_2$ die Gleichung

$$(2.4.4)\quad P\{X_1=x_1, X_2\in B_2\} = P^{(X_1,X_2)}(\{x_1\}\times B_2) = P^{X_1} \otimes Q_2^1(\{x_1\}\times B_2)$$
$$= P\{X_1=x_1\}Q_2^1(x_1;B_2),$$

also (2.4.2).

Zum abschließenden Nachweis der *Existenz* einer diskreten ÜW $P^{X_2|X_1}$ von $\mathcal{X}_1$ nach $\mathcal{X}_2$ mit der Eigenschaft (2.4.1) stellen wir zunächst fest: Ist Q_2 irgendein diskretes W-Maß über $\mathcal{X}_2$, so ist durch

$$(2.4.5)\quad P^{X_2|X_1}(x_1;B_2) := \begin{cases} P\{X_1=x_1, X_2\in B_2\}/P\{X_1=x_1\}, & \text{falls } P\{X_1=x_1\}>0, \\ Q_2(B_2), & \text{falls } P\{X_1=x_1\}=0,\ B_2 \subset \mathcal{X}_2, x_1 \in \mathcal{X}_1 \end{cases}$$

offenbar eine diskrete ÜW von $\mathcal{X}_1$ nach $\mathcal{X}_2$ definiert, und für die ÜW $P^{X_2|X_1}$ aus (2.4.5) gilt $\forall x_1 \in \mathcal{X}_1$, $\forall B_2 \subset \mathcal{X}_2$

$$P^{X_1} \otimes P^{X_2|X_1}(\{x_1\}\times B_2) = P\{X_1=x_1\}P^{X_2|X_1}(x_1;B_2) = P\{X_1=x_1, X_2\in B_2\},$$

denn im Fall $P\{X_1=x_1\}= 0$ gilt auch $P\{X_1=x_1, X_2\in B_2\}=0$. Also folgt (2.4.1). □

2.4.2 DEFINITION: *Eine diskrete ÜW $P^{X_2|X_1}$ mit (2.4.1) heißt* <u>*bedingte Verteilung von X_2 bei gegebenem X_1*</u>*. Statt $P^{X_2|X_1}(x_1;\cdot)$ schreibt man üblicherweise $P^{X_2|X_1=x_1}$ und für $x_1\in\mathcal{X}_1, B_2\subset\mathcal{X}_2$ heißt*

$$(2.4.6)\quad P[X_2\in B_2|X_1=x_1] := P^{X_2|X_1=x_1}(B_2) = P^{X_2|X_1}(x_1;B_2)$$

<u>*bedingte Wahrsch. für B_2 unter der Bedingung $X_1=x_1$*</u>*. Für alle $x_1\in\mathcal{X}_1$ mit $P\{X_1=x_1\}>0$ gilt also*

$$(2.4.7)\quad P[X_2\in B_2|X_1=x_1] = P\{X_2\in B_2, X_1=x_1\}/P\{X_1=x_1\} \quad \forall B_2 \subset \mathcal{X}_2.$$

2.4.3 KOROLLAR *(Zerlegung einer gemeinsamen Verteilung): X_1 und X_2 seien diskrete ZV über $(\Omega,\mathfrak{A},P)$ mit Werten in $\mathcal{X}_1$ bzw. $\mathcal{X}_2$. Dann gilt für alle $B \subset \mathcal{X}_1\times\mathcal{X}_2$*

$$(2.4.8)\quad P\{(X_1,X_2)\in B\} = \sum_{(x_1,x_2)\in B \text{ mit } P\{X_1=x_1\}>0} P\{X_1=x_1\}P[X_2=x_2|X_1=x_1].$$

Speziell gilt für alle $B_1 \subset X_1,\ B_2 \subset X_2$

$$(2.4.9)\quad P\{X_1\in B_1, X_2\in B_2\} = \sum_{x_1\in B_1 \text{ mit } P\{X_1=x_1\}>0} P\{X_1=x_1\}P[X_2\in B_2|X_1=x_1].$$

Der *Beweis* folgt unmittelbar aus Satz 2.4.1, (2.1.5) bzw. (2.1.6) und Definition 2.4.2. Den Zusammenhang zur stochastischen Unabhängigkeit von X_1,X_2 stellt das folgende Korollar her.

2.4.4 KOROLLAR: *Unter den Voraussetzungen von Korollar 2.4.3 gilt: Die diskreten ZV* X_1,X_2 *sind genau dann stochastisch unabhängig bzgl. P, wenn*

$$(2.4.10)\qquad P^{X_2|X_1=x_1} = P^{X_2} \quad \forall x_1\in X_1 \text{ mit } P\{X_1=x_1\} > 0$$

erfüllt ist.

Beweis: Die stochastische Unabhängigkeit von X_1,X_2 bzgl. P ist definiert durch $P^{(X_1,X_2)} = P^{X_1} \otimes P^{X_2}$. Dies ist nach Satz 2.4.1 mit (2.4.10) äquivalent. □

Interessieren wir uns nur für das Eintreten oder Nichteintreten von Ereignissen $A_1,A_2 \in \mathcal{A}$ (z.B. A_1 = "Raucher", A_2 = "Lungenkrebs"), so wird dies durch die speziellen diskreten ZV $X_1=1_{A_1}$ und $X_2=1_{A_2}$ mit Werten in $X_1=X_2=\{0,1\}$ beschrieben. In diesem Fall folgt aus Formel (2.4.7) für $P\{X_1=1\} = P(A_1) > 0$ die Gleichheit

$$P[X_2=x_2|X_1=1] = \begin{cases} P(A_2A_1)/P(A_1), & \text{falls } x_2=1, \\ P(A_2^cA_1)/P(A_1), & \text{falls } x_2=0, \end{cases}$$

und entsprechend für $P\{X_1=0\} = P(A_1^c) > 0$ die Gleichheit

$$P[X_2=x_2|X_1=0] = \begin{cases} P(A_2A_1^c)/P(A_1^c), & \text{falls } x_2=1, \\ P(A_2^cA_1^c)/P(A_1^c), & \text{falls } x_2=0. \end{cases}$$

Die angegebenen Quotienten sind nach Definition 2.4.2 also gerade bedingte Wahrscheinlichkeiten für das Eintreten oder Nichteintreten von A_2 bei gegebenem $X_1=1$ (d.h. Eintritt von A_1) bzw. bei gegebenem $X_1=0$ (d.h. Eintritt von A_1^c). Dies führt zu der folgenden Definition.

2.4.5 DEFINITION: *Gegeben seien ein W-Raum $(\Omega, \mathcal{A}, P)$ und Ereignisse $A, B \in \mathcal{A}$ mit $P(A) > 0$. Dann heißt*

$$(2.4.11) \qquad P[B|A] := P(BA)/P(A)$$

<u>elementare bedingte Wahrscheinlichkeit</u> von B unter der Bedingung A.

Aufgrund des oben dargestellten Zusammenhangs kann $P[B|A]$ *bei der Darstellung von* $P^{(1_A, 1_B)}$ *gemäß* $P^{1_A} \otimes P^{1_B|1_A}$ als Wahrsch. für das Eintreten von B im 2. Experiment nach Eintreten von A im 1. Experiment interpretiert werden. Dies ist offenbar eine *formale Interpretation* (man vertausche etwa die Rolle von A und B), die nicht immer eine reale Entsprechung besitzt. Die folgenden Formeln und Beispiele zeigen jedoch, daß dieser Begriff nützlich für die Modellierung und Berechnung von Wahrscheinlichkeiten ist, da oft Annahmen über gewisse bedingte Wahrscheinlichkeiten natürlich erscheinen.

2.4.6 FORMEL VON DER TOTALEN WAHRSCHEINLICHKEIT: *Benutzen wir die <u>Konvention</u> "$0 \cdot$(undefinierter Ausdruck) $= 0$", und sind <u>paarweise disjunkte</u> Ereignisse $A_1, A_2, \ldots \in \mathcal{A}$ gegeben, so gilt für jedes Ereignis $B \in \mathcal{A}$*

$$(2.4.12) \quad P(B) = \sum_{i=1}^{\infty} P(A_i) P[B|A_i], \text{ falls } B \subset \sum_{i=1}^{\infty} A_i.$$

Insbesondere gilt

$$(2.4.13) \quad P(B) = \sum_{i=1}^{n} P(A_i) P[B|A_i], \text{ falls } B \subset \sum_{i=1}^{n} A_i.$$

Unter Berücksichtigung von (2.4.11) und der Konvention folgt der *Beweis* aus

$$P(B) = P(B \cap \sum_{i=1}^{\infty \text{ bzw. } n} A_i) = \sum_{i=1}^{\infty \text{ bzw. } n} P(BA_i) = \sum_{i=1}^{\infty \text{ bzw. } n} P(A_i) P[B|A_i].$$

2.4.7 FORMEL VON BAYES: *Sind <u>paarweise disjunkte</u> Ereignisse $A_1, A_2, \ldots \in \mathcal{A}$ gegeben, so gilt für jedes Ereignis $B \in \mathcal{A}$ mit $P(B) > 0$ die Aussage*

$$(2.4.14) \quad P[A_k|B] = \frac{P(A_k) P[B|A_k]}{\sum_{i=1}^{\infty} P(A_i) P[B|A_i]} \quad \forall k \in \mathbb{N}, \text{ falls } B \subset \sum_{i=1}^{\infty} A_i.$$

Insbesondere gilt für $k=1,\ldots,n$

$$(2.4.15)\quad P[A_k|B] = \frac{P(A_k)P[B|A_k]}{\sum_{i=1}^{n} P(A_i)P[B|A_i]}, \quad falls \quad B \subset \sum_{i=1}^{n} A_i.$$

Beweis: Wegen $P(B) > 0$ und $0 \leq P(A_kB) \leq P(A_k)$ gilt nach Definition und Konvention $P[A_k|B] = P(A_kB)/P(B) = P(A_k)P[B|A_k]/P(B)$. Daher folgen (2.4.14) und (2.4.15) aus (2.4.12) bzw. (2.4.13). □

2.4.8 BEISPIEL (Automatisierte Vorsorgeuntersuchung von 30- bis 40-jährigen Frauen auf Brustkrebs): Im Gegensatz zur tatsächlichen, differenzierten und flexiblen Untersuchungspraxis nehmen wir an, daß ein standardisiertes Untersuchungsprogramm abläuft, das als Ergebnisse nur die beiden Aussagen

B = "Verdacht auf Brustkrebs", B^c = "kein Verdacht auf Brustkrebs",

zuläßt. (Man kann sich z.B. vorstellen, daß nur im "Verdachtsfall" eine persönliche und differenzierte Untersuchung vorgenommen wird.) Die unbekannte Realität bei den 30- bis 40-jährigen Frauen klassifizieren wir durch die beiden komplementären Aussagen

A_1 = "Frau hat Brustkrebs",

A_2 = "Frau hat keinen Brustkrebs".

Als Stichprobenraum wählen wir irgendeine Menge Ω, die A_1, A_2, B, B^c als Teilmengen enthält, d.h. $\Omega = A_1 + A_2 = B + B^c$. Vor der Einführung eines solchen Vorsorgeprogramms sollte es an "anderweitig gesicherten Fällen" erprobt werden, um Schätzungen für die bedingten Wahrscheinlichkeiten

$P[B|A_1]$ = P["Verdacht" | "Frau hat Brustkrebs"],

$P[B|A_2]$ = P["Verdacht" | "Frau hat keinen Brustkrebs"]

zu erhalten, denn diese bedingten Wahrscheinlichkeiten beschreiben offenbar die Qualität des Programms. Wir unterstellen, daß unser Programm von sehr guter Qualität ist, und nehmen für die beiden bedingten Wahrscheinlichkeiten die Zahlenwerte 0.99 bzw. 0.05 an. Ein weiteres Problem stellt die Abschätzung von

$P(A_1)$ = P("Frau hat Brustkrebs")

für 30- bis 40-jährige Frauen dar. Als grobe Schätzung hierfür verwenden wir die relative Häufigkeit für *Diagnose von Brustkrebs* in der Gruppe der 30- bis 40-jährigen Frauen in Hamburg im Kalenderjahr 1977. Nach der "Hamburger Krebsdokumentation 1975 bis 1977" ergibt sich die relative Häufigkeit

$$64/124787 = 0.000513.$$

Mit diesen Zahlenwerten erhalten wir aus (2.4.15) [Formel von Bayes] das Ergebnis P["Frau hat Brustkrebs"|"Vorsorgeunters. lieferte Verdacht"]

$$=P[A_1|B]=\frac{P(A_1)P[B|A_1]}{P(A_1)P[B|A_1]+P(A_2)P[B|A_2]} = \frac{0.000513\times 0.99}{0.000513\times 0.99+0.999487\times 0.05}$$

$= 0.01$.

Also auch wenn die Vorsorgeuntersuchung "Verdacht" liefert, ist die (bedingte) Wahrsch. für "Brustkrebs" mit 1 % noch relativ klein.

Die entsprechende relative Häufigkeit für 40- bis 50-jährige Frauen in Hamburg lautet (für 1977):

$$139/110612 = 0.001257.$$

Hier liefert eine entsprechende Rechnung den Wert

$$P[A_1|B] = 0.0243.$$

Auch diese bedingte Wahrsch. ist mit 2.4% noch gering. □

AUFGABEN ZU KAPITEL 2:

Aufg. 2.1.1: Seien Ω_1,Ω_2 beliebige Mengen und $A,B\subset\Omega_1, C,D\subset\Omega_2$. Dann gilt:

a) $(A\times C) \cap (B\times D) = (A\cap B) \times (C\cap D)$
b) $(A\cap B) \times C = (A\times C) \cap (B\times C)$
c) $(A\cup B) \times C = (A\times C) \cup (B\times C)$
d) $(\Omega_1\times C)^c=\Omega_1\times C^c$
e) $(A-B)\times C = (A\times C)-(B\times C)$, falls $B\subset A$.

Aufg. 2.1.2: Gegeben seien zwei gekoppelte Zufallsexperimente, beschrieben durch $\Omega_1 = \Omega_2 = \mathbb{N}_0$, eine Poisson($\lambda$) Verteilung P_1, s. Beispiel 1.4.7 und ein ÜW-Maß $P_2^1(\cdot;\cdot)$ von Ω_1 nach Ω_2 mit $P_2^1(\omega_1;\cdot)=B(\omega_1,p)$, $0<p<1$, vgl. Formel (2.1.21). Man berechne für $\pi_2 : \Omega_1 \times \Omega_2\to\Omega_2, \pi_2(\omega_1,\omega_2)=\omega_2$ die Zähldichte der Verteilung von π_2.

Aufg. 2.1.3: Ein Kandidat hat sich hintereinander vier Prüfungen zu unterziehen. Die Wahrsch. für das Bestehen der ersten Prüfung beträgt p, für das Bestehen jeder weiteren Prüfung p bzw. 3p/4, je nachdem, ob er die vorhergehende Prüfung bestanden hat oder nicht. Er gilt als qualifiziert, wenn er mindestens drei der Prüfungen besteht. Wie groß ist die Wahrsch. hierfür?

Aufg. 2.1.4: a) Spieler A wirft einen (unverfälschten) Spielwürfel. Aufgrund des Ergebnisses muß Spieler B voraussagen, ob er mit seinem Wurf eine geringere, gleich große oder höhere Augenzahl er-

reichen wird. Man überlege sich eine Voraussageregel für Spieler B, bei der die Wahrsch. für eine richtige Aussage möglichst groß wird und bestimme diese Wahrsch.
b) Man verallgemeinere Teil a), indem man den Vorgang des Würfelns durch ein Laplace-Experiment mit n Ausgängen ersetzt. Wie verhält sich die gesuchte Wahrsch. für $n \to \infty$?

Aufg. 2.1.5: Ein Teilchen, das sich im Punkt 1 befindet, kann nach einer Zeiteinheit mit der Wahrsch. p_{11} in 1 geblieben oder mit der Wahrsch. p_{12} zum Punkt 2 hinübergewandert sein. Befindet es sich in 2, so kann es mit der Wahrsch. p_{22} in 2 bleiben oder mit der Wahrsch. p_{21} zum Punkt 1 wandern. Wie groß ist die Wahrsch. dafür, daß das Teilchen nach n Schritten im Punkt 1 ist, wenn es sich zu Beginn a) im Punkt 1; b) im Punkt 2 befand?

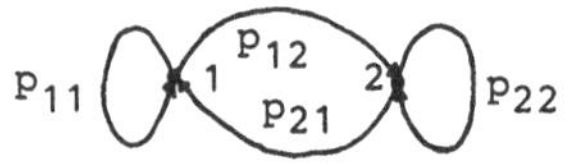

p_{11} 1 p_{12} p_{21} 2 p_{22}

Es gelte $|p_{11}-p_{21}|<1, |p_{22}-p_{12}|<1$.
Hinweis: Man versuche eine Rekursionsformel für das Ereignis anzugeben.

Aufg. 2.1.6: Bei einem Glücksspiel zwischen zwei Spielern gelten folgende Spielregeln: Zunächst werden aus einer Urne mit r roten und s schwarzen Kugeln ($r,s \in \mathbb{N}$) rein zufällig zwei Kugeln hintereinander mit Zurücklegen gezogen, dann wird eine faire Münze geworfen. Sei k die Anzahl der gezogenen roten Kugeln, so zahlt bei Münzwurf "Kopf" Spieler B an A k Geldeinheiten (GE) und bei Münzwurf "Zahl" bekommt Spieler B von A k GE.
Man beschreibe das Zufallsexperiment durch einen geeigneten W-Raum und den Gewinn (Verlust) des Spielers A durch eine diskrete ZV X auf diesem W-Raum. Ferner bestimme man die Zähldichte von X. Wie läßt sich an Hand der Zähldichte rechtfertigen, daß das Spiel für Spieler A fair ist?

Aufg. 2.1.7: Sei X eine B(n,p)-verteilte Zufallsvariable. Wie groß ist die Wahrsch., daß X gerade ist?

Aufg. 2.1.8: Für ein $n \in \mathbb{N}$ führe ein Teilchen eine symmetrische Irrfahrt auf Z mit Startpunkt O und n Schritten aus.

a) Man berechne die Wahrsch. $p_{\nu,k}$, $\nu \in \{0,1,\ldots,n\}$, $k \in \mathbb{Z}$, daß sich das Teilchen nach ν Schritten im Punkte k befindet. Speziell bestimme man $u_\nu := p_{\nu,0}$.
b) Für $\nu \in \{1,2,\ldots,n\}$ zeige man: Die Wahrsch., daß das Teilchen bis zum ν-ten Schritt nicht in den Nullpunkt zurückgekehrt ist, ist gleich $u_{2[\frac{\nu}{2}]}$.
c) Mit Hilfe von b) berechne man für $\nu \in \{1,2,\ldots,n\}$ die Wahrsch. f_ν, daß das Teilchen nach dem ν-ten Schritt das erste Mal wieder in den Nullpunkt zurückkehrt.

Hinweis zu b): Entweder benutze man das André'sche Spiegelungsprinzip direkt oder man interpretiert das Spielgeschehen in Aufg. 1.2.5 als symmetrische Irrfahrt und verwende den Wert $\binom{2n}{n} \cdot 2^{-2n}$ für die Wahrsch., daß eine Mannschaft im ganzen Spiel ab dem ersten Tor stets in Führung liegt.

Aufg. 2.2.1: Man beweise Bemerkung 2.2.10.

Aufg. 2.2.2: Zwischen zwei Punkten a und b befindet sich eine elektrische Leitung der folgenden Art:

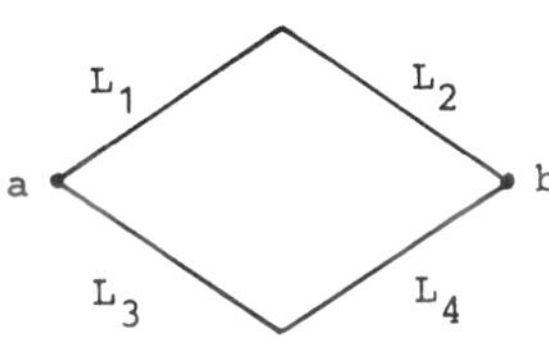

Die Leitung fällt also genau dann aus, wenn sowohl L_1 oder L_2 als auch L_3 oder L_4 ausfällt. Für die Elemente L_i stehen drei Ausführungen A_1, A_2 und A_3 zur Verfügung, welche x_1, x_2 bzw. x_3 DM ($x_1<x_2<x_3$) kosten. Die Ausführung A_i fällt in der Zeiteinheit mit Wahrsch. p_i ($p_1=0,1$; $p_2=0.05$; $p_3=0.01$) aus, und die einzelnen Elemente sind voneinander unabhängig. Welches ist die billigste Leitung, wenn 0.005 als obere Schranke für die Wahrsch. des Ausfalls der Leitung in der Zeiteinheit vorgeschrieben ist?

Aufg. 2.2.3: Ein Gerät besteht aus drei Blöcken. Beim Einschalten des Gerätes kann mit der Wahrscheinlichkeit p_i im i-ten Block (i=1,2,3) ein Fehler auftreten. Alle Fehler treten unabhängig voneinander auf. Der Ausfall eines jeden Blocks führt zum Ausfall des Gerätes. Ein Block fällt aus, wenn in ihm mindestens zwei Fehler auftreten. Man bestimme die Wahrsch. dafür, daß das Gerät ohne Ausfall n Einschaltvorgänge übersteht.

Aufg. 2.2.4: Zu jedem der Zeitpunkte $t=0,1,2,\ldots$ wird ein Ball in eine (anfangs leere) Zelle geworfen, wo er mit der Wahrsch. $p_k \in (0,1)$ verbleibt, wenn sich bereits genau k Bälle in der Zelle befinden ($k \in \mathbb{N}_0$).

a) Wie groß sind die Wahrsch. $a_i^{(t)}$, daß sich nach t Würfen genau i Bälle in der Zelle befinden? Gesucht ist ein expliziter Ausdruck, nicht notwendig in geschlossener Form (vgl. c)).

b) Man stelle eine Differenzengleichung für die $a_i^{(t)}$ mit $i \le t$ auf, indem man $a_i^{(t)}$ aus den $a_j^{(t-1)}$ mit $j \le i$ ermittle. Dazu setze man vorteilhaft $a_o^{(o)} := 1$. (Wie groß sind die $a_i^{(t)}$ für $i>t$?)

c) Sei $M \in \mathbb{N}$ und seien speziell die $p_k := (M-k)/M$ für $k<M$ und $p_k := 0$ für $k \ge M$. Unter Verwendung von b) zeige man mit vollständiger Induktion, daß dann für $i \le \min\{M,t\}$ gilt:

$$a_i^{(t)} = \binom{M}{i} \sum_{\nu=0}^{i} (-1)^{\nu} \binom{i}{\nu} \left(\frac{i-\nu}{M}\right)^t .$$

(Anwendungen findet man in der Pharmakologie, wo die Zelle einer chemisch aktiven Stelle von Makromolekülen oder Membranen entspricht, die Bälle Pharmakonmolekülen entsprechen und ihr Verbleiben in der Zelle eine pharmakologische effektive Bindung bedeutet.)

Hinweis: $$t! = \sum_{\nu=0}^{t} (-1)^{\nu} \binom{t}{\nu} (t-\nu)^t \quad \forall t \in \mathbb{N}_o,$$

Aufg. 2.2.5: Eine seltene Blutgruppe tritt in der Bevölkerung mit einer Wahrsch. von 0.001 auf. Es werden n (zufällig ausgewählte) Personen auf ihre Blutgruppe hin untersucht. Wie groß ist die Wahrsch., daß wenigstens zwei von ihnen die seltene Blutgruppe haben? Wie groß muß n mindestens sein, damit diese Wahrsch. größer gleich 0.95 ist?

Aufg. 2.2.6: Beim Werfen einer Münze trete mit Wahrsch. p "Kopf", mit Wahrsch. $q:=1-p$ "Zahl" auf, $0<p<1$. Vier Personen I, II, III, IV werfen nacheinander in der Reihenfolge I, II, III, IV, I, II, III, IV,... . Sieger ist derjenige, der zuerst "Kopf" wirft. Wie groß ist die Gewinnwahrsch. der vier Spieler a) allgemein, b) für $p=q=\frac{1}{2}$?

Aufg. 2.3.1: Mit den Bezeichnungen aus Lemma 2.3.1 zeige man: Ist $X(\Omega)$ abzählbar, so gilt

$$X^{-1}(\{x\}) \in \mathcal{A} \quad \forall x=(x_1,\dots,x_n) \in X(\Omega)$$

$$\Leftrightarrow X_i^{-1}(\{x_i\}) \in \mathcal{A} \quad \forall x_i \in X_i(\Omega),\ i=1,\dots,n.$$

Aufg. 2.3.2: Man beweise Bemerkung 2.3.2.

Aufg. 2.3.3: Man gebe ein Beispiel dafür an, daß die stochastische Unabhängigkeit zweier diskreter ZV X_1 und X_2 über $(\Omega,\mathcal{A},P)$ von P abhängt.

Aufg. 2.3.4: Seien X,Y,Z Zufallsvariable, deren Verteilung gegeben ist gemäß

$$\text{a)}\quad P\{(X,Y,Z)=(x,y,z)\} = \begin{cases} 1/27 & \text{für } (x,y,z) = (0,0,0) \\ 2/27 & \text{für } (x,y,z) = (1,1,1) \\ 8/27 & \text{für } (x,y,z) \in \{(1,1,0),(1,0,1),(0,1,1)\} \end{cases}$$

$$\text{b)}\quad P\{(X,Y,Z) = (x,y,z)\} = \frac{1}{4} \text{ für } (x,y,z) \in \{(0,0,0),(1,1,0),(1,0,1),(0,1,1)\}.$$

Man veranschauliche die Verteilungen an einer Zeichnung. Für die Ereignisse $A_1 = \{X=0\}$, $A_2 = \{Y=0\}$, $A_3 = \{Z=0\}$ untersuche man die Frage der Unabhängigkeit bzw. paarweisen Unabhängigkeit. Dabei heißen Teilmengen $A_1,\dots,A_n$, $n \geq 3$, aus $\mathcal{A}$ ($(\Omega,\mathcal{A},P)$ ein W-Raum) *paarweise stochastisch unabhängig*, wenn für alle Paare (i,j) mit $i \neq j$ gilt: $P(A_i \cap A_j) = P(A_i)P(A_j)$.

Aufg. 2.3.5: Seien X_1,X_2 stochastisch unabhängige ZV. Man zeige:
a) Gilt $X_i \sim \mathcal{P}(\lambda_i)$, $\lambda_i > 0$, i=1,2, so folgt: $X_1 + X_2 \sim \mathcal{P}(\lambda_1+\lambda_2)$.

b) Gilt $X_i \sim B(n_i,p)$, $n_i \geq 1$, $p > 0$, i=1,2, so folgt:
$X_1 + X_2 \sim B(n_1+n_2,p)$.

Aufg. 2.3.6: Seien $X_1,X_2,\dots,X_n$ stochastisch unabhängige und NB (1,p)-verteilte diskrete ZV, vgl. Aufg. 1.5.1. Man bestimme die Zähldichte der Verteilung von $Y := \min(X_1,\dots,X_n)$.

Hinweis: $P\{Y=y\} = P\{Y\geq y\} - P\{Y\geq y+1\}$.

Aufg. 2.3.7: a) Es werde einmal mit einem fairen Würfel geworfen. Sind für festes $i \in \{1,\dots,6\}$ die beiden Ereignisse
A_0: "es fällt eine gerade Augenzahl"
A_i^0: "die Augenzahl ist größer oder gleich i"
stochastisch unabhängig?

b) Eine homogene Münze werde n-mal geworfen ($n\geq 2$). Sind die Ereignisse

B_1: "höchstens einmal erscheint 'Zahl'"
B_2: "'Zahl' und 'Kopf' fallen mindestens einmal"
stochastisch unabhängig?

Aufg. 2.3.8: Es sei $(\Omega,\mathcal{A},P)$ ein W-Raum und seien $A,B\in\mathcal{A}$. Man zeige:
a) Ist A von sich selbst stochastisch unabhängig, so gilt $P(A) = 0$ oder $= 1$.
b) Gilt $P(A) = 0$ oder $= 1$, so sind A und B stochastisch unabhängig $\forall B \in \mathcal{A}$.

Aufg. 2.3.9: Sei $X = (X_1,\ldots,X_n)$ eine Laplace-verteilte ZV über $\{a_1,\ldots,a_k\}^n$. Man zeige:

a) $V := \sum_{i=1}^{n} 1_{\{a_1,\ldots,a_r\}}(X_i) \sim B(n,\frac{r}{k}),\ 1\leq r\leq k.$

b) $X_1,\ldots,X_n$ sind stochastisch unabhängig.

Aufg. 2.4.1: Sei im Beispiel 2.1.11 (Irrfahrtsmodell) P_n das diskrete W-Maß über Z^n, das die Irrfahrt mit n Schritten beschreibt. Für $\omega = (\omega_1,\ldots,\omega_n) \in Z^n$ seien die Zuwächse $X_i(\omega):=\omega_i-\omega_{i-1},\omega_o:=o$, $1\leq i\leq n$, definiert. Man zeige

a) $X_1,\ldots,X_n$ sind stochastisch unabhängig mit $\frac{1}{2}(X_i+1) \sim B(p),\ \forall i.$

b) Die bedingte Verteilung $P_n^{(X_1,\ldots,X_n)|S_n=k}$, $S_n := \sum_{i=1}^{n} X_i$, ist eine Laplace-Verteilung, falls $P_n\{S_n=k\}>o$ gilt.

Aufg. 2.4.2: X_1 und X_2 seien stochastisch unabhängig mit $X_i\sim\mathcal{P}(\lambda_i),\lambda_i>o,i=1,2$. Man zeige:
Die bedingte Verteilung $P^{X_1|X_1+X_2=n}$ ist eine Binomialverteilung.

Aufg. 2.4.3: Für die ankommenden Gespräche in einer Telefonzentrale sei folgende w-theoretische Modellannahme zugrundegelegt: Die Anzahl der während eines Zeitintervalls der Länge τ ankommenden Telefongespräche sei Poisson-verteilt mit Parameter $\lambda\tau,\lambda>o$ und die Anzahlen bzgl. zweier disjunkter Zeitintervalle seien stochastisch unabhängig.
Seien für $o<t<T$ X die Anzahl der während des Zeitabschnitts $[o,T]$, Y die Anzahl der während des Zeitabschnitts $[o,t]$ ankommenden Gespräche, so bestimme man die bedingte Verteilung von Y bei gegebenem $X=x$.

Aufg. 2.4.4: In einer Schraubenfabrik stellt die Maschine M_i a_i% der gesamten Produktion her, $i=1,2,3$, $a_1+a_2+a_3=100$. Aus Erfahrung weiß man, daß b_i % der von M_i gefertigten Schrauben Ausschuß sind. Aus der Gesamtproduktion wird eine Schraube entnommen und als fehlerhaft erkannt. Wie groß ist die Wahrsch. dafür, daß die Schraube von M_i gefertigt wurde? Man setze folgende Zahlenwerte ein:

$a_1 = 25,\ a_2 = 35,\ a_3 = 40,\ b_1 = 5,\ b_2 = 4,\ b_3 = 2.$

Aufgabe 2.4.5: Eine ideale Münze werde 3 mal unabhängig geworfen. Wie groß ist die bedingte Wahrsch. dafür, daß beim ersten Wurf

"Zahl" erscheint, unter der Bedingung, daß insgesamt genau zweimal "Zahl" geworfen wurde?

Aufg. 2.4.6: Bei der Übertragung der Zeichen "Punkt" und "Strich" in einem Fernmeldesystem werden durch Störungen im Mittel 5 % der gesendeten Punkte als Striche und 4 % der gesendeten Striche als Punkte empfangen. Das Verhältnis von gesendeten Punkten zu gesendeten Strichen ist 3/5. Wie groß ist die Wahrscheinlichkeit, daß

a) ein empfangenes Zeichen richtig empfangen wurde,
b) das richtige Zeichen empfangen wurde, falls "Punkt" empfangen wurde,
c) das richtige Zeichen empfangen wurde, falls "Strich" empfangen wurde?

Aufg. 2.4.7: Eine elektrische Leitung sei durch das folgende Schaltwerk unterbrochen. Im Schaltwerk sei jeder einzelne Schalter mit Wahrscheinlichkeit $p \in (0,1)$ geöffnet und die Stellungen der fünf Schalter seien voneinander unabhängig. Unter der Bedingung, daß das Schaltwerk den Strom durchläßt, berechne man die Wahrscheinlichkeit für "Schalter S ist offen".

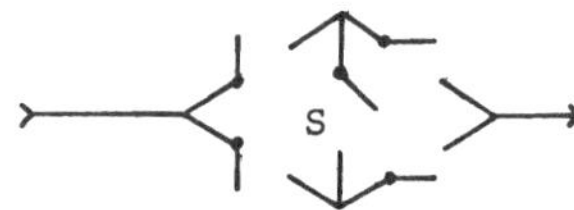

Aufg. 2.4.8: Sei X eine $\mathbb{N}_0$-wertige diskrete ZV. Man zeige: Es gilt $P^X = NB(1,p)$ mit einem gewissen $p \in (0,1)$ genau dann, wenn $P[\{X \geq k+n\} | \{X \geq n\}] = P\{X \geq k\}$ $\forall n \in \mathbb{N}_0$, $\forall k \in \mathbb{N}_0$ gilt.

3 Grundlegende Modelle diskreter Zufallsexperimente

In den Abschnitten dieses Kapitels werden häufig benutzte konkrete Standardmodelle vorgestellt. Die auftretenden W-Maße sind bis auf wenige (noch wählbare) Parameter vollständig festgelegt. In diesen Standardmodellen werden auch Fragen der Schätz- und Testtheorie exemplarisch behandelt, d.h. Fragen der Festlegung der unbekannten Parameter aufgrund von Beobachtungen. Wie bei allen statistischen Fragestellungen beschränkt sich die Theorie auf die Bereitstellung von Verfahren auf der Basis von "potentiellen Beobachtungen" (Zufallsvariablen). Man denke etwa an den in Beispiel 1.6.1 angegebenen kritischen Bereich des Wilcoxon-Tests. Dabei geht es stets darum, "gute" Verfahren zu finden. Die numerische Auswertung nach der Durchführung eines Zufallsexperiments mag zwar durchaus schwierige Probleme aufwerfen, ist aber nicht Teil der statistischen Theorie.

3.1 Bernoulli(p) Experimente, das Bernoullische schwache Gesetz der grossen Zahlen und die Binomial(n,p) Verteilung

Bei der Produktion von Verbrauchsgütern (Transistoren, Glühbirnen, Thermometern, Fernsehgeräten etc.) wird bei einer Endkontrolle ein gewisser Anteil defekt sein oder gewissen Qualitätsstandards nicht genügen. Die Kontrolle *einer* Einheit ist dann ein Zufallsexperiment mit nur zwei möglichen Ausprägungen

$$1 = \text{"Erfolg"}, \quad 0 = \text{"Mißerfolg"}.$$

Als Stichprobenraum des Zufallsexperimentes bietet sich die 2-elementige Menge $\{0,1\}$ an. Ein (diskretes) W-Maß P über $\{0,1\}$ ist vollständig durch die *Erfolgswahrscheinlichkeit* $P\{1\} =: p$ festgelegt; vgl. Beispiel 1.2.2(1).

3.1.1 Definition: *Ein (diskretes) W-Maß P über $\{0,1\}$ mit Erfolgswahrscheinlichkeit $p = P\{1\}$ heißt eine Bernoulli(p) Verteilung und wird mit $B(p)$ bezeichnet. Das Zufallsexperiment $(\{0,1\}, B(p))$ heißt Bernoulli(p) Experiment, vgl. Beispiel 1.2.2(1).*

Bemerkung: Eine Binomial(1,p) Verteilung [vgl. Beispiel 2.1.11 bzw. Formel (2.1.20)] ist eine Bernoulli(p) Verteilung, denn die $B(n,p)$-Verteilung hat über $\{0,1,...,n\}$ die Zähldichte

$b(k;n,p) = \binom{n}{k} p^k (1-p)^{n-k}$, $k=0,1,\ldots,n$. Für $n=1$ ergibt sich $P\{k\} = p^k (1-p)^{1-k}$, $k=0,1$, d.h., $P\{0\} = 1-p$, $P\{1\} = p$.

Im allgemeinen wird die Erfolgswahrsch. $p \in [0,1]$ nicht bekannt sein. Sie wird dann als (unbekannter) *Modellparameter* behandelt. Die Statistik versucht, durch Kontrolle mehrerer Einheiten Information über den unbekannten Wert von p zu gewinnen.

Der Einfachheit halber nehmen wir an, daß bei jeder Kontrolle dieselbe Erfolgswahrsch. p vorliegt und sich darüberhinaus die einzelnen Einheiten nicht gegenseitig in ihrer Qualität beeinflussen; letzteres besagt z.B., daß Produktionsprozesse, bei denen Fehler etwa stets serienweise auftreten, ausgeschlossen werden sollen. Das Gesamtexperiment "Kontrolle von n Einheiten", $n \geq 1$, ist dann ein Produktexperiment und wird durch das (diskrete) Produktmaß $P_{n,p} := \bigotimes_1^n B(p)$ über $\{0,1\}^n$ beschrieben, das nach (2.2.1) und der obigen Bemerkung die Zähldichte

(3.1.1) $$p_{n,p}(\underset{\sim}{x}) = \prod_{i=1}^{n} p^{x_i} (1-p)^{1-x_i} = p^{S_n(\underset{\sim}{x})} (1-p)^{n-S_n(\underset{\sim}{x})}, \quad \underset{\sim}{x} = (x_1,\ldots,x_n) \in \{0,1\}^n,$$

besitzt, wobei $S_n(\underset{\sim}{x})$ die Zahl der Einsen in $\underset{\sim}{x}$, also die *Gesamtzahl der Erfolge* ist. Die zugehörige Abbildung

(3.1.2) $$S_n : \{0,1\}^n \to \{0,1,\ldots,n\}, \quad S_n(\underset{\sim}{x}) = \sum_{i=1}^{n} x_i,$$

kann hier offenbar als (diskrete) ZV interpretiert werden, die vom Ausgang des Gesamtexperiments nur die Gesamtzahl der Erfolge berichtet. Das durch (3.1.1) beschriebene Zufallsexperiment heißt *n-faches Bernoulli*(p) *Experiment*.

3.1.2 BEMERKUNG: Die ZV S_n "Gesamtzahl der Erfolge" bei einem n-fachen Bernoulli(p) Experiment besitzt eine Binomial(n,p) Verteilung, d.h. $P_{n,p}^{S_n} = B(n,p)$.

Beweis: $P_{n,p}\{\underset{\sim}{x} \in \{0,1\}^n : S_n(\underset{\sim}{x}) = k\} =$

$$= \sum_{\underset{\sim}{x} \in \{0,1\}^n : S_n(\underset{\sim}{x}) = k} p^{S_n(\underset{\sim}{x})} (1-p)^{n-S_n(\underset{\sim}{x})} = \binom{n}{k} p^k (1-p)^{n-k}, \quad k=0,1,\ldots,n. \square$$

Wenn unsere Begriffsbildung der unabhängigen Koppelung eine adäquate Umsetzung des anschaulichen Unabhängigkeitsbegriffes bei Zufallsexperimenten ist, so muß sich nun die empirische Feststellung, daß bei unabhängiger Wiederholung desselben Zufallsexperimentes der relative Anteil des Auftretens eines Ereignisses gegen dessen Wahrscheinlichkeit "konvergiert", in irgendeiner Form als mathematisches Theorem wiederfinden lassen. Im vorliegenden Fall muß man also zeigen können, daß der relative Anteil der Erfolge $\overline{x}_n := \sum_{i=1}^{n} x_i/n = S_n(\underset{\sim}{x})/n$ "nahe" bei p liegt. Tatsächlich können wir das sog. *Bernoullische schwache Gesetz der großen Zahlen* beweisen:

3.1.3 SATZ *(Bernoullisches schwaches Gesetz der großen Zahlen): Für gegebene Erfolgswahrscheinlichkeit $p \in [0,1]$ sei $(\{0,1\}^n, P_{n,p})$ ein n-faches Bernoulli(p) Experiment, $n \in \mathbb{N}$. Dann gilt*

$$(3.1.3) \qquad q(n,p,\varepsilon) := P_{n,p}\{|\overline{X}_n - p| < \varepsilon\} \xrightarrow[n\to\infty]{} 1 \quad \forall \varepsilon > 0,$$

wobei die diskreten ZV $\overline{X}_n : \{0,1\}^n \to \{0, \frac{1}{n}, \frac{2}{n}, \ldots, \frac{n}{n}\}$ gemäß $\overline{X}_n = \frac{1}{n} S_n$ den relativen Anteil der Erfolge modelliert.

3.1.4 ERLÄUTERUNGEN: In der Regel ist die unterstellte Erfolgswahrscheinlichkeit $p \in [0,1]$ nicht bekannt. Wegen

$$\{|\overline{X}_n - p| < \varepsilon\} = \{\underset{\sim}{x} \in \{0,1\}^n : \overline{X}_n(\underset{\sim}{x}) - \varepsilon < p < \overline{X}_n(\underset{\sim}{x}) + \varepsilon\}$$

bedeutet (3.1.3): Für jede (noch so kleine) Fehlerschranke ε wird mit wachsender Beobachtungszahl n die Wahrsch. dafür, daß der unbekannte Wert p vom (zufallsabhängigen) Intervall $(\overline{X}_n - \varepsilon, \overline{X}_n + \varepsilon)$ überdeckt wird, beliebig groß (d.h. liegt beliebig nahe bei 1). Mit derfEr olgswahrsch. p ist auch die Überdeckungswahrsch. $q(n,p,\varepsilon)$ unbekannt. Um die Aussage (3.1.3) in der Praxis verwenden zu können (Anwendungspostulat), ist man deshalb an von p unabhängigen unteren Schranken für $q(n,p,\varepsilon)$ (bei festem n) interessiert. Die schärfste von p unabhängige untere Schranke ist

$$(3.1.4) \qquad q(n,\varepsilon) := \inf_{0\le p\le 1} q(n,p,\varepsilon).$$

Mit einer Mindestwahrsch. von $q(n,\varepsilon)$ wird der unbekannte Parameter p vom (zufallsabhängigen) Konfidenzintervall $(\overline{X}_n - \varepsilon, \overline{X}_n + \varepsilon)$ überdeckt. *Genauer heißt dies:* Im Gesamtexperiment mit unterstellter Erfolgswahrscheinlichkeit $p \in [0,1]$ trägt das *Ereignis*

$$(3.1.5) \qquad A_{n,p,\varepsilon} := \{\underset{\sim}{x} \in \{0,1\}^n : (\overline{X}_n(\underset{\sim}{x}) - \varepsilon, \overline{X}_n(\underset{\sim}{x}) + \varepsilon) \ni p\}$$

mindestens die Wahrsch. $q(n,\varepsilon)$. Dabei ist zu beachten, daß das

Ereignis $A_{n,p,\varepsilon}$ selbst vom unbekannten Parameter $p \in [0,1]$ abhängt. Insbesondere kann man das Eintreten von $A_{n,p,\varepsilon}$ nach Ausführung des Zufallsexperimentes nicht überprüfen.

Für die Anwendungsseite können wir jedoch feststellen: Ist $q(n,\varepsilon)$ "hinreichend groß", wird man aufgrund des Anwendungspostulats davon ausgehen, daß bei einer Durchführung des Gesamtexperiments mit unbekanntem p das (vom unbekannten p abhängige) Ereignis $A_{n,p,\varepsilon}$ eintritt. Dies heißt aber nichts anderes, als daß man *bei einer beobachteten Realisierung* $\underset{\sim}{x}$ *im Gesamtexperiment*, davon ausgeht, daß die unbekannte Erfolgswahrscheinlichkeit p im Intervall $(\overline{X}_n(\underset{\sim}{x})-\varepsilon, \overline{X}_n(\underset{\sim}{x})+\varepsilon) = (\overline{x}_n-\varepsilon, \overline{x}_n+\varepsilon)$ liegt. Die häufig verwendete Sprechweise "Das (beobachtete, also feste) Intervall $(\overline{x}_n-\varepsilon, \overline{x}_n+\varepsilon)$ überdeckt mindestens mit Wahrsch. $q(n,\varepsilon)$ den unbekannten Parameter p" ist sinnlos, wenn man sie wörtlich nimmt. Wenn wir sie dennoch verwenden, verstehen wir darunter die oben beschriebene Präzisierung auf der Anwendungsseite. Die Angabe von $q(n,\varepsilon)$ ermöglicht es dann jedem Leser, für sich selbst zu entscheiden, ob er $q(n,\varepsilon)$ zur Anwendung des Anwendungspostulats für "hinreichend groß" hält.

Verwenden wir die sehr ähnliche Sprechweise "Das Konfidenzintervall $(\overline{X}_n-\varepsilon, \overline{X}_n+\varepsilon)$ überdeckt mit Mindestwahrsch. $q(n,\varepsilon)$ den unbekannten Parameter p", so bewegen wir uns vollständig auf der Modellseite und drücken nur die obige Beziehung

(3.1.6) $\quad P_{n,p}(A_{n,p,\varepsilon}) \geq q(n,\varepsilon) \quad \forall p \in [0,1] \quad \forall \varepsilon > 0$

verbal aus. Die Verwendung der ZV $\overline{X}_n$ drückt dabei aus, daß nicht von schon beobachteten Werten, sondern von potentiellen Beobachtungen bzw. von Ereignissen die Rede ist. Die untere Schranke $q(n,\varepsilon)$ nennt man *exakte Sicherheitswahrscheinlichkeit* oder *exaktes Konfidenzniveau des Konfidenzintervalls* $(\overline{X}_n-\varepsilon, \overline{X}_n+\varepsilon)$.

Im ersten Moment erscheint es vielleicht irritierend, daß man die Bestimmung der Wahrsch. p (bei vorgegebenen Fehlergrenzen $\pm\ \varepsilon$) nur mit einer gewissen Wahrsch. vornehmen kann. Betrachtet man jedoch etwa die durchaus beobachtbaren Versuchsfolgen $(1,\ldots,1)$ bzw. $(0,\ldots,0)$ mit zugehörigem Wert $\overline{x}_n = 1$ bzw. 0, so wird klar, daß (bei $0 < \varepsilon < 1/2$) niemals für *alle* Beobachtungsfolgen $\underset{\sim}{x} = (x_1,\ldots,x_n)$ $p \in (\overline{x}_n-\varepsilon, \overline{x}_n+\varepsilon)$ gelten kann; (3.1.3) besagt gerade, daß der Zufall für "großes" n nur selten Folgen $(x_1,\ldots,x_n)$ hervorbringt, für welche $\overline{x}_n$ vom wahren Wert p um mehr als ε abweicht. □

Um (3.1.3) bzw. (3.1.6) in der Praxis verwenden zu können, möchte man $q(n,p,\varepsilon)$ bzw. $q(n,\varepsilon)$ zumindest explizit abschätzen können. Da wir die Formel für die Einzelwahrscheinlichkeiten (3.1.1) zur Verfügung haben, wird es uns unten -trotz unbekannter Erfolgswahrsch. p- durch eine ad hoc Rechnung gelingen, eine solche Abschätzung herzuleiten. Wir gelangen so zu einem elementaren Beweis von (3.1.3). Später wird dasselbe Ergebnis im Rahmen eines allgemeineren schwachen Gesetzes der großen Zahlen wesentlich eleganter "ohne Rechnung" bewiesen, vgl. Abschnitt 5.6.

3.1.5 HILFSSATZ: *Gegeben seien $p \in [0,1]$ und das n-fache Bernoulli (p) Experiment $(\{0,1\}^n, P_{n,p})$. Dann gilt für alle $n \in \mathbb{N}$ und alle $\varepsilon > 0$*

$$(3.1.7.)\qquad q(n,p,\varepsilon) = P_{n,p}\{|\overline{X}_n - p| < \varepsilon\} \geq 1 - \frac{p(1-p)}{n\varepsilon^2}$$

und damit insbesondere (3.1.3) und

$$(3.1.8)\qquad q(n,\varepsilon) = \inf_{0\leq p\leq 1} q(n,p,\varepsilon) \geq 1 - \frac{1}{4n\varepsilon^2} \quad [\underset{n\to\infty}{\to} 1].$$

Beweis: Wegen $p(1-p) \leq 1/4 \; \forall p \in [0,1]$ folgt (3.1.8) aus (3.1.7). Zum Nachweis von (3.1.7) erhalten wir wegen $S_n \sim B(n,p)$, s. Bemerkung 3.1.2, zunächst

$$1-q(n,p,\varepsilon) = P_{n,p}\{|\tfrac{1}{n}S_n - p| \geq \varepsilon\} = \sum_{k=0}^{n} \binom{n}{k} p^k (1-p)^{n-k}\, 1_{[\varepsilon,\infty)}(|kn^{-1}-p|)$$

$$\leq \sum_{k=0}^{n} \binom{n}{k} p^k (1-p)^{n-k} (k-np)^2/(n\varepsilon)^2,$$

letztere Ungleichung wegen $1_{[\varepsilon,\infty)}(|kn^{-1}-p|) \leq (k-np)^2/(n\varepsilon)^2$. Zum Abschluß des Beweises ist daher für alle $n \in \mathbb{N}$ und alle $p \in [0,1]$

nur noch zu zeigen:

$$(3.1.9)\qquad \sum_{k=0}^{n} (k-np)^2 \binom{n}{k} p^k (1-p)^{n-k} = np(1-p).$$

Zunächst einmal gilt für alle $m \in \mathbb{N}$: $\sum_{k=0}^{m} \binom{m}{k} p^k (1-p)^{m-k} = 1.$

Wegen $(k-np)^2 = k(k-1) - (2np-1)k + n^2p^2$ folgt daher

$$\sum_{k=0}^{n} (k-np)^2 \binom{n}{k} p^k (1-p)^{n-k} = n(n-1)p^2 \sum_{i=0}^{n-2} \binom{n-2}{i} p^i (1-p)^{n-2-i}$$

$$- (2np-1)np \sum_{i=0}^{n-1} \binom{n-1}{i} p^i (1-p)^{n-1-i} + n^2p^2$$

$$= n(n-1)p^2 - (2np-1)np + n^2p^2 = np(1-p). \quad \square$$

3.1.6 BEMERKUNG/DEFINITION: Nach Bemerkung 3.1.2 gilt für die ZV S_n "Gesamtzahl der Erfolge" die Aussage $S_n \sim B(n,p)$. Als <u>Erwartungswert von S_n</u> unter p bzw. <u>Varianz von S_n</u> unter p definiert man

$$\begin{aligned} &E_pS_n := \sum_{k=0}^{n} kP_{n,p}\{S_n=k\}, \\ (3.1.10)\quad & \\ &Var_pS_n := E_p(S_n-E_pS_n)^2 = \sum_{k=0}^{n} (k-E_pS_n)^2 P_{n,p}\{S_n=k\}. \end{aligned}$$

Unmittelbar aus dem Nachweis von (3.1.9) ergibt sich

$$(3.1.11)\qquad E_pS_n = \sum_{k=0}^{n} k\binom{n}{k}p^k(1-p)^{n-k} = np,$$

und damit

$$(3.1.12)\qquad Var_pS_n = \sum_{k=0}^{n} (k-np)^2\binom{n}{k}p^k(1-p)^{n-k} = np(1-p).$$

Interpretieren wir die Wahrscheinlichkeiten $b(k;n,p)$, mit denen die ZV S_n die Werte $k \in \{0,1,\ldots,n\}$ annimmt, als Massen in den Punkten k, so definiert E_pS_n gerade den zugehörigen *Massenschwerpunkt*, während Var_pS_n, der Erwartungswert der quadratischen Abweichung vom Massenschwerpunkt, als Maßzahl für die Intensität der zufallsbedingten Schwankungen von S_n interpretiert wird.

Kehren wir nun zurück zur schon in Erläuterung 3.1.4 angeschnittenen Frage nach der Gewinnung von Information über p aus S_n bzw. $\overline{X}_n$. Aus (3.1.7) und (3.1.8) erhalten wir für alle $p \in [0,1]$ und alle $\varepsilon > 0$ die Abschätzung

$$P_{n,p}\{(\overline{X}_n-\varepsilon,\overline{X}_n+\varepsilon) \ni p\} \geq 1 - \frac{p(1-p)}{n\varepsilon^2} \geq 1 - \frac{1}{4n\varepsilon^2}.$$

In Fällen, in denen man Vorinformationen über p hat, z.B. $p \leq p_o$ oder $p \geq 1-p_o$ mit bekanntem $p_o \in (0,1/2)$, wird man natürlich die bessere untere Schranke $1-p_o(1-p_o)/(n\varepsilon^2)$ vorziehen.

Möchte man das Konfidenzintervall $(\overline{X}_n-\varepsilon,\overline{X}_n+\varepsilon)$ auf die halbe Länge verkürzen gemäß $(\overline{X}_n-\varepsilon/2,\overline{X}_n+\varepsilon/2)$, so liefert (3.1.8) als untere Schranke für die zugehörige Überdeckungswahrsch. den Wert $1-1/(n\varepsilon^2)$. Soll also die untere Schranke auf demselben Stand wie vorher gehalten werden, ist hier die 4-fache Zahl von Beobachtungen erforderlich.

3.1.7 BEISPIEL: Bei n=200 Beobachtungen überdeckt also z.B. das (zufallsabhängige) Intervall $(\overline{X}_n-0.1, \overline{X}_n+0.1)$ mindestens mit Wahrscheinlichkeit $1-1/(4n\varepsilon^2)=0.875$ den unbekannten Wert von p. Nach dem Anwendungspostulat werden Ereignisse mit großer Wahrsch. in der Praxis als mit Sicherheit eintretend angesehen. Sieht deshalb ein Anwender den Wert 0.875 als "groß" an, so wird er, wenn das Zufallsexperiment durchgeführt ist und ein Zahlenwert für $\overline{x}_n$, z.B. $\overline{x}_n=0.7$, vorliegt, in seinem weiteren Handeln davon ausgehen, daß p tatsächlich im Intervall (0.6,0.8) liegt. Ein vorsichtigerer Anwender wird dagegen z.B. erst eine Wahrsch. von 0.99 als "groß" ansehen und daher $\varepsilon > 0$ gemäß $1-1/(4n\varepsilon^2)=0.99$, d.h. $\varepsilon=0.35$, wählen. Er wird bei gleicher Beobachtung $\overline{x}_n=0.7$ davon ausgehen, daß p tatsächlich im Intervall (0.35,1.05), d.h. im Intervall (0.35,1] liegt. Vorsicht führt also zu weniger präzisen Aussagen über p. □

Alle bisherigen Aussagen und Ergebnisse dieses Abschnitts sind im Grunde Aussagen über die ZV S_n ["Gesamtzahl der Erfolge"]. Wenn nur Ereignisse interessieren, die sich mit Hilfe von S_n formulieren lassen, empfiehlt es sich, zum Bildraum $\{0,1,\ldots,n\}$ der ZV S_n überzugehen. Die Verteilung von S_n unter $P_{n,p}$ über $\{0,1,\ldots,n\}$ beschreibt dann vollständig das Zufallsexperiment "Gesamtzahl der Erfolge bei einem n-fachen Bernoulli(p) Experiment". Nach Bemerkung 3.1.2 ist dieses Experiment gerade ein <u>Binomial(n,p) Experiment</u>. Es hat eine geringere "Beobachtungstiefe" als das n-fache Bernoulli-Experiment, da die Information über die Reihenfolge der Beobachtungen bei der Gesamtzahl der Erfolge verlorengeht. Anschaulich ist klar, daß bei sich gegenseitig nicht beeinflussenden B(p)-Experimenten Information über p nicht aus der Reihenfolge der Beobachtungen gewonnen werden kann. Formal drückt sich dieses darin aus, daß auch die Zähldichte (3.1.1) im n-fachen Bernoulli(p) Experiment allein von $S_n(\underset{\sim}{x})$ abhängt. Da bei geringerer Beobachtungstiefe die W-Räume meistens einfacher strukturiert sind, deutet sich hier schon eine für die Statistik äußerst wichtige Fragestellung an: Wie weit kann man die Beobachtungstiefe (durch Zusammenfassen von Beobachtungsdaten) absenken, ohne Information über interessierende Modellparameter - wie z.B. die Erfolgswahrscheinlichkeit p im obigen Experiment - zu verschenken? Man gelangt so zum Begriff der *Suffizienz* (der in dieser Einführung allerdings nicht behandelt wird). Die Gesamtzahl der Erfolge ist in diesem Sinne suffizient für den Parameter p.

3.2. Ein Konfidenzintervall für die Erfolgswahrscheinlichkeit p und ein Test für die Hypothese $p = p_0$

In diesem Abschnitt wollen wir *für den Fall* $0 < p < 1$ das in Erläuterung 3.1.4 bereitgestellte Konfidenzintervall für den unbekannten Parameter p eines n-fachen Bernoulli(p) Experiments verbessern und die Eigenschaften eines Tests zur Prüfung der Nullhypothese $H_0 : p = p_0$ genauer untersuchen. Die Bezeichnungen werden aus Abschnitt 3.1 übernommen.

Wegen $0 < p < 1$ können wir in (3.1.7) das beliebig wählbare $\varepsilon > 0$ substituieren durch $t\sqrt{p(1-p)}/\sqrt{n} > 0$. Dies führt zu einer von p und n unabhängigen unteren Schranke, d.h., es gilt die Ungleichung

$$(3.2.1) \qquad P_{n,p}\{-t < \frac{\sqrt{n}(\overline{X}_n - p)}{\sqrt{p(1-p)}} < t\} \geq 1 - \frac{1}{t^2} \quad \forall p \in (0,1),\ n \in \mathbb{N},\ t > 0.$$

Der folgende Hilfssatz, dessen einfacher Beweis dem Leser überlassen bleibt, dient der Umformung des obigen Ereignisses $\{(\overline{X}_n - p)^2 < p(1-p)t^2/n\}$:

3.2.1 Hilfssatz: *Für* $0<p<1$, $s>0$ *und* $0 \leq x \leq 1$ *sind die folgenden Ungleichungen äquivalent:*

a) $\quad -\sqrt{s} < (x-p)/\sqrt{p(1-p)} < \sqrt{s}$,

b) $\quad T_-(x,s) < p < T_+(x,s)$ *mit* T_-, T_+ *gemäß*

$$(3.2.2) \qquad T_\pm(x,s) = (x + \frac{s}{2} \pm \sqrt{(\frac{s}{2})^2 + sx(1-x)})/(1+s)$$

Nun sind wir in der Lage, das verbesserte Konfidenzintervall anzugeben.

3.2.2 Satz: *Gegeben sei ein n-faches Bernoulli(p) Experiment* $(\{0,1\}^n, P_{n,p})$ *mit unbekannter Erfolgswahrscheinlichkeit* $p \in (0,1)$. *Bei vorgegebenem* $t > 0$ *ist dann das zufallsabhängige Intervall*

$$(3.2.3) \qquad I(t,n,\overline{X}_n) := (T_-(\overline{X}_n, t^2/n), T_+(\overline{X}_n, t^2/n))$$

mit T_- *und* T_+ *gemäß (3.2.2) ein Konfidenzintervall für p mit einer Überdeckungswahrscheinlichkeit von mindestens* $1-1/t^2$. *D.h. es gilt die Ungleichung*

$$(3.2.4) \qquad P_{n,p}\{I(t,n,\overline{X}_n) \ni p\} \geq 1 - \frac{1}{t^2} \quad \forall p \in (0,1),\ n \in \mathbb{N},\ t > 0.$$

Außerdem gilt die Approximation

$$(3.2.5)\qquad \lim_{n\to\infty} P_{n,p}\{I(t,n,\overline{X}_n) \ni p\} = 1-2\Phi(-t)\ \ \forall p \in (0,1),\ t>0,$$

mit

$$(3.2.6)\qquad \Phi(x) = \int_{-\infty}^{x} \varphi(y)dy,\quad \varphi(x) = \frac{1}{\sqrt{2\pi}} \exp(-x^2/2),\ x \in \mathbb{R}\,.$$

<u>*Bemerkung:*</u> Die reellwertigen Funktionen Φ und φ heißen *Verteilungsfunktion* bzw. *Dichte* der *Standard Normalverteilung*. Sie werden uns in Abschnitt 4.2 wiederbegegnen. Eine Vertafelung von Φ ist im Tabellenanhang (Tabelle I) angegeben.

<u>*Beweis:*</u> Wegen Hilfssatz 3.2.1 gilt

$$\{I(t,n,\overline{X}_n) \ni p\} = \{-t < \sqrt{n}(\overline{X}_n-p)/\sqrt{p(1-p)} < t\}$$

Damit folgt einerseits (3.2.4) aus (3.2.1) und andererseits (3.2.5) aus dem nachfolgenden Satz 3.2.3 und aus

$$(3.2.7)\qquad \int_{-\infty}^{+\infty} \varphi(y)dy = 1,\quad \Phi(x) = 1-\Phi(-x)\ \ \forall x \in \mathbb{R}.$$

Zum Nachweis von (3.2.7) siehe Beispiel 4.2.4 bzw. Aufgabe 4.2.2. □

3.2.3 SATZ *(Zentraler Grenzwertsatz von de Moivre-Laplace): Für gegebene Erfolgswahrscheinlichkeit* $p \in (0,1)$ *sei* $(\{0,1\}^n, P_{n,p})$ *ein* n*-faches Bernoulli(p) Experiment,* $n \in \mathbb{N}$*. Dann gilt für den relativen Anteil der Erfolge* $\overline{X}_n$ *die Aussage*

$$(3.2.8)\qquad \lim_{n\to\infty} P_{n,p}\{s < \sqrt{n}\,(\overline{X}_n-p)/\sqrt{p(1-p)} < t\} = \Phi(t)-\Phi(s),\ -\infty \le s < t \le \infty,$$

und zwar mit Φ *gemäß (3.2.6).*

Wir verzichten zunächst auf einen *Beweis* der Aussage (3.2.8), da sie ein Spezialfall des zentralen Grenzwertsatzes von Lindeberg-Lévy 7.2.3 ist. Ein direkter Beweis von (3.2.8) mit Hilfe der Stirlingschen Formel findet sich z.B. in Krickeberg/Ziezold (1977), § 22.

3.2.4 BEMERKUNG: Bei gegebenem $p \in (0,1)$ bezeichne Q_n die von $P_{n,p}$ und der diskreten ZV $Y_n = \sqrt{n}(\overline{X}_n-p)/\sqrt{p(1-p)}$ induzierte (diskrete) Verteilung über $\mathbb{R}$. Dann gilt für große n und alle $s,t \in \mathbb{R}$ mit $s < t$

$$Q_n\{x : x \in (s,t)\} = Q_n((s,t)) \approx \Phi(t)-\Phi(s) = \int_s^t \varphi(y)dy .$$

Die diskrete Verteilung Q_n wird also durch die "stetige Verteilung mit Dichte φ" approximiert.

3.2.5 BEISPIEL: Fordern wir wie in Beispiel 3.1.7 zum Stichprobenumfang n=200 eine Mindestüberdeckungswahrsch. von 0.99, so haben wir gemäß (3.2.3) und (3.2.4) das Konfidenzintervall $I(t_o,n,\overline{x}_n)$ mit $t_o > 0$ gemäß $1-1/t_o^2 = 0.99$, d.h. $t_o = 10$, zu wählen. Die Beobachtung $\overline{x}_n = 0.7$ liefert die Realisierung $I(10,200,0.7) = (0.36,0.91)$ gegenüber dem Intervall (0.35,1.05) aus Beispiel 3.1.7. Aufgabe 3.2.3 zeigt, daß bei gleichem Wert für die unteren Schranken $1-1/t^2$ bzw. $1-1/(4n\varepsilon^2)$ das Konfidenzintervall (3.2.3) immer kürzer ist als das Konfidenzintervall $(\overline{X}_n-\varepsilon,\overline{X}_n+\varepsilon)$. Benutzen wir statt der exakten Abschätzung (3.2.4) die Approximation (3.2.5), so erhalten wir ein approximatives 99%-Konfidenzintervall $I(t_1,n,\overline{x}_n)$ mit $t_1 > 0$ gemäß $1-2\Phi(-t_1) = 0.99$, d.h. $t_1 = -\Phi^{-1}(0.005) = 2.5758$. In diesem Fall liefert die Beobachtung $\overline{x}_n = 0.7$ die Realisierung $I(2.5758,200,0.7) = (0.61,0.78)$ gegenüber $(0.36,0.91)$, also eine dramatische Verbesserung. Aus Abschätzungen der Güte der Approximation (3.2.8) hat sich die nachfolgende Faustregel für die Anwendbarkeit der Approximation (3.2.5) auf endliche Stichprobenumfänge entwickelt.

3.2.6 FAUSTREGEL: Gilt $18 \leq np \leq n-18$, so sind die aus (3.2.8) und (3.2.5) gewonnenen Extrapolationen für den Stichprobenumfang n hinreichend gut. Bei vorgegebener Sicherheitswahrsch. $1-2\Phi(-t) > 0$ wird man also für Beobachtungen $\overline{x}_n$ mit $18 \leq nT_-(\overline{x}_n,t^2/n) < nT_+(\overline{x}_n,t^2/n) \leq$ $\leq n-18$ davon ausgehen, daß p im Intervall $I(t,n,\overline{x}_n) = (T_-(\overline{x}_n,t^2/n), T_+(\overline{x}_n,t^2/n))$ liegt.

3.2.7 BEISPIEL (Krebssterbefälle in der BRD): In Beispiel 1.2.2 hatten wir das Krebssterbeverhalten einer bestimmten Person in einem bestimmten Kalenderjahr durch ein 1-faches Bernoulli(p) Experiment modelliert mit 1 = "Krebstod" und 0 = "kein Krebstod". Hier modellieren wir bei analoger Zuordnung das Krebssterbeverhalten der n = 60 848 300 Einwohner der BRD im Jahre 1969 als ein n-faches Bernoulli(p) Experiment. Hierbei wird also insbesondere vorausgesetzt, daß die Krebssterbewahrsch. p für jeden Einwohner gleich ist und daß keine gegenseitigen Abhängigkeiten im Krebssterbeverhalten bestehen.

Im n-fachen Bernoulli(p) Experiment $(\{0,1\}^n, P_{n,p})$ erhalten wir wegen $1-2\Phi(-2.6) = 0.99$ nach Faustregel 3.2.6 das 99%-Konfidenzintervall $I(2.6, n, \overline{X}_n)$ für p, falls gilt $p \in [18/n, 1-18/n] = [3\times 10^{-7}, 1-3\times 10^{-7}]$. Dies ist nach aller Erfahrung erfüllt.

Aus den 142 367 Krebssterbefällen im Jahr 1969 erhalten wir $\overline{x}_n = 0.002340$ und damit als Realisierung des 99%-Konfidenzintervalls das Intervall $I(2.6, 60\,848\,300, 0.002340) = (0.002324, 0.002356)$.

Das analoge Modell für das Jahr 1978 liefert mit den entsprechenden Daten $n = 61\,326\,500$ und $\overline{x}_n = 155\,062/n = 0.002528$ als Realisierung des 99%-Konfidenzintervalls für die Krebssterbewahrsch. im Jahr 1978 das Intervall $I\,(2.6, 61\,326\,500, 0.002528) = (0.002511, 0.002545)$.

Das 1978-Intervall liegt komplett rechts vom 1969-Intervall. Daher wird man *auf der Basis der verwendeten Modelle* davon ausgehen, daß 1978 die Krebssterbewahrscheinlichkeit größer war als 1969. Da jedoch bekannt ist, daß es geschlechtsspezifische Krebsarten gibt, stellt sich ganz offensichtlich die *Frage nach der Gültigkeit des Modells*. Die Gültigkeit des verwendeten Modells impliziert u.a., daß (in dem entsprechenden Kalenderjahr) die Krebssterbewahrsch. für Frauen und Männer gleich ist. Will man den Zweifeln an der "Gleichheitshypothese" nachgehen, so kann man "Gleichheit" als Nullhypothese in einem allgemeineren Modell testen. Wird die Hypothese "Gleichheit" in einem solchen Test verworfen, so ist das obige einfache Modell nicht haltbar. Hier geben wir nur einige grobe Hinweise, um dann die auftretenden Probleme und Fragen in einem sehr viel einfacheren Testproblem genauer zu behandeln.

Die entsprechenden 99%-Konfidenzintervalle für p(weiblich) [bzw. p(männlich)] im Jahr 1969 haben die Realisierungen

$I(2.6, 31882500, 0.002239) = (0.002217, 0.002261)$ für p(weiblich)

$I(2.6, 28965800, 0.002450) = (0.002426, 0.002474)$ für p(männlich).

Wegen der Disjunktheit der beiden Intervalle ist das Modell mit Gleichheit für die beiden Wahrscheinlichkeiten nicht haltbar. In analoger Weise stellt man fest, daß auch ein geschlechtsspezifisches Modell mit Gleichheit für die Krebssterbewahrscheinlichkeiten in unterschiedlichen Altersklassen nicht haltbar ist. Zum

Beispiel ergeben sich als Realisierungen der entsprechenden 99%-Konfidenzintervalle für Männer im Jahr 1978 *in der Altersgruppe [30 J., 35 J.)* das Intervall

I(2.6,1943600,0.000192) = (0.000168,0.000220)

und *in der Altersgruppe [60 J., 65 J.)* das Intervall

I(2.6,1006100,0.006639) = (0.006432,0.006853).

Bei der höheren Altersgruppe muß man also von einem 30-fach höheren Krebssterberisiko ausgehen!

Die hier benutzten Sterbe- und Bevölkerungsdaten haben wir den Statistischen Jahrbüchern bzw. den Fachserien des Statistischen Bundesamts entnommen.

3.2.8 BEISPIEL (Binomial Anpassungstest für $H_o: p = p_o$): Als Modell liege das n-fache Bernoulli(p) Experiment $(\{0,1\}^n, P_{n,p})$ mit unbekanntem Parameter $p \in (0,1)$ zugrunde. Aus theoretischen Überlegungen oder aus Wunschvorstellungen bzw. Erfahrungen äußern wir die *Vermutung* "$p \approx p_o$" mit bekanntem $p_o \in (0,1)$, z.B. vermuten wir, zumindest im Rahmen vernünftiger Genauigkeit, in der vorgelegten Münze eine faire Münze, d.h. $p \approx 1/2$.

Im bisherigen Testschema mit Nullhypothese $H_o: p = p_o$ und kritischem Bereich K (vgl. Abschnitt 1.6) waren nur *zwei sehr unterschiedliche Schlußfolgerungen* möglich:

a) Tritt das kritische Ereignis K ein, so wird die Nullhypothese $H_o: p = p_o$ zur vorgegebenen Fehlerwahrscheinlichkeit (1. Art) $P_{n,p_o}(K)$ verworfen.

b) Tritt das komplementäre Ereignis K^c ein, so konstatiert man nur, daß aufgrund der Beobachtungsdaten die Nullhypothese H_o nicht verworfen werden kann und entschließt sich deshalb zur Beibehaltung von H_o, was jedoch nicht als Bestätigung von H_o zu werten ist.

Daher wollen wir nun die Frage untersuchen, ob nicht durch geeignete Wahl von $n \in \mathbb{N}$ und $K \subset \{0,1\}^n$ das Eintreten von K^c als eine Bestätigung von "$p \approx p_o$" interpretiert werden kann.

Wegen $\{|\overline{X}_n - p_o| \geq \varepsilon\} \supset \{|\overline{X}_n - p| \leq |p-p_o| - \varepsilon\}$ gilt nach dem Bernoullischen Gesetz der großen Zahlen für alle $p \in (0,1)$ mit $|p-p_o| > \varepsilon$ die Aussage $P_{n,p}\{|\overline{X}_n - p_o| \geq \varepsilon\} \geq P_{n,p}\{|\overline{X}_n - p| \leq |p-p_o| - \varepsilon\} \xrightarrow[n\to\infty]{} 1$, während andererseits unter H_o für alle $\varepsilon > 0$ gilt

$$P_{n,p_o}\{|\overline{X}_n-p_o| \geq \varepsilon\} = 1-P_{n,p_o}\{|\overline{X}_n-p_o| < \varepsilon\} \underset{n\to\infty}{\longrightarrow} 0.$$

Daher ist zu erwarten, daß man einen *guten kritischen Bereich* durch einen Ansatz der Form $\{|\overline{X}_n-p_o| \geq t_n\}$ erhält, und zwar mit $t_n > 0$ gemäß $P_{n,p_o}\{|\overline{X}_n-p_o| \geq t_n\} \approx \alpha$, wobei $\alpha \in (0,1)$ das vorgegebene Sicherheitsniveau bezeichnet, z.B. $\alpha = 0.01$.

Nehmen wir $18/n \leq p_o \leq 1-18/n$ an, was durch Wahl von n immer sichergestellt werden kann, so gilt nach Faustregel 3.2.6, (3.2.8) und (3.2.7) für alle $c_o \geq 0$

$$P_{n,p_o}\{|\overline{X}_n-p_o| \geq c_o \sqrt{p_o(1-p_o)}/\sqrt{n}\} \approx 1-\Phi(c_o) + \Phi(-c_o) = 2\Phi(-c_o).$$

Bei Wahl von $c_o = -\Phi^{-1}(\alpha/2) =: u_{\alpha/2}$, z.B. $u_{0.005} = 2.5758$, erhalten wir mit $T_n := \sqrt{n}(\overline{X}_n-p_o)/\sqrt{p_o(1-p_o)}$ den <u>kritischen Bereich</u>

(3.2.9) $\quad K_{n,\alpha} := \{\underset{\sim}{x} \in \{0,1\}^n : |T_n(\underset{\sim}{x})| \geq u_{\alpha/2}\}$

für das Testen der Nullhypothese $H_o : p = p_o$ zum (approximativen) Niveau α, d.h. $P_{n,p_o}(K_{n,\alpha}) \approx \alpha$.

Ebenso wie wir (bei hinreichend kleinen α) nach dem Anwendungspostulat davon ausgehen, daß <u>im Fall $p = p_o$</u> das Ereignis $K_{n,\alpha}$ *nicht eintritt*, haben wir nach dem gleichen Postulat davon auszugehen, daß <u>im Fall $p \neq p_o$ mit $P_{n,p}(K_{n,\alpha}) \approx 1$</u> das Ereignis $K_{n,\alpha}$ *eintritt*. Entscheidend für das Verhalten eines Tests mit einem kritischen Bereich $K_{n,\alpha}$ ist also das Verhalten der <u>*Gütefunktion*</u> $\beta(\cdot,n,\alpha)$ dieses Tests,

(3.2.10) $\quad \beta(p,n,\alpha) := P_{n,p}(K_{n,\alpha}),\ p \in (0,1).$

Es gilt

(3.2.11) $\quad 1-\beta(p,n,\alpha) \approx \Phi(t_+) - \Phi(t_-)$

mit $t_\pm = \{\pm\sqrt{p_o(1-p_o)}\,u_{\alpha/2} + \sqrt{n}(p_o-p)\}/\sqrt{p(1-p)}$, denn nach Satz 3.2.3 (Moivre-Laplace) gilt zunächst

$$1-\beta(p,n,\alpha) = P_{n,p}\{-\sqrt{p_o(1-p_o)}\,u_{\alpha/2} < \sqrt{n}(\overline{X}_n-p_o) < \sqrt{p_o(1-p_o)}\,u_{\alpha/2}\}$$

$$= P_{n,p}\{t_- < \sqrt{n}(\overline{X}_n-p)/\sqrt{p(1-p)} < t_+\}$$

$$\approx \Phi(t_+) - \Phi(t_-).$$

Da Φ nach (3.2.6) die stetige und beschränkte Ableitung φ besitzt und wegen $\Phi(x) = 1 - \Phi(-x)$, erhalten wir *in der Nähe von* p_o die recht gute und einfachere Approximation

(3.2.12) $\quad \beta(p,n,\alpha) \approx \Phi(-u_{\alpha/2} - |q_n|) + \Phi(-u_{\alpha/2} + |q_n|)$

mit $q_n = \sqrt{n}(p_o-p)/\sqrt{p_o(1-p_o)}$. Sie ist in der folgenden Tabelle bzw. Abb. 3.2.1 in Abhängigkeit von q_n *für den Fall* $\alpha = 0.01$ (d.h. $u_{\alpha/2} = u_{0.005} = 2.5758$) dargestellt:

$\lvert q_n\rvert$	0	0.5	1.0	1.5	2.0	2.5	3.0	3.5	4.0	4.5	5.0
$\beta(p,n,0.01)$	0.01	0.02	0.06	0.14	0.28	0.47	0.66	0.82	0.92	0.97	0.99

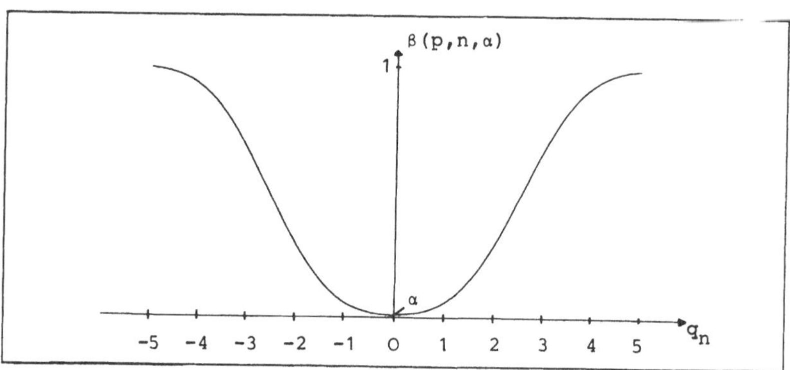

Abb. 3.2.1: Approximative Gütefunktion $\beta(p,n,\alpha)$ in Abhängigkeit von $q_n = \sqrt{n}(p_o-p)/\sqrt{p_o(1-p_o)}$

Im Fall $\alpha = 0.01$, erhalten wir also

a) $P_{n,p}(K_{n,\alpha}) \approx 0.01$, *falls* $H_o : p = p_o$ gilt,

b) $P_{n,p}(K_{n,\alpha}) \gtrsim 0.97$, *falls* $|p-p_o| \geq 4.5 \sqrt{p_o(1-p_o)}/\sqrt{n}$ gilt.

Daher werden wir z.B. im Fall $p_o = 1/2$ die Nullhypothese H_o beim *Eintreten* des kritischen Bereiches $K_{n,\alpha}$ mit Fehlerwahrsch. 0.01 verwerfen. Beim *Nichteintreten* von $K_{n,\alpha}$ werden wir dagegen wegen b) alle $p \in (0,1)$ mit der Eigenschaft $|p-1/2| \geq 2.25/\sqrt{n}$ mit Fehlerwahrscheinlichkeit 0.03 verwerfen. Ist n hinreichend groß, d.h. $2.25/\sqrt{n}$ hinreichend klein, so bedeutet die Ablehnung aller $p \in (0,1)$ mit $|p-1/2| \geq 2.25/\sqrt{n}$ natürlich nichts anderes als die *Bestätigung* von $p \approx 1/2 (=p_o)$. Damit scheint unsere oben gestellte Frage positiv beantwortet zu sein.

Wir sind jedoch nicht ganz zufrieden, da offensichtlich der folgende unerwünschte Effekt auftritt: Wird der Stichprobenumfang n zu groß, so erfüllen auch nahe bei p_o liegende Werte p die Ungleichung $|p-p_o| \geq 4.5 \sqrt{p_o(1-p_o)}/\sqrt{n}$. Liegt ein solches p vor, so führt der Test wegen b) mit mindestens 97%-iger Wahrscheinlichkeit zur (unerwünschten) Ablehnung der Nullhypothese.

Zum Abschluß des Beispiels zeigen wir exemplarisch, wie man bei Konkretisierung der Aussage "p liegt nahe bei p_o" durch geeignete Wahl von n und α zu zufriedenstellenden Ergebnissen kommt: Wir möchten z.B. eine Münze mit $p = P$ ("Kopf") gemäß $|p-1/2| \leq 0.01$ als *quasi-ideale* Münze, mit p gemäß $|p-1/2| \geq 0.02$ als *unzulässig verfälscht* ansehen wollen. Durch die Forderungen (bei $p_o = 1/2$)

$$\text{(3.2.13)} \qquad \begin{aligned} &\beta(p,n,\alpha) \leq 0.05 \text{ für alle } p \text{ mit } |p-1/2| \leq 0.01, \\ &\beta(p,n,\alpha) \geq 0.95 \text{ für alle } p \text{ mit } |p-1/2| \geq 0.02, \end{aligned}$$

können wir sicherstellen, daß einerseits eine quasi-ideale Münze höchstens mit Wahrsch. 0.05 als verfälscht bezeichnet wird und andererseits eine unzulässig verfälschte Münze höchstens mit Wahrsch. 0.05 nicht erkannt wird. Wegen (3.2.12) und der Monotonie der oben dargestellten Funktion werden die Forderungen (3.2.13) approximativ erfüllt durch die Forderungen

$$\text{(3.2.14)} \qquad \begin{aligned} &\Phi(-u_{\alpha/2}-0.02\sqrt{n}) + \Phi(-u_{\alpha/2}+0.02\sqrt{n}) = 0.05, \\ &\Phi(-u_{\alpha/2}-0.04\sqrt{n}) + \Phi(-u_{\alpha/2}+0.04\sqrt{n}) = 0.95. \end{aligned}$$

Eine Lösung von (3.2.14) kann man z.B. aus einer Vertafelung von Φ gewinnen gemäß $u_{\alpha/2} = 4.9347$, $n = 27\,056$. D.h., der Test mit dem kritischen Bereich $K = \{\sqrt{n}|\overline{X}_n - 1/2| \cdot 2 \geq 4.9347\}$ erfüllt beim Stichprobenumfang $n = 27\,056$ unsere Wünsche. Analog geht man für andere Werte von p_o und andere Sicherheitswahrscheinlichkeiten vor. □

3.3 Poisson(λ) Experimente und Maximum-Likelihood Schätzung

Nach Bemerkung 3.1.2 wird die Verteilung der Gesamtzahl der Erfolge S_n in einem n-fachen Bernoulli(p) Experiment durch eine Binomial(n,p) Verteilung beschrieben. Da die numerische Auswertung von Binomialwahrsch. bei großen Werten von n recht aufwendig ist, haben wir im zentralen Grenzwertsatz von de Moivre-Laplace (Satz 3.2.3) eine Möglichkeit zur Approximation der Wahrsch. von Ereignissen der Form $\{s<(S_n-np)/\sqrt{np(1-p)}<t\}$ kennengelernt. Der zugrunde liegende Grenzübergang erfolgte bei festem $p\in(0,1)$ für $n\to\infty$. Daher sagt auch die Faustregel 3.2.6, daß für die Anwendbarkeit dieser Approximation die Erfolgswahrsch. p nicht "zu klein gegenüber n" sein darf.

In diesem Abschnitt untersuchen wir dagegen den Fall, daß gleichzeitig n groß und die Erfolgswahrsch. p klein ist. Solche Fälle treten in der Praxis relativ häufig auf: Eine Buchseite enthalte $n=2000$ Zeichen. Nimmt man an, daß das Tippen *eines* Zeichens ein Bernoulli(p) Experiment ist und "Erfolg" in diesem Fall "Fehler" bedeutet, so wird p sehr klein sein, z.B. $p=0.001$. Nimmt man darüberhinaus an, daß die einzelnen Zeichen unabhängig voneinander getippt werden, so handelt es sich um ein n-faches B(p)-Experiment, so daß die Anzahl der Fehler durch ein B(n,p)-Verteilung mit $n=2000$ und $p=0.001$ beschrieben wird.

Ähnliche Beispiele: Zahl der Arbeitsunfälle pro Tag in einem Industriebetrieb; Anzahl von Unkrautsamenkörnern in einer Saatgutprobe; Anzahl der an einer seltenen Krankheit erkrankten Einwohner einer Stadt.
Es gilt das in der älteren Literatur manchmal als "Gesetz der seltenen Ereignisse" bezeichnete Approximationsresultat

3.3.1 LEMMA: *(Poisson-Approximation der Binomialverteilung): Hängt in einem Binomialexperiment die Erfolgswahrscheinlichkeit $p=p_n$ derart von n ab, daß gilt*

$$(3.3.1)\qquad \lim_{n\to\infty} np_n = \lambda > 0,$$

so folgt für die in Formel (2.1.20) definierten Binomialwahrsch.

$$(3.3.2)\qquad \lim_{n\to\infty} b(k;n,p_n) = \frac{\lambda^k}{k!}e^{-\lambda} =: p(k;\lambda)\ \forall k=0,1,2,\dots\ .$$

Dabei ist $p(\cdot;\lambda):\mathbb{N}_0\to[0,1]$ offenbar die Zähldichte der Poisson(λ) Verteilung, vgl. Beispiel 1.4.7.

<u>*Beweis:*</u> Wir setzen die folgende Aussage als bekannt voraus:

$$(3.3.3)\qquad \left(1+\frac{a_n}{n}\right)^n \to e^a, \text{ falls } a_n\to a\ (n\to\infty).$$

Bei festem $k \in \mathbb{N}_0$ gilt $\lambda_n := np_n \to \lambda$ und daher, vgl. (2.1.20),

$$b(k;n,p_n) = \frac{n!}{k!(n-k)!} \left(\frac{\lambda_n}{n}\right)^k \left(1-\frac{\lambda_n}{n}\right)^{n-k}$$

$$= \frac{1}{k!} \frac{n}{n} \cdot \frac{(n-1)}{n} \cdot \ldots \cdot \frac{(n-k+1)}{n} \cdot \lambda_n^k \cdot \left(1-\frac{\lambda_n}{n}\right)^n \cdot \left(1-\frac{\lambda_n}{n}\right)^{-k}$$

$$\to \frac{1}{k!} \lambda^k e^{-\lambda}. \quad \square$$

In Verallgemeinerung der obigen Aussage kann man bei festem k,n,p mit $\lambda := np$ zeigen (s. Feller (1970), S.172).

(3.3.4) $\quad p(k;\lambda)e^{k\lambda/n} > b(k;n,p) > p(k;\lambda)e^{-k^2/(n-k) \; -\lambda^2/(n-\lambda)}$.

Mit (3.3.4) erhält man eine Möglichkeit den Geltungsbereich des Lemmas 3.3.1 zu kontrollieren: Für $n = 100$, $p = 0.01$, $k = 3$ ergibt sich z.B. $p(3;1) = 0.0613$ und $0.0553 < b(k;n,p) < 0.0632$, während der exakte Wert $b(3;100,1/100) = 0.0610$ ist.

Bemerkung: Ist also "p sehr klein gegenüber n", so verwendet man statt eines B(n,p)-Modells zur Vereinfachung ein $P(\lambda)$-Modell.

3.3.2 Beispiel (Tote durch Hufschlag): L.v. Bortkiewicz (das Gesetz der kleinen Zahlen. Leipzig, 1898) gab eine Aufstellung der Anzahlen von Hufschlagtoten, die während der Dauer eines Jahres in verschiedenen preußischen Kavallerieregimentern verzeichnet waren. Dabei legte er die Daten von 10 Regimentern über einen Zeitraum von 20 Jahren zugrunde, erhielt also insgesamt $n = 10 \cdot 20 = 200$ Fälle. Spalte 2 der nachfolgenden Tabelle 3.3.1 gibt die Anzahl $h_n(r)$ der Fälle mit genau r Hufschlagtoten an.

r	beobachtete absolute Häufigkeiten $h_n(r)$	beobachtete relative Häufigkeiten $H_n(r) = \frac{h_n(r)}{n}$	$P(\hat\lambda_n)$-Wahrscheinlichkeiten $p(r;\hat\lambda_n) = \frac{\hat\lambda_n^r}{r!} e^{-\hat\lambda_n}, \hat\lambda_n \doteq 0.61$
0	109	0.5450	0.5434
1	65	0.3250	0.3314
2	22	0.1100	0.1011
3	3	0.0150	0.0206
4	1	0.0050	0.0031
≥ 5	0	0.0000	0.0004

Tabelle 3.3.1: $h_n(r)$ = Anzahl der Fälle mit r Toten, $n = 200$.

Analyse von Tab. 3.3.1: Wir modellieren die zufallsabhängige "Anzahl der Toten durch Hufschlag in *einem* Regiment und *einem* Jahr" durch ein (noch nicht spezifiziertes) diskretes W-Maß Q über $\mathbb{N}_0$. Die Beobachtung von 10 Regimentern während 20 Jahren entspricht einer n-fachen Wiederholung ($n = 10 \cdot 20 = 200$) dieses Zufallsexperiments, wobei die Annahme, daß kein Zusammenhang zwischen den Todesfällen in den einzelnen Regimentern und Jahren besteht, realistisch erscheint. Daher wählen wir das Produktmaß $P = \bigotimes_1^n Q$ über $\mathbb{N}_0^n$ als Modell für das Gesamtexperiment.

Da der Indikator eines Ereignisses ein Bernoulli-Experiment induziert, folgt aus dem Bernoullischen Gesetz der großen Zahlen (Satz 3.1.3), daß die relative Häufigkeit des Auftretens eines Ereignisses $A \subset \mathbb{N}_0$ bei großem n dessen Wahrsch. $Q(A)$ approximiert. In Spalte 3 von Tab. 3.3.1 sind die relativen Häufigkeiten $H_n(r) = h_n(r)/n$ der Ereignisse "genau r Hufschlagtote" $= \{r\}$, $r = 0,1,\dots,4$ bzw. "mindestens 5 Hufschlagtote" $= \{5,6,\dots\}$ notiert. Die dort angegebenen Werte sind also Approximationen (Schätzungen) für die zugrunde liegenden Wahrscheinlichkeiten $q(r) = Q\{r\}$, $r = 0,1,\dots,4$ bzw. $Q\{5,6,\dots\}$, und zwar ohne jede weitere Annahme über das zugrunde liegende W-Maß Q.

In der vorliegenden Situation erscheinen jedoch weitere Annahmen über Q sinnvoll: Besteht ein Regiment aus m Soldaten und ist p die Wahrsch. dafür, daß *ein* Soldat des Regiments während *eines* Jahres durch Hufschlag getötet wird, so wird unter der Annahme, daß auch zwischen den Todesfällen innerhalb eines Regiments kein Zusammenhang besteht, die "Anzahl der Hufschlagtoten" wegen Bemerkung 3.1.2 durch eine $B(m,p)$-Verteilung beschrieben. Also könnten wir Q über dem Träger $\{0,1,\dots,m\} \subset \mathbb{N}_0$ als $B(m,p)$-Verteilung annehmen. Da p sehr klein und m sehr groß ist, verwenden wir wegen Lemma 3.3.1 zur Approximation der $B(m,p)$-Verteilung *probeweise* eine Poisson(λ) Verteilung mit $\lambda = mp$, d.h. wir setzen $Q = \mathcal{P}(\lambda)$. Mit p ist auch λ unbekannt, und es stellt sich die Frage, wie λ zu wählen ist, damit die "Anpassung" an die beobachteten Zahlenwerte möglichst gut wird; mit anderen Worten: Wie kann man λ aus den Beobachtungsdaten schätzen?

Ein in der Statistik weit verbreitetes Konstruktionsprinzip für Parameterschätzungen ist das sog. *Maximum-Likelihood (ML) Prinzip*, das wir am obigen Beispiel kurz diskutieren wollen (später werden wir uns systematisch damit befassen).

Mit $Q = P(\lambda)$ wird das Gesamtexperiment durch $P_{n,\lambda} = \bigotimes_1^n P(\lambda)$ über $\mathbb{N}_0^n$ (mit $n = 200$) beschrieben. $P_{n,\lambda}$ hat über $\mathbb{N}_0^n$ die *Zähldichte* $p_n(\cdot;\lambda)$,

$$(3.3.5)\qquad p_n(\underset{\sim}{x};\lambda) = e^{-n\lambda}\cdot\lambda^{x_1+\ldots+x_n}/(\prod_{i=1}^{n} x_i!),\quad \underset{\sim}{x} = (x_1,\ldots,x_n) \in \mathbb{N}_0^n,$$

denn für jedes Tupel $\underset{\sim}{x} = (x_1,\ldots,x_n) \in \mathbb{N}_0^n$ gilt

$$p_n(\underset{\sim}{x};\lambda) = P_{n,\lambda}\{\underset{\sim}{x}\} = \prod_{i=1}^{n} p(x_i;\lambda) = \prod_{i=1}^{n} (e^{-\lambda}\lambda^{x_i}/x_i!).$$

Das <u>*ML-Prinzip*</u> *besagt: Liegt die Beobachtung* $\underset{\sim}{x} \in \mathbb{N}_0^n$ *vor, so wähle denjenigen Parameterwert als Schätzwert für das unbekannte* λ*, unter dem die vorliegende Beobachtung* $\underset{\sim}{x}$ *die größte Eintrittswahrscheinlichkeit besitzt.*

Für gegebene Beobachtung $\underset{\sim}{x} = (x_1,\ldots,x_n) \in \mathbb{N}_0^n$ ist also ein $\hat{\lambda}(\underset{\sim}{x}) > 0$ gesucht mit der Eigenschaft

$$(3.3.6)\qquad \hat{\lambda}(\underset{\sim}{x}) \text{ ist Maximalstelle von } p_n(\underset{\sim}{x};\cdot) \text{ bzw. von } \log p_n(\underset{\sim}{x};\cdot).$$

Im Fall $x_1 + \ldots + x_n > 0$ erhalten wir durch Differentiation leicht eine eindeutige (positive) Maximalstelle

$$(3.3.7)\qquad \hat{\lambda}(\underset{\sim}{x}) = (x_1+\ldots+x_n)/n$$

Im komplementären Fall $x_1+\ldots+x_n = 0$ gibt es keine Maximalstelle im eigentlichen Definitionsbereich $(0,\infty)$. Es liegt jedoch ein "Randmaximum" an der Stelle 0 vor.

Bemerkung: Offenbar definiert $p(k;\lambda) = e^{-\lambda}\lambda^k/k!$, $k \in \mathbb{N}_0$, auch im Fall $\lambda = 0$ eine Zähldichte, nämlich die Zähldichte der <u>Einpunktverteilung mit Träger $\{0\}$</u>. Lassen wir also $\lambda = 0$ als Parameter zu, indem wir $P(0)$ als Einpunktverteilung mit Träger $\{0\}$ definieren, so ist durch (3.3.7) für alle $\underset{\sim}{x} \in \mathbb{N}_0^n$ eine ML-Schätzung für $\lambda \in [0,\infty)$ gegeben.

Obwohl Tab. 3.3.1 die Beobachtungswerte $x_1,\ldots,x_{200}$ nicht explizit aufführt, sondern nur angibt, wieviele der x_i den Wert $r \in \mathbb{N}_0$ annehmen, läßt sich wegen

$$x_1+\ldots+x_{200} = \text{Gesamtzahl der Hufschlagtoten} = \sum_{r=0}^{\infty} r h_n(r) = 122,$$

der ML-Schätzwert $\hat{\lambda}_n$ dennoch berechnen, $\hat{\lambda}_n = 122/200 = 0.61$.

In Spalte 4 von Tab. 3.3.1 sind für diesen Schätzwert $\hat{\lambda}_n = 0.61$ die Poisson-Wahrsch. $p(r;\hat{\lambda}_n)$ für das Auftreten von "r Hufschlagtoten" im Einzelexperiment eingetragen.
Ist das die Einzelexperimente beschreibende W-Maß Q tatsächlich eine Poisson(λ) Verteilung (λ unbekannt), so folgt - wie allerdings erst im Abschnitt 5.6 klar werden wird - aus dem (allgemeinen) schwachen Gesetz der großen Zahlen, daß bei großem n neben $H_n(r)$ auch $p(r;\hat{\lambda}_n)$ die zugrunde liegende Wahrsch. $q_r = Q\{r\}$ approximiert. Ist Q dagegen keine Poisson-Verteilung, so wird die Poisson-Wahrsch. $p(r;\hat{\lambda})$ i.a. nicht die Wahrsch. q_r approximieren können. Dies legt die Idee nahe, durch einen Vergleich von $H_n(r)$ und $p(r;\hat{\lambda}_n)$, $r = 0,1,\ldots$ Aufschlüsse darüber zu erhalten, ob die Annahme einer Poisson-Verteilung tatsächlich gerechtfertigt ist.

Die erstaunliche Übereinstimmung der 3-ten und 4-ten Spalte in Tab. 3.3.1 legt die Zulässigkeit einer Poisson'schen Modellannahme nahe. Objektiver kann man die Anpassung der relativen Häufigkeiten an Poisson'sche Wahrsch. mit Hilfe des χ^2-Anpassungstests beurteilen (vgl. Abschnitt 5.7). □

Zum Abschluß dieses Abschnitts formalisieren wir das Maximum-Likelihood Prinzip für ein allgemeines diskretes Modell. Weitere Anwendungen finden sich in den Übungsaufgaben und in späteren Abschnitten.

3.3.3 MAXIMUM-LIKELIHOOD SCHÄTZER IN DISKRETEN MODELLEN: Als Modell für ein Zufallsexperiment sei ein diskretes W-Maß P_ϑ über dem Stichprobenraum Ω gegeben. Das W-Maß P_ϑ sei bis auf den (unbekannten) Parameter $\vartheta \in \Theta$ vollständig bekannt, wobei Θ die Menge der zugelassenen Parameterwerte bezeichne (*Parameterraum*). Für gegebenen Parameterwert $\vartheta \in \Theta$ bezeichne $p(\cdot;\vartheta)$ die Zähldichte von P_ϑ. Bezeichnet $\omega \in \Omega$ die *vorliegende Beobachtung* des Zufallsexperiments, so nennt man die Abbildung

(3.3.8) $$p(\omega;\cdot) : \Theta \to [0,1]$$

die (zur Beobachtung ω gehörige) *Likelihood Funktion*. Bei vorliegender Beobachtung ω sucht man nun eine Maximalstelle $\hat{\vartheta}(\omega)$ der Likelihood Funktion (ML-Prinzip!), also

(3.3.9) $$\hat{\vartheta}(\omega) \in \Theta \quad \text{mit} \quad p(\omega;\hat{\vartheta}(\omega)) = \sup_{\vartheta\in\Theta} p(\omega;\vartheta).$$

Ein solcher Parameterwert $\hat{\vartheta}(\omega)$ heißt (*zur Beobachtung* ω *gehörige*) ***Maximum-Likelihood Schätzung*** [*ML-Schätzung*] *für (den unbekannten Wert von)* $\vartheta \in \Theta$.

Bestimmt man für jedes $\omega \in \Omega$ eine ML-Schätzung $\hat{\vartheta}(\omega)$ gemäß (3.3.9), so heißt die zugehörige Abbildung $\hat{\vartheta} : \Omega \to \Theta$ eine ***ML-Schätzfunktion*** (*oder ein* ***ML-Schätzer***) *für (den unbekannten Wert von)* $\vartheta \in \Theta$.

In Beispiel 3.3.2 ist also

$$\hat{\lambda} : \mathbb{N}_0^n \to [0,\infty), \; \hat{\lambda}(x_1,\ldots,x_n) = (x_1+\ldots+x_n)/n$$

eine ML-Schätzfunktion für den unbekannten Wert des Parameters $\lambda \in [0,\infty)$.

Aus der ML-Schätzfunktion erhält man eine zur aktuellen Beobachtung gehörige ML-Schätzung durch Einsetzen des Beobachtungswertes.

3.4 MULTIVARIATE BERNOULLI($p_1,\ldots,p_k$) EXPERIMENTE UND DIE MULTINOMIAL ($N;p_1,\ldots,p_k$) VERTEILUNG

In Abschnitt 3.1 haben wir Experimente untersucht, die nur die Ergebnisse "Erfolg" und "Mißerfolg" zuließen. Will man jedoch z.B. bei der Verabreichung eines Medikamentes nicht nur zwischen Erfolg und Mißerfolg unterscheiden, sondern etwa eine weitere Kategorie "Nebenwirkung" berücksichtigen, so muß das ursprüngliche Bernoulli-Experiment in geeigneter Weise erweitert werden. Dazu zerlegt man z.B. den Stichprobenraum in die disjunkten Ereignisse "Erfolg ohne Nebenwirkung", "Erfolg mit Nebenwirkung", "Mißerfolg ohne Nebenwirkung" und "Mißerfolg mit Nebenwirkung" und stellt im Experiment nunmehr fest, welches der vier Ereignisse eingetreten ist.

Wir nehmen gleich allgemein an, daß k disjunkte *Kategorien* oder *Ausprägungen* $A_1,\ldots,A_k$ mit den jeweiligen Wahrsch. $p_1 > 0,\ldots,p_k > 0$, $p_1+\ldots+p_k = 1$, auftreten können. Im Prinzip läßt sich dann jede k-elementige Menge als Träger der Wahrsch. $p_1,\ldots,p_k$ wählen, stets erhält man einen das Zufallsexperiment beschreibenden (diskreten) W-Raum. Wir wählen speziell die Einheitsvektoren $\underset{\sim}{e}_1 = (1,0,0,\ldots,0)$, $\underset{\sim}{e}_2,\ldots,\underset{\sim}{e}_k$ aus $\mathbb{R}^k$ als Träger T_k wobei $\underset{\sim}{e}_i$ die i-te Ausprägung charakterisiere, d.h.

$$(3.4.1) \qquad T_k = \{\underset{\sim}{e}_1,\ldots,\underset{\sim}{e}_k\} = \{\underset{\sim}{x} = (x_1,\ldots,x_k) \in \mathbb{R}^k : x_i \in \{0,1\}, \sum_{i=1}^{k} x_i = 1\}.$$

3.4.1 DEFINITION: *Ein (diskretes) W-Maß P über T_k gemäß Formel (3.4.1) mit $p_i = P\{\underset{\sim}{e}_i\}$, $i=1,\dots,k$, heißt eine <u>(k-variate) Bernoulli $(p_1,\dots,p_k)$ Verteilung</u> und wird mit $B(p_1,\dots,p_k)$ bezeichnet. Das Zufallsexperiment $(T_k, B(p_1,\dots,p_k))$ heißt <u>(k-variates) Bernoulli</u> $(p_1,\dots,p_k)$ Experiment.*

Zur Abkürzung schreiben wir zukünftig meist $B(\underset{\sim}{p})$ mit $\underset{\sim}{p} = (p_1,\dots,p_k)$. Ein k-variates Bernoulli($\underset{\sim}{p}$) Experiment ist offenbar durch die Vorgabe des Parameters $\underset{\sim}{p}$ aus dem Parameterraum

$$P_k = \{\underset{\sim}{p} \in \mathbb{R}^k : p_1 > 0,\dots,p_k > 0,\ \sum_{i=1}^{k} p_i = 1\} \tag{3.4.2}$$

vollständig bestimmt. Wegen der speziellen Gestalt des Trägers T_k hat die Zähldichte $p(\cdot;\underset{\sim}{p})$ der $B(\underset{\sim}{p})$-Verteilung die Darstellung

$$p(\underset{\sim}{x};\underset{\sim}{p}) = p_1^{x_1} p_2^{x_2} \cdots p_k^{x_k},\quad \underset{\sim}{x} = (x_1,\dots,x_k) \in T_k. \tag{3.4.3}$$

Wie oben schon angedeutet, entstehen k-variate Bernoulli($\underset{\sim}{p}$) Experimente in der Regel durch Verringerung der ursprünglichen Beobachtungstiefe entsprechend einer Zerlegung des Stichprobenraumes in k disjunkte Ereignisse.

3.4.2 BEISPIEL: (Ω,A,P) sei ein vorgegebenes Zufallsexperiment. $A_1,A_2,\dots,A_k$ seien paarweise disjunkte Ereignisse (aus A) mit $P(A_i)>0\ \forall i$ und $\sum_{i=1}^{k} A_i=\Omega$. Interessiert uns nur noch das Eintreten oder Nichteintreten dieser k Ereignisse, so kann dies vollständig beschrieben werden durch die diskrete ZV $\underset{\sim}{X} = (1_{A_1}, 1_{A_2},\dots,1_{A_k})$ über (Ω,A,P) mit Werten in T_k. Die von P und $\underset{\sim}{X}$ über T_k induzierte Verteilung ist gerade eine $B(p_1,\dots,p_k)$-Verteilung mit $p_i = P(A_i)$, denn für $i=1,\dots,k$ gilt $P^{\underset{\sim}{X}}\{e_i\} = P\{\underset{\sim}{X} = \underset{\sim}{e}_i\} = P\{1_{A_i} = 1,\ 1_{A_j} = 0\ \forall j\neq i\} = P\{1_{A_i} = 1\} = P(A_i)$. □

Die n-fache unabhängige Wiederholung eines k-variaten Bernoulli ($\underset{\sim}{p}$) Experiments wird durch das (diskrete) Produktmaß $P_{n,\underset{\sim}{p}} := \bigotimes_{1}^{n} B(\underset{\sim}{p})$ über T_k^n beschrieben, das nach (2.2.1) und (3.4.3) die folgende Zähldichte besitzt,

$$P_{n,\underset{\sim}{p}}(\underset{\sim}{x}_1,\dots,\underset{\sim}{x}_n) = \prod_{j=1}^{n} p(\underset{\sim}{x}_j;\underset{\sim}{p}) = \prod_{j=1}^{n} \prod_{i=1}^{k} p_i^{x_{ij}} \tag{3.4.4}$$

(3.4.4) $$= \prod_{i=1}^{k} p_i^{\sum_{j=1}^{n} x_{ij}}, \quad \underset{\sim}{x}_j = (x_{1j},\dots,x_{kj}) \in T_k,\ j=1,\dots,n.$$

Die Zähldichte (3.4.4) hängt nur von den Eintrittshäufigkeiten

(3.4.5) $$Y_i(\underset{\sim}{x}_1,\dots,\underset{\sim}{x}_n) = \sum_{j=1}^{n} x_{ij}$$

der i-ten Ausprägung A_i bei n-facher Wiederholung ab, $i=1,\dots,k$. In Analogie zu den Überlegungen bei n-fachen Bernoulli(p) Experimenten wird man folglich alle in den Beobachtungen enthaltene Information über den i.a. unbekannten Parameter $\underset{\sim}{p}$ in den Eintrittshäufigkeiten $Y_1,\dots,Y_k$ wiederfinden. Es empfiehlt sich deshalb, den von $P_{n,\underset{\sim}{p}}$ und der diskreten ZV $\underset{\sim}{Y} = (Y_1,\dots,Y_k)$ induzierten W-Raum zu betrachten:

Der Bildbereich $T^*_{k,n}$ von $\underset{\sim}{Y}$ hat wegen (3.4.1) und (3.4.5) die Darstellung

$$T^*_{k,n} = \underset{\sim}{Y}(T^n_k) =$$

(3.4.6) $$= \{ \sum_{j=1}^{n} (x_{1j},\dots,x_{kj}) : (x_{1j},\dots,x_{kj}) \in T_k, j=1,\dots,n\}$$

$$= \{(y_1,\dots,y_k) \in \mathbb{N}^k_o : \sum_{i=1}^{k} y_i = n\},$$

und das von $P_{n,\underset{\sim}{p}}$ und $\underset{\sim}{Y}$ über $T^*_{k,n}$ induzierte diskrete W-Maß $P^{\underset{\sim}{Y}}_{n,\underset{\sim}{p}}$ hat die Zähldichte

(3.4.7) $$f_{n,\underset{\sim}{p}}(\underset{\sim}{y}) = P_{n,\underset{\sim}{p}}\{\underset{\sim}{Y} = \underset{\sim}{y}\} = \frac{n!}{y_1!\dots y_k!}\, p_1^{y_1}\dots p_k^{y_k}$$
$$\forall \underset{\sim}{y} = (y_1,\dots,y_k) \in T^*_{k,n},$$

denn für alle $\underset{\sim}{y} = (y_1,\dots,y_k) \in T^*_{k,n} = \underset{\sim}{Y}(T^n_k)$ gilt nach (3.4.4)

$$P_{n,\underset{\sim}{p}}\{\underset{\sim}{Y}=\underset{\sim}{y}\} = \sum_{(\underset{\sim}{x}_1,\dots,\underset{\sim}{x}_n)\in T^n_k} P_{n,\underset{\sim}{p}}(\underset{\sim}{x}_1,\dots,\underset{\sim}{x}_n)\, 1_{\{\underset{\sim}{y}\}}(\underset{\sim}{Y}(\underset{\sim}{x}_1,\dots,\underset{\sim}{x}_n))$$

$$= (\prod_{i=1}^{k} p_i^{y_i}) \sum_{(\underset{\sim}{x}_1,\dots,\underset{\sim}{x}_n)\in T^n_k} 1_{\{(y_1,\dots,y_k)\}}(\sum_{j=1}^{n} x_{1j},\dots,\sum_{j=1}^{n} x_{kj})$$

$$= (\prod_{i=1}^{k} p_i^{y_i})\, |\{\underset{\sim}{x} \in T^n_k : y_1\text{-mal } A_1, y_2\text{-mal } A_2,\dots,y_k\text{-mal } A_k\}|$$

$$= (\prod_{i=1}^{k} p_i^{y_i}) \binom{n}{y_1}\binom{n-y_1}{y_2}\binom{n-y_1-y_2}{y_3}\dots\binom{n-y_1-y_2-\dots-y_{k-1}}{y_k}$$

$$= \left(\prod_{i=1}^{k} p_i^{y_i}\right) \frac{n!}{y_1!\cdots y_k!} \quad \left[\text{wegen } \left(n - \sum_{i=1}^{k} y_i\right)! = 0! = 1\right].$$

Das durch die Zähldichte (3.4.7) definierte diskrete W-Maß über dem Träger $T^*_{k,n}$ heißt *Multinomial$(n;p_1,\ldots,p_k)$ Verteilung* und wird mit $M(n;p_1,\ldots,p_k)$ oder kurz mit $M(n;\underset{\sim}{p})$ bezeichnet.

Zusammenfassung: Wird ein Zufallsexperiment, bei dem genau die k paarweise disjunkten Ereignisse $A_1,\ldots,A_k$ mit jeweiligen Wahrsch. $p_1,\ldots,p_k$ eintreten können, n-fach mit unabhängiger Koppelung wiederholt, so wird das stochastische Verhalten der Eintrittshäufigkeiten $(Y_1,\ldots,Y_k)$ durch die Multinomial$(n;p_1,\ldots,p_k)$ Verteilung beschrieben.

3.4.3 KOROLLAR: *Gegeben seien stochastisch unabhängige, diskrete ZV $\underset{\sim}{X}_j = (X_{1j},\ldots,X_{kj})$ $j=1,\ldots,n$, über (Ω,A,P). Für jedes $j\in\{1,\ldots,n\}$ besitze $\underset{\sim}{X}_j$ die gleiche Bernoulli$(p_1,\ldots,p_k)$ Verteilung. Dann besitzt die diskrete ZV*

$$\underset{\sim}{Y} = (Y_1,\ldots,Y_k) = \sum_{j=1}^{n} \underset{\sim}{X}_j = \left(\sum_{j=1}^{n} X_{1j},\ldots,\sum_{j=1}^{n} X_{kj}\right)$$

eine Multinomial$(n;p_1,\ldots,p_k)$ Verteilung.

Beweis: $P^{(\underset{\sim}{X}_1,\ldots,\underset{\sim}{X}_n)} = \bigotimes_{j=1}^{n} P^{\underset{\sim}{X}_j}$ besitzt als n-fache unabhängige Koppelung eines Bernoulli$(p_1,\ldots,p_k)$ Experiments die Zähldichte (3.4.4). Daher besitzt die Verteilung von $\underset{\sim}{Y}$ die Zähldichte (3.4.7), ist also eine $M(n;p_1,\ldots,p_k)$ Verteilung. □

3.4.4 BEISPIEL: In Beispiel 3.3.2 wurde ein Modell für die Verteilung der Hufschlagtodesfälle in 10 preußischen Kavallerieregimentern innerhalb von 20 Jahren mit Hilfe der Poisson(λ) Verteilung konstruiert. Wesentlich einleuchtender ist eine Modellierung der Anzahl der Hufschlagtodesfälle in *einem* Regiment und *einem* Jahr durch eine k-variate Bernoulli$(p_1,\ldots,p_k)$ Verteilung: Das Einzelexperiment hat die "natürlichen" Ausprägungen "r Hufschlagtote", $r = 0,1,2,\ldots$. Faßt man die Ergebnisse $r \geq 5$ zu einer Klasse zusammen, so erhält man eine disjunkte Zerlegung des Stichprobenraumes in die k=6 Ereignisse $A_i = \{\text{genau } i-1 \text{ Hufschlagtote}\}$, $i=1,\ldots,5$, und $A_6 = \{5 \text{ oder mehr Hufschlagtote}\}$. Das zugehörige Einzelexperiment wird also durch die $B(p_1,\ldots,p_6)$-verteilte ZV

$(1_{A_1},\ldots,1_{A_6})$ beschrieben mit p_i = Eintrittswahrscheinlichkeit für A_i, $i=1,\ldots,6$.

Da die 10 Regimenter in den 20 Jahren als 200-fache unabhängige Koppelung dieses Einzelexperiments angesehen werden, besitzt das zugehörige Tupel der Eintrittshäufigkeiten

$$\underset{\sim}{Y} = (Y_1,\ldots,Y_6) = (h_n(0),\ldots,h_n(4),h_n(\geq 5))$$

eine Multinomial$(200;p_1,\ldots,p_6)$ Verteilung.
In Spalte 2 von Tabelle 3.3.1 ist die von L.v. Bortkiewicz beobachtete Realisierung der ZV $(Y_1,\ldots,Y_6)$ angegeben. Lassen wir als Parameter alle Tupel $(p_1,\ldots,p_6) \in \mathcal{P}_6$ zu [vgl. (3.4.2)], so erhalten wir nach Aufgabe 3.4.1 einen ML-Schätzer für $(p_1,\ldots,p_6)$ gemäß

$$(\hat{p}_1,\ldots,\hat{p}_6) = (\frac{1}{200}\,Y_1,\ldots,\frac{1}{200}\,Y_6).$$

Das geschätzte Tupel auf Basis der beobachteten Daten ist in Spalte 3 von Tabelle 3.3.1 angegeben.

3.5 Hypergeometrische (N,K,n) Experimente

Die bisher behandelten n-fachen Bernoulli(p)- und multivariaten $B(p_1,\ldots,p_k)$-Experimente lassen sich auch als Urnenmodelle veranschaulichen: Sind in einer Urne mit N Elementen z.B. K rote und N-K schwarze Kugeln, so trägt bei einmaliger zufälliger Entnahme das Ereignis E_1 = {eine rote Kugel wird gezogen} die Wahrsch. $p := K/N$ und E_0 = {eine schwarze Kugel wir gezogen} die Wahrsch. $1-p = (N-K)/N$. Das Zufallsexperiment "rot-schwarz" läßt sich also durch eine B(p) Verteilung beschreiben. Entsprechend führt eine zufällige Entnahme aus einer Urne mit k verschiedenen Kugelfarben zu einem multivariaten $B(p_1,\ldots,p_k)$ Experiment, $p_i := K_i/N$, $i=1,\ldots,k$, K_i = Anzahl der Kugeln mit der Farbe i.

Die n-fache Durchführung mit unabhängiger Koppelung kann aufgefaßt werden als Entnahme aus n verschiedenen Urnen, oder - was offenbar dasselbe besagt - als n-fache Entnahme aus einer Urne mit Zurücklegen der jeweils gezogenen Kugel.

In der Praxis kommen häufig Situationen vor in denen tatsächlich nur *eine* "Urne" vorhanden ist. Man denke z.B. an eine Sendung von N Glühbirnen mit einer (unbekannten) Anzahl K von defekten Exemplaren. Um einen Eindruck von der Qualität der Sendung zu erhalten, entnimmt und überprüft der Käufer sukzessive n zufällig herausgegriffene Glühbirnen. Es ist anschaulich klar, daß eine Versuchsausführung, bei der jedes geprüfte Exemplar wieder in die Sendung zurückgelegt wird, unsinnig ist, weil auf diese Weise offenbar Information verschenkt wird; außerdem ist eine solche Versuchsausführung häufig nicht praktikabel. Vernünftigerweise wird man stattdessen eine sukzessive zufällige Entnahme ohne Zurücklegen durchführen, so wie sie in Beisp. 2.1.10 beschrieben wurde.

Ist Ω die Menge der N Kugeln (darunter K rote, N-K schwarze), so wird nach Beisp. 2.1.10 das Experiment "n-fache zufällige Entnahme ohne Zurücklegen" ($1 \leq n \leq N$) durch die Laplace-Verteilung P über dem Träger

$$\Omega^n_{\neq} = \{(\omega_1, \dots, \omega_n) \in \Omega^n \text{ mit } \omega_i \neq \omega_j \ \forall i \neq j\}$$

beschrieben, d.h. über $\Omega^n_{\neq}$ hat die Zähldichte p von P die Darstellung $p(\underset{\sim}{\omega}) = (N-n)!/N!$, $\underset{\sim}{\omega} \in \Omega^n_{\neq}$.

Das Ereignis $A\{i_1, \dots, i_k\}$: "Ziehung einer roten Kugel genau in den Zügen $i_1, i_2, \dots, i_k$" hat die Elementzahl

$$|A\{i_1, \dots, i_k\}| = \binom{K}{k} k! \ \binom{N-K}{n-k} (n-k)! =: a_k;$$

es gibt nämlich $\binom{K}{k}$ Möglichkeiten k rote Kugeln zur Besetzung der Plätze $i_1, \dots, i_k$ auszuwählen; auf diesen sind noch k! verschiedene Permutationen möglich. Die Möglichkeiten n-k schwarze Kugeln aus den vorhandenen N-K schwarzen Kugeln auf die restlichen Plätze zu setzen zählt man völlig analog ab.

Die Wahrsch. $P(A\{i_1, \dots, i_k\}) = a_k \cdot (N-n)!/N!$ hängt ganz analog zum n-fachen Bernoulli Experiment, nicht von der Reihenfolge ab, in der rot und schwarz gezogen wurden, sondern allein von der Gesamtzahl k der gezogenen roten Kugeln. Ist die Gesamtzahl K aller in der Urne befindlichen roten Kugeln unbekannt, so steckt also alle Information über K schon in k. Es empfiehlt sich deshalb einen W-Raum zu konstruieren, der das Zufallsexperiment "Gesamtzahl der gezogenen roten Kugeln" direkt beschreibt.

Das Ereignis A_k "genau k rote Kugeln werden gezogen" hat die Elementzahl

$$|A_k| = \sum_{\{i_1, \dots, i_k\}} |A\{i_1, \dots, i_k\}| = \binom{n}{k} \cdot a_k,$$

wobei die Summation über alle k-elementigen Teilmengen $\{i_1, \dots, i_k\}$

von $\{1,\ldots,n\}$ gebildet wurde. Es folgt

(3.5.1) $$P(A_k) = \binom{n}{k} a_k \cdot (N-n)!/N! = \binom{K}{k}\binom{N-K}{n-k}/\binom{N}{n}.$$

Man überlegt sich sofort, daß k die Nebenbedingungen

(3.5.2) $$\max(0,n-N+K) \le k \le \min(K,n)$$

erfüllen muß. Das durch die Wahrsch.

(3.5.3) $$h(k;N,K,n) := \frac{\binom{K}{k}\binom{N-K}{n-k}}{\binom{N}{n}}$$

über der durch (3.5.2) beschriebenen Trägermenge definierte W-Maß heißt *Hypergeometrische* (N,K,n) Verteilung, kurz: H(N,K,n)-Verteilung.

Das H(N,K,n)-Experiment ist das Analogon zum B(n,p)-Experiment für den Fall der Entnahme ohne Zurücklegen. Für hypergeometrische Experimente läßt sich mit einer ähnlichen Rechnung wie im Beweis von Hilfssatz 3.1.5 zeigen: ($P_K := H(N,K,n)$, $p := K/N$)

(3.5.4) $$P_K\{k : |\tfrac{k}{n} - p| \ge \varepsilon\} \le \frac{1}{\varepsilon^2}\,\frac{p(1-p)}{n}\,\frac{N-n}{N-1}\ ;$$

dabei wurde eine zu (3.1.9) analoge "Varianz"-Berechnung verwendet, nämlich

(3.5.5) $$\sum_{k \text{ mit } (3.5.2)} (k-np)^2 h(k;N,K,n) = n\,p(1-p)\left(\frac{N-n}{N-1}\right).$$

Ein Vergleich von (3.1.7) und (3.5.4) zeigt, daß die Schranke beim Ziehen ohne Zurücklegen um den Faktor $(N-n)/(N-1)$ gegenüber der Schranke beim Ziehen mit Zurücklegen verkleinert wird. Hierin spiegelt sich der oben erwähnte anschauliche Informationsgewinn beim Ziehen ohne Zurücklegen wider. Er ist umso größer, je größer der Prozentsatz der entnommenen Kugeln ist. Bei $N = 1000$, $K = 200$, $n = 200$ und $\varepsilon = 0.1$ erhält man z.B. $p(1-p)/(n\cdot\varepsilon^2) = 0.08$ bzw. $\left(\frac{N-n}{N-1}\right)\cdot p(1-p)/(n\varepsilon^2) = 0.06$.

Bemerkung: Intuitiv ist klar, daß bei großem N zwischen Ziehen mit und ohne Zurücklegen kaum ein Unterschied vorhanden ist. Eine leichte Rechnung zeigt dies auch formal: Für $N \to \infty$ und $K = K(N)$ gilt nämlich bei festem n,k, $0 \le k \le n$

(3.5.6) $$\binom{K}{k}\binom{N-K}{n-k}/\binom{N}{n} \to \binom{n}{k}p^k(1-p)^{n-k}, \text{ falls } K/N \to p \in (0,1).$$

AUFGABEN ZU KAPITEL 3:

Aufg. 3.1.1: (Teilungsproblem des Luca Paccioli). Sie verabreden mit einem Gegner ein aus mehreren Runden bestehendes Spiel (nicht notwendig ein reines Glücksspiel), bei dem jeder zu Beginn den gleichen Einsatz bezahlt. Wer zuerst n=10 Runden gewonnen hat, erhält den ganzen Einsatz. Erfahrungsgemäß gewinnen Sie eine einzelne Runde mit Wahrsch. $p = 1/2$. Infolge widriger Umstände muß das Spiel vorzeitig abgebrochen werden, wobei Ihnen noch i=3 Runden und Ihrem Gegner j=2 Runden zum Gewinn fehlen. Werden Sie das Angebot Ihres Gegners, Ihnen 2/5 des Einsatzes zu überlassen, annehmen? Wie stehen Sie zu Luca Paccioli's Vorschlag, den Einsatz proportional zur Anzahl der bereits gewonnenen Partien zu verteilen?

Aufg. 3.1.2: (Weierstrass'scher Approximationssatz). Man zeige: Jede stetige, reellwertige Funktion auf [0,1] kann gleichmäßig durch Polynome approximiert werden.
Hinweis: Sei $f : [0,1] \to \mathbb{R}$ stetig. Man zeige: $\lim_{n\to\infty} B_n(p) = f(p)$ gleichmäßig in $p \in [0,1]$, wobei $B_n(p) := \sum_{j=0}^{n} f(\frac{j}{n}) \binom{n}{j} p^j (1-p)^{n-j}$ das Bernstein-Polynom bezeichne. Dazu ist zu zeigen, daß $|B_n(p) - f(p)| \leq \varepsilon + 2 \cdot M \cdot P_{n,p}\{|\overline{X}_n - p| \geq \delta_\varepsilon\}$ ist, mit geeignetem $M \geq 0$.

Aufg. 3.1.3: Eine Warensendung enthalte 10% Ausschuß. a) Wie groß ist die Wahrsch., daß sich unter 5 zufällig mit Zurücklegen herausgegriffenen Stücken mindestens ein defektes Stück befindet?
b) Wie viele Stücke muß man mindestens herausnehmen mit Zurücklegen, damit man mit mindestens 90% Wahrsch. mindestens ein defektes Stück erhält?

Aufg. 3.2.1: Man beweise Hilfssatz 3.2.1.

Aufg. 3.2.2: Man leite das Bernoullische schwache Gesetz der großen Zahlen aus dem zentralen Grenzwertsatz von de Moivre-Laplace her.

Aufg. 3.2.3: Man zeige, daß bei gleichem Wert der unteren Schranken $1-1/t^2$ bzw. $1-1/(4n\varepsilon^2)$ das Konfidenzintervall (3.2.3) immer kürzer ist als das Konfidenzintervall $(\overline{X}_n - \varepsilon, \overline{X}_n + \varepsilon)$.

Aufg. 3.2.4: Wie groß ist der Stichprobenumfang n zu wählen, damit eine Abweichung $|p-p_o| = 0.02$ vom Binomial Anpassungstest zum Niveau $\alpha = 0.01$ mit einer Mindestwahrsch. von 0.9 entdeckt wird? Man verwende die Approximation (3.2.12). Hinweis: Es genügt, n für $p_o = 1/2$ zu bestimmen (Begründung?).

Aufg. 3.2.5: a) Man beweise den folgenden Zusammenhang zwischen Binomialwahrsch. und unvollständigen Beta-Integralen:

$$\sum_{k=0}^{c} \binom{n}{k} p^k (1-p)^{n-k} = \binom{n}{c} (n-c) \int_p^1 t^c (1-t)^{n-c-1} dt, \quad c = 0,1,\ldots,n-1.$$

b) Man zeige, daß für $p_o = 1/2$ der exakte Wert der Gütefunktion (3.2.10) des Binomial Anpassungstests monoton fallend (steigend) ist für $p \leq p_o$ $(p \geq p_o)$.
Hinweis zu a): Man differenziere beide Seiten nach p.

Aufg. 3.2.6: Um Meinungsumfragen zur Beantwortung heikler Fragen (Haben Sie schon einmal Haschisch geraucht?) durchführen zu können, verwendet man häufig das sog. *randomized-response-Verfahren*. Der Interviewer legt dabei dem Befragten zwei Fragen vor: eine "heikle" und eine "harmlose" Frage. Sodann wird der Befragte aufgefordert, unbeobachtet ein Bernoulli(p_o) Experiment mit bekanntem p_o durchzuführen (z.B. verdeckt einen Würfel zu werfen mit "Erfolg" = {1,2,3,4}) und bei "Erfolg" auf die heikle Frage zu antworten, andernfalls auf die harmlose Frage, bei der die Wahrsch. für die Antwort "ja" bekannt sei. Bei dieser Methode kann der Interviewer also nicht wissen, ob der Befragte auf die heikle oder die harmlose Frage geantwortet hat. Es seien nun n Personen befragt worden; davon haben k mit "ja" geantwortet. Man schätze die Wahrsch. des Ereignisses "die heikle Frage wird mit "ja" beantwortet" und gebe für diese unbekannte Wahrsch. ein Konfidenzintervall mit Überdeckungswahrsch. von mindestens $1-\alpha$, $\alpha \in (0,1)$, an. Wie hängt die Länge des Konfidenzintervalles von p_o ab?

Aufg. 3.3.1: a) Sei $X \sim \mathcal{P}(\lambda)$. Man zeige: $EX = \text{Var } X = \lambda$ mit dem Erwartungswert $EX = \sum_{k=o}^{\infty} k\, P\{X=k\}$ und der Varianz $\text{Var } X = E(X-EX)^2 = \sum_{k=o}^{\infty} (k-EX)^2 P\{X=k\}$.

b) Man bestimme die Modalwerte k^* von $\mathcal{P}(\lambda)$, d.h. diejenigen Werte $k^* \in \mathbb{N}_o$ mit $p(k^*;\lambda) = \max_{k\in\mathbb{N}_o} p(k,\lambda)$.

Aufg. 3.3.2: Man zeige für die $\mathcal{P}(\lambda)$-Verteilung $\sum_{i=o}^{k} p(i;\lambda) = \frac{1}{k!} \int_{\lambda}^{\infty} e^{-t}\, t^k\, dt$.

Aufg. 3.3.3: Seien $X_1, X_2, \ldots, X_n$ stochastisch unabhängige ZV mit $X_i \sim \mathcal{P}(\lambda)$ $\forall i$. a) Mit Hilfe des empirischen Gesetzes der großen Zahlen argumentiere man heuristisch, daß sich $\overline{X}_n := n^{-1} \sum_{i=1}^{n} X_i$ für wachsendes n gegen den Erwartungswert $EX_1 = \lambda$ stabilisiert.

b) Man zeige in Analogie zu Hilfssatz 3.1.5

$$\beta(n,\lambda,\varepsilon) := P\{|\overline{X}_n - EX_1| < \varepsilon\} \geq 1 - (n\varepsilon^2)^{-1} \text{Var } X_1, \ \forall \varepsilon > 0, \ \forall n \in \mathbb{N},$$

mit $EX_1 = \text{Var } X_1 = \lambda$, s. Aufg. 3.3.1. Damit leite man das schwache Gesetz der großen Zahlen $\lim_{n\to\infty} \beta(n,\lambda,\varepsilon) = 1$ $\forall \varepsilon > o$ her.

Aufg. 3.3.4: Ausgehend von Beispiel 3.3.2 modelliere man die Situation *eines* Regiments in *einem* Jahr durch ein Bernoulli(p) Experiment, wobei "Erfolg" bzw. "Mißerfolg" bedeuten sollen, daß kein Tod durch Hufschlag bzw. mindestens ein Tod durch Hufschlag auftritt. Das zugehörige n-fache Bernoulli(p) Experiment diene als Gesamtmodell für die 10 Regimenter in den 20 Jahren, d.h. n=200.
a) Mit Hilfe von Satz 3.2.2 und der im Beispiel angegebenen Daten berechne man Realisierungen der Konfidenzintervalle für p mit Mindestüberdeckungswahrsch. 0.99 bzw. mit approximativer Überdeckungswahrsch. 0.99. Dabei diskutiere man die Anwendbarkeit der Normal-Approximation mit Hilfe der Faustregel.
b) Mit Hilfe des Anpassungstests für die Nullhypothese $p=p_o$ zum (approximativen) Niveau $\alpha = 0.01$ kläre man, ob die im Beispiel aus

der Poisson-Verteilungsannahme geschätzte Erfolgswahrsch. $p_o=0.5434$ als Nullhypothese verworfen wird. Wird die Nullhypothese $p_o=0.5434$ nicht verworfen, so bestimme man diejenigen $p \neq 0.5434$, die zur Sicherheitswahrsch. 0.08 verworfen werden.

<u>Aufg. 3.3.5:</u> Seien $X_1,X_2,\ldots,X_n$ stochastisch unabhängige ZV mit Laplace-Verteilung über $1,2,\ldots,r$, wobei $r \geq 1$ ein unbekannter Parameter sei. Man bestimme einen ML-Schätzer für r.

<u>Aufg. 3.3.6:</u> Seien $X_1,\ldots,X_n$ stochastisch unabhängige B(p)-verteilte ZV. Man bestimme einen ML-Schätzer für $p \in [0,1]$, wobei B(0)[B(1)] das Einpunktmaß in 0[1] bezeichne.

<u>Aufg. 3.3.7:</u> In einer Population mögen drei Arten von Individuen 1,2,3 gemäß den sog. Hardy-Weinberg-Proportionen $p_1(\vartheta) = \vartheta^2$, $p_2(\vartheta) = 2\vartheta(1-\vartheta)$ und $p_3(\vartheta) = (1-\vartheta)^2$ auftreten, $0<\vartheta<1$. Bei einer Stichprobe von n Individuen sei n_i-mal die Art i aufgetreten, $n_1+n_2+n_3=n$. Man zeige: $\hat{\vartheta} = (2n_1+n_2)/2n$ ist ML-Schätzung, falls $2n_1+n_2$ und n_2+2n_3 beide positiv sind.

<u>Aufg. 3.4.1:</u> Man bestimme einen ML-Schätzer für den Parameter $\underset{\sim}{p} = (p_1,\ldots,p_k)$ eines Multinomial$(n;\underset{\sim}{p})$ Experiments, $p_i \geq 0 \; \forall i$, $p_1+\ldots+p_k = 1$.

<u>Aufg. 3.4.2:</u> Für die Beschreibung der Häufigkeitsverteilung der Augenzahlen bei n Würfen mit einem möglicherweise gefälschten Würfel gebe man mit Hilfe der Multinomialverteilung ein wahrscheinlichkeits-theoretisches Modell an. Was bedeutet in diesem Modell die Hypothese "Der Würfel ist fair"?

<u>Aufg. 3.4.3:</u> Für zwei Würfel, die sich jeweils als Einzelwürfel fair verhalten, habe man bei Paarwürfen den Verdacht der gegenseitigen Beeinflussung. Wie stellt sich dieser Verdacht im Multinomial-Modell für die Häufigkeitsverteilung der Ergebnisse bei n Wiederholungen dar?

<u>Aufg. 3.4.4:</u> Seien $X_1,\ldots,X_n$ stochastisch unabhängige ZV mit $X_i \sim \mathcal{P}(\lambda_i) \; \forall i$. Dann gilt mit $S = X_1+\ldots+X_n$ und $\lambda = \lambda_1+\ldots+\lambda_n$
$P^{(X_1,\ldots,X_n)|S=k} = \text{Multinomial}(k;\lambda_1/\lambda,\ldots,\lambda_n/\lambda)$.

<u>Aufg. 3.4.5:</u> N sei die (zufallsabhängige) Anzahl der Patienten, die in einem festgelegten Zeitraum ein bestimmtes Krankenhaus aufsuchen und damit in eine geplante Gesundheitsstudie einbezogen werden. Von jedem Patienten wird festgestellt, welcher von k disjunkten Gesundheitszuständen $A_1,A_2,\ldots,A_k$ vorliegt. Das Tupel der Eintrittshäufigkeiten für $A_1,A_2,\ldots,A_k$ wird mit $Y = (Y_1,\ldots,Y_k)$ bezeichnet. Für die Verteilung von N werde eine Poisson(λ) Verteilung angenommen (1. Experiment). Wird N=n im 1. Exp. beobachtet, so werde die Verteilung von Y durch eine Multinomial$(n;p_1,\ldots,p_k)$ Verteilung modelliert (2. Experiment).

a) Man bestimme die Zähldichte für das Modell des 2-stufigen Gesamtexperiments.
b) Mit Hilfe von a) zeige man, daß die ZV $Y_1,\ldots,Y_k$ im Gesamtexperiment stochastisch unabhängig sind und jeweils eine Poisson (λp_i) Verteilung besitzen.

<u>Aufg. 3.4.6:</u> Sind X_1,X_2 stochastisch unabhängige diskrete ZV mit $X_i \sim M(n_i;\underset{\sim}{p})$, i=1,2, so gilt: $X_1+X_2 \sim M(n_1+n_2;\underset{\sim}{p})$.

Aufg. 3.5.1: Man beweise die Ungleichung (3.5.4).

Aufg. 3.5.2: Man beweise die Gleichung (3.5.5).

Aufg. 3.5.3: Man beweise (3.5.6).

Aufg. 3.5.4: P und Q seien W-Maße über $(\mathbb{R},\mathbb{B})$. Man nennt P stochastisch größer als Q, falls gilt $P((x,\infty)) \geq Q((x,\infty))$ $\forall x \in \mathbb{R}$ und $P \neq Q$. Für jedes $M \in \{0,1,\ldots,N\}$ sei P_M die hypergeometrische Verteilung mit den Parametern N,n,M/N, d.h.,

$P_M\{m\} = \binom{M}{m}\binom{N-M}{n-m}/\binom{N}{n}$, $\max(0,n+M-N) \leq m \leq \min(n,M)$.

Man zeige: Für $M_2 > M_1$ ist P_{M_2} stochastisch größer als P_{M_1}.

Aufg. 3.5.5: Ein Interessent für einen Restposten von N Wegwerf-Blitzbirnen möchte diese kaufen, falls er mindestens 97,5 % Sicherheit hat, daß mindestens 2/3 der Birnen in Ordnung sind. Er versucht, diese Sicherheit zu gewinnen, indem er eine zufällige Auswahl von n Birnen kauft und prüft. Bei der Prüfung stellt er fest, daß m von den n Birnen in Ordnung sind. Sein Entscheidungsverfahren lautet: Ist m größer als ein vorzugebender kritischer Wert k_o, so kaufe den Restposten. Weil er wirkliches Interesse an dem Kauf hat, falls mindestens 2/3 der Birnen in Ordnung sind, möchte er k_o natürlich minimal wählen (bei mindestens 97,5 % Sicherheit).

a) Man bestimme mit Hilfe von Aufg. 3.5.4 prinzipiell eine Lösung dieses Problems.
b) Wie lautet die Entscheidung des Käufers im Fall
   1) $N=14$, $n=6$, $m=6$; 2) $N=30$, $n=10$, $m=9$?

Aufg. 3.5.6: Seien $X_{11},\ldots,X_{1n_1}$, $X_{21},\ldots,X_{2n_2}$ stochastisch unabhängige ZV mit $X_{1i} \sim B(p)$, $i=1,\ldots,n_1$, $X_{2j} \sim B(p)$, $j=1,\ldots,n_2$. Dann gilt mit $S = \sum\limits_i X_{1i} + \sum\limits_j X_{2j}$, $s \in \{0,\ldots,n_1+n_2\}$:

$$P^{(X_{11}+\ldots+X_{1n_1})|S=s} = H(n_1+n_2,n_1,s).$$

Aufg. 3.5.7: Im Liefervertrag für Transistoren wurde vereinbart, daß nur Sendungen mit nicht mehr als 4 % Ausschuß angenommen werden. Der Abnehmer hat folgendes Prüfverfahren vorgeschlagen: Er entnimmt der Sendung von N Stück eine Stichprobe von n Stück (ohne Zurücklegen) und weist die Sendung zurück, falls sich in der Stichprobe mindestens ein defekter Transistor befindet. Wie groß ist die Wahrsch. dafür, daß bei N=500 und n=25 die Sendung angenommen wird, wenn sie gerade noch die Lieferbedingungen erfüllt? Ist das Verfahren zu empfehlen?

4 Zufallsexperimente über $\mathbb{R}^k$

Die bisher behandelten Beispiele von Zufallsexperimenten (Ω,A,P) waren sämtlich diskret. Häufig waren die Ergebnisse sogar ganzzahlig, d.h. $\Omega \subset \mathbb{Z}$. In diesem Kapitel wollen wir demgegenüber auch Zufallsexperimente betrachten, deren realisierbare Ergebnisse ein Kontinuum von Punkten aus $\mathbb{R}^k$ darstellen.

Von vornherein ist uns dabei klar, daß wegen der beschränkten Genauigkeit aller Messungen in der realen Welt im Grunde jedes Zufallsexperiment diskret ist und eine Beschreibung mit Hilfe eines Kontinuums möglicher Versuchsergebnisse eine mathematische Idealisierung darstellt. In der Physik tritt dasselbe Phänomen auf. Dort haben wir uns an kontinuierliche Meßgrößen jedoch schon so gewöhnt, daß wir uns über diese Problematik kaum noch Gedanken machen: Länge, Zeit, Temperatur usw. werden selbstverständlich als kontinuierliche Größen angesehen, obwohl natürlich durch die untere Grenze der Meßgenauigkeit stets nur endlich viele Meßwerte ablesbar sind.

4.1 Die Borel σ-Algebra $\mathbb{B}$ über $\mathbb{R}$ und die Konstruktion von W-Massen über $(\mathbb{R},\mathbb{B})$

Um den Zusammenhang zwischen diskreten und kontinuierlichen Experimenten besser verstehen und zur Konstruktion nutzen zu können, betrachten wir zunächst ein Beispiel.

4.1.1 Beispiel: Für $n \in \mathbb{N}$ sei P_n die Laplace-Verteilung über dem Träger $\{1/n,2/n,\ldots,n/n\} \subset \mathbb{R}$, d.h. $P_n\{i/n\}=1/n, i=1,\ldots,n$, vgl. Abb. 4.1.1.

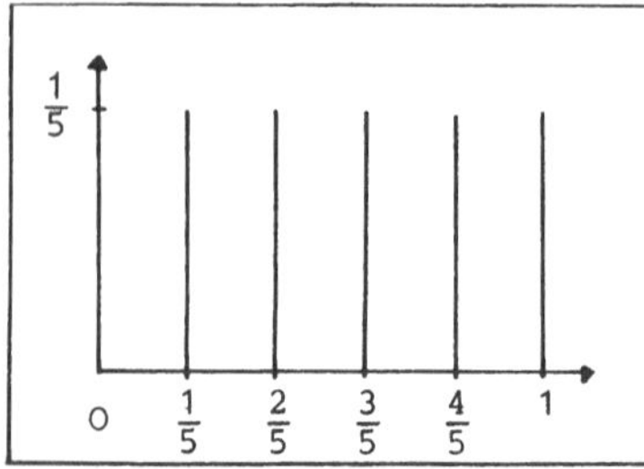

Abb. 4.1.1 Stabdiagramm der Laplace-Verteilung P_5.

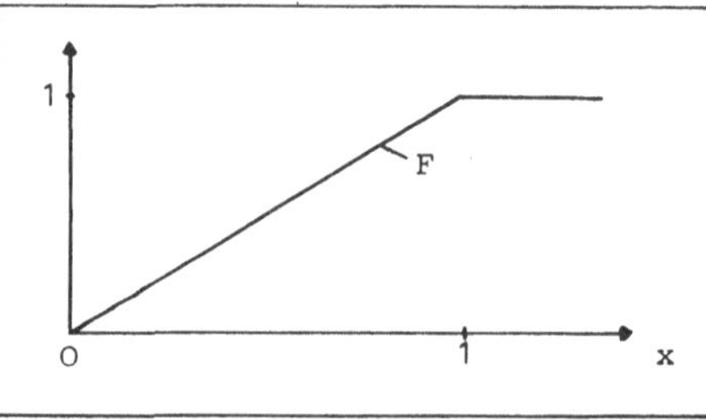

Abb. 4.1.2 Die Funktion $F(x)=\lim_{n\to\infty} P_n(-\infty,x]$, $x \in \mathbb{R}$.

Für zwei vorgegebene Werte $0 \leq a < b \leq 1$ gilt

$$P_n((a,b]) = \frac{1}{n} \,|\{i\in\{1,\ldots,n\} : na<i\leq nb\}| = \frac{1}{n}([nb]-[na])$$
$$= (b-a) + \varepsilon_n/n, \quad [x] := \text{ganzzahliger Anteil von } x \geq 0,$$

mit $\varepsilon_n=(na-[an])-(nb-[nb])$, also insbesondere $|\varepsilon_n|<1$.

Die P_n-Wahrscheinlichkeit für das Intervall $(a,b] \subset [0,1]$ ist also bis auf einen Fehler, der höchstens den Wert $1/n$ hat, gleich der Intervallänge $b-a$.

Mit Hilfe der Funktion $x\mapsto F(x)$ gemäß $F(x)=0$ für $x\leq 0$, $F(x)=x$ für $0\leq x\leq 1$, $F(x)=1$ für $x>1$ [vgl. Abb. 4.1.2], erhalten wir offensichtlich die folgende Ausweitung der obigen Abschätzung auf beliebige Werte $a,b \in \mathbb{R}$ mit $a<b$:

(4.1.1) $\qquad P_n((a,b]) = F(b)-F(a)+\varepsilon_n/n, \quad |\varepsilon_n|<1.$

Diese Abschätzung legt den Gedanken nahe, bei großen Werten von n das durch P_n beschriebene Laplace-Experiment durch ein "Limesexperiment" über $\mathbb{R}$ zu approximieren, dessen zugehöriges W-Maß P jedem Intervall $(a,b]$ den Wert $F(b)-F(a)$ zuordnet, also die Beziehung

(4.1.2) $\qquad P((a,b]) = F(b)-F(a) \quad \forall a,b \in \mathbb{R}$ mit $a\leq b$

erfüllt. (Die Forderung (4.1.2) für a=b bedeutet nur $P(\emptyset)=0$.) Der Vorteil einer solchen Approximation würde auf der Hand liegen: Ein einziges W-Maß P ersetzt eine ganze Schar von W-Maßen $P_n, n\geq n_0$.

Noch wissen wir allerdings nicht, ob überhaupt ein W-Raum $(\Omega,\mathcal{A},P)$ mit $\Omega=\mathbb{R}$, einer geeigneten σ-Algebra $\mathcal{A}$ über $\mathbb{R}$ und einem W-Maß P über $(\Omega,\mathcal{A})$ existiert, welches (4.1.2) erfüllt. □

Notwendigerweise muß wegen der geforderten Beziehung (4.1.2) die σ-Algebra $\mathcal{A}$ das System $\mathcal{G}_1 := \{(a,b] : a,b \in \mathbb{R}, a\leq b\}$ der halboffenen Intervalle enthalten. Wir werden uns zunächst überlegen, daß es eine kleinste σ-Algebra über $\mathbb{R}$ gibt, die $\mathcal{G}_1$ enthält. ($\mathcal{G}_1$ selbst ist offensichtlich keine σ-Algebra über $\mathbb{R}$.)

Die Überlegungen zur Existenz kleinster σ-Algebren über vorgegebenen Mengensystemen sind im Fall beliebiger Grundmengen Ω dieselben wie bei $\Omega = \mathbb{R}$, weshalb wir im folgenden Lemma von einem beliebigen Stichprobenraum Ω, d.h. $\Omega \neq \emptyset$, ausgehen.

4.1.2 LEMMA *(Erzeugung von σ-Algebren): Gegeben sei ein Stichprobenraum Ω und ein System $\mathcal{E}$ von Teilmengen von Ω, d.h. $\mathcal{E} \subset \mathcal{P}(\Omega)$. Dann gibt es unter den σ-Algebren $\mathcal{A}$ über Ω mit der Eigenschaft $\mathcal{E} \subset \mathcal{A}$ eine kleinste im Sinne, daß sie in jeder anderen σ-Algebra liegt, die $\mathcal{E}$ enthält, nämlich*

$$(4.1.3) \qquad \sigma_\Omega(\mathcal{E}) := \{A \subset \Omega : A \in \mathcal{A} \ \forall \sigma\text{-Algebren } \mathcal{A} \text{ über } \Omega \text{ mit } \mathcal{E} \subset \mathcal{A}\}.$$

Die σ-Algebra $\sigma_\Omega(\mathcal{E})$ heißt die <u>von $\mathcal{E}$ (über Ω) erzeugte σ-Algebra</u> und $\mathcal{E}$ heißt Erzeuger von $\sigma_\Omega(\mathcal{E})$.

<u>Beweis</u>: Es gibt zumindest eine σ-Algebra, welche $\mathcal{E}$ umfaßt, nämlich $\mathcal{P}(\Omega)$, also ist $\sigma_\Omega(\mathcal{E})$ nichtleer und umfaßt nach Konstruktion $\mathcal{E}$. Wir zeigen, daß $\sigma_\Omega(\mathcal{E})$ eine σ-Algebra ist: Wegen $\Omega \in \mathcal{A}$ $\forall\sigma$-Algebren $\mathcal{A}$ gilt auch $\Omega \in \sigma_\Omega(\mathcal{E})$, d.h. (1.2.9). Sei nun $A \in \sigma_\Omega(\mathcal{E})$, d.h. $\forall\sigma$-Algebren $\mathcal{A}$ mit $\mathcal{A} \supset \mathcal{E}$ gilt $A \in \mathcal{A}$. Wegen $[A \in \mathcal{A} \Rightarrow A^c \in \mathcal{A}]$ folgt also auch $A^c \in \sigma_\Omega(\mathcal{E})$, d.h. (1.2.10). Schließlich seien $A_1, A_2, \ldots$ Elemente aus $\sigma_\Omega(\mathcal{E})$, d.h. $\forall$ σ-Algebren $\mathcal{A}$ mit $\mathcal{A} \supset \mathcal{E}$ gilt $A_i \in \mathcal{A}$, $i \in \mathbb{N}$. Dann gilt aber auch $\bigcup_{i=1}^{\infty} A_i \in \mathcal{A}$ $\forall\sigma$-Algebren $\mathcal{A}$ mit $\mathcal{A} \supset \mathcal{E}$, d.h. (1.2.11). Insgesamt folgt die Behauptung. Nach Konstruktion umfaßt jede σ-Algebra $\mathcal{A}$ mit $\mathcal{E} \subset \mathcal{A}$ auch $\sigma_\Omega(\mathcal{E})$, d.h. $\sigma_\Omega(\mathcal{E})$ ist die kleinste aller $\mathcal{E}$ umfassenden σ-Algebren. □

4.1.3 DEFINITION: *Gegeben sei das System*

$$(4.1.4) \qquad \mathcal{G}_1 = \{(a,b] : a,b \in \mathbb{R} \text{ mit } a \leq b\}$$

der (linksoffenen, rechtsabgeschlossenen) Intervalle in $\mathbb{R}$. Die gemäß Lemma 4.1.2 von $\mathcal{G}_1$ über $\mathbb{R}$ erzeugte σ-Algebra

$$(4.1.5) \qquad \mathbb{B} := \sigma_{\mathbb{R}}(\mathcal{G}_1)$$

heißt <u>Borel σ-Algebra über $\mathbb{R}$</u>.

Nach unseren Vorbemerkungen muß also ein W-Maß P mit der Eigenschaft (4.1.2) *mindestens* die Borel σ-Algebra $\mathbb{B}$ als Definitionsbereich besitzen. Obwohl $\mathbb{B}$ nicht alle Teilmengen von $\mathbb{R}$ enthält (s. Bauer (1978) 8.4), zeigt das folgende Lemma, daß $\mathbb{B}$ als Definitionsbereich von W-Maßen über dem Stichprobenraum $\mathbb{R}$ völlig ausreichend ist.

4.1.4 LEMMA: *Für die Borel σ-Algebra $\mathbb{B}$ über $\mathbb{R}$ gelten die folgenden Aussagen:*

(4.1.6) $A \in \mathbb{B}$, *falls A endliche oder abzählbar unendliche Teilmenge von* $\mathbb{R}$,

(4.1.7) $I \in \mathbb{B}$, *falls I irgendein Intervall in* $\mathbb{R}$,

(4.1.8) $(-\infty,a]$, (a,∞), $(-\infty,a)$, $[a,\infty) \in \mathbb{B} \quad \forall a \in \mathbb{R}$,

(4.1.9) $G \in \mathbb{B}$ $\forall G$ *offen in* $\mathbb{R}$, $F \in \mathbb{B}$ $\forall F$ *abgeschlossen in* $\mathbb{R}$.

Beweis: Der Nachweis der Aussagen ergibt sich aus $G_1 \subset \mathbb{B}$ und der Tatsache, daß $\mathbb{B}$ die Eigenschaften einer σ-Algebra besitzt [vgl. Def. 1.2.6 und Formel (1.3.2) bis (1.3.5)]:

Zunächst gilt: $\{a\} = \bigcap_{n=1}^{\infty} (a-\frac{1}{n},a] \in \mathbb{R}$, also auch (4.1.6).

Mit (4.1.6) folgt (4.1.7) wegen $(a,b] \in G_1 \subset \mathbb{B}$, denn $(a,b)=(a,b]\setminus\{b\}\in \mathbb{B}, [a,b]=(a,b]\cup\{a\}\in \mathbb{B}, [a,b)=(a,b)\cup\{a\}\in \mathbb{B}$.

Wegen $(-\infty,a] = \bigcup_{n=1}^{\infty} (-n,a] \in \mathbb{B}$ folgt (4.1.8) in analoger Weise.

Schließlich folgt (4.1.9), da das Komplement einer abgeschlossenen Menge eine offene Menge ist und da jede offene Menge in $\mathbb{R}$ als *abzählbare* Vereinigung von offenen Intervallen dargestellt werden kann. □

Es gibt stets mehrere Erzeuger für eine σ-Algebra, z.B. erzeugt sich jede σ-Algebra $\mathcal{A}$ über Ω selbst, d.h. $\sigma_\Omega(\mathcal{A}) = \mathcal{A}$. Die Borel σ-Algebra $\mathbb{B}$ wird offenbar auch durch $\mathcal{J} := \{(-\infty,a]:a \in \mathbb{R}\}$ erzeugt, wie auch durch $\{G : G \subset \mathbb{R}, G \text{ offen}\}$.

Warnung: Nicht jedes Element von $\mathbb{B}$ läßt sich durch (abzählbare) Vereinigungs-, Durchschnitts- und Komplementbildung aus Elementen von G_1 konstruktiv darstellen. Man kann nämlich zeigen, daß das System der so konstruierbaren Mengen (wobei genau zu erklären wäre, was "konstruierbar" bedeuten soll) keine σ-Algebra ist. Lemma 4.1.2 ist ein nicht konstruktiver Existenzbeweis!

Nach diesen Vorbereitungen sind wir in der Lage, vollständig zu klären, welche Funktionen $F : \mathbb{R} \to \mathbb{R}$ über die Forderung (4.1.2) ein W-Maß P über $(\mathbb{R}, \mathbb{B})$ festlegen. Ausgehend von einem W-Maß P über $(\mathbb{R}, \mathbb{B})$ stellt das folgende Lemma notwendige Eigenschaften solcher Funktionen F zusammen.

4.1.5 LEMMA: *Gegeben sei ein W-Maß P über* $(\mathbb{R}, \mathbb{B})$ *und eine Funktion* $F : \mathbb{R} \to \mathbb{R}$ *mit der Eigenschaft*

(4.1.10) $P((a,b]) = F(b) - F(a) \quad \forall a,b \in \mathbb{R}$ *mit* $a \leq b$.

Dann gilt:

(4.1.11) F *ist* <u>*monoton nichtfallend*</u>,

(4.1.12) F *ist* <u>*rechtsseitig stetig*</u>,

(4.1.13) $F(-\infty) := \lim_{n\to\infty} F(-n)$, $F(\infty) := \lim_{n\to\infty} F(n)$ *existieren und*

es gilt $F(\infty) - F(-\infty) = 1$.

Definieren wir die <u>*Verteilungsfunktion* F_P *von* P</u> *gemäß*

(4.1.14) $F_P(x) := P((-\infty,x]) \quad \forall x \in \mathbb{R}$

so gilt zusätzlich

(4.1.15) $F_P(x) = F(x) - F(-\infty) \quad \forall x \in \mathbb{R}$,

(4.1.16) $F_P(-\infty) = 0$, $F_P(\infty) = 1$ *(F_P ist* <u>*normiert*</u>*)*.

<u>*Beweis:*</u> Die Monotonie (4.1.11) folgt wegen $P((a,b])\geq 0$ unmittelbar aus (4.1.10). Die rechtsseitige Stetigkeit (4.1.12) bedeutet: $F(x+h_n) \to F(x)$ für jede Folge $\{h_n\}$ mit $0 \leq h_n \to 0$, $n\to\infty$, $\forall x \in \mathbb{R}$. Wegen der Monotonie (4.1.11) reicht es, $h_n = 1/n$ zu betrachten. Aus der Stetigkeit von oben für P[vgl. (1.3.13)] ergibt sich aber

$$\lim_{n\to\infty} (F(x+\tfrac{1}{n})-F(x)) = \lim_{n\to\infty} P((x,x+\tfrac{1}{n}]) = P(\bigcap_{n=1}^{\infty} (x,x+\tfrac{1}{n}]) = P(\emptyset)=0.$$

Die Beziehung (4.1.13) folgt aus der Stetigkeit von unten für P [vgl. (1.3.12)] und aus $P(\mathbb{R})=1$. Denn zunächst gilt für gegebenes $x \in \mathbb{R}$

(4.1.17) $\lim_{n\to\infty} F(-n)=F(x)-\lim_{n\to\infty} P((-n,x]) = F(x) - P((-\infty,x])$.

Hieraus erhalten wir

$$\lim_{n\to\infty} F(n)=F(-\infty) + \lim_{n\to\infty} P((-\infty,n]) = F(-\infty) + 1.$$

Die Identität (4.1.15) folgt unmittelbar aus (4.1.17), während (4.1.16) schließlich wegen (4.1.15) aus (4.1.13) folgt. □

Addiert man eine Konstante zu F, so bleibt die Beziehung (4.1.10) unverändert. Also kann man sich ohne Einschränkung auf Funktionen $F : \mathbb{R} \to \mathbb{R}$ beschränken, die auch die Normierungsbedingung (4.1.16) erfüllen. Wir werden sehen, daß die in Lemma 4.1.5 angegebenen notwendigen Eigenschaften sich auch als hinreichend für die Festlegung eines W-Maßes P über $(\mathbb{R},\mathbb{B})$ erweisen werden. Daher die folgende Definition:

4.1.6 DEFINITION: *Eine Funktion $F : \mathbb{R} \to \mathbb{R}$ heißt Verteilungsfunktion (VF) über $\mathbb{R}$, falls sie monoton nichtfallend, rechtsseitig stetig und normiert [$F(-\infty)=0$, $F(\infty)=1$] ist.*
Eine Funktion $F : \mathbb{R} \to \mathbb{R}$ heißt maßdefinierende Funktion über $\mathbb{R}$, falls sie monoton nichtfallend und rechtsseitig stetig ist.

Nach Lemma 4.1.5 gibt es einerseits zu *jedem* W-Maß P über $(\mathbb{R},\mathbb{B})$ eine VF F_P gemäß (4.1.14), andererseits kann zu einer Funktion $F : \mathbb{R} \to \mathbb{R}$ höchstens dann ein W-Maß P über $(\mathbb{R},\mathbb{B})$ mit der Eigenschaft

(4.1.18) $$P((-\infty,x]) = F(x) \quad \forall x \in \mathbb{R}$$

existieren, wenn F eine VF ist. Wir wollen nun den grundlegenden Satz zur Konstruktion von Maßen aus maßdefinierenden Funktionen formulieren, der uns insbesondere sagt, daß es tatsächlich zu jeder VF F ein eindeutig bestimmtes W-Maß P über $(\mathbb{R},\mathbb{B})$ mit der Eigenschaft (4.1.18) gibt.

4.1.7 SATZ: *Zu jeder maßdefinierenden Funktion $F : \mathbb{R} \to \mathbb{R}$ gibt es genau ein Maß μ_F über $(\mathbb{R}, \mathbb{B})$ mit*

(4.1.19) $$\mu_F((a,b]) = F(b)-F(a) \quad \forall a\le b.$$

Ist F eine Verteilungsfunktion, so ist μ_F gemäß (4.1.19) ein W-Maß, das wir mit P_F bezeichnen.

Beweis: Der Beweis der Existenz eines Maßes μ_F mit (4.1.19) wird auf Kapitel 9 (Satz 9.2.2) verschoben, da es sich um einen reinen Existenzbeweis handelt, der im folgenden nicht wieder benutzt wird. Die Eindeutigkeit von μ_F ist eine Konsequenz des nachfolgenden Eindeutigkeitssatzes, da G_1 ein $\cap$-stabiler Erzeuger von $\mathbb{B}$ ist mit $(-n,n]\in G_1$, $\mu_F((-n,n])=F(n)-F(-n)<\infty$ $\forall n \in \mathbb{N}$ und $\bigcup_{n=1}^{\infty} (-n,n] = \mathbb{R}$.
Die Normiertheit von μ_F für eine Verteilungsfunktion F folgt aus der Normiertheit von F, denn

$$\mu_F(\mathbb{R}) = \lim_{n\to\infty} \mu_F((-n,n]) = \lim_{n\to\infty} (F(n)-F(-n))=F(\infty)-F(-\infty) = 1. \quad \square$$

4.1.8 EINDEUTIGKEITSSATZ: *Gegeben sei ein Meßraum (Ω,A) und ein $\cap$-stabiler (durchschnitt-stabiler) Erzeuger E von A, d.h. $E \subset P(\Omega)$, $A=\sigma_\Omega(E)$, $E_1 \cap E_2 \in E$ $\forall E_1,E_2 \in E$. Weiter seien μ_1 und μ_2 Maße über (Ω,A) mit*

(4.1.20) $\mu_1(E) = \mu_2(E) \; \forall E \in \mathcal{E}$.

Gibt es dann eine Folge $(E_n \in \mathcal{E},\, n \in \mathbb{N})$ *mit* $E_n \subset E_{n+1},\ \mu_1(E_n) < \infty \;\; \forall n \in \mathbb{N}$ *und* $\bigcup_{n=1}^{\infty} E_n = \Omega$, *so folgt* $\mu_1 = \mu_2$ *(auf* $\mathcal{A}$*).*

Auch der *Beweis* dieses Satzes wird auf Kapitel 9 verschoben, vgl. Beispiel 9.1.5. Der Satz selbst wird im folgenden wiederholt verwendet werden und wurde deshalb schon an dieser Stelle formuliert.

Satz 4.1.7 beantwortet die eingangs gestellte Frage nach der Existenz eines Limesexperimentes in Beispiel 4.1.1 positiv: Es gibt genau ein W-Maß P zu der in Abb. 4.1.2 dargestellten VF, das die Gleichung (4.1.2) erfüllt. P ist sozusagen eine kontinuierliche Version der Laplace-Verteilung. Man nennt P *uniforme* Verteilung über (o,1) oder auch *Rechteck(0,1) Verteilung*, *kurz* *R(0,1)-Verteilung*. Der Name rührt von der Tatsache her, daß die Ableitung $F'(x) = 0$ für $x \notin [0,1]$ und $F'(x) = 1$ für $x \in (0,1)$ Rechteckgestalt hat.

Bemerkung: An dieser Stelle können wir präzisieren, weshalb wir uns in Abschnitt 1.2 nicht auf $\mathcal{P}(\Omega)$ als zulässigen Definitionsbereich von W-Maßen beschränkt haben: Es gibt z.B. *kein* W-Maß P über $([0,1],\mathcal{P}([0,1]))$ mit $P((a,b]) = b-a \;\forall a,b \in [0,1]$ mit $a \leq b$. Einen Beweis dieser Behauptung findet man wegen $P\{x\} = 0 \;\forall x \in [0,1]$ in Plachky (1981), Abschnitt 1.1.

4.1.9 BEISPIEL: Die VF F der R(0,1)-Verteilung ist eine gekappte Version der Identität $G(x)=x \;\forall x \in \mathbb{R}$. Die Identität G ist offenbar eine maßdefinierende Funktion. Das zugehörige (nichtendliche) Maß $\lambda := \mu_G$ über $(\mathbb{R}, \mathbb{B})$ mit

$$\lambda((a,b]) = b-a \quad \forall a,b \in \mathbb{R} \text{ mit } a \leq b$$

heißt *Lebesgue-Maß über* $\mathbb{R}$ und wird durchgängig mit λ oder λ_1 bezeichnet. Nach Satz 4.1.7 erweitert das Lebesgue-Maß die Längenmessung in $\mathbb{R}$ von Intervallen auf beliebige Borelsche Mengen. In Aufgabe 4.1.1 wird gezeigt, daß das Lebesgue-Maß λ auf $\mathbb{B}$ tatsächlich die folgenden Eigenschaften einer Längenmessung besitzt:

(4.1.21) $\lambda((0,1]) = 1$ (Normierungsbedingung),

(4.1.22) $\lambda(B+x)=\lambda(B)\ \forall B \in \mathbb{B}\ \forall x \in \mathbb{R}$ (Translationsinvarianz),

wobei B+x die translatierte Menge $\{b+x : b\in B\}$ bezeichnet. Aufgabe 4.1.2 zeigt, daß eine solche Längenmessung nicht für alle Teilmengen von $\mathbb{R}$ möglich ist. Daraus folgt insbesondere auch $\mathbb{B} \neq \mathcal{P}(\mathbb{R})$.□

Man bemerkt, daß für das W-Maß(!) $Q(B) := \lambda(B \cap (0,1])$, $B \in \mathbb{B}$, Die Beziehung $Q((a,b]) = F(b)-F(a)$, $a\leq b$, mit F aus Abb. 4.1.2 gilt. Nach dem Eindeutigkeitssatz gilt also $Q = \mathcal{R}(0,1)$. Allgemeiner wird diese Möglichkeit der Einschränkung auf Teile des Stichprobenraumes in der folgenden Bemerkung erläutert.

4.1.10 BEMERKUNG: Ist $(\Omega,\mathcal{A},\mu)$ ein Maß-Raum und $\emptyset \neq \Omega_o \in \mathcal{A}$, so kann man gemäß $\mu_o(B) := \mu(B)\ \forall B \in \Omega_o\mathcal{A} := \{\Omega_o \cap A : A \in \mathcal{A}\}$, s. Aufg. 4.1.5, die *Einschränkung* $\mu_o = \mu|\Omega_o$ von μ auf Ω_o definieren. Insbesondere wenn μ ein W-Maß ist, das sich auf Ω_o konzentriert ($\mu(\Omega_o)=1$), betrachtet man häufig die Einschränkung auf Ω_o. Die zunächst über $(\mathbb{R},\mathbb{B})$ erklärte $\mathcal{R}(0,1)$-Verteilung kann demgemäß auch als W-Maß über $((0,1],\ (0,1]\,\mathbb{B})$ betrachtet werden.

Zum Abschluß dieses Abschnitts fassen wir das Hauptergebnis noch einmal zusammen:

4.1.11 KORRESPONDENZSATZ: *Zu jeder VF F über $\mathbb{R}$ gibt es genau ein W-Maß P über $(\mathbb{R},\mathbb{B})$ mit der Eigenschaft (4.1.18). Andererseits wird für jedes W-Maß P über $(\mathbb{R},\mathbb{B})$ durch (4.1.18) eine VF F über $\mathbb{R}$ definiert. Die Beziehung (4.1.18) definiert also eine bijektive Abbildung (Korrespondenz) zwischen der Menge der VF über $\mathbb{R}$ und der Menge der W-Maße über $(\mathbb{R},\mathbb{B})$.*

Im Prinzip müssen sich also alle Eigenschaften eines W-Maßes über $(\mathbb{R},\mathbb{B})$ mit Hilfe der korrespondierenden VF ausdrücken lassen. Das folgende Lemma gibt hierfür einige Beispiele.

4.1.12 LEMMA: *F sei eine VF über $\mathbb{R}$ und P das zugehörige W-Maß über $(\mathbb{R},\mathbb{B})$. Dann gilt $\forall x,y \in \mathbb{R}$ mit $x \leq y$:*

(4.1.23) $$P((-\infty,x)) = \lim_{n\to\infty} F(x-\tfrac{1}{n}) =: F(x\_),$$

(4.1.24) $$P\{x\} = F(x) - F(x\_),$$

(4.1.25) $$P\{x\} = 0 \Leftrightarrow F \text{ stetig im Punkt } x,$$

(4.1.26) $\quad P((x,y]) = 0 \Leftrightarrow F(x) = F(y).$

Beweis: Es gilt $P((-\infty,x)) = \lim P((-\infty,x-\frac{1}{n}]) = \lim F(x-\frac{1}{n})$ und $P\{x\} = \lim P((x-\frac{1}{n},x]) = \lim (F(x) - F(x-\frac{1}{n}))$, also (4.1.23) und (4.1.24). Aus (4.1.24), der Monotonie und der rechtsseitigen Stetigkeit von F folgt (4.1.25). Die Beziehung (4.1.26) folgt unmittelbar aus (4.1.19). □

4.1.13 BEISPIEL: Ein diskretes W-Maß P mit Träger $T \subset \mathbb{R}$ kann wegen $T \in \mathbb{B}$ [vgl. (4.1.6)] als W-Maß über $(\mathbb{R}, \mathbb{B})$ aufgefaßt werden. Sind z.B. bei endlichem T die Trägerpunkte von P durch $t_1 < t_2 < \cdots < t_n$ gegeben, so hat die zugehörige VF F mit $p_i = P\{t_i\}$ die in Abb. 4.1.3 angegebene Gestalt.

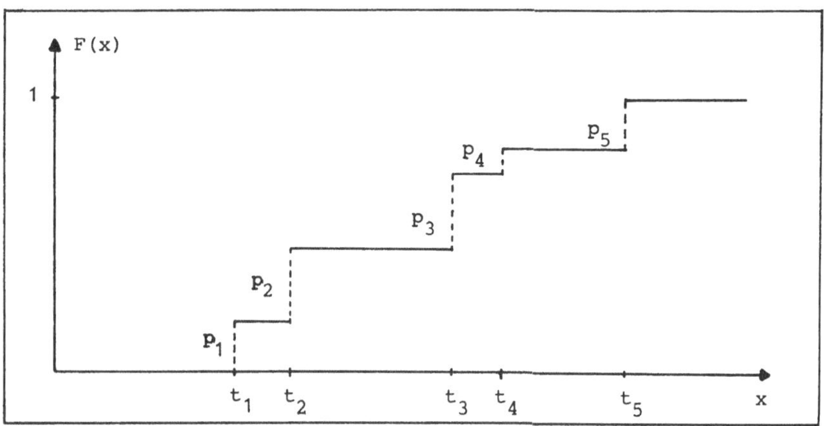

Abb.: 4.1.3 Die VF eines diskreten W-Maßes mit endlichem Träger.

Die Sprunghöhen $F(t_i) - F((t_i)_-)$ sind gerade die Wahrsch. der Trägerpunkte t_i. Mit Hilfe der Zähldichte p von P läßt sich F offenbar in der folgenden Form schreiben

$$(4.1.27) \qquad F(x) = \sum_{t \in T} p(t) 1_{(-\infty,x]}(t), \quad x \in \mathbb{R}.$$

Ein diskretes W-Maß über $\mathbb{R}$ mit sich nicht häufenden Trägerpunkten ist also gekennzeichnet durch eine stückweise konstante VF. Ein Beispiel eines diskreten W-Maßes mit dichten Träger in $\mathbb{R}$ wird in Aufgabe 4.1.6 behandelt. □

Nach Lemma 4.1.12 ist die VF eines W-Maßes P über ($\mathbb{R}$, $\mathbb{B}$) genau dann stetig auf $\mathbb{R}$, wenn $P\{x\} = 0 \; \forall x \in \mathbb{R}$ gilt (Punkte tragen die Masse 0). In diesem Fall heißt das W-Maß P *stetig*. D.h., P ist stetig genau dann, wenn die zugehörige VF F stetig ist. Offenbar kann ein W-Maß nicht gleichzeitig diskret und stetig sein. Es gibt jedoch W-Maße, die weder diskret noch stetig sind. Der Leser konstruiere einfache Beispiele. Eine besonders wichtige Teilklasse der stetigen VF bzw. stetigen W-Maße wird im folgenden Abschnitt beschrieben.

4.2 W-MASSE MIT RIEMANN-DICHTEN ÜBER $\mathbb{R}$

In Formel (4.1.27) haben wir die Werte F(x) der VF eines *diskreten* W-Maßes P über $\mathbb{R}$ durch Aufsummierung der Zähldichte p im Bereich $(-\infty,x]$ dargestellt. Substituieren wir die Zähldichte p durch eine Riemann-Dichte f und die Summe (Reihe) durch ein (Riemann-)Integral, so erhalten wir eine zu (4.1.27) analoge Darstellung spezieller stetiger Verteilungsfunktionen über $\mathbb{R}$.

4.2.1 DEFINITION UND SATZ: *Eine Funktion $f : \mathbb{R} \to \mathbb{R}$ heißt Riemann-Dichte (oder kurz Dichte) über $\mathbb{R}$, wenn gilt*

(4.2.1) *$f(x) \geq 0 \; \forall x \in \mathbb{R}$ und f ist Riemann-integrierbar über $\mathbb{R}$ mit $\int_{-\infty}^{+\infty} f(x)dx = 1$.*

Ist f eine Dichte über $\mathbb{R}$, so definiert

$$F(x) = \int_{-\infty}^{x} f(y)dy, \quad x \in \mathbb{R}, \tag{4.2.2}$$

eine absolut stetige Verteilungsfunktion F über $\mathbb{R}$. Ist P das zu F gehörige W-Maß über ($\mathbb{R}$, $\mathbb{B}$), so nennt man f eine Dichte von P. Es gilt dann

$$P([a,b]) = P((a,b)) = P((a,b]) = \int_{a}^{b} f(y)dy \quad \forall a \leq b. \tag{4.2.3}$$

Beweis: Wegen $f \geq 0$ und der R-Integrierbarkeit von f definiert (4.2.2) eine monoton nichtfallende Funktion F mit $F(-\infty)=0$. F ist auch absolut stetig, s. z.B. Mangoldt-Knopp (1973) Nr. 54. Außerdem gilt $F(\infty) = \lim_{n\to\infty} F(n) = \int_{-\infty}^{\infty} f(y)dy=1$. Die Beziehung (4.2.3) folgt aus $P((a,b]) = F(b)-F(a) = \int_a^b f(y)dy$ und der Stetigkeit von F bzw. P. □

Wie Abb. 4.2.1 veranschaulicht, kann *für ein W-Maß P mit Dichte f* die Wahrscheinlichkeit P((a,b]) als Fläche zwischen dem Abzissenabschnitt (a,b] und dem darüberliegenden Graphen von f interpretiert werden. Aufgabe 4.2.1 zeigt, daß keineswegs jedes stetige W-Maß P über $(\mathbb{R}, \mathbb{B})$ bzw. jede stetige VF F über $\mathbb{R}$ eine Dichte f besitzt.

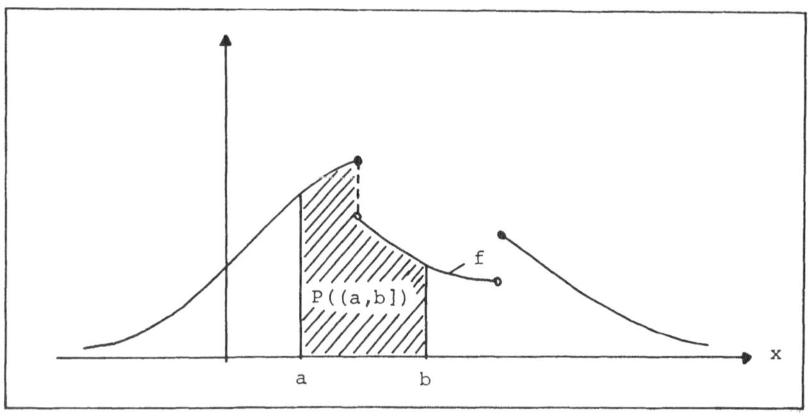

Abb. 4.2.1 P((a,b]) als Fläche unter dem Graphen von f.

In den folgenden Beispielen zeigen wir, daß die Modellierung von absolut stetigen Verteilungsfunktionen bzw. W-Maßen durch Dichten ebenso einfach und übersichtlich ist, wie die Modellierung von diskreten W-Maßen durch Zähldichten. Die Analogie zwischen Summation und Integration bzw. zwischen Zähldichte und Dichte führt dazu, daß beide Begriffspaare in Kapitel 5 unter den Begriffen μ-Integral und μ-Dichte zusammengefaßt werden können.

4.2.2 RECHTECK(a,b) VERTEILUNG: Für jedes Paar $a,b \in \mathbb{R}$ mit $a<b$ wird offenbar durch

(4.2.4) $$f(x) = \frac{1}{b-a} 1_{[a,b]}(x), \quad x \in \mathbb{R},$$

eine Dichte f über $\mathbb{R}$ definiert. Das zugehörige W-Maß über $(\mathbb{R}, \mathbb{B})$ heißt (aus offensichtlichen Gründen) *Rechteck(a,b) Verteilung* und wird auch kurz mit *R*(a,b) bezeichnet. Die *R*(a,b)-Verteilung konzentriert alle Masse auf das Intervall [a,b]. In Abschnitt 4.1 haben wir die $R(0,1)$-Verteilung bereits kennengelernt. Rechteck(a,b) Verteilungen spielen bei der Modellierung realer Zufallsexperimente direkt eine geringe Rolle. Ihre Bedeutung liegt vielmehr darin, daß man mit Hilfe geeigneter Transformationen jede vorgegebene Verteilung über $(\mathbb{R}, \mathbb{B})$ als induzierte Verteilung einer $R(0,1)$-Verteilung erhalten kann, s. Aufgabe 5.6.14.

4.2.3 EXPONENTIAL(α) VERTEILUNG UND WEIBULL(α,β) VERTEILUNG:

Für jedes $\alpha \in (0,\infty)$ wird durch

$$(4.2.5) \qquad f(x) = \begin{cases} \alpha \exp(-\alpha x), & \text{falls } x>0 \\ 0 & \text{, falls } x \leq 0,\ x \in \mathbb{R}, \end{cases}$$

offenbar eine Dichte f über $\mathbb{R}$ definiert, die alle Masse auf die positive Halbachse $(0,\infty)$ konzentriert, vgl. Abb. 4.2.2. Die zugehörige VF F hat die Darstellung

$$(4.2.6) \qquad F(x) = \begin{cases} 1 - \exp(-\alpha x), & \text{falls } x>0, \\ 0 & \text{, falls } x \leq 0,\ x \in \mathbb{R}. \end{cases}$$

Das zugehörige W-Maß P über $(\mathbb{R}, \mathbb{B})$ heißt *Exponential(α) Verteilung* und wird auch kurz mit $E(\alpha)$ bezeichnet.

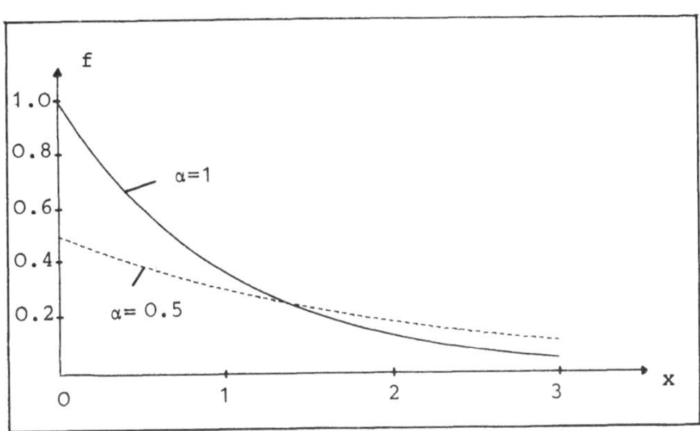

Abb. 4.2.2: Exponential(α) Dichten.

Exponential(α) Verteilungen beschreiben z.B. die Lebensdauer eines radioaktiven Atoms, die Lebensdauer von Transistoren, allgemeiner Lebensdauer von Stoffen oder Produkten, die (zumindest angenähert) keinem Alterungsprozeß unterliegen. Die Begründung hierfür liegt in der zeitlichen Konstanz der zugehörigen Ausfallrate, wobei die *(momentane) Ausfallrate $r(x)$ zum Zeitpunkt x* definiert wird durch

(4.2.7) $$\lim_{0<\varepsilon\to 0} \frac{1}{\varepsilon} P((x,x+\varepsilon])/P((x,\infty)) =: r(x),$$

d.h.

(4.2.8) $$r(x) = f(x)/(1-F(x)), \; x\in\mathbb{R}.$$

$r(x)$ kann als (momentanes oder differentielles) Ausfallrisiko einer Komponente angesehen werden, die bis zum Zeitpunkt x tatsächlich noch nicht ausgefallen ist.

Für die Exponential(α) Verteilung ergibt sich über dem interessierenden Zeitbereich $(0,\infty)$ offenbar die konstante Ausfallrate

(4.2.9) $$r(x) = \alpha \quad \forall x \in (0,\infty).$$

In anderen realen Situationen nimmt jedoch häufig die Ausfallrate mit dem Alter zu, z.B. Krebssterberisiko, oder im Fall sog. "Kinderkrankheiten" nimmt die Ausfallrate mit dem Alter ab. Eine Verteilungsfamilie, die bei geeigneter Wahl der Parameter beide Fälle modelliert, ist die Klasse der *Weibull(α,β) Verteilungen:*

Für jedes Parameterpaar $\alpha\in(0,\infty)$, $\beta\in(0,\infty)$ definiert

(4.2.10) $$f(x) = \begin{cases} \alpha\beta x^{\beta-1} \exp(-\alpha x^{\beta}), & \text{falls } x>0, \\ 0 & \text{, falls } x\leq 0,\; x\in\mathbb{R}, \end{cases}$$

eine Dichte f über $\mathbb{R}$. (Die Substitution $y=x^{\beta}$, $dy=\beta x^{\beta-1}dx$ führt auf das Integral der $E(\alpha)$-Dichte!) Die zugehörige VF F hat die Darstellung

(4.2.11) $$F(x) = \begin{cases} 1 - \exp(-\alpha x^{\beta}), & \text{falls } x>0, \\ 0 & \text{, falls } x\leq 0,\; x\in\mathbb{R}, \end{cases}$$

und das zugehörige W-Maß P über $(\mathbb{R},\mathbb{B})$ heißt Weibull(α,β)Verteilung. Offenbar ist die Weibull(α,1) Verteilung gerade eine Exponential(α) Verteilung.

Als Ausfallrate der Weibull(α,β)Verteilung über dem interessierenden Zeitbereich $(0,\infty)$ ergibt sich nach (4.2.8)

(4.2.12) $$r(x) = \alpha\beta x^{\beta-1}, \; x\in(0,\infty).$$

Für $\beta>1$ ist die Ausfallrate r streng monoton wachsend über $(0,\infty)$, d.h. es liegt Alterung vor, während für $0<\beta<1$ die Ausfallrate r streng monoton fallend ist, d.h. das Ausfallrisiko nimmt mit zunehmendem Alter ab ("Kinderkrankheiten"). Im Fall $\beta=1$ haben wir schließlich die zeitlich konstante Ausfallrate α der $E(\alpha)$-Verteilung.

4.2.4 Normal(μ,σ^2) Verteilung: Die *Gauß'sche Glockenkurve*

(vgl. Abb. 4.2.3)

$$\varphi(x) = \frac{1}{\sqrt{2\pi}} \exp(-\frac{x^2}{2}), \quad x \in \mathbb{R}, \tag{4.2.13}$$

ist eine Dichte über $\mathbb{R}$, denn es gilt zunächst $\varphi \geq 0$ und

$$\left(\int_{-\infty}^{+\infty} \varphi(y)dy\right)^2 = \int_{-\infty}^{+\infty}\int_{-\infty}^{+\infty} \varphi(x)\varphi(y)dx\,dy = \int_{-\infty}^{+\infty}\int_{\infty}^{+\infty} \frac{1}{2\pi} \exp(-\frac{x^2+y^2}{2})dx\,dy.$$

Durch Einführung von Polarkoordinaten (r,α) und Substitution gemäß $x = r\cos\alpha$, $y = r\sin\alpha$, $dx\,dy = r\,dr\,d\alpha$ ergibt sich für das letzte Integral

$$\frac{1}{2\pi}\int_0^{2\pi} d\alpha \int_0^{\infty} dr\; r\exp(-\frac{r^2}{2}) = \int_0^{\infty} dr\; r\exp(-\frac{r^2}{2}) = 1.$$

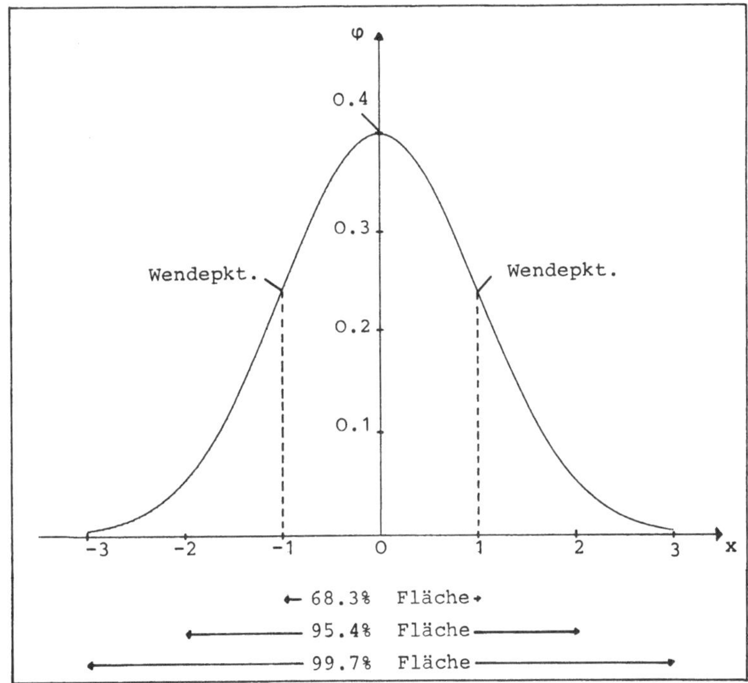

Abb. 4.2.3: Die Gauß'sche Glockenkurve

Die zugehörige VF wird mit Φ bezeichnet, vgl. (3.2.6); sie läßt sich nicht elementar darstellen. Das zugehörige W-Maß über $(\mathbb{R}, \mathbb{B})$ heißt *Normal(0,1) Verteilung*, *Standard-Normalverteilung* oder *Standard-Gaußverteilung*. Es wird auch kurz mit $N(0,1)$-Verteilung bezeichnet.

Nach dem zentralen Grenzwertsatz von de Moivre-Laplace (Satz 3.2.3) approximiert die $N(0,1)$-Verteilung für große n, die Verteilung von $(S_n - E_p S_n)/\sqrt{Var_p S_n}$, falls S_n eine Binomial(n,p) Verteilung besitzt. Die überaus große Bedeutung der $N(0,1)$-Verteilung beruht darauf, daß die angesprochene Approximationseigenschaft unter sehr viel allgemeineren Voraussetzungen an die Verteilung von S_n gültig bleibt, vgl. Abschnitt 9.4. Für beliebige Parameterpaare $\mu \in \mathbb{R}$, $\sigma \in (0,\infty)$ ist mit φ auch die Funktion φ_{μ,σ^2} gemäß

(4.2.14) $$\varphi_{\mu,\sigma^2}(x) = \frac{1}{\sigma}\,\varphi\left(\frac{x-\mu}{\sigma}\right), \quad x \in \mathbb{R},$$

eine Dichte über $\mathbb{R}$. (Man substituiere $y = (x-\mu)/\sigma$, $dy=dx/\sigma$ bei der Berechnung von $\int_{-\infty}^{+\infty} \varphi_{\mu,\sigma^2}(x)dx$.) Das zugehörige W-Maß heißt *Normal(μ,σ^2) Verteilung*, kurz *$N(\mu,\sigma^2)$-Verteilung*. Die Einführung von μ bewirkt eine Verschiebung der Kurve in Abb. 4.2.3 derart, daß das Maximum über μ liegt, während die Division durch σ die Einführung einer neuen Skala auf der x-Achse bedeutet: Die Maßeinheit 1 wird durch σ ersetzt.

Die Parameter μ und σ^2 einer $N(\mu,\sigma^2)$-Verteilung können auch als Erwartungswert bzw. Varianz der $N(\mu,\sigma^2)$-Verteilung interpretiert werden. Dabei definiert man den *Erwartungswert bzw.* die *Varianz eines W-Maßes P mit Riemann-Dichte f* analog zum diskreten Fall [vgl. (3.1.10)]

(4.2.15) $$E(P) = \int_{-\infty}^{+\infty} xf(x)dx, \qquad Var(P) = \int_{-\infty}^{+\infty} (x-E(P))^2 f(x)dx,$$

falls die entsprechenden absoluten (uneigentlichen) Integrale existieren. Für die $N(\mu,\sigma^2)$-Verteilung gilt

(4.2.16) $$E(N(\mu,\sigma^2)) = \mu, \quad Var(N(\mu,\sigma^2)) = \sigma^2,$$

denn wegen $\varphi'(x) = -x\varphi(x)$, $x \in \mathbb{R}$, gilt zunächst

$$\int_{-\infty}^{+\infty} |x|\varphi(x)dx = 2 \lim_{n\to\infty} \int_0^n x\varphi(x)dx = 2 \lim_{n\to\infty} (\varphi(0)-\varphi(n)) = 2\varphi(0)<\infty,$$

also $\int_{-\infty}^{+\infty} x\varphi(x)dx = 0$ und damit (wegen $\int_{-\infty}^{+\infty} \varphi_{\mu,\sigma^2}(x)dx = 1$)

$$E(N(\mu,\sigma^2)) = \int_{-\infty}^{+\infty} x\varphi_{\mu,\sigma^2}(x)dx = \mu + \int_{-\infty}^{+\infty} (x-\mu) \frac{1}{\sigma} \varphi(\frac{x-\mu}{\sigma})dx = \mu.$$

Wegen $\varphi''(x) = -\varphi(x) + x^2\varphi(x)$, $x \in \mathbb{R}$, folgt daher

$$Var(N(\mu,\sigma^2)) = \int_{-\infty}^{+\infty} (x-\mu)^2\varphi_{\mu,\sigma^2}(x)dx = \sigma^2 \int_{-\infty}^{+\infty} y^2\varphi(y)dy$$

$$= \sigma^2 \int_{-\infty}^{+\infty} \varphi(y)dy + 2\sigma^2 \lim_{n\to\infty} (\varphi'(n)-\varphi'(0)) = \sigma^2. \quad \square$$

Weitere Dichten werden wir später bei der Berechnung von geeigneten kritischen Bereichen für das Testen von Modellparametern bzw. bei der Bestimmung geeigneter Konfidenzintervalle für die unbekannten Modellparameter kennenlernen.

4.3 MASSE UND W-MASSE ÜBER $(\mathbb{R}^k, \mathbb{B}^k)$

Die Ergebnisse der Abschnitte 4.1 und 4.2 erlauben eine Verallgemeinerung auf den k-dimensionalen euklidischen Raum $\mathbb{R}^k$ und damit eine einfache Modellierung von W-Maßen P über $\mathbb{R}^k$ durch VF $F : \mathbb{R}^k \to \mathbb{R}$ bzw. Riemann-Dichten $f : \mathbb{R}^k \to \mathbb{R}$ über $\mathbb{R}^k$, wobei natürlich wieder eine Einschränkung des Definitionsbereiches von P auf das System der "Borel-Mengen" in $\mathbb{R}^k$ vorzunehmen ist.

4.3.1 DEFINITION: *Mit der Bezeichnung* $(\underset{\sim}{a},\underset{\sim}{b}] := \overset{k}{\underset{i=1}{X}} (a_i,b_i]$ *für* $\underset{\sim}{a}=(a_1,\ldots,a_k) \in \mathbb{R}^k$, $\underset{\sim}{b}=(b_1,\ldots,b_k) \in \mathbb{R}^k$ *mit* $\underset{\sim}{a}<\underset{\sim}{b}$, *d.h. mit* $a_i \le b_i$ $\forall i$ *sei*

(4.3.1) $\quad G_k = \{(\underset{\sim}{a},\underset{\sim}{b}] : \underset{\sim}{a},\underset{\sim}{b} \in \mathbb{R}^k$ *mit* $\underset{\sim}{a}<\underset{\sim}{b}$ *(komponentenweise)*$\}$

das System der "halboffenen" Quader in $\mathbb{R}^k$. *Die gemäß Lemma 4.1.2 von* G_k *über* $\mathbb{R}^k$ *erzeugte σ-Algebra*

(4.3.2) $$\mathbb{B}^k := \sigma_{\mathbb{R}^k}(G_k)$$

heißt (k-dimensionale) Borel σ-Algebra über $\mathbb{R}^k$.

Die Aussagen von Lemma 4.1.4 übertragen sich in analoger Weise:

(4.3.3) $\quad A \in \mathbb{B}^k$, falls A abzählbare Teilmenge von $\mathbb{R}^k$,

(4.3.4) $I \in \mathbb{B}^k$, falls I irgendein Quader in $\mathbb{R}^k$

d.h. $I = \overset{k}{\underset{i=1}{X}} I_i$ mit I_i Intervall in $\mathbb{R}$ $\forall i$,

(4.3.5) $(-\infty,\underset{\sim}{a}] = \overset{k}{\underset{i=1}{X}} (-\infty,a_i] \in \mathbb{B}^k \quad \forall \underset{\sim}{a}=(a_1,\dots,a_k) \in \mathbb{R}^k$,

(4.3.6) $G \in \mathbb{B}^k$ $\forall G$ offen in $\mathbb{R}^k$, $F \in \mathbb{B}^k$ $\forall F$ abgeschlossen in $\mathbb{R}^k$.

So gilt z.B.

$$\overset{k}{\underset{i=1}{X}} [a_i,b_i) = \bigcup_{n=1}^{\infty} \overset{k}{\underset{i=1}{X}} [a_i,b_i - \tfrac{1}{n}] = \bigcup_{n=1}^{\infty} \bigcap_{m=1}^{\infty} \overset{k}{\underset{i=1}{X}} (a_i - \tfrac{1}{m},b_i - \tfrac{1}{n}] \in \mathbb{B}^k.$$

Die restlichen Beweise seien dem Leser überlassen.

4.3.2 Definition und Satz:

Gegeben sei ein W-Maß P über ($\mathbb{R}^k$, $\mathbb{B}^k$). Dann heißt die durch

(4.3.7) $F(\underset{\sim}{x}) = P((-\infty,\underset{\sim}{x}])$, $\underset{\sim}{x}=(x_1,\dots,x_k) \in \mathbb{R}^k$,

definierte Funktion $F : \mathbb{R}^k \to \mathbb{R}$ *<u>Verteilungsfunktion von P</u>. Es gilt*

(4.3.8) *F ist <u>rechtsseitig stetig</u>, d.h. für jede Folge* $(\underset{\sim}{x}_{(n)}, n \in \mathbb{N})$ *in* $\mathbb{R}^k$ *mit* $\underset{\sim}{x}_{(n)} \geq \underset{\sim}{x}_{(n+1)}$ *(komponentenweise)* $\forall n \in \mathbb{N}$ *und* $\lim_{n\to\infty} \underset{\sim}{x}_{(n)} = \underset{\sim}{x} \in \mathbb{R}^k$ *gilt* $\lim_{n\to\infty} F(\underset{\sim}{x}_{(n)}) = F(\underset{\sim}{x})$.

(4.3.9) *F ist <u>normiert</u>, d.h. für jede Folge* $(\underset{\sim}{x}_{(n)}, n \in \mathbb{N})$ *in* $\mathbb{R}^k$ *mit* $\underset{\sim}{x}_{(n)} \leq \underset{\sim}{x}_{(n+1)}$ $\forall n \in \mathbb{N}$ *und* $\lim_{n\to\infty} x_{(n)i} = \infty$ $\forall i=1,\dots,k$ *gilt* $\lim_{n\to\infty} F(\underset{\sim}{x}_{(n)}) = 1$, *und für jede Folge* $(\underset{\sim}{x}_{(n)}, n \in \mathbb{N})$ *in* $\mathbb{R}^k$ $\underset{\sim}{x}_{(n)} \geq \underset{\sim}{x}_{(n+1)}$ $\forall n \in \mathbb{N}$ *mit* $\lim_{n\to\infty} x_{(n)i} = -\infty$ *für mindestens ein* $i \in \{1,\dots,k\}$ *gilt* $\lim_{n\to\infty} F(\underset{\sim}{x}_{(n)}) = 0$.

(4.3.10) *F ist <u>Δ-monoton</u>, d.h. für alle* $\underset{\sim}{a},\underset{\sim}{b} \in \mathbb{R}^k$ *mit* $\underset{\sim}{a}=(a_1,\dots,a_k) \leq (b_1,\dots,b_k) = \underset{\sim}{b}$ *(komponentenweise) gilt*

$$\Delta_{\underset{\sim}{a}}^{\underset{\sim}{b}} F := \sum_{\underset{\sim}{x}\in\{0,1\}^k} (-1)^{k-\sum_{i=1}^{k} x_i} F(b_1^{x_1} a_1^{1-x_1},\dots,b_k^{x_k} a_k^{1-x_k}) \geq 0.$$

<u>Beweis:</u> Die Eigenschaften (4.3.8) und (4.3.9) folgen direkt aus den Stetigkeitseigenschaften (1.3.12), (1.3.13) und aus $P(\mathbb{R}^k) = 1$, $P(\emptyset) = 0$, wenn man zu den jeweiligen Folgen $\underset{\sim}{x}_{(n)}, n \in \mathbb{N}$,

die Ereignisfolgen $(-\infty,\underset{\sim}{x}_{(n)}] = \overset{k}{\underset{i=1}{\times}} (-\infty,x_{(n)i}]$, $n \in \mathbb{N}$, betrachtet.

Die Eigenschaft (4.3.10) folgt aus der Beziehung

(4.3.11) $\quad P((\underset{\sim}{a},\underset{\sim}{b}]) = \Delta_{\underset{\sim}{a}}^{\underset{\sim}{b}} F$, $\underset{\sim}{a},\underset{\sim}{b} \in \mathbb{R}^k$ mit $\underset{\sim}{a} \leq \underset{\sim}{b}$.

Wir begnügen uns hier mit dem Nachweis von (4.3.11) für k=1 und k=2. Der allgemeine Beweis läßt sich am einfachsten mit Hilfe der Siebformel (1.3.16) führen, vgl. Aufgabe 4.3.1.

Im Fall k=1 ist (4.3.11) gerade die Beziehung (4.1.10):

$$\Delta_a^b F = (-1)^1 F(a) + (-1)^0 F(b) = F(b) - F(a) = P((a,b]).$$

Im Fall k=2 erhalten wir für $\underset{\sim}{a} = (a_1,a_2) \leq (b_1,b_2) = \underset{\sim}{b}$

$$\begin{aligned} \Delta_{\underset{\sim}{a}}^{\underset{\sim}{b}} F &= (-1)^2 F(a_1,a_2) + (-1)^1 F(a_1,b_2) + (-1)^1 F(b_1,a_2) + (-1)^0 F(b_1,b_2) \\ &= P((-\infty,(a_1,a_2)]) - P((-\infty,(a_1,b_2)]) - P((-\infty,(b_1,a_2)]) + P((-\infty,(b_1,b_2)]) \\ &= P((a,b]), \end{aligned}$$

vgl. Abb. 4.3.1. □

Auch hier erweisen sich die bewiesenen notwendigen Bedingungen als hinreichend für die Festlegung von W-Maßen bzw. Maßen über $(\mathbb{R}^k, \mathbb{B}^k)$.

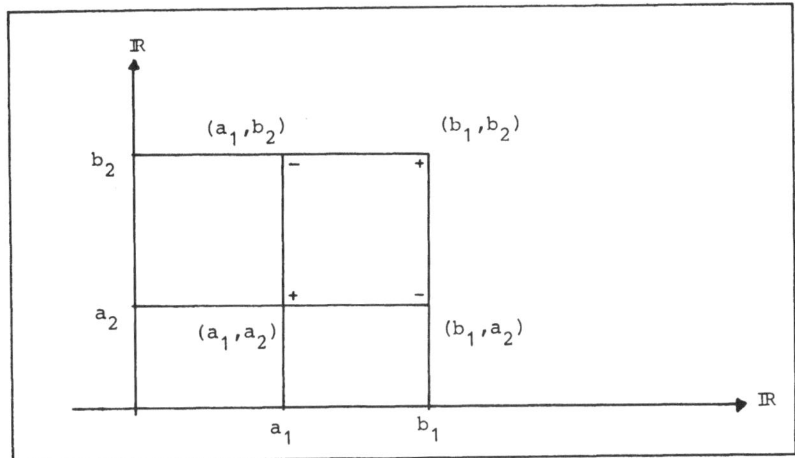

Abb. 4.3.1: $(\underset{\sim}{a},\underset{\sim}{b}] = \{(-\infty,\underset{\sim}{b}] \setminus (-\infty,(a_1,b_2)]\} \setminus \{(-\infty,(b_1,a_2)] \setminus (-\infty,\underset{\sim}{a}]\}$

Daher die folgende Verallgemeinerung von Definition 4.1.6:

4.3.3 DEFINITION: *Eine Funktion $F : \mathbb{R}^k \to \mathbb{R}$ heißt Verteilungsfunktion (VF) über $\mathbb{R}^k$, falls sie Δ-monoton, rechtsseitig stetig und normiert ist, vgl. (4.3.8) bis (4.3.10). Eine Funktion $F : \mathbb{R}^k \to \mathbb{R}$ heißt maßdefinierende Funktion über $\mathbb{R}^k$, falls sie Δ-monoton und rechtsseitig stetig ist.*

Fast wortwörtlich läßt sich die Formulierung und der spätere Beweis von Satz 4.1.7 auf den k-dimensionalen Fall übertragen:

4.3.4 SATZ: *Zu jeder maßdefinierenden Funktion F über $\mathbb{R}^k$ gibt es genau ein Maß μ_F über $(\mathbb{R}^k, \mathbb{B}^k)$ mit*

(4.3.12) $$\mu_F((\underset{\sim}{a},\underset{\sim}{b}]) = \Delta_{\underset{\sim}{a}}^{\underset{\sim}{b}} F \quad \forall \underset{\sim}{a},\underset{\sim}{b} \in \mathbb{R}^k \text{ mit } \underset{\sim}{a} \leq \underset{\sim}{b}.$$

Ist F eine Verteilungsfunktion über $\mathbb{R}^k$, so ist μ_F gemäß (4.3.12) ein W-Maß über $(\mathbb{R}^k, \mathbb{B}^k)$, das wir mit P_F bezeichnen.

Bemerkung (Korrespondenzsatz): Wegen Satz 4.3.2 definiert die Beziehung (4.3.7) eine bijektive Abbildung (Korrespondenz) zwischen der Menge der VF über $\mathbb{R}^k$ und der Menge der W-Maße über $(\mathbb{R}^k, \mathbb{B}^k)$. Ist also eine VF F über $\mathbb{R}^k$ gegeben, so ist P über $(\mathbb{R}^k, \mathbb{B}^k)$ schon eindeutig bestimmt durch

(4.3.13) $$P((-\infty,\underset{\sim}{x}]) = F(\underset{\sim}{x}) \quad \forall \underset{\sim}{x}=(x_1,\ldots,x_k) \in \mathbb{R}^k.$$

4.3.5 BEISPIEL (Produktmaße über $(\mathbb{R}^k, \mathbb{B}^k)$): Sind $F_1,\ldots,F_k$ maßdefinierende Funktionen [bzw. VF] über $\mathbb{R}$, so ist durch

(4.3.14) $$F(x_1,\ldots,x_k) = \prod_{i=1}^{k} F_i(x_i), \quad (x_1,\ldots,x_k) \in \mathbb{R}^k,$$

eine maßdefinierende Funktion F [bzw. eine VF F] über $\mathbb{R}^k$ definiert, denn es gilt

(4.3.15) $$\Delta_{\underset{\sim}{a}}^{\underset{\sim}{b}} F = \prod_{i=1}^{k} (F_i(b_i)-F_i(a_i)) \quad \forall \underset{\sim}{a},\underset{\sim}{b} \in \mathbb{R}^k.$$

Für die zu F bzw. F_i gehörigen Maße μ_F über $(\mathbb{R}^k, \mathbb{B}^k)$ bzw. μ_{F_i} über $(\mathbb{R}, \mathbb{B})$ gilt daher nach (4.3.12) die Beziehung

(4.3.16) $$\mu_F(\mathop{X}_{i=1}^{k} (a_i,b_i]) = \prod_{i=1}^{k} \mu_{F_i}((a_i,b_i]), \quad \underset{\sim}{a} \leq \underset{\sim}{b}.$$

Wegen Satz 4.3.4 kann man (4.3.16) auch folgendermaßen formulieren:

Für i=1,...,k sei μ_i ein Maß über $(\mathbb{R}, \mathbb{B})$ mit einer maßdefinierenden Funktion. Dann gibt es genau ein Maß μ über $(\mathbb{R}^k, \mathbb{B}^k)$ mit der Eigenschaft

$$(4.3.17)\quad \mu\left(\mathop{X}_{i=1}^{k} (a_i,b_i]\right) = \prod_{i=1}^{k} \mu_i((a_i,b_i]) \quad \forall \underset{\sim}{a},\underset{\sim}{b} \in \mathbb{R}^k \text{ mit } \underset{\sim}{a} \leq \underset{\sim}{b}.$$

Dieses Maß μ heißt das *Produktmaß der Maße* μ_i, $i=1,\ldots,k$, und wird mit $\mu = \bigotimes_{i=1}^{k} \mu_i$ bezeichnet. Sind $P_1,\ldots,P_k$ W-Maße über $(\mathbb{R},\mathbb{B})$, so ist also (vgl. Korrespondenzsatz) durch (4.3.17) immer das Produktmaß $P = \bigotimes_{i=1}^{k} P_i$ über $(\mathbb{R}^k, \mathbb{B}^k)$ definiert. (Für diskrete W-Maße P_i, $i=1,\ldots,k$, über $\mathbb{R}$ ist diese Definition offenbar konsistent mit der Definition aus Satz 2.2.2.) In Analogie zu den Überlegungen im diskreten Fall beschreibt das Produktmaß $\bigotimes_{i=1}^{k} P_i$ das aus den Einzelexperimenten P_i durch unabhängige Koppelung gebildete Gesamtexperiment (Koppelungspostulat).

Das Lebesgue-Maß λ über $\mathbb{R}$ hat nach Beispiel 4.1.9 die Identität auf $\mathbb{R}$ als maßdefinierende Funktion. Das zugehörige *k-fache Produktmaß* über $(\mathbb{R}^k, \mathbb{B}^k)$ wird mit λ_k bezeichnet und heißt *k-dimensionales Lebesgue-Maß.* Wegen [vgl. Formel (4.3.17)]

$$(4.3.18)\quad \lambda_k\left(\mathop{X}_{i=1}^{k} (a_i,b_i]\right) = \prod_{i=1}^{k} \lambda((a_i,b_i]) = \prod_{i=1}^{k} (b_i-a_i) \quad \forall \underset{\sim}{a} \leq \underset{\sim}{b}$$

stellt λ_k eine *Ausweitung der elementaren Volumenmessung auf beliebige Borel-Mengen des* $\mathbb{R}^k$ dar. Nach (4.3.14) ist $F(\underset{\sim}{x})=x_1\cdots x_k$, $\underset{\sim}{x}=(x_1,\ldots,x_k) \in \mathbb{R}^k$ eine maßdefinierende Funktion für λ_k. □

Auch hier gilt eine zu Satz 2.2.6 analoge Aussage über die Darstellung eines Produktmaßes durch seine Randverteilungen:

4.3.6 SATZ UND DEFINITION: *Gegeben sei ein W-Maß P über $(\mathbb{R}^k,\mathbb{B}^k)$. Die zugehörige VF über $\mathbb{R}^k$ werde mit F bezeichnet. Dann wird für jedes $i \in \{1,\ldots,k\}$ durch*

$$(4.3.19)\quad F_i(x) := P(\mathbb{R}^{i-1} \times (-\infty,x] \times \mathbb{R}^{k-i}),\ x \in \mathbb{R},$$

offenbar eine VF F_i über $\mathbb{R}$ definiert, die wir i-te Randverteilungsfunktion von F bzw. P nennen; das zugehörige W-Maß P_i über $(\mathbb{R}, \mathbb{B})$ heißt i-te Randverteilung von P. Mit diesen Bezeichnungen gilt: P ist genau dann ein Produktmaß über $(\mathbb{R}^k, \mathbb{B}^k)$, wenn gilt

$$(4.3.20)\quad P = \bigotimes_{i=1}^{k} P_i$$

bzw.

$$(4.3.21)\quad F(x_1,\dots,x_k) = \prod_{i=1}^{k} F_i(x_i) \ \forall (x_1,\dots,x_k) \in \mathbb{R}^k.$$

In diesem Fall nennt man $(\mathbb{R}^k, \mathbb{B}^k, P)$ *ein* <u>*Produktexperiment.*</u>

<u>*Beweis:*</u> Ist P ein Produktmaß gemäß $P = \bigotimes_{i=1}^{k} Q_i$, so folgt aus (4.3.17) für jedes $i \in \{1,\dots,k\}$ durch Grenzübergang $a_j \to -\infty$, $b_j \to \infty$ $\forall j \neq i$ und $a_i \to -\infty$, $F_i(b_i) = P(\mathbb{R}^{i-1} \times (-\infty,b_i] \times \mathbb{R}^{k-i}) = Q_i((-\infty,b_i])$ $\forall b_i \in \mathbb{R}$, also $P_i = Q_i$ $\forall i$ und damit (4.3.20) bzw.

$$F(x_1,\dots,x_k) = P(\mathop{\times}_{i=1}^{k} (-\infty,x_i]) = \prod_{i=1}^{k} P_i((-\infty,x_i]) = \prod_{i=1}^{k} F_i(x_i).$$

Die Umkehrung ist wegen der Äquivalenz von (4.3.20) und (4.3.21) trivial. □

Ein Produktexperiment kann also immer durch unabhängige Koppelung der entsprechenden Randexperimente gewonnen werden. Man mag sich bei den obigen Überlegungen gefragt haben, weshalb wir bei Experimenten über $(\mathbb{R}^k, \mathbb{B}^k)$ den Begriff der unabhängigen Koppelung eingeführt haben, bevor der Koppelungsbegriff selbst vom diskreten Fall auf reellwertige Zufallsexperimente übertragen worden ist. Der Grund ist technischer Natur: Der allgemeine Koppelungsbegriff für reellwertige Zufallsexperimente erfordert, wenn man ihn in der benötigten Allgemeinheit einführen will, einen bisher noch nicht zur Verfügung stehenden allgemeineren Integralbegriff, der die Summation in Formel (2.1.8) ersetzt, während die unabhängige Koppelung ohne Bezugnahme auf Integrale erklärt werden kann. Einen Spezialfall (echter) Koppelung können wir jedoch schon jetzt behandeln, wenn wir die Teilexperimente durch Riemann-Übergangsdichten modellieren. Der allgemeine Fall wird im nächsten Kapitel diskutiert.

4.3.7 DEFINITION UND SATZ: *Eine Funktion* $f : \mathbb{R}^k \to \mathbb{R}$ *heißt* <u>*Riemann-Dichte (oder kurz Dichte) über* $\mathbb{R}^k$</u>, *wenn gilt*

$$(4.3.22)\quad \begin{array}{l} f(\underset{\sim}{x}) \geq 0 \ \forall \underset{\sim}{x} \in \mathbb{R}^k \text{ und } f \text{ ist Riemann-integrierbar} \\ \text{über } \mathbb{R}^k \text{ mit } \int_{-\infty}^{+\infty} \cdots \int_{-\infty}^{+\infty} f(x_1,\dots,x_k)\,dx_1 \cdots dx_k = 1 \end{array}$$

Ist f *eine Dichte über* $\mathbb{R}^k$, *so definiert*

$$(4.3.23)\quad F(\underset{\sim}{x})=\int_{-\infty}^{x_1}\cdots\int_{-\infty}^{x_k} f(y_1,\ldots,y_k)dy_1\cdots dy_k,\ \underset{\sim}{x}=(x_1,\ldots,x_k)\in\mathbb{R}^k,$$

eine stetige Verteilungsfunktion F über $\mathbb{R}^k$. *Ist P das zu F gehörige W-Maß über* $(\mathbb{R}^k, \mathbb{B}^k)$, *so nennt man f eine* *__Dichte von P__*.
Es gilt dann

$$(4.3.24)\quad \begin{aligned} &P(\mathop{X}_{i=1}^{k}[a_i,b_i]) = P(\mathop{X}_{i=1}^{k}(a_i,b_i)) = P(\mathop{X}_{i=1}^{k}(a_i,b_i]) \\ &= \int_{a_1}^{b_1}\cdots\int_{a_k}^{b_k} f(y_1,\ldots,y_k)dy_1\cdots dy_k \quad \forall (a_1,\ldots,a_k)\le(b_1,\ldots,b_k). \end{aligned}$$

__Beweis:__ Wegen (4.3.22) definiert (4.3.23) offenbar eine stetige und normierte Funktion $F:\mathbb{R}^k\to\mathbb{R}$. Analog zum Nachweis von (4.3.11) zeigt man

$$(4.3.25)\quad \Delta_{\underset{\sim}{a}}^{\underset{\sim}{b}}F=\int_{a_1}^{b_1}\cdots\int_{a_k}^{b_k} f(y_1,\ldots,y_k)dy_1\cdots dy_k \quad \forall \underset{\sim}{a},\underset{\sim}{b}\in\mathbb{R}^k \text{ mit } \underset{\sim}{a}\le\underset{\sim}{b}.$$

Wegen $f\ge 0$ folgt hieraus die Δ-Monotonie von F, d.h. F ist eine stetige VF über $\mathbb{R}^k$. Die Beziehung (4.3.24) folgt mit (4.3.25) aus (4.3.12), wobei die beiden ersten Gleichheitszeichen aus

$$(4.3.26)\quad P(\mathbb{R}^{i-1}\times\{x_i\}\times\mathbb{R}^{k-i})=\int_{-\infty}^{+\infty}\cdots\int_{x_i}^{x_i}\cdots\int_{-\infty}^{+\infty} f(y_1,\ldots,y_k)dy_1\cdots dy_k=0$$
$$\forall x_i\in\mathbb{R},\ \forall i=1,\ldots k,$$

folgen. □

4.3.8 BEISPIEL: Für jedes $i=1,\ldots,k$ sei f_i eine Dichte über $\mathbb{R}$ und F_i bezeichne die zugehörige VF. Dann definiert $f(\underset{\sim}{x}) = \prod_{i=1}^{k} f_i(x_i)$, $\underset{\sim}{x}\in\mathbb{R}^k$, offenbar eine Dichte f über $\mathbb{R}^k$ und für die zugehörige VF F gemäß (4.3.23) gilt $F(\underset{\sim}{x})=\prod_{i=1}^{k}F_i(x_i)$, $\underset{\sim}{x}\in\mathbb{R}^k$, d.h. die so definierte Dichte f ist eine Dichte des Produktexperiments $\bigotimes_{i=1}^{k} P_{F_i}$.

Zur Illustration betrachten wir die unabhängige Koppelung von k Normal(0,1) Verteilungen. Eine Dichte f des Gesamtexperiments ist dann gegeben durch

(4.3.27) $f(\underset{\sim}{x}) = \prod_{i=1}^{k} \varphi(x_i) = (\frac{1}{\sqrt{2\pi}})^k \exp(-\frac{1}{2} \sum_{i=1}^{k} x_i^2) = (\frac{1}{2\pi})^{k/2} \exp(-\frac{1}{2} \underset{\sim}{x}^T \underset{\sim}{x})$.

wobei $\underset{\sim}{x} = (x_1, \ldots, x_k)^T$ nun einen *Spaltenvektor* aus $\mathbb{R}^k$ bezeichne. Das zugehörige W-Maß über $(\mathbb{R}^k, \mathbb{B}^k)$ wird als <u>k-dimensionale Standard Normalverteilung</u> bezeichnet. Der Fall k=2 ist in Abb. 4.3.2 dargestellt. □

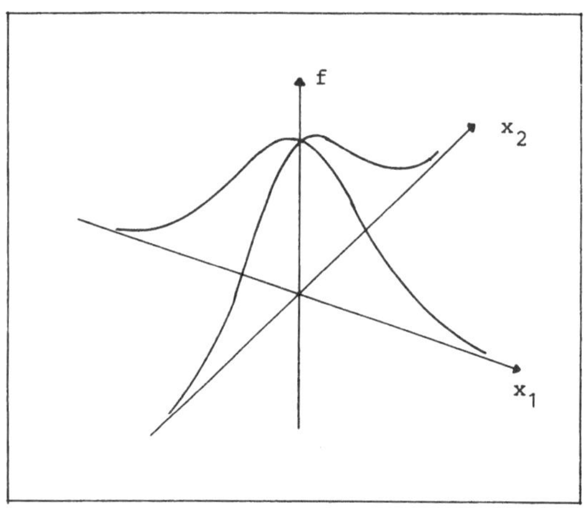

<u>Abb. 4.3.2:</u> Die Dichte einer 2-dimensionalen Standard Normalverteilung.

4.3.9 KOPPELUNG MIT HILFE VON ÜBERGANGSDICHTEN: Analog zu Abschnitt 2.1 soll ein k-stufiges Zufallsexperiment modelliert werden, das auf jeder Stufe ein Ergebnis aus $\mathbb{R}$ hervorbringt und bei dem das i-te Teilexperiment vom Ergebnis der vorhergehenden (i-1) Experimente abhängen darf. Wir nehmen dabei an, daß das erste Teilexperiment durch eine Dichte f_1 über $\mathbb{R}$ modelliert sei, während das i-te Teilexperiment bei vorliegenden Beobachtungen $x_1, \ldots, x_{i-1}$ der vorhergehenden (i-1) Experimente durch eine Dichte $f_i(\cdot | x_1, \ldots, x_{i-1})$ über $\mathbb{R}$ modelliert sei, i=2,...,k. Wir betrachten die durch

(4.3.28) $f(\underset{\sim}{x}) = f_1(x_1) \prod_{i=2}^{k} f_i(x_i | x_1, \ldots, x_{i-1}), \quad \underset{\sim}{x} \in \mathbb{R}^k$,

definierte Funktion $f: \mathbb{R}^k \to \mathbb{R}$, vgl. Formel (2.1.7). *Ist f Riemann-integrierbar, so ist f eine Dichte über $\mathbb{R}^k$*, denn es gilt dann $f \geq 0$

und durch sukzessive Integration über $x_k, x_{k-1}, \ldots, x_2, x_1$ auch

$$\int_{-\infty}^{+\infty} \cdots \int_{-\infty}^{+\infty} f(x_1,\ldots,x_k)\,dx_1 \cdots dx_k =$$

$$= \int_{-\infty}^{+\infty} dx_1 f_1(x_1) \int_{-\infty}^{+\infty} dx_2 f_2(x_2|x_1) \cdots \int_{-\infty}^{+\infty} dx_k f_k(x_k|x_1,\ldots,x_{k-1}) = 1.$$

Bei festem Wert von $x_1,\ldots,x_{i-1}$ beschreibt das zur Dichte $f_i(\cdot|x_1,\ldots,x_{i-1})$ gehörige W-Maß $P_i^{i-1}(x_1,\ldots,x_{i-1};\cdot)$ über $(\mathbb{R},\mathbb{B})$ das stochastische Verhalten der i-ten Komponente unter der Bedingung, daß $x_1,\ldots,x_{i-1}$ beobachtet wurde. In Analogie zu Definition 2.1.4 nennt man deshalb f_i eine Übergangsdichte (kurz: Ü-Dichte) von $\mathbb{R}^{i-1}$ nach $\mathbb{R}$. Bezeichnen wir wie im diskreten Fall das zu f gehörige W-Maß P über $(\mathbb{R}^k, \mathbb{B}^k)$ mit $P_1 \otimes \bigotimes_{i=2}^{k} P_i^{i-1}$, wobei P_1 zu f_1 gehöre, so beschreibt dieses Maß das k-stufige Gesamtexperiment *(Koppelungspostulat im Fall von Ü-Dichten)*.

Zur Illustration betrachten wir ein 2-stufiges Zufallsexperiment, das darin besteht, daß im ersten Experiment ein zufälliger Punkt x_1 aus [0,1] gewählt wird, also gemäß einer $R(0,1)$-Verteilung mit der Dichte $f_1(x_1) = 1_{(0,1)}(x_1)$, gefolgt von einem zweiten Experiment, das durch eine $R(0,x_1)$-Verteilung beschrieben werde, also mit der Dichte $f_2(x_2|x_1) = \frac{1}{x_1} \cdot 1_{(0,x_1)}(x_2)$, für $x_1 > 0$, und einer beliebigen Dichte $f_2(x_2|x_1)$ bei $x_1 \leq 0$. Die Dichte f über $\mathbb{R}^2$ des Gesamtexperimentes ist dann gegeben durch

$f(x_1,x_2) = \frac{1}{x_1} 1_{(0,x_1)}(x_2)$, falls $0 < x_1 < 1$, und $f(x_1,x_2) = 0$ sonst. Die Wahrsch. z.B. für das Ereignis $A=\{(x_1,x_2) \in \mathbb{R}^2 : x_2 > \frac{1}{2}\}$ berechnet sich dann gemäß

$$P(A) = P(\mathbb{R}\times(\tfrac{1}{2},\infty)) = \int_{-\infty}^{\infty}\int_{1/2}^{\infty} f(x_1,x_2)\,dx_1 dx_2 = \int_0^1 \int_{1/2}^{\infty} \frac{1}{x_1} 1_{(0,x_1)}(x_2)\,dx_2 dx_1$$

$$= \int_0^1 \frac{1}{x_1}(x_1 - \tfrac{1}{2}) 1_{(\frac{1}{2},\infty)}(x_1)\,dx_1 = \int_{1/2}^1 (1 - \frac{1}{2x_1})\,dx_1$$

$$= \frac{1}{2} - \frac{1}{2}(\log 1 - \log \tfrac{1}{2}) = \frac{1}{2} - \frac{1}{2}\log 2 = 0.1534. \quad \square$$

AUFGABEN ZU KAPITEL 4:

Aufg. 4.1.1: Mit den Bezeichnungen aus Beispiel 4.1.9 zeige man: a) $\mathbb{B}_x := \{B \in \mathbb{B} : B + x \in \mathbb{B}\} = \mathbb{B}$. b) Für jedes $x \in \mathbb{R}$ wird durch $\lambda_x(B) := \lambda(B+x)$ ein Maß λ_x über $(\mathbb{R},\mathbb{B})$ definiert. c) Es gilt

(4.1.22). Hinweis zu a): $\mathbb{B}_x$ ist eine σ-Algebra und enthält einen Erzeuger von $\mathbb{B}$.

Aufg. 4.1.2: Man zeige: Es gibt kein Maß μ über $(\mathbb{R}, \mathcal{P}(\mathbb{R}))$ mit $\mu((0,1]) = 1$ und $\mu(A+x) = \mu(A)\ \forall A \in \mathcal{P}(\mathbb{R})\ \forall x \in \mathbb{R}$, vgl. Beispiel 4.1.9. Hinweis: Mit Hilfe des Auswahlaxioms stelle man $\mathbb{R}$ dar als disjunkte Vereinigung gemäß $\mathbb{R} = \sum_{y \in K} (\mathbb{Q}+y) = \sum_{q \in \mathbb{Q}} (K+q)$ mit geeigneter Menge $K \subset [0,1)$.

Aufg. 4.1.3: Man zeige: (a) Jede monotone Funktion $f : \mathbb{R} \to \mathbb{R}$ hat höchstens abzählbar viele Sprungstellen. (b) Ist F eine VF auf $\mathbb{R}$, dann gibt es eine stetige VF F_1 und eine diskrete VF F_2 (d.h. F_2 ist VF eines diskreten W-Maßes), sowie nichtnegative reelle Zahlen a_1, a_2 mit $F = a_1F_1 + a_2F_2$. (Zugrundeliegender Meßraum: $(\mathbb{R}, \mathbb{B})$).

Aufg. 4.1.4: Sei $\mathcal{A}$ eine σ-Algebra über Ω und sei $M \subset \Omega$. Für $\mathcal{B} := \{AM + BM^c \mid A, B \in \mathcal{A}\}$ zeige man: a) $\mathcal{B}$ ist eine σ-Algebra über Ω mit $\mathcal{A} \subset \mathcal{B}$, b) $\mathcal{A} = \mathcal{B} \Leftrightarrow M \in \mathcal{A}$, c) $\mathcal{B} = \sigma_\Omega(\mathcal{A} \cup \{M\})$.

Aufg. 4.1.5: Sei Ω eine Menge, $\mathcal{A}$ eine σ-Algebra über Ω und $\emptyset \neq B \subset \Omega$. Dann gilt: $B\mathcal{A} := \{BA : A \in \mathcal{A}\}$ ist eine σ-Algebra über B, die sog. *Spur σ-Algebra* von $\mathcal{A}$ in B.

Aufg. 4.1.6: Sei $\{r_1, r_2, r_3, \ldots\}$ eine Aufzählung der Menge der rationalen Zahlen. Man zeige:

(a) $F := 2 \cdot \sum_{j=1}^{\infty} \frac{1}{3^j} \cdot 1_{[r_j, \infty)}$ ist eine streng monotone VF.

An welchen Stellen ist F stetig, an welchen unstetig?

b) Durch $\mu(B) := \sum_{j=1}^{\infty} 1_B(r_j)$ wird ein Maß auf $(\mathbb{R}, \mathbb{B})$ definiert, das nicht durch eine maßdefinierende Funktion erzeugt wird. Es kann also Maße auf $(\mathbb{R}, \mathbb{B})$ geben, die nicht durch maßdefinierende Funktionen erzeugt werden. Jedes W-Maß über $(\mathbb{R}, \mathbb{B})$ kann dagegen schon durch eine VF erzeugt werden.

Aufg. 4.1.7: Sei $f : \mathbb{R} \to \mathbb{R}$ eine beliebige Funktion. Man zeige: Die Menge $D = \{x \in \mathbb{R} : f \text{ unstetig in } x\}$ gehört zu $\mathbb{B}$. Hinweis: Man stelle D dar mit Hilfe von Mengen $A_{\varepsilon\delta} = \{x \in \mathbb{R} \mid \exists y,z \in \mathbb{R} : |x-y| < \delta,\ |x-z| < \delta,\ |f(y)-f(z)| \geq \varepsilon\}$.

Aufg. 4.1.8: P sei ein stetiges W-Maß über $(\mathbb{R}, \mathbb{B})$, d.h. die zugehörige VF ist stetig. Man zeige: Zu jedem $a \in [0,1]$ gibt es ein $B \in \mathbb{B}$ mit $P(B) = a$.

Aufg. 4.2.1: Seien $K_0 := [0,1]$, $K_1 := [0,\frac{1}{3}] \cup [\frac{2}{3},1]$, $K_2 := [0,\frac{1}{9}] \cup [\frac{2}{9},\frac{3}{9}] \cup [\frac{6}{9},\frac{7}{9}] \cup [\frac{8}{9},1]$ usw.. Dabei entsteht K_n aus K_{n-1}, indem man das "offene mittlere Drittel" eines jeden Intervalls entfernt, aus dem K_{n-1} besteht (Zeichnung!). Dann bezeichne $C := \bigcap_{n=1}^{\infty} K_n$ die sog. *Cantorsche Menge*. Ferner sei eine Funktion $F : [0,1] \to [0,1]$ wie folgt definiert: $F(x) = \frac{1}{2}$, $\forall x \in (\frac{1}{3},\frac{2}{3})$; $F(x) = \frac{1}{4}$, $\forall x \in (\frac{1}{9},\frac{2}{9})$; $F(x) = \frac{3}{4}$, $\forall x \in (\frac{7}{9},\frac{8}{9})$... usw. und schließlich $F(0) := 0$ und $F(x) := \sup\{F(t) : t \in [0,1] \setminus C \text{ und } t < x\}$ für $x \in C$. Man zeige: a) $\lambda(C) = 0$, b) F ist eine stetige VF auf [0,1]. Das zu F gehörende W-Maß μ_F auf $[0,1]\mathbb{B}$ nennt man *Cantor-Verteilung*. c) $\mu_F(C)=1$. (Wegen a) sagt man: μ_F ist ein *singuläres Maß* bzgl. $\lambda|_{[0,1]\mathbb{B}}$).

<u>Aufg. 4.2.2:</u> Sei $F(x)=(\int_0^x e^{-t^2/2}dt)^2$, $G(x)=\int_0^1 \frac{2e^{-x^2(1+t^2)/2}}{1+t^2}\,dt$, $x>0$.
Man zeige: a) $F'(x)+G'(x)=0$, b) $F(x)+G(x)=\pi/2$ und beweise anschliessend vermittels $x\to\infty$ in b) erneut, daß die Gauß'sche Glockenkurve (4.2.13) eine Dichte ist.

<u>Aufg. 4.2.3:</u> Die <u>Standard-lognormal</u>(τ) Verteilung ist gegeben durch die Dichte $f(x)=(\tau x)^{-1}\varphi(\tau^{-1}\ln x)$ für $x>0$ und $f(x)=0$ für $x\leq 0$, φ aus (4.2.13). Sie beschreibt z.B. in gewissen Fällen die kritische Dosis, bei der ein Medikament Wirkung zeigt. a) Man zeige, daß f eine Dichte ist, $\tau > 0$. b) Man gebe die VF F als Funktion der VF Φ der $N(0,1)$ Verteilung an. c) Man berechne den *Median* von F, d.h. diejenige Stelle $\tilde{x}$ mit $F(\tilde{x}) = 1/2$.

<u>Aufg. 4.2.4:</u> Ein Seil der Länge L werde einer (zu großen) Zugkraft ausgesetzt. Für jede Stelle $x\in(0,L)$ des Seiles sei die Wahrsch., daß das Seil im (differentiellen) Bereich $x \pm dx$ reißt, proportional zum kürzesten Abstand von einem Seilende.
Man formuliere ein wahrscheinlichkeitstheoretisches Modell für die beschriebene Situation und berechne die Wahrsch. dafür, daß man nach dem Riß noch ein Seilstück hat, das länger als (3/4)L ist. Wie groß ist die Wahrsch., daß beide Seilstücke die Länge L/2 besitzen?

<u>Aufg. 4.3.1:</u> Man zeige: a) Gilt $B_i \in \mathbb{B}$, $\forall i=1,\dots,k$, so folgt $B_1\times\dots\times B_k \in \mathbb{B}^k$. b) Ist μ ein endliches Maß über $(\mathbb{R}^k, \mathbb{B}^k)$ und sind B_i^0, $B_i^1 \in \mathbb{B}$ gegeben mit $B_i^0 \subset B_i^1$, $\forall i=1,\dots,k$, so folgt:

$$\mu(\mathop{\times}_{i=1}^{k}(B_i^1\setminus B_i^0)) = \sum \mu(\mathop{\times}_{i=1}^{k} B_i^{x_i})(-1)^{k-\sum_{i=1}^{k} x_i}$$, wobei über alle

$(x_1,\dots,x_k)\in\{0,1\}^k$ summiert wird. c) Es gilt (4.3.11).
Hinweise: a) Man zeige zunächst: $\{B \in \mathbb{B} : \mathbb{R}^{i-1}\times B \times\mathbb{R}^{k-i} \in\mathbb{B}^k\}$ ist eine σ-Algebra, die einen Erzeuger von $\mathbb{B}$ enthält, $i=1,\dots,k$ (good set principle, s. (5.1.8)). b) Mit der Siebformel berechne man $\mu(A \cap_{i=1}^{k} A_i^c)$ mit $A := B_1^1\times\dots\times B_k^1$ und $A_i := \mathbb{R}^{i-1} \times B_i^0 \times\mathbb{R}^{k-i}$.

<u>Aufg. 4.3.2:</u> Man beweise die Aussage (4.3.15).

<u>Aufg. 4.3.3:</u> Man zeige in Erweiterung von (4.3.17) unter Heranziehung des Eindeutigkeitssatzes 4.1.8: $\mu(\mathop{\times}_{i=1}^{k} B_i) = \prod_{i=1}^{k} \mu_i(B_i)$ $\forall B_i \in\mathbb{B}$, $i=1,\dots,k$. Dabei gehört $B_1\times\dots\times B_k$ nach Aufg. 4.3.1 a) zu $\mathbb{B}^k$.

<u>Aufg. 4.3.4:</u> Ein Student verabredet mit seiner Freundin ein Treffen. Beide wollen unabhängig voneinander zwischen 19 und 20 Uhr am

Treffpunkt erscheinen und dort genau 10 Minuten warten. Wie groß ist die Wahrsch., daß sie sich treffen?

Aufg. 4.3.5: Sei $F : \mathbb{R}^k \to \mathbb{R}$ eine k-dimensionale VF mit Randverteilungsfunktionen F_i, $i=1,\ldots,k$. Man zeige: a) Es gilt $\forall \underset{\sim}{x}=(x_1,\ldots,x_k)$, $\underset{\sim}{y}=(y_1,\ldots,y_k) \in \mathbb{R}^k$

$$|F(\underset{\sim}{x}) - F(\underset{\sim}{y})| \leq \sum_{i=1}^{k} |F_i(x_i)-F_i(y_i)|.$$

b) Ist F_i stetig in x_i $\forall i$, so ist F stetig in $\underset{\sim}{x}=(x_1,\ldots,x_k)$.

Hinweis zu a): Man betrachte neben $\underset{\sim}{x}$ und $\underset{\sim}{y}$ auch die Stellen $(x_1,\ldots,x_j, y_{j+1},\ldots,y_k)$, $j=1,\ldots,k-1$.

Aufg. 4.3.6: Die Verteilung der Körperlänge einer Vater-Generation werde durch eine $N(a,\sigma^2)$-Verteilung mit $a = 178$, $\sigma^2 = 50$ modelliert. Ist die tatsächliche Körperlänge eines Vaters gleich ℓ, so werde die potentielle Körperlänge seiner Söhne durch eine $N(\ell+b(a-\ell),\tau^2)$-Verteilung mit $b=0.5$, $\tau^2=37.5$ modelliert. Ist also ein Vater größer bzw. kleiner als der Mittelwert a der Vater-Generation, so ist zu erwarten, daß seine Söhne relativ zu ihm kleiner bzw. größer werden. F. Galton (1822-1911) bemerkte diesen Zusammenhang und nannte ihn "Regression".
Man zeige, daß unter den obigen Annahmen die Verteilung der Körperlänge der Sohn-Generation mit der entsprechenden Verteilung der Vater-Generation übereinstimmt.

Aufg. 4.3.7: Man zerbreche einen Holzstab der Länge 1 zufällig (d.h. gemäß $R(0,1)$) in 2 Stücke, und zerbreche das größere Stück (Länge x) erneut zufällig (d.h. gemäß $R(0,x)$) in zwei Stücke. Wie groß ist die Wahrsch., mit den drei entstandenen Stücken ein Dreieck bilden zu können?

5 Koppelung allgemeiner Zufallsexperimente

Schon in Kapitel 1 haben wir das allgemeine axiomatische Modell eines W-Raumes formuliert. Beim Aufbau anspruchsvoller konkreter Modelle aus Teilmodellen (Koppelung) haben wir uns bisher jedoch auf Modelle mit Zähldichten und auf Modelle mit Riemann-Dichten beschränkt. Der Grund hierfür liegt in den technischen Problemen bei der Definition und Darstellung der Koppelung von $P_1, P_2^1, \dots, P_n^{n-1}$ als Modell für das Gesamtexperiment:

Im diskreten Fall genügte es, die Zähldichte (2.1.7) der Koppelung zu definieren. Die Darstellung (2.1.8) des zugehörigen W-Maßes folgte dann unmittelbar aus der allgemeinen Darstellung eines diskreten W-Maßes mit Hilfe der Zähldichte. Wurden Übergangsdichten für die Teilexperimente vorgegeben, konnten wir in analoger Weise die Dichte (4.3.28) der Koppelung definieren, die dann das zugehörige W-Maß für das Gesamtexperiment vollständig festlegte. Im allgemeinen Fall ist im Moment noch unklar, wie die formale Definition einer sinnvollen Koppelung von Teilexperimenten zu einem Gesamtexperiment erfolgen kann, da ja sowohl der diskrete Fall als auch der absolut stetige Fall als Spezialfälle überdeckt werden sollen.

Der Unterschied bei der Darstellung von Wahrsch. in den beiden Fällen besteht darin, daß im ersten Fall Summen (Reihen) benutzt werden, wo im zweiten Fall Riemann-Integrale erforderlich sind. Ziel dieses Kapitels ist die Zusammenfassung und Verallgemeinerung der beiden diskutierten Fälle mit Hilfe eines allgemeinen und sehr fruchtbaren Integralbegriffs (Maßintegral). Um die Wahrscheinlichkeitstheorie und Mathematische Statistik nicht zu sehr zurückzudrängen, werden manche Hilfsmittel zunächst nur zitiert und erst im Ergänzungs-Kapitel 9 bewiesen.

5.1 Messbare Funktionen und allgemeine Zufallsvariable

Die in Abschnitt 1.5 eingeführte diskrete ZV modellierte Verringerungen der Beobachtungstiefe, die zu induzierten *diskreten* Modellen führte. Trotz dieser Einschränkung haben wir in vielen Beispielen festgestellt, daß die Verwendung von ZV nicht nur häufig zu einfacheren Modellen führt, sondern auch die Modellierung und Interpretation erleichtern kann. Insbesondere bei der Darstellung geeigneter Konfidenzintervalle und kritischer Bereiche führten ZV zu einer vereinfachten Darstellung.

Um die entsprechenden Vorteile im allgemeinen Fall nutzen zu können, wollen wir auch Situationen erfassen, in denen das Modell mit verringerter Beobachtungstiefe nicht durch ein *diskretes* W-Maß beschrieben werden kann und in denen es nicht möglich ist, *allen* Teilmengen des Bildbereiches induzierte Wahrsch. zuzuordnen.

Modelliert also bei einem gegebenen Zufallsexperiment $(\Omega,\mathcal{A},P)$ die Abbildung $X : \Omega \to \mathcal{X}$ die Verringerung der Beobachtungstiefe und bezeichnet die σ-Algebra $\mathcal{B}$ über $\mathcal{X}$ das System der Ereignisse in $\mathcal{X}$, die mit induzierten Wahrsch. gemäß [vgl.(1.5.1)]

(5.1.1) $$P^X(B) = P(X^{-1}(B)),\ B \in \mathcal{B},$$

belegt werden sollen, so ist offenbar an die Abbildung X die Forderung [vgl.(1.5.2)]

(5.1.2) $$X^{-1}(B) \in \mathcal{A}\ \forall B \in \mathcal{B}$$

zu stellen. Dies führt zu folgender Definition.

5.1.1 DEFINITION: *Die Meßräume $(\Omega,\mathcal{A})$ und $(\mathcal{X},\mathcal{B})$ seien gegeben. Eine Abbildung $X : \Omega \to \mathcal{X}$ heißt dann <u>$\mathcal{A}$-$\mathcal{B}$-meßbar</u>, falls X die Bedingung (5.1.2) erfüllt, d.h. falls gilt*

(5.1.3) $$X^{-1}(\mathcal{B}) := \{X^{-1}(B) : B \in \mathcal{B}\} \subset \mathcal{A}.$$

In diesem Fall benutzen wir auch die <u>Kurzbezeichnung</u> $(\Omega,\mathcal{A}) \xrightarrow{X} (\mathcal{X},\mathcal{B})$.

Eine gegebene Abbildung $X : \Omega \to \mathcal{X}$ beschreibt also nur dann die Verringerung der Beobachtungstiefe von $(\Omega,\mathcal{A},P)$ auf $(\mathcal{X},\mathcal{B},P^X)$, wenn X auch $\mathcal{A}$-$\mathcal{B}$-meßbar ist. Das folgende Lemma erleichtert häufig den Nachweis der Meßbarkeit von X.

5.1.2 LEMMA: *Die Stichprobenräume Ω und $\mathcal{X}$ und die Abbildung $X : \Omega \to \mathcal{X}$ seien gegeben. Dann gilt:*

a) $X^{-1}(\mathcal{B})$ ist eine σ-Algebra über Ω, falls $\mathcal{B}$ eine σ-Algebra über $\mathcal{X}$ ist.

b) $\{B \subset \mathcal{X} : X^{-1}(B) \in \mathcal{A}\}$ ist eine σ-Algebra über $\mathcal{X}$, falls $\mathcal{A}$ eine σ-Algebra über Ω ist.

c) $\sigma_\Omega(X^{-1}(\mathcal{E})) = X^{-1}(\sigma_{\mathcal{X}}(\mathcal{E}))\quad \forall \mathcal{E} \subset \mathcal{P}(\mathcal{X})$.

d) Ist $\mathcal{A}$ eine σ-Algebra über Ω und $\mathcal{B} = \sigma_X(\mathcal{E})$ für gegebenes $\mathcal{E} \subset \mathcal{P}(X)$, so ist X genau dann $\mathcal{A}$-$\mathcal{B}$-meßbar, wenn gilt

(5.1.4) $$X^{-1}(\mathcal{E}) = \{X^{-1}(E) : E \in \mathcal{E}\} \subset \mathcal{A}.$$

<u>*Beweis:*</u> Die Teile a) und b) folgen unmittelbar aus der Operationstreue der Urbildabbildung $X^{-1} : \mathcal{P}(X) \to \mathcal{P}(\Omega)$, vgl. Aufgabe 1.1.7. Es gilt nämlich insbesondere

(5.1.5) $$X^{-1}(X) = \Omega,$$

(5.1.6) $$X^{-1}(B^c) = (X^{-1}(B))^c \quad \forall B \subset X,$$

(5.1.7) $$X^{-1}\Big(\bigcup_{i\in I} B_i\Big) = \bigcup_{i\in I} X^{-1}(B_i) \; \forall B_i \subset X \quad \forall i \in I.$$

Zum Nachweis von Teil c) stellen wir zunächst die Inklusion $\sigma_\Omega(X^{-1}(\mathcal{E})) \subset X^{-1}(\sigma_X(\mathcal{E}))$ fest, denn einerseits gilt nach Definition $\mathcal{E} \subset \sigma_X(\mathcal{E})$, also $X^{-1}(\mathcal{E}) \subset X^{-1}(\sigma_X(\mathcal{E}))$, andererseits ist aber $X^{-1}(\sigma_X(\mathcal{E}))$ nach Teil a) eine σ-Algebra über Ω. Die umgekehrte Inklusion zeigen wir mit Hilfe des <u>*Beweisprinzips für σ-Algebren (good set principle)*</u>:

(5.1.8) *Soll für jedes Element B einer σ-Algebra $\mathcal{B}$ über X die Aussage "B besitzt die Eigenschaft R" bewiesen werden, so genügen folgende Schritte:*

1) Für ein geeignetes System $\mathcal{F} \subset \mathcal{P}(X)$ bilde man das System
$\mathcal{G} = \{F \in \mathcal{F} : F$ besitzt die Eigenschaft $R\}$ (good sets).

2) Man zeige: $\mathcal{G}$ enthält einen Erzeuger $\mathcal{E}$ von $\mathcal{B}$.

3) Man zeige: $\mathcal{G}$ ist eine σ-Algebra über X.

(Aus den Schritten 1) bis 3) folgt nämlich $\mathcal{B} = \sigma_X(\mathcal{E}) \subset \mathcal{G}$.)

Setzen wir nun $\mathcal{F} = \mathcal{P}(X)$ und $\mathcal{G} = \{B \subset X : X^{-1}(B) \in \sigma_\Omega(X^{-1}(\mathcal{E}))\}$, so gilt offenbar $\mathcal{E} \subset \mathcal{G}$, und nach Teil b) ist $\mathcal{G}$ eine σ-Algebra über X. Es folgt $\sigma_X(\mathcal{E}) \subset \mathcal{G}$, d.h. $X^{-1}(B) \in \sigma_\Omega(X^{-1}(\mathcal{E})) \; \forall B \in \sigma_X(\mathcal{E})$.

Für den Nachweis von Teil d) folgt zunächst aus der $\mathcal{A}$-$\mathcal{B}$-Meßbarkeit von X wegen $\mathcal{E} \subset \mathcal{B}$ die Inklusion $X^{-1}(\mathcal{E}) \subset X^{-1}(\mathcal{B}) \subset \mathcal{A}$. Umgekehrt folgt aus $X^{-1}(\mathcal{E}) \subset \mathcal{A}$ und Teil c) die Inklusion

$$X^{-1}(\mathcal{B}) = X^{-1}(\sigma_X(\mathcal{E})) = \sigma_\Omega(X^{-1}(\mathcal{E})) \subset \mathcal{A}. \; \square$$

Hintereinanderschalten meßbarer Abbildungen liefert wieder eine meßbare Abbildung:

5.1.3 LEMMA: *Gegeben seien meßbare Abbildungen X und Y gemäß*

$$(\Omega,\mathcal{A}) \xrightarrow{X} (\mathcal{X},\mathcal{B}) \xrightarrow{Y} (\mathcal{Y},\mathcal{C}).$$

Dann ist $Y \circ X : \Omega \to \mathcal{Y}$ *eine* $\mathcal{A}$-$\mathcal{C}$-*meßbare Abbildung.*

Beweis: Für jedes $C \in \mathcal{C}$ gilt $(Y \circ X)^{-1}(C) = X^{-1}(Y^{-1}(C)) \in \mathcal{A}$. □

Nach diesen Vorbereitungen sind wir nun einerseits in der Lage, allgemeine ZV und ihre Verteilungen zu erklären, andererseits können wir insbesondere für wichtige Klassen von reellwertigen Funktionen überprüfen, daß sie meßbar sind, also zur Definition von ZV verwendet werden können.

5.1.4 SATZ UND DEFINITION: *Seien* $(\Omega,\mathcal{A},P)$ *ein W-Raum,* $(\mathcal{X},\mathcal{B})$ *ein Meßraum und* $X:\Omega \to \mathcal{X}$ *eine* $\mathcal{A}$-$\mathcal{B}$-*meßbare Abbildung. Dann wird durch*

$$P^X(B) = P(X^{-1}(B)),\ B \in \mathcal{B}, \tag{5.1.9}$$

ein W-Maß P^X *über* $(\mathcal{X},\mathcal{B})$ *definiert.* P^X *heißt das von X und P über* $(\mathcal{X},\mathcal{B})$ *induzierte W-Maß oder auch Verteilung von X unter P. Es wird auch mit* $L_P(X)$ *oder kurz mit* $L(X)$ *[law of X] bezeichnet, falls keine Unklarheiten über P bestehen. Ist Q ein W-Maß mit* $Q=P^X$, *so sagt man: X ist nach Q verteilt, kurz:* $X \sim Q$. *Die* $\mathcal{A}$-$\mathcal{B}$-*meßbare Abbildung X heißt in diesem Zusammenhang Zufallsvariable (ZV) mit Werten in* $(\mathcal{X},\mathcal{B})$.

Der *Nachweis*, daß P^X tatsächlich ein W-Maß über $(\mathcal{X},\mathcal{B})$ ist, verläuft wegen der Operationstreue der Urbildabbildung X^{-1} völlig analog zum Beweis von Satz 1.5.1.

Daß wir meßbare Abbildungen im Zusammenhang mit einem gegebenen W-Maß P als *Zufallsvariable* bezeichnen rührt historisch von der Tatsache her, daß das Argument ω einer Funktion $X(\omega)$ früher als unabhängige Variable und die Funktion selbst als abhängige Variable bezeichnet wurden. Da ω vom Zufall "erzeugt" wird, und zwar gesteuert durch das W-Maß P, bot sich die Sprechweise "Zufallsvariable" an. Der "Steuermechanismus", der die zufallsabhängigen Werte $X(\omega)$ "erzeugt", wird dann gerade durch das induzierte W-Maß P^X beschrieben. ZV werden von uns meist mit großen lateinischen Buchstaben, z.B. X,Y,Z, bezeichnet.

Offenbar stellt Satz/Def. 1.5.1 einen Spezialfall von Satz/Def.

5.1.4 dar, nämlich den Fall $\mathcal{B} = \mathcal{P}(X)$. Daher sind die in Def.1.5.2 definierten diskreten ZV insbesondere auch ZV im Sinne der allgemeinen Definition. Neben den diskreten ZV sind die wichtigsten ZV bzw. meßbaren Abbildungen diejenigen, die in die erweiterten reellen Zahlen

(5.1.10) $$\overline{\mathbb{R}} = \{-\infty\} \cup \mathbb{R} \cup \{\infty\}$$

abbilden, wobei wir in üblicher Weise die Ordnung über $\mathbb{R}$ nach $\overline{\mathbb{R}}$ fortsetzen. Betrachtet man das System

(5.1.11) $$\overline{\mathcal{G}}_1 = \{(a,b] : a,b \in \overline{\mathbb{R}} \text{ mit } a \leq b\}$$

der (verallgemeinerten) halboffenen Intervalle in $\overline{\mathbb{R}}$, so erzeugt $\overline{\mathcal{G}}_1$ über $\overline{\mathbb{R}}$ die σ-Algebra

(5.1.12) $$\overline{\mathbb{B}} = \sigma_{\overline{\mathbb{R}}}(\overline{\mathcal{G}}_1).$$

Man zeigt leicht

(5.1.13) $$\begin{aligned} \overline{\mathbb{B}} &= \{B, B\cup\{-\infty\}, B\cup\{\infty\}, B\cup\{-\infty,\infty\} : B \in \mathbb{B}\}, \\ \mathbb{B} &= \{B \cap \mathbb{R} : B \in \overline{\mathbb{B}}\} =: \overline{\mathbb{B}} \cap \mathbb{R}. \end{aligned}$$

Wegen der in Lemma 4.1.4 dargestellten Eigenschaften von $\mathbb{B}$ stellt $\overline{\mathbb{B}}$ ein zufriedenstellendes System von Ereignissen dar, wenn wir neben $x \in \mathbb{R}$ auch $-\infty$ und ∞ als "Versuchsausgänge" zulassen wollen.

5.1.5 DEFINITION: *Eine Abbildung $f : \Omega \to \overline{\mathbb{R}}$ heißt <u>numerische Funktion</u>. Ist $(\Omega, \mathcal{A})$ ein Meßraum und ist $f : \Omega \to \overline{\mathbb{R}}$ eine $\mathcal{A}$-$\overline{\mathbb{B}}$-meßbare Abbildung, so nennt man f eine <u>($\mathcal{A}$-)meßbare numerische Funktion</u>. Im Falle einer reellwertigen $\mathcal{A}$-$\mathbb{B}$-meßbaren Abbildung $f : \Omega \to \mathbb{R}$ heißt f kurz <u>($\mathcal{A}$-)meßbar</u>. Ist $(\Omega, \mathcal{A}, P)$ ein W-Raum, so nennt man eine $\mathcal{A}$-meßbare [numerische] Funktion $X : \Omega \to \mathbb{R}$ [bzw. $X : \Omega \to \overline{\mathbb{R}}$] eine <u>reelle [bzw. eine numerische] ZV</u>.*

5.1.6 BEISPIEL (vgl. Beispiel 1.5.4): Ist $(\Omega, \mathcal{A})$ ein Meßraum und $A \subset \Omega$ gegeben, so ist die zugehörige Indikatorfunktion $1_A : \Omega \to \overline{\mathbb{R}}$ genau dann $\mathcal{A}$-meßbar, wenn $A \in \mathcal{A}$ gilt. Für beliebiges $B \in \overline{\mathbb{B}}$ gilt nämlich

$$1_A^{-1}(B) = \{\omega \in \Omega : 1_A(\omega) \in B\} = \begin{cases} A, & \text{falls } 1 \in B,\ 0 \notin B \\ A^c, & \text{falls } 0 \in B,\ 1 \notin B \\ \emptyset, & \text{falls } \{0,1\} \cap B = \emptyset \\ \Omega, & \text{falls } \{0,1\} \subset B \end{cases} .\quad \square$$

Zum Nachweis der Meßbarkeit allgemeinerer numerischer Funktionen leistet das nachfolgende Lemma gute Dienste.

5.1.7 LEMMA: *Ist $(\Omega,\mathcal{A})$ ein Meßraum, so ist eine numerische Funktion $f : \Omega \to \overline{\mathbb{R}}$ genau dann $\mathcal{A}$-meßbar, wenn gilt*

$$(5.1.14) \qquad \{f>a\} := f^{-1}((a,\infty]) \in \mathcal{A} \quad \forall a \in \mathbb{R}.$$

Dieselbe Aussage gilt mit $\{f\geq a\}$ bzw. $\{f<a\}$ bzw. $\{f\leq a\}$ anstelle von $\{f>a\}$ in (5.1.14).

Beweis: Nach Lemma 5.1.2, Teil d), genügt es zu zeigen, daß $\mathcal{J}_1 := \{(a,\infty] : a \in \mathbb{R}\}$ die σ-Algebra $\overline{\mathbb{B}}$ erzeugt: Offenbar gilt $\mathcal{J}_1 \subset \overline{\mathcal{G}}_1$, also auch $\sigma_{\overline{\mathbb{R}}}(\mathcal{J}_1) \subset \sigma_{\overline{\mathbb{R}}}(\overline{\mathcal{G}}_1) = \overline{\mathbb{B}}$. Für die umgekehrte Inklusion zeigen wir $\overline{\mathcal{G}}_1 \subset \sigma_{\overline{\mathbb{R}}}(\mathcal{J}_1)$, woraus die Behauptung folgt. Zunächst gilt für reelle Zahlen $a \leq b$: $(a,b] = (a,\infty] \setminus (b,\infty] \in \sigma_{\overline{\mathbb{R}}}(\mathcal{J}_1)$; dies wiederum impliziert sofort für $b \in \mathbb{R}$: $(-\infty,b] = \bigcup_{n=1}^{\infty} (-n,b] \in \sigma_{\overline{\mathbb{R}}}(\mathcal{J}_1)$.
Weiter gehören die Intervalle $(a,\infty]$ mit $a \in \mathbb{R}$ nach Definition zu $\mathcal{J}_1$. Schließlich gilt auch $(-\infty,\infty] = \bigcup_{n=1}^{\infty} (-n,\infty] \in \sigma_{\overline{\mathbb{R}}}(\mathcal{J}_1)$.
Die Zusatzaussage wird in analoger Weise bewiesen. □

5.1.8 BEMERKUNG: Ist $(\Omega,\mathcal{A},P)$ ein W-Raum und $\underset{\sim}{X}=(X_1,\ldots,X_n)$ eine $\mathcal{A}$-$\mathbb{B}^n$-meßbare Abbildung von Ω nach $\mathbb{R}^n$, so nennt man $\underset{\sim}{X}$ eine <u>n-dimensionale ZV</u> oder auch <u>ZV mit Werten in $\mathbb{R}^n$</u>. Es gilt (vgl. Aufgabe 5.1.2): Genau dann ist $\underset{\sim}{X}=(X_1,\ldots,X_n)$ eine n-dimensionale ZV, wenn alle $X_1,\ldots,X_n$ reelle ZV sind. Ist $\underset{\sim}{X}=(X_1,\ldots,X_n)$ eine n-dimensionale ZV, so heißt $\mathcal{L}_P(\underset{\sim}{X})$ die <u>gemeinsame Verteilung von $X_1,\ldots,X_n$ unter P.</u>

5.1.9 BEMERKUNG: Jedes Zufallsexperiment $(\mathcal{X},\mathcal{B},P)$ läßt sich auch durch eine ZV beschreiben. Man wähle z.B. $(\Omega,\mathcal{A},P) = (\mathcal{X},\mathcal{B},P)$ und X als Identität auf Ω. Dann ist X trivialerweise eine ZV mit Werten in $(\mathcal{X},\mathcal{B})$ und mit $\mathcal{L}(X) = P^X = P$, vgl. Bem. 1.5.6.

In Zukunft werden wir häufig Zufallsexperimente durch ZV beschreiben. Da uns dann der zugrundeliegende Raum $(\Omega,\mathcal{A},P)$, auf dem die ZV X definiert ist, i.a. nicht interessiert, wird er meist weder erwähnt noch explizit modelliert. Vielmehr werden wir dann $\mathcal{L}(X)$, die Verteilung von X über dem Bildraum $(\mathcal{X},\mathcal{B})$, direkt modellieren.

5.1.10 BEISPIEL: Die Situation des n-fachen Bernoulli(p) Experiments (vgl. Abschnitt 3.1) können wir mit Hilfe von reellen ZV $X_1,\dots,X_n$ auch in folgender Weise modellieren: $X_1,\dots,X_n$ seien stochastisch unabhängige ZV, jeweils mit der gleichen $B(p)$-Verteilung. Hierbei beschreibe X_i natürlich den potentiellen Ausgang des i-ten Experiments. Das stochastische Verhalten des Ausgangs $\underset{\sim}{X}=(X_1,\dots,X_n)$ des Gesamtexperiments wird beschrieben durch die gemeinsame Verteilung $L(\underset{\sim}{X})$ von $X_1,\dots,X_n$. Wegen der stochastischen Unabhängigkeit von $X_1,\dots,X_n$ gilt nach Definition 2.3.3

$$L(\underset{\sim}{X}) = \bigotimes_{i=1}^{n} L(X_i) = \bigotimes_{i=1}^{n} B(p) = P_{n,p},$$

d.h., die gemeinsame Verteilung von $X_1,\dots,X_n$ wird hier modelliert durch die stochastische Unabhängigkeit von $X_1,\dots,X_n$ und die zusätzliche Verteilungsannahme $L(X_i) = B(p)$, $i=1,\dots,n$. Für die Verteilung der (abgeleiteten) ZV $S_n = X_1+\dots+X_n$ erhalten wir dann aus Bemerkung 3.1.2 die Aussage $L(S_n) = B(n,p)$.

Ein Laplace-Experiment mit Träger $\{1,\dots,6\}$, also ein ideales Würfelexperiment, wird z.B. durch eine reelle ZV X mit $L(X)$=Laplace-Verteilung über $\{1,\dots,6\}$ beschrieben, also durch eine meßbare Abbildung X von einem W-Raum (Ω,A,P) in $(\mathbb{R},\mathbb{B})$ derart, daß das induzierte Maß P^X die Laplace-Verteilung mit Träger $\{1,\dots,6\}$ ist. Entsprechend beschreibt eine reelle ZV X mit $L(X) = N(a,\sigma^2)$ ein Normalverteilungsexperiment. □

Im vorstehenden Beispiel haben wir benutzt, daß auch $X_1+\dots+X_n$ eine ZV ist, wenn $X_1,\dots,X_n$ ZV sind. Im Beispiel war dies klar, da alle X_i *diskrete* ZV mit Werten in $\mathbb{R}$ waren. Für den Fall allgemeiner n-dimensionaler ZV liefert Bemerkung 5.1.8 zusammen mit dem nachfolgenden Satz eine entsprechende Aussage. Dabei werden wie üblich die entsprechenden Operationen für Funktionen argumentweise definiert.

5.1.11 SATZ: *Gegeben seien ein Meßraum (Ω,A) und A-meßbare Funktionen f und g. Dann gilt:*

a) Die Funktionen $f+g$ und $f-g$ sind A-meßbar.

b) Die Funktion cf ist A-meßbar für jedes $c \in \mathbb{R}$.

c) Die Funktion fg ist A-meßbar.

d) Die Funktion f/g ist A-meßbar, falls $\{\omega: g(\omega)=0\} = \emptyset$.

e) *Die Funktionen* $\min(f,g)$, $\max(f,g)$, $f^+ := \max(f,0)$, $f^- := \max(-f,0)$ *und* $|f| = f^+ + f^-$ *sind* A-*meßbar*.

f) *Sind* f_n, $n \in \mathbb{N}$, A-*meßbare numerische Funktionen, so sind auch* $\sup\limits_{n\in\mathbb{N}} f_n$, $\inf\limits_{n\in\mathbb{N}} f_n$, $\limsup\limits_{n\to\infty} f_n$ *und* $\liminf\limits_{n\to\infty} f_n$ A-*meßbare numerische Funktionen.*

Beweis: a) Nach Lemma 5.1.7 ist für jedes $a \in \mathbb{R}$ zu zeigen $\{f+g > a\} \in A$, $\{f-g > a\} \in A$. Bezeichnet Q die *abzählbare* Menge der rationalen Zahlen, so gilt

$$\{f+g > a\} = \{f > a-g\} = \bigcup_{r\in Q} \{f > r > a-g\} = \bigcup_{r\in Q} \{f>r\}\cap\{g>a-r\} \in A.$$

In analoger Weise folgt $\{f-g>a\} \in A$.

b) Bei $c=0$ ist $\{cf\leq a\}$ für jedes $a \in \mathbb{R}$ entweder gleich $\emptyset$ oder gleich Ω, also A-meßbar. Bei $c>0$ gilt $\{cf\leq a\}=\{f\leq a/c\} \in A$ $\forall a \in \mathbb{R}$, also die A-Meßbarkeit von cf; analog im Fall $c<0$.

c) Mit h ist auch h^2 eine A-meßbare Funktion, denn für jedes $a \in \mathbb{R}$ gilt $\{\omega\in\Omega:h^2(\omega)\leq a\} = \{-\sqrt{a} \leq h\leq \sqrt{a}\}\in A$, falls $a\geq 0$; bzw. $=\emptyset \in A$, falls $a<0$. Mit Teil a) und Teil b) folgt hieraus, daß auch die Funktion $fg = (f+g)^2/4 - (f-g)^2/4$ A-meßbar ist.

d) Wegen $\{g=0\}=\emptyset$ folgt für alle $a \in \mathbb{R}$ aus den schon bewiesenen Teilen $\{f/g\leq a\} = \{f/g\leq a, g<0\} \cup \{f/g\leq a, g>0\}$

$$=(\{f-ag\geq 0\} \cap \{g<0\})\cup(\{f-ag\leq 0\} \cap \{g>0\}) \in A.$$

e) Für alle $a \in \mathbb{R}$ gilt $\{\min(f,g) < a\} = \{f<a\} \cup \{g<a\} \in A$, $\{\max(f,g) > a\} = \{f>a\} \cup \{g>a\} \in A$, also die A-Meßbarkeit von $\min(f,g)$ und $\max(f,g)$. Die weiteren Aussagen folgen dann aus den schon bewiesenen Teilen, da die Funktion $h \equiv 0$ offenbar A-meßbar ist.

f) Für alle $a \in \mathbb{R}$ gilt in Verallgemeinerung von Beweis e)

$$\{\sup_{n\in\mathbb{N}} f_n > a\} = \bigcup_{n\in\mathbb{N}} \{f_n>a\} \in A,\quad \{\inf_{n\in\mathbb{N}} f_n < a\} = \bigcup_{n\in\mathbb{N}} \{f_n<a\} \in A,$$

also die A-Meßbarkeit der numerischen Funktionen $\sup f_n$ und $\inf f_n$. Hieraus folgt die A-Meßbarkeit der numerischen Funktionen

$$\limsup_{n\to\infty} f_n = \inf_{n\in\mathbb{N}} (\sup_{k\geq n} f_k),\quad \liminf_{n\to\infty} f_n = \sup_{n\in\mathbb{N}} (\inf_{k\geq n} f_k). \ \square$$

Wir werden später sehen, daß es sehr bequem ist, entsprechende Aussagen für meßbare numerische Funktionen zur Verfügung zu haben.

Für das Rechnen mit $\pm\infty$ benutzen wir dabei die folgenden sinnvollen *Konventionen:*

$\infty+a = a+\infty = \infty \ \forall a \in (-\infty,\infty]$, $-\infty+a = a-\infty = -\infty \ \forall a \in [-\infty,\infty)$,

$$a\cdot(\pm\infty)=(\pm\infty)\cdot a = \begin{cases} \pm\infty, & \forall a \in (0,\infty], \\ 0, & a = 0, \\ \mp\infty, & \forall a \in [-\infty,0), \end{cases} \qquad a/0 = \begin{cases} +\infty, & \forall a \in (0,\infty], \\ 0, & a = 0, \\ -\infty, & \forall a \in [-\infty,0), \end{cases}$$

$a/(\pm\infty) = 0 \quad \forall a \in \mathbb{R}$.

Nicht definiert sind $\infty-\infty$, $-\infty+\infty$, $\infty/(\pm\infty)$, $(-\infty)/(\pm\infty)$.

5.1.12 KOROLLAR: *Gegeben seien ein Meßraum $(\Omega,\mathcal{A})$ und $\mathcal{A}$-meßbare numerische Funktionen f und g. Für $c \in \overline{\mathbb{R}}$ sind dann auch $f+g, f-g, cf, fg, f/g, f^+, f^-$ und $|f| = f^++f^-$ $\mathcal{A}$-meßbare numerische Funktionen, falls die Operationen mit Hilfe der Konvention definiert werden können. Offenbar sind cf, fg, f^+, f^- und $|f|$ immer erklärt, während $f+g$ bzw. $f-g$ bzw. f/g genau dann erklärt sind, wenn gilt $\{|f|=|g| = \infty, f \neq g\} = \emptyset$ bzw. $\{|f|=|g| = \infty, f \neq -g\} = \emptyset$* bzw. *$\{|f|=|g| = \infty\} = \emptyset$.*

Beweis: Gilt $\{|f|=|g| = \infty, f \neq g\} = \emptyset$, so ist $f+g$ als numerische Funktion über Ω erklärt und für jedes $a \in \mathbb{R}$ gilt die Darstellung

$$\{f+g>a\}=\{f=\infty\} \cup \{g=\infty\} \cup \{f+g>a, |f| < \infty, |g| < \infty\}.$$

Wegen $\{|f| < \infty, |g| < \infty\} \in \mathcal{A}$ folgt nun analog zum Beweis von Satz 5.1.11, Teil a), die Aussage $\{f+g>a, |f| <\infty, |g| <\infty\} \in \mathcal{A}$ und damit die $\mathcal{A}$-Meßbarkeit von $f+g$.

Die restlichen Aussagen folgen in analoger Weise. □

5.1.13 BEISPIEL: Ist X eine reelle ZV und F die VF von X, d.h. die VF von $\mathcal{L}(X)$, so ist auch $\tau X+b$ für jedes $b \in \mathbb{R}$ und jedes $\tau \in \mathbb{R}$ eine reelle ZV. Für $\tau > 0$ hat $\mathcal{L}(\tau X+b)$ die VF $F_{b,\tau}$ gemäß

$$F_{b,\tau}(x) = F\left(\frac{x-b}{\tau}\right), \ x \in \mathbb{R},$$

denn für jedes $x \in \mathbb{R}$ gilt offenbar $F_{b,\tau}(x) = P^{\tau X+b}((-\infty,x])$ $= P\{\tau X+b\leq x\} = P\{X\leq(x-b)/\tau\} = P^X((-\infty, (x-b)/\tau]) = F\left(\frac{x-b}{\tau}\right)$.

Ist speziell $X \sim \mathcal{N}(a,\sigma^2)$, d.h. $F(x) = \Phi\left(\frac{x-a}{\sigma}\right)$, so folgt

$F_{b,\tau}(x) = F\left(\frac{x-b}{\tau}\right) = \Phi\left(\frac{x-\tau a-b}{\tau\sigma}\right)$. $\forall x \in \mathbb{R}$, also $\mathcal{L}(\tau X+b) = \mathcal{N}(\tau a+b,\tau^2\sigma^2)$.

Wegen $\Phi(t) + \Phi(-t) = 1 \ \forall t \in \mathbb{R}$ folgt außerdem $\mathcal{L}(-X) = \mathcal{N}(-a,\sigma^2)$.

Daher gilt die obige Normalverteilungsaussage auch für $\tau<0$.

Ist speziell $L(X) = N(0,1)$, so heißt die Verteilung von X^2 eine *Chi-Quadrat-Eins Verteilung*, kurz $L(X^2) = \chi_1^2$. Die χ_1^2-Verteilung besitzt eine Riemann-Dichte f_1 gemäß

$$(5.1.15) \qquad f_1(x) = 1_{(0,\infty)}(x)(2\pi x)^{-1/2}\exp(-x/2),\ x \in \mathbb{R},$$

denn für alle $x \leq 0$ gilt $0 \leq P\{X^2 \leq x\} = P\{X=0\} = 0$ und für alle $x > 0$ gilt $P\{X^2 \leq x\} = P\{-\sqrt{x} \leq X \leq \sqrt{x}\} = 2P\{0 < X \leq \sqrt{x}\}$
$= \int_0^{\sqrt{x}} 2\frac{1}{\sqrt{2\pi}} \exp(-y^2/2)dy = \int_0^x \frac{1}{\sqrt{2\pi}} \exp(-t/2) \frac{1}{\sqrt{t}} dt$; also insgesamt
$P^{X^2}((-\infty,x]) = \int_{-\infty}^x f_1(y)dy$, $x \in \mathbb{R}$, mit f_1 gemäß (5.1.15). □

5.1.14 BEISPIEL: Sind $X_1,\ldots,X_n$ reelle ZV über einem W-Raum (Ω,A,P), so ist $\underset{\sim}{X}=(X_1,\ldots,X_n)$ eine ZV über (Ω,A,P) mit Werten in $\mathbb{R}^n$, die die gemeinsame Ausführung der durch $X_1,\ldots,X_n$ beschriebenen Einzelexperimente beschreibt. Nach Satz 4.3.6 ist $L(X_1,\ldots,X_n)$ genau dann ein Produktmaß über $(\mathbb{R}^n, \mathbb{B}^n)$, wenn die VF von $L(X_1,\ldots,X_n)$ sich als Produkt der i-ten Randverteilungsfunktionen F_i von F darstellt. Wegen
$F_i(t) = P\{(X_1,\ldots,X_n) \in \mathbb{R}^{i-1} \times (-\infty,t] \times \mathbb{R}^{n-i}\} = P\{X_i \leq t\}$
ist F_i aber gerade die VF von $L(X_i)$. $L(X_1,\ldots,X_n)$ ist also genau dann eine unabhängige Koppelung, wenn gilt

$$(5.1.16) \qquad L(X_1,\ldots,X_n) = \bigotimes_{i=1}^n L(X_i).$$

In Übereinstimmung mit Definition 2.3.3 (diskrete ZV) nennen wir dann die ZV $X_1,\ldots,X_n$ *stochastisch unabhängig*. Zum jetzigen Zeitpunkt haben wir damit sowohl für diskrete, als auch für reellwertige ZV $X_1,\ldots,X_n$ den Begriff der stochastischen Unabhängigkeit zur Verfügung; für allgemeine ZV s. Def. 5.3.9.

Eine n-fache unabhängige Wiederholung eines Zufallsexperiments mit reellwertigen Ergebnissen werden wir also durch stochastisch unabhänige reelle ZV $X_1,\ldots,X_n$ modellieren, und zwar (wegen der Wiederholung) jeweils mit der gleichen Verteilung $L(X_i)=L(X_1)\forall i\leq n$. *Wir sagen dann: $X_1,\ldots,X_n$ sind reelle i.i.d. ZV (independent identically distributed).*

Wir wollen die neue Begriffsbildung der i.i.d. ZV gleich bei der Lösung eines statistischen Problems anwenden: Bezeichnet F die i.a. unbekannte VF von $L(X_1)$, so werden wir mit Hilfe des Bernoullischen Gesetzes der großen Zahlen für jedes $x \in \mathbb{R}$ einen Schätzer für $F(x)$ angeben, der mit wachsendem Stichprobenumfang n den unbekannten Wert $F(x)$ beliebig gut approximiert: Sei also $x \in \mathbb{R}$ vorgegeben. Nach Satz 2.3.5 sind dann auch die diskreten $\{0,1\}$-wertigen ZV $Y_i := 1_{(-\infty,x]} \circ X_i$, $i=1,\ldots,n$, stochastisch unabhängig, denn wegen (4.3.17) gilt für alle $(y_1,\ldots,y_n) \in \{0,1\}^n$ mit den Setzungen $(-\infty,x]^1 := (-\infty,x]$, $(-\infty,x]^0 := (x,\infty)$ die Gleichheit

$$P\{Y_i = y_i, i=1,\ldots,n\} = P\{X_i \in (-\infty,x]^{y_i}, i=1,\ldots,n\}$$
$$= \prod_{i=1}^{n} P\{X_i \in (-\infty,x]^{y_i}\} = \prod_{i=1}^{n} P\{Y_i = y_i\}.$$

Außerdem besitzen die Y_i wegen $P\{Y_i=1\} = P\{X_i \le x\} = F(x)$ jeweils die gleiche Bernoulli(F(x))Verteilung. Die n-dimensionale ZV$(Y_1,\ldots,Y_n)$ beschreibt also ein n-faches Bernoulli(F(x)) Experiment gemäß

$$P^{(Y_1,\ldots,Y_n)} = P_{n,p} \text{ mit } p=F(x).$$

Daher folgt aus Hilfssatz 3.1.5 für jedes $\varepsilon>0$ die Abschätzung

$$P\{\omega\in\Omega : \left|\frac{1}{n}\sum_{i=1}^{n} 1_{(-\infty,x]}(X_i(\omega)) - F(x)\right|<\varepsilon\} = P\{|\overline{Y}_n - F(x)|<\varepsilon\}$$
$$= P_{n,p}\{(y_1,\ldots,y_n)\in\{0,1\}^n : |\overline{y}_n - p|<\varepsilon\} \ge 1 - \frac{1}{4n\varepsilon^2} \xrightarrow[n\to\infty]{} 1.$$

Für jedes $x \in \mathbb{R}$ ist also

(5.1.17) $$\hat{F}_n(x) = \frac{1}{n}\sum_{i=1}^{n} 1_{(-\infty,x]}(X_i)$$

der angekündigte Schätzer für den (unbekannten) Wert $F(x)$. (Nach Aufg. 5.1.7 gilt sogar $\forall\varepsilon>0$ die Aussage $P\{\sup_x |\hat{F}_n(x) - F(x)|>\varepsilon\} \xrightarrow[n\to\infty]{} 0$.)

Halten wir $X_1,\ldots,X_n$ fest und lesen wir $\hat{F}_n(x)$ als Funktion der Variablen $x \in \mathbb{R}$, so ist $\hat{F}_n(\cdot)$ offenbar eine VF über $\mathbb{R}$, die an den potentiellen Beobachtungswerten $X_1,\ldots,X_n$ Sprünge der Höhe $1/n$ besitzt, vgl. Abb. 5.1.1. Daher heißt die (zufallsabhängige) Funktion $\hat{F}_n(\cdot)$ die zu $X_1,\ldots,X_n$ gehörige *empirische Verteilungsfunktion*. Bei festgehaltenem $x \in \mathbb{R}$ gilt dagegen $n\hat{F}_n(x) \sim B(n,F(x))$. □

Wichtig für die Definition des bereits angekündigten Maßintegrals und für die Definition des allgemeinen Erwartungswertes im nächsten Abschnitt ist die Eigenschaft meßbarer numerischer Funktionen, sich durch meßbare Funktionen mit nur endlich vielen Werten (diskrete reellwertige ZV) approximieren zu lassen.

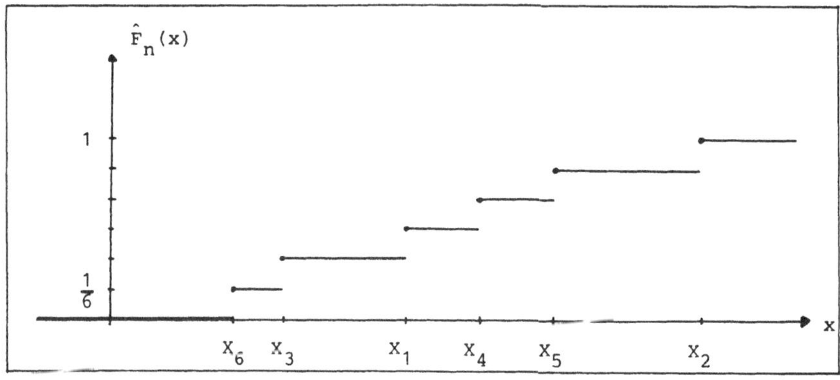

Abb. 5.1.1: Eine Realisierung der empirischen VF für n=6.

5.1.15 DEFINITION UND SATZ: *Gegeben sei ein Meßraum (Ω,A) und eine A-meßbare Funktion $f : \Omega \to \mathbb{R}$. Enthält $f(\Omega)$ nur endlich viele Elemente, so heißt f primitiv. f ist genau dann primitiv, wenn es endlich viele reelle Zahlen $a_1,\dots,a_m$ und paarweise disjunkte meßbare Mengen $A_1,\dots,A_m \in A$ gibt mit*

$$f = \sum_{i=1}^{m} a_i 1_{A_i} \quad \text{und} \quad \sum_{i=1}^{m} A_i = \Omega. \tag{5.1.18}$$

Der einfache *Beweis* der behaupteten Äquivalenz sei dem Leser überlassen. Mit Hilfe von primitiven Funktionen erhalten wir die folgende Approximation meßbarer numerischer Funktionen.

5.1.16 LEMMA: *Gegeben sei ein Meßraum (Ω,A) und eine nichtnegative A-meßbare numerische Funktion f. Dann gibt es primitive Funktionen $f_n, n \in \mathbb{N}$, über (Ω,A) mit den Eigenschaften*

$$0 \le f_1(\omega) \le f_2(\omega) \le f_3(\omega) \le \dots \le f(\omega) \quad \forall \omega \in \Omega, \tag{5.1.19}$$

$$\lim_{n\to\infty} f_n(\omega) = \sup_{n\in\mathbb{N}} f_n(\omega) = f(\omega) \quad \forall \omega \in \Omega. \tag{5.1.20}$$

Beweis: Für jedes $n \in \mathbb{N}$ und jedes $i=1,\dots,n2^n$ setzen wir

$A_{ni} := f^{-1}([(i-1)/2^n\ ,\ i/2^n))$, $B_n := f^{-1}([n,\infty])$,

$$f_n := \sum_{i=1}^{n2^n} \frac{i-1}{2^n} 1_{A_{ni}} + n\, 1_{B_n}.$$

Wegen $A_{ni} \in A$, $B_n \in A$ ist f_n eine primitive Funktion über (Ω,A), und (5.1.19) ist nach Konstruktion erfüllt. Weiter gilt $\forall\omega\in\Omega$ mit $f(\omega) < \infty$ und $\forall n \in \mathbb{N}$ mit $n > f(\omega)$ die Aussage

$$0 \leq f(\omega) - f_n(\omega) \leq 1/2^n (\to 0 \text{ für } n\to\infty),$$

während $\forall\omega\in\Omega$ mit $f(\omega) = \infty$ gilt $f_n(\omega) = n \to \infty = f(\omega)$ für $n\to\infty$. □

5.2 Der Erwartungswert für numerische Zufallsvariable

Bei einem Glücksspiel mit r möglichen reellen Versuchsausgängen $x_1,\ldots,x_r$, z.B. einem Würfelexperiment ($x_i=i$, $i=1,\ldots,6$), werde beim Auftreten des Versuchsausgangs x_i eine Zahlung von x_i DM geleistet. Bezeichnet p_i die Wahrscheinlichkeit für das Auftreten von x_i, so ist nach dem Bernoullischen Gesetz der großen Zahlen p_i eine"Approximation" für die (zufallsabhängige) relative Häufigkeit $h_n(x_i)$ für das Eintreten von x_i bei n unabhängigen Wiederholungen. Daher wird man den wohldefinierten Modellparameter

$$m = x_1p_1 + x_2p_2+\cdots+x_rp_r$$

als eine "Approximation" des zufallsabhängigen mittleren Gewinns

$$x_1h_n(x_1) + x_2h_n(x_2)+\cdots+x_nh_n(x_n)$$

bei n Wiederholungen ansehen können. Der so definierte Modellparameter m heißt *erwarteter Gewinn* oder *Erwartungswert* des obigen Glücksspiels, gelegentlich auch *mittlerer Gewinn* oder *Mittelwert*.

Allgemeiner wird man für eine diskrete reellwertige ZV X über (Ω,A,P) den Erwartungswert EX erklären gemäß

$$\text{(5.2.1)} \qquad EX = \sum_{x\in T} xP\{X=x\}, \text{ falls } \sum_{x\in T} |x|P\{X=x\} < \infty,$$

wobei $T \subset \mathbb{R}$ den Träger von $L_p(X)$ bezeichnet, vgl. auch (3.1.10). Ist andererseits X eine reelle ZV über (Ω,A,P) mit Riemann-Dichte f, so wird man in analoger Weise den Erwartungswert EX erklären gemäß

$$\text{(5.2.2)} \qquad EX = \int_{-\infty}^{\infty} xf(x)dx, \text{ falls } \int_{-\infty}^{\infty} |x|f(x)dx < \infty, \text{ vgl. (4.2.15).}$$

Beispiele für die Spezialfälle (5.2.1) und (5.2.2) wurden bereits in den zitierten Abschnitten angegeben.

Ein Gefühl dafür, wie groß der Erwartungswert einer ZV X ist, kann man durch die folgende physikalische Interpretation gewinnen: Man betrachtet die Wahrscheinlichkeiten $p_i = P^X\{x_i\}$ als Gewichte, die an den Stellen x_i eines (gewichtslosen) Stabes angebracht sind. Dann ist EX diejenige Stelle des Stabes, an der man den Stab unterstützen muß, um ihn im Gleichgewicht zu halten, vgl. Abb. 5.2.1.

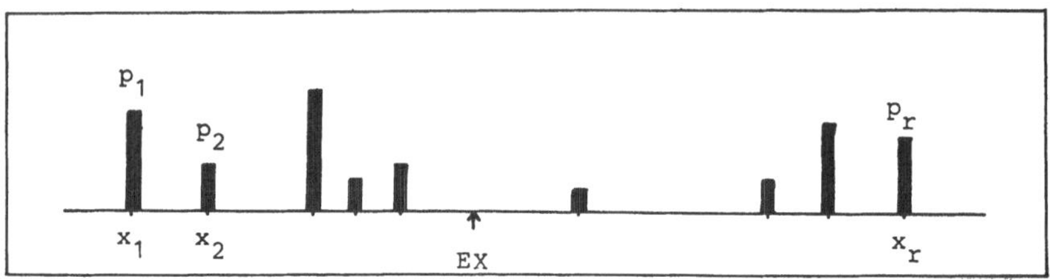

Abb. 5.2.1: Erwartungswert bei diskreter Massenbelegung.

Unterstützt man den Stab nämlich in einem Punkt a, so müssen im Gleichgewicht die Drehmomente rechts und links von a gleich sein, also

$$\sum_{x_i<a}(a-x_i)p_i \overset{!}{=} \sum_{x_i>a}(x_i-a)p_i, \quad \text{folglich} \quad a = \sum_{i=1}^{r} x_i p_i .$$

Die analoge Überlegung im Falle einer kontinuierlichen Massenbelegung gemäß der Dichte f, vgl. Abb. 5.2.2, führt auf die Gleichung

$$\int_{-\infty}^{a}(a-x)f(x)dx \overset{!}{=} \int_{a}^{\infty}(x-a)f(x)dx, \text{ also auf } \quad a = \int_{-\infty}^{\infty} xf(x)dx.$$

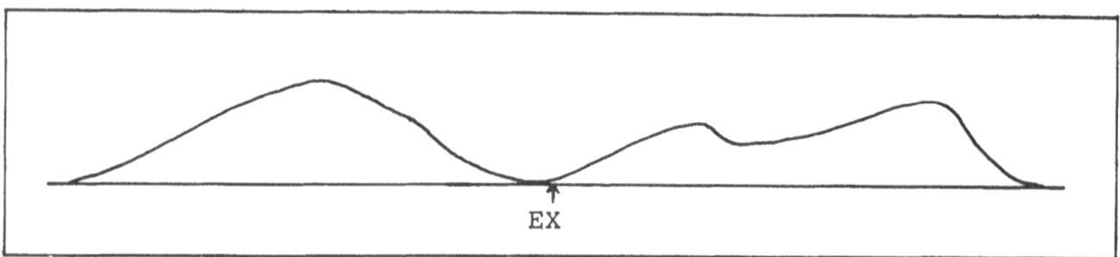

Abb. 5.2.2: Erwartungswert bei kontinuierlicher Massenbelegung.

Ziel dieses Abschnitts ist nun einerseits die Verallgemeinerung und Vereinheitlichung der Definitionen (5.2.1) und (5.2.2) für beliebige reelle ZV mit Hilfe des Maßintegrals und andererseits die Bereitstellung der Hilfsmittel für die allgemeine Koppelung von Zufallsexperimenten.

Nach Lemma 5.1.16 läßt sich jede nichtnegative reelle ZV durch primitive ZV approximieren. Deshalb liegt der Gedanke nahe, den Erwartungswert für beliebige nichtnegative reelle ZV als Grenzwert der Erwartungswerte der approximierenden primitiven ZV (diskrete ZV) zu erklären.

5.2.1 DEFINITION UND SATZ: *Gegeben sei ein Maßraum (Ω, A, μ).*

a) Ist f eine nichtnegative primitive Funktion über (Ω, A) in einer Darstellung gemäß Def./Satz 5.1.15, d.h.

$$f = \sum_{i=1}^{m} a_i 1_{A_i}, \quad \sum_{i=1}^{m} A_i = \Omega, \quad A_i \in A \;\forall i,$$

so definieren wir $\int f d\mu$, das μ-Integral von f, durch

$$(5.2.3) \qquad \int f d\mu := \int f(\omega)\mu(d\omega) := \sum_{i=1}^{m} a_i \mu(A_i).$$

Es gilt: $\int f d\mu$ ist unabhängig von der speziellen Darstellung von f, ist also wohldefiniert.

b) Ist $f : \Omega \to \bar{\mathbb{R}}$ eine nichtnegative A-meßbare numerische Funktion, so gilt $P(f) := \{g : g$ ist primitiv über (Ω, A) mit $0 \leq g \leq f\} \neq \emptyset$, vgl. Lemma 5.1.16, und für alle $g \in P(f)$ ist $\int g d\mu$ nach Teil a) erklärt. Definieren wir nun das μ-Integral von f durch

$$(5.2.4) \qquad \int f d\mu := \int f(\omega)\mu(d\omega) := \int f(\omega) d\mu(\omega) := \sup\{\int g d\mu : g \in P(f)\}.$$

so stimmt diese Definition für primitives f mit der Definition aus Teil a) überein.

Ist $\mu = P$ ein W-Maß, so heißt $E_P f := \int f dP$ Erwartungswert (E-Wert) von f unter P oder Erwartungswert von $L_P(f)$. Für $E_P f$ schreiben wir auch kurz Ef, wenn das zugrundeliegende W-Maß P aus dem Zusammenhang hervorgeht.

Beweis: a) Gegeben sei eine weitere Darstellung von f gemäß

$$f = \sum_{j=1}^{n} b_j 1_{B_j}, \quad \sum_{j=1}^{n} B_j = \Omega, \quad B_j \in A \quad \forall j.$$

Dann folgt
$$\sum_{i=1}^{m} \sum_{j=1}^{n} a_i 1_{A_i B_j} = f = \sum_{j=1}^{n} \sum_{i=1}^{m} b_j 1_{B_j A_i};$$

also gelten $\forall i \in \{1,\dots,m\}$ und $\forall j \in \{1,\dots,n\}$ die Aussagen

$$0 \leq a_i 1_{A_i B_j} = b_j 1_{A_i B_j} \quad \text{und} \quad 0 \leq a_i \mu(A_i B_j) = b_j \mu(A_i B_j).$$

Hieraus erhalten wir die Behauptung wegen

$$\sum_{i=1}^{m} a_i\mu(A_i) = \sum_{i=1}^{m} a_i\mu(\sum_{j=1}^{n} A_iB_j) = \sum_{i=1}^{m}\sum_{j=1}^{n} a_i\mu(A_iB_j)$$

$$= \sum_{i=1}^{m}\sum_{j=1}^{n} b_j\mu(A_iB_j) = \sum_{j=1}^{n} b_j\mu(\sum_{i=1}^{m} A_iB_j) = \sum_{j=1}^{n} b_j\mu(B_j).$$

b) Seien f und g primitive Funktionen mit $0 \leq g \leq f$. Für $\int f d\mu$ und $\int g d\mu$ gemäß Teil a ist dann nur zu zeigen: $\int g d\mu \leq \int f d\mu$.
Dazu seien Darstellungen (5.1.18) von f und g gegeben, d.h.

$$f = \sum_{i=1}^{m} a_i 1_{A_i}, \quad \sum_{i=1}^{m} A_i = \Omega = \sum_{j=1}^{n} B_j, \; g = \sum_{j=1}^{n} b_j 1_{B_j}.$$

Dann erhalten wir völlig analog zum Beweis von Teil a) zunächst

$$0 \leq b_j 1_{A_iB_j} \leq a_i 1_{A_iB_j} \quad \text{und} \quad 0 \leq b_j\mu(A_iB_j) \leq a_i\mu(A_iB_j) \;\; \forall i,j$$

und daher

$$0 \leq \int g d\mu = \sum_{i=1}^{m}\sum_{j=1}^{n} b_j\mu(A_iB_j) \leq \sum_{i=1}^{m}\sum_{j=1}^{n} a_i\mu(A_iB_j) = \int f d\mu. \quad \square$$

5.2.2 KOROLLAR: *Gegeben seien ein Maßraum $(\Omega, \mathcal{A}, \mu)$, nichtnegative $\mathcal{A}$-meßbare numerische Funktionen f, g und meßbare Mengen $A, B \in \mathcal{A}$. Mit den Bezeichnungen*

(5.2.5) $\qquad \int_A f d\mu := \int f 1_A d\mu, \; \int_\Omega f d\mu = \int f d\mu,$

gelten dann die folgenden Implikationen:

(5.2.6) $\qquad f(\omega) = c \;\; \forall \omega \in \Omega \Rightarrow \int f d\mu = c\mu(\Omega),$

(5.2.7) $\qquad f \leq g \Rightarrow \int_A f d\mu \leq \int_A g d\mu,$

(5.2.8) $\qquad A \subset B \Rightarrow \int_A f d\mu \leq \int_B f d\mu,$

(5.2.9) $\qquad 0 \leq c < \infty \Rightarrow c\int f d\mu = \int c f d\mu,$

(5.2.10) $\qquad \mu(A) = 0 \Rightarrow \int_A f d\mu = 0.$

Beweis: Die Aussagen (5.2.6) bis (5.2.9) folgen unmittelbar aus Definition/Satz 5.2.1 und dem zugehörigen Beweis. Zum Nachweis von (5.2.10) stellen wir zunächst fest

$0 \leq \int_A f d\mu = \int f 1_A d\mu = \sup\{\int g d\mu : g \text{ primitiv}, 0 \leq g \leq f 1_A\}$. Für primitives $g \geq 0$ mit $g(\omega) = 0 \;\forall \omega \in A^c$ gilt aber $c := \sup_{\omega\in\Omega} g(\omega) \in [0, \infty)$ und

$0 \le g \le c1_A$, also $0 \le \int g d\mu \le \int c1_A d\mu = c\mu(A) = 0$. □

Als ersten Schritt zur Definition von Maßen mit Hilfe von μ-Integralen und zum Nachweis der Linearität des μ-Integrals bzw. des E-Wertes beweisen wir zunächst den folgenden Spezialfall.

5.2.3 LEMMA: *Gegeben seien ein Maßraum $(\Omega, \mathcal{A}, \mu)$ und nichtnegative primitive Funktionen f, g über $(\Omega, \mathcal{A})$.*

a) Dann ist die durch

$$(5.2.11) \qquad \nu(A) = \int_A f d\mu, \quad A \in \mathcal{A},$$

definierte Abbildung $\nu: \mathcal{A} \to \mathbb{R} \cup \{\infty\}$ ein Maß auf $\mathcal{A}$.

b) Es gilt die Additivität

$$(5.2.12) \qquad \int (f+g) d\mu = \int f d\mu + \int g d\mu.$$

Beweis: Wir benutzen Darstellungen (5.1.18) von f und g, d.h.

$$f = \sum_{i=1}^m a_i 1_{A_i}, \quad \sum_{i=1}^m A_i = \Omega = \sum_{j=1}^n B_j, \quad g = \sum_{j=1}^n b_j 1_{B_j}.$$

a) Für jedes $A \in \mathcal{A}$ gilt dann

$$\nu(A) = \int f 1_A d\mu = \int \left(\sum_{i=1}^m a_i 1_{A_i A}\right) d\mu = \sum_{i=1}^m a_i \mu(A_i A).$$

Wegen $a_i \ge 0$, falls $A_i \ne \emptyset$, ist ν nach Aufgabe 1.3.5 ein Maß auf $\mathcal{A}$.

b) Wegen $f = \sum_{i=1}^m \sum_{j=1}^n a_i 1_{A_i B_j}$ und $g = \sum_{i=1}^m \sum_{j=1}^n b_j 1_{A_i B_j}$ erhalten wir eine Darstellung (5.1.18) von f+g gemäß $f+g = \sum_{i=1}^m \sum_{j=1}^n (a_i+b_j) 1_{A_i B_j}$.

Aus diesen Darstellungen folgt nach Formel (5.2.3) die Gleichheit

$$\int (f+g) d\mu = \sum_{i=1}^m \sum_{j=1}^n (a_i+b_j) \mu(A_i B_j) = \int f d\mu + \int g d\mu. \quad \square$$

5.2.4 BEMERKUNG: Ist X eine reellwertige nichtnegative diskrete ZV über $(\Omega, \mathcal{A}, P)$ mit $X(\Omega)$ endlich, so stimmt die Definition (5.2.1) des E-Wertes EX überein mit der allgemeineren Defintion $EX = \int X dP$. Denn offenbar ist X eine nichtnegative primitive Funktion mit der Darstellung $X(\omega) = x \ \forall \omega \in X^{-1}(\{x\}) \ \forall x \in X(\Omega)$, also mit $\int X dP = \sum_{x \in X(\Omega)} x P\{X=x\}$.

5.2.5 BEISPIEL: N Personen einer Bevölkerungsgruppe sollen einer Reihen-Blutuntersuchung auf das Vorhandensein einer bestimmten Krankheit, von der eine Einzelperson mit der Wahrscheinlichkeit $p \in (0,1)$ befallen werde, unterzogen werden. Man denke etwa an den Fall, daß die Schüler einer Schule mit einer Infektionsquelle in Berührung gekommen sind und deshalb festgestellt werden soll, ob sich Schüler infiziert haben. Unter der Annahme, daß es noch zu keiner Ansteckung untereinander gekommen ist, kann man sich die Entnahme von N Blutproben durch i.i.d. ZV $X_1,\dots,X_n$ mit $X_i \sim B(1,p)$ dargestellt denken, wobei $X_i = 1(0)$ bedeutet, daß die i-te Blutprobe infiziert (nicht infiziert) ist.

Nach Entnahme der Blutproben sind diese im Labor zu untersuchen. Wird jede Blutprobe einzeln untersucht, so sind insgesamt N Laboruntersuchungen nötig. Da jede Laboruntersuchung Zeit und Geld kostet, fragt man sich, ob es eine Methode gibt, die Zahl der Laboruntersuchungen zu verkleinern. Tatsächlich ist dies mit dem folgenden Verfahren möglich.

Die N Personen werden in Gruppen zu je k Personen aufgeteilt, wobei der Einfachheit halber angenommen werde, daß N durch k teilbar sei: $N = k \cdot r$, $r \in \mathbb{N}$. Innerhalb jeder der r Gruppen wird von jeder Blutprobe die Hälfte entnommen und zu einer Mischung zusammengefaßt. Die r Mischungen werden sodann im Labor untersucht. Ist eine Mischung infiziert, werden anschließend die zurückgehaltenen Hälften der Blutproben der entsprechenden Gruppe einzeln untersucht, während bei einer nicht infizierten Mischung die Mitglieder der Gruppe als nicht infiziert erkannt sind.

Wir fragen: Wie groß ist die erwartete Anzahl der bei diesem Verfahren benötigten Laboruntersuchungen ?

Offenbar ist für die j-te Gruppe $(X_{jk-k+1},\dots,X_{jk})$ insgesamt mindestens eine Untersuchung erforderlich, während weitere k Untersuchungen fällig werden, wenn gilt

$$S_j = X_{jk-k+1}+X_{jk-k+2}+\dots+X_{jk} > 0.$$

Daher gilt für die zufallsabhängige Gesamtzahl R der benötigten Laboruntersuchungen die Darstellung $R = \sum_{j=1}^{r} (1+k1_{(0,\infty)}(S_j))$. Offensichtlich ist R eine Summe von nichtnegativen primitiven ZV und nach Beispiel 5.1.10 gilt außerdem $S_j \sim B(k,p)$, $j=1,\dots,r$.

Mit der für den vorliegenden Fall bewiesenen Linearität des E-Wertes folgt für die erwartete Anzahl ER der Laboruntersuchungen:

$$ER = \sum_{j=1}^{r} (1+kE\, 1_{(0,\infty)}(S_j)) = r+rk(1-b(0;k,p))$$
$$= r+rk(1-(1-p)^k) = N(\frac{1}{k} + 1 - (1-p)^k).$$

Da N die Anzahl der Untersuchungen ist, wenn wir für jede Person eine Einzeluntersuchung machen, erwarten wir nur dann eine Einsparung, wenn gilt ER < N. Diese Bedingung ist offenbar äquivalent mit

$$\frac{1}{k} + 1 - (1-p)^k < 1 \quad \text{bzw. mit } (1/k)^{1/k} < (1-p).$$

Durch Untersuchung von $f(x) = x^x$ für $0<x\leq 1$ findet man

$$\min\{(1/k)^{1/k} : k \in \mathbb{N}\} = (1/3)^{1/3} = 0.6934.$$

Für $0 < p < 0.3066$ kann man also durch Gruppenbildung (z.B. mit k=3) eine Einsparung erwarten, während für $0.3066 \leq p < 1$ keine Einsparung durch Gruppenbildung möglich ist.

Im Fall $0 < p < 0.3066$ kann man nun versuchen, durch Variation von k die erwartete Anzahl der Laboruntersuchungen zu minimieren. Wir wollen uns hier auf den Fall N = 1000 und p = 0.01 beschränken. Dann gilt $ER = 1000(1/k+1-(0.99)^k)$ und die folgende Wertetabelle gibt einen Eindruck von den erwarteten Einsparungen.

k	5	10	11	12	15
ER	249.0	195.62	195.57	196.9	206.6

Eine Gruppengröße von ≈ 11 ist in diesem Fall optimal. Da R eine ZV ist, weiß man bei dem oben beschriebenen Verfahren natürlich im vorhinein nicht, wieviele Laboruntersuchungen tatsächlich durchzuführen sein werden. Im ungünstigsten Fall können N+r Untersuchungen nötig werden, i.a. jedoch wird die tatsächliche Schwankung von R um ER nicht allzu groß sein. Ein Maß für diese Schwankung ist die Wurzel aus der "erwarteten quadratischen Abweichung" zwischen R und ER, vgl. Bemerkung 3.1.6, also die Wurzel aus $\text{Var } R = E(R-ER)^2$. Aus der obigen Darstellung von R und ER folgt zunächst

$$\text{Var } R = k^2 \text{Var}(\sum_{j=1}^{r} 1_{(0,\infty)}(S_j)).$$

Nach Satz 2.3.6 sind aber $1_{(0,\infty)}(S_1),\ldots,1_{(0,\infty)}(S_r)$ stochastisch unabhänige ZV, und zwar jeweils mit der gleichen $B(1,1-(1-p)^k)$-Verteilung. Daher gilt

$$\sum_{j=1}^{r} 1_{(0,\infty)}(S_j) \sim B(r,1-(1-p)^k)$$

und aus Formel (3.1.12) folgt schließlich

$$\text{Var } R = k^2 r(1-(1-p)^k)(1-p)^k = Nk(1-p)^k(1-(1-p)^k).$$

Im Spezialfall $N = 1000$ und $p = 0.01$ ergibt sich für $k=11$

$$(\text{Var } R)^{1/2} = (11000(0.99)^{11}(1-(0.99)^{11}))^{1/2} = 32.1.$$

Aus der Tschebyschev Ungleichung (5.6.4) folgt nun, daß R mindestens mit 88%-iger Wahrscheinlichkeit in das Intervall $(ER-3\sqrt{\text{Var } R}\,,\ ER+3\sqrt{\text{Var } R}\,) = (99,292)$ fällt, während ohne Gruppenbildung immer 1000 Untersuchungen durchgeführt werden müssen. □

Wir werden nun einige sehr hilfreiche Eigenschaften des μ-Integrals für nichtnegative meßbare Funktionen herleiten und dann auch das μ-Integral bzw. den E-Wert für beliebige numerische ZV definieren.

5.2.6 SATZ *(Monotone Konvergenz): Gegeben seien ein Maßraum $(\Omega,\mathcal{A},\mu)$ und eine Folge $(f_n, n \in \mathbb{N})$ nichtnegativer $\mathcal{A}$-meßbarer numerischer Funktionen mit der Eigenschaft*

(5.2.13) $$0 \le f_1 \le f_2 \le f_3 \le \cdots .$$

Dann ist auch

(5.2.14) $$f := \lim_{n\to\infty} f_n = \sup_{n\in\mathbb{N}} f_n$$

eine nichtnegative $\mathcal{A}$-meßbare numerische Funktion, und es gilt

(5.2.15) $$\lim_{n\to\infty} \int f_n d\mu = \int (\lim_{n\to\infty} f_n) d\mu.$$

Beweis: Nach Satz 5.1.11 ist f eine $\mathcal{A}$-meßbare numerische Funktion mit $f \ge f_n \ge 0\ \forall n$. Wegen $0 \le \int f_n d\mu \le \int f_{n+1} d\mu \le \int f d\mu\ \ \forall n$ existiert eine Zahl $\alpha \in [0,\infty]$ mit

(1) $$\lim_{n\to\infty} \int f_n d\mu = \sup_{n\in\mathbb{N}} \int f_n d\mu = \alpha \le \int f d\mu.$$

Ist nun g eine primitive Funktion mit $0 \le g \le f$, so zeigen wir

(2) $$\alpha \ge c\int g d\mu\ \ \forall c\in(0,1), \text{ also } \alpha \ge \int g d\mu.$$

Hieraus folgt $\int f d\mu = \sup\{\int g d\mu : g \text{ primitiv}, 0\le g\le f\} \le \alpha$, also wegen

(1) die Behauptung (5.2.15).

Zum abschließenden Nachweis von (2) definieren wir die Ereignisse $B_n := \{\omega\in\Omega : f_n(\omega) \geq cg(\omega)\} \in A$. Wegen $0\leq f_1\leq f_2\leq\cdots$ gilt dann einerseits $B_1 \subset B_2 \subset B_3 \subset \cdots$, während andererseits gilt $\bigcup_{n=1}^{\infty} B_n=\Omega$, wegen $cg(\omega) = 0$, falls $f(\omega) = 0$, und wegen $cg(\omega)<f(\omega)$, falls $f(\omega) >0$. Da nun $\int g1_A d\mu$, $A \in A$, als Maß auf A [vgl. Lemma 5.2.3] stetig von unten ist, folgt schließlich mit (1)

$$\alpha \geq \int f_n d\mu \geq \int f_n 1_{B_n} d\mu \geq \int cg1_{B_n} d\mu = c\int g1_{B_n} d\mu \xrightarrow[n\to\infty]{} c\int g1_{\Omega} d\mu = c\int g d\mu. \quad \square$$

Mit dem Hilfsmittel der monotonen Konvergenz können wir nun insbesondere die Aussagen von Lemma 5.2.3 auf beliebige nichtnegative A-meßbare numerische Funktionen erweitern.

5.2.7 SATZ: *Gegeben seien ein Maßraum (Ω,A,μ) und nichtnegative A-meßbare numerische Funktionen f,g und h_i, $i \in \mathbb{N}$.*

a) Es gilt die Additivität

$$\int (f+g)d\mu = \int f d\mu + \int g d\mu. \tag{5.2.16}$$

b) Die nichtnegative numerische Funktion

$$\sum_{i=1}^{\infty} h_i := \lim_{n\to\infty} \sum_{i=1}^{n} h_i = \sup_{n\in\mathbb{N}} \sum_{i=1}^{n} h_i \tag{5.2.17}$$

ist A-meßbar, und es gilt die σ-Additivität

$$\int \left(\sum_{i=1}^{\infty} h_i\right) d\mu = \sum_{i=1}^{\infty} \int h_i d\mu. \tag{5.2.18}$$

c) Die Abbildung $\nu : A \to \mathbb{R} \cup \{\infty\}$ gemäß

$$\nu(A) = \int_A f d\mu, \quad A \in A, \tag{5.2.19}$$

ist ein Maß auf A, und es gilt

$$\int g d\nu = \int g f d\mu. \tag{5.2.20}$$

Beweis: a) Nach Lemma 5.1.16 gibt es primitive Funktionen f_n, g_n, $n \in \mathbb{N}$, mit $0\leq f_1\leq f_2\leq\cdots$, $\lim f_n=f$ bzw. $0\leq g_1\leq g_2\leq\cdots$, $\lim g_n=g$. Dann sind f_n+g_n primitive Funktionen mit $0\leq f_1+g_1\leq f_2+g_2\leq\cdots$ und $\lim (f_n+g_n) = f+g$. Mit dem Satz von der monotonen Konvergenz 5.2.6 folgt dann nach Lemma 5.2.3 (Additivität für primitive Funktionen)

$$\int(f+g)d\mu=\lim_{n\to\infty}\int(f_n+g_n)d\mu=\lim_{n\to\infty}(\int f_n d\mu+\int g_n d\mu) = \int f d\mu+\int g d\mu.$$

b) Mit der Verallgemeinerung von Teil a) auf endlich viele Summanden (Induktion) folgt aus dem Satz von der monotonen Konvergenz

$$\int(\sum_{i=1}^{\infty} h_i)d\mu = \int(\lim_{n\to\infty}\sum_{i=1}^{n} h_i)d\mu = \lim_{n\to\infty}\int(\sum_{i=1}^{n} h_i)d\mu = \lim_{n\to\infty}\sum_{i=1}^{n}\int h_i d\mu.$$

c) Offenbar ist ν nichtnegativ und nulltreu. Die σ-Additivität von ν folgt aus b), denn für paarweise disjunkte $A_i \in \mathcal{A}$, $i \in \mathbb{N}$, und $A = \bigcup_{i=1}^{\infty} A_i$ gilt $f1_A = \sum_{i=1}^{\infty} f1_{A_i}$ und damit

$$\nu(\bigcup_{i=1}^{\infty} A_i) = \int f1_A d\mu = \int(\sum_{i=1}^{\infty} f1_{A_i})d\mu = \sum_{i=1}^{\infty}\int f1_{A_i} d\mu = \sum_{i=1}^{\infty}\nu(A_i).$$

Also ist ν ein Maß auf $\mathcal{A}$.

Der abschließende Beweis von Aussage (5.2.20) erfolgt über den "Aufbau meßbarer Funktionen" (Gänssler und Stute sprechen von "algebraischer Induktion"): Für Indikatoren $g=1_A$ mit $A \in \mathcal{A}$ ist die Aussage (5.2.20) nach Definition richtig. Wegen der Linearität [vgl. (5.2.16) und (5.2.9)] ist (5.2.20) dann auch für nichtnegative primitive Funktionen g richtig. Schließlich approximiere man die (beliebige) nichtnegative $\mathcal{A}$-meßbare numerische Funktion g gemäß Lemma 5.1.16 durch nichtnegative primitive Funktionen $g_n, n \in \mathbb{N}$, und wende auf $(g_n,\ n \in \mathbb{N})$ und $(g_n f,\ n \in \mathbb{N})$ den Satz von der monotonen Konvergenz an. □

BEZEICHNUNG: Gilt für zwei Maße μ und ν über einem Meßraum $(\Omega,\mathcal{A})$ und eine *nichtnegative $\mathcal{A}$-meßbare numerische Funktion* f die Beziehung (5.2.19), d.h. $\nu(A) = \int_A f d\mu\ \forall A \in \mathcal{A}$, so nennt man f eine *μ-Dichte von ν.*

5.2.8 BEISPIEL: P sei ein diskretes W-Maß über Ω mit Zähldichte p und Träger T. In Verallgemeinerung von Beispiel 1.4.8 sei μ_a das abzählende Maß über Ω gemäß $\mu_a(A)=|A|\ \forall A \subset \Omega$, mit $|A|=\infty$, falls A nicht endlich. (Der Leser überprüfe, daß μ_a für beliebigen Stichprobenraum Ω ein Maß über $\mathcal{P}(\Omega)$ ist, also die in Beispiel 1.4.8 gegebene Definition als Spezialfall enthält.) Dann ist die Zähldichte p eine μ_a-Dichte von P, denn für jedes $A \subset \Omega$ gilt

$$P(A) = \sum_{t\in T} p(t)1_A(t) = \sum_{t\in T} p(t) \int_A 1_{\{t\}}(\omega)\mu_a(d\omega)$$

$$= \int_A \Big(\sum_{t \in T} p(t) 1_{\{t\}}(\omega) \Big) \mu_a(d\omega) = \int_A p(\omega) \mu_a(d\omega). \quad \square$$

5.2.9 BEISPIEL: Ist f eine $\mathbb{B}$-meßbare Riemann-Dichte, P das zugehörige W-Maß und λ das Lebesgue-Maß über $(\mathbb{R}, \mathbb{B})$, so ist f auch eine Lebesgue-Dichte (λ-Dichte) von P, d.h. es gilt

$$(5.2.21) \qquad P(B) = \int_B f d\lambda \quad \forall B \in \mathbb{B}.$$

Denn nach Bauer, Satz 16.2, gilt $\int_a^b f(x)dx = \int_{(a,b]} fd\lambda \quad \forall a \leq b.$

Daher stimmt das Maß ν gemäß $\nu(B) := \int_B fd\lambda$, $B \in \mathbb{B}$, nach dem Eindeutigkeitssatz 4.1.8 mit P auf der Borel σ-Algebra $\mathbb{B}$ überein.

Mit Lemma 5.1.7 läßt sich leicht nachprüfen, daß alle bisher angegebenen Riemann-Dichten auch $\mathbb{B}$-meßbar und damit λ-Dichten sind. Es gibt zwar Riemann-Dichten, die nicht $\mathbb{B}$-meßbar sind, sie sind für eine Modellierung jedoch ohne Bedeutung, da es immer λ-Dichten gibt, die auch die entsprechenden W-Maße modellieren, vgl. Bauer, S. 83. Das in Formel (5.2.21) benutzte λ-Integral heißt *Lebesgue-Integral*. Da es ein Spezialfall des allgemeinen μ-Integrals ist, besitzt es alle Eigenschaften des μ-Integrals und ist daher dem Riemann-Integral überlegen, vgl. Aufgabe 5.2.2. □

Bisher haben wir das μ-Integral nur für *nichtnegative* numerische Funktionen definiert. Die nun folgende allgemeine Definition wird hierauf zurückgeführt.

5.2.10 DEFINITION: *Gegeben seien ein Maßraum (Ω, A, μ) und eine A-meßbare numerische Funktion f. Dann sind $f^+ = max(f,0)$ und $f^- = max(-f,0)$ nach Satz 5.1.11 nichtnegative A-meßbare numerische Funktionen mit $f = f^+ - f^-$. Daher definieren wir das μ-Integral von f durch*

$$(5.2.22) \qquad \int f d\mu := \int f^+ d\mu - \int f^- d\mu, \text{ falls } \min(\int f^+ d\mu, \int f^- d\mu) < \infty .$$

Gilt $\int f^+ d\mu = \int f^- d\mu = \infty$, so wird kein μ-Integral von f definiert. Die Funktion f heißt μ-quasi-integrierbar, wenn $\int f d\mu$ erklärt ist; sie heißt μ-integrierbar, wenn $\int f^+ d\mu < \infty$ und $\int f^- d\mu < \infty$ gilt, d.h. $\int |f| d\mu < \infty$. Ist $\mu = P$ ein W-Maß, so heißt $E_P f := \int f dP$ Erwartungswert (E-Wert) von f unter P oder Erwartungswert von $L_P(f)$, kurz: Ef.

Bevor wir die allgemeine Definition an Beispielen erproben,

stellen wir einige Basiseigenschaften des μ-Integrals bzw. des E-Wertes bereit.

5.2.11 SATZ: *Gegeben seien μ-quasi-integrierbare Funktionen f und g über dem Maßraum $(\Omega,\mathcal{A},\mu)$. Dann gilt:*

(5.2.23) $\int_A f d\mu := \int f 1_A d\mu$ *ist wohldefiniert* $\forall A \in \mathcal{A}$,

(5.2.24) $\int f d\mu \leq \int g d\mu$, *falls* $f \leq g$,

(5.2.25) $|\int f d\mu| \leq \int |f| d\mu$,

(5.2.26) $\int af d\mu = a \int f d\mu \quad \forall a \in \mathbb{R}$,

(5.2.27) $\int (f+g) d\mu = \int f d\mu + \int g d\mu$, *falls* $f+g$ *und* $\int f d\mu + \int g d\mu$ *definiert sind.*

Beweis: Wir benutzen die bereits bewiesenen Eigenschaften der μ-Integrale von $f^{\pm}$ und $g^{\pm}$.
Die erste Behauptung folgt dann sofort aus $(f1_A)^{\pm} = f^{\pm}1_A$ und $\int f^{\pm}1_A d\mu \leq \int f^{\pm} d\mu$.

Im Fall $f \leq g$ gilt $f^+ \leq g^+$ und $f^- \geq g^-$, also auch $\int f^+ d\mu \leq \int g^+ d\mu$ und $-\int f^- d\mu \leq -\int g^- d\mu$. Es folgt

$$\int f d\mu = \int f^+ d\mu - \int f^- d\mu \leq \int g^+ d\mu - \int g^- d\mu = \int g d\mu.$$

Den Nachweis von (5.2.25) liefert die Abschätzung
$|\int f d\mu| = |\int f^+ d\mu - \int f^- d\mu| \leq \int f^+ d\mu + \int f^- d\mu = \int |f| d\mu$.
Im Fall $a < 0$ gilt $(af)^{\pm} = -af^{\mp}$, also folgt
$a\int f d\mu = a\int f^+ d\mu - a\int f^- d\mu = -\int (af)^- d\mu + \int (af)^+ d\mu = \int af d\mu$.
Im Fall $a \geq 0$ folgt (5.2.26) in analoger Weise aus $(af)^{\pm} = af^{\pm}$.

Für den Nachweis von (5.2.27) stellen wir fest: Da $f(\omega) + g(\omega)$ für jedes $\omega \in \Omega$ definiert ist, gilt
$(f+g)^+ - (f+g)^- = f+g = (f^+ - f^-) + (g^+ - g^-) = (f^+ + g^+) - (f^- + g^-)$
und daher (mit Fallunterscheidung !)
$(f+g)^+ + f^- + g^- = (f+g)^- + f^+ + g^+$, $(f+g)^+ \leq f^+ + g^+$, $(f+g)^- \leq f^- + g^-$.
Hieraus folgt $\int (f+g)^+ d\mu + \int f^- d\mu + \int g^- d\mu = \int (f+g)^- d\mu + \int f^+ d\mu + \int g^+ d\mu$,
$\int (f+g)^+ d\mu \leq \int f^+ d\mu + \int g^+ d\mu$, $\int (f+g)^- d\mu \leq \int f^- d\mu + \int g^- d\mu$.

Da auch $\int f d\mu + \int g d\mu$ definiert ist, folgt andererseits
$\int f d\mu + \int g d\mu = (\int f^+ d\mu + \int g^+ d\mu) - (\int f^- d\mu + \int g^- d\mu)$,
wobei mindestens einer der abgeklammerten Ausdrücke endlich ist.
Die Kombination der Ergebnisse liefert die Behauptung. □

5.2.12 BEMERKUNG: Ist f eine μ-Dichte von ν, so läßt sich auch für beliebige $\mathcal{A}$-meßbare numerische Funktionen g das ν-Integral von g darstellen als μ-Integral von gf. Genauer gilt: g ist genau dann ν-quasi-integrierbar, wenn gf μ-quasi-integrierbar ist. In diesem Fall folgt, s.Aufg. 5.2.1,

$$\int g d\nu = \int g f d\mu. \tag{5.2.28}$$

Eine weitere hilfreiche Eigenschaft von μ-Integralen ist in Formel (5.2.10) dargestellt, die sich wegen $(f1_A)^\pm = f^\pm 1_A$ sofort auf *beliebige* $\mathcal{A}$-*meßbare numerische Funktionen* h übertragen läßt,

$$\int_A h d\mu = 0, \text{ falls } A \in \mathcal{A} \text{ mit } \mu(A) = 0. \tag{5.2.29}$$

Sie macht μ-Integrale unempfindlich gegenüber Abänderungen des Integranden auf sogen. *μ-Nullmengen*, *d.h. Mengen* $A \in \mathcal{A}$ *mit* $\mu(A) = 0$. Einige der hierdurch verursachten Bequemlichkeiten sollen im folgenden genauer dargestellt werden.

5.2.13 DEFINITION: *$(\Omega,\mathcal{A},\mu)$ sei ein Maßraum und R bezeichne eine Aussageform die für jedes $\omega \in \Omega$ erklärt ist und nur die Werte "wahr" und "falsch" annehmen kann. Gibt es dann eine Menge $N \in \mathcal{A}$ mit $\mu(N) = 0$ (μ-Nullmenge) und der Eigenschaft*

$$\{R=falsch\} := \{\omega\in\Omega : R(\omega) = falsch\} \subset N,$$

so sagt man: R gilt μ-fast sicher (kurz: R μ-f.s. oder $R[\mu]$).

In den von uns betrachteten Situationen ist die Menge {R=falsch} stets ein Element von $\mathcal{A}$. In diesem Fall ist die Aussage "R gilt μ-fast sicher" äquivalent mit $\mu\{R=\text{falsch}\} = 0$. So gilt z.B. für eine $\mathcal{A}$-meßbare numerische Funktion f die Äquivalenz

$$|f| < \infty \quad \mu\text{-f.s.} \Leftrightarrow \mu\{|f| = \infty\} = 0.$$

Ist $\mu(B) = |B \cap \mathbb{N}|$, $B \in \mathbb{B}$, das über $\mathbb{B}$ definierte abzählende Maß zu $\mathbb{N}$ und ist f eine $\mathbb{B}$-meßbare Funktion von $\mathbb{R}$ nach $\mathbb{R}$, so gilt die Äquivalenz

$$f > 0 \; [\mu] \Leftrightarrow f(n) > 0 \;\; \forall n \in \mathbb{N}.$$

5.2.14 SATZ: *f und g seien $\mathcal{A}$-meßbare numerische Funktionen über dem Maßraum $(\Omega,\mathcal{A},\mu)$.*

a) Gilt $f \geq 0$ und $\int f d\mu = 0$, so folgt $f = 0[\mu]$.

b) Gilt $f = 0[\mu]$, so folgt $\int_A f d\mu = 0 \quad \forall A \in \mathcal{A}$.

c) *Ist f μ-quasi-integrierbar und $f=g[\mu]$, so ist auch g μ-quasi-integrierbar, und es gilt $\int_A f d\mu = \int_A g d\mu \ \forall A \in \mathcal{A}$.*

d) *Ist f μ-integrierbar, so gilt $|f| < \infty \ [\mu]$.*

e) *Sind f und g μ-integrierbar mit $\int_A f d\mu = \int_A g d\mu \ \forall A \in \mathcal{A}$, so folgt $f=g[\mu]$.*

Beweis: a) Wegen $f \geq 0$ ist zu zeigen: $\mu\{f>0\} = 0$. Wir führen den Nachweis durch Approximation von innen:
Setzen wir $A_n = \{f > 1/n\}$ und $A = \{f > 0\}$, so gilt
$A_1 \subset A_2 \subset \cdots$, $\bigcup_{n=1}^{\infty} A_n = A$, also $\lim_{n\to\infty} \mu(A_n) = \mu(A)$.
Andererseits gilt für jedes $n \in \mathbb{N}$

$$0 \leq \mu(A_n) = \int 1_{A_n} d\mu = n\int \frac{1}{n} 1_{A_n} d\mu \leq n\int f 1_{A_n} d\mu \leq n\int f d\mu = 0.$$

b) Sei $A \in \mathcal{A}$ gegeben. Setzen wir $B = \{f \neq 0\}$, so gilt $f=f1_B$, $\mu(B) = 0$ und $\mu(AB) = 0$, also nach (5.2.29)

$$0 = \int_{AB} f d\mu = \int f 1_{AB} d\mu = \int_A f 1_B d\mu = \int_A f d\mu.$$

c) Für $A \in \mathcal{A}$ und $B := \{f \neq g\}$ gilt $\int f^{\pm} 1_{AB} d\mu = \int g^{\pm} 1_{AB} d\mu = 0$.
Wegen $f^{\pm} 1_{B^c} = g^{\pm} 1_{B^c}$ folgt

$$\int f^{\pm} 1_A d\mu = \int f^{\pm} 1_{AB} d\mu + \int f^{\pm} 1_{AB^c} d\mu = \int g^{\pm} 1_{AB} d\mu + \int g^{\pm} 1_{AB^c} d\mu = \int g^{\pm} 1_A d\mu.$$

d) Den Nachweis von $\mu\{|f| = \infty\} = 0$ erhalten wir sofort aus der für alle $n \in \mathbb{N}$ gültigen Abschätzung

$$n\mu\{|f|=\infty\} = \int n 1_{\{|f|=\infty\}} d\mu \leq \int |f| 1_{\{|f|=\infty\}} d\mu \leq \int |f| d\mu < \infty.$$

e) Wir setzen zunächst $|f| < \infty$ und $|g| < \infty$ voraus. Dann gilt wegen $\int f 1_A d\mu = \int g 1_A d\mu \ \forall A \in \mathcal{A}$ und der Integrierbarkeit von f und g
$\int (f-g) 1_{\{f>g\}} d\mu = 0$, $\int (g-f) 1_{\{g>f\}} d\mu = 0$.
Da beide Integranden nichtnegativ sind, folgt nach Teil a)

$$0 = \mu\{(f-g) 1_{\{f>g\}} \neq 0\} = \mu\{f>g\} \text{ und } 0 = \mu\{f<g\},$$

also $\mu\{f \neq g\} = \mu\{f>g\} + \mu\{f<g\} = 0$.

Wird nur die μ-Integrierbarkeit von f und g vorausgesetzt, so gilt nach Teil d) die Aussage $\mu\{|f| = \infty\} = \mu\{|g| = \infty\} = 0$.
Also ist der bereits bewiesene Fall auf $f 1_{\{|f|<\infty\}}$ und $g 1_{\{|g|<\infty\}}$

anwendbar und liefert zusätzlich $\mu\{f\neq g, |f| < \infty, |g| < \infty\} = 0$. Insgesamt folgt $\mu\{f\neq g\} = 0$. □

5.2.15 BEMERKUNG: *Eine* $\mathcal{A}$*-meßbare Funktion* $f\geq 0$ *ist eine* μ*-Dichte von* ν*, wenn gilt* $\nu(A) = \int_A f d\mu \ \forall A \in \mathcal{A}$. *Falls* ν *endlich ist, wird also nach Satz 5.2.14 einerseits eine* μ*-Dichte* f *von* ν μ*-fast sicher eindeutig festgelegt, während andererseits Abänderungen von* f *auf* μ*-Nullmengen keine Änderung von* ν *bewirken. Insbesondere ist jede* μ*-Nullmenge auch eine* ν*-Nullmenge.*

Ist X eine numerische ZV über $(\Omega,\mathcal{A},P)$, so ist der E-Wert von X unter P erklärt durch, vgl. Definition 5.2.10,

$$EX = \int X dP, \quad \text{falls } \int X^+ dP \text{ oder } \int X^- dP \text{ endlich.}$$

Genau dann besitzt X einen <u>endlichen E-Wert</u> unter P, wenn gilt $E|X| = \int |X| dP < \infty$.

Bei weiterer Verringerung der Beobachtungstiefe gemäß $Y=g\circ X$ mit einer $\overline{\mathbb{B}}$-meßbaren numerischen Funktion g haben wir zwei Interpretationsmöglichkeiten: Einerseits ist Y nach Definition eine numerische ZV über $(\Omega,\mathcal{A},P)$, andererseits zeigt die über $(\overline{\mathbb{R}}, \overline{\mathbb{B}}, P^X)$ definierte numerische ZV g das gleiche stochastische Verhalten wie Y, denn $\mathcal{L}(X)$ unter P ist identisch mit $\mathcal{L}(g)$ unter P^X. Nach unserer inhaltlichen Vorstellung über Erwartungswerte sollte dann auch der E-Wert von Y unter P mit dem E-Wert von g unter P^X übereinstimmen. Nach dem folgenden Satz ist dies tatsächlich der Fall.

5.2.16 SATZ *(Transformationsformel für* μ*-Integrale):*
Gegeben seien

$$(\Omega,\mathcal{A}) \xrightarrow{f} (\mathcal{X},\mathcal{B}) \xrightarrow{g} (\overline{\mathbb{R}}, \overline{\mathbb{B}})$$

und ein Maß μ *über* $(\Omega,\mathcal{A})$. *Mit dem analog zu Formel (5.1.9) definierten* <u>*induzierten Maß*</u> μ^f, $\mu^f(B) = \mu(f^{-1}(B))$, *über* $(\mathcal{X},\mathcal{B})$ *gilt:*

Die Funktion $g\circ f$ *ist* μ*-quasi-integrierbar genau dann, wenn die Funktion* g μ^f*-quasi-integrierbar ist. In diesem Fall gilt die* <u>*Transformationsformel*</u>

$$\int_{f^{-1}(B)} g\circ f \, d\mu = \int_B g \, d\mu^f \quad \forall B \in \mathcal{B}. \tag{5.2.30}$$

<u>*Beweis:*</u> Über den "Aufbau meßbarer Funktionen" zeigen wir, daß

$\int g \circ f \, d\mu$ genau dann existiert, wenn $\int g \, d\mu^f$ existiert, und daß im Fall der Existenz gilt

(5.2.31) $$\int g \circ f \, d\mu = \int g \, d\mu^f.$$

Die Formel (5.2.30) ergibt sich dann in folgender Weise: Ist $B \in \mathcal{B}$ gegeben und setzen wir $h := g1_B$, so gilt

$$h \circ f = (g1_B) \circ f = (g \circ f)(1_B \circ f) = (g \circ f) 1_{f^{-1}(B)}.$$

Also sind h und $h \circ f$ nach (5.2.23) quasi-integrierbar und eine Substitution von g durch h in Formel (5.2.31) liefert die Gleichheit in (5.2.30).

Sei nun $g = 1_B$ mit $B \in \mathcal{B}$, dann gilt nach Definition

$$\int g \circ f \, d\mu = \int 1_{f^{-1}(B)} \, d\mu = \mu(f^{-1}(B)) = \mu^f(B) = \int g \, d\mu^f.$$

Wegen der Linearität der Integrale folgt hieraus die Behauptung (5.2.31) für primitives g.

Ist $g \geq 0$ eine $\mathcal{B}$-meßbare numerische Funktion, so gibt es primitive Funktionen g_n, $n \in \mathbb{N}$, mit $0 \leq g_1 \leq g_2 \leq g_3 \leq \cdots$ und $g = \sup_{n \in \mathbb{N}} g_n$, also auch mit $0 \leq g_1 \circ f \leq g_2 \circ f \leq g_3 \circ f \leq \cdots$ und $g \circ f = \sup_{n \in \mathbb{N}} g_n \circ f$.

Mit Hilfe der monotonen Konvergenz folgt daher aus den bisherigen Beweisteilen $\int g \circ f \, d\mu = \lim_{n \to \infty} \int g_n \circ f \, d\mu = \lim_{n \to \infty} \int g_n d\mu^f = \int g \, d\mu^f$.

Ist schließlich $g = g^+ - g^-$ eine beliebige $\mathcal{B}$-meßbare numerische Funktion, so folgt die Behauptung wegen $(g \circ f)^{\pm} = g^{\pm} \circ f$ aus den bereits bewiesenen Aussagen. □

Ist X eine numerische ZV über $(\Omega, \mathcal{A}, P)$ und wenden wir die Transformationsformel (5.2.30) mit $f = X$, $g(x) = x \; \forall x \in \overline{\mathbb{R}}$ und $B = \overline{\mathbb{R}}$ an, so folgt:

$EX = \int X dP = \int x P^X(dx)$ existiert genau dann,

wenn $\int_{(0,\infty)} |x| P^X(dx) < \infty$ oder $\int_{(-\infty,0)} |x| P^X(dx) < \infty$ gilt.

$EX = \int X dP = \int x P^X(dx)$ ist endlich genau dann, wenn

$\int |x| P^X(dx) < \infty$ gilt.

Da der E-Wert von X unter P tatsächlich nur von $\mathcal{L}(X) = P^X$ abhängt, ist nun auch die Bezeichnung "E-Wert von $\mathcal{L}(X)$" gerechtfertigt, kurz: $E\mathcal{L}(X)$ bzw. EP^X.

5.2.17 BEISPIEL *(Reelle ZV mit diskreter Verteilung)*: Ist X eine reelle ZV mit diskreter Verteilung $L(X)$ und bezeichnet $p : \mathbb{R} \to \mathbb{R}$ eine Zähldichte von $L(X)$ mit Träger $T = \{x \in \mathbb{R} : p(x) > 0\}$, so gilt $P^X(\mathbb{R} \setminus T) = 0$ und damit wegen (5.2.29) und Satz 5.2.7

$$E|X| = \int |x| P^X(dx) = \int |x| 1_T(x) P^X(dx) = \int (\sum_{t \in T} |t| 1_{\{t\}}(x)) P^X(dx)$$

$$= \sum_{t \in T} |t| \int 1_{\{t\}}(x) P^X(dx) = \sum_{t \in T} |t| p(t).$$

Also ist EX genau dann endlich, wenn $\sum_{t \in T} |t| p(t) < \infty$ gilt. Existiert EX, so folgt analog zur obigen Darstellung von $E|X|$ die Darstellung (5.2.1), nämlich $EX = \int x P^X(dx) = \sum_{x \in T} x p(x)$.

Für $g : \mathbb{R} \to \mathbb{R}$ erhält man völlig analog

(5.2.32) $$Eg(X) = \int g(x) P^X(dx) = \sum_{x \in T} g(x) p(x),$$
$$\text{falls } \sum_{x \in T} g^+(x) p(x) < \infty \quad \text{oder} \quad \sum_{x \in T} g^-(x) p(x) < \infty.$$

Ist $L(X)$ z.B. eine Poisson(λ) Verteilung, so folgt

(5.2.33) $$EX = \sum_{x=0}^{\infty} x e^{-\lambda} \lambda^x / x! = \lambda \sum_{x=1}^{\infty} e^{-\lambda} \lambda^{x-1} / (x-1)! = \lambda.$$

5.2.18 BEISPIEL *(Reelle ZV mit absolut stetiger Verteilung)*: Ist X eine reelle ZV und besitzt $L(X)$ eine Lebesgue-Dichte f (vgl. Beispiel 5.2.9), so folgt aus Bemerkung 5.2.12

$$E|X| = \int |x| P^X(dx) = \int |x| f(x) \lambda(dx).$$

Also ist EX genau dann endlich, wenn $\int |x| f(x) \lambda(dx) < \infty$ gilt. Existiert EX, so folgt analog

$$EX = \int x P^X(dx) = \int x f(x) \lambda(dx).$$

Allgemeiner gilt für jede meßbare Funktion $g : \mathbb{R} \to \mathbb{R}$

(5.2.34) $$Eg(X) = \int g dP^X = \int g f d\lambda, \text{ falls } \int g^+ f d\lambda < \infty \text{ oder } \int g^- f d\lambda < \infty.$$

Ist f sogar eine $\mathbb{B}$-meßbare Riemann-Dichte, so gilt nach Beispiel 5.2.9

(5.2.35) $$EX = \int_{-\infty}^{+\infty} x f(x) dx, \text{ falls } \int_{-\infty}^{+\infty} |x| f(x) dx < \infty .$$

Der allgemein definierte E-Wert stimmt auch hier mit der speziellen Definition aus Formel (4.2.15) überein. Im Fall $L(X)=N(a,\sigma^2)$ erhalten wir z.B. aus Formel (4.2.16) die Aussage $EX=EN(a,\sigma^2)=a$.

Im Fall $L(X)$ = Cauchy-Verteilung besitzt $L(X)$ die $\mathbb{B}$-meßbare Riemann-Dichte (!)

$$(5.2.36)\qquad f(x) = \frac{1}{\pi}\,\frac{1}{1+x^2}\,,\ x \in \mathbb{R}\ \textit{(Cauchy-Dichte)}.$$

Wegen des langsamen Abfalls von $f(x)$ gegen 0 für $x \to \pm\infty$ gilt

$$EX^+ = \lim_{n\to\infty} \int_0^n xf(x)dx=\infty \text{ und } EX^- = \lim_{n\to\infty} \int_{-n}^0 (-x)f(x)dx = \infty,$$

also existiert in diesem Fall kein E-Wert von $L(X)$. □

5.2.19 KONVENTION: Um Klammern einzusparen und um Übersichtlichkeit zu erreichen, werden wir im folgenden Mehrfachintegrale wie z.B. $\int(\int g(x,y)\nu(dy))f(x)\mu(dx)$ in der einfacheren Form $\int\mu(dx)f(x)\int\nu(dy)g(x,y)$ schreiben. Zur Vereinheitlichung werden wir daher häufig auch $\int\mu(dx)f(x)$ statt $\int f(x)\mu(dx)$ schreiben.

Zum Abschluß dieses Abschnitts leiten wir aus dem Satz von der monotonen Konvergenz zwei weitere schlagkräftige Resultate über die Vertauschung von Limiten und Integralen her, die jedoch vorerst noch nicht benutzt werden und daher beim ersten Lesen übersprungen werden können.

5.2.20 LEMMA *(Fatou): Gegeben seien ein Maßraum (Ω, A, μ) und eine Folge $(f_n,\ n \in \mathbb{N})$ nichtnegativer A-meßbarer numerischer Funktionen. Dann ist auch*

$$(5.2.37)\qquad f := \liminf_{n\to\infty} f_n$$

eine nichtnegative A-meßbare numerische Funktion, und es gilt

$$(5.2.38)\qquad 0 \le \int(\liminf_{n\to\infty} f_n)d\mu \le \liminf_{n\to\infty} \int f_n d\mu.$$

Beweis: Die A-Meßbarkeit von f und $g_n := \inf_{k\ge n} f_k$, $n \in \mathbb{N}$, wurde in Satz 5.1.11 gezeigt. Außerdem gilt

$$0 \le g_1 \le g_2 \le \cdots \le \sup_{n\in\mathbb{N}} g_n = f \text{ und } g_n \le f_k \quad \forall k \ge n.$$

Mit dem Satz von der monotonen Konvergenz folgt

$$0 \le \int fd\mu = \sup_{n\in\mathbb{N}} \int g_n d\mu \le \sup_{n\in\mathbb{N}} \inf_{k\ge n} \int f_k\, d\mu = \liminf_{n\to\infty} \int f_n d\mu. \quad □$$

5.2.21 SATZ *(Lebesgue; majorisierte Konvergenz):Gegeben seien ein Maßraum (Ω, A, μ) und A-meßbare numerische Funktionen f, g und f_n, $n \in \mathbb{N}$, mit den Eigenschaften*

$$\lim_{n\to\infty} f_n = f[\mu], \tag{5.2.39}$$

$$|f_n| \le g[\mu] \ \forall n \in \mathbb{N}, \ \int |g| d\mu < \infty; \tag{5.2.40}$$ *g heißt* Majorante.

Dann sind f und f_n, $n \in \mathbb{N}$, μ-integrierbar, und es gilt

$$\int f d\mu = \lim_{n\to\infty} \int f_n d\mu, \ \lim_{n\to\infty} \int |f_n - f| d\mu = 0. \tag{5.2.41}$$

Beweis: Es gibt $N_n \in A$ mit $\mu(N_n) = 0$ und $\lim f_n(\omega) = f(\omega) \ \forall \omega \notin N_0$, $|f_n(\omega)| \le |g(\omega)| \ \forall \omega \notin N_n \ \forall n \in \mathbb{N}$.
Setzen wir $N := \bigcup_{n=0}^{\infty} N_n$, so folgt $\mu(N) = 0$ und $(\forall \omega \in \Omega \setminus N)$:

$|f_n(\omega)| \le |g(\omega)| \ \forall n \in \mathbb{N}$, $|f(\omega)| = \lim |f_n(\omega)| \le |g(\omega)|$.

Mit g sind dann auch f und f_n, $n \in \mathbb{N}$, μ-integrierbar und damit insbesondere μ-f.s. endlich. Wegen Satz 5.2.14 können wir daher o.B.d.A. annehmen, daß f, g und f_n, $n \in \mathbb{N}$, reellwertig sind und daß (5.2.39) und (5.2.40) *für alle* $\omega \in \Omega$ (und nicht nur μ-f.s.) erfüllt sind.
Es gilt dann $|f_n - f| \le 2|g|$, also ist $|f_n - f|$ μ-integrierbar.
Wegen $0 \le 2|g| - |f_n - f|$ und $\lim |f_n - f| = 0$ folgt daher mit dem Lemma von Fatou 5.2.20

$0 \le \int 2|g| d\mu = \int \liminf (2|g| - |f_n - f|) d\mu \le \liminf \int (2|g| - |f_n - f|) d\mu =$

$\int 2|g| d\mu - \limsup \int |f_n - f| d\mu$, also $\limsup \int |f_n - f| d\mu = 0$.

Wegen $|\int f_n d\mu - \int f d\mu| \le \int |f_n - f| d\mu$ folgt auch die erste Behauptung in (5.2.41). □

5.3 ALLGEMEINE KOPPELUNG UND STOCHASTISCHE UNABHÄNGIGKEIT

Da wir nun das technische Hilfsmittel des μ-Integrals zur Verfügung haben, können wir formulieren, was unter der Koppelung allgemeiner Zufallsexperimente zu verstehen ist. Dabei sollen natürlich die schon behandelten diskreten bzw. absolut stetigen Spezialfälle (vgl. Kapitel 2 bzw. Abschnitt 4.3.9) überdeckt werden.

Analog zu Abschnitt 2.1 sei ein *1. Zufallsexperiment* modelliert durch das W-Maß P_1 über dem Meßraum (Ω_1, A_1). Ist $\omega_1 \in \Omega_1$ ein Ergebnis des 1. Zufallsexperiments, so sei das *2. Zufallsexperiment* modelliert durch das W-Maß $P_2^1(\omega_1;\cdot)$ über dem Meßraum (Ω_2, A_2).

Bei der *Modellierung des zugehörigen Gesamtexperiments* (Ω, A, P) orientieren wir uns am diskreten Fall (vgl. Definition 2.1.6): Dort haben wir das Gesamtexperiment durch das diskrete W-Maß $P = P_1 \otimes P_2^1$ über $\Omega = \Omega_1 \times \Omega_2$ modelliert, d.h. für jedes $A \subset \Omega$ gilt

$$P(A) = \sum_{\omega_1 \in \Omega_1} P_1(\omega_1) \sum_{\omega_2 \in \Omega_2} P_2^1(\omega_1, \omega_2) 1_A(\omega_1, \omega_2).$$

Nach Beisp. 5.2.17 erhalten wir hieraus die Integraldarstellung

$$(5.3.1)\quad P(A) = \int P_1(d\omega_1) \int P_2^1(\omega_1; d\omega_2) 1_A(\omega_1, \omega_2),$$

die (formal) auch für allgemeine W-Maße P_1 und $P_2^1(\omega_1;\cdot)$ definierbar ist. Zu klären ist allerdings noch die Frage der technischen Voraussetzungen (Meßbarkeitsforderungen) und die Wahl von A, denn nach unseren bisherigen Erfahrungen ist $A = \mathcal{P}(\Omega)$ sicher nicht in allen Fällen geeignet. Da die Ereignissysteme A_1 über Ω_1 und A_2 über Ω_2 vorgegeben sind, möchten wir mindestens Ereignisse der Form $A_1 \times A_2$ für $A_1 \in A_1$, $A_2 \in A_2$ bewerten können, d.h. wir fordern

$$(5.3.2)\qquad A_1 \times A_2 := \{A_1 \times A_2 : A_1 \in A_1, A_2 \in A_2\} \subset A$$

und wählen als Ereignissystem für das Gesamtexperiment die (bezüglich der Inklusion) minimale σ-Algebra A über $\Omega = \Omega_1 \times \Omega_2$ mit der Eigenschaft (5.3.2).

5.3.1 DEFINITION: *Gegeben seien Meßräume* (Ω_i, A_i), $i=1,\ldots,n$, $n \geq 2$. *Setzen wir* $\Omega := \Omega_1 \times \cdots \times \Omega_n$, $\mathop{X}\limits_{i=1}^{n} A_i := \{ \mathop{X}\limits_{i=1}^{n} A_i : A_i \in A_i, i=1,\ldots,n\} \subset \mathcal{P}(\Omega)$ *und*

$$(5.3.3)\qquad \bigotimes_{i=1}^{n} A_i := \sigma_\Omega(\mathop{X}\limits_{i=1}^{n} A_i),$$

so heißt $\bigotimes_{i=1}^{n} A_i$ *die* <u>*Produkt σ-Algebra*</u> *der* A_i *über* Ω.

<u>Bemerkung:</u> Statt $\bigotimes_{i=1}^{n} A_i$ verwenden wir auch die Schreibweise

$A_1 \otimes \cdots \otimes A_n$. Die Bildung von Produkt σ-Algebren ist assoziativ, d.h. es gilt $(A_1 \otimes A_2) \otimes A_3 = A_1 \otimes (A_2 \otimes A_3) = A_1 \otimes A_2 \otimes A_3$, vgl. Aufg. 5.3.1. Für die Borel σ-Algebren $\mathbb{B}$ und $\mathbb{B}^k$ über $\mathbb{R}$ bzw. $\mathbb{R}^k$ gilt $\mathbb{B}^k = \bigotimes_{i=1}^{k} \mathbb{B}$, vgl. Aufg. 5.3.1, also auch $\mathbb{B}^{nk} = \bigotimes_{i=1}^{n} \mathbb{B}^k$.

Nachdem wir die Produkt σ-Algebra $A = A_1 \otimes A_2$ als System der bewertbaren Ereignisse gewählt haben, müssen wir noch durch geeignete Meßbarkeitsforderungen sicherstellen, daß auch im allgemeinen Fall die Integrale in (5.3.1) existieren und ein W-Maß über $A_1 \otimes A_2$ definieren.

5.3.2 DEFINITION: *Gegeben seien zwei Meßräume (Ω_1, A_1) und (Ω_2, A_2). Eine Abbildung $P_2^1 : \Omega_1 \times A_2 \to \mathbb{R}$ heißt Übergangswahrscheinlichkeit (ÜW) von (Ω_1, A_1) nach (Ω_2, A_2) oder Markov Kern von (Ω_1, A_1) nach (Ω_2, A_2), falls folgende Bedingungen erfüllt sind:*

(5.3.4) *Für jedes (festgehaltene) $\omega_1 \in \Omega_1$ ist die Abbildung $P_2^1(\omega_1;\cdot) : A_2 \to \mathbb{R}$ ein W-Maß über A_2.*

(5.3.5) *Für jedes (festgehaltene) $A_2 \in A_2$ ist die Abbildung $P_2^1(\cdot;A_2) : \Omega_1 \to \mathbb{R}$ eine A_1- $\mathbb{B}$-meßbare Funktion.*

Bemerkung: Eine diskrete ÜW von Ω_1 nach Ω_2 (vgl. Definition 2.1.4) ist insbesondere eine ÜW von $(\Omega_1, P(\Omega_1))$ nach $(\Omega_2, P(\Omega_2))$. Die Bedingung (5.3.5) ist hier wegen $A_1 = P(\Omega_1)$ immer erfüllt.

Das folgende Lemma zeigt, daß für $A \in A_1 \otimes A_2$ und für eine ÜW P_2^1 von (Ω_1, A_1) nach (Ω_2, A_2) die Integrale in (5.3.1) wohldefiniert sind und daß auch der Begriff der ÜZ-Dichte wesentlich verallgemeinert werden kann.

5.3.3 LEMMA: *Gegeben seien zwei Meßräume (Ω_1, A_1), (Ω_2, A_2), eine nichtnegative $(A_1 \otimes A_2)$-meßbare numerische Funktion $f: \Omega_1 \times \Omega_2 \to \overline{\mathbb{R}}$ und eine ÜW P_2^1 von (Ω_1, A_1) nach (Ω_2, A_2) bzw. ein σ-endliches Maß μ über (Ω_2, A_2), d.h. es existiert eine aufsteigende Folge $E_1 \subset E_2 \subset \cdots$ von Elementen aus A_2 mit $\mu(E_n) < \infty$ $\forall n \in \mathbb{N}$ und $\bigcup_{n=1}^{\infty} E_n = \Omega_2$.*

a) *Für alle $\omega_1 \in \Omega_1$ ist $f(\omega_1, \cdot) : \Omega_2 \to \overline{\mathbb{R}}$ eine nichtnegative A_2-meßbare numerische Funktion.*

b) Die Funktionen $g : \Omega_1 \to \overline{\mathbb{R}}$ *bzw.* $h : \Omega_1 \to \overline{\mathbb{R}}$ *gemäß*

$$(5.3.6)\qquad \begin{aligned} g(\omega_1) &= \int P_2^1(\omega_1; d\omega_2) f(\omega_1, \omega_2), \quad \omega_1 \in \Omega_1, \\ h(\omega_1) &= \int \mu(d\omega_2) f(\omega_1, \omega_2), \quad \omega_1 \in \Omega_1, \end{aligned}$$

sind A_1*-meßbar, numerisch mit* $g \geq 0$ *bzw.* $h \geq 0$.

Beweis: Siehe Abschnitt 9.3. □

5.3.4 KOROLLAR: *Gegeben seien zwei Meßräume* (Ω_1, A_1), (Ω_2, A_2) *und ein σ-endliches Maß* μ *über* (Ω_2, A_2). *Eine nichtnegative* $(A_1 \otimes A_2)$*-meßbare numerische Funktion* f *mit der Eigenschaft*

$$(5.3.7)\qquad \int f(\omega_1, \omega_2)\mu(d\omega_2) = 1 \quad \forall \omega_1 \in \Omega_1$$

heißt *μ-Übergangsdichte (μ-Ü-Dichte) von* (Ω_1, A_1) *nach* (Ω_2, A_2). *In diesem Fall ist* P_2^1 *gemäß*

$$(5.3.8)\qquad P_2^1(\omega_1; A_2) = \int_{A_2} f(\omega_1, \omega_2)\mu(d\omega_2), \quad (\omega_1, A_2) \in \Omega_1 \times A_2,$$

eine ÜW von (Ω_1, A_1) *nach* (Ω_2, A_2) *und für alle* $\omega_1 \in \Omega_1, A \in A_1 \otimes A_2$ *gilt*

$$(5.3.9)\qquad \int P_2^1(\omega_1; d\omega_2) 1_A(\omega_1, \omega_2) = \int \mu(d\omega_2) f(\omega_1, \omega_2) 1_A(\omega_1, \omega_2).$$

Im folgenden sei also das *erste Teilexperiment* durch einen W-Raum (Ω_1, A_1, P_1) modelliert, während das (vom ersten Teilexperiment abhängige) *zweite Teilexperiment* durch eine ÜW P_2^1 von (Ω_1, A_1) nach (Ω_2, A_2) modelliert sei. Nach dem folgenden Satz definiert (5.3.1) dann ein W-Maß $P = P_1 \otimes P_2^1$ über $(\Omega_1 \times \Omega_2, A_1 \otimes A_2)$. Der W-Raum $(\Omega_1 \times \Omega_2, A_1 \otimes A_2, P_1 \otimes P_2^1)$ wird als Modell für das zweistufige Gesamtexperiment verwendet (Koppelungspostulat im allgemeinen zweistufigen Fall). Wir formulieren die Aussage allgemeiner für n-stufige Experimente:

5.3.5 SATZ UND DEFINITION: P_1^0 *sei ein W-Maß über* (Ω_1, A_1). *Weiter sei für jedes* $i \in \{2, \ldots, n\}$ *eine ÜW* P_i^{i-1} *von* $(\Omega_1 \times \cdots \times \Omega_{i-1}, A_1 \otimes \cdots \otimes A_{i-1})$ *nach* (Ω_i, A_i) *gegeben. Für alle* $A \in \bigotimes_{i=1}^n A_i$ *existiert dann*

$$(5.3.10)\quad P(A) := \int P_1^0(d\omega_1)\int P_2^1(\omega_1;d\omega_2)\cdots$$
$$\cdots\int P_n^{n-1}(\omega_1,\ldots,\omega_{n-1};d\omega_n)1_A(\omega_1,\ldots,\omega_n)$$

und definiert ein W-Maß P über $(\mathop{\times}\limits_{i=1}^{n}\Omega_i, \bigotimes\limits_{i=1}^{n}\mathcal{A}_i)$.

Es wird mit $\bigotimes\limits_{i=1}^{n} P_i^{i-1}$ *bezeichnet und heißt* *__Koppelung von__* *__$P_1^0, P_2^1, \ldots, P_n^{n-1}$__*. *Der W-Raum* $(\mathop{\times}\limits_{i=1}^{n}\Omega_i, \bigotimes\limits_{i=1}^{n}\mathcal{A}_i, \bigotimes\limits_{i=1}^{n}P_i^{i-1})$

heißt *__Koppelung der entsprechenden Teilexperimente__*.

Für Produktereignisse $A = \mathop{\times}\limits_{i=1}^{n} A_i$, $A_i \in \mathcal{A}_i$, $i=1,\ldots,n$, *gilt*

$$(5.3.11)\quad (\bigotimes_{i=1}^{n}P_i^{i-1})(\mathop{\times}_{j=1}^{n}A_j) = \int_{A_1}P_1^0(d\omega_1)\int_{A_2}P_2^1(\omega_1;d\omega_2)\cdots$$
$$\int_{A_n}P_n^{n-1}(\omega_1,\ldots,\omega_{n-1};d\omega_n).$$

Beweis: Wegen $(\mathcal{A}_1\otimes\cdots\otimes\mathcal{A}_{i-1})\otimes\mathcal{A}_i = \mathcal{A}_1\otimes\cdots\otimes\mathcal{A}_i$ $\forall i$ und Lemma 5.3.3 ist durch (5.3.10) eine Abbildung $P : \bigotimes\limits_{i=1}^{n}\mathcal{A}_i \to \mathbb{R}$ wohldefiniert, und es gilt $P \geq 0$ und $P(\mathop{\times}\limits_{i=1}^{n}\Omega_i) = 1$. Schließlich ergibt sich die σ-Additivität von P aus $1_{A_1+A_2+\cdots} = \sum\limits_{i=1}^{\infty}1_{A_i}$ durch n-fache Anwendung von Formel (5.2.18). Die Darstellung (5.3.11) ist eine unmittelbare Folgerung aus $1_{A_1\times\cdots\times A_n}(\omega_1,\ldots,\omega_n) = \prod\limits_{i=1}^{n}1_{A_i}(\omega_i)$ und der Linearität der entsprechenden Integrale. □

Die Bemerkung nach Definition 5.3.2 und Formel (5.3.1) implizieren, daß die Koppelung diskreter Teilexperimente (vgl. Definition 2.1.8) als Spezialfall in der obigen Definition enthalten ist. Aber auch die Koppelung mit Hilfe von (meßbaren) Riemann-Übergangsdichten (vgl. Abschnitt 4.3.9) ist wegen Lemma 5.3.3 und Korollar 5.3.4 als Spezialfall enthalten, denn nach Beispiel 5.2.9 sind meßbare Riemann-Ü-Dichten auch Lebesgue-Ü-Dichten.

5.3.6 BEISPIEL: Ein weibliches Krokodil legt nach der Paarung eine (zufällige) Anzahl N von Eiern ab. Da sehr häufig 30 bis

50 Eier abgelegt werden, modellieren wir $P_1 = L(N)$ durch eine Binomial(60,2/3) Verteilung über $X_1 = \{0,1,\ldots,60\}$. Jedes abgelegte Ei entwickelt sich mit einer relativ geringen Erfolgswahrscheinlichkeit $\Delta \in (0,1)$ zu einem geschlechtsreifen Krokodil. Da die Umweltbedingungen und die Anzahl der Feinde sich in zufälliger Weise ändern, sollte auch Δ als ZV modelliert werden. Nach den bisherigen Erfahrungen konzentriert sich die Verteilung von Δ relativ stark in der Umgebung von Null und hat nur wenig Masse oberhalb von 0.05. Daher modellieren wir $P_2 = L(\Delta)$ durch eine Beta(1,59)-Verteilung über $((0,1), \mathbb{B} \cap (0,1))$ mit der Dichte $f_2(x) = 59(1-x)^{58}$, $0 < x < 1$. (Zur allgemeinen Definition einer Beta(p,q)-Verteilung siehe Aufg. 5.5.15.) Eine leichte Rechnung ergibt $EP_2 = 1/60$ und $P_2((0,0.05]) = 0.95$. Als Modell für die Verteilung der Anzahl Z der geschlechtsreifen Nachkommen bei N=n abgelegten Eiern und Erfolgswahrscheinlichkeit Δ=p verwenden wir wegen Bem. 3.1.2 die Verteilung $P_3^2(n,p;\cdot) = B(n,p)$ über dem (von n und p unabhängigen) Stichprobenraum $\mathbb{N}_0$. Das Gesamtexperiment wird dann nach Satz 5.3.5 beschrieben durch $P_1 \otimes P_2 \otimes P_3^2 =: L(N,\Delta,Z) =: P$ über $(X_1 \times (0,1) \times \mathbb{N}_0, P(X_1) \otimes B(0,1) \otimes P(\mathbb{N}_0))$.

Wir fragen uns nach der erwarteten Anzahl EZ der geschlechtsreifen Nachkommen. Wegen $0 \leq N \leq 60$ kann Z höchstens Werte in $X_1 = \{0,1,\ldots,60\}$ annehmen. Für die Angabe von $L(Z)$ genügt also die Angabe der Zähldichte p_3 der 3. Randverteilung P_3 von P für $k \in X_1$:

$$\begin{aligned} p_3(k) &= P(X_1 \times (0,1) \times \{k\}) \\ &= \int P_1(dn) \int P_2(dp) \int P_3^2(n,p;dz) 1_{X_1 \times (0,1) \times \{k\}}(n,p,z) \\ &= \sum_{n=0}^{60} [b(n;60,2/3) \int_{(0,1)} \lambda(dp) f_2(p) b(k;n,p)]. \end{aligned}$$

Hieraus erhalten wir mit Satz 5.2.7

$$\begin{aligned} EZ = \sum_{k=0}^{60} k p_3(k) &= \sum_{n=0}^{60} [b(n;60,2/3) \int_{(0,1)} \lambda(dp) f_2(p) \sum_{k=0}^{60} k b(k;n,p)] \\ &= \sum_{n=0}^{60} [b(n;60,2/3) \int_{(0,1)} \lambda(dp) f_2(p) np] \\ &= \sum_{n=0}^{60} [nb(n;60,2/3)] \int_0^1 dp\ 59\ p(1-p)^{58} = \frac{2}{3} \cdot 60 \cdot \frac{1}{60} = 2/3. \end{aligned}$$

Im Mittel entwickelt sich also weniger als ein geschlechtsreifes Krokodil aus den abgelegten Eiern eines Mutter-Krokodils. □

Auch die Begriffe *"unabhängige Koppelung"*, *"Produktmaß"*, *"Produktexperiment"* und *"stochastisch unabhängige ZV"* können nun allgemeiner bereitgestellt werden: Unabhängige Koppelung bedeutet, daß die i-ten Teilexperimente nicht von den vorhergehenden Experimenten abhängen, daß also jede ÜW P_i^{i-1} durch ein festes W-Maß P_i über (Ω_i, A_i) beschrieben wird gemäß

$$(5.3.12)\quad P_i^{i-1}(\omega_1,\ldots,\omega_{i-1};\cdot) = P_i(\cdot)\ \forall(\omega_1,\ldots,\omega_{i-1}) \in \mathop{\times}_{j=1}^{i-1} \Omega_j\ \forall i.$$

Die Koppelung P aus (5.3.10) heißt in diesem Fall Produktmaß zu $P_1,\ldots,P_n$ und wird mit $\bigotimes_{i=1}^{n} P_i$ oder $P_1 \otimes \cdots \otimes P_n$ bezeichnet. Die (unabhängige) Koppelung der Teilexperimente (Ω_i, A_i, P_i), $i=1,\ldots,n$, ist also gerade das Produktexperiment $\left(\mathop{\times}_{i=1}^{n} \Omega_i,\ \bigotimes_{i=1}^{n} A_i,\ \bigotimes_{i=1}^{n} P_i\right)$.

Wegen der Formel (5.3.10) und (5.3.11) gilt

$$(5.3.13)\quad \left(\bigotimes_{i=1}^{n} P_i\right)(A) = \int P_1(d\omega_1)\int P_2(d\omega_2)\cdots\int P_n(d\omega_n)\,1_A(\omega_1,\ldots,\omega_n)$$

$$\forall A \in A_1 \otimes \cdots \otimes A_n \quad \text{bzw.}$$

$$(5.3.14)\quad \left(\bigotimes_{i=1}^{n} P_i\right)\left(\mathop{\times}_{j=1}^{n} A_j\right) = \prod_{i=1}^{n} P_i(A_i)\quad \forall A_i \in A_i,\ i=1,\ldots,n.$$

Aus der Definition der Produkt-σ-Algebra $A_1 \otimes \cdots \otimes A_n$ und dem Eindeutigkeitssatz 4.1.8 folgt, daß das Produktmaß $P_1 \otimes \cdots \otimes P_n$ über $A_1 \otimes \cdots \otimes A_n$ (in Analogie zu Beispiel 4.3.5) schon vollständig durch die Beziehung (5.3.14) festgelegt ist. Geben wir allgemeiner statt der W-Maße P_i jetzt σ-endliche Maße μ_i über (Ω_i, A_i) vor, so definiert (5.3.13) mit μ_i statt P_i wegen Lemma 5.3.3 ebenfalls ein (nicht notwendig normiertes) Produktmaß $\mu_1 \otimes \cdots \otimes \mu_n$ über $A_1 \otimes \cdots \otimes A_n$. Auch dieses Maß ist nach dem Eindeutigkeitssatz schon vollständig festgelegt durch die Forderung

$$(5.3.15)\quad \left(\bigotimes_{i=1}^{n} \mu_i\right)\left(\mathop{\times}_{j=1}^{n} A_j\right) = \prod_{i=1}^{n} \mu_i(A_i)\ \forall A_i \in A_i,\ i=1,\ldots,n.$$

Die in Beispiel 4.3.5 definierten Produktmaße über $(\mathbb{R}^n, \mathbb{B}^n)$ sind ein Spezialfall der durch (5.3.15) definierten Produktmaße, da im Beispiel die σ-Endlichkeit der μ_i durch die Existenz von maßdefinierenden Funktionen garantiert wird.

5.3.7 BEMERKUNG: Der Produktraum $(\Omega_1\times\cdots\times\Omega_n, A_1 \otimes \cdots \otimes A_n) =: (\Omega, A)$ sei gegeben. Dann ist für $i=1,\ldots,n$ die Projektion π_i

<u>auf die i-te Komponente</u> [vgl. (2.2.4)] eine $\mathcal{A}$-$\mathcal{A}_i$-meßbare Abbildung. Für jedes W-Maß P über $(\Omega,\mathcal{A})$ existiert daher die <u>i-te Randverteilung P_i von P</u> über $(\Omega_i,\mathcal{A}_i)$ gemäß

$$(5.3.16)\quad P_i(B) = P(\mathop{\times}_{j=1}^{i-1} \Omega_j \times B \times \mathop{\times}_{j=i+1}^{n} \Omega_j) = P^{\pi_i}(B),\ B \in \mathcal{A}_i.$$

Außerdem ist (in Verallgemeinerung von Satz 2.2.6 und Satz 4.3.6) das W-Maß P genau dann ein <u>Produktmaß</u> über $(\Omega,\mathcal{A})$, wenn mit den i-ten Randverteilungen P_i die Darstellung $P = P_1 \otimes \cdots \otimes P_n$ gilt. In diesem Fall nennt man $(\Omega,\mathcal{A},P)$ ein <u>Produktexperiment</u>.

5.3.8 BEMERKUNG: Gegeben seien Meßräume $(\Omega,\mathcal{A})$, $(\mathcal{X}_i,\mathcal{B}_i)$ und Abbildungen $X_i : \Omega \to \mathcal{X}_i$, i=1,...,n. Wegen der Definition der Produkt-σ-Algebra $\mathcal{B} := \mathcal{B}_1 \otimes \cdots \otimes \mathcal{B}_n$ und der $\mathcal{B}$-$\mathcal{B}_i$-Meßbarkeit der Projektionen π_i von $\mathcal{X} := \mathcal{X}_1 \times \cdots \times \mathcal{X}_n$ auf $\mathcal{X}_i$ gilt dann: Die Abbildung $(X_1,\ldots,X_n) : \Omega \to \mathcal{X}$ ist genau dann $\mathcal{A}$-$\mathcal{B}$-meßbar, wenn für jedes i=1,...,n die Abbildung X_i $\mathcal{A}$-$\mathcal{B}_i$-meßbar ist. Sind also X_i ZV über $(\Omega,\mathcal{A},P)$ mit Werten in $(\mathcal{X}_i,\mathcal{B}_i)$, i=1,...,n, so ist $X = (X_1,\ldots,X_n)$ eine ZV mit Werten in $(\mathcal{X},\mathcal{B}) = (\mathcal{X}_1 \times \cdots \times \mathcal{X}_n,\ \mathcal{B}_1 \otimes \cdots \otimes \mathcal{B}_n)$ und die i-te Randverteilung von $\mathcal{L}(X)$ ist gerade $\mathcal{L}(X_i)$.

5.3.9 DEFINITION: *Gegeben seien ZV X_i über $(\Omega,\mathcal{A},P)$ mit Werten in $(\mathcal{X}_i,\mathcal{B}_i)$, i=1,...,n. Dann heißen $X_1,\ldots,X_n$ <u>stochastisch unabhängig bezüglich P</u>, wenn gilt*

$$(5.3.17)\quad P^{(X_1,\ldots,X_n)} = \bigotimes_{i=1}^{n} P^{X_i}.$$

5.3.10 BEMERKUNG: In Verallgemeinerung von Bemerkung 2.3.4 gibt es zu einem Produktexperiment $(\mathcal{X},\mathcal{B},Q) := (\mathop{\times}_{i=1}^{n} \mathcal{X}_i,\ \bigotimes_{i=1}^{n} \mathcal{B}_i,\ \bigotimes_{i=1}^{n} P_i)$ stets stochastisch unabhängige ZV $X_1,\ldots,X_n$ auf einem geeigneten W-Raum $(\Omega,\mathcal{A},P)$ mit $P^{(X_1,\ldots,X_n)} = Q$; die ZV $X_1,\ldots,X_n$ modellieren also das Produktexperiment $(\mathcal{X},\mathcal{B},Q)$. Zum *Beweis* der Existenz seien $(\Omega,\mathcal{A},P) := (\mathcal{X},\mathcal{B},Q)$ und $X = (X_1,\ldots,X_n)$ die Identität auf Ω, s. Bemerkung 5.1.9. Dann ist X_i die Projektion von $\mathcal{X}$ auf $\mathcal{X}_i$, und es gilt $P^{X_i}=P_i$ $\forall i$ sowie $P^X = P = Q = P^{X_1} \otimes \cdots \otimes P^{X_n}$.

In Abschnitt 9.3 wird gezeigt, daß man in der obigen Überlegung das endliche n durch $n = \infty$ ersetzen kann. Dabei ist dann

$\mathcal{B} := \bigotimes_{i=1}^{\infty} \mathcal{B}_i := \sigma_{\mathcal{X}}(\{\times_{i=1}^{\infty} B_i : B_i \in \mathcal{B}_i \ \forall i\})$, $\mathcal{X} = \times_{i=1}^{\infty} \mathcal{X}_i$, (vgl. Definition 5.3.1), und $Q = \bigotimes_{i=1}^{\infty} P_i$ das in Satz 9.3.4 definierte unendliche Produktmaß, welches durch eine der Gleichung (5.3.14) entsprechende Eigenschaft (mit $n=\infty$) eindeutig festgelegt ist. Definiert man wieder $X = (X_1, X_2, \ldots)$ als Identität auf $\mathcal{X}$, so gilt erneut $P^{X_i} = P_i \ \forall i$ und für jedes $n \in \mathbb{N}$ sind die ZV $X_1, \ldots, X_n$ stochastisch unabhängig. Man nennt dann die Gesamtfolge $X_1, X_2, \ldots$ stochastisch unabhängig. $X_1, X_2, \ldots$ modellieren das unendliche Produktexperiment. □

Nach den Vorbemerkungen sind in Def. 5.3.9 der diskrete Fall [vgl. Definition 2.3.3] und der Fall der reellen ZV [vgl. Beispiel 5.1.14] enthalten. Die Festlegung von Produktmaßen durch (5.3.14) bzw. durch (5.3.13) liefert für ZV die beiden folgenden Aussagen:

5.3.11 KOROLLAR: *Die ZV $X_1, \ldots, X_n$ über $(\Omega, \mathcal{A}, P)$ mit Werten jeweils in $(\mathcal{X}_i, \mathcal{B}_i)$, $i=1, \ldots, n$, sind genau dann stochastisch unabhängig bezüglich P, wenn gilt*

$$(5.3.18) \quad P\{X_i \in B_i, \ i=1, \ldots, n\} = \prod_{i=1}^{n} P\{X_i \in B_i\} \quad \forall B_i \in \mathcal{B}_i, \ i=1, \ldots, n.$$

5.3.12 KOROLLAR: *Sind X_1, X_2 stochastisch unabhängige ZV über $(\Omega, \mathcal{A}, P)$ mit Werten in $(\mathcal{X}_1, \mathcal{B}_1)$ bzw. $(\mathcal{X}_2, \mathcal{B}_2)$, so gilt*

$$(5.3.19) \quad P\{(X_1, X_2) \in B\} = \int P^{X_1}(dx_1) P\{(x_1, X_2) \in B\} \quad \forall B \in \mathcal{B}_1 \otimes \mathcal{B}_2.$$

Beweis: Wegen der stochastischen Unabhängigkeit von X_1, X_2 und wegen (5.3.13) gilt für jedes $B \in \mathcal{B}_1 \otimes \mathcal{B}_2$

$$P^{(X_1,X_2)}(B) = (P^{X_1} \otimes P^{X_2})(B) = \int P^{X_1}(dx_1) \int P^{X_2}(dx_2) 1_B(x_1, x_2)$$

$$= \int P^{X_1}(dx_1) P^{X_2}\{x_2 \in \mathcal{X}_2 : (x_1, x_2) \in B\} = \int P^{X_1}(dx_1) P\{\omega \in \Omega : (x_1, X_2(\omega)) \in B\}. \quad \square$$

5.3.13 BEISPIEL: X_1 und X_2 seien zwei reellwertige, stochastisch unabhängige ZV über $(\Omega, \mathcal{A}, P)$ mit (meßbaren) Riemann-Dichten f_1 bzw. f_2. Dann gilt mit dem obigen Korollar für die Verteilungsfunktion F von $\mathcal{L}(X_1+X_2)$ die Darstellung ($\forall x \in \mathbb{R}$):

$$F(x) = P\{X_1+X_2\leq x\} = \int P^{X_1}(dx_1)P\{x_1+X_2\leq x\}$$

$$= \int_{-\infty}^{+\infty} dx_1 f_1(x_1) \int_{-\infty}^{x-x_1} dx_2 f_2(x_2) = \int_{-\infty}^{+\infty} dx_1 f_1(x_1) \int_{-\infty}^{x} dy f_2(y-x_1)$$

$$= \int_{-\infty}^{x} dy \int_{-\infty}^{+\infty} dx_1 f_1(x_1) f_2(y-x_1),$$ wobei wir auf die Angabe von Bedingungen für die Integralvertauschung verzichten können, da sie später aus dem Satz von Fubini 5.4.1 ohne weitere Voraussetzungen folgt. Also ist

$$f(y) = \int_{-\infty}^{+\infty} dt f_1(t) f_2(y-t),\ y \in \mathbb{R},$$

eine Dichte von $L(X_1+X_2)$. Im nächsten Abschnitt werden wir dieses Ergebnis noch einmal in sehr viel allgemeinerer Form herleiten. □

Auch die für die Berechnung von induzierten Verteilungen sehr hilfreiche Aussage von Satz 2.3.6 kann nun für allgemeine stochastisch unabhängige ZV formuliert und bewiesen werden:

5.3.14 SATZ: *Gegeben seien stochastisch unabhängige ZV $X_1,\dots,X_n$ über (Ω,A,P) mit Werten jeweils in (X_i,B_i), $i=1,\dots,n$. Mit Hilfe der disjunkten Zerlegung $I_1,\dots,I_k$ von $\{1,\dots,n\}$ mit $k\geq 2$ und $I_j \neq \emptyset\ \forall j$ seien die ZV $Y_j = (X_i,\ i \in I_j)$ mit Werten in $(Y_j,C_j) := (\times_{i\in I_j} X_i,\ \bigotimes_{i\in I_j} B_i)$ definiert, $j=1,\dots,k$. Dann gilt:*

a) Die ZV $Y_1,Y_2,\dots,Y_k$ sind stochastisch unabhängig bezüglich P.

b) Sind für $j=1,\dots,k$ weitere Meßräume (F_j,D_j) und C_j-D_j-meßbare Abbildungen f_j von Y_j nach F_j gegeben, so sind auch die ZV $f_1\circ Y_1, f_2\circ Y_2,\dots,f_k\circ Y_k$ stochastisch unabhängig bezüglich P.

<u>*Beweis:*</u> a) Wegen $C_j = \bigotimes_{i\in I_j} B_i$ ist mit $\times_{j=1}^{k} C_j$ auch $E := \times_{j=1}^{k} (\times_{i\in I_j} B_i)$ ein $\cap$-stabiler Erzeuger von $C_1 \otimes \dots \otimes C_k$ mit der Eigenschaft $\times_{j=1}^{k} (\times_{i\in I_j} X_i) \in E$. Daher ist nach dem Eindeutigkeitssatz 4.1.8 für den Nachweis von $L_P(Y_1,\dots,Y_k) = \bigotimes_{j=1}^{k} L_P(Y_j)$ nur *zu zeigen:*

(5.3.20) $$P^{(Y_1,\dots,Y_k)}\left(\times_{j=1}^{k} (\times_{i\in I_j} B_i)\right) = \prod_{j=1}^{k} P^{Y_j}(\times_{i\in I_j} B_i)\quad \forall B_i \in B_i,\ i=1,\dots,n.$$

Nach Voraussetzung (5.3.18) und wegen $\sum_{i=1}^{k} I_j = \{1,\ldots,n\}$ gilt aber

$$P\{Y_j \in \mathop{\times}_{i\in I_j} B_i,\ j=1,\ldots,k\} = P\{X_i \in B_i,\ i=1,\ldots,n\} = \prod_{i=1}^{n} P\{X_i \in B_i\}$$

$$= \prod_{j=1}^{k} \left(\prod_{i\in I_j} P\{X_i \in B_i\}\right) = \prod_{j=1}^{k} P\{X_i \in B_i,\ i\in I_j\} = \prod_{j=1}^{k} P\{Y_j \in \mathop{\times}_{i\in I_j} B_i\},$$

also (5.3.20).

b) Nach Teil a) gilt für alle $D_j \in \mathcal{D}_j$, $j=1,\ldots,k$:

$$P\{f_j \circ Y_j \in D_j,\ j=1,\ldots,k\} = P\{Y_j \in f_j^{-1}(D_j),\ j=1,\ldots,k\}$$

$$= \prod_{j=1}^{k} P\{Y_j \in f_j^{-1}(D_j)\} = \prod_{j=1}^{k} P\{f_j \circ Y_j \in D_j\}. \quad \square$$

5.4 Der Satz von Fubini und einige Anwendungen

In diesem Abschnitt stellen wir ein weiteres, sehr hilfreiches Ergebnis der Maß- und Integrationstheorie vor und erproben es an einigen Anwendungsbeispielen.

5.4.1 Satz *(Fubini)*

a) Ist $P_1 \otimes P_2^1$ die Koppelung des W-Maßes P_1 über $(X_1,\mathcal{B}_1)$ mit der ÜW P_2^1 von $(X_1,\mathcal{B}_1)$ nach $(X_2,\mathcal{B}_2)$ und ist $g: X_1\times X_2 \to \bar{\mathbb{R}}$ eine nichtnegative, $(\mathcal{B}_1 \otimes \mathcal{B}_2)$-meßbare Funktion, so gilt

$$\int g\,d(P_1 \otimes P_2^1) = \int P_1(dx_1)\int P_2^1(x_1;dx_2)\,g(x_1,x_2). \tag{5.4.1}$$

b) Ist $g: X_1 \times X_2 \to \bar{\mathbb{R}}$ eine $(\mathcal{B}_1 \otimes \mathcal{B}_2)$-meßbare und $(P_1 \otimes P_2^1)$-integrierbare Funktion, so gilt (5.4.1).

c) Sind μ_1 und μ_2 σ-endliche Maße über $(X_1,\mathcal{B}_1)$ bzw. $(X_2,\mathcal{B}_2)$ und ist $g: X_1 \times X_2 \to \bar{\mathbb{R}}$ eine $(\mathcal{B}_1 \otimes \mathcal{B}_2)$-meßbare Funktion mit $g\geq 0$ oder mit $\int |g|\,d(\mu_1 \otimes \mu_2) < \infty$, so gilt

$$\int g\,d(\mu_1 \otimes \mu_2) = \int \mu_1(dx_1)\int \mu_2(dx_2)\,g(x_1,x_2) = \int \mu_2(dx_2)\int \mu_1(dx_1)\,g(x_1,x_2). \tag{5.4.2}$$

Beweis: Wegen (5.3.10) für $P := P_1 \otimes P_2^1$ gilt (5.4.1) für primitive Funktionen g bezüglich $(X_1 \times X_2, B_1 \otimes B_2)$. Aber auch Formel (5.4.2) gilt für primitive Funktionen g, denn wegen der Festlegung von $\mu_1 \otimes \mu_2$ durch (5.3.13) bzw. (5.3.15) gilt

$$\int d(\mu_1 \otimes \mu_2)\, 1_B = \int \mu_1(dx_1) \int \mu_2(dx_2) 1_B(x_1,x_2) = \int \mu_2(dx_2) \int \mu_1(dx_1) 1_B(x_1,x_2)$$

für alle $B \in B_1 \otimes B_2$. Der Satz von der monotonen Konvergenz liefert daher (5.4.1) und (5.4.2) auch für nichtnegative $B_1 \otimes B_2$-meßbare numerische Funktionen g. Ist nun g eine P- bzw. $\mu_1 \otimes \mu_2$-integrierbare Funktion, so gelten die Formeln (5.4.1) bzw. (5.4.2) zunächst für g^+ und g^- und daher wegen $\int g^{\pm} dP < \infty$ bzw. $\int g^{\pm} d(\mu_1 \otimes \mu_2) < \infty$ auch für g. □

Anmerkung: Ist g integrierbar aber nicht $g \geq 0$, so sind die inneren Integrale in (5.4.1) bzw. (5.4.2) möglicherweise nur auf dem Komplement einer P_1- bzw. μ_1- bzw. μ_2-Nullmenge definiert. Da jedoch das äußere Integral nach (5.2.29) unempfindlich gegenüber Abänderungen des Integranden auf einer P_1- bzw. μ_1- bzw. μ_2-Nullmenge ist, kann das innere Integral im Falle der Nichtexistenz z.B. auf Null gesetzt werden.

5.4.2 GEGENBEISPIEL: Wir wählen $(X_1, B_1) = (X_2, B_2) = (\mathbb{R}, \mathbb{B})$, $\mu_1 = \mu_2 = \lambda$ und $g(x,y) = (x+y)\varphi(x+y) 1_{(0,\infty)}(x)$, $(x,y) \in \mathbb{R}^2$, wobei φ die Dichte (4.2.13) der $N(0,1)$-Verteilung bezeichne. Dann ist g eine $\mathbb{B}^2$-meßbare Funktion und für alle $x \in \mathbb{R}$ bzw. $y \in \mathbb{R}$ existiert [vgl. Beispiel 4.2.4]

$$\int \lambda(dy) g(x,y) = 1_{(0,\infty)}(x) \int_{-\infty}^{\infty} t\varphi(t)dt = 0 \quad \text{bzw.}$$

$$\int \lambda(dx) g(x,y) = \int_y^{\infty} t\varphi(t)dt = \varphi(y). \quad \text{Also gilt}$$

$$\int \lambda(dx) \int \lambda(dy) g(x,y) = 0 \neq 1 = \int \lambda(dy) \int \lambda(dx) g(x,y),$$

d.h., g ist nicht λ_2-integrierbar.

Ändern wir g ab in $h(x,y) = (x+y)\varphi(x+y)$, $(x,y) \in \mathbb{R}^2$, so folgt sogar die Gleichheit

$$\int \lambda(dx) \int \lambda(dy) h(x,y) = 0 = \int \lambda(dy) \int \lambda(dx) h(x,y),$$

und trotzdem ist h nicht λ_2-integrierbar, denn es gilt $\int h^- d\lambda_2 =$

$$\int h^+ d\lambda_2 = \int_{-\infty}^{+\infty} dx \int_{-x}^{+\infty} dy\,(x+y)\varphi(x+y) = \int_{-\infty}^{+\infty} dx \int_0^{+\infty} dt\; t\varphi(t) = \int_{-\infty}^{+\infty} dx\,\frac{1}{\sqrt{2\pi}} = \infty. \quad \square$$

5.4.3 BEISPIEL (Partielle Integration): Gegeben seien maßdefinierende Funktionen F und G über $\mathbb{R}$. Die zugehörigen (σ-endlichen) Maße über ($\mathbb{R}$, $\mathbb{B}$) bezeichnen wir mit μ_F und μ_G. Wegen

$$\int 1_{(a,b]} d\mu_F = \mu_F((a,b]) = F(b)-F(a) \quad \forall -\infty<a<b<\infty,$$

verwenden wir im folgenden statt der Bezeichnungen $\int h d\mu_F$ und $\int h d\mu_G$ auch die einfacheren Bezeichnungen $\int hdF$ bzw. $\int hdG$. Mit diesen Bezeichnungen impliziert der Satz von Fubini die folgende Verallgemeinerung der partiellen Integration ($-\infty<a<b<+\infty$):

$$\begin{aligned}\int_{(a,b]} FdG &= \int_{(a,b]} dG(y)\,(F(y)-F(a)+F(a)) \\ &= \int_{(a,b]} dG(y) \int_{(a,b]} dF(x) 1_{(a,y]}(x) + F(a)(G(b)-G(a)) \\ &= \int_{(a,b]} dF(x) \int_{(a,b]} dG(y) 1_{[x,b]}(y) + F(a)G(b)-F(a)G(a) \\ &= \int_{(a,b]} dF(x)(G(b)-G(x\_)) + F(a)G(b) - F(a)G(a) \\ &= F(b)G(b) - F(a)G(a) - \int_{(a,b]} dF(x)G(x\_).\end{aligned}$$

Ist <u>F oder G</u> über dem Intervall (a,b] <u>stetig</u>, so folgt hieraus

$$\text{(5.4.3)} \qquad \int_{(a,b]} FdG + \int_{(a,b]} GdF = F(b)G(b) - F(a)G(a). \quad \square$$

5.4.4 BEISPIEL (Darstellung von EX): Ist X eine reelle ZV und F die VF von $L(X)$, so erhält man durch geschickte Anwendung des Satzes von Fubini [vgl. Aufgabe 5.4.1]

$$EX^+ = \int_{(0,\infty)} (1-F(x))\lambda(dx), \qquad EX^- = \int_{(-\infty,0)} F(x)\lambda(dx).$$

Falls $EX = EX^+ - EX^-$ existiert, gilt also

$$\text{(5.4.4)} \qquad EX = \int_{(0,\infty)} (1-F(x))\lambda(dx) - \int_{(-\infty,0)} F(x)\lambda(dx).$$

EX ist die Differenz der beiden schraffierten Flächen in Abbildung 5.4.1.

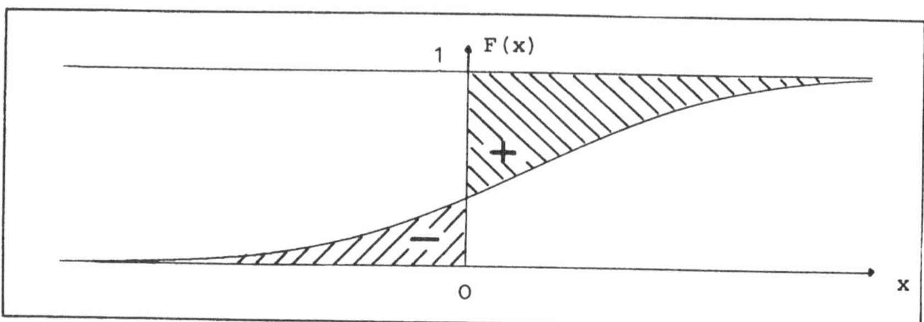

Abb. 5.4.1: Darstellung von EX.

5.4.5 SATZ *(Dichten und stochastische Unabhängigkeit):* *Gegeben seien ZV* $X_1, X_2, \ldots, X_n$ *über* (Ω, A, P) *mit Werten jeweils in* (X_i, B_i), $i=1,\ldots,n$. *Für jedes i möge* $L(X_i)$ *eine* μ_i*-Dichte* f_i *besitzen, wobei* μ_i *ein σ-endliches Maß über* (X_i, B_i) *sei. Dann gilt: Die ZV* $X_1, \ldots, X_n$ *sind genau dann stochastisch unabhängig, wenn* $f(x_1, \ldots, x_n) := \prod_{i=1}^n f_i(x_i)$, $(x_i, \ldots, x_n) \in \mathop{\times}_{i=1}^n X_i$, *eine* $(\mu_1 \otimes \ldots \otimes \mu_n)$ *- Dichte von* $L(X_1, \ldots, X_n)$ *ist.*

Beweis: Für $\mu := \mu_1 \otimes \cdots \mu_n$ und die im Satz definierte Funktion f gilt nach dem Satz von Fubini $\forall B_i \in B_i$, $i=1,\ldots,n$, die Gleichungskette

$$\int d\mu f 1_{B_1 \times \cdots \times B_n} = \int \mu_1(dx_1) \int \mu_2(dx_2) \cdots \int \mu_n(dx_n) \prod_{i=1}^n f_i(x_i) 1_{B_i}(x_i)$$

$$= \prod_{i=1}^n \int \mu_i(dx_i) f_i(x_i) 1_{B_i}(x_i) = \prod_{i=1}^n P^{X_i}(B_i).$$

Wegen der Eindeutigkeitsbeziehung (5.3.15) gilt daher für das Maß $\nu(B) = \int d\mu f 1_B$, $B \in B_1 \otimes \cdots \otimes B_n$,

$$\nu = P^{X_1} \otimes \cdots \otimes P^{X_n}. \tag{5.4.5}$$

Sind die ZV $X_1, \ldots, X_n$ stochastisch unabhängig, so folgt hieraus

$$P^{(X_1, \ldots, X_n)} = P^{X_1} \otimes \cdots \otimes P^{X_n} = \nu,$$

d.h., f ist eine μ-Dichte von $L(X_1, \ldots, X_n)$. Ist umgekehrt f eine μ-Dichte von $L(X_1, \ldots, X_n)$, so gilt wieder mit (5.4.5)

$$P^{(X_1,\dots,X_n)}(B) = \int d\mu f 1_B = \nu(B) = \bigotimes_{i=1}^{n} P^{X_i}(B) \ \forall B \in \bigotimes_{i=1}^{n} \mathcal{B}_i,$$

also $L(X_1,\dots,X_n) = \bigotimes_{i=1}^{n} L(X_i)$. □

Im folgenden Satz wird der Satz von Fubini dazu benutzt, unter geeigneten Annahmen eine Lebesgue-Dichte von $L(X+Y)$ für zwei $\mathbb{R}^n$-wertige ZV X und Y zu berechnen.

5.4.6 SATZ: *Gegeben seien zwei $\mathbb{R}^n$-wertige ZV X und Y. Die gemeinsame Verteilung $L(X,Y)$ über $(\mathbb{R}^n \times \mathbb{R}^n, \mathbb{B}^n \times \mathbb{B}^n)$ besitze eine $(\lambda_n \otimes \mu)$-Dichte f, wobei μ ein σ-endliches Maß über $(\mathbb{R}^n, \mathbb{B}^n)$ sei und λ_n das n-dimensionale Lebesgue-Maß bezeichne. Dann ist*

$$(5.4.6) \qquad g(z) = \int \mu(dy) f(z-y,y), \quad z \in \mathbb{R}^n,$$

eine λ_n-Dichte von $L(X+Y)$.

<u>*Beweis:*</u> X + Y ist eine $\mathbb{R}^n$-wertige ZV. Für jedes $B \in \mathbb{B}^n$ folgt daher zunächst mit Fubini

$$P^{X+Y}(B) = P^{(X,Y)}\{(x,y) \in \mathbb{R}^n \times \mathbb{R}^n : x+y \in B\}$$

$$= \int d(\lambda_n \otimes \mu) f 1_{\{(x,y):x+y\in B\}} = \int \mu(dy) \int \lambda_n(dx) f(x,y) 1_B(x+y).$$

Wenden wir auf das (innere) λ_n-Integral die Transformationsformel für $h(x) = x+y$, $x \in \mathbb{R}^n$, an, so folgt wegen $h^{-1}(\mathbb{R}^n) = \mathbb{R}^n$ und wegen der Translationsinvarianz von λ_n [vgl. Aufgabe 4.1.1]

$$\int \lambda_n(dx) f(x,y) 1_B(x+y) = \int_{\mathbb{R}^n} \lambda_n(dx) f(h(x)-y,y) 1_B(h(y))$$

$$= \int_{\mathbb{R}^n} \lambda_n^h(dz) f(z-y,y) 1_B(z) = \int \lambda_n(dz) f(z-y,y) 1_B(z).$$

Einsetzen und erneute Anwendung von Fubini liefert

$$P^{X+Y}(B) = \int_B \lambda_n(dz) \int \mu(dy) f(z-y,y) \ \forall B \in \mathbb{B}^n,$$ also die Behauptung. □

5.4.7 KOROLLAR *(Faltungsformel für Dichten): Gegeben seien <u>stochastisch unabhängige</u>, $\mathbb{R}^n$-wertige ZV X und Y. Die Verteilung von X besitze eine λ_n-Dichte f. Wird die Verteilung von Y mit Q bezeichnet, so ist*

$$(5.4.7) \qquad g(z) = \int Q(dy) f(z-y), \quad z \in \mathbb{R}^n,$$

eine λ_n-Dichte von $L(X+Y)$. Besitzt $L(Y) = Q$ eine μ-Dichte h, so gilt außerdem

(5.4.8) $\quad g(z) = \int \mu(dy)h(y)f(z-y) \quad \forall z \in \mathbb{R}^n.$

$L(X+Y)$ heißt ***Faltung von $L(X)$ und $L(Y)$****, falls X und Y stochastisch unabhängig sind.*

Beweis: Nach Satz 5.4.5 ist $\tilde{f}(x,y) = f(x)$, $x,y \in \mathbb{R}^n$, eine $(\lambda_n \otimes Q)$-Dichte von $L(X,Y)$. Daher folgt die Behauptung (5.4.7) unmittelbar aus Satz 5.4.6. Mit Satz 5.2.7 folgt hieraus Formel (5.4.8). □

5.4.8 BEISPIEL: Seien zunächst X und Y stochastisch unabhängige ZV mit $L(X) = L(Y) = N(0,1)$. Für $\tau>0$ sind dann auch die ZV X und τY stochastisch unabhängig, und $L(X)$ besitzt die Dichte $f=\varphi$, während $L(\tau Y)$ die Dichte $h(y) = (1/\tau)\varphi(y/\tau)$, $y \in \mathbb{R}$, besitzt. Daher hat $L(X+\tau Y)$ nach der Faltungsformel (5.4.8) die Dichte

$$g(z) = \int_{-\infty}^{\infty} dy\ \frac{1}{\tau}\varphi\left(\frac{y}{\tau}\right)\varphi(z-y) = \frac{1}{2\pi\tau}\int_{-\infty}^{\infty} dy\ \exp\left(-\frac{1}{2}\left(\frac{y}{\tau}\right)^2 - \frac{1}{2}(y-z)^2\right)$$

$$= \frac{1}{\sqrt{2\pi(1+\tau^2)}}\exp\left(-\frac{1}{2}\frac{z^2}{1+\tau^2}\right)\int_{-\infty}^{\infty} dy\frac{1}{\sqrt{2\pi\tau^2/(1+\tau^2)}}\exp\left(-\frac{1}{2}\frac{(y-z\tau^2/(1+\tau^2))^2}{\tau^2/(1+\tau^2)}\right)$$

$$= \frac{1}{\sqrt{2\pi(1+\tau^2)}}\exp\left(-\frac{1}{2}\frac{z^2}{1+\tau^2}\right),\quad z \in \mathbb{R}.$$

Die ZV $X + \tau Y$ ist also für jedes $\tau>0$ gemäß $N(0,1+\tau^2)$ verteilt. Für $a,b \in \mathbb{R}$ und $\sigma,\tau>0$ folgt hieraus sofort [vgl. Beispiel 5.1.13] $L(\sigma X+a+\tau Y+b) = L(\sigma(X + \frac{\tau}{\sigma} Y) + (a+b)) = N(a+b,\sigma^2+\tau^2)$. Andererseits sind aber die ZV $\sigma X+a$ und $\tau Y+b$ ebenfalls stochastisch unabhängig, und es gilt $\sigma X+a \sim N(a,\sigma^2)$ und $\tau Y+b \sim N(b,\tau^2)$.

Insgesamt haben wir bewiesen: Sind X und Y stochastisch unabhängig mit $X \sim N(a,\sigma^2)$ und $Y \sim N(b,\tau^2)$, so gilt $X+Y \sim N(a+b,\sigma^2+\tau^2)$.

Als weitere Folge ergibt sich, daß für i.i.d. ZV $X_1,\dots,X_n$ mit $X_1 \sim N(a,\sigma^2)$ das Stichprobenmittel $\overline{X}_n = (X_1 + \dots + X_n)/n$ eine $N(a,\sigma^2/n)$-Verteilung besitzt. Das Stichprobenmittel $\overline{X}_n$ hat also denselben Erwartungswert wie *eine* Originalbeobachtung X_i, während seine Varianz um den Faktor $1/n$ verkleinert ist, vgl. Abbildung 5.4.2.

Die Messung der Schwingungsdauer eines Pendels werde z.B. durch eine ZV X mit $L(X) = N(t_o,\sigma^2)$ beschrieben, wobei $\sigma=0.3$ bekannt sei. Werden $n=10000$ unabhängige Messungen durchgeführt, so gilt $L(\overline{X}_n) = N(t_o,\sigma^2/10000)$, also $L(N) = N(0,1)$ für $N := (\overline{X}_n-t_o)/(\sigma/100)$.

Deshalb erhalten wir

$$P\{t_o - \frac{1}{100} \leq \overline{X}_n \leq t_o + \frac{1}{100}\} = P\{|\overline{X}_n - t_o| \leq \frac{1}{100}\} = P\{|N| \leq \frac{10}{3}\} =$$

$$= 2 \cdot \Phi(\frac{10}{3}) - 1 = 0.9992.$$

Der Schätzer $\overline{X}_n$ von t_o ist also mit einer Wahrsch. von 0.9992 um höchstens 1/100 vom unbekannten Wert t_o entfernt. □

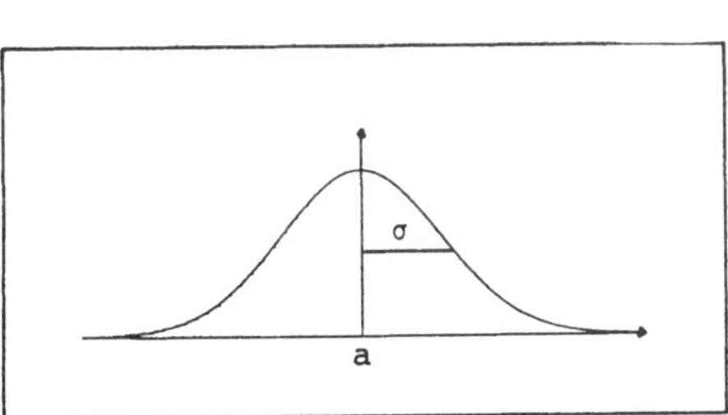

Dichte der Einzelbeobachtung

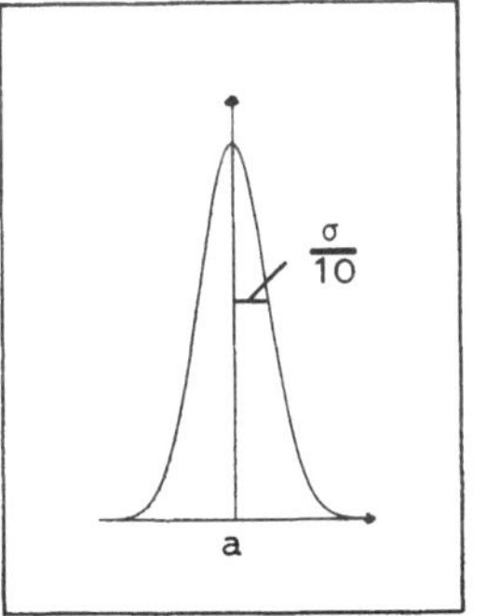

Dichte von $\overline{X}_n$ bei n=100

Abb. 5.4.2: $L(\overline{X}_n)$ im Vergleich zu $L(X_1)$.

Weitere Beispiele für die Berechnung von Dichten mit Hilfe der Faltungsformel sind als Übungsaufgaben formuliert. Bei stochastisch unabhängigen ZV mit diskreten Verteilungen, deren Träger in Z liegen, läßt sich die Verteilung der Summe auch ohne den Satz von Fubini herleiten. Das folgende Beispiel demonstriert die Vorgehensweise.

5.4.9 BEISPIEL: Seien X_1 und X_2 stochastisch unabhängige ZV, die nur ganze Zahlen ≥ 0 als Werte annehmen. Dann gilt

$$(5.4.9) \quad P\{X_1+X_2=k\} = \sum_{i=0}^{k} P\{X_1=k-i, X_2=i\} = \sum_{i=0}^{k} P\{X_1=k-i\} \cdot P\{X_2=i\}.$$

Gilt etwa $X_i \sim$ Poisson (λ_i), so folgt für alle $k \in \mathbb{N}_0$

$$P\{X_1+X_2=k\} = \sum_{i=0}^{k} e^{-\lambda_1} \cdot \frac{\lambda_1^{(k-i)}}{(k-i)!} \cdot e^{-\lambda_2} \cdot \frac{\lambda_2^i}{i!}$$

$$= \frac{e^{-(\lambda_1+\lambda_2)}}{k!} \cdot \sum_{i=0}^{k} \frac{k!}{(k-i)!\,i!} \lambda_1^{(k-i)} \lambda_2^i = \frac{e^{-(\lambda_1+\lambda_2)}}{k!} \cdot (\lambda_1+\lambda_2)^k,$$

also $X_1+X_2 \sim \text{Poisson}(\lambda_1+\lambda_2)$. □

Als weitere Anwendung des Satzes von Fubini zeigen wir, wie man aus einer $(\mu_1 \otimes \cdots \otimes \mu_n)$-Dichte von $L(X_1,\ldots,X_n)$ eine μ_i-Dichte für die i-te Randverteilung $L(X_i)$ erhält. Gleichzeitig erhalten wir dadurch ein bequemes Kriterium für die stochastische Unabhängigkeit von $X_1,\ldots,X_n$.

5.4.10 BEMERKUNG: Sind $(\mathcal{X}_i,\mathcal{B}_i)$-wertige ZV X_i gegeben, $i=1,\ldots,n$, und besitzt die gemeinsame Verteilung $L(X_1,\ldots,X_n)$ über $(\mathcal{X}_1\times\cdots\times\mathcal{X}_n,\mathcal{B}_1 \otimes \cdots \otimes \mathcal{B}_n)$ eine $(\mu_1 \otimes \cdots \otimes \mu_n)$-Dichte f mit σ-endlichen Maßen μ_i über $(\mathcal{X}_i,\mathcal{B}_i)$, so läßt sich sofort eine μ_i-Dichte von $L(X_i)$ angeben: Nach dem Satz von Fubini gilt z.B. für jedes $B \in \mathcal{B}_1$

$$P^{X_1}(B) = \int_B \mu_1(dx_1) \int_{\mathcal{X}_2} \mu_2(dx_2)\cdots\int_{\mathcal{X}_n} \mu_n(dx_n) f(x_1,x_2,\ldots,x_n),$$

also ist $f_1(\cdot) = \int_{\mathcal{X}_2} \mu_2(dx_2)\cdots\int_{\mathcal{X}_n} \mu_n(dx_n) f(\cdot,x_2,\ldots,x_n)$ eine μ_1-Dichte von $L(X_1)$.

In analoger Weise ergibt sich eine μ_i-Dichte f_i von $L(X_i)$ durch Integration von f über die Koordinaten x_j, $j \neq i$. Weiter ergibt sich für $\{i_1,\ldots,i_k\} \subset \{1,\ldots,n\}$ eine $(\mu_{i_1} \otimes \cdots \otimes \mu_{i_k})$-Dichte von von $(X_{i_1},\ldots,X_{i_k})$ durch Integration von f über die Koordinaten x_ℓ mit $\ell \in \{1,\ldots,n\}\setminus\{i_1,\ldots,i_k\}$.

Hat f Produktgestalt gemäß

$$f(x_1,\ldots,x_n) = \prod_{i=1}^{n} g_i(x_i),\quad (x_1,\ldots,x_n) \in \mathop{\times}_{i=1}^{n} \mathcal{X}_i,$$

mit geeigneten reellwertigen Funktionen g_i, so folgt

$$f_i = g_i \prod_{\substack{j=1\\ j\neq i}}^{n} \int g_j d\mu_j = g_i/\int g_i d\mu_i,\quad i=1,\ldots,n,$$

und damit die stochastische Unabhängigkeit von $X_1,\ldots,X_n$. □

Zum Abschluß dieses Abschnitts wollen wir die in Abschnitt 2.4 für *diskrete* ZV X und Y hergeleitete Darstellung

$$P^{(X,Y)} = P^X \otimes P^{Y|X}$$

auf allgemeinere ZV übertragen und zur zweistufigen Berechnung von E-Werten benutzen. Solche Darstellungen werden z.B. in der Theorie der bedingten Tests als Hilfsmittel verwendet. Da jedoch die Anwendungsbereiche allgemeiner bedingter Wahrscheinlichkeiten $P^{Y|X}$ den Rahmen dieser Einführung überschreiten, werden wir die allgemeine Aussage nur zitieren:

5.4.11 SATZ: *X und Y seien ZV über $(\Omega,\mathcal{A},P)$ mit Werten in $(\mathcal{X},\mathcal{B})$ bzw. $(\mathcal{Y},\mathcal{C})$, wobei $\mathcal{X}$ und $\mathcal{Y}$ vollständige separable, metrische Räume (polnische Räume) seien und $\mathcal{B}$ und $\mathcal{C}$ die zugehörigen Borel σ-Algebren, d.h. die durch das jeweilige System der offenen Mengen erzeugten σ-Algebren. Dann gibt es für die gemeinsame Verteilung von X und Y eine Darstellung gemäß*

$$P^{(X,Y)} = P^X \otimes P^{Y|X}, \tag{5.4.10}$$

wobei $P^{Y|X}$ eine ÜW von $(\mathcal{X},\mathcal{B})$ nach $(\mathcal{Y},\mathcal{C})$ bezeichnet. Die Darstellung (5.4.10) ist eindeutig in dem Sinne, daß für jede zweite Darstellung $\mathcal{L}(X,Y) = Q_1 \otimes Q_2^1$ mit einem W-Maß Q_1 über $(\mathcal{X},\mathcal{B})$ und einer ÜW Q_2^1 von $(\mathcal{X},\mathcal{B})$ nach $(\mathcal{Y},\mathcal{C})$ einerseits $Q_1 = \mathcal{L}(X)$ gilt und andererseits eine $\mathcal{L}(X)$-Nullmenge $N \in \mathcal{B}$ existiert mit

$$Q_2^1(x;\cdot) = P^{Y|X}(x;\cdot) \quad \forall x \in \mathcal{X}\setminus N. \tag{5.4.11}$$

Beweis: Siehe z.B. Gänssler/Stute (1977), Kap.V. □

5.4.12 BEMERKUNG: Eine ÜW $P^{Y|X}$ mit der Eigenschaft (5.4.10) heißt eine <u>bedingte Verteilung von Y bei gegebenem X</u>. Bei vorgegebenem $x \in \mathcal{X}$ wird das W-Maß $P^{Y|X}(x;\cdot)$ über $(\mathcal{Y},\mathcal{C})$ meistens mit $P^{Y|X=x}$ bezeichnet. Für $x \in \mathcal{X}$ und $C \in \mathcal{C}$ heißt

$$P[Y\in C|X=x] := P^{Y|X=x}(C) = P^{Y|X}(x;C)$$

<u>bedingte Wahrsch. für C unter der Bedingung X=x</u>. Die bedingten Wahrsch. $P[Y\in C|X=x]$ sind *nicht* mehr (elementar) gemäß (2.4.7) definierbar, wenn X *keine diskrete* ZV ist. Im allgemeinen Fall kann nur gesagt werden, daß $P^{Y|X}$ die Beziehung (5.4.10) erfüllt, d.h. es gilt die "Definitionsgleichung"

$$P\{X\in B,Y\in C\} = \int_B P[Y\in C|X=x]\,dP^X(x) \quad \forall B \in \mathcal{B}\ \forall C \in \mathcal{C}. \tag{5.4.12}$$

Da euklidische Räume $\mathbb{R}^k$ insbesondere polnisch sind und die

Borel σ-Algebra $\mathbb{B}^k$ auch durch die offenen Mengen des $\mathbb{R}^k$ erzeugt wird, sichert Satz 5.4.11 die Existenz bedingter Verteilungen $P^{Y|X}$ insbesondere für ZV X und Y über (Ω, A, P) mit Werten in $(\mathbb{R}^k, \mathbb{B}^k)$ bzw. $(\mathbb{R}^\ell, \mathbb{B}^\ell)$. Besitzt die gemeinsame Verteilung $L(X,Y)$ über $(\mathbb{R}^k \times \mathbb{R}^\ell, \mathbb{B}^k \otimes \mathbb{B}^\ell)$ eine $(\mu \otimes \nu)$-Dichte f, wobei μ bzw. ν σ-endliche Maße über $\mathbb{B}^k$ bzw. $\mathbb{B}^\ell$ seien [z.B. $\mu=\lambda_k$ und $\nu=\lambda_\ell$ (Lebesgue-Maße)], so läßt sich nach Aufgabe 5.4.8 eine ν-Übergangsdichte $f(y|x)$ von $P^{Y|X}$ explizit angeben gemäß

$$(5.4.13) \quad P[Y\in B|X=x] = \int_B f(y|x)\,d\nu(y) \quad \forall B \in \mathbb{B}^\ell \quad \forall x \in \mathbb{R}^k$$

mit

$$(5.4.14) \quad f(y|x) = \begin{cases} f(x,y)/f_1(x), \text{ falls } f_1(x) > 0, \\ g_o(y), \text{ falls } f_1(x) = 0, \; y \in \mathbb{R}^\ell, \; x \in \mathbb{R}^k, \end{cases}$$

wobei

$$(5.4.15) \quad f_1(x) := \int f(x,y)\,d\nu(y), \; x \in \mathbb{R}^k,$$

eine μ-Dichte von $L(X)$ ist und g_o eine (beliebige) ν-Dichte mit $\int g_o d\nu = 1$ bezeichnet.

Im hier beschriebenen Spezialfall kann also die bedingte Verteilung von Y bei gegebenem X wie im diskreten Fall explizit angegeben werden, und zwar mit analogen Formeln, vgl. Formeln (5.4.13), (5.4.14) bzw. Formel (2.4.7). Eine zu Korollar 2.4.4 analoge Charakterisierung der stochastischen Unabhängigkeit von X und Y ist sogar ohne Einschränkungen möglich.

5.4.13 KOROLLAR: *Unter den Voraussetzungen von Satz 5.4.11 sind die ZV X und Y genau dann stochastisch unabhängig, wenn gilt:*

$$(5.4.16) \quad P^{Y|X=x} = P^Y \text{ für } P^X \text{ - fast alle } x \in X.$$

Beweis: X und Y sind genau dann stochastisch unabhängig, wenn $L(X,Y) = L(X) \otimes L(Y)$ gilt. Also folgt (5.4.16) wegen (5.4.11) aus der stoch. Unabhängigkeit von X und Y. Gilt umgekehrt (5.4.16), so folgt mit (5.4.10) die Darstellung $L(X,Y) = L(X) \otimes L(Y)$. □

5.4.14 BEMERKUNG: Die ZV X und Y seien wie in Satz 5.4.11 gegeben und für die C-meßbare Abbildung $g : Y \to \bar{\mathbb{R}}$ existiere $Eg(Y)$. Dann heißt

(5.4.17) $h(x) := E[g(Y)|X=x] := \int g(y)P^{Y|X=x}(dy)$

<u>bedingter E-Wert von g(Y) bei gegebenem X=x</u>. Die nach Anmerkung zu Satz 5.4.1 P-fast überall definierte numerische ZV

(5.4.18) $E[g(Y)|X] := h\circ X$ mit h aus (5.4.17)

heißt <u>durch X bedingter E-Wert von g(Y)</u> oder bedingter E-Wert von g(Y) bei gegebener Statistik X. Nach dem Satz von Fubini 5.4.1 kann dann eine <u>zweistufige Berechnung des E-Wertes</u> von g(Y) erfolgen gemäß

(5.4.19) $Eg(Y) = E(E[g(Y)|X])$.

5.5 Der Transformationssatz für Lebesgue-Dichten

In diesem Abschnitt stellen wir eine weitere Methode zur Berechnung von induzierten Verteilungen vor, die uns insbesondere unter Normalverteilungsannahmen später die explizite Berechnung von kritischen Bereichen und Konfidenzintervallen ermöglichen wird.

5.5.1 Satz: *Gegeben sei ein endliches Maß Q über $(\mathbb{R}^k, \mathbb{B}^k)$ mit einer λ_k-Dichte f, die außerhalb der offenen Menge $G \subset \mathbb{R}^k$ verschwinde, d.h. insbesondere $Q(G^c) = 0$. Weiter sei $g : G \to \mathbb{R}^k$ eine stetig differenzierbare, injektive Abbildung, deren Funktionaldetermiante Δ_g nirgends auf G verschwindet. Dann ist $h : \mathbb{R}^k \to \mathbb{R}$ gemäß*

$$(5.5.1)\quad h(y) = \begin{cases} f(g^{-1}(y))/|\Delta_g(g^{-1}(y))|, & \text{falls } y \in g(G), \\ 0, & \text{falls } y \in \mathbb{R}^k \setminus g(G), \end{cases}$$

eine λ_k-Dichte des induzierten Maßes Q^g, wobei $g^{-1} : g(G) \to G$ die Inverse von g bezeichnet.

<u>*Beweis:*</u> g(G) ist offen in $\mathbb{R}^k$ und $Q^g(\mathbb{R}^k \setminus g(G)) = 0$. Also ist nur zu zeigen:

$$(5.5.2)\quad Q^g(B) = \int_B h\,d\lambda_k \quad \forall B \in \mathbb{B}^k \cap g(G) = \{B \in \mathbb{B}^k : B \subset g(G)\}.$$

Sei $B \in \mathbb{B}^k \cap g(G)$ gegeben. Durch Anwendung der Transformationsformel (5.2.30) auf die $\mathbb{B}^k \cap g(G)$ - meßbare Abbildung $g^{-1}: g(G) \to G$ und die Einschränkung μ_k von λ_k auf $\mathbb{B}^k \cap g(G)$ erhalten wir

$$\int_B h\,d\lambda_k = \int_B h\,d\mu_k = \int_{g(g^{-1}(B))} (f/|\Delta_g|)\circ g^{-1}\,d\mu_k = \int_{g^{-1}(B)} f/|\Delta_g|\,d\mu_k^{g^{-1}}.$$

Es bleibt zu zeigen:

(5.5.3) $\qquad \mu_k^{g^{-1}}$ besitzt auf G die λ_k-Dichte $|\Delta_g|$.

Denn dann folgt aus der obigen Gleichungskette

$$\int_B h d\lambda_k = \int_{g^{-1}(B)} \frac{f}{|\Delta_g|} |\Delta_g| d\lambda_k = \int_{g^{-1}(B)} f d\lambda_k = Q(g^{-1}(B)) = Q^g(B),$$

also die Behauptung (5.5.2).

Zum abschließenden Nachweis von (5.5.3) bezeichnen wir mit $\mathcal{E}$ das System der Teilmengen von G, die als disjunkte Vereinigung von endlich vielen k-dimensionalen Quadern der Form (a,b] mit $[a,b] \subset G$ darstellbar sind. Dann gilt (vgl. Aufg. 5.5.1)

(5.5.4)
$$\mathbb{B}^k \cap G = \sigma_G(\mathcal{E}), \ \mathcal{E} \text{ ist } \cap\text{-stabil},$$
$$G = \bigcup_{i=1}^{\infty} E_i, \ E_i \subset E_{i+1} \text{ mit geeigneten } E_i \in \mathcal{E} \ \forall i \in \mathbb{N}.$$

Für jeden kompakten Quader $[a,b] \subset G$ erhalten wir mit Hilfe der Substitutionsregel für k-dimensionale Riemann-Integrale (vgl. z.B. Heuser (1981, Satz 205.2))

$$\int_{(a,b]} |\Delta_g| d\lambda_k = \int_{(a,b]} |\Delta_g(x_1,\dots,x_k)| dx_1\cdots dx_k = \int_{g((a,b])} 1 dx_1\cdots dx_k$$
$$= \int 1_{g((a,b])} d\lambda_k = \lambda_k(g((a,b])) = \mu_k(g(a,b])) = \mu_k^{g^{-1}}((a,b]).$$

Hieraus folgt sofort $\mu_k^{g^{-1}}(E) = \int_E |\Delta_g| d\lambda_k < \infty \ \forall E \in \mathcal{E}$ und daher wegen Formel (5.5.4) und Eindeutigkeitssatz 4.1.8 die Behauptung (5.5.3). □

5.5.2 BEMERKUNG: Aus Formel (5.5.3) folgt insbesondere die <u>Translationsinvarianz des Lebesgue-Maßes</u> λ_k über $(\mathbb{R}^k, \mathbb{B}^k)$, denn für jedes $a \in \mathbb{R}^k$ und $g_a(x) = x-a$, $x \in \mathbb{R}^k$, gilt $|\Delta_{g_a}| = 1$ und damit $\lambda_k^{g_a^{-1}} = \lambda_k$. Allgemeiner ist λ_k sogar <u>bewegungsinvariant</u>, vgl. Aufgabe 5.5.2. □

Durch Anwendung von Satz 5.5.1 auf höchstens abzählbar unendlich viele disjunkte offene Bereiche G_i erhalten wir die allgemeine Form des Transformationssatzes:

5.5.3 SATZ *(Transformationssatz für Lebesgue-Dichten): Gegeben sei ein W-Maß P über* $(\mathbb{R}^k, \mathbb{B}^k)$ *mit einer* λ_k*-Dichte f, die außerhalb der offenen Menge* $G \subset \mathbb{R}^k$ *verschwinde. Weiter seien* $G_i, i\in I$*, paarweise disjunkte offene Mengen in* $\mathbb{R}^k$ *mit* $G = \bigcup_{i\in I} G_i$*, wobei I eine abzählbare Indexmenge bezeichne. Für jedes* $i\in I$ *sei* $g_i : G_i \to \mathbb{R}^k$ *eine stetig differenzierbare, injektive Abbildung, deren Funktionaldeterminante* Δ_{g_i} *nirgends auf* G_i *verschwindet.*

Dann hat die induzierte Verteilung P^g *von*

$$(5.5.5) \qquad g = \sum_{i\in I} g_i 1_{G_i}$$

eine λ_k*-Dichte h gemäß*

$$(5.5.6) \qquad h(y) = \sum_{i\in I} \frac{f(g_i^{-1}(y))}{|\Delta_{g_i}(g_i^{-1}(y))|} 1_{g_i(G_i)}(y), \quad y \in \mathbb{R}^k$$

wobei $g_i^{-1} : g_i(G_i) \to G_i$ *die Inverse von* g_i *bezeichnet.*

Beweis: Für $i \in I$ setzen wir $Q_i(B) = P(B \cap G_i)$, $B \in \mathbb{B}^k$. Dann ist Q_i ein endliches Maß über $(\mathbb{R}^k, \mathbb{B}^k)$ mit λ_k-Dichte $f_i = f1_{G_i}$, und nach Satz 5.5.1 ist

$$h_i := ((f_i/|\Delta_{g_i}|)\circ g_i^{-1})1_{g_i(G_i)} = ((f/|\Delta_{g_i}|)\circ g_i^{-1})1_{g_i(G_i)}$$

eine λ_k-Dichte von $Q_i^{g_i}$, $i \in I$. Sei nun $B \in \mathbb{B}^k$ gegeben und $g^{-1}(B)$ bzw. $g_i^{-1}(B)$ das g- bzw. g_i-Urbild von B. Dann gilt wegen der Disjunktheit der G_i, $i \in I$, und wegen (5.5.5) die Gleichheit $g^{-1}(B) = \sum_{i\in I} g_i^{-1}(B)$. Also folgt für alle $B \in \mathbb{B}^k$

$$P^g(B) = P(g^{-1}(B)) = P(\sum_{i\in I} g_i^{-1}(B)) = \sum_{i\in I} P(g_i^{-1}(B)) = \sum_{i\in I} Q_i(g_i^{-1}(B))$$

$$= \sum_{i\in I} Q_i^{g_i}(B) = \sum_{i\in I} \int_B h_i d\lambda_k = \int_B (\sum_{i\in I} h_i) d\lambda_k.$$ D.h., $h = \sum_{i\in I} h_i$ ist eine λ_k-Dichte von P^g. □

5.5.4 BEISPIEL: Für eine reelle ZV X mit $L(X) = N(0,1)$ haben wir in Beispiel 5.1.13 eine λ-Dichte von $L(X^2) = \chi_1^2$ berechnet. Wir wollen hier mit Hilfe des obigen Transformationssatzes das gleiche Ergebnis noch einmal herleiten, um die Anwendung des Satzes in einer übersichtlichen Situation zu demonstrieren: Wegen $\lambda\{0\} = 0$ ist mit φ auch $f = \varphi 1_{(-\infty,0)} + \varphi 1_{(0,\infty)}$ eine λ-Dichte von $P = N(0,1) = L(X)$. Setzen wir $G_1 = (-\infty,0)$, $G_2 = (0,\infty)$, $G = G_1 \cup G_2$, $g_1(x) = x^2$, $g_2(x) = x^2$, so gilt $\Delta_{g_1}(x) = 2x, \Delta_{g_2}(x) = 2x$, und Satz 5.5.3 liefert als λ-Dichte von $P^g = L(g(X)) = L(X^2)$ die Funktion

$$h(y) = \frac{\varphi(-\sqrt{y})}{2\sqrt{y}} 1_{(0,\infty)}(y) + \frac{\varphi(\sqrt{y})}{2\sqrt{y}} 1_{(0,\infty)}(y), \quad y \in \mathbb{R}.$$

Wegen $\varphi(x) = \varphi(-x) = \exp(-x^2/2)/\sqrt{2\pi}$ $\forall x \in \mathbb{R}$ ergibt sich die bereits in Beispiel 5.1.13 angegebene Dichte

$$h(y) = (2\pi y)^{-1/2} \exp(-y/2) 1_{(0,\infty)}(y), \quad y \in \mathbb{R}. \quad \square$$

Im Beispiel wurde die ursprünglich überall positive Dichte φ auf der λ-Nullmenge $\{0\}$ abgeändert, um die Voraussetzungen von Satz 5.5.3 zu erfüllen. Insbesondere sollte f außerhalb der *offenen* Menge G verschwinden. Bei analoger Zerlegung von $\mathbb{R}^k$ in Bereiche auf denen die interessierende Abbildung g injektiv ist, wäre die vorgegebene Dichte auf den *Rändern* der Bereiche auf Null zu setzen. Dies ist erlaubt, falls die Ränder λ_k-Nullmengen sind. Liegt der Rand z.B. in einer (k-1)-dimensionalen Hyperebene, so folgt aus Aufg. 5.4.2, daß der Rand tatsächlich eine λ_k-Nullmenge ist.

5.5.5 BEISPIEL: Die Verteilung $L(X,Y)$ der $\mathbb{R}^2$-wertigen ZV (X,Y) besitze eine λ_2-Dichte f, von der wir nach den Vorbemerkungen o.B.d.A. annehmen können, daß sie auf der 1-dimensionalen Hyperebene $\mathbb{R} \times \{0\}$ verschwindet. Setzen wir $G = \mathbb{R} \times (\mathbb{R} \setminus \{0\})$ und $g(x,y) = (x/y,y)$, so gilt $g(G) = G$, $g^{-1}(z,y) = (zy,y)$ und $\Delta_g(x,y) = \det\begin{pmatrix} 1/y, & -x/y^2 \\ 0 & , 1 \end{pmatrix} = 1/y \neq 0$ $\forall (x,y) \in G$. Also besitzt $L(X/Y,Y)$ nach dem Transformationssatz eine λ_2-Dichte h gemäß

$$(5.5.7) \qquad h(z,y) = f(zy,y)|y|, \quad (z,y) \in \mathbb{R}^2.$$

Nach Bemerkung 5.4.10 erhalten wir aus (5.5.7) eine λ-Dichte h_1 von $L(X/Y)$ durch λ-Integration von h über die zweite Koordinate

$$(5.5.8) \qquad h_1(z) = \int \lambda(dy) f(zy,y)|y|, \quad z \in \mathbb{R}. \quad \square$$

Besonders einfach und für die Normalverteilungstheorie wichtig ist der Fall der invertierbaren linearen Transformationen von $\mathbb{R}^k$ auf sich. Um die Bequemlichkeiten der Vektorschreibweise und des Matrizenkalküls zu nutzen, *werde $\mathbb{R}^k$ im folgenden als linearer Raum der Spaltenvektoren gelesen. Zur Verdeutlichung werden wir vektorwertige Größen unterschlängeln.*

5.5.6 BEISPIEL: Die Verteilung $L(\underset{\sim}{X})$ der $\mathbb{R}^k$-wertigen ZV $\underset{\sim}{X}$ besitze ein λ_k-Dichte f. Eine reelle, invertierbare $(k\times k)$-Matrix A und ein Vektor $\underset{\sim}{a} \in \mathbb{R}^k$ seien gegeben. Dann erhalten wir mit Hilfe von Transformationssatz 5.5.1 eine λ_k-Dichte h der Verteilung von $\underset{\sim}{Y} = A\underset{\sim}{X} + \underset{\sim}{a}$ gemäß

(5.5.9) $$h(\underset{\sim}{y}) = f(A^{-1}(\underset{\sim}{y}-\underset{\sim}{a}))/|\det A|, \quad \underset{\sim}{y} \in \mathbb{R}^k,$$

denn die affin-lineare Transformation $g : \mathbb{R}^k \to \mathbb{R}^k$, $g(\underset{\sim}{x}) = A\underset{\sim}{x}+\underset{\sim}{a}$, erfüllt die Voraussetzungen von Satz 5.5.1 mit $G = g(G) = \mathbb{R}^k$, $\Delta_g(\underset{\sim}{x}) = \det A \neq 0 \quad \forall \underset{\sim}{x} \in \mathbb{R}^k$ und $g^{-1}(\underset{\sim}{y}) = A^{-1}(\underset{\sim}{y}-\underset{\sim}{a}) \quad \forall \underset{\sim}{y} \in \mathbb{R}^k$. □

Beispiel 5.5.6 eignet sich besonders gut zur Einführung der mehrdimensionalen Normalverteilungen, die in vielen Anwendungen zumindest als approximative Modelle eine große Rolle spielen. Aus den Beispielen 5.1.13 und 4.2.4 wissen wir, daß man die Gesamtheit aller 1-dimensionalen Normalverteilungen erhält, indem man eine $N(0,1)$-verteilte ZV X allen affin-linearen Transformationen $\sigma X+a$ mit $\sigma \neq 0$ und $a \in \mathbb{R}$ unterwirft, da dann $L(\sigma X+a) = N(a,\sigma^2)$ gilt. Eine entsprechende Vorgehensweise ist auch im k-dimensionalen Fall möglich.

5.5.7 BEISPIEL (k-dimensionale Normalverteilungen): Gegeben seien stochastisch unabhängige, reelle ZV $X_1,\ldots,X_k$ mit $L(X_i)=N(0,1)$, $i=1,\ldots,k$. Die Verteilung $L(\underset{\sim}{X})$ der $\mathbb{R}^k$-wertigen ZV $\underset{\sim}{X}=(X_1,\ldots,X_k)^T$ besitzt dann eine λ_k-Dichte f gemäß

(5.5.10) $$f(\underset{\sim}{x}) = \prod_{i=1}^{k} \frac{1}{\sqrt{2\pi}} \exp(-\tfrac{1}{2} x_i^2) = (2\pi)^{-k/2}\exp(-\tfrac{1}{2}\underset{\sim}{x}^T\underset{\sim}{x}), \quad \underset{\sim}{x} \in \mathbb{R}^k.$$

Wenden wir auf $\underset{\sim}{X}$ die affin-lineare Transformation $g(\underset{\sim}{x}) = A\underset{\sim}{x} + \underset{\sim}{a}$, $\underset{\sim}{x} \in \mathbb{R}^k$, an mit invertierbarer $(k\times k)$-Matrix A und $\underset{\sim}{a} \in \mathbb{R}^k$, so besitzt die Verteilung $L(\underset{\sim}{Y})$ der transformierten ZV $\underset{\sim}{Y} = g\circ\underset{\sim}{X} = A\underset{\sim}{X} + \underset{\sim}{a}$ nach Beispiel 5.5.6 eine λ_k-Dichte h gemäß

$h(\underset{\sim}{y}) = (2\pi)^{-k/2}\exp(-\frac{1}{2}(A^{-1}(\underset{\sim}{y}-\underset{\sim}{a}))^T A^{-1}(\underset{\sim}{y}-\underset{\sim}{a}))/|\det A|,\ \underset{\sim}{y} \in \mathbb{R}^k.$

Wegen $(A^{-1})^T A^{-1} = (AA^T)^{-1}$ und $(\det A)^2 = \det(AA^T)$ folgt mit $S := AA^T$ die Darstellung

(5.5.11) $$h(\underset{\sim}{y}) = ((2\pi)^k \det S)^{-1/2}\exp(-\frac{1}{2}(\underset{\sim}{y}-\underset{\sim}{a})^T S^{-1}(\underset{\sim}{y}-\underset{\sim}{a})),\ \underset{\sim}{y} \in \mathbb{R}^k.$$

Die λ_k-Dichte von $L(A\underset{\sim}{X} + \underset{\sim}{a})$ ist also vollständig bestimmt durch die Matrix $S = AA^T$ und den Vektor $\underset{\sim}{a}$. *Eine Verteilung mit der λ_k-Dichte (5.5.11) heißt* <u>*k-dimensionale Normalverteilung*</u> *mit dem Mittelwertvektor $\underset{\sim}{a}$ und der Kovarianzmatrix S; sie wird mit $N(\underset{\sim}{a},S)$ bezeichnet.*

Analog zum 1-dimensionalen Spezialfall können wir die Gesamtheit der $N(a,S)$-Verteilungen durch die Angabe der zulässigen Parameterbereiche für $\underset{\sim}{a}$ und S charakterisieren: Aus der Herleitung von (5.5.11) ist ersichtlich, daß einerseits jeder Vektor $\underset{\sim}{a} \in \mathbb{R}^k$ vorgegeben werden kann, während andererseits $S = AA^T$ eine <u>symmetrische</u> $[S^T=S]$, <u>positiv definite</u> $[\underset{\sim}{x}^T S\underset{\sim}{x} > 0\ \forall \underset{\sim}{x} \in \mathbb{R}^k \setminus \{0\}]$ $(k\times k)$-Matrix ist, da A als invertierbar vorausgesetzt wurde. Nun ist aus der linearen Algebra bekannt, daß *jede* symmetrische, positiv definite $(k\times k)$-Matrix S darstellbar ist in der Form $S = AA^T$ mit geeigneter invertierbarer $(k\times k)$-Matrix A. Damit ist gezeigt:

Genau dann ist (5.5.11) eine λ_k-Dichte einer $N(\underset{\sim}{a},S)$-Verteilung, wenn $\underset{\sim}{a} \in \mathbb{R}^k$ und S eine symmetrische, positiv definite reelle $(k\times k)$-Matrix ist. □

Die Bezeichnungen <u>*Mittelwertvektor*</u> für $\underset{\sim}{a}$ und <u>*Kovarianzmatrix*</u> für S stellen Verallgemeinerungen der im Fall k=1 definierten Begriffe *Erwartungswert* (Mittelwert) und *Varianz* dar. Sie werden im nächsten Abschnitt in einem allgemeineren Zusammenhang definiert und erläutert. Zum Abschluß dieses Abschnitts stellen wir noch einige weitere nützliche Eigenschaften von k-dimensionalen Normalverteilungen vor.

5.5.8 KOROLLAR: *Ist $\underset{\sim}{Y}$ eine $\mathbb{R}^k$-wertige ZV mit $L(\underset{\sim}{Y}) = N(\underset{\sim}{a},S)$, so gilt für jeden Vektor $\underset{\sim}{b} \in \mathbb{R}^k$ und jede invertierbare $(k\times k)$-Matrix B die Verteilungsaussage*

(5.5.12) $$L(B\underset{\sim}{Y}+\underset{\sim}{b}) = N(B\underset{\sim}{a}+\underset{\sim}{b},\ BSB^T).$$

Beweis: Mit $\underset{\sim}{X}$ und $AA^T = S$ wie in Beispiel 5.5.7 gilt $L(\underset{\sim}{Y}) = L(A\underset{\sim}{X}+\underset{\sim}{a})$ und daher ebenfalls nach Beispiel 5.5.7 $L(B\underset{\sim}{Y}+\underset{\sim}{b}) = L(B(A\underset{\sim}{X}+\underset{\sim}{a})+\underset{\sim}{b})$ $= L(BA\underset{\sim}{X}+B\underset{\sim}{a}+\underset{\sim}{b}) = N(B\underset{\sim}{a}+\underset{\sim}{b}, BA(BA)^T) = N(B\underset{\sim}{a}+\underset{\sim}{b}, BSB^T)$. □

5.5.9 KOROLLAR: *Ist $\underset{\sim}{Y}$ eine $\mathbb{R}^k$-wertige ZV mit $L(\underset{\sim}{Y}) = N(\underset{\sim}{a},S)$, so gilt für jeden Vektor $\underset{\sim}{c} = (c_1,\ldots,c_k)^T \in \mathbb{R}^k \setminus \{0\}$ die Aussage*

(5.5.13) $\quad L(c_1Y_1+\cdots+c_kY_k) = L(\underset{\sim}{c}^T\underset{\sim}{Y}) = N(\underset{\sim}{c}^T\underset{\sim}{a}, \underset{\sim}{c}^TS\underset{\sim}{c})$.

$L(c_1Y_1+\cdots+c_kY_k)$ ist also eine 1-dimensionale Normalverteilung mit dem Erwartungswert $\underset{\sim}{c}^T\underset{\sim}{a} = c_1a_1+\cdots+c_ka_k$ und der Varianz $\underset{\sim}{c}^TS\underset{\sim}{c} = \sum_{i=1}^{k}\sum_{j=1}^{k} s_{ij}c_ic_j > 0$. Insbesondere gilt

(5.5.14) $\quad L(Y_i) = N(a_i, s_{ii}),\ i=1,\ldots,k.$

Beweis: Mit $\underset{\sim}{X}$ und $AA^T = S$ wie in Beispiel 5.5.7 gilt

$$L(\underset{\sim}{c}^T\underset{\sim}{Y}) = L(\underset{\sim}{c}^TA\underset{\sim}{X}+\underset{\sim}{c}^T\underset{\sim}{a}) = L\Big(\sum_{j=1}^{k}\Big(\sum_{i=1}^{k} c_ia_{ij}\Big)X_j + \underset{\sim}{c}^T\underset{\sim}{a}\Big).$$

Aus Beispiel 5.4.8 folgt daher $L(\underset{\sim}{c}^T\underset{\sim}{Y}) = N\Big(\underset{\sim}{c}^T\underset{\sim}{a}, \sum_{j=1}^{k}\Big(\sum_{i=1}^{k} c_ia_{ij}\Big)^2\Big)$

und damit (5.5.13) wegen

$$\sum_{j=1}^{k}\Big(\sum_{i=1}^{k} c_ia_{ij}\Big)^2 = \sum_{i=1}^{k}\sum_{\ell=1}^{k} c_ic_\ell \sum_{j=1}^{k} a_{ij}a_{\ell j} = \sum_{i=1}^{k}\sum_{\ell=1}^{k} c_ic_\ell s_{i\ell} = \underset{\sim}{c}^TS\underset{\sim}{c}.$$

Wählt man speziell c als i-ten Einheitsvektor im $\mathbb{R}^k$, so folgt (5.5.14) aus (5.5.13). □

5.5.10 KOROLLAR: *Sind $Y_1,\ldots,Y_k$ stochastisch unabhängige reelle ZV mit $L(Y_i) = N(a_i,\sigma_i^2)$, $i=1,\ldots,k$, so gilt für $\underset{\sim}{Y}=(Y_1,\ldots,Y_k)^T$, $\underset{\sim}{a}=(a_1,\ldots,a_k)^T$, $S=\mathrm{diag}(\sigma_1^2,\ldots,\sigma_k^2)$ die Aussage*

(5.5.15) $\quad L(\underset{\sim}{Y}) = N(\underset{\sim}{a},S)$.

Ist umgekehrt $\underset{\sim}{Y} = (Y_1,\ldots,Y_k)^T$ eine $\mathbb{R}^k$-wertige ZV mit $L(\underset{\sim}{Y}) = N(\underset{\sim}{a},S)$ und ist S eine Diagonalmatrix, so sind $Y_1,\ldots,Y_k$ stochastisch unabhängig mit $L(Y_i) = N(a_i,s_{ii})$, $i=1,\ldots,k$.

Beweis: Mit $Y_1,\ldots,Y_k$ sind auch $X_i = (Y_i-a_i)/\sigma_i$, $i=1,\ldots,k$, stochastisch unabhängig, und zwar mit $L(X_i) = N(0,1)$, $i=1,\ldots,k$. Mit $\underset{\sim}{X} = (X_1,\ldots,X_k)^T$ und $A = \mathrm{diag}(\sigma_1,\ldots,\sigma_k)$ gilt $\underset{\sim}{Y} = A\underset{\sim}{X}+\underset{\sim}{a}$, also $L(\underset{\sim}{Y}) = L(A\underset{\sim}{X}+\underset{\sim}{a}) = N(\underset{\sim}{a},AA^T) = N(\underset{\sim}{a},S)$ mit $S = \text{diag}(\sigma_1^2,\dots,\sigma_k^2)$.

Gilt umgekehrt $L(\underset{\sim}{Y}) = N(\underset{\sim}{a},S)$ mit $S = \text{diag}(s_{11},\dots,s_{kk})$, so folgt für die Dichte h von $L(\underset{\sim}{Y})$ wegen $\det S = s_{11}s_{22}\cdots s_{kk}$ und $\underset{\sim}{x}^T S^{-1}\underset{\sim}{x} = x_1^2/s_{11}+\dots+x_k^2/s_{kk}$ die Darstellung

$$h(\underset{\sim}{y}) = \prod_{i=1}^{k} (2\pi s_{ii})^{-1/2}\exp\left(-\frac{1}{2}\frac{(y_i-a_i)^2}{s_{ii}}\right),\ \underset{\sim}{y} \in \mathbb{R}^k.$$

Nach Bemerkung 5.4.10 folgt hieraus $L(Y_i) = N(a_i,s_{ii})$, $i=1,\dots,k$, und die stochastische Unabhängigkeit von $Y_1,\dots,Y_k$. □

Weitere Eigenschaften von Normalverteilungen und daraus abgeleiteter Verteilungen finden sich in den Übungsaufgaben und in späteren Abschnitten.

5.6 Das Gesetz der grossen Zahlen und die Monte Carlo Methode

Ziel dieses Abschnitts ist eine wesentliche Verallgemeinerung des Bernoullischen schwachen Gesetzes der großen Zahlen mit Hilfe der nun allgemein zur Verfügung stehenden Begriffe Erwartungswert, Varianz und stochastische Unabhängigkeit. Als Folgerungen erhalten wir dann Aussagen über das Verhalten von Schätzern und Konfidenzintervallen für geeignete Modellparameter.

Fassen wir im Fall des n-fachen Bernoulli(p) Experiments die entscheidende Abschätzung (3.1.7) mit den Formeln (3.1.11) und (3.1.12) für den E-Wert und die Varianz der Gesamtzahl der Erfolge $S_n = X_1+\dots+X_n$ zusammen, so erhalten wir für den relativen Anteil der Erfolge $\overline{X}_n = S_n/n$ die Aussagen

(5.6.1) $$P_{n,p}\{|\overline{X}_n - E_p\overline{X}_n| < \varepsilon\} \geq 1 - \frac{1}{\varepsilon^2}\text{Var}_p\,\overline{X}_n,$$

(5.6.2) $$\text{Var}_p\overline{X}_n = \frac{1}{n^2}\text{Var}_p\sum_{i=1}^{n} X_i = \frac{1}{n^2}\sum_{i=1}^{n}\text{Var}_p X_i.$$

Wir werden nun sehen, daß die Abschätzung (5.6.1) für alle numerischen ZV X gültig bleibt, sofern nur der Erwartungswert EX endlich ist. Weiter werden wir feststellen, daß auch für die Gleichheit (5.6.2) keine speziellen Verteilungsannahmen erforderlich sind, sondern z.B. nur die stochastische Unabhängigkeit von $X_1,\dots,X_n$ und die Endlichkeit der Varianzen $\text{Var}\,X_i$, $i=1,\dots,n$.

5.6.1 DEFINITION: *Für eine numerische ZV X mit Verteilung $L(X) = P^X$ und endlichem Erwartungswert $EX = \int x P^X(dx)$, d.h. $E|X| = \int |x| P^X(dx) < \infty$, definieren wir die* <u>*Varianz von X*</u> *[genauer: Varianz von L(X)] durch*

$$Var\ X = E(X-EX)^2 = \int (x-EX)^2 P^X(dx). \tag{5.6.3}$$

5.6.2 SATZ *(Tschebyschev-Markov-Ungleichung). Ist X eine numerische ZV über (Ω, A, P), so gilt*

$$P\{|X| \geq \varepsilon\} \leq E|X|^r/\varepsilon^r \quad \forall \varepsilon > 0 \quad \forall r > 0. \tag{5.6.4}$$

Ist der E-Wert von X endlich, so gilt speziell

$$P\{|X-EX| \geq \varepsilon\} \leq \frac{1}{\varepsilon^2} Var\ X \quad \forall \varepsilon > 0. \tag{5.6.5}$$

<u>*Beweis:*</u> Aus den Eigenschaften des P-Integrals folgt für jedes $\varepsilon > 0$ und jedes $r > 0$ die Abschätzungskette

$$P\{|X| \geq \varepsilon\} = P\{|X|^r \geq \varepsilon^r\} = \frac{1}{\varepsilon^r} \int 1_{[\varepsilon^r,\infty]}(|X|^r)\varepsilon^r dP$$

$$\leq \frac{1}{\varepsilon^r} \int 1_{[\varepsilon^r,\infty]}(|X|^r)|X|^r\, dP \leq \frac{1}{\varepsilon^r} \int |X|^r dP = \frac{1}{\varepsilon^r} E|X|^r,$$

also Ungleichung (5.6.4). Wenden wir diese Ungleichung mit r=2 auf die numerische ZV X-EX an, so folgt Ungleichung (5.6.5). □

Die Verallgemeinerung (5.6.5) der Ungleichung (5.6.1) konnte durch einfache Abschätzungen aus den Eigenschaften des μ-Integrals hergeleitet werden. Die angekündigte Verallgemeinerung von (5.6.2) erweist sich als einfache Folgerung aus dem Satz von Fubini:

5.6.3 SATZ: *a) Sind X und Y stochastisch unabhängige, numerische ZV mit $E|X| < \infty$ und $E|Y| < \infty$, so gilt $E|XY| < \infty$ und*

$$EXY = (EX)(EY). \tag{5.6.6}$$

b) Sind $X_1,\dots,X_n$ stochastisch unabhängige, numerische ZV mit $E|X_i| < \infty$, $i=1,\dots,n$, so gilt die <u>*Gleichung von Bienaymé*</u>

$$Var(X_1+\dots+X_n) = Var\ X_1+\dots+Var\ X_n. \tag{5.6.7}$$

<u>*Beweis:*</u> a) Zunächst folgt für die nichtnegative ZV $|XY|$ aus dem Satz von Fubini die Integrierbarkeit $E|XY| = \int |xy| dP^{(X,Y)}(x,y)$

$= \int |x|\cdot|y|\,d(P^X \otimes P^Y)(x,y) = \int P^X(dx)\,|x| \int P^Y(dy)\,|y| = E|X|E|Y| < \infty$.

Daher kann der Satz von Fubini in analoger Weise auf die ZV XY angewendet werden. Dies liefert (5.6.6).

b) Wegen der Linearität des E-Wertes gilt $E(X_1+\cdots+X_n)=EX_1+\cdots+EX_n$ und daher $\text{Var} \sum_{i=1}^{n} X_i = E(\sum_{i=1}^{n}(X_i-EX_i))^2 = E\sum_{i=1}^{n}\sum_{j=1}^{n}(X_i-EX_i)(X_j-EX_j)$

$= \sum_{i=1}^{n} \text{Var}\, X_i + \sum_{i \neq j} E(X_i-EX_i)(X_j-EX_j)$, falls $\forall i \neq j$ die E-Werte $E(X_i-EX_i)(X_j-EX_j)$ endlich sind. Nach Teil a) ist dies der Fall, denn für $i\neq j$ sind $Y_i=X_i-EX_i$ und $Y_j=X_j-EX_j$ stochastisch unabhängig mit $EY_i=EY_j=0$, also mit $EY_iY_j=0$. Durch Einsetzen in die obige Gleichung folgt Behauptung (5.6.7). □

Durch Kombination der beiden Sätze erhalten wir ein relativ allgemeines schwaches Gesetz der großen Zahlen. Es sagt aus, daß bei unabhängiger, identischer Versuchswiederholung das arithmetische Mittel der Beobachtungen mit großer Wahrscheinlichkeit in der Nähe des i.a. unbekannten E-Wertes der zugrunde liegenden Verteilung liegt, falls nur die Anzahl der Versuchswiederholungen hinreichend groß und die Varianz der zugrunde liegenden Verteilung endlich ist.

5.6.4 BEMERKUNG: *Als Modell für die n-fache unabhängige, identische Wiederholung eines Zufallsexperiments mit interessierender ZV X bzw. interessierender Verteilung L(X) dienen nach Bemerkung 5.3.10 stochastisch unabhängige ZV $X_1,\ldots,X_n$ mit $X_i \sim X$ $\forall i$. Wir nennen dann $X_1,\ldots,X_n$ eine (potentielle) Stichprobe aus L(X) (vom Umfang n). Nach Bemerkung 5.3.10 gibt es sogar stets eine unendliche Folge $X_1,X_2,\ldots$ stochastisch unabhängiger ZV mit $X_i \sim X$ $\forall i$, die entsprechend als (unendliche) Stichprobe aus L(X) bezeichnet werde.*

5.6.5 SATZ *(Schwaches Gesetz der großen Zahlen): Gegeben sei eine numerische ZV X mit Var X < ∞. Für eine Stichprobe $X_1,\ldots,X_n$ aus L(X) vom Umfang n gilt dann für das sogenannte Stichprobenmittel*

(5.6.8) $\quad \overline{X}_n = (X_1+\cdots+X_n)/n$

die Ungleichung

(5.6.9) $\quad P\{|\overline{X}_n - EX| < \varepsilon\} \geq 1 - (\text{Var}\, X)/(n\varepsilon^2) \quad \forall \varepsilon > 0.$

Insbesondere gilt für eine unendliche Stichprobe $X_1, X_2, \ldots$ aus $L(X)$ das ***schwache Gesetz der großen Zahlen***

(5.6.10) $\lim_{n\to\infty} P\{|\overline{X}_n - EX| < \varepsilon\} = 1 \quad \forall\, \varepsilon > 0.$

Beweis: Wegen $L(X_i) = L(X)$ gilt $\mathrm{Var}\, X_i = \mathrm{Var}\, X < \infty$ und $E|X_i| = E|X| < \infty$, $i=1,\ldots,n$. Hieraus folgt wegen der Linearität des E-Wertes

(5.6.11) $E\overline{X}_n = (EX_1 + \cdots + EX_n)/n = EX,$

und wegen der stochastischen Unabhängigkeit von $X_1,\ldots,X_n$ folgt aus der Gleichung von Bienaymé (5.6.7)

(5.6.12) $\mathrm{Var}\, \overline{X}_n = \frac{1}{n^2} \sum_{i=1}^{n} \mathrm{Var}\, X_i = \frac{1}{n} \mathrm{Var}\, X.$

Anwendung der Tschebyschev-Ungleichung (5.6.5) auf $\overline{X}_n$ liefert daher die Ungleichung (5.6.9) gemäß

$$P\{|\overline{X}_n - EX| < \varepsilon\} = 1 - P\{|\overline{X}_n - E\overline{X}_n| \geq \varepsilon\} \geq 1 - \frac{1}{\varepsilon^2} \mathrm{Var}\, \overline{X}_n = 1 - \frac{1}{n\varepsilon^2} \mathrm{Var}\, X.$$

Wegen $0 \leq \mathrm{Var}\, X < \infty$ folgt (5.6.10) direkt aus (5.6.9). □

Im obigen Beweis wurde die stochastische Unabhängigkeit von $X_1,\ldots,X_n$ nur benutzt, um die Gleichung (5.6.7) von Bienaymé anwenden zu können. Der Beweis von (5.6.7) zeigt aber, daß dort die stochastische Unabhängigkeit von $X_1,\ldots,X_n$ nur benutzt wurde, um für alle $i \neq j$ die Beziehung

(5.6.13) $E(X_i - EX_i)(X_j - EX_j) = 0$

zu erhalten. Da dieser (gemischte) E-Wert auch in Fällen, in denen keine stochastische Unabhängigkeit vorliegt, eine Maßzahl für die Stärke der gegenseitigen Beeinflussung von X_i und X_j darstellt, wird die folgende Definition eingeführt.

5.6.6 DEFINITION: *Sind X und Y numerische ZV mit $E|X| < \infty$ und $E|Y| < \infty$, so heißt*

(5.6.14) $\mathrm{Cov}(X,Y) := E(X-EX)(Y-EY)$

die ***Kovarianz*** *von X und Y bzw. von $L(X,Y)$, falls der Erwartungswert in (5.6.14) existiert. Die ZV X und Y heißen* ***unkorreliert****, falls $\mathrm{Cov}(X,Y)=0$. Gilt sogar $0 < \mathrm{Var}\, X < \infty$ und $0 < \mathrm{Var}\, Y < \infty$, so heißt*

(5.6.15) $\qquad \rho(X,Y) := Cov(X,Y)/\sqrt{(Var\ X)(Var\ Y)}$

der <u>*Korrelationskoeffizient*</u> *von X und Y bzw. von L(X,Y).*

<u>*Bemerkung*</u> (vgl. auch Abbildung 5.6.1): Treten große (bzw. kleine) Werte von X-EX und Y-EY gehäuft paarweise auf, so gilt Cov(X,Y) > 0. Treten große Werte von E-EX mit kleinen Werten von Y-EY und kleine Werte von X-EX mit großen Werten von Y-EY gehäuft paarweise auf, so gilt Cov(X,Y) < 0. Im Falle von 2-dimensionalen Normalverteilungen wird dieser Zusammenhang genauer in Aufgabe 5.6.6 diskutiert. Sind X und Y stochastisch unabhängig mit $E|X| < \infty$ und $E|Y| < \infty$, so sind wegen (5.6.13) die ZV X und Y auch unkorreliert, d.h. es gilt Cov(X,Y) = 0. Im allgemeinen kann aus Cov(X,Y) = 0 nicht auf die stochastische Unabhängigkeit von X und Y geschlossen werden (vgl. Aufgabe 5.6.8). Ist jedoch L(X,Y) eine 2-dimensionale Normalverteilung, so ist Cov(X,Y) = 0 äquivalent mit der stochastischen Unabhängigkeit von X und Y (vgl. Aufgabe 5.6.6). □

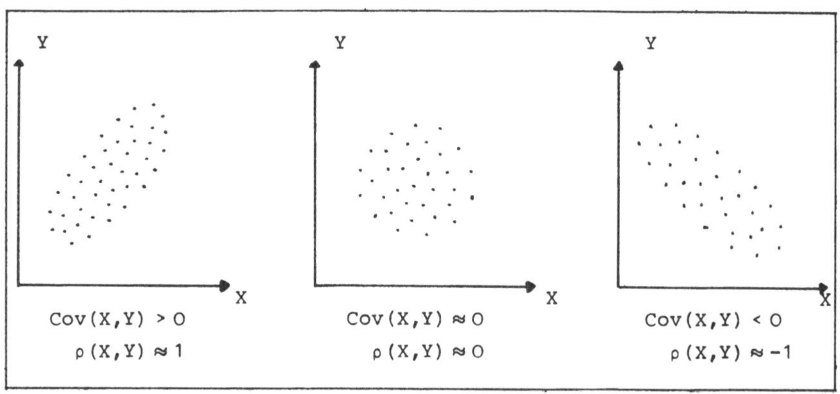

<u>Abb. 5.6.1:</u> Kovarianzen und Verteilungsformen.

Das folgende Lemma zeigt insbesondere, daß der Korrelationskoeffizient eine normierte Form der Kovarianz darstellt.

5.6.7 LEMMA: *X und Y seien numerische ZV mit $E|X| < \infty$ und $E|Y| < \infty$. Dann gilt:*

(5.6.16) $\quad Cov(X,Y) = E(XY)-(EX)(EY)$, *falls E(XY) existiert,*

(5.6.17) $\quad Var\ X = EX^2 - (EX)^2,$

(5.6.18) $\quad -1 \leq \rho(X,Y) \leq 1,$ *falls* $0 < Var\ X < \infty,\ 0 < Var\ Y < \infty.$

Beweis: Existiert EXY, so gilt $E(X-EX)(Y-EY)=E(XY-X\cdot EY-Y\cdot EX+EX\cdot EY)$ $= EXY-EX\cdot EY-EY\cdot EX+EX\cdot EY = EXY-EX\cdot EY$, also (5.6.16). Mit Y=X folgt hieraus auch (5.6.17). Schließlich ist Behauptung (5.6.18) eine unmittelbare Konsequenz der nachfolgenden Cauchy-Schwarz-Ungleichung. □

5.6.8 LEMMA *(Cauchy-Schwarz-Ungleichung): Sind X und Y numerische ZV mit* $EX^2 < \infty$ *und* $EY^2 < \infty$, *so gilt*

(5.6.19) $\quad (EXY)^2 \leq (E|XY|)^2 \leq EX^2EY^2.$

Beweis: Wegen $|XY| \leq \max\{X^2,Y^2\} \leq X^2+Y^2$ existiert EXY und es gilt $|EXY| \leq E|XY| < \infty$, also die erste Ungleichung. Für den Nachweis der zweiten Ungleichung kann $X \geq 0$ und $Y \geq 0$ angenommen werden. Gilt $EX^2= 0$, so folgt X=0 P-f.s. nach Satz 5.2.14 und damit EXY=0. Sei im folgenden also $0<EX^2<\infty$. Dann erhalten wir für jedes $c \in \mathbb{R}$ die Aussage $0\leq EX^2E(cX+Y)^2 = (cEX^2)^2 + 2cEX^2EXY + EX^2EY^2$ $= (cEX^2+EXY)^2 - (EXY)^2+ EX^2EY^2$. Wahl von $c = -EXY/EX^2$ liefert die zweite Ungleichung. □

Bemerkung: Als direkte Folgerung ergibt sich für jede numerische ZV X mit $EX^2 < \infty$ die Existenz von EX und die Abschätzung

(5.6.20) $\quad (EX)^2 \leq (E|X|)^2 \leq EX^2\cdot E1^2 = EX^2.$

5.6.9 BEISPIEL: Ist $\underset{\sim}{Y} = (Y_1,\ldots,Y_k)^T$ eine $\mathbb{R}^k$-wertige ZV mit $E|Y_i| < \infty$, i=1,...,n, so heißt der Vektor

(5.6.21) $\quad E\underset{\sim}{Y} := (EY_1,\ldots,EY_k)^T$

der <u>Mittelwertvektor</u> von $\underset{\sim}{Y}$ bzw. von $L(\underset{\sim}{Y})$. Gilt zusätzlich $EY_i^2 < \infty$, i=1,...,k, so heißt die (k×k)-Matrix

(5.6.22) $\quad Cov(\underset{\sim}{Y}) := \{Cov(Y_i,Y_j)\}_{i,j=1,\ldots,k}$

die <u>Kovarianzmatrix</u> von $\underset{\sim}{Y}$ bzw. $L(\underset{\sim}{Y})$. Es gilt

(5.6.23) $\quad Cov(\underset{\sim}{Y}) = E(\underset{\sim}{Y}-E\underset{\sim}{Y})(\underset{\sim}{Y}-E\underset{\sim}{Y})^T,$

wenn wir EM für eine Matrix M mit reellen ZV M_{ij} als Elementen analog zu $E\underset{\sim}{Y}$ elementweise definieren, d.h. das (i,j)-te Element der Matrix EM ist EM_{ij}. Aus der Darstellung (5.6.23) folgt insbesondere, daß *jede Kovarianzmatrix symmetrisch und positiv semidefinit* ist, denn einerseits gilt

$(\mathrm{Cov}(\underset{\sim}{Y}))^T = E((\underset{\sim}{Y}-E\underset{\sim}{Y})(\underset{\sim}{Y}-E\underset{\sim}{Y})^T)^T = E(\underset{\sim}{Y}-E\underset{\sim}{Y})(\underset{\sim}{Y}-E\underset{\sim}{Y})^T = \mathrm{Cov}(\underset{\sim}{Y})$,

andererseits gilt für alle $\underset{\sim}{x} \in \mathbb{R}^k$ wegen der Linearität des E-Wertes $\underset{\sim}{x}^T\mathrm{Cov}(\underset{\sim}{Y})\underset{\sim}{x} = E\underset{\sim}{x}^T(\underset{\sim}{Y}-E\underset{\sim}{Y})(\underset{\sim}{Y}-E\underset{\sim}{Y})^T\underset{\sim}{x} = E|(\underset{\sim}{Y}-E\underset{\sim}{Y})^T\underset{\sim}{x}|^2 \geq 0$.

Ist $L(\underset{\sim}{Y})$ eine <u>k-dimensionale Normalverteilung</u> $N(\underset{\sim}{a},S)$, so gilt

(5.6.24) $\qquad E\underset{\sim}{Y} = \underset{\sim}{a}, \quad \mathrm{Cov}(\underset{\sim}{Y}) = S,$

so daß die schon in Abschnitt 5.5 benutzte Bezeichnung Mittelwertvektor für $\underset{\sim}{a}$ und Kovarianzmatrix für S sich hier einpaßt. Zum Nachweis von (5.6.24) wählen wir $\underset{\sim}{X}$ und $AA^T = S$ wie in Beispiel 5.5.7. Dann gilt wegen $L(\underset{\sim}{Y}) = L(A\underset{\sim}{X}+\underset{\sim}{a})$ zunächst $E\underset{\sim}{Y} = E(A\underset{\sim}{X}+\underset{\sim}{a})$ $= AE\underset{\sim}{X} + \underset{\sim}{a} = \underset{\sim}{a}$ und daher $\mathrm{Cov}(\underset{\sim}{Y}) = E(\underset{\sim}{Y}-\underset{\sim}{a})(\underset{\sim}{Y}-\underset{\sim}{a})^T = EA\underset{\sim}{X}(A\underset{\sim}{X})^T = A(E\underset{\sim}{X}\underset{\sim}{X}^T)A^T$. Wegen $L(X_i) = N(0,1)$ und wegen der stochastischen Unabhängigkeit von X_i und X_j, falls $i \neq j$, gilt nun $EX_i^2 = \mathrm{Var}\, X_i = 1$ und $EX_iX_j = EX_iEX_j = 0$, falls $i \neq j$, also $E\underset{\sim}{X}\underset{\sim}{X}^T = I$ und damit $\mathrm{Cov}(\underset{\sim}{Y}) = AA^T = S$. □

Mit dem Begriff der Unkorreliertheit liefern die Ausführungen vor Definition 5.6.6 die folgende Verallgemeinerung der Gleichung von Bienaymé und des schwachen Gesetzes der großen Zahlen.

5.6.10 KOROLLAR: *Sind $X_1, X_2, \ldots$ paarweise unkorrelierte, numerische ZV über (Ω, A, P) mit $E|X_i| < \infty \ \forall i$, so gilt die Gleichung (5.6.7) von Bienaymé. Unter der zusätzlichen Voraussetzung $EX_i = EX_1 = a$ und $\mathrm{Var}\, X_i = \mathrm{Var}\, X_1 = \sigma^2 < \infty$ folgt die Abschätzung*

(5.6.25) $\qquad P\{|\overline{X}_n - a| < \varepsilon\} \geq 1 - \sigma^2/(n\varepsilon^2) \ \forall \varepsilon > 0$

und damit das schwache Gesetz der großen Zahlen

(5.6.26) $\qquad \lim_{n\to\infty} P\{|\overline{X}_n - a| < \varepsilon\} = 1 \ \forall \varepsilon > 0.$

Das Gesetz der großen Zahlen besagt, daß das Stichprobenmittel $\overline{X}_n$ (zumindest für große Stichprobenumfänge n) als Schätzer für den i.a. unbekannten Erwartungswert EX bzw. EX_1 geeignet ist. Um analoge Aussagen für die Varianz, die Kovarianz und den Korrelationskoeffizienten zu erhalten, führen wir den Begriff der *Konvergenz nach Wahrscheinlichkeit* ein.

5.6.11 DEFINITION: *X und $X_1, X_2, \dots$ seien $\mathbb{R}^k$-wertige ZV über einem W-Raum (Ω, A, P). Gilt*

$$\lim_{n\to\infty} P\{|X_n - X| < \varepsilon\} = 1 \quad \forall \varepsilon > 0, \tag{5.6.27}$$

so sagt man: Die Folge $(X_n, n \in \mathbb{N})$ konvergiert nach Wahrscheinlichkeit (oder stochastisch) gegen X. Hierfür verwenden wir die Kurzschreibweisen

$$X_n \to X \text{ n.W. [bzgl. } P] \text{ oder } X_n \xrightarrow{P} X \text{ oder } P\text{-}\lim_{n\to\infty} X_n = X.$$

Bemerkung: Hat die Folge $(X_n, n \in \mathbb{N})$ einen stochastischen Limes X, so ist die ZV X P-fast sicher eindeutig festgelegt, denn ist Y eine zweite ZV mit $P\text{-}\lim X_n = Y$, so folgen wegen $\{|X-Y| \geq \varepsilon\} \subset \{|X-X_n| \geq \varepsilon/2\} \cup \{|Y-X_n| \geq \varepsilon/2\}$ $\forall \varepsilon > 0$ $\forall n \in \mathbb{N}$ die Abschätzungen $0 \leq P\{X \neq Y\} = P\{|X-Y| > 0\} = \lim_{k\to\infty} P\{|X-Y| \geq 1/k\}$ und $0 \leq P\{|X-Y| \geq \frac{1}{k}\} \leq \lim_{n\to\infty} (P\{|X-X_n| \geq \frac{1}{2k}\} + P\{|Y-X_n| \geq \frac{1}{2k}\}) = 0.$ □

Sind $X, X_1, X_2, \dots,$ und $Y, Y_1, Y_2, \dots$ $\mathbb{R}^k$-wertige ZV über (Ω, A, P) und ist $g : \mathbb{R}^k \to \mathbb{R}$ *eine meßbare Abbildung, so gelten für die stochastische Konvergenz die folgenden Rechenregeln (vgl. Aufgabe 5.6.11):*

(5.6.28) *Ist g stetig im Punkt $a \in \mathbb{R}^k$ und gilt $P\text{-}\lim_{n\to\infty} X_n = a$, so folgt $P\text{-}\lim_{n\to\infty} g \circ X_n = g(a)$.*

(5.6.29) *Ist g stetig und gilt $P\text{-}\lim_{n\to\infty} X_n = X$, so folgt $P\text{-}\lim_{n\to\infty} g \circ X_n = g \circ X$.*

(5.6.30) *Gilt $P\text{-}\lim_{n\to\infty} X_n = X$ und $P\text{-}\lim_{n\to\infty} Y_n = Y$, so folgt $P\text{-}\lim_{n\to\infty} (X_n + Y_n) = X + Y$ und im Fall $k=1$ auch $P\text{-}\lim_{n\to\infty} (X_n Y_n) = XY$ bzw. $P\text{-}\lim_{n\to\infty} (X_n / Y_n) = X/Y$, falls $P\{Y=0\} = P\{Y_n = 0\} = 0$ $\forall n \in \mathbb{N}$.*

5.6.12 BEISPIEL *(Stichprobenvarianz als Schätzer der Varianz)*: Ein Zufallsexperiment, z.B. die Messung einer unbekannten physikalischen Konstante a mit einem festgelegten Meßverfahren, werde durch eine reelle ZV X mit unbekanntem E-Wert EX = a und unbekannter Varianz Var X = $\sigma^2 < \infty$ modelliert. Aus dem Gesetz der großen Zahlen wissen wir, daß bei unabhängiger Wiederholung des Experiments, modelliert durch die Stichprobe $X_1, X_2, \ldots$ aus $L(X)$, das Stichprobenmittel $\overline{X}_n$ aus n Wiederholungen als Schätzer für EX = a geeignet ist, denn es gilt

$$E\overline{X}_n = EX = a, \quad \text{Var } \overline{X}_n = \frac{1}{n} \text{Var } X = \frac{\sigma^2}{n}, \quad \text{P-}\lim_{n\to\infty} \overline{X}_n = a.$$

D.h., die Verteilung des Stichprobenmittels streut gemäß der Varianz σ^2/n um a, und für große Stichprobenumfänge n liegt $\overline{X}_n$ mit großer Wahrsch. in der Nähe von a.

Da σ^2 = Var X z.B. als Präzisionsmaß der Einzelmessung interpretiert werden kann und auch in Ungleichung (5.6.9) eine wichtige Rolle spielt, fragen wir nun, ob mit der gleichen Stichprobe $X_1, \ldots, X_n$ in analoger Weise auch σ^2 geschätzt werden kann. Für EX haben wir den Schätzer $\overline{X}_n = \Sigma X_i/n$ verwendet. In analoger Weise sollten wir für Var X = $E(X-EX)^2$ den Schätzer $\Sigma (X_i-EX)^2/n$ verwenden. Da jedoch EX unbekannt ist, haben wir EX durch seinen Schätzer $\overline{X}_n$ zu ersetzen. Um schließlich Var X als E-Wert des Schätzers zu erhalten, bringen wir noch den (für große n vernachlässigbaren) Korrekturfaktor n/(n-1) an. Als Schätzer für σ^2=Var X verwenden wir also die sogenannte <u>*Stichprobenvarianz*</u> *von* $X_1, \ldots, X_n$,

$$S_{XX,n} := \frac{1}{n-1} \sum_{i=1}^{n} (X_i - \overline{X}_n)^2. \tag{5.6.31}$$

Dieser Schätzer ist <u>*erwartungstreu*</u> *für Var X*, d.h. es gilt

$$ES_{XX,n} = \text{Var } X, \tag{5.6.32}$$

denn wegen

$$(n-1)S_{XX,n} = \sum_{i=1}^{n} (X_i - a + a - \overline{X}_n)^2 = \sum_{i=1}^{n} (X_i - a)^2 - \frac{1}{n} \left(\sum_{i=1}^{n} (X_i - a) \right)^2$$

folgt mit der Gleichung von Bienaymé

$$(n-1)ES_{XX,n} = \sum_{i=1}^{n} \text{Var } X_i - \frac{1}{n} \sum_{i=1}^{n} \text{Var } X_i = (n-1)\text{Var } X.$$

Dieser Schätzer konvergiert aber auch stochastisch gegen Var X, d.h. es gilt

(5.6.33) $$\underset{n\to\infty}{\text{P-lim}}\, S_{XX,n} = \text{Var } X.$$

Zum Nachweis von (5.6.33) benutzen wir die Darstellung

$$S_{XX,n} = \frac{n}{n-1}\left(\frac{1}{n}\sum_{i=1}^{n}(X_i-a)^2-(\overline{X}_n-a)^2\right).$$

Wegen $\overline{X}_n \longrightarrow a$ n.W. konvergiert nach (5.6.30) der zweite Summand stochastisch gegen Null. Setzen wir zunächst $E(X-a)^4 < \infty$ voraus, so folgt die Behauptung durch Anwendung des schwachen Gesetzes der großen Zahlen auf $(X_1-a)^2,\ldots,(X_n-a)^2$ und durch Anwendung von Rechenregel (5.6.30). Auf die zusätzliche Forderung $E(X-a)^4 < \infty$ kann durch Verallgemeinerung des schwachen Gesetzes der großen Zahlen verzichtet werden (vgl. Aufgabe 5.6.12). □

5.6.13 BEISPIEL *(Stichprobenkovarianz und Stichprobenkorrelationskoeffizient als Schätzer der Kovarianz bzw. des Korrelationskoeffizienten):* Nehmen wir in der in Beispiel 5.6.12 beschriebenen Situation an, daß parallel zur Messung von a gemäß X die Messung einer zweiten unbekannten Konstante b mit einer zweiten festgelegten Meßvorschrift stattfindet. Teilmodell für die Parallelmessung sei die reelle ZV Y mit unbekanntem E-Wert EY=b. (Z.B. werde die gleiche Konstante mit zwei verschiedenen Verfahren gemessen.) Als Modell für die beiden Parallelmessungen dient dann natürlich die $\mathbb{R}^2$-wertige ZV (X,Y).

Wollen wir nur die Präzision der beiden durch X bzw. Y modellierten Verfahren schätzen, so können wir das für beide Verfahren getrennt mit Hilfe der jeweiligen Stichprobenvarianz $S_{XX,n}$ bzw. $S_{YY,n}$ tun. Wollen wir jedoch feststellen, wie stark die Ergebnisse der beiden Meßverfahren zusammenhängen, so haben wir für das gemeinsame Modell $L(X,Y)$ die Kovarianz Cov(X,Y) oder den Korrelationskoeffizienten $\rho(X,Y)$ zu schätzen. Wir tun dies analog zu Beispiel 5.6.12 *auf der Basis einer Stichprobe* $(X_1,Y_1),(X_2,Y_2),\ldots$ *aus* $L(X,Y)$ mit Hilfe der Stichprobenkovarianz *von* $(X_1,Y_1),\ldots,(X_n,Y_n)$,

(5.6.34) $$S_{XY,n} := \frac{1}{n-1}\sum_{i=1}^{n}(X_i-\overline{X}_n)(Y_i-\overline{Y}_n),$$

bzw. mit Hilfe des *Stichprobenkorrelationskoeffizienten von*

$(X_1,Y_1),\ldots,(X_n,Y_n)$,

(5.6.35) $\quad R_{XY,n} := S_{XY,n} \,/\, \sqrt{S_{XX,n}\, S_{YY,n}}$.

Unter der Voraussetzung $\operatorname{Var} X < \infty$ und $\operatorname{Var} Y < \infty$ ist $S_{XY,n}$ ein <u>*erwartungstreuer*</u> *Schätzer für* $Cov(X,Y)$, d.h. es gilt

(5.6.36) $\quad ES_{XY,n} = \operatorname{Cov}(X,Y)$.

Denn $\forall i \neq j$ sind die beiden Paare (X_i,Y_i) und (X_j,Y_j) stochastisch unabhängig, also $E(X_i-a)(Y_j-b) = \operatorname{Cov}(X_i,Y_j) = 0$. Hiermit folgt (5.6.36) wegen $E(X_i-a)(Y_i-b) = \operatorname{Cov}(X_i,Y_i) = \operatorname{Cov}(X,Y)$ sofort aus der Darstellung

$$(n-1)S_{XY,n} = \sum_{i=1}^{n} (X_i-a+a-\overline{X}_n)(Y_i-b+b-\overline{Y}_n)$$
$$= \sum_{i=1}^{n} (X_i-a)(Y_i-b) - \frac{1}{n}\sum_{i=1}^{n}\sum_{j=1}^{n} (X_i-a)(Y_j-b).$$

Auch die stochastische Konvergenz von $S_{XY,n}$ gegen $\operatorname{Cov}(X,Y)$ ist unter diesen Voraussetzungen gegeben,

(5.6.37) $\quad \underset{n\to\infty}{\text{P-lim}}\, S_{XY,n} = \operatorname{Cov}(X,Y)$,

während $R_{XY,n}$ stochastisch gegen $\rho(X,Y)$ konvergiert, wenn wir zusätzlich $\operatorname{Var} X\cdot\operatorname{Var} Y > 0$ und $S_{XX,n}\cdot S_{YY,n} > 0$ f.s. voraussetzen,

(5.6.38) $\quad \underset{n\to\infty}{\text{P-lim}}\, R_{XY,n} = \rho(X,Y)$.

Der Beweis von (5.6.37) folgt analog zum Nachweis von (5.6.33) unter Verwendung von Aufg. 5.6.12 aus der Darstellung (s.o.)

$$S_{XY,n} = \frac{n}{n-1}\left(\frac{1}{n}\sum_{i=1}^{n}(X_i-a)(Y_i-b) - (\overline{X}_n-a)(\overline{Y}_n-b)\right),$$

während (5.6.38) dann wegen $S_{XX,n} \xrightarrow{P} \operatorname{Var} X > 0$ und $S_{YY,n} \xrightarrow{P} \operatorname{Var} Y > 0$ aus (5.6.37) und Rechenregel (5.6.30) folgt. □

5.6.14 BEISPIEL *(Die Monte Carlo Methode)*: Das schwache Gesetz der großen Zahlen kann auch zur approximativen Berechnung von Integralen eingesetzt werden: Sei z.B. g eine stetige Funktion von $[0,1]$ nach $\mathbb{R}$. Ist X eine reelle ZV mit $L(X) = R(0,1)$, so gilt

$$Eg(X) = \int g\,dP^X = \int_{[0,1]} g\,d\lambda = \int_0^1 g(x)\,dx$$

und

$$\operatorname{Var} g(X) \leq Eg^2(X) \leq \sup\{g^2(x) : 0\leq x\leq 1\} =: ||g||^2 < \infty.$$

Verschaffen wir uns nun eine Stichprobe $X_1, X_2, \ldots$ aus $L(X)=R(0,1)$, so ist nach Satz 5.3.14 auch $g(X_1), g(X_2), \ldots$ eine Stichprobe aus $L(g(X))$ und nach dem schwachen Gesetz der großen Zahlen gilt

$$(5.6.39) \qquad \operatorname*{P-lim}_{n\to\infty} \frac{1}{n} \sum_{i=1}^{n} g(X_i) = Eg(X) = \int_0^1 g(x)dx.$$

Sind also $x_1, \ldots, x_n$ *beobachtete Werte* von $X_1, \ldots, X_n$, man spricht dann von *Zufallszahlen*, so ist $(g(x_1)+\cdots+g(x_n))/n$ eine Schätzung bzw. Approximation für $\int_0^1 g(x)dx$. In der Praxis werden sowohl physikalische Generatoren von Zufallszahlen benutzt (z.B. Rauschgeneratoren oder Emissionen radioaktiver Substanzen) als auch vom Computer nach gewissen Algorithmen berechnete *Pseudozufallszahlen*, die zwar nicht "zufällig" sind, sich jedoch weitgehend wie "echte" Zufallszahlen verhalten, s. unten.

Bezüglich der Approximationsgenauigkeit hat man nach Formel (5.6.9) die folgende grobe Abschätzung ($\forall \varepsilon > 0$)

$$(5.6.40) \quad P\{|\frac{1}{n} \sum_{i=1}^{n} g(X_i) - \int_0^1 g(x)dx| < \varepsilon\} \geq 1 - \frac{\operatorname{Var} g(X)}{n\varepsilon^2} \geq 1 - \frac{||g||^2}{n\varepsilon^2}$$

Man beachte, daß $(g(X_1)+\cdots+g(X_n))/n$ ein *Schätzer* ist, der höchstens mit großer Wahrsch. nahe bei $\int_0^1 g(x)dx$ liegen kann, im Gegensatz zu numerischen Quadratur-Verfahren also keine "sicheren" Fehlerschranken liefert. Ist jedoch z.B. $1 - ||g||^2/(n\varepsilon^2)$ "hinreichend" nahe bei 1, gehen wir nach dem Anwendungspostulat davon aus, daß der beobachtete Schätzwert um weniger als ε vom gesuchten Integral abweicht. Wollen wir auf der Basis von Formel (5.6.40) die Fehlerschranke ε halbieren, so benötigen wir bei festgehaltener Schranke für die Wahrsch. die vierfache Anzahl von Beobachtungen.□

5.6.15 PSEUDOZUFALLSZAHLEN: Unter Pseudozufallszahlen versteht man Zahlenfolgen, die vom Computer nach gewissen Algorithmen berechnet werden, die so angelegt sind, daß sich die errechneten Zahlenfolgen weitgehend wie "echte" Zufallszahlen verhalten. Eine viel verwendete Klasse solcher Algorithmen bilden die *Kongruenzgeneratoren*, bei denen Zahlenfolgen $x_1, x_2, \ldots$ folgendermaßen erzeugt werden:

Man wählt ganze Zahlen m (den Modul), a (den Faktor), r (das Inkrement) und y_o (das Anfangsglied), wobei üblicherweise $0 \leq a, r, y_o < m$ gilt, und berechnet rekursiv eine Folge $y_1, y_2, \ldots$ gemäß

$$y_{i+1} = ay_i + r \pmod m \text{ mit } 0 \leq y_{i+1} < m.$$

Die Folge $x_i := y_i/m$, $i=1,2,\ldots$, wird dann als Folge von Realisierungen stochastisch unabhängiger $R(0,1)$-verteilter ZV angesehen.

Kongruenzgeneratoren sind stets periodisch mit maximaler Periodenlänge m. Auf Binärcomputern wählt man meist als Modul $m=2^k$, wobei k die maximal mögliche Wortlänge des Rechners ist, etwa k=32. Durch geeignete Wahl des Faktors a und des Inkrements r kann man erreichen, daß bei beliebigem Anfangsglied y_o die Periodenlänge gleich m wird, d.h. es werden alle Zahlen x_i aus $\{\frac{0}{m}, \ldots, \frac{m-1}{m}\}$ im Verlauf der Periode genau einmal erzeugt (Optimale Gleichverteilung). Darüberhinaus hat man in der Wahl von a und r noch Freiheiten, die dazu genutzt werden, die entstehende Zahlenfolge möglichst "regellos" zu machen, s. z.B. Knuth (1969).

Wir wollen nun kurz motivieren, weshalb es legitim ist, mit Pseudozufallszahlen anstelle von Realisierungen echter ZV zu arbeiten. Dabei greifen wir wieder das Problem auf, ein Integral $\int_0^1 g(x)dx$ zu berechnen.

Da in der Realität alle Meßskalen diskret sind, können wir nicht mit exakt $R(0,1)$-verteilten ZV arbeiten, sondern werden annehmen, daß $X_1, X_2, \ldots$ eine Stichprobe aus der Laplace-Verteilung $L(X)$ über $\{0/m, \ldots, (m-1)/m\} =: I_m$ ist, wobei 1/m die vorhandene Meß- oder Darstellungsgenauigkeit ist. In diesem Fall ist Eg(X) nicht exakt gleich $\int_0^1 g(x)dx$; für absolut stetiges g gilt jedoch (s. Aufgabe 5.6.20)

$$(5.6.41) \qquad \left|Eg(X) - \int_0^1 g(x)dx\right| \leq \frac{1}{m} \int_0^1 |g'(x)|dx.$$

Da m i.a. sehr groß ist, z.B. $m=2^{32}$, ist die Differenz in (5.6.41) sehr klein, so daß es reicht, Eg(X) zu approximieren. Nimmt man also in (5.6.9) an, daß $X_1, X_2, \ldots$ eine Stichprobe aus einer Laplace-Verteilung $L(X)$ über I_m ist, so ergibt sich $(\forall \varepsilon > 0, \forall n \geq 1)$

$$(5.6.42)\qquad \frac{1}{m^n}\left|\{(x_1,\dots,x_n)\in I_m^n : \left|\frac{1}{n}\sum_{i=1}^{n} g(x_i) - Eg(X)\right|<\varepsilon\}\right| \geq$$
$$\geq 1 - \sup_x |g(x)|^2/n\varepsilon^2.$$

In dieser Aussage ist jede stochastische Komponente verschwunden. Ist z.B. die rechte Seite in (5.6.42) gleich 0.99, was durch Wahl von n stets erreicht werden kann, so besagt (5.6.42) einfach, daß für 99% aller Folgen von Zahlen $x_1,\dots,x_n$ mit $x_i \in I_m$ $\forall i$ die Werte $\frac{1}{n}\,\Sigma\, g(x_i)$ und $Eg(X)$ weniger als ε auseinanderliegen. Also für höchstens 1% aller Zahlenfolgen $x_1,\dots,x_n$ kann $\frac{1}{n}\,\Sigma\, g(x_i)$ keine gute Approximation für $Eg(X)$ sein. Es ist deshalb kein Wunder, daß eine irgendwie erzeugte Folge von Zahlen $x_1,\dots,x_n$, die nur annähernd regellos erscheint, zur Approximation geeignet ist. Dies gilt insbesondere für die oben beschriebenen Zufallszahlengeneratoren, deren Parameter a,r,y_o darüberhinaus so ausgewählt sind, daß die erzeugten Zahlenfolgen eine Reihe von Tests auf "stochastische Unabhängigkeit" erfolgreich durchlaufen, s. z.B. Knuth. □

Eine weitere Anwendungsmöglichkeit der Monte Carlo Methode, die wegen des enorm verbilligten Einsatzes von Computern zunehmend an Bedeutung gewinnt, ist die Berechnung von kritischen Bereichen und zugehörigen Gütefunktionen für Hypothesentests, bei denen eine exakte Berechnung der entsprechenden Wahrsch. entweder nicht möglich oder zu aufwendig ist.

Zur Erklärung der Vorgehensweise sei X im folgenden eine ZV mit Werten in $(\mathcal{X},\mathcal{B})$ und Verteilung $P^X = \mathcal{L}(X)$. Weiter sei $B \in \mathcal{B}$ ein gegebenes Ereignis, dessen Wahrscheinlichkeit $P^X(B)$ berechnet werden soll. Als *Basisvoraussetzung* nehmen wir an, daß $\mathcal{L}(X)$ mit Hilfe von *stochastisch unabhängigen, $R(0,1)$-verteilen ZV* $U_1,\dots,U_k$ dargestellt werden kann gemäß

$$(5.6.43)\qquad \mathcal{L}(X) = \mathcal{L}(g(U_1,\dots,U_k))$$

wobei $g:(0,1)^k \to \mathcal{X}$ eine gegebene $\mathbb{B}^k \cap (0,1)^k$-$\mathcal{B}$-meßbare Abbildung sei. Sind dann $U_{11},\dots,U_{1k},U_{21},\dots,U_{2k},\dots,U_{n1},\dots,U_{nk}$ stochastisch unabhängige, $R(0,1)$-verteilte ZV, so gilt nach dem Bernoullischen Gesetz der großen Zahlen mit der Abkürzung $\underset{\sim}{U}_i = (U_{i1},\dots,U_{ik})$ die Aussage

$$(5.6.44)\qquad \underset{n\to\infty}{\text{P-lim}}\ \frac{1}{n}\sum_{i=1}^{n} 1_B(g(\underset{\sim}{U}_i)) = P^X(B).$$

Nach Hilfssatz 3.1.5 gilt sogar $\forall\varepsilon > 0$ die Abschätzung

(5.6.45) $$P\{|\frac{1}{n}\sum_{i=1}^{n} 1_B(g(\underset{\sim}{U}_i)) - P^X(B)|<\varepsilon\}\geq 1 - \frac{P^X(B)(1-P^X(B))}{n\varepsilon^2} \quad \forall n \in \mathbb{N}.$$

Soll z.B. im Bereich $0 < P^X(B)(1-P^X(B)) \leq 0.1$ für die Genauigkeitsschranke $\varepsilon=0,01$ eine Mindestwahrscheinlichkeit 0.90 erreicht werden, so haben wir $1 - (0.1)/(n(0.01)^2) = 0.90$ zu fordern, d.h. wir haben den Stichprobenumfang n=10000 zu wählen. Da die oben benutzte Abschätzung recht grob ist, reichen in der Praxis meistens Stichprobenumfänge von 1000 bis 3000.

Zur tatsächlichen (approximativen) Berechnung von $P^X(B)$ ziehen wir in Analogie zu Beispiel 5.6.14 für $i=1,\dots,n$ (z.B. n=2000) jeweils ein k-Tupel $(u_{i1},\dots,u_{ik})$ von (Pseudo-)Zufallszahlen. Die Approximation für $P^X(B)$ ist dann

(5.6.46) $$\frac{1}{n}\sum_{i=1}^{n} 1_B(g(u_{i1},\dots,u_{ik})).$$

Im nächsten Abschnitt werden wir die beschriebene Vorgehensweise am Beispiel des χ^2-Anpassungstests demonstrieren und die Monte Carlo Ergebnisse mit (approximativen) mathematischen Ergebnissen vergleichen, die wir aus der weiterführenden Literatur hereinzitieren werden.

5.7 Der χ^2-Anpassungstest

Für das n-malige Werfen (n=10) eines möglicherweise gezinkten Würfels haben wir in Beispiel 1.6.5 einen kritischen Bereich K für die Verwerfung der Nullhypothese $H_o : P=P_o$ ("idealer Würfel") konstruiert, der auf der Vermutung basierte, daß die Eintrittswahrsch. p_6 für die "Sechs" im Einzelwurf tatsächlich größer als 1/6 war.

Da zur Definition von K aber nur die Anzahl S_n der auftretenden Sechsen benutzt wurde $[K=\{S_{10} \geq 6\}]$, haben wir tatsächlich nur ein Binomial(n,p_6) Modell verwendet. Daher gilt für den benutzten kritischen Bereich $K=\{S_n \geq r_o\}$ zum Niveau α die Beziehung

(5.7.1) $$P(K) = P_o(K) \leq \alpha \quad \forall P \text{ mit } p_6 = 1/6.$$

Dies bedeutet, daß mit dem vorgeschlagenen kritischen Bereich K wohl eine Würfelverfälschung mit $p_6 > 1/6$ entdeckt werden kann, daß aber jede Verfälschung mit $p_6 = 1/6$ unentdeckt bleibt.

Wir möchten nun ein Testverfahren vorstellen und untersuchen, das beliebige Abweichungen von der Nullhypothese $H_o : P = P_o$ erkennt, wenn nur der Stichprobenumfang n hinreichend groß ist und das andererseits auch eine Bestätigung der "approximativen Nullhypothese $P \approx P_o$" erlaubt. Gemeint ist der auf K. Pearson (1900) zurückgehende χ^2-*Anpassungstest in Multinomial* $(n,p_1,\dots,p_k)$ *Modellen*.

Als Maßzahl für die Abweichung eines beliebigen Wahrscheinlichkeitsvektors (W-Vektor) $\underset{\sim}{p} = (p_1,\dots,p_k)$, $p_j \geq 0\ \forall j$, $\Sigma\, p_j=1$, von einem zweiten W-Vektor $\underset{\sim}{p}^o = (p_1^o,\dots,p_k^o)$ mit $p_j^o > 0\ \forall j$, $\Sigma\, p_j^o = 1$,

hat Pearson die sogenannte χ^2-Abstandsfunktion

$$(5.7.2) \qquad d(\underset{\sim}{p},\underset{\sim}{p}^o) = \sum_{j=1}^{k} (p_j-p_j^o)^2/p_j^o$$

vorgeschlagen. Für den Fall eines Würfels mit dem W-Vektor $\underset{\sim}{p}=(p_1,\dots,p_6)$ der Eintrittswahrsch. p_j für die Augenzahl j erhalten wir z.B. $\sum_{j=1}^{6} (p_j-1/6)^2/(1/6)$ als χ^2-Abstand zum idealen Würfel $\underset{\sim}{p}^o = (1/6,\dots,1/6)$.

Man bemerkt, daß die Funktion d zwar jede Abweichung zwischen $\underset{\sim}{p}$ und $\underset{\sim}{p}^o$ feststellt, wegen ihrer Unsymmetrie aber keine Metrik im Raum der k-dimensionalen W-Vektoren darstellt.

Ist nun $\underset{\sim}{Y}_n$ eine ZV mit Multinomial$(n,\underset{\sim}{p})$ Verteilung mit unbekanntem Parameter $\underset{\sim}{p}=(p_1,\dots,p_k)$, so stellt sich $L(\underset{\sim}{Y}_n) = M(n,\underset{\sim}{p})$ nach Korollar 3.4.3 dar als

$$(5.7.3) \qquad L(\underset{\sim}{Y}_n) = L(\underset{\sim}{X}_1+\dots+\underset{\sim}{X}_n)$$

mit stochastisch unabhängigen, Bernoulli$(p_1,\dots,p_k)$ verteilten ZV $\underset{\sim}{X}_1,\underset{\sim}{X}_2,\dots$. Wegen

$$(5.7.4) \qquad E\underset{\sim}{X}_i := (EX_{1i},\dots,EX_{ki}) = (p_1,\dots,p_k)\ \forall i,$$

$$(5.7.5) \qquad E\underset{\sim}{Y}_n := (EY_{1n},\dots,EY_{kn}) = n(p_1,\dots,p_k)$$

gilt daher nach dem Gesetz der großen Zahlen

$$(5.7.6) \qquad \frac{1}{n}\underset{\sim}{Y}_n \to \underset{\sim}{p} \quad \text{n.W.}$$

Also ist das Tupel $\underset{\sim}{Y}_n/n = (Y_{1n}/n,\dots,Y_{kn}/n)$ der *relativen Zellhäufigkeiten* ein sinnvoller Schätzer für den unbekannten Parameter $\underset{\sim}{p}$.

Haben wir aus Erfahrung oder aus theoretischen Überlegungen eine *Nullhypothese* $H_o : \underset{\sim}{p} = \underset{\sim}{p}^o$ mit bekanntem W-Vektor $\underset{\sim}{p}^o = (p_1^o,\dots,p_k^o)$, $p_j^o > 0\ \forall j$, $\Sigma\, p_j^o = 1$, formuliert, so wird man versuchen, eine Entscheidung darüber, ob der zugrunde liegende Parameter $\underset{\sim}{p}$ gleich dem hypothetischen Wert $\underset{\sim}{p}^o$ ist oder nicht, auf eine Untersuchung des χ^2-Abstandes $d(\underset{\sim}{Y}_n/n,\underset{\sim}{p}^o)$ des Schätzers $\underset{\sim}{Y}_n/n$ für $\underset{\sim}{p}$ zum hypothetischen Wert $\underset{\sim}{p}^o$ zu stützen. Bei "zu großen" Werten von $d(\underset{\sim}{Y}_n/n,\underset{\sim}{p}^o)$ wird man die Nullhypothese $H_o : \underset{\sim}{p} = \underset{\sim}{p}^o$ verwerfen und die sogenannte *Alternative* $H_1 : \underset{\sim}{p} \neq \underset{\sim}{p}^o$ akzeptieren.

Um eine bessere Skalierung des χ^2-Abstands zu erreichen (vgl. Satz 5.7.1), multiplizieren wir $d(\underset{\sim}{Y}_n/n,\underset{\sim}{p}^o)$, mit n, d.h. wir verwenden als Maß für die Diskrepanz zwischen dem Schätzer von $\underset{\sim}{p}$ und dem hypothetischen Wert $\underset{\sim}{p}^o$ die sogenannte *χ^2-Statistik*

$$(5.7.7)\qquad X_n^2 := X_n^2(\underset{\sim}{Y}_n,\underset{\sim}{p}^o) := \sum_{j=1}^{k} (Y_{jn}-np_j^o)^2/(np_j^o)$$

für das Testen von $H_o : \underset{\sim}{p} = \underset{\sim}{p}^o$ *gegen* $H_1 : \underset{\sim}{p} \neq \underset{\sim}{p}^o$.

Soll der zugehörige Test für die Nullhypothese $H_o : \underset{\sim}{p} = \underset{\sim}{p}_o$ das Niveau $\alpha \in (0,1)$ einhalten, so haben wir wegen (1.6.9) den *kritischen Bereich* $K_{n,\alpha} = \{X_n^2 > c_{n,\alpha}\}$ zu wählen gemäß

$$(5.7.8)\qquad c_{n,\alpha} = \inf\{c \in \mathbb{R} : P_o\{X_n^2 > c\} \le \alpha\},$$

wobei P_o die Verteilung mit $\underset{\sim}{p}=\underset{\sim}{p}^o$ bezeichnet.

Zur konkreten Bestimmung des kritischen Bereiches $K_{n,\alpha}$ bzw. zur Berechnung der zugehörigen *Gütefunktion*

$$(5.7.9)\qquad \beta_{n,\alpha}(\underset{\sim}{p}) := P_{\underset{\sim}{p}}\{X_n^2(\underset{\sim}{Y}_n,\underset{\sim}{p}^o) > c_{n,\alpha}\}\ \forall \underset{\sim}{p}$$

ist die Kenntnis der Verteilungsfunktion von $L_{\underset{\sim}{p}}(X_n(\underset{\sim}{Y}_n,\underset{\sim}{p}^o))$ für $\underset{\sim}{p}=\underset{\sim}{p}^o$ bzw. $\underset{\sim}{p}\neq\underset{\sim}{p}^o$ erforderlich.

Die exakte Berechnung von $\beta_{n,\alpha}(\underset{\sim}{p})$ ist bei kleineren Werten von n und k durchaus möglich, wenn auch sehr aufwendig. Man hat dazu für die endlich vielen Punkte

$$\underset{\sim}{y} \in T^*_{k,n} = \{(y_1,\ldots,y_k) \in \mathbb{N}_0^k : y_1+\cdots+y_k = n\}$$

die $M(n,\underset{\sim}{p})$-Wahrsch. $f_{n,\underset{\sim}{p}}(\underset{\sim}{y})$ nach Formel (3.4.7) zu berechnen und erhält dann den Wert der VF von $L_{\underset{\sim}{p}}(X_n^2(\underset{\sim}{Y}_n,\underset{\sim}{p}^o))$ an der Stelle $x \geq 0$ in der Form

$$(5.7.10)\quad P_{\underset{\sim}{p}}\{X_n^2(\underset{\sim}{Y}_n,\underset{\sim}{p}^o) \leq x\} = \sum_{\underset{\sim}{y} \in T^*_{k,n}} f_{n,\underset{\sim}{p}}(\underset{\sim}{y})\, 1_{(-\infty,x]}(X_n^2(\underset{\sim}{y},\underset{\sim}{p}^o)).$$

Für größere Werte von n und k ist der numerische Aufwand für diese Berechnung nicht mehr vertretbar. Andererseits übersteigt aber auch die einfachere (approximative) Berechnung der VF für $n\to\infty$ den Rahmen dieser Einführung. Wir werden daher die approximativen Ergebnisse (für $n\to\infty$) aus der weiterführenden Literatur hineinzitieren (vgl. Satz 5.7.1) und sie dann im Beispiel des gezinkten Würfels mit Monte Carlo Approximationen gemäß (5.6.46) und mit den exakten Berechnungen (5.7.10) vergleichen.

5.7.1 SATZ: *Für $n \in \mathbb{N}$ sei $\underset{\sim}{Y}_n$ eine $\mathbb{R}^k$-wertige ZV mit $L_{\underset{\sim}{p}}(\underset{\sim}{Y}_n)$ = Multinomial$(n,\underset{\sim}{p})$ Verteilung. Weiter sei $\underset{\sim}{p}^o = (p_1^o,\ldots,p_k^o)$ ein vorgegebener W-Vektor der Länge k mit $p_j^o > 0$, $j=1,\ldots,k$.*

a) Bezeichnet $F(\cdot;k-1)$ die VF der (zentralen) χ^2_{k-1}-Verteilung (vgl. Aufgabe 5.4.6), so gilt unter der Voraussetzung $\underset{\sim}{p}=\underset{\sim}{p}^o$

$$(5.7.11)\quad \lim_{n\to\infty} P_{\underset{\sim}{p}^o}\{X_n^2(\underset{\sim}{Y}_n,\underset{\sim}{p}^o) \leq x\} = F(x;k-1) \quad \forall x \in \mathbb{R}.$$

b) Gilt für die Folge der W-Vektoren $\underset{\sim}{p}_n = (p_{1n},\ldots,p_{kn})$, $n \in \mathbb{N}$, die Beziehung

$$(5.7.12)\quad \lim_{n\to\infty} \delta_n^2 = \delta^2 > 0 \text{ mit } \delta_n^2 := X_n^2(\underset{\sim}{p}_n,\underset{\sim}{p}^o),\ n \in \mathbb{N},$$

und bezeichnet $F(\cdot;\delta_n^2,k-1)$ die VF der (nichtzentralen) $\chi^2_{k-1}(\delta_n^2)$-Verteilung mit dem Nichtzentralitätsparameter δ_n^2 (vgl. Aufgabe 5.5.14), so folgt unter der Voraussetzung $\underset{\sim}{p}=\underset{\sim}{p}_n$ ($\forall n \in \mathbb{N}$)

$$(5.7.13)\quad \lim_{n\to\infty} [P_{\underset{\sim}{p}_n}\{X_n^2(\underset{\sim}{Y}_n,\underset{\sim}{p}^o) \leq x\} - F(x;\delta_n^2,k-1)] = 0.$$

Beweis: Witting und Nölle (1970), Satz 2.41. □

Nach (5.7.11) und (5.7.13) können wir also für große n und für W-Vektoren $\underset{\sim}{p}$ in der Nähe von $\underset{\sim}{p}^o$, d.h. für nicht zu große Werte von $X_n^2(\underset{\sim}{p},\underset{\sim}{p}^o)$, die VF von $L_{\underset{\sim}{p}}(X_n^2(\underset{\sim}{Y}_n,\underset{\sim}{p}^o))$ approximieren durch die VF $F(\cdot;k-1)$ der zentralen χ^2_{k-1}-Verteilung (im Fall $\underset{\sim}{p}=\underset{\sim}{p}^o$) bzw.

durch die VF $F(\cdot;X_n^2(\underset{\sim}{p},\underset{\sim}{p}^o),k-1)$ der nichtzentralen $\chi^2_{k-1}(X_n^2(\underset{\sim}{p},\underset{\sim}{p}^o))$-Verteilung. Diese VF sind (sogar auf programmierbaren Taschenrechnern) numerisch handhabbar. Vertafelungen für unterschiedliche Werte von $\delta^2 = X_n^2(\underset{\sim}{p},\underset{\sim}{p}^o)$ und k findet man z.B. in den Tafelwerken von D.B. Owen (1962) oder E.S. Pearson/H.O.Hartley (1970,1972).

ZUSAMMENFASSUNG *(Approximativer χ^2-Anpassungstest zum Niveau $\alpha \in (0,1)$ für die Nullhypothese $H_o : \underset{\sim}{p}=\underset{\sim}{p}^o$ gegen die Alternative $H_1 : \underset{\sim}{p} \neq \underset{\sim}{p}^o$):*

1) Man wähle das Niveau $\alpha \in (0,1)$, z.B. $\alpha = 0.05$.

2) Man bestimme den kritischen Bereich

$$K_{n,\alpha} = \{\underset{\sim}{y} \in T^*_{k,n} : X_n^2(\underset{\sim}{y},\underset{\sim}{p}^o) > c_\alpha\}$$

zum (approximativen) Niveau α durch Wahl des <u>kritischen Wertes</u> c_α gemäß

(5.7.14) $$1 - F(c_\alpha;k-1) = \alpha.$$

Die so bestimmte Zahl c_α heißt <u>*α-Fraktil der χ^2_{k-1}-Verteilung*</u> und wird üblicherweise mit $\chi^2_{k-1,\alpha}$ bezeichnet. Vertafelungen in Abhängigkeit von k und α findet man z.B. in den zitierten Tafelwerken oder im Tafelanhang dieser Einführung. Für $\alpha = 0.05$ und $k = 6$ ergibt sich z.B. $c_\alpha = \chi^2_{5,0.05} = 11.070$.

3) Soll sichergestellt werden, daß ein zugrunde liegender Parameter $\underset{\sim}{p}$ mit $d(\underset{\sim}{p},\underset{\sim}{p}^o) \geq d_o$ für vorgegebenes $d_o > 0$ mit (approximativer) Mindestwahrsch. $\beta \in (\alpha,1)$, z.B. $\beta = 0.90$, zur Verwerfung der (dann falschen) Nullhypothesen $H_o : \underset{\sim}{p}=\underset{\sim}{p}^o$ führt, so haben wir durch Wahl von n die Ungleichung

$$1 - F(c_\alpha;\delta^2,k-1) \geq \beta \quad \forall \delta^2 \geq nd_o$$

sicherzustellen (vgl. die Analogie zu Beispiel 3.2.8). Da $F(c_\alpha;\delta^2,k-1)$ monoton fallend in $\delta^2 \in (0,\infty)$ ist (vgl. Aufg. 5.7.1), genügt hierfür die Wahl von n mit der Eigenschaft

(5.7.15) $$F(c_\alpha;nd_o,k-1) \leq 1 - \beta < F(c_\alpha;(n-1)d_o,k-1).$$

4) Die approximative Berechnung des kritischen Wertes c_α gemäß Formel (5.7.14) liefert brauchbare Ergebnisse, wenn der Stichprobenumfang n "hinreichend groß" ist. Die bisherigen Erfahrungen haben zu der <u>Faustregel</u> geführt, daß n als "hinreichend groß" angesehen werden kann, wenn für alle j=1,...,k die

Ungleichung $np_j^o \geq 5$ gilt. □

In Abbildung 5.7.1 ist für $\alpha=0.05$ und $k=6$ die (approximative) Gütefunktion

(5.7.16) $\beta_{n,\alpha}(\underset{\sim}{p}) \approx 1 - F(11.070; nd(\underset{\sim}{p},\underset{\sim}{p}^o),5)$

in Abhängigkeit von $\delta^2 = nd(\underset{\sim}{p},\underset{\sim}{p}^o)$ dargestellt. Wegen (vgl. Abb. 5.7.1) $1 - F(11.070;\ \delta^2,5) \geq 0.90\ \forall\delta^2 \geq 16.5$ wird mit 90%-iger Wahrsch. die Nullhypothese $H_o : \underset{\sim}{p}=\underset{\sim}{p}^o$ tatsächlich verworfen, wenn für die zugrunde liegenden Parameter $\underset{\sim}{p}$ die Ungleichung $d(\underset{\sim}{p},\underset{\sim}{p}^o) \geq 16.5/n$ gilt.

Aber auch das *"Problem der zu großen Stichprobenumfänge n"* stellt sich hier analog zu Beispiel 3.2.8: Sollen für vorgegebenes $\varepsilon_o > 0$, z.B. $\varepsilon_o = 0.01$, die Parameter $\underset{\sim}{p}$ mit $d(\underset{\sim}{p},\underset{\sim}{p}^o) \leq \varepsilon_o$ als *quasi zur Nullhypothese* $H_o : \underset{\sim}{p}=\underset{\sim}{p}^o$ *gehörig* angesehen werden, so möchte man für solche $\underset{\sim}{p}$ natürlich keine Verwerfung von H_o erhalten. Ist jedoch n so groß, daß trotz $d(\underset{\sim}{p},\underset{\sim}{p}^o) \leq \varepsilon_o$ die Ungleichung $1 - F(c_\alpha; nd(\underset{\sim}{p},\underset{\sim}{p}^o),k-1) \geq \beta$ gilt, so tritt der (unerwünschte) Fall ein, daß H_o mindestens mit der (großen) Wahrsch. β verworfen wird. Um diesen Effekt zu vermeiden, haben wir [wegen der Monotonie von $F(x_o;\cdot,k-1)$] für die vorgegebenen Werte $0 < \alpha < \beta < 1$ und $0 < \varepsilon_o < d_o < \infty$ den Stichprobenumfang n und den kritischen Wert $\tilde{c}_{n,\alpha}$ mit $\tilde{c}_{n,\alpha} > c_\alpha$ so zu wählen, daß gilt

(5.7.17) $1-F(\tilde{c}_{n,\alpha}; n\varepsilon_o,k-1) \leq \alpha < \beta \leq 1-F(\tilde{c}_{n,\alpha}; nd_o,k-1).$

Ist (5.7.17) erfüllt, so haben wir mit dem kritischen Bereich

(5.7.18) $\tilde{K}_{n,\alpha} = \{\underset{\sim}{y} \in T^*_{k,n} : X_n^2(\underset{\sim}{y},\underset{\sim}{p}^o) > \tilde{c}_{n,\alpha}\}$

offenbar einen Test zum (approximativen) Niveau α für die erweiterte Nullhypothese

(5.7.19) $\tilde{H}_o : d(\underset{\sim}{p},\underset{\sim}{p}^o) \leq \varepsilon_o$

konstruiert, der jede $\tilde{H}_o$-Abweichung der Form $d(\underset{\sim}{p},\underset{\sim}{p}^o) \geq d_o$ mit Mindestwahrsch. β entdeckt.

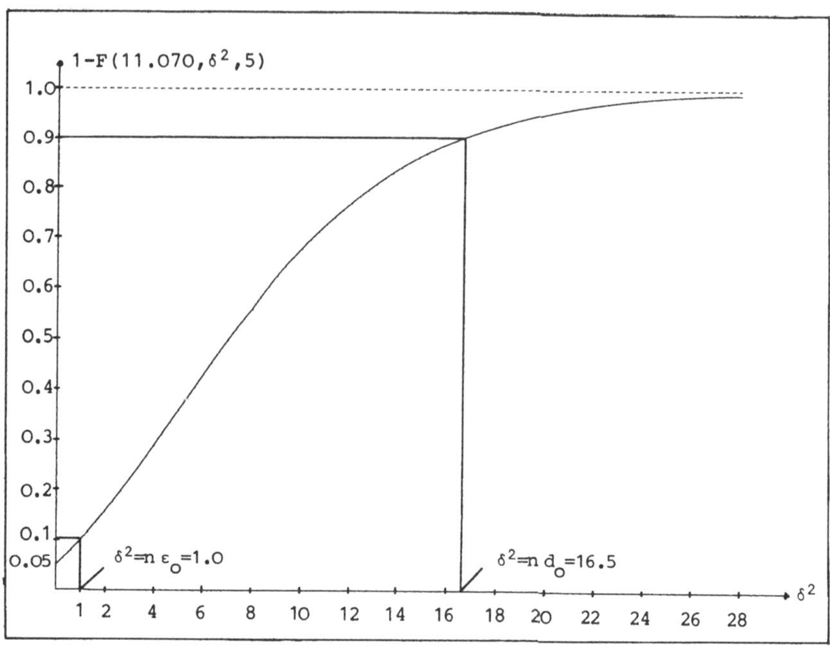

Abb. 5.7.1: Approximative Gütefunktion für $\alpha = 0.05$ und $k = 6$ in Abhängigkeit von $\delta^2 = nd(\underset{\sim}{p}, \underset{\sim}{p}^o)$

5.7.2 BEISPIEL *(Idealer oder gezinkter Würfel ?)*: Das einmalige Würfeln modellieren wir durch ein 6-variates Bernoulli $(p_1,...,p_6)$ Modell, d.h. durch ein Multinomial $(1,p_1,...,p_6)$ Modell, wobei $p_j > 0$ die Eintrittswahrsch. für die Augenzahl j darstellt, $j=1,...,6$. Bei n-facher Wiederholung besitzt dann das Tupel $\underset{\sim}{Y}_n = (Y_{1n},...,Y_{6n})$ der Eintrittshäufigkeiten Y_{jn} für die Augenzahlen $j \in \{1,...,6\}$ eine Multinomial$(n,p_1,...,p_6)$ Verteilung, und wir können mit k=6 den χ^2-Anpassungstest anwenden für das Testen der Nullhypothese

$$H_o : (p_1,...,p_6) = (1/6,...,1/6) \text{ "Idealer Würfel"}$$

gegen die Alternative

$$H_1 : (p_1,...,p_6) \neq (1/6,...,1/6) \text{ "Gezinkter Würfel".}$$

Wählen wir $\alpha=0.05$ und $n=30$, so ist die Faustregel $np_j^o=30/6\geq 5 \forall j$

erfüllt, und wir können den approximativen kritischen Wert c_α aus Formel (5.7.14) verwenden, d.h., $c_\alpha = \chi^2_{5,0.05} = 11.070$. Die Nullhypothese "Idealer Würfel" wird also zum Sicherheitsniveau $\alpha=0.05$ verworfen, wenn für das Tupel $\underset{\sim}{y}=(y_1,\ldots,y_6)$ der beobachteten Eintrittshäufigkeiten die Ungleichung

$X^2_{30}(\underset{\sim}{y},\underset{\sim}{p}^o) = (y_1-5)^2/5+\cdots+(y_6-5)^2/5 > 11.070$ gilt.

Tatsächlich durchgeführte 30 Würfe mit einem handelsüblichen Würfel ergeben das Häufigkeitstupel $\underset{\sim}{y} = (5,7,2,5,8,3)$ und damit für die χ^2-Statistik den Wert $X^2_{30}(\underset{\sim}{y},\underset{\sim}{p}^o) = 26/5$. Die Nullhypothese "Idealer Würfel" wird also nicht verworfen. Hieraus können wir jedoch nicht schließen, daß der benutzte Würfel ein "Idealer Würfel" ist.

Im vorliegenden Fall ($\alpha=0.05$, $n=30$, $p_j^o = 1/6$, $j=1,\ldots,6$) erhalten wir aus Formel (5.7.16) bzw. Abbildung 5.7.1 für die (approximative) Gütefunktion, daß erst H_o-Abweichungen der Form

$$6(p_1-1/6)^2+\cdots+6(p_6-1/6)^2 = d(\underset{\sim}{p},\underset{\sim}{p}^o) \geq 16.5/30 = 0.55$$

mit mindestens 90%-iger Wahrsch. entdeckt werden können. Sollen z.B. schon H_o-Abweichungen der Form $d(\underset{\sim}{p},\underset{\sim}{p}^o) \geq 0.01$ mit mindestens 90%-iger Wahrsch. entdeckt werden, haben wir einen Stichprobenumfang n mit $n \geq 16.5/0.01$ zu wählen, also z.B. $n = 1650$.

Soll im Gegensatz hierzu ein Würfel mit $d(\underset{\sim}{p},\underset{\sim}{p}^o) \leq \varepsilon_o = 0.01$ zum Sicherheitsniveau $\alpha=0.10$ noch als <u>quasi-ideal</u> bezeichnet werden und erst ein Würfel mit $d(\underset{\sim}{p},\underset{\sim}{p}^o) \geq d_o = 0.165$ mit 90%-iger Wahrsch. als verfälscht erkannt werden, so haben wir n und $\tilde{c}_{n,\alpha}$ für $\alpha=0.10$, $\beta=0.90$, $\varepsilon_o=0.01$, $d_o=0.165$ gemäß Ungleichung (5.7.17) zu wählen. Aus Abbildung 5.7.1 ergibt sich für die <u>hier</u> gewählten Werte die Ungleichung

$1-F(11.070;100\varepsilon_o,5)=0.10=\alpha<\beta=0.90=1-F(11.070;100d_o,5)$; also ist $n=100$ und $\tilde{c}_{n,\alpha} = 11.070$ eine Lösung. (Um die Lösung an Abb. 5.7.1 überprüfen zu können, haben wir hier bequemlicherweise $\alpha,\beta,\varepsilon_o$ und d_o so vorgegeben, daß das schon benutzte Fraktil $11.070 = \chi^2_{5,0.05}$ und $n=100$ eine Lösung darstellen.) Bei 100-facher Wiederholung können wir also <u>zum Sicherheitsniveau $\alpha=0.10$</u> die Nullhypothese $\tilde{H}_o : d(\underset{\sim}{p},\underset{\sim}{p}^o) \leq 0.01$ verwerfen, wenn das Ereignis $\{X^2_n(\underset{\sim}{Y}_n,\underset{\sim}{p}^o)>11.070\}$ eintritt, während wir <u>zum Sicherheitsniveau</u> $1-\beta=0.10$ alle W-Vektoren $\underset{\sim}{p}$ mit $d(\underset{\sim}{p},\underset{\sim}{p}^o) \geq 0.165$ verwerfen, wenn das

Komplementärereignis $\{X_n^2(\underset{\sim}{Y}_n,\underset{\sim}{p}^o) \leq 11.070\}$ eintritt.

Tatsächlich durchgeführte 100 Würfe mit einem handelsüblichen Würfel ergaben das Häufigkeitstupel $\underset{\sim}{y}=(19,14,14,10,27,16)$ und damit für die χ^2-Statistik den Wert $X_{100}^2(\underset{\sim}{y},\underset{\sim}{p}^o) = 10.28$. Auf der Basis der vorgegebenen Sicherheitsniveaus gehen wir also davon aus, daß für den W-Vektor $\underset{\sim}{p}=(p_1,\ldots,p_6)$ des benutzten Würfels die Beziehung $d(\underset{\sim}{p},\underset{\sim}{p}^o) < 0.165$ erfüllt ist, d.h. wir gehen davon aus, daß der unbekannte Parameter $\underset{\sim}{p}$ des benutzten Würfels im Schnitt des 6-dimensionalen Ellipsoids

$$E = \{(x_1,\ldots,x_6) \in \mathbb{R}^6 : (x_1-p_1^o)^2/p_1^o+\cdots+(x_6-p_6^o)^2/p_6^o < 0.165\}$$

mit dem Parameterraum

$$P = \{(p_1,\ldots,p_6) \in \mathbb{R}^6 : p_j > 0 \;\forall j,\; p_1+\cdots+p_6 = 1\} \text{ liegt.}$$

Zum Abschluß des Beispiels wollen wir im Fall $\underset{\sim}{p}^o=(1/6,\ldots,1/6)$ und n=30 für die Verteilung der χ^2-Statistik $X_n^2(\underset{\sim}{Y}_n,\underset{\sim}{p}^o)$ unter $H_o : \underset{\sim}{p}=\underset{\sim}{p}^o$ die approximative VF $F(x;5)$ aus der Formel (5.7.11) sowohl mit der exakten VF $F_o(x)$ nach Formel (5.7.10) als auch mit einer durch die Monte Carlo Methode gewonnenen (approximativen) VF $\hat{F}_o(x)$ vergleichen. Zur Berechnung von $\hat{F}_o(x)$ gehen wir dabei in folgender Weise vor: Sind $U_1,\ldots,U_{30}$ stochastisch unabhängige, $R(0,1)$-verteilte ZV, so ist

$$g(U_1,\ldots,U_{30})=\sum_{\ell=1}^{30}[1_{(0,1/6]}(U_\ell),1_{(1/6,2/6]}(U_\ell),\ldots,1_{(5/6,1]}(U_\ell)]$$

eine ZV mit Multinomial$(30,\underset{\sim}{p}^o)$ Verteilung. Daher ziehen wir (mit dem auf dem Institutsrechner Siemens 6.610 vorhandenen Generator) N=3000 Tupel $\underset{\sim}{u}_i=(u_{i1},\ldots,u_{i30})$, i=1,...,N, von $R(0,1)$-Zufallszahlen $u_{i\ell}$ und setzen nach (5.6.46)

$$\hat{F}_o(x) = \frac{1}{N}\sum_{i=1}^{N} 1_{(-\infty,x]}(X_{30}^2(g(\underset{\sim}{u}_i),\underset{\sim}{p}^o)).$$

Die Ergebnisse sind in Tabelle 5.7.1 zusammengestellt. Sie zeigen, daß sowohl die Approximation $F(x;5)$ als auch die Monte Carlo Simulation $\hat{F}_o(x)$ im vorliegenden Fall n=30 und $\underset{\sim}{p}^o=(1/6,\ldots,1/6)$ völlig zufriedenstellend sind. Während die Berechnung der approximierenden χ^2-Verteilungsfunktion $F(x;5)$ bzw. die Monte Carlo Simulation $\hat{F}_o(x)$ auf einem programmierbaren Taschenrechner bzw. Tischrechner erfolgte, war für die Berechnung der exakten VF $F_o(x)$ der Einsatz einer Großrechenanlage erforderlich.

x	Approx. VF $F(x;5)$	Exakte VF $F_o(x)$	Simul. VF $\hat{F}_o(x)$
1.0	0.037	0.036	0.039
2.0	0.151	0.177	0.188
3.0	0.300	0.293	0.303
4.0	0.451	0.470	0.476
5.0	0.584	0.579	0.586
6.0	0.694	0.709	0.687
7.0	0.779	0.786	0.780
8.0	0.844	0.863	0.863
9.0	0.891	0.894	0.893
10.0	0.925	0.934	0.931
11.0	0.949	0.951	0.951
12.0	0.965	0.969	0.968
13.0	0.977	0.978	0.981
14.0	0.984	0.987	0.987
15.0	0.990	0.990	0.991
16.0	0.993	0.994	0.993
17.0	0.996	0.995	0.995
18.0	0.997	0.997	0.998
19.0	0.998	0.998	0.999
20.0	0.999	0.998	0.999

Tabelle 5.7.1: Verteilung der χ^2-Statistik unter $H_o: p=p^o$ für $p^o=(1/6,\dots,1/6)$ und n=30.

Aufgaben zu Kapitel 5:

Aufg. 5.1.1: Man zeige die Aussagen in (5.1.13).

Aufg. 5.1.2: Man zeige: a) $X=(X_1,\dots,X_n)$ ist genau dann eine n-dimensionale ZV, wenn X_i eine reelle ZV ist $\forall i=1,\dots,n$. b) Ist $f:\mathbb{R}^n \to \mathbb{R}$ stetig, so ist f auch $\mathbb{B}^n$-$\mathbb{B}$ meßbar. c) Ist (Ω,A) ein Meßraum und sind $f,g:\Omega\to\mathbb{R}$ A-meßbare Funktionen, so sind auch $f\cdot g$ und $f+g$ A-meßbar. Zum Beweis verwende man a) und b).

Aufg. 5.1.3: Sei (Ω,A) ein Meßraum und $T:\Omega\to X$ eine Abbildung. Man zeige: a) $B_T^A := \{B\subset X : T^{-1}(B)\in A\}$ ist eine σ-Algebra über X. b) T ist A-B_T^A meßbar. c) Im Falle $\{\omega\}\in T^{-1}(B_T^A)$ $\forall\omega\in\Omega$ gilt sogar $T^{-1}(B_T^A)=A$.

Aufg. 5.1.4: Seien X_i, i=1,...,n, stochastisch unabhängige ZV mit stetigen VF F_i. Man zeige: $P\{X_i=X_j$ für mindestens ein Paar (i,j) mit $i\neq j\}=0$.
Hinweis: Man beachte $\{X_i=X_j\}\subset \bigcup_{\kappa=1}^{k}\{X_i\in(a_{\kappa-1},a_\kappa],\ X_j\in(a_{\kappa-1},a_\kappa]\}$ für $-\infty =: a_o<a_1<\dots<a_{k-1}<a_k := \infty$ und wähle die Größen a_κ geeignet. Nach Anwendung von P betrachte man schließlich $k\to\infty$. Dieselbe Aussage läßt sich eleganter aus dem Satz von Fubini 5.4.1 herleiten.

Aufg. 5.1.5: Seien $Z_1,\dots,Z_N$ stochastisch unabhängige ZV mit stetiger VF H. Weiter bezeichne $R_i := \sum_{j=1}^{N} 1_{[0,\infty)}(Z_i - Z_j)$ den Rang von Z_i in $Z_1,\ldots,Z_N$. Man zeige: a) $P\{Z_{i_1} < \cdots < Z_{i_N}\} = 1/N!$ $\forall$ Permutationen $(i_1,\ldots,i_N)$ von $(1,\ldots,N)$. b) $R = (R_1,\ldots,R_N)$ ist Laplace-verteilt über der Menge $\mathcal{R}_N$ der Permutationen von $(1,\ldots,N)$. c) R_i ist Laplace-verteilt über $\{1,\ldots,N\}$ $\forall i$.

Aufg. 5.1.6: Seien $X_1,\ldots,X_m$, $Y_1,\ldots,Y_n$ stochastisch unabhängige ZV, wobei X_i (Y_j) die stetige VF $F(G)$ besitze $i=1,\ldots,m$ $(j=1,\ldots,n)$. $\hat{F}_m$ sei die empirische VF der X_i, $\hat{G}_n$ diejenige der Y_j. Man zeige für die *Kolmogorov-Smirnov-Statistik* K^+_{mn} aus Aufg. 1.6.6 die fast sichere Gleichheit

$$K^+_{mn} = (mn/N)^{1/2} \sup_{x\in\mathbb{R}} (\hat{G}_n(x) - \hat{F}_m(x)),\ N=m+n,$$

wobei in Aufg. 1.6.6 der Rang R_i nun als Rang von X_i in der Gesamtstichprobe $(Z_1,\ldots,Z_N) = (X_1,\ldots,X_m,Y_1,\ldots,Y_n)$ gemäß Aufg. 5.1.5 zu verstehen ist und angenommen werde, daß alle ZV paarweise voneinander verschieden sind, was nach Aufg. 5.1.4 mit Wahrsch. 1 der Fall ist. Unter der *Nullhypothese* $H_o: F=G$ hat $(R_1,\ldots,R_N)$ nach Aufg. 5.1.5 eine Laplace-Verteilung über $\mathcal{R}_N$, so daß die Verteilungsaussagen aus Aufg. 1.6.6 a), b) auch im jetzigen Rahmen gelten.

Aufg. 5.1.7: (Satz von Glivenko-Cantelli): Seien $X_1,\ldots,X_n$ i.i.d. ZV, F sei die VF von X_i $\forall i$ und $\hat{F}_n$ sei die empirische VF (5.1.17). Man zeige: Die Größe $D_n = \sup_{x\in\mathbb{R}} |\hat{F}_n(x) - F(x)|$ ist eine reelle ZV, und es gilt $P\{D_n \geq \varepsilon\} \to 0$ für $n\to\infty$, $\forall \varepsilon > 0$. Um den Beweis zu vereinfachen, sei (unnötigerweise) die Stetigkeit von F vorausgesetzt. Hinweis: Für $k \in \mathbb{N}$ seien $a_1 < a_2 < \cdots < a_k$ Werte mit $F(a_i) = i/k$. Dann gilt $D_n \leq \max\{|\hat{F}_n(a_i) - F(a_i)| : 1 \leq i \leq k\} + 1/k$.

Aufg. 5.2.1: Sei $(\Omega,\mathcal{A},\mu)$ ein Maßraum und ν ein Maß mit μ-Dichte $f \geq o$. Man zeige: a) $\int g\,d\nu = \int gf\,d\mu$ für jede $\mathcal{A}$-meßbare reelle Funktion $g \geq o$. b) Ist ν endlich, so gibt es zu jedem $\varepsilon > o$ ein $\delta > o$ mit $(A\in\mathcal{A},\ \mu(A) < \delta \Rightarrow \nu(A) < \varepsilon)$.

Aufg. 5.2.2: Man gebe ein Beispiel für eine Lebesgue-, aber nicht Riemann-integrierbare Funktion.

Aufg. 5.2.3: Sei X eine reelle ZV über dem W-Raum $(\Omega,\mathcal{A},P)$. Man zeige

a) $\sum_{n=1}^{\infty} P\{|X| \geq n\} \leq \int |X|\,dP \leq 1 + \sum_{n=1}^{\infty} P\{|X| \geq n\}$.

b) Im Falle $X(\Omega) \subset \mathbb{N}$ gilt sogar $EX = \sum_{n=1}^{\infty} P\{X \geq n\}$.

Aufg. 5.2.4: Seien X und Y stochastisch unabhängig und Laplace-verteilt über $\{1,\ldots,n\}$. Man berechne $E\max(X,Y)$. Hinweis: Unter Verwendung von Aufg. 5.2.3 ergibt sich die Lösung $E = (n+1)(4n-1)/(6n)$

Aufg. 5.2.5: Fünf symmetrische Würfel werden solange geworfen, bis

einer oder mehrere von ihnen eine 6 zeigen. Diese werden beiseitegelegt, und mit den restlichen Würfeln wird weitergewürfelt, bis wieder einer oder mehrere von ihnen eine 6 zeigen. Das Verfahren wird so lange wiederholt, bis alle fünf Würfel die 6 zeigen. Wie lange dauert das im Mittel? Genauer: Für die Zufallsvariable Y = "Anzahl der Würfe, die benötigt werden, bis alle Würfel die 6 zeigen" bestimme man $\mathcal{L}(Y)$ sowie EY (s. Aufg. 5.2.3 b)).
Hinweis: Die Lösung wird durchsichtiger, wenn man n Würfel, $n \in \mathbb{N}$, betrachtet. Da außerdem für jeden Würfel nur das Ereignis "die 6 liegt oben" interessant ist, kann man die einzelnen Würfe als stochastisch unabhängige B(p)-verteilte Zufallsvariable mit p=1/6 auffassen. Die Existenz unendlich vieler stochastisch unabhängiger diskreter ZV wird durch Bemerkung 2.3.4 gesichert.

Aufg. 5.2.6: Aus einer Urne, in der sich n durchnumerierte Kugeln befinden, werden zufällig k Kugeln herausgegriffen. Man berechne Verteilung und Erwartungswert der größten herausgegriffenen Zahl X.
Hinweis: $P\{X \leq x\} = P\{\text{alle } k \text{ Zahlen} \leq x\} = \binom{x}{k}/\binom{n}{k}$.
Lösung: $EX = (n+1)k/(k+1)$.

Aufg. 5.2.7: Die Länge X eines Telephongesprächs sei eine ZV mit einer Dichte $f(x) = x\exp(-x)\, 1_{[0,\infty)}(x), x \in \mathbb{R}$. Die Kosten C(x) eines Anrufs der Länge x seien $C(x) = 2\cdot 1_{(0,3]}(x) + (2+6(x-3))\cdot 1_{(3,\infty)}(x)$. Wie teuer ist durchschnittlich ein Telephongespräch ?

Aufg. 5.2.8: Das Intervall [0,1] werde durch eine $\mathcal{R}(0,1)$-verteilte ZV U in zwei Teile geteilt. Man berechne a) den Erwartungswert der Länge des rechten Teilstückes; b) den Erwartungswert der Länge des kürzeren Teilstückes.

Aufg. 5.2.9: Man zeige an einem Beispiel, daß auf die Existenz einer Majorante im Satz von Lebesgue 5.2.21 nicht verzichtet werden kann.

Aufg. 5.2.10: $(\Omega,\mathcal{A},\mu)$ sei ein Maßraum, und P_n,P seien W-Maße auf $\mathcal{A}$ mit μ-Dichten f_n,f. Dann gilt:

$$\sup_{A\in\mathcal{A}} |P_n(A)-P(A)| = \int (f_n-f)^+ d\mu = \int (f_n-f)^- d\mu = \frac{1}{2}\int |f_n-f|\, d\mu.$$

Aufg. 5.2.11: Sei $(\Omega,\mathcal{A},P)$ ein W-Raum und T eine $\mathcal{A}$ meßbare numerische Funktion auf Ω. Sei $\mathcal{N} := \sigma_\Omega(\{N : N\in\mathcal{A}, P(N) = 0\})$. (Wie sieht $\mathcal{N}$ aus?). Man zeige: T ist genau dann $\mathcal{N}$-$\overline{\mathbb{B}}$-meßbar, wenn es ein $c \in \overline{\mathbb{R}}$ gibt mit T = c[P].

Aufg. 5.2.12: Seien μ_n, $n\geq 1$, Maße über $(\Omega,\mathcal{A})$ und f eine reelle $\mathcal{A}$-meßbare Funktion mit $f\geq 0$. Man zeige: $\int f\, d(\sum_n \mu_n) = \sum_n \int f\, d\mu_n$.

Aufg. 5.2.13: Sei $U \neq \emptyset$ ein offenes Intervall in $\mathbb{R}$ und $(\Omega,\mathcal{A},\mu)$ ein Maßraum. Für die Abbildung $g : \Omega \times U \to \mathbb{R}$ gelte: (1) $g(\cdot,t)$ ist integrierbar $\forall t \in U$; (2) für $\omega\in\Omega$ ist $g(\omega,\cdot)$ differenzierbar in $t\in U$ mit Ableitung $g'(\omega,t)$; (3) es gibt eine integrierbare Funktion $\ell:\Omega\to\overline{\mathbb{R}}$ mit $|g'(\cdot,t)| \leq \ell$ $\forall t \in U$. Man zeige: Die durch $h(t) := \int g(\cdot,t)\,d\mu$ auf U definierte Funktion h ist differenzierbar und $h'(t) = \int g'(\cdot,t)\, d\mu$. Hinweis: Man bilde den Differenzenquotienten für h unter dem Integral und bestimme mit Hilfe des Mittelwertsatzes der Differentialrechnung eine Majorante zur Anwendung des Satzes 5.2.21 (Lebesgue).

Aufg. 5.2.14: Sei $(\Omega,\mathcal{A},\mu)$ ein Maßraum und μ endlich. Sei weiter f_n, $n\geq 1$, eine Folge integrierbarer, reeller Funktionen mit $\lim\limits_{n\to\infty} f_n =: f$ gleichmäßig auf Ω. Man zeige $\int f_n d\mu \to \int f\, d\mu$ für $n\to\infty$.

Aufg. 5.2.15: Sei $(\Omega,\mathcal{A},\mu)$ ein Maßraum und $\Omega_o \in \mathcal{A}$ fest. Weiter sei $f \geq 0$ eine $\mathcal{A}$-meßbare numerische Funktion. Sei μ_o über $(\Omega_o,\mathcal{A}_o)$, $\mathcal{A}_o := \{A\in\mathcal{A}: A\subset\Omega_o\}$, die Einschränkung von μ auf Ω_o, d.h. $\mu_o(B) = \mu(B)\ \forall B\in\mathcal{A}_o$. Entsprechend sei f_o die Einschränkung von f auf Ω_o. Man zeige: $\int\limits_{\Omega_o} f\, d\mu = \int f_o d\mu_o$.

Aufg. 5.3.1: Mit Hilfe des Beweisprinzips für σ-Algebren (5.1.8) zeige man: a) Für gegebene Meßräume $(\Omega_i,\mathcal{A}_i)$, $i=1,2,3$ gilt: $(\mathcal{A}_1 \otimes \mathcal{A}_2) \otimes \mathcal{A}_3 = \mathcal{A}_1 \otimes (\mathcal{A}_2 \otimes \mathcal{A}_3) = \mathcal{A}_1 \otimes \mathcal{A}_2 \otimes \mathcal{A}_3$. b) Für die Borel σ-Algebra $\mathbb{B}^k$ über $\mathbb{R}^k$ gilt: $\mathbb{B}^k = \bigotimes\limits_{i=1}^{k} \mathbb{B}$.

Aufg. 5.3.2: Seien $\Omega = \Omega_1 \times \Omega_2$ und Ω_3 gegeben, sowie $x \in \Omega_1$. Für eine Menge $A \subset \Omega$ heißt $A_x := \{\omega_2 \in \Omega_2 : (x,\omega_2) \in A\}$ der *x-Schnitt von A*. Für eine beliebige Abbildung $f : \Omega \to \Omega_3$ heißt $f_x := f(x,\cdot) : \Omega_2 \to \Omega_3$ der *x-Schnitt von f*. Entsprechend sind y-Schnitte definiert für $y \in \Omega_2$. Man zeige: a) $(1_A)_x = 1_{A_x}$, $A_x = (id_x)^{-1}(A)$, $f_x = f\circ id_x$; b) $\Omega_x = \Omega_2$, $\emptyset_x = \emptyset$, $(\bigcap\limits_i A_i)_x = \bigcap\limits_i (A_i)_x$, $(\bigcup\limits_i A_i)_x = \bigcup\limits_i (A_i)_x$, $(A\setminus B)_x = A_x \setminus B_x$.

Aufg. 5.3.3: Seien $(\Omega_i,\mathcal{A}_i)$, $i=1,2,3$, Meßräume und $x \in \Omega_1$. Man zeige: a) Aus $A \in \mathcal{A}_1 \otimes \mathcal{A}_2$ folgt $A_x \in \mathcal{A}_2$. b) Falls $f : \Omega_1 \times \Omega_2 \to \Omega_3$ $\mathcal{A}_1 \otimes \mathcal{A}_2 - \mathcal{A}_3$-meßbar ist, so ist f_x $\mathcal{A}_2 - \mathcal{A}_3$ meßbar. Entsprechendes gilt für Schnitte bzgl. Ω_2.

Aufg. 5.3.4: Seien Meßräume $(\Omega,\mathcal{A})$ und $(X_i,\mathcal{B}_i)$, $i=1,\dots,n$, gegeben, sowie eine Abbildung $f : \Omega \to X := X_1 \times \dots \times X_n$. Man zeige für $\mathcal{B} := \mathcal{B}_1 \otimes \dots \otimes \mathcal{B}_n$: $f = (f_1,\dots,f_n)$ ist genau dann $\mathcal{A} - \mathcal{B}$ -meßbar, wenn f_i $\mathcal{A} - \mathcal{B}_i$-meßbar ist $\forall i$; vgl. Bem. 5.3.8.

Aufg. 5.3.5: Man zeige: a) Sind X und Y stochastisch unabhängige, reelle ZV mit $X = Y$ [P], so sind beide ZV bereits P-f.s. konstant. b) $X_1,\dots,X_n$ seien stochastisch unabhängige, reelle ZV. Man zeige mit Hilfe von a), daß $X_1+\dots+X_n$ genau dann P-f.s. konstant ist, wenn jedes der X_i P-f.s. konstant ist. Hinweis zu a): Man verwende Aufg. 5.2.11.

Aufg. 5.4.1: Sei F eine VF und $\alpha > 0$. a) Man zeige $\int\limits_{(0,\infty)} x^\alpha F(dx) = \alpha \int\limits_{(0,\infty)} x^{\alpha-1}(1-F(x))\lambda(dx)$; b) Man beweise (5.4.4).
Hinweis: a) $G(x) := x^\alpha\, 1_{(0,\infty)}(x)$, $x \in \mathbb{R}$, definiert eine maßdefinierende Funktion. Man wende (5.4.3) an.

Aufg. 5.4.2: Sei $H \subset \mathbb{R}^k$ eine k-dim. Hyperebene, H lasse sich also darstellen gemäß $H = \{x \in \mathbb{R}^k : x_1c_1 + \ldots + x_kc_k = 0\}$ mit geeigneten Zahlen $c_1, \ldots, c_k$, die nicht alle verschwinden. Man zeige: $\lambda_k(H) = 0$.

Aufg. 5.4.3: Sei (Ω, A, μ) ein σ-endlicher Maßraum und $f: \Omega \to \mathbb{R}$, $f \geq 0$, eine A-meßbare Funktion. Man zeige:
a) $O_f := \{(\omega, t) \in \Omega \times \mathbb{R} : 0 \leq t \leq f(\omega)\} \in A \otimes \mathbb{B}$ und $\mu \otimes \lambda_1(O_f) = \int f \, d\mu$.
b) Der Graph $G_f := \{(\omega, f(\omega)) : \omega \in \Omega\}$ ist eine $\mu \otimes \lambda_1$ Nullmenge.

Aufg. 5.4.4: Sei $F: \mathbb{R} \to \mathbb{R}$ eine VF. Mit Hilfe von Beispiel 5.4.3 zeige man a) $\int F \, dF \geq 1/2$, b) $\int F \, dF = 1/2 \Leftrightarrow F$ stetig.

Aufg. 5.4.5: Für eine beliebige eindimensionale Verteilungsfunktion F zeige man a) mit dem Satz von Fubini b) durch Anwenden der Definition des uneigentlichen Riemann-Integrals, daß für jedes $a > 0$ gilt $\int_{-\infty}^{\infty} (F(x+a) - F(x)) \, dx = a$.

Aufg. 5.4.6: Für Parameterwerte $\alpha, \beta > 0$ ist die Gamma (α, β) Verteilung definiert durch die Dichte $f_{\alpha,\beta}$ gemäß

$$f_{\alpha,\beta}(x) = (\beta^\alpha x^{\alpha-1} e^{-\beta x} / \Gamma(\alpha)) \cdot 1_{(0,\infty)}(x), \quad x \in \mathbb{R},$$

wobei $\Gamma(\alpha) = \int_0^\infty t^{\alpha-1} e^{-t} \, dt$, $\alpha > 0$, die Gammafunktion bezeichnet.
Man zeige: a) $X \sim N(0,1) \Rightarrow X^2 \sim$ Gamma $(1/2, 1/2)$. b) Sind X_1 und X_2 stochastisch unabhängig mit $X_i \sim$ Gamma (α_i, β), so folgt $X_1 + X_2 \sim$ Gamma $(\alpha_1 + \alpha_2, \beta)$. c) Sind $X_1, \ldots, X_n$ i.i.d. mit $X_i \sim N(0,1)$, so nennt man $L(X_1^2 + \ldots + X_n^2)$ eine zentrale Chi-Quadrat-Verteilung mit n Freiheitsgraden, kurz χ_n^2 - Verteilung. Es gilt $\chi_n^2 =$ Gamma $(n/2, 1/2)$.
Die χ_n^2 - Verteilung hat also die Dichte

$$h_n(x) = (2^{-n/2} x^{(n/2)-1} e^{-x/2} / \Gamma(n/2)) \cdot 1_{(0,\infty)}(x), \quad x \in \mathbb{R}.$$

Bemerkung zu b): Bei der Anwendung der Faltungsformel (5.4.8) ergibt sich als Nebenprodukt die Gleichung
$B(p,q) := \int_0^1 x^{p-1} (1-x)^{q-1} dx = \frac{\Gamma(p)\Gamma(q)}{\Gamma(p+q)}$, $p > 0$, $q > 0$. $B(p,q)$ ist die Betafunktion.

Aufg. 5.4.7: Man zeige: Sind $X_1, \ldots, X_n$ stochastisch unabhängige reelle ZV auf (Ω, A, P) mit $X_1 + \ldots + X_n = c \, [P]$, so gilt $X_i = c_i \, [P] \; \forall i$ mit geeigneten $c_i \in \mathbb{R}$. Hinweis: Satz von Fubini, Induktion; s. auch Aufg. 5.3.5.

Aufg. 5.4.8: X und Y seien ZV über (Ω, A, P) mit Werten in (X, B) bzw. (Y, C). Weiter seien μ und ν zwei σ-end. Maße auf B bzw. C und $L(X,Y)$ besitze über $X \times Y$ eine $(\mu \otimes \nu)$-Dichte f. Man zeige:
a) $f_1(x) := \int f(x,y) \, d\nu(y)$, $x \in X$, ist eine μ-Dichte von $L(X)$.
b) $f(y|x) = f(x,y)/f_1(x)$, falls $f_1(x) > 0$; bzw. $= g_0(y)$, falls $f_1(x) = 0$, $y \in Y$, $x \in X$, mit $g_0 \geq 0$, $\int g_0 \, d\nu = 1$ ist eine ν-Übergangsdichte von $P^{Y|X}$. Hinweis: Mit $P[Y \in C | X=x] := \int f(y|x) 1_C(y) \, d\nu(y)$ überprüfe man die "Definitionsgleichung" (5.4.12).

Aufg. 5.5.1: Man beweise die Aussagen (5.5.4).

<u>Aufg. 5.5.2:</u> Seien G eine orthogonale (k×k)-Matrix, d.h. $GG^T = I_k$ (k×k-Einheitsmatrix), und $a \in \mathbb{R}^k$. Die durch $Bx = Gx + a$, $x \in \mathbb{R}^k$, auf $\mathbb{R}^k$ definierte Abbildung heißt <u>Bewegung</u>. Man zeige die <u>Bewegungsinvarianz</u> von λ_k, d.h. $\lambda_k^B = \lambda_k$.

<u>Aufg. 5.5.3:</u> Seien $X_1,\ldots,X_n$ i.i.d. ZV mit $X_i \sim N(0,1)$, $n \geq 2$. Man zeige: a) Ist G eine orthogonale (n×n)-Matrix und ist $\mathfrak{Y} = (Y_1,\ldots,Y_n)^T := G(X_1,\ldots,X_n)^T$, so sind die ZV $Y_1,\ldots,Y_n$ ebenfalls i.i.d. mit $Y_i \sim N(0,1)$.

b) Die ZV $\overline{X}_n := n^{-1}\sum_{i=1}^{n} X_i$ und $S_n^2 := \frac{1}{n-1}\sum_{i=1}^{n}(X_i-\overline{X}_n)^2$ sind stochastisch unabhängig mit $\sqrt{n}\,\overline{X}_n \sim N(0,1)$ und $(n-1)S_n^2 \sim \chi^2_{n-1}$. Hinweis: a) Die λ_n-Dichte von $\mathfrak{X}$ hat Produktgestalt. b) Ist G eine orthogonale (n×n)-Matrix mit erster Zeile $(1/\sqrt{n},\ldots,1/\sqrt{n})$ [Existenz?], so gilt mit den Bezeichnungen aus a) $Y_1 = \sqrt{n}\,\overline{X}_n$ und $Y_2^2+\ldots+Y_n^2 = (n-1)S_n^2$. Man verwende außerdem Aufg. 5.4.6 c).

<u>Aufg. 5.5.4:</u> Unter den Voraussetzungen und Bezeichnungen aus Aufg. 5.5.3 zeige man: $L(\sqrt{n}\,\overline{X}_n/\sqrt{S_n^2})$ besitzt die Dichte

$$f(x) = \frac{1}{\sqrt{k\pi}}\,\frac{\Gamma(\frac{k+1}{2})}{\Gamma(\frac{k}{2})}\,\left(1+\frac{x^2}{k}\right)^{-(k+1)/2}, \quad x \in \mathbb{R},\ k := n-1.$$

Die zugehörige Verteilung heißt <u>(Student-) t-Verteilung mit k Freiheitsgraden</u>, kurz: t_k-Verteilung. Hinweis: Man verwende Aufg. 5.5.3 b), Aufg. 5.4.6 c) und die Formel (5.5.8).

<u>Aufg. 5.5.5:</u> Seien X_1, X_2 i.i.d. mit $X_i \sim N(0,1)$. Man bestimme eine λ_1-Dichte von $Y = X_1/X_2$.

<u>Aufg. 5.5.6:</u> Seien X_1, X_2 i.i.d. mit $X_i \sim N(0,1)$. Man zeige, daß $(X_1+X_2)/\sqrt{2}$ und $(X_1-X_2)/\sqrt{2}$ ebenfalls i.i.d. und $N(0,1)$-verteilt sind.

<u>Aufg. 5.5.7:</u> Seien $X \sim R(-\pi/2,\pi/2)$ und $g: \mathbb{R} \to \mathbb{R}$ definiert durch $g(x) = \operatorname{tg}(x)$ für $|x| < \pi/2$ und o sonst. Man zeige, daß die ZV g(X) eine <u>Cauchy-Verteilung</u> besitzt, s. (5.2.36). Bemerkung: Strahlt eine punktförmige Lichtquelle, die sich im Punkt (0,1) der $\mathbb{R}^2$-Ebene befindet, in alle Richtungen der Ebene mit gleicher Intensität, und ist die Gesamtintensität in der Ebene gleich 2, so ergibt sich auf einem linearen Schirm entlang der x-Achse eine Cauchy-Verteilung der Intensität.

<u>Aufg. 5.5.8:</u> In der kinetischen Gastheorie werden die Komponenten V_i des Geschwindigkeitsvektors $V = (V_1,V_2,V_3)$ eines einzelnen Moleküls (mit Masse m) als stochastisch unabhängige, $N(0,kT/m)$-verteilte ZV angesehen (k = Boltzmann-Konstante, T = absolute Temperatur). Man zeige, daß $Y := \sqrt{V_1^2+V_2^2+V_3^2}$ eine Lebesgue-Dichte

$$f^Y(y) = \sqrt{\frac{2}{\pi}}\cdot\left(\frac{m}{kT}\right)^{3/2} y^2\, e^{-\frac{my^2}{2kT}}\, 1_{(0,\infty)}(y)$$

besitzt (Maxwellsche Geschwindigkeitsverteilung).

Aufg. 5.5.9: Seien $U_1, U_2, \ldots, U_n$ i.i.d., $U_i \sim R(0,t)$, $t > 0$. Man zeige: $P\{U_1+\ldots+U_n < t\} = P\{0 < U_1 < \ldots < U_n < t\} = t^n/n!$ Hinweis: Die erste Gleichung ergibt sich mit der Abbildung $g : \mathbb{R}^n \to \mathbb{R}^n$ $g(x) = (x_1, x_1+x_2, \ldots, x_1+\ldots+x_n)$, aus Satz 5.5.3.

Aufg. 5.5.10: Seien $U_1, \ldots, U_n$ stochastisch unabhängige $R(0,1)$-verteilte ZV. Man berechne die VF von $U_1+\ldots+U_n$. Hinweis: Es ist $F_n(t) = \lambda_n(A \cap \bigcap_1^n A_i^c)$ mit $A = \{x \in \mathbb{R}^n : 0 \le x_i \le t \ \forall i, \sum_i x_i \le t\}$ und $A_i = \{x \in \mathbb{R}^n : x_i \ge 1\}$, $i=1,\ldots,n$. Man wende auf das Maß $\mu(B) := \lambda_n(A \cap B)$, $B \in \mathbb{B}^n$, die Siebformel an und verwende Aufg. 5.5.9. (Lösung: $F_n(t) = \sum_{k=0}^{[t]} \binom{n}{k} (-1)^k \frac{(t-k)^n}{n!}$ für $0 \le t \le n$, $F_n(t) = 0$ für $t \le 0$, $F_n(t) = 1$ für $t \ge n$.)

Aufg. 5.5.11: Seien $U_1, U_2, \ldots$ unendlich viele i.i.d. ZV mit $U_i \sim R(0,1)$ und $N := \inf\{n \ge 1 : U_1+\ldots+U_n \ge 1\}$. Man berechne EN. Hinweis: $\{N > n\} = \{U_1+\ldots+U_n < 1\}$.

Aufg. 5.5.12: Sei $U \sim R(0,1)$. Man zeige: (1) $X = \{-\frac{1}{\alpha} \ln(U)\}^{1/\beta}$ $\sim$ Weibull (α,β) für $\alpha > 0$, $\beta > 0$; s. (4.2.10). (2) $X = \alpha\,(U)^{-1/\beta}$ besitzt für $\alpha > 0$, $\beta > 0$ eine Pareto (α,β)-Verteilung mit der Dichte $f(x) = \frac{\beta}{\alpha}(\frac{\alpha}{x})^{\beta+1} 1_{(\alpha,\infty)}(x)$. (Hierdurch wird z.B. eine Einkommensverteilung für Großverdiener, $\alpha = 100000$, modelliert). (3) $X = \beta\, \mathrm{tg}(\pi U - \pi/2) + \alpha$ besitzt für $\alpha \in \mathbb{R}$, $\beta > 0$ eine Cauchy(α,β) Verteilung mit der Dichte $f(x) = (\pi\beta)^{-1}\ (1+[(x-\alpha)/\beta]^2)^{-1}$, $x \in \mathbb{R}$, s. (5.2.36).

Aufg. 5.5.13: U_1, U_2 seien i.i.d. mit $U_i \sim R(0,1)$. Weiter seien ZV X_1 und X_2 definiert durch $X_1 = (-2 \log U_1)^{1/2} \sin(2\pi U_2)$, $X_2 = (-2 \log U_1)^{1/2} \cdot \cos(2\pi U_2)$. Man zeige: X_1, X_2 sind i.i.d. $X_i \sim N(0,1)$.

Aufg. 5.5.14: Man zeige: Eine ZV X^2 mit $X \sim N(\delta,1)$ hat die Dichte f mit $f = \sum_{k=0}^{\infty} \exp(-\delta^2/2)\ (\delta^2/2)^k\ (1/k!) h_{2k+1}$, wobei h_n die Dichte einer χ_n^2-Verteilung ist, s. Aufg. 5.4.6. b) Seien $X_1, X_2, \ldots, X_n$ stochastisch unabhängig mit $X_i \sim N(\delta_i, 1)$. Dann hat $\sum_{i=1}^{n} X_i^2$ die Dichte

$$f_{\delta^2} = \sum_{k=0}^{\infty} \exp(-\delta^2/2)(\delta^2/2)^k (1/k!) h_{2k+n} \text{ mit } \delta^2 = \sum_{i=1}^{n} \delta_i^2.$$

Die Verteilung von $\sum_{i=1}^{n} X_i^2$ heißt nichtzentrale Chi-Quadrat-Verteilung mit n Freiheitsgraden und Nichtzentralitätsparameter δ^2, kurz: $\chi_n^2(\delta^2)$-Verteilung. Hinweis: a) Es gilt zunächst $f(x) = e^{-(\delta^2+x)/2}\{e^{\delta\sqrt{x}} + e^{-\delta\sqrt{x}}\}/2\sqrt{2\pi x}$, $x > 0$. Entwicklung des Ausdrucks $\{\ldots\}$ in eine Potenzreihe und Verwendung von $\Gamma(2k) = 2^{2k-1}\,\Gamma(k)\,\Gamma(k+(1/2))/\sqrt{\pi}$ ergibt die Behauptung.

b) Man zeige durch Anwendung einer orthogonalen Matrix mit erster Zeile $(\delta_1/\delta,\ldots,\delta_n/\delta)$ die Beziehung $\sum_{i=1}^{n} X_i^2 \sim (Y_1+\delta)^2 + Y_2^2+\ldots+Y_n^2$, wobei $Y_1,\ldots,Y_n$ i.i.d. mit $Y_i \sim N(0,1)$ seien, und wende a) an.

Aufg. 5.5.15: Seien X_1 und X_2 stochastisch unabhängige ZV mit $X_i \sim$ Gamma (α_i,β), $\alpha_i > 0$, $\beta > 0$, $i = 1,2$. Man zeige: Die ZV $Y_1 := X_1 + X_2$ und $Y_2 := X_1/(X_1+X_2)$ sind stochastisch unabhängig mit $Y_1 \sim$ Gamma $(\alpha_1+\alpha_2,\beta)$ und $Y_2 \sim$ Beta (α_1,α_2). Dabei ist eine Beta(p,q)-Verteilung für $p > 0$, $q > 0$ definiert durch die Dichte

$$b_{p,q}(x) = \frac{x^{p-1}(1-x)^{q-1}}{B(p,q)} \cdot 1_{(0,1)}(x),\ x \in \mathbb{R},$$

mit der Betafunktion $B(p,q) = (\Gamma(p)\Gamma(q)/\Gamma(p+q))$ aus Aufg. 5.4.6. Hinweis: Man setze zunächst $\beta = 1$ und berechne mit Satz 5.5.3 die Dichte von (Y_1,Y_2). Satz 5.4.5 liefert dann die Unabhängigkeit von Y_1 und Y_2.

Aufg. 5.6.1: Man berechne Erwartungswert (E) und Varianz (V) einer ZV X mit a) $X \sim NB(r,p)$, s. Aufg. 1.5.1; $E = r(1-p)/p$; $V = r(1-p)/p^2$. b) $X \sim$ Laplace über $1,\ldots,N$; $E = (N+1)/2$; $V = (N^2-1)/12$. c) $X \sim H(N,K,n)$; $E = np$, $V = np(1-p)(N-n)/(N-1)$ mit $p=K/N$.

Aufg. 5.6.2: Man berechne Erwartungswert (E) und Varianz (V) einer ZV X mit a) $X \sim$ Gamma (α,β), s. Aufg. 5.4.6; $E = \alpha/\beta$, $V = \alpha/\beta^2$. b) $X \sim$ Pareto (α,β), s. Aufg. 5.5.12; $E = \beta\alpha/(\beta-1)$ falls $\beta > 1$, $V = \beta\alpha^2/(\beta-2)-E^2$ falls $\beta > 2$. c) $X \sim$ Weibull (α,β) s. (4.2.10); $E = (1/\alpha)^{1/\beta}\Gamma(1+\beta^{-1})$, $V = (1/\alpha)^{2/\beta}[\Gamma(1+2\beta^{-1}) - \Gamma^2(1+\beta^{-1})]$, d) $X \sim$ Log-Normal, d.h. $\log(X) \sim N(a,\sigma^2)$, s. Aufg. 4.2.3; $E = \exp(a+\sigma^2/2)$, $V = \exp(2a+\sigma^2)(\exp(\sigma^2)-1)$.

Aufg. 5.6.3: Sei X eine integrierbare ZV. Man zeige $\operatorname{Var} X = E(X-a)^2 - (EX-a)^2$, $a \in \mathbb{R}$. EX ist also die Minimalstelle von $a \to E(X-a)^2$.

Aufg. 5.6.4: Seien $X_1,\ldots,X_n$ i.i.d. mit $X_i \sim R(0,\vartheta)$, $\vartheta > 0$. Man bestimme die VF und Dichte von $Y = \min(X_1,\ldots,X_n)$ und $Z = \max(X_1,\ldots,X_n)$ und berechne die Erwartungswerte und Varianzen.

Aufg. 5.6.5: Seien $X_1,\ldots,X_n$ i.i.d. mit $X_i \sim B(1,p)$. Sei X_0 die Anzahl der Paare (X_i,X_{i+1}) mit $X_i = 1$ und $X_{i+1} = 0$, $i=1,\ldots,n-1$. Man berechne EX_0 und Var X_0.

Aufg. 5.6.6: Man betrachte eine 2-dimensionale ZV (X,Y) mit $(X,Y) \sim N(\underset{\sim}{a},S)$, $\underset{\sim}{a} = (a,b)^T$ und $S = (\sigma_{ij})$, $\sigma_{11} = \sigma^2$, $\sigma_{12} = \sigma_{21} = \sigma\cdot\tau\cdot\rho$, $\sigma_{22} = \tau^2$, wobei $\sigma^2 > 0$, $\tau^2 > 0$ die Varianzen der Randverteilungen und $\rho \in (-1,1)$ der Korrelationskoeffizient sei. Die Dichte von $N(\underset{\sim}{a},S)$ hat also die Gestalt

$$p(x,y) = \frac{1}{2\pi\sqrt{(1-\rho^2)\sigma^2\tau^2}}\, e^{-\frac{1}{2(1-\rho^2)}\left(\frac{(x-a)^2}{\sigma^2} - 2\rho\,\frac{(x-a)(y-b)}{\sigma\,\tau} + \frac{(y-b)^2}{\tau^2}\right)}.$$

Man zeige: $\rho = 0 \Leftrightarrow$ X und Y sind stochastisch unabhängig. Man zeichne für $a = b = 0$, $\sigma^2 = 1$, $\tau^2 = 2$ und $\rho = -1/2,\ 1/2,\ 3/4$ die durch $p(x,y) = c$ bestimmten Höhenlinien mit $c = 0.125,\ 0.11,\ 0.08,\ 0.04$ in der (x,y)-Ebene ein.

Aufg. 5.6.7: Man zeige: In der Cauchy-Schwarz-Ungleichung für ZV $X \neq o$ f.s., $Y \neq o$ f.s. gilt das Gleichheitszeichen genau dann, wenn X und Y f.s. linear abhängig sind, d.h. Zahlen $a,b \in \mathbb{R}$ mit $|a|+|b|>o$ existieren mit $aX+bY=o$ f.s. . Falls EX^2 und EY^2 endlich sind, so gilt $\rho(X,Y)=1$ genau dann, wenn Zahlen $a>o$ und $b \in \mathbb{R}$ existieren mit $aX+b=Y$ f.s. .

Aufg. 5.6.8: Man zeige mit Hilfe der Laplace-Verteilung über $\{(m,n): m,n=0, \pm 1\}$, daß zwei unkorrelierte ZV X und Y nicht notwendig unabhängig sind.

Aufg. 5.6.9: Seien $X_1,\ldots,X_n$ i.i.d. mit $X_i \sim$ Cauchy (0,1). Man zeige: $\overline{X}_n = (X_1+\ldots+X_n)/n \sim$ Cauchy (0,1). Hinweis: Faltungsformel und Partialbruchzerlegung. Bemerkung: Hier liegt ein Beispiel dafür vor, daß sich die Verteilung von $\overline{X}_n$ nicht "zusammenzieht". Insbesondere kann für kein $a \in \mathbb{R}$ $\overline{X}_n \to a$ n.W. gelten.

Aufg. 5.6.10: Seien X, X_n, $n \geq 1$, $\mathbb{R}^k$-wertige ZV über dem W-Raum $(\Omega,\mathfrak{A},P)$. Man zeige: $X_n \to X$ n.W. $\Leftrightarrow X_{ni} \to X_i$ n.W. $\forall i=1,\ldots,k$. Dabei ist X_i $[X_{ni}]$ die i-te Komponente von $X[X_n]$.

Aufg. 5.6.11: Man beweise die Aussagen (5.6.28), (5.6.29) und (5.6.30).

Aufg. 5.6.12 (Chintschin): Seien $X_1,X_2,\ldots$ paarweise stochastisch unabhängige identisch verteilte ZV mit $EX_i = a \in \mathbb{R}$. Dann gilt: $\overline{X}_n := (X_1+\ldots+X_n)/n \to a$ n.W. Hinweis: Sei $a=o$ und $P := \mathcal{L}(X_i)$. Man bilde die gestutzten ZV $X_i^* := X_i$ für $|X_i| \leq i$ und $X_i^* := o$ für $|X_i| > i$ und zeige (1) $\frac{1}{n} \sum_{i=1}^{n} EX_i^* \to o$. (2) $n^{-2} \sum_{i=1}^{n} \operatorname{Var} X_i^* \leq n^{-1} \int_{\{|x| \leq n\}} x^2 P(dx) \leq$

$$\leq n^{-1/2} \int_{\{|x| \leq \sqrt{n}\}} |x| P(dx) + \int_{\{|x| > \sqrt{n}\}} |x| P(dx) \to o.$$

(3) $\forall r \geq 1$ gilt $\overline{X}^*_{n,r} := n^{-1} \left(\sum_{i=1}^{r} X_i + \sum_{i=r+1}^{n} X_i^* \right) \to 0$ n.W. für $n \to \infty$.

(4) $P\{\overline{X}^*_{n,r} \neq \overline{X}_n\} \leq \int_{\{|x|>r\}} |x| P(dx)$.

(5) $P\{|\overline{X}_n| > \varepsilon\} \leq P\{\overline{X}^*_{n,r} \neq \overline{X}_n\} + P\{|\overline{X}_n| > \varepsilon,\ \overline{X}^*_{n,r} = \overline{X}_n\}$.

Aufg. 5.6.13: Seien $U_1,\ldots,U_n$ stochastisch unabhängige $\mathcal{R}(0,1)$ verteilte ZV. Man stelle für $n=6$ eine Wertetabelle für die VF von $X_n = \left(\sum_{i=1}^{n} U_i - \frac{n}{2} \right) / \sqrt{\frac{n}{12}}$ auf und vergleiche sie mit der VF Φ der $\mathcal{N}(0,1)$-Verteilung. Hinweis: Man verwende Aufg. 5.5.10. Bemerkung: Für $n=12$ wird der Ausdruck für X_n besonders einfach. Die VF von X_n ist dann praktisch nicht mehr von Φ zu unterscheiden, so daß auf diese Weise recht gute Simulationen von $\mathcal{N}(0,1)$-ZV gewonnen werden können.

Aufg. 5.6.14: Man zeige: a) Ist X eine reelle ZV mit stetiger VF F, so gilt $F(X) \sim R(0,1)$. b) Ist $U \sim R(0,1)$ und F eine (beliebige) VF über $\mathbb{R}$, so besitzt die ZV $F^{-1}(U)$ die VF F. Dabei bezeichnet F^{-1} die sog. Pseudoinverse von F, die folgendermaßen definiert ist

$$F^{-1}(u) = \inf\{x \in \mathbb{R} : F(x) \geq u\}, \quad 0 < u < 1.$$

Hinweis: Man zeige und verwende für $0 < u < 1$, $x \in \mathbb{R}$, die Äquivalenz: $F^{-1}(u) \leq x \Leftrightarrow u \leq F(x)$. Bemerkung: Kann man F^{-1} explizit berechnen, so liefert b) eine Möglichkeit zur Erzeugung von ZV mit VF F aus $R(0,1)$-verteilten ZV, die häufig auf Rechenanlagen genutzt wird.

Aufg. 5.6.15: Mit Hilfe von Aufg. 5.5.12 und einer Zufallszahlen-Tafel ziehe man für jede der folgenden Verteilungen eine Stichprobe vom Umfang 20 und vergleiche (graphisch, auf Millimeterpapier) die jeweiligen empirischen VF. (1) Weibull (α,β) mit $\alpha = 1/2$, $\beta = 2$; (2) Pareto (α,β) mit $\alpha = 1/2$, $\beta = 1$; (3) Cauchy (α,β) mit $\alpha = 1, \beta = 1$.

Aufg. 5.6.16: Man zeige: $S_{XX,n} = \frac{1}{2n(n-1)} \sum_{i=1}^{n} \sum_{j=1}^{n} (X_i - X_j)^2$.

Aufg. 5.6.17: Seien X_1 und X_2 zwei ZV mit demselben Mittelwert und derselben Varianz. Man zeige, daß $Z_1 = X_1 + X_2$ und $Z_2 = X_1 - X_2$ unkorreliert sind.

Aufg. 5.6.18: Seien X_1, X_2 reelle ZV mit $EX_1^2 < \infty$, $EX_2^2 < \infty$. Bezeichne F, F_1 und F_2 die VF von (X_1,X_2), X_1 und X_2, so gilt

$$\operatorname{Cov}(X_1,X_2) = \int (F(u,v) - F_1(u)F_2(v))\, d\lambda_2\,(u,v)$$

Hinweis: Es gilt $\operatorname{Cov}(X_1,X_2) = \int x_1 x_2\, dP(x_1,x_2) - \int x_1 x_2\, d\, P_1 \otimes P_2(x_1,x_2)$, wobei P, P_1, P_2 die zu F, F_1, F_2 gehörigen W-Maße seien. Zur weiteren Auswertung zerlege man jedes der Integrale in eine Summe über die vier Quadranten des $\mathbb{R}^2$ und wende den Satz von Fubini an.

Aufg. 5.6.19: Sei $\underset{\sim}{Y} = (Y_1,\dots,Y_k) \sim$ Multinomial $(n;p_1,\dots,p_k)$. Man berechne: a) $L(Y_i)$ und $L(Y_i,Y_j)$ für $i \neq j$. b) $\operatorname{Cov}(\underset{\sim}{Y})$. Hinweis: $Y_i + Y_j \sim B(n,p_i+p_j)$ für $i \neq j$.

Aufg. 5.6.20: Man beweise die Abschätzung (5.6.41). Hinweis: Man stelle g als Integral über g' dar und benutze Fubini.

Aufg. 5.7.1: Sei $X_i \sim \chi_n^2(\delta_i^2)$, i=1,2, und $\delta_1 < \delta_2$. Man zeige: $P\{X_1 \leq x\} \geq P\{X_2 \leq x\}$ $\forall x \in \mathbb{R}$.

Aufg. 5.7.2: Man bestimme im Falle $n = 5$, $\underset{\sim}{p}^o = (0.5,\ 0.3,\ 0.2)$ die (exakte) Zähldichte der χ^2-Statistik X_n^2. Man berechne außerdem den Wert $P_{\underset{\sim}{p}^o}\{X_n^2 > \chi_{2,\alpha}^2\}$ für $\alpha = 0.05$ und $\alpha = 0.01$.

Aufg. 5.7.3: Für den Fall zweier Zellen (k=2) leite man die Aussage (5.7.11) aus dem Satz 3.2.3 (Satz von de Moivre-Laplace) her.

Aufg. 5.7.4: Bei einem Kreuzungsversuch erhielt Gregor Mendel 315 runde gelbe Erbsen, 108 runde grüne Erbsen, 101 kantige gelbe Erbsen und 32 kantige grüne Erbsen. Theoretisch sollten sich die vier Zahlen wie 9 : 3 : 3 : 1 verhalten. Man überprüfe die Theorie anhand der Daten.

Aufg. 5.7.5: Um die Urheberschaft der "Quintus Curtius Snodgrass" Briefe zu überprüfen, die Mark Twain zugeschrieben wurden, hat C.S. Brinegar (J. Amer. Statist. Assoc., 1963, *58*, 85-96) die Häufigkeiten verschiedener Wortlängen k=1,2,... in bekannten Werken Twains sowie in den Snodgrass Briefen ermittelt. Im ersten Fall erhielt er die relativen Häufigkeiten p_k^o

k	1	2	3	4	5	6	7	8	≥ 8
p_k^o	.045	.177	.232	.191	.116	.076	.061	.041	.061

aus N = 16873 Wörtern, wobei im folgenden p_k^o als theoretische Werte angesehen werden sollen. Bei den Snodgrass Briefen ergab sich für die absoluten Häufigkeiten y_k dagegen.

k	1	2	3	4	5	6	7	8	≥ 8
y_k	424	2685	2752	2302	1431	992	896	638	1055

Man teste mit dem χ^2-Test die Hypothese, daß die Snodgrass Briefe von Twain stammen (α=0.01).
In einer anderen Schrift ergab sich

k	1	2	3	4	5	6	7	8	≥ 8
y_k	74	349	456	374	212	127	107	84	102

Man teste hier die entsprechende Hypothese (α=0.01).

Aufg. 5.7.6: Man zeige für die χ^2-Statistik X_n^2 aus (5.5.7):

$$E_{\underline{p}} X_n^2 = n \cdot \sum_{j=1}^{k} (p_j - p_j^o)^2 / p_j^o + \sum_{j=1}^{k} p_j (1-p_j)/p_j^o, \quad \text{sowie für } \underline{p} = \underline{p}^o$$

$$\mathrm{Var}_{\underline{p}^o} X_n^2 = 2(k-1)\left(1-\frac{1}{n}\right) + \frac{1}{n}\left(\sum_{j=1}^{k} \frac{1}{p_j^o} - k^2\right).$$

6 Schätzung von Modellparametern

In den bisherigen Abschnitten haben wir anhand von Beispielen bereits die drei grundlegenden Verfahren der Statistik kennengelernt, nämlich Schätzer, Konfidenzbereiche und Tests. Ziel dieser Verfahren war immer die Gewinnung von Informationen über (unbekannte) Parameter des zugrunde liegenden Wahrscheinlichkeitsmodells. So haben wir z.B. in Beispiel 3.3.2 die Anzahl der Hufschlagtoten in den einzelnen Regimentern und Jahren durch stochastisch unabhängige ZV mit jeweils gleicher Poisson(λ) Verteilung modelliert und den (unbekannten) Modellparameter $\lambda \in (0,\infty)$ nach dem Maximum-Likelihood Prinzip geschätzt.

In diesem Kapitel wollen wir das Problem der (Punkt-) Schätzung von (unbekannten) Modellparametern allgemein formulieren und einige Methoden zur Beurteilung und Konstruktion von Schätzern vorstellen und an Beispielen erproben. In den Kapiteln 7 und 8 werden wir eine entsprechende Einführung für Konfidenzbereiche (Bereichsschätzer) bzw. Tests geben.

6.1. Optimale erwartungstreue Schätzer

Das Gemeinsame der bisher diskutierten Beispiele besteht darin, daß das jeweilige Zufallsgeschehen durch eine ZV X mit Werten in einem Meßraum $(\mathcal{X},\mathcal{B})$ modelliert werden konnte, wobei jedoch die Verteilung $\mathcal{L}(X)$ nicht vollständig festgelegt wurde, sondern noch von einem Parameter ϑ abhängen durfte. Der im Anwendungsfall tatsächlich vorliegende (unbekannte) Parameterwert wurde dann auf der Basis einer Beobachtung von X geschätzt. So haben wir z.B. in Beispiel 5.6.12 die Stichprobenvarianz der $(\mathbb{R}^n,\mathbb{B}^n)$-wertigen ZV $(X_1,\ldots,X_n)$ als Schätzer für die unbekannte Varianz σ^2 eines physikalischen Meßverfahrens vorgestellt.

Für den bequemeren späteren Gebrauch fassen wir das beschriebene (abstrakte) Basismodell unter dem Begriff "statistisches Modell" zusammen:

6.1.1 DEFINITION: *Gegeben seien eine Parametermenge $\Theta \neq \emptyset$ und eine Familie $\{P_\vartheta : \vartheta \in \Theta\} =: \mathcal{P}$ von W-Maßen P_ϑ über dem Meßraum $(\mathcal{X},\mathcal{B})$. Dann heißt $(\mathcal{X},\mathcal{B},\mathcal{P})$ ein statistisches Modell (für die ZV X), wenn X eine ZV mit Werten in $(\mathcal{X},\mathcal{B})$ ist, über deren Verteilung $\mathcal{L}(X)$ nur die*

Eigenschaft $L(X) \in \mathcal{P}$ bekannt ist.

Die Verteilung von X ist also nicht vollständig bekannt, es wird jedoch angenommen, daß sie zu einer gewissen Familie $\{P_\vartheta : \vartheta \in \Theta\}$ von Verteilungen P_ϑ über $(X,\mathcal{B})$ gehört. So haben wir in Beispiel 3.3.2 die Annahme $L(X_1,\ldots,X_n) \in \{\bigotimes_1^n P(\lambda) : \lambda \in (0,\infty)\}$ vorausgesetzt, während wir in Beispiel 5.6.12 nur gefordert haben $L(X_1,\ldots,X_n) \in \{\bigotimes_1^n Q : Q$ ist Verteilung mit endlicher Varianz$\}$.

Unser Ziel ist nun, aus einer Beobachtung der ZV X einen Schätzwert für den tatsächlich zugrunde liegenden Parameterwert $\vartheta \in \Theta$ oder zumindest für den $\mathbb{R}^k$-wertigen Parameterteil $\gamma(\vartheta) \in \mathbb{R}^k$ zu gewinnen, wobei $\gamma : \Theta \to \mathbb{R}^k$ eine vorgegebene Abbildung ist, die den interessierenden $\mathbb{R}^k$-wertigen Parameterteil beschreibe. Im Fall der beiden obigen Beispiele können wir etwa $\vartheta = \gamma(\vartheta) = \lambda \in (0,\infty)$ bzw. $\vartheta = Q$ und $\gamma(\vartheta) = (EQ, \mathrm{Var}\ Q) \in \mathbb{R} \times [0,\infty)$ wählen.

6.1.2 DEFINITION: *Gegeben seien ein statistisches Modell $(X,\mathcal{B},\{P_\vartheta : \vartheta \in \Theta\})$ und eine $\mathbb{R}^k$-wertige Abbildung $\gamma : \Theta \to \mathbb{R}^k$. Dann heißt jede $\mathcal{B}-\mathbb{B}^k$-meßbare Abbildung $g : X \to \mathbb{R}^k$ ein (Punkt-)Schätzer für den Parameterteil $\gamma(\vartheta) \in \mathbb{R}^k$.*

Aus Gründen der mathematischen Bequemlichkeit werden bei der formalen Definition eines Schätzers g keinerlei Qualitätsanforderungen an g gestellt. Die Forderung der $\mathcal{B}-\mathbb{B}^k$-Meßbarkeit von g ist eine technische Voraussetzung für die spätere Qualitätsbeurteilung und für den Vergleich zwischen mehreren Schätzern mit Hilfe von Begriffen wie Erwartungstreue, stochastischer Konvergenz und minimaler Varianz.

Liefert die reale Durchführung eines Zufallsexperiments für die ZV X den Wert x, so benutzt man bei Verwendung des Schätzers g natürlich g(x) als Schätzwert für den (unbekannten) Parameterteil $\gamma(\vartheta)$. Wie inzwischen deutlich geworden sein sollte, liegt eine Diskussion über den tatsächlichen Abstand zwischen dem beobachteten Wert g(x) und dem zugrunde liegenden Wert $\gamma(\vartheta)$ außerhalb der mathematischen Theorie. Die Theorie kann bestenfalls Wahrscheinlichkeitsaussagen für die ZV X bzw. $g \circ X$ liefern. Kann z.B. für jedes $\vartheta \in \Theta$ nachgewiesen werden, daß $g \circ X$ *unter der Verteilungsannahme* $L(X) = P_\vartheta$ mit "großer" Wahrsch. nahe bei $\gamma(\vartheta)$ liegt, so ist nach dem Anwendungspostulat g(x) ein brauchbarer Schätzwert für den unbekannten Parameterteil $\gamma(\vartheta)$, wenn X=x im Experiment beobachtet wird.

Das folgende Beispiel soll zeigen, daß Intuition allein bei der Auswahl eines Schätzers nicht ausreicht, daß also auch objektive Kriterien zur Gütebeurteilung von Schätzern nötig sind.

6.1.3 BEISPIEL: Seien $X_1,\dots,X_n$ i.i.d. ZV mit $X_i \sim R(0,\vartheta)$, $\vartheta \in \Theta = (0,\infty)$. In diesem statistischen Modell für die $(\mathbb{R}^n,\mathbb{B}^n)$-wertige ZV $X=(X_1,\dots,X_n)$ soll nun ein geeigneter Schätzer für den unbekannten Parameter ϑ gefunden werden. Diese Aufgabenstellung ist offenbar eine stetige Version des Problems, bei einer Urne mit durchnumerierten Kugeln die Gesamtzahl der Kugeln aufgrund von n zufälligen Entnahmen einer Kugel (mit Zurücklegen) zu schätzen. Man denke etwa an das Problem, die Gesamtzahl der Taxis einer Stadt aus den Nummern einiger vorbeifahrender Taxis zu schätzen.

Nach dem Gesetz der großen Zahlen gilt für jedes $\vartheta \in \Theta$ die Aussage $P_\vartheta\text{-}\lim \overline{X}_n = E(R(0,\vartheta)) = \vartheta/2$ für das Stichprobenmittel $\overline{X}_n = (X_1+\dots+X_n)/n$, so daß der folgende erwartungstreue und stochastisch konvergente Schätzer g_1 für ϑ naheliegt:

(6.1.1) $\quad g_1 := g_1(X_1,\dots,X_n) := 2\overline{X}_n,\ \overline{X}_n = (X_1+\dots+X_n)/n.$

Andererseits gilt $P_\vartheta\{0 < X_i < \vartheta\} = 1\ \forall\vartheta,\forall i$. Daher versuchen wir, einen erwartungstreuen Schätzer g_2 für ϑ in folgender Weise zu konstruieren: Wir strecken $M_n := \max(X_1,\dots,X_n)$ mit einer geeigneten Konstanten $c_n > 1$ in der Weise, daß $E_\vartheta(c_n M_n) = \vartheta\ \forall\vartheta \in \Theta$ gilt und setzen dann $g_2 = c_n M_n$. Dies ist tatsächlich möglich, denn wegen

$$P_\vartheta\{M_n \le x\} = P_\vartheta\{X_1 \le x,\dots,X_n \le x\} = \left(\frac{x}{\vartheta}\right)^n 1_{[0,\vartheta)}(x) + 1_{[\vartheta,\infty)}(x)$$

besitzt $L_\vartheta(M_n)$ die (Riemann-) Dichte

(6.1.2) $\quad f_n(x) = (nx^{n-1}/\vartheta^n)1_{(0,\vartheta)}(x),\ x \in \mathbb{R},$

so daß also gilt

$$E_\vartheta M_n = \int_{-\infty}^{+\infty} x f_n(x)\,dx = \frac{n}{\vartheta^n}\int_0^\vartheta x^n dx = \frac{n}{n+1}\vartheta,\ \vartheta \in \Theta.$$

Wir erhalten daher einen zweiten erwartungstreuen Schätzer für ϑ gemäß

(6.1.3) $\quad g_2 := g_2(X_1,\dots,X_n) := \frac{n+1}{n}\max(X_1,\dots,X_n),$

der außerdem ebenfalls (für $n\to\infty$) stochastisch gegen ϑ konvergiert, denn für $0 < \varepsilon < \vartheta$ und $n \geq \vartheta/\varepsilon$ gilt

$$P_\vartheta\{|g_2-\vartheta|<\varepsilon\} = P_\vartheta\{\frac{n}{n+1}(\vartheta-\varepsilon)<M_n\} = 1-(\frac{n}{n+1}\ \frac{\vartheta-\varepsilon}{\vartheta})^n \underset{n\to\infty}{\longrightarrow} 1.$$

Wir haben nun zwischen den beiden Schätzern g_1 und g_2 zu entscheiden. Beide Schätzer konvergieren stochastisch gegen das zugrunde liegende ϑ, liefern also für hinreichend große Stichprobenumfänge mit großer Wahrsch. hinreichend gute Approximationen. Beide Schätzer sind erwartungstreu für ϑ, schwanken also im Mittel um den wahren Wert von ϑ. Vorzuziehen ist derjenige Schätzer, der am wenigsten um ϑ schwankt, wobei wir die *Varianz der (erwartungstreuen) Schätzer als Maß für die Schwankung um* ϑ heranziehen wollen.

Für die Varianz von g_1 erhalten wir zunächst aus (5.6.12) $\mathrm{Var}_\vartheta g_1 = \mathrm{Var}_\vartheta 2\overline{X}_n = 4\ \mathrm{Var}_\vartheta \overline{X}_n = (4/n)\cdot \mathrm{Var}_\vartheta X_1 = (4\vartheta^2/n)\cdot \mathrm{Var}_\vartheta (X_1/\vartheta)$. Wegen $L_\vartheta(X_1/\vartheta) = R(0,1)\ \forall \vartheta \in \Theta$ und

$$\mathrm{Var}(R(0,1)) = \int_0^1 x^2 dx - (\int_0^1 x dx)^2 = \frac{1}{3} - (\frac{1}{2})^2 = \frac{1}{12} \tag{6.1.4}$$

folgt dann

$$\mathrm{Var}_\vartheta g_1 = \vartheta^2/(3n),\ \vartheta \in (0,\infty). \tag{6.1.5}$$

Für die Berechnung der Varianz von g_2 bestimmen wir zunächst mit Hilfe von (6.1.2) den E-Wert von M_n^2

$$E_\vartheta M_n^2 = \int_{-\infty}^{+\infty} x^2 f_n(x)dx = \frac{n}{\vartheta^n}\int_0^\vartheta x^2 x^{n-1}dx = \frac{n}{n+2}\vartheta^2.$$

Für die gesuchte Varianz von $g_2 = M_n(n+1)/n$ gilt dann

$$\mathrm{Var}_\vartheta g_2 = (\frac{n+1}{n})^2 \mathrm{Var}_\vartheta M_n = (\frac{n+1}{n})^2 \frac{n}{n+2}\vartheta^2 - \vartheta^2 = \frac{\vartheta^2}{n(n+2)},\ \vartheta \in (0,\infty). \tag{6.1.6}$$

Für den (uninteressanten) Stichprobenumfang n=1 stimmen die Schätzer g_1 und g_2 überein, während für alle Stichprobenumfänge $n > 1$ die Ungleichung

$$\mathrm{Var}_\vartheta g_2 < \mathrm{Var}_\vartheta g_1 \quad \forall \vartheta \in \Theta \tag{6.1.7}$$

erfüllt ist, so daß der Schätzer $g_2 = \max(X_1,\ldots,X_n)(n+1)/n$ dem Schätzer $g_1 = 2\overline{X}_n$ vorzuziehen ist. □

Die Ungleichung (6.1.7) gibt Anlaß zu der folgenden Definition der (in $\vartheta \in \Theta$) gleichmäßigen Optimalität von erwartungstreuen Schätzern.

6.1.4 DEFINITION: *Im statistischen Modell* $(X, B, \{P_\vartheta : \vartheta \in \Theta\})$ *seien*

g_1 und g_2 erwartungstreue Schätzer für den reellwertigen Parameter $\gamma(\vartheta)$. Gilt die Ungleichung

$$(6.1.8) \qquad Var_\vartheta g_1 \leq Var_\vartheta g_2 \quad \forall \vartheta \in \Theta,$$

so heißt g_1 gleichmäßig besser als g_2. Gilt die Ungleichung (6.1.8) für jeden erwartungstreuen Schätzer g_2, so heißt g_1 gleichmäßig bester erwartungstreuer Schätzer für $\gamma(\vartheta)$.

Man sollte beachten, daß in Definition 6.1.4 die Konkurrenz ausschließlich zwischen Schätzern g stattfindet, die erwartungstreu für $\gamma(\vartheta)$ sind, für die also gilt

$$(6.1.9) \qquad E_\vartheta g = \gamma(\vartheta) \quad \forall \vartheta \in \Theta.$$

Nur in dieser Teilklasse aller Schätzer werden optimale Elemente gesucht.

Der nachfolgende bekannte Satz gibt unter Regularitätsannahmen für die zugrunde liegende Verteilungsklasse eine untere Schranke für die Varianz erwartungstreuer Schätzer. Die Optimalität eines Schätzers läßt sich dann manchmal dadurch feststellen, daß man nachweist, daß seine Varianz die untere Schranke annimmt, also minimal ist.

6.1.5 SATZ *(Informations-Ungleichung bei $\mathbb{R}$-wertigen Parametern): Seien $X_1,\dots,X_n$ reellwertige i.i.d. ZV mit $L(X_i) \in \{P_\vartheta : \vartheta \in \Theta\}$, wobei die Parametermenge Θ als offenes Intervall in $\mathbb{R}$ vorausgesetzt sei,*

$$(6.1.10) \qquad \Theta = (a,b) \text{ mit } -\infty \leq a < b \leq +\infty.$$

Für ein vorgegebenes σ-endliches Maß μ über $(\mathbb{R},\mathbb{B})$ gebe es für jedes $\vartheta \in \Theta$ eine μ-Dichte $f(\cdot,\vartheta)$ von P_ϑ mit den folgenden Regularitätseigenschaften:

$$(6.1.11) \qquad \frac{\partial f(x,\vartheta)}{\partial \vartheta} \text{ existiert } \forall \vartheta \in \Theta,\ \forall x \in N^c \text{ mit } \mu(N) = 0,\ N \in \mathbb{B} \text{ geeignet.}$$

$$(6.1.12) \qquad E_\vartheta \frac{\partial \log f(X_1,\vartheta)}{\partial \vartheta} = 0,\ I(\vartheta) := E_\vartheta\left(\frac{\partial \log f(X_1,\vartheta)}{\partial \vartheta}\right)^2 \in (0,\infty)\ \forall \vartheta \in \Theta.$$

Weiter sei $g(X_1,\dots,X_n)$ ein erwartungstreuer Schätzer für $\vartheta \in \Theta$ mit der Eigenschaft

$$(6.1.13) \qquad 1 = \sum_{j=1}^{n} E_\vartheta g(X_1,\dots,X_n) \frac{\partial \log f(X_j,\vartheta)}{\partial \vartheta} \quad \forall \vartheta \in \Theta.$$

Dann gilt für den Schätzer g die Informations-Ungleichung

(6.1.14) $\quad Var_\vartheta g(X_1,\ldots,X_n) \geq \frac{1}{nI(\vartheta)} \quad \forall\vartheta \in \Theta.$

Dabei heißt die in (6.1.12) definierte Zahl $I(\vartheta)$ die Fisher-Information von P_ϑ. Die untere Schranke $(nI(\vartheta))^{-1}$ in (6.1.14) heißt auch Cramér-Rao-Schranke.

Beweis: Aus $E_\vartheta\{g(X_1,\ldots,X_n) - \vartheta - \frac{1}{nI(\vartheta)} \sum_{j=1}^{n} \frac{\partial \log f(X_j,\vartheta)}{\partial\vartheta}\}^2 \geq 0$ folgt durch Ausquadrieren

$$E_\vartheta(g(X_1,\ldots,X_n)-\vartheta)^2 - 2\, E_\vartheta\{(g(X_1,\ldots,X_n)-\vartheta)\frac{1}{nI(\vartheta)} \sum_{j=1}^{n} \frac{\partial \log f(X_j,\vartheta)}{\partial\vartheta}\}$$
$$+\frac{1}{n^2I^2(\vartheta)} \sum_{j,k=1}^{n} E_\vartheta \frac{\partial \log f(X_j,\vartheta)}{\partial\vartheta}\frac{\partial \log f(X_k,\vartheta)}{\partial\vartheta} \geq 0,$$

also

$$Var_\vartheta g(X_1,\ldots,X_n) - 2\frac{1}{nI(\vartheta)}(1-0) + \frac{1}{n^2I^2(\vartheta)}\, nI(\vartheta) \geq 0, \text{ d.h. (6.1.14).} \ \square$$

6.1.6 BEMERKUNG: a) Anstelle von (6.1.11) hätte man auch (schwächer) die Existenz von P_ϑ-Nullmengen $N_\vartheta \in \mathbb{B}\ \forall\vartheta \in \Theta$ voraussetzen können mit

(6.1.15) $\quad \frac{\partial f(x,\vartheta)}{\partial\vartheta}$ existiert an der Stelle $\vartheta \quad \forall x \in N_\vartheta^c \quad \forall\vartheta \in \Theta$.

b) Für die Definition der Erwartungswerte in (6.1.12) und (6.1.13) braucht $\partial \log f(x,\vartheta)/\partial\vartheta$ nur für x aus dem Komplement einer P_ϑ-Nullmenge erklärt zu sein, was wegen $P_\vartheta\{x:f(x,\vartheta)>0\} = 1$ und (6.1.11) (bzw. (6.1.15)) stets gilt.

c) Ist $T = \{x \in \mathbb{R}: f(x,\vartheta) > 0\}$ unabhängig von $\vartheta \in \Theta$, so bedeutet (6.1.13) die Vertauschbarkeit für Differentiation und Integration bei $E_\vartheta g$, denn mit $\nu := \mu \otimes \ldots \otimes \mu$ (n-fach), $S := T^n$ und $h(\underset{\sim}{x},\vartheta) := f(x_1,\vartheta)\ldots f(x_n,\vartheta)$ gilt wegen $\vartheta = E_\vartheta g(\underset{\sim}{X}) = \int g\, h(\cdot,\vartheta)d\nu$ $\forall\vartheta \in \Theta$ (E-treue von g) einerseits

$$1 = \frac{\partial\vartheta}{\partial\vartheta} = \frac{\partial}{\partial\vartheta}\int g\, h(\cdot,\vartheta)d\nu \quad \forall\vartheta \in \Theta = (a,b) \text{ und andererseits}$$

$$\sum_{j=1}^{n} E_\vartheta\, g(X)\, \frac{\partial}{\partial\vartheta} \log f(X_j,\vartheta) = E_\vartheta g(\underset{\sim}{X})\, \frac{\partial}{\partial\vartheta} \log h(\underset{\sim}{X},\vartheta)$$

$$= \int 1_S\, g\, h(\cdot,\vartheta)\, \partial \log h(\cdot,\vartheta)/\partial\vartheta\, d\nu = \int g\, \partial h(\cdot,\vartheta)/\partial\vartheta\, d\nu \quad \forall\vartheta \in \Theta.$$

Analog kann man die erste Forderung in (6.1.12) aus einer Vertauschbarkeitsforderung für Differentiation und Integration an die Gleichung $1 = \int d\mu(x)f(x,\vartheta)\ \forall\vartheta \in \Theta$ (W-Dichten!) herleiten .

6.1.7 BEISPIEL *(Stichprobe aus einer Poisson-Verteilung):* Für $\vartheta \in \Theta = (0,\infty)$ sei P_ϑ eine Poisson(ϑ) Verteilung, und μ sei das abzählende Maß von $\mathbb{N}_0 = \{0,1,2,...\}$. Dann ist $f(x,\vartheta) = P_\vartheta\{x\} = 1_{\mathbb{N}_0}(x)e^{-\vartheta}\cdot\vartheta^x/x!$, $x \in \mathbb{R}$, eine μ-Dichte von P_ϑ. Die Bedingung (6.1.11) ist z.B. mit $N^c = \mathbb{N}_0$ erfüllt. Weiter gilt für alle $x \in \mathbb{N}_0$

(6.1.16) $$\frac{\partial \log f(x,\vartheta)}{\partial\vartheta} = \frac{\partial}{\partial\vartheta}(-\vartheta + x\log\vartheta - \log x!) = -1 + \frac{x}{\vartheta} = \frac{1}{\vartheta}(x-\vartheta) \quad \forall\vartheta \in \Theta.$$

Wegen $E_\vartheta(X_1-\vartheta)/\vartheta = (E_\vartheta X_1-\vartheta)/\vartheta = (\vartheta-\vartheta)/\vartheta = 0$ ist daher die erste Bedingung in (6.1.12) erfüllt, die zweite ist ebenfalls erfüllt wegen

(6.1.17) $$I(\vartheta) = E_\vartheta\{\tfrac{1}{\vartheta}(X_1-\vartheta)\}^2 = \vartheta^{-2}\operatorname{Var}_\vartheta X_1 = 1/\vartheta \in (0,\infty).$$

Zum Nachweis von (6.1.13) ist nach Bemerkung 6.1.6 für jeden E-treuen Schätzer $g(X_1,...,X_n)$ nur zu zeigen, daß die ϑ-Ableitung der absolut konvergenten Reihe

$$E_\vartheta g(\underset{\sim}{X}) = \sum_{x_1=0}^{\infty}\cdots\sum_{x_n=0}^{\infty} g(x_1,...,x_n)\prod_{i=1}^{n} f(x_i,\vartheta) = e^{-n\vartheta}\sum_{k=0}^{\infty} a_k\vartheta^k$$

$$\text{mit } a_k := \sum_{x_1=0}^{\infty}\cdots\sum_{x_n=0}^{\infty} 1_{\{k\}}\Big(\sum_{i=1}^{n} x_i\Big)g(x_1,...,x_n)\Big/\prod_{j=1}^{n} x_j!$$

gliedweise ausgeführt werden darf. Da hier (abgesehen von dem differenzierbaren Faktor $e^{-n\vartheta}$) eine *absolut konvergente Potenzreihe* vorliegt, ist dies bekanntlich erlaubt. Damit gilt in diesem Poisson-Modell für jeden erwartungstreuen Schätzer $g(X_1,...,X_n)$ für den Parameter $\vartheta \in (0,\infty)$ die Informations-Ungleichung

(6.1.18) $$\operatorname{Var}_\vartheta g(X_1,...,X_n) \geq \vartheta/n \quad \forall\vartheta \in (0,\infty).$$

Andererseits nimmt der spezielle erwartungstreue Schätzer $g_1(X_1,...,X_n) = \overline{X}_n$ wegen $\operatorname{Var}_\vartheta\overline{X}_n = (\operatorname{Var}_\vartheta X_1)/n = \vartheta/n$ für alle $\vartheta \in (0,\infty)$ die Cramér-Rao-Schranke an. Also ist $\overline{X}_n$ ein *gleichmäßig bester erwartungstreuer Schätzer* für $\vartheta \in \Theta$. □

6.1.8 BEISPIEL *(Stichprobe aus einer Normalverteilung):* Für festes $\sigma^2 > 0$ und $\vartheta \in \Theta = \mathbb{R}$ sei P_ϑ eine $N(\vartheta,\sigma^2)$-Verteilung, und μ sei das Lebesgue-Maß λ über $(\mathbb{R},\mathbb{B})$. Dann ist $f(x,\vartheta) = (2\pi\sigma^2)^{-1/2}\exp\{-(x-\vartheta)^2/2\sigma^2\}$, $x \in \mathbb{R}$, eine μ-Dichte von P_ϑ, so daß (6.1.11) mit $N = \emptyset$ erfüllt ist. Auch (6.1.12) ist erfüllt, denn wegen $\log f(x,\vartheta) = -(x-\vartheta)^2/2\sigma^2 - \log(2\pi\sigma^2)^{1/2}$ gilt

(6.1.19) $\quad \partial \log f(x,\vartheta)/\partial\vartheta = (x-\vartheta)/\sigma^2,$

also $E\{\partial \log f(X_1,\vartheta)/\partial\vartheta\} = (E_\vartheta X_1-\vartheta)/\sigma^2 = 0$ und

(6.1.20) $$I(\vartheta) = E_\vartheta\{\frac{\partial \log f(X_1,\vartheta)}{\partial\vartheta}\}^2 = E_\vartheta(X_1-\vartheta)^2/\sigma^4=\sigma^{-2} \in (0,\infty).$$

Für jeden E-treuen Schätzer g kann außerdem mit Hilfe von Satz 5.2.21 (majorisierte Konvergenz) nachgewiesen werden [vgl. auch (6.1.24)], daß die ϑ-Differentiation von

$$E_\vartheta g(\underset{\sim}{X}) = \int d\lambda_n(\underset{\sim}{x})\, g(\underset{\sim}{x})\,(2\pi\sigma^2)^{-n/2}\exp\{-\tfrac{1}{2}\sum (x_i-\vartheta)^2/\sigma^2\}$$

innerhalb des Integrals erfolgen kann; also gilt (6.1.13) gemäß Bemerkung 6.1.6. Nach Satz 6.1.5 gilt daher für jedes solche g die Informations-Ungleichung

(6.1.21) $\quad \mathrm{Var}\, g(X_1,\ldots,X_n) \geq \sigma^2/n \quad \forall\vartheta \in \mathbb{R}.$

Wie schon im vorigen Beispiel ist der Schätzer $\overline{X}_n$ erwartungstreu für $\vartheta \in \Theta$, und seine Varianz $\mathrm{Var}_\vartheta \overline{X}_n = (\mathrm{Var}_\vartheta X_1)/n=\sigma^2/n$ ist für alle $\vartheta \in \Theta$ gleich der Cramér-Rao-Schranke. Das Stichprobenmittel $\overline{X}_n$ ist also auch hier *gleichmäßig bester erwartungstreuer Schätzer* für $\vartheta \in \Theta$. □

6.1.9 BEISPIEL *(Stichprobe aus einer Rechteckverteilung; vgl. Beispiel 6.1.3).* Sei P_ϑ eine $R(0,\vartheta)$-Verteilung mit $\vartheta\in\Theta = (0,\infty)$. Der Schätzer $g(X_1,\ldots,X_n) := \max(X_1,\ldots,X_n)(n+1)/n$ ist erwartungstreu mit $\mathrm{Var}_\vartheta g(X_1,\ldots,X_n) = \vartheta^2/n(n+2)$. Die Varianz von g geht also quadratisch gegen 0.

Da die Cramér-Rao-Schranken aber wie 1/n gegen 0 konvergieren, muß irgendeine der Voraussetzungen in Satz 6.1.5 verletzt sein. Tatsächlich gilt wegen der Gestalt $f(x,\vartheta) = \frac{1}{\vartheta} 1_{[0,\vartheta]}(x)$ der λ-Dichte von P_ϑ die Gleichung $\partial \log f(x,\vartheta)/\partial\vartheta=-1/\vartheta\ [P_\vartheta]$, so daß sowohl (6.1.12) als auch (6.1.13) für jedes erwartungstreue $g(X_1,\ldots,X_n)$ verletzt sind.

Durch Verwendung weitergehender Hilfsmittel (Satz von Lehmann-Scheffé, vgl. z.B. Witting (1978), Satz 3.24) kann man für den obigen Schätzer ebenfalls nachweisen, daß er *gleichmäßig bester erwartungstreuer Schätzer* für $\vartheta \in \Theta$ ist. □

Allgemeiner kann gesagt werden, daß die Informations-Ungleichung zum Nachweis der Optimalität von E-treuen Schätzern im wesentlichen nur bei den in der folgenden Definition eingeführten 1-parametrigen Exponentialfamilien geeignet ist.

6.1.10 DEFINITION: *Gegeben seien ein statistisches Modell* $(\mathfrak{X},\mathfrak{B},\mathfrak{P})$ *mit* $\mathfrak{P}=\{P_\vartheta : \vartheta\in\Theta\}$, $\Theta\subset\mathbb{R}$, *und ein σ-endliches Maß* μ *über* $(\mathfrak{X},\mathfrak{B})$. *Dann heißt die Verteilungsfamilie* $\mathfrak{P}$ *eine* <u>*1-parametrige Exponentialfamilie in c(ϑ) und T(X)*</u>, *wenn es für jedes* $\vartheta\in\Theta$ *eine* μ*-Dichte* $f(\cdot,\vartheta)$ *von* P_ϑ *der Form*

$$f(x,\vartheta)=1_A(x)\exp\{c(\vartheta)T(x)+d(\vartheta)+S(x)\},\quad x\in\mathfrak{X},\ \vartheta\in\Theta, \tag{6.1.22}$$

gibt mit $A\in\mathfrak{B}$, $c:\Theta\to\mathbb{R}$ *und* $(\mathfrak{X},\mathfrak{B})$*-*$(\mathbb{R},\mathbb{B})$*-meßbaren Abbildungen* S *und* T, *wobei* T *nicht* μ*-fast sicher konstant auf* A *sei.*

Die Größe $d(\vartheta)$ in (6.1.22) ist wegen

$$1=\int f(x,\vartheta)d\mu(x)=\exp\{d(\vartheta)\}\int 1_A(x)\exp\{c(\vartheta)T(x)+S(x)\}d\mu(x) \tag{6.1.23}$$

lediglich eine (vollständig festgelegte) Normierungskonstante. Für $\Theta=(a,b)$ mit $-\infty\leq a<b\leq+\infty$ und $c:\Theta\to\mathbb{R}$ stetig differenzierbar mit $c'(\vartheta)>0$ $\forall\vartheta\in\Theta$ kann man zeigen (vgl. Aufg. 6.1.2), daß für jede $\mathfrak{B}$-meßbare Funktion $g:\mathfrak{X}\to\mathbb{R}$ mit $E_\vartheta|g(X)|<\infty$ $\forall\vartheta\in\Theta$ gilt

$$\frac{\partial}{\partial\vartheta}\int g(x)f(x,\vartheta)d\mu(x)=\int g(x)\frac{\partial f(x,\vartheta)}{\partial\vartheta}d\mu(x)\quad\forall\vartheta\in\Theta. \tag{6.1.24}$$

Ist T erwartungstreu für $\vartheta\in\Theta$, so folgt hieraus (vgl. Aufg. 6.1.3), daß die Bedingungen (6.1.11) bis (6.1.13) erfüllt sind und daß $I(\vartheta)=1/\operatorname{Var}_\vartheta T(X)\in(0,\infty)$ $\forall\vartheta\in\Theta$ gilt. Daher ist in diesem Fall der erwartungstreue Schätzer

$$g(x_1,\ldots,x_n)=\frac{1}{n}\sum_{i=1}^{n}T(x_i) \tag{6.1.25}$$

nach Satz 6.1.5 gleichmäßig optimal, denn er nimmt die Cramér-Rao-Schranke für alle $\vartheta\in\Theta$ an,

$$\operatorname{Var}_\vartheta g(\underset{\sim}{X})=\left(\frac{1}{n}\right)^2\sum_{i=1}^{n}\operatorname{Var}_\vartheta T(X_i)=\frac{1}{nI(\vartheta)}\quad\forall\vartheta\in\Theta.$$

Die genannten Voraussetzungen werden sowohl von der Familie der Poisson(ϑ) Verteilungen als auch von der Familie der $\mathfrak{N}(\vartheta,\sigma^2)$-Verteilungen ($\sigma^2>0$ fest) in den obigen Beispielen erfüllt:

In Beispiel 6.1.7 ist nämlich für alle $\vartheta\in\Theta=(0,\infty)$

$$f(x,\vartheta)=1_{\mathbb{N}_0}(x)e^{-\vartheta}\vartheta^x/x!=1_{\mathbb{N}_0}(x)\exp\{x\log\vartheta-\vartheta-\log(x!)\},\quad x\in\mathbb{R}, \tag{6.1.26}$$

so daß mit $A = \mathbb{N}_0$, $c(\vartheta) = \log\vartheta$, $T(x) = x$, $S(x) = -\log(x!)$ und $\Theta = (0,\infty)$ eine 1-parametrige Exponentialfamilie in $c(\vartheta) = \log\vartheta$ und $T(x) = x$ vorliegt, für die außerdem $E_\vartheta T(X) = E_\vartheta X = \vartheta$ $\forall\vartheta \in \Theta$ gilt.

In Beispiel 6.1.8 gilt für alle $\vartheta \in \Theta$ und alle $x \in \mathbb{R}$

(6.1.27)
$$\begin{aligned} f(x,\vartheta) &= (2\pi\sigma^2)^{-1/2}\exp\{-(x-\vartheta)^2/2\sigma^2\} \\ &= \exp\{\frac{\vartheta}{\sigma^2}\, x - \frac{\vartheta^2}{2\sigma^2} - \frac{1}{2}\log(2\pi\sigma^2) - \frac{x^2}{2\sigma^2}\}, \end{aligned}$$

so daß mit $A = \mathbb{R}$, $c(\vartheta) = \vartheta/\sigma^2$, $T(x) = x$, $S(x) = -x^2/2\sigma^2$ und $\Theta = (-\infty,+\infty)$ eine 1-parametrige Exponentialfamilie in $c(\vartheta) = \vartheta/\sigma^2$ und $T(x) = x$ vorliegt, für die außerdem $E_\vartheta T(X) = E_\vartheta X = \vartheta$ $\forall\vartheta \in \Theta$ gilt.

6.2 Maximum Likelihood Schätzer

Im letzten Abschnitt haben wir die betrachteten Schätzer teilweise mit Hilfe des Gesetzes der großen Zahlen und teilweise aufgrund intuitiver Überlegungen konstruiert. Die Konstruktion von Schätzern mit Hilfe des Gesetzes der großen Zahlen kann leicht zum sogenannten Substitutionsprinzip für Erwartungswerte erweitert werden:

Gegeben seien i.i.d. ZV X_i, $i=1,\ldots,n$, mit Werten jeweils in $(\mathcal{X},\mathcal{B})$ und $\mathcal{L}(X_i) \in \{P_\vartheta : \vartheta \in \Theta\}$. Für den interessierenden $\mathbb{R}^k$-wertigen Parameterteil $\gamma(\vartheta)$ gebe es eine Darstellung

(6.2.1) $$\gamma(\vartheta) = T(E_\vartheta h_1(X_1),\ldots,E_\vartheta h_\ell(X_1)) \quad \forall\vartheta \in \Theta$$

mit $(\mathcal{X},\mathcal{B})$-$(\mathbb{R},\mathbb{B})$-meßbaren Funktionen $h_1,\ldots,h_\ell$ und *stetiger* Funktion $T : \mathbb{R}^\ell \to \mathbb{R}^k$. Dann lautet das *Substitutionsprinzip für E-Werte*: Verwende

(6.2.2) $$g(X_1,\ldots,X_n) := T(\frac{1}{n}\sum_{i=1}^n h_1(X_i),\ldots,\frac{1}{n}\sum_{i=1}^n h_\ell(X_i))$$

als Schätzer für $\gamma(\vartheta)$, denn wegen (5.6.29) und dem Gesetz der großen Zahlen gilt (für $n \to \infty$)

(6.2.3) $$P_\vartheta\text{-}\lim g(X_1,\ldots,X_n) = T(E_\vartheta h_1(X_1),\ldots,E_\vartheta h_\ell(X_1)) = \gamma(\vartheta) \;\forall\vartheta\in\Theta.$$

6.2.1 Beispiel: Für $\vartheta = (a,\sigma^2) \in \mathbb{R}\times(0,\infty) = \Theta$ seien $X_1,\ldots,X_n$ i.i.d. ZV mit $\mathcal{L}_\vartheta(X_i) = \mathcal{N}(a,\sigma^2)$. Dann gilt $\vartheta = (a,\sigma^2) = (E_\vartheta X_1, E_\vartheta X_1^2 - (E_\vartheta X_1)^2) = T(E_\vartheta X_1, E_\vartheta X_1^2)$ $\forall\vartheta \in \Theta$ mit stetiger Funktion $T(x,y) = (x, y-x^2)$, $(x,y) \in \mathbb{R}^2$. Daher liefert das Substitutionsprinzip für E-Werte den gegen $\vartheta = (a,\sigma^2)$ stochastisch konvergenten Schätzer

$$g(X_1,\ldots,X_n) = (\overline{X}_n, \frac{1}{n}\sum_{i=1}^{n} X_i^2-(\overline{X}_n)^2) = (\overline{X}_n, \frac{1}{n}\sum_{i=1}^{n}(X_i-\overline{X}_n)^2). \quad \square$$

Eine weitere, in der angewandten Statistik sehr gebräuchliche Methode zur Konstruktion von Schätzern haben wir (für diskrete Modelle) bereits in Abschnitt 3.3 vorgestellt, die *Maximum-Likelihood Methode*. Diese Methode wollen wir nun auf allgemeinere statistische Modelle erweitern und an Beispielen erläutern. Für ein *diskretes statistisches Modell* $\{P_\vartheta : \vartheta \in \Theta\}$ über dem Stichprobenraum X besagte das ML-Prinzip, daß bei gegebener Beobachtung $x \in X$ derjenige Parameterwert $\hat{\vartheta}(x) \in \Theta$ als Schätzung für ϑ verwendet werden sollte, unter dem die gegebene Beobachtung x die größte Eintrittswahrsch. besitzt, d.h.

$$(6.2.4) \qquad p(x,\hat{\vartheta}(x)) = \sup\{p(x,\vartheta) : \vartheta \in \Theta\},$$

wobei $p(\cdot,\vartheta)$ die Zähldichte von P_ϑ bezeichnet. Ist nun $(X,B,\{P_\vartheta : \vartheta \in \Theta\})$ ein *allgemeines statistisches Modell*, von dem wir jedoch voraussetzen, daß jedes P_ϑ eine μ-Dichte $f(\cdot,\vartheta)$ bezüglich eines gegebenen σ-endlichen Maßes μ über (X,B) besitzt, so läßt sich das ML-Prinzip i.a. nicht mehr wörtlich anwenden, denn $P_\vartheta\{x\}$ könnte für alle $x \in X$ und alle $\vartheta \in \Theta$ gleich Null sein (z.B. bei stetigen W-Maßen). Da aber für "kleine Umgebungen" $\Delta(x)$ von x in den meisten Fällen noch immer gilt

$$(6.2.5) \qquad P_\vartheta(\Delta(x)) = \int 1_{\Delta(x)}(y) f(y,\vartheta)d\mu(y) \approx f(x,\vartheta)\mu(\Delta(x)),$$

verallgemeinern wir das ML-Prinzip, indem wir in (6.2.4) statt einer Zähldichte $p(\cdot,\vartheta)$ allgemeiner eine μ-Dichte $f(\cdot,\vartheta)$ zulassen. Da Beispiele angegeben werden können, in denen die Motivation (6.2.5) versagt (vgl. Aufgabe 6.2.1), sollten ML-Schätzer nicht blindlings verwendet werden.

6.2.2 DEFINITION: *Gegeben sei ein statistisches Modell $(X,B,\{P_\vartheta : \vartheta \in \Theta\})$ mit Parameterraum $\Theta \in \mathbb{B}^k$. Jedes P_ϑ besitze bezüglich des σ-endlichen Maßes μ über (X,B) eine μ-Dichte $f(\cdot,\vartheta)$. Bei gegebener Beobachtung $x \in X$ heißt dann die Funktion $f(x,\cdot) : \Theta \to [0,\infty)$ die Likelihood-Funktion zu x, und $\hat{\vartheta}(x) \in \Theta$ heißt eine (zur Beobachtung x gehörige) Maximum-Likelihood Schätzung (ML-Schätzung) für $\vartheta \in \Theta$, wenn $\hat{\vartheta}(x)$ eine Maximalstelle der Likelihood-Funktion $f(x,\cdot)$ ist, d.h.*

$$(6.2.6) \qquad f(x,\hat{\vartheta}(x)) = \sup\{f(x,\vartheta) : \vartheta \in \Theta\}.$$

Existiert für jedes $x \in X$ [oder zumindest für jedes $x \in X \setminus N$ mit $P_\vartheta(N) = 0 \ \forall \vartheta \in \Theta$] eine ML-Schätzung $\hat{\vartheta}(x)$ und ist die hierdurch definierte Abbildung $\hat{\vartheta} : X \to \mathbb{R}^k$ eine $\mathcal{B} - \mathbb{B}^k$-meßbare Abbildung, so heißt $\hat{\vartheta}$ ein ML-Schätzer für $\vartheta \in \Theta$.

Für jedes $\vartheta \in \Theta$ seien $X_1, \dots, X_n$ stochastisch unabhängige ZV mit Werten jeweils in $(X_i, \mathcal{B}_i)$, und $L_\vartheta(X_i) = P_{i,\vartheta}$ besitze eine μ_i-Dichte $f_i(\cdot,\vartheta)$ mit σ-endlichem Maß μ_i über $(X_i, \mathcal{B}_i)$. Dann ist

$$(6.2.7) \qquad (X, \mathcal{B}, \{P_\vartheta : \vartheta \in \Theta\}) = \Big(\mathop{\times}_{i=1}^{n} X_i, \bigotimes_{i=1}^{n} \mathcal{B}_i, \{ \bigotimes_{i=1}^{n} P_{i,\vartheta} : \vartheta \in \Theta\}\Big)$$

das zu $\underset{\sim}{X} = (X_1, \dots, X_n)$ gehörige statistische Modell, und für jedes $\vartheta \in \Theta$ hat $L_\vartheta(\underset{\sim}{X}) = P_\vartheta$ nach Satz 5.4.5 bezüglich $\mu := \mu_1 \otimes \dots \otimes \mu_n$ die μ-Dichte

$$(6.2.8) \qquad f(\underset{\sim}{x}, \vartheta) = \prod_{i=1}^{n} f_i(x_i, \vartheta), \quad \underset{\sim}{x} = (x_1, \dots, x_n) \in X.$$

Für die Berechnung einer ML-Schätzung $\hat{\vartheta}(\underset{\sim}{x})$ ist es dann meistens bequemer, eine Maximalstelle der sogenannten <u>log-Likelihood-Funktion</u> $\ell(\underset{\sim}{x}, \cdot)$,

$$(6.2.9) \qquad \ell(\underset{\sim}{x}, \vartheta) := \log f(\underset{\sim}{x}, \vartheta) = \sum_{i=1}^{n} \log f_i(x_i, \vartheta), \quad \vartheta \in \Theta,$$

zu bestimmen, wobei wegen $f_i \geq 0$ und $\log(0) := -\infty$ die Menge der Maximalstellen von $f(\underset{\sim}{x}, \cdot)$ mit der Menge der Maximalstellen von $\ell(\underset{\sim}{x}, \cdot)$ übereinstimmt. Gilt z.B. $\vartheta = (\vartheta_1, \dots, \vartheta_k) \in \Theta \subset \mathbb{R}^k$ mit Θ offen in $\mathbb{R}^k$ und sind die Funktionen $f_i(x_i, \cdot)$ partiell nach den Komponenten von ϑ differenzierbar, so wird man eine ML-Schätzung $\hat{\vartheta}(\underset{\sim}{x})$ als Lösung der sogenannten <u>Likelihood-Gleichungen</u>

$$(6.2.10) \qquad \sum_{i=1}^{n} \frac{\partial \log f_i(x_i, \vartheta)}{\partial \vartheta_j} = 0, \quad j = 1, \dots, k,$$

zu bestimmen versuchen, wobei jedoch im Einzelfall noch gesichert werden muß, daß eine gefundene Lösung von (6.2.10) auch tatsächlich eine (globale) Maximalstelle von $\ell(\underset{\sim}{x}, \cdot)$ ist.

6.2.3 BEISPIEL *(Stichprobe aus einer $N(a,\sigma^2)$-Verteilung):* Für $n \geq 2$ und $\vartheta = (\vartheta_1, \vartheta_2) = (a, \sigma^2) \in \mathbb{R} \times (0, \infty) = \Theta$ seien $X_1, \dots, X_n$ i.i.d. ZV mit $L_\vartheta(X_i) = N(a, \sigma^2)$. Als λ_n-Dichte $f(\cdot, \vartheta)$ von $\underset{\sim}{X} = (X_1, \dots, X_n)$ unter $\vartheta = (a, \sigma^2) \in \Theta$ ergibt sich in diesem Fall

$$(6.2.11) \qquad f(\underset{\sim}{x}, \vartheta) = (2\pi\sigma^2)^{-n/2} \exp\Big\{-\frac{1}{2\sigma^2} \sum_{i=1}^{n} (x_i - a)^2\Big\}, \quad \underset{\sim}{x} \in \mathbb{R}^n.$$

Die Likelihood-Gleichungen (6.2.10) lauten somit

$$(6.2.12)\quad \begin{aligned} 0 &= \frac{\partial \log f(\underset{\sim}{x},\vartheta)}{\partial a} = \frac{1}{\sigma^2}\sum_{i=1}^{n}(x_i-a) = \frac{n}{\sigma^2}(\bar{x}_n-a),\\ 0 &= \frac{\partial \log f(\underset{\sim}{x},\vartheta)}{\partial(\sigma^2)} = -\frac{n}{2}\frac{1}{\sigma^2}+\frac{1}{2\sigma^4}\sum_{i=1}^{n}(x_i-a)^2. \end{aligned}$$

Das Gleichungssystem (6.2.12) hat offenbar *genau eine* Lösung

$$(6.2.13)\quad \hat{\vartheta}(\underset{\sim}{x}) = (\hat{a}(\underset{\sim}{x}),\hat{\sigma}^2(\underset{\sim}{x})) = (\bar{x}_n, \frac{1}{n}\sum_{i=1}^{n}(x_i-\bar{x}_n)^2),$$

falls nur $\hat{\sigma}^2(\underset{\sim}{x}) > 0$ gilt, was ohne Einschränkung angenommen werden kann; nach Aufg. 5.1.4 gilt nämlich $P_\vartheta\{\hat{\sigma}^2(\underset{\sim}{X}) = 0\} = P_\vartheta\{X_1 = \ldots = X_n\} = 0 \ \forall\vartheta \in \Theta$. Wegen $f(\underset{\sim}{x},\vartheta) \geq 0$ und $f(\underset{\sim}{x},\vartheta) \to 0$ für $\vartheta \to \text{Rand}(\Theta)$ ist $\hat{\vartheta}(\underset{\sim}{x})$ notwendigerweise eine (globale) Maximalstelle der Likelihood-Funktion. Die meßbare Abbildung $\hat{\vartheta} : \mathbb{R}^n \to \mathbb{R}^2$ gemäß (6.2.13) ist also ein (eindeutig bestimmter) ML-Schätzer für $\vartheta = (a,\sigma^2) \in \Theta$ in diesem Normalverteilungsmodell. Er stimmt mit dem in Beispiel 6.2.1 nach dem Substitutionsprinzip für E-Werte hergeleiteten Schätzer überein. Man beachte jedoch, daß der ML-Schätzer $\hat{\sigma}^2(\underset{\sim}{X})$ sich von der erwartungstreuen Stichprobenvarianz $S_{XX,n}$ um den Faktor $n/(n-1)$ unterscheidet,

$$(6.2.14)\quad S_{XX,n} = \frac{n}{n-1}\hat{\sigma}^2(\underset{\sim}{X}). \quad \square$$

ML-Schätzer sind zwar allein aufgrund intuitiver Kriterien eingeführt worden, man kann aber in vielen Modellen (vgl. z.B. das obige Beispiel) Güteeigenschaften für ML-Schätzer asymptotisch $(n \to \infty)$ nachweisen, wie z.B. die asymptotische E-treue

$$(6.2.15)\quad \lim_{n\to\infty} E_\vartheta \hat{\vartheta}(X_1,\ldots,X_n) = \vartheta \quad \forall\vartheta \in \Theta,$$

die stochastische Konvergenz gegen ϑ (Konsistenz)

$$(6.2.16)\quad P_\vartheta\text{-}\lim_{n\to\infty} \hat{\vartheta}(X_1,\ldots,X_n) = \vartheta \quad \forall\vartheta \in \Theta,$$

oder die asymptotische Annahme der Cramér-Rao-Schranke

$$(6.2.17)\quad \lim_{n\to\infty} n \operatorname{Var}_\vartheta \hat{\vartheta}(X_1,\ldots,X_n) = 1/I(\vartheta) \ \forall\vartheta \in \Theta .$$

Weitergehende Aussagen über das asymptotische Verhalten von ML-Schätzern findet man z.B. in Witting/Nölle (1970) oder Lehmann (1983).

Wir werden nun das Beispiel 6.1.3 aufgreifen und zeigen, daß dort der Schätzer $M_n = \max(X_1,\dots,X_n)$ ein ML-Schätzer ist.

6.2.4 BEISPIEL *(Stichprobe aus einer $R(0,\vartheta)$-Verteilung):* Ist $X_1,\dots,X_n$ eine Stichprobe aus $R(0,\vartheta)$ mit Parameter $\vartheta \in \Theta = (0,\infty)$, so besitzt $L_\vartheta(X_1,\dots,X_n)$ die λ_n-Dichte

$$f(\underset{\sim}{x},\vartheta) = \vartheta^{-n} \prod_{i=1}^{n} 1_{[0,\vartheta]}(x_i)$$

(6.2.18)

$$= \vartheta^{-n}\, 1_{[0,\infty)}(\min(x_1,\dots,x_n))\, 1_{[0,\vartheta]}(\max(x_1,\dots,x_n)).$$

Wegen $P_\vartheta\{\min(X_1,\dots,X_n) < 0\} = 0 \ \forall \vartheta \in \Theta$ ergibt sich sofort $\hat{\vartheta}(\underset{\sim}{x}) = \max(x_1,\dots,x_n)$ als (eindeutiger) ML-Schätzer für $\vartheta \in \Theta$. Aus Beispiel 6.1.3 ist bekannt

$$(6.2.19)\qquad E_\vartheta \hat{\vartheta}(X_1,\dots,X_n) = \frac{n}{n+1}\vartheta \quad \forall \vartheta \in \Theta,$$

so daß auch hier der ML-Schätzer nur approximativ erwartungstreu ist. □

6.2.5 BEISPIEL *(Stichprobe aus einer Doppelexponentialverteilung):* Für $n \geq 2$ und jedes $\vartheta \in \Theta = \mathbb{R}$ seien $X_1,\dots,X_n$ i.i.d. ZV mit $L_\vartheta(X_i) =$ Doppelexponential(ϑ) Verteilung, die durch eine Lebesgue-Dichte der Form

$$(6.2.20)\qquad f_i(y,\vartheta) = \frac{1}{2}\exp\{-|y-\vartheta|\},\ y \in \mathbb{R},$$

definiert ist. Für gegebene Beobachtung $\underset{\sim}{x} = (x_1,\dots,x_n) \in \mathbb{R}^n$ erhalten wir daher die log-Likelihood-Funktion

$$\ell(\underset{\sim}{x},\vartheta) = \sum_{i=1}^{n} \log f_i(x_i,\vartheta) = -n\log 2 - \sum_{i=1}^{n} |x_i-\vartheta|,\quad \vartheta \in \Theta.$$

Gesucht ist nun eine Maximalstelle von $\ell(\underset{\sim}{x},\cdot)$ bzw. eine Minimalstelle $\hat{\vartheta}(\underset{\sim}{x})$ der Funktion $h : \Theta \to \mathbb{R}$ gemäß

$$(6.2.21)\qquad h(\vartheta) := \sum_{i=1}^{n} |\vartheta - x_i|,\quad \vartheta \in \Theta = \mathbb{R}.$$

Nach Auf. 5.1.4 gilt $P_\vartheta\{X_i=X_j\} = 0 \ \forall i \neq j,\ \forall \vartheta \in \Theta$, so daß ohne Einschränkung $x_i \neq x_j \ \forall i \neq j$ vorausgesetzt werden kann. Werden nun mit $x_{(1)} < x_{(2)} < \dots < x_{(n)}$ die der Größe nach geordneten Beobachtungen bezeichnet, so hat h die Darstellung $h(\vartheta) = \sum|\vartheta - x_{(i)}|$. Hieraus folgt sofort, daß h auf $(-\infty, x_{(1)}]$ streng monoton fällt und auf $[x_{(n)},\infty)$ streng monoton wächst, also gilt notwendigerweise

$x_{(1)} \leq \hat{\vartheta}(\underset{\sim}{x}) \leq x_{(n)}$.

Sei nun $m \in \{1,\ldots,n-1\}$ und $x_{(m)} \leq \vartheta < x_{(m+1)}$. Für $\varepsilon > 0$ mit $\vartheta + \varepsilon \leq x_{(m+1)}$ gilt dann

$$h(\vartheta+\varepsilon) - h(\vartheta) = \sum_{i=1}^{m} \varepsilon + \sum_{i=m+1}^{n} (-\varepsilon) = (2m-n)\varepsilon.$$

Insgesamt ist also h streng monoton fallend auf $(-\infty, x_{(m+1)}]$, falls $m < n/2$ gilt, und h ist streng monoton wachsend auf $[x_{(m)}, \infty)$, falls $m > n/2$ gilt. Außerdem ist h konstant auf $[x_{(m)}, x_{(m+1)}]$, falls $m=n/2$ gilt. Bei ungeradem Stichprobenumfang $n=2m+1$ ist daher $\hat{\vartheta}(\underset{\sim}{x}) = x_{(m+1)}$ die eindeutige Minimalstelle von h, während bei geradem Stichprobenumfang $n=2m$ jeder Punkt des Intervalls $[x_{(m)}, x_{(m+1)}]$ eine Minimalstelle von h ist; man wählt dann meistens den Mittelpunkt des Intervalls als ML-Schätzung, d.h. $\hat{\vartheta}(\underset{\sim}{x}) = (x_{(m)}+x_{(m+1)})/2$. Offenbar hat $\hat{\vartheta}(\underset{\sim}{x})$ die Eigenschaft, daß gleich viele Punkte der Stichprobe $x_1,\ldots,x_n$ unterhalb bzw. oberhalb von $\hat{\vartheta}(\underset{\sim}{x})$ liegen,

$$(6.2.22) \qquad |\{i\in\{1,\ldots,n\}: x_i < \hat{\vartheta}(\underset{\sim}{x})\}| = |\{i\in\{1,\ldots,n\}: x_i > \hat{\vartheta}(\underset{\sim}{x})\}|.$$

Eine Zahl $\hat{\vartheta}(\underset{\sim}{x})$ mit der Eigenschaft (6.2.22) heißt *Stichproben-Median von* $x_1,\ldots,x_n$. Bei einer Stichprobe aus einer Doppelexponential(ϑ) Verteilung mit $\vartheta \in \mathbb{R}$ ist also jeder (meßbare) Stichproben-Median ein ML-Schätzer für $\vartheta \in \mathbb{R}$. □

ML-Schätzer besitzen die angenehme Eigenschaft, bei Umparametrisierungen mittransformiert zu werden. Wird nämlich anstelle des Parameters ϑ der Parameter $\gamma = g(\vartheta)$ verwendet, wobei g injektiv sei, so gilt: Ist $\hat{\vartheta}$ ML-Schätzer von ϑ, so ist $g(\hat{\vartheta})$ ML-Schätzer von $\gamma = g(\vartheta)$. Etwas allgemeiner kann man auch für nicht notwendig injektive Funktionen g die folgende Invarianzeigenschaft für ML-Schätzer zeigen.

6.2.6 SATZ *(Invarianzeigenschaft von ML-Schätzern): Die Voraussetzungen seien wie in Definition 6.2.2. Mit* $g : \Theta \to \mathbb{R}^m$ *und* $\Gamma := \{g(\vartheta) : \vartheta \in \Theta\} \subset \mathbb{R}^m$ *sei* $g(\vartheta) \in \Gamma$ *der interessierende Parameterteil. Dann gilt:*

Ist $\hat{\vartheta}(x)$ *eine ML-Schätzung für* $\vartheta \in \Theta$, *so ist* $g(\hat{\vartheta}(x))$ *eine ML-Schätzung für den Parameterteil* $g(\vartheta) \in \Gamma$, *und zwar im folgenden Sinne: Der Punkt* $g(\hat{\vartheta}(x)) \in \Gamma$ *ist Maximalstelle der Likelihood-Funktion*

$$(6.2.23) \qquad M(x,\gamma) := \sup\{f(x,\vartheta) : \vartheta \in \Theta \text{ mit } g(\vartheta) = \gamma\}, \quad \gamma \in \Gamma,$$

des Parameterteils, d.h. es gilt

(6.2.24) $M(x,g(\hat{\vartheta}(x))) = \sup\{M(x,\gamma) : \gamma \in \Gamma\}$.

Beweis: $M(x,g(\hat{\vartheta}(x))) = \sup\{f(x,\vartheta) : \vartheta \in \Theta \text{ mit } g(\vartheta) = g(\hat{\vartheta}(x))\} = \sup\{f(x,\vartheta) : \vartheta \in \Theta\} = \sup\{\sup\{f(x,\vartheta) : \vartheta \in \Theta \text{ mit } g(\vartheta) = \gamma\} : \gamma \in \Gamma\} = \sup\{M(x,\gamma) : \gamma \in \Gamma\}$. □

6.2.7 BEISPIEL *(Stichprobe aus einer Log-Normalverteilung)*:

Für $n \geq 2$ und $\vartheta = (a,\sigma^2) \in \mathbb{R} \times (0,\infty) = \Theta$ sei $X_1,\dots,X_n$ eine Stichprobe mit $\mathcal{L}_\vartheta(\log X_i) = \mathcal{N}(a,\sigma^2)$; also insbesondere $X_i > 0$ P_ϑ-fast sicher $\forall \vartheta \in \Theta$.

Nach Aufg. 5.6.2 gilt für alle $\vartheta \in \Theta$

$$
\begin{aligned}
g_1(\vartheta) &:= E_\vartheta X_1 = \exp\{a+\sigma^2/2\},\\
g_2(\vartheta) &:= \mathrm{Var}_\vartheta X_1 = \exp^2\{a+\sigma^2/2\}(\exp\{\sigma^2\}-1),
\end{aligned}
\tag{6.2.25}
$$

so daß durch $\gamma := g(\vartheta) := (g_1(\vartheta),g_2(\vartheta)) \in (0,\infty)^2 =: \Gamma$ eine neue Parametrisierung des Modells (mit den natürlichen Parametern E-Wert und Varianz) eingeführt werden kann.
Gesucht sei nun ein ML-Schätzer $\hat{\gamma}$ für diesen neuen Parameter γ.

Wegen $P_\vartheta\{X_i \leq y\} = P_\vartheta\{\log X_i \leq \log y\} = \Phi(\frac{\log(y)-a}{\sigma})$, $y > 0$, hat $\mathcal{L}_\vartheta(X_i)$ die Lebesgue-Dichte

$$f_i(y,\vartheta) = \frac{1}{\sigma}\,\varphi\Big(\frac{\log(y)-a}{\sigma}\Big)\,\frac{1}{y}\,1_{(0,\infty)}(y),\quad y \in \mathbb{R}. \tag{6.2.26}$$

Der (eindeutige) ML-Schätzer $\hat{\vartheta} = (\hat{a},\hat{\sigma}^2)$ für $\vartheta = (a,\sigma^2) \in \Theta$ ergibt sich völlig analog zu Beispiel 6.2.3 gemäß

$$\hat{a}(\underset{\sim}{X}) = \frac{1}{n}\sum_{i=1}^{n}\log X_i,\quad \hat{\sigma}^2(\underset{\sim}{X}) = \frac{1}{n}\sum_{i=1}^{n}\{\log(X_i)-\hat{a}(\underset{\sim}{X})\}^2. \tag{6.2.27}$$

Nach Satz 6.2.6 ist damit der (eindeutige) ML-Schätzer $\hat{\gamma} = (\hat{\gamma}_1,\hat{\gamma}_2)$ für $\gamma = (\gamma_1,\gamma_2) \in \Gamma$ gegeben durch

$$\hat{\gamma}_1 = \exp\{\hat{a} + \tfrac{1}{2}\hat{\sigma}^2\},\quad \hat{\gamma}_2 = \hat{\gamma}_1^2 \cdot \{\exp(\hat{\sigma}^2)-1\}. \tag{6.2.28}$$ □

6.2.8 BEISPIEL *(Stichprobe aus einer Exponential Verteilung)*:

$X_1,\dots,X_n$ seien die stochastisch unabhängigen Lebensdauern von n radioaktiven Atomen, und zwar jeweils mit der gleichen Exponential(ϑ) Verteilung, $\vartheta \in \Theta = (0,\infty)$. Für $\vartheta \in \Theta$ besitzt $\mathcal{L}_\vartheta(X_i)$ also die Lebesgue-Dichte

$$f_i(y,\vartheta) = \vartheta\,\exp(-\vartheta y)\,1_{(0,\infty)}(y),\quad y \in \mathbb{R}. \tag{6.2.29}$$

Der ML-Schätzer $\hat{\vartheta}(\underset{\sim}{X})$ für $\vartheta \in \Theta$ läßt sich sehr leicht berechnen:

(6.2.30) $$\hat{\vartheta}(\underset{\sim}{X}) = 1/(\frac{1}{n}\sum_{i=1}^{n} X_i) = 1/\overline{X}_n.$$

Für einen vorgegebenen Wert $c > 0$ soll nun der Parameterteil $\gamma = g(\vartheta) = P_\vartheta\{X_1 \leq c\} = 1 - \exp(-c\vartheta) \in (0,1) = \Gamma$ geschätzt werden. Nach Satz 6.2.6 ist

(6.2.31) $$\hat{\gamma}(\underset{\sim}{X}) = g(\hat{\vartheta}(\underset{\sim}{X})) = 1 - \exp(-c/\overline{X}_n)$$

der ML-Schätzer für $\gamma \in \Gamma$. Wegen $P_\vartheta\text{-}\lim \overline{X}_n = 1/\vartheta$ und wegen (5.6.28) ist $\hat{\gamma}(\underset{\sim}{X})$ *konsistent* für $\gamma = g(\vartheta)$, d.h. es gilt

(6.2.32) $$P_\vartheta - \lim_{n\to\infty} \hat{\gamma}(\underset{\sim}{X}_n) = g(\vartheta) \quad \forall \vartheta \in \Theta.$$

Da Satz 5.2.21 (Lebesgue) auch für stochastisch konvergente Folgen statt für f.s. konvergente Folgen aus (5.2.39) gezeigt werden kann (s. Bauer 1978), folgt, daß $\hat{\gamma}(\underset{\sim}{X}_n)$ *asymptotisch erwartungstreu* für $\gamma \in \Gamma$ ist, d.h.

(6.2.33) $$\lim_{n\to\infty} E_\vartheta \hat{\gamma}(\underset{\sim}{X}_n) = g(\vartheta) \quad \forall \vartheta \in \Theta.$$

Man kann außerdem zeigen, daß gilt

(6.2.34) $$\lim_{n\to\infty} n \operatorname{Var}_\vartheta \hat{\gamma}(\underset{\sim}{X}_n) = (c\vartheta)^2 \exp(-2c\vartheta) \quad \forall \vartheta \in \Theta.$$

Wählt man anstelle von $\hat{\gamma}(\underset{\sim}{X}_n)$ den nach dem Gesetz der großen Zahlen naheliegenden (erwartungstreuen) Schätzer

(6.2.35) $$h_n(X_1,\ldots,X_n) = \frac{1}{n}\sum_{i=1}^{n} 1_{(-\infty,c]}(X_i)$$

für $\gamma = g(\vartheta)$, so gilt im Gegensatz zu (6.2.34) für die Varianz von h_n die Beziehung

(6.2.36) $$n \operatorname{Var}_\vartheta h_n(\underset{\sim}{X}_n) = \{1-\exp(-c\vartheta)\}\exp(-c\vartheta) \quad \forall \vartheta \in \Theta.$$

Wegen $\exp(y) - y^2 - 1 > 0 \ \forall y > 0$ gilt die Abschätzung

$$(c\vartheta)^2\exp(-2c\vartheta) < \{1-\exp(-c\vartheta)\}\exp(-c\vartheta) \quad \forall \vartheta \in \Theta \quad \forall c > 0.$$

Daher folgt aus (6.2.33) bis (6.2.36), daß der ML-Schätzer $\hat{\gamma}(\underset{\sim}{X}_n)$ zumindest für hinreichend großen Stichprobenumfang n besser ist als der Schätzer $h_n(\underset{\sim}{X}_n)$. □

6.2.9 BEISPIEL *(Krebssterbefälle in Hamburg):* Wir wollen hier das Krebssterbeverhalten der 30- bis 70-jährigen Hamburger Bevölkerung in einem Kalenderjahr durch ein einfaches statistisches Modell beschreiben und für das Kalenderjahr 1974 die unbekannten Modellparameter aus den beobachteten Daten schätzen.

Da aus Beispiel 3.2.7 klar ist, daß Unterschiede zwischen dem weiblichen und dem männlichen Krebssterbeverhalten bestehen, beschränken wir uns hier auf die männliche Bevölkerung. Nach Beispiel 3.2.7 ist ebenfalls klar, daß die sehr starke Altersabhängigkeit des Krebssterberisikos in unserem Modell berücksichtigt werden muß. Aus diesem Grunde zerlegen wir die 30- bis 70-jährige männliche Hamburger Bevölkerung des betreffenden Kalenderjahres in die acht Altersklassen $K_1 = [30\ J,\ 35\ J)$, $K_2 = [35\ J,\ 40\ J), \ldots,$ $K_8 = [65\ J,\ 70\ J)$. Im ersten Schritt modellieren wir die (zufällige) Anzahl von männlichen Personen in K_i durch eine Poisson(λ_i) verteilte ZV N_i, $i=1,\ldots,8$, wobei $N_1,\ldots,N_8$ zusätzlich als stochastisch unabhängig angenommen werden.

Im zweiten Schritt modellieren wir analog zu Beispiel 3.2.7 für jedes $i=1,\ldots,8$ die Übergangsverteilung der Anzahl der Krebstoten bei gegebenem N_i durch eine Binomial(N_i,p_i) Verteilung. Im Gesamtmodell (Koppelung der beiden Teilmodelle) bezeichne im folgenden X_i die Anzahl der Krebstoten der Altersklasse K_i. Dann sind die $\mathbb{R}^2$-wertigen diskreten ZV $(N_1,X_1),\ldots,(N_8,X_8)$ nach Bemerkung 5.4.10 stochastisch unabhängig, und $L(N_i,X_i)$ besitzt die Zähldichte $f_i : \mathbb{R}^2 \to [0,1]$ gemäß (für $n \in \mathbb{N}_0$ und $x \in \{0,1,\ldots,n\}$)

$$(6.2.37)\qquad f_i(n,x) = \exp(-\lambda_i)\lambda_i^n(n!)^{-1}\binom{n}{x}p_i^x(1-p_i)^{n-x}.$$

Werden an die Parameter λ_i,p_i keine weiteren Voraussetzungen als $\lambda_i \in (0,\infty)$ und $p_i \in (0,1)$ gestellt (*saturiertes Modell*), so kann offenbar die ML-Schätzung der Parameter durch Maximierung der einzelnen Summanden

$$(6.2.38)\qquad \ell_i(\lambda_i,p_i) = -\lambda_i+n_i\log\lambda_i+x_i\log p_i+(n_i-x_i)\log(1-p_i)+ + \log\{\binom{n_i}{x_i}/n_i!\}$$

der log-Likelihood-Funktion $\sum_{i=1}^{8}\ell_i(\lambda_i,p_i)$ gewonnen werden.
Nach Beispiel 3.3.2 und Aufgabe 3.4.1 erhalten wir unter obigen Voraussetzungen die ML-Schätzer

$$(6.2.39)\qquad \hat\lambda_i(\underset{\sim}{N},\underset{\sim}{X}) = N_i,\ \hat p_i(\underset{\sim}{N},\underset{\sim}{X}) = X_i/N_i,\ i=1,\ldots,8.$$

Wesentlich interessanter ist eine Parametrisierung, die die

bekanntlich starke Zunahme des Krebssterberisikos mit dem Alter berücksichtigt. Wir fordern daher jetzt für die Krebssterbewahrsch. p_i eine sogenannte <u>Logit-Darstellung</u> der Form

(6.2.40) $\quad p_i = F(\alpha+i\beta),\ i=1,\dots,8,$

wobei nun $(\alpha,\beta) \in \mathbb{R}^2$ unbekannte Parameter seien und F die <u>logistische Verteilungsfunktion</u>

(6.2.41) $\quad F(x) = \dfrac{1}{1+e^{-x}} = \dfrac{e^x}{1+e^x},\ x \in \mathbb{R},$

bezeichne. Üblicherweise bezeichnet man mit *Logit(p)*, $0 < p < 1$, den Ausdruck $\mathrm{Logit}(p) = \log(p/(1-p))$. Wählt man $p_i/(1-p_i)$ als Maß für das Krebssterberisiko der Altersgruppe K_i, so ist $\mathrm{Logit}(p_i)$ das logarithmierte Risiko. Der Ansatz (6.2.40) bedeutet gerade ein lineares Ansteigen des logarithmierten Krebssterberisikos mit dem Alter,

(6.2.42) $\quad \mathrm{Logit}(p_i) = \alpha + i\beta,\ i=1,\dots,8.$

Bei gegebener Beobachtung $(\underset{\sim}{n},\underset{\sim}{x}) = (n_1,\dots,n_8,x_1,\dots,x_8)$ hat hier die log-Likelihood-Funktion ℓ die Form

(6.2.43)
$$\begin{aligned}\ell(\vartheta) &= \sum_{i=1}^{8} \{-\lambda_i + n_i \log \lambda_i + x_i \log\left(\frac{p_i}{1-p_i}\right) + n_i \log(1-p_i)\} + \text{const.}\\ &= \sum_{i=1}^{8} \{-\lambda_i + n_i \log \lambda_i\} + \sum_{i=1}^{8} \{x_i(\alpha+i\beta) - n_i \log(1+e^{\alpha+i\beta})\} + \text{const.},\end{aligned}$$

und zwar mit $\vartheta := (\lambda_1,\dots,\lambda_8,\alpha,\beta) \in (0,\infty)^8 \times \mathbb{R}^2 =: \Theta$. Zur Berechnung der ML-Schätzung $\hat{\vartheta}(\underset{\sim}{n},\underset{\sim}{x})$ können offenbar die beiden Summen unabhängig voneinander maximiert werden. Die Maximierung der ersten Summe liefert wie im obigen saturierten Modell

(6.2.44) $\quad \hat{\lambda}_i(\underset{\sim}{n},\underset{\sim}{x}) = n_i,\ i=1,\dots,8.$

Dagegen ist die Maximierung der zweiten Summe in diesem Logit-Modell nicht explizit möglich. Es kann jedoch gezeigt werden, daß die zweite Summe als Funktion von $(\alpha,\beta) \in \mathbb{R}^2$ konkav ist und daß im Falle $0 < x_i < n_i$, $i=1,\dots,8$, die eindeutige Maximalstelle als eindeutige Nullstelle der partiellen Ableitungen nach α und β gewonnen werden kann; dann ist also $(\hat{\alpha}(\underset{\sim}{n},\underset{\sim}{x}),\hat{\beta}(\underset{\sim}{n},\underset{\sim}{x}))$ eindeutige Lösung in $\mathbb{R}^2$ von

(6.2.45) $h_1(\alpha,\beta)=0,\ h_2(\alpha,\beta)=0$

mit

(6.2.46)
$$h_1(\alpha,\beta) := \sum_{i=1}^{8} x_i - \sum_{i=1}^{8} n_i F(\alpha+i\beta),$$
$$h_2(\alpha,\beta) := \sum_{i=1}^{8} ix_i - \sum_{i=1}^{8} in_i F(\alpha+i\beta),\quad (\alpha,\beta)\in\mathbb{R}^2.$$

Unter den angegebenen Voraussetzungen kann die Lösung von (6.2.46) durch Newton-Iteration berechnet werden:

(6.2.47)
$$\begin{bmatrix}\alpha_{k+1}\\ \beta_{k+1}\end{bmatrix} = \begin{bmatrix}\alpha_k\\ \beta_k\end{bmatrix} - \begin{bmatrix}h_{11}(\alpha_k,\beta_k), h_{12}(\alpha_k,\beta_k)\\ h_{21}(\alpha_k,\beta_k), h_{22}(\alpha_k,\beta_k)\end{bmatrix}^{-1} \begin{bmatrix}h_1(\alpha_k,\beta_k)\\ h_2(\alpha_k,\beta_k)\end{bmatrix}$$

mit

(6.2.48)
$$h_{11}(\alpha,\beta) = \frac{\partial h_1(\alpha,\beta)}{\partial\alpha} = -\sum_{i=1}^{8} n_i F'(\alpha+i\beta),$$
$$h_{12}(\alpha,\beta) = \frac{\partial h_1(\alpha,\beta)}{\partial\beta} = -\sum_{i=1}^{8} in_i F'(\alpha+i\beta),$$
$$h_{21}(\alpha,\beta) = \frac{\partial h_2(\alpha,\beta)}{\partial\alpha} = h_{12}(\alpha,\beta),$$
$$h_{22}(\alpha,\beta) = \frac{\partial h_2(\alpha,\beta)}{\partial\beta} = -\sum_{i=1}^{n} i^2 n_i F'(\alpha+i\beta)$$

und

(6.2.49) $F'(x)=e^{-x}/(1+e^{-x})^2=F(x)(1-F(x)),\ x\in\mathbb{R}.$

Benutzen wir die Abkürzungen $h_{ik}=h_i(\alpha_k,\beta_k)$, $h_{ijk}=h_{ij}(\alpha_k,\beta_k)$ und

(6.2.50) $d_k := h_{11k}\,h_{22k} - h_{12k}^2,$

so hat die Iterationsformel (6.2.47) wegen $h_{12k}=h_{21k}$ die explizite Darstellung

(6.2.51)
$$\alpha_{k+1} = \alpha_k + (h_{12k}h_{2k}-h_{22k}h_{1k})/d_k,$$
$$\beta_{k+1} = \beta_k + (h_{12k}h_{1k}-h_{11k}h_{2k})/d_k,\quad k\in\mathbb{N}_0,$$

wobei wegen (6.2.39) und (6.2.42) gute Anfangswerte (α_0,β_0) durch (optische) Anpassung einer Geraden $(t,\alpha+\beta t)$, $t\in\mathbb{R}$, an die Punkte $(i,\mathrm{Logit}(x_i/n_i))$, $i=1,\ldots,8$, gewonnen werden können.

Die im Kalenderjahr 1974 für die Altersklassen K_i, $i=1,\ldots,8$, in Hamburg beobachteten männlichen Bevölkerungszahlen n_i und männlichen Krebssterbefälle x_i sind in Tabelle 6.2.1 angegeben (vgl. Statistik des Hamburgischen Staates, Heft 116), und zwar zusammen mit den ML-Schätzungen x_i/n_i bzw. $F(\hat{\alpha}(\underset{\sim}{n},\underset{\sim}{x}) + i\hat{\beta}(\underset{\sim}{n},\underset{\sim}{x}))$ für die Krebssterbewahrscheinlichkeiten p_i im saturierten Modell bzw. im Logit-Modell (6.2.40).

Die Iteration (6.2.51) im Logit-Modell wurde mit den graphisch ermittelten Anfangswerten $\alpha_o = -9.0$ und $\beta_o = 0.53$ durchgeführt und lieferte die Schätzungen

(6.2.52) $\hat{\alpha}(\underset{\sim}{n},\underset{\sim}{x}) = -8.996501, \quad \hat{\beta}(\underset{\sim}{n},\underset{\sim}{x}) = 0.5683399.$

Die zugehörige (geschätzte) Gerade $\hat{\alpha}+\hat{\beta}t$, $t \in \mathbb{R}$, ist zusammen mit den Werten Logit (x_i/n_i), $i=1,\ldots,8$, in Abbildung 6.2.1 dargestellt. Auch wenn die Übereinstimmung der beiden letzten Spalten in Tabelle 6.2.1 bzw. die Anpassung von $\hat{\alpha}+i\hat{\beta}$ an die transformierten Beobachtungen in Abbildung 6.2.1 recht gut ist, kann nicht ohne weiteres entschieden werden, ob die hier benutzte Logit-Parametrisierung (6.2.40) [d.h. die Annahme einer linearen Abhängigkeit des logarithmierten Krebssterberisikos vom Lebensalter] zur Modellierung des Krebssterbeverhaltens ausreicht. Zur Klärung dieser Frage kann ein (gegenüber Abschnitt 5.7 verallgemeinerter) χ^2-Anpassungstest oder der Likelihood-Quotienten-Test herangezogen werden, vgl. z.B. Witting/Nölle (1970), Abschn. 2.7 und 2.8.

i	K_i	n_i	x_i	x_i/n_i	$F(\hat{\alpha}+i\hat{\beta})$
1	[30J,35J)	76612	13	.000170	.000219
2	[35J,40J)	72615	21	.000289	.000386
3	[40J,45J)	50878	33	.000649	.000681
4	[45J,50J)	49059	65	.001325	.001201
5	[50J,55J)	45316	111	.002449	.002119
6	[55J,60J)	31274	118	.003773	.003734
7	[60J,65J)	47637	318	.006675	.006573
8	[65J,70J)	45792	514	.011225	.011546

<u>Tabelle 6.2.1:</u> Männliche Bevölkerungszahlen n_i und Krebssterbefälle x_i für die Altersklassen K_i in Hamburg im Kalenderjahr 1974.

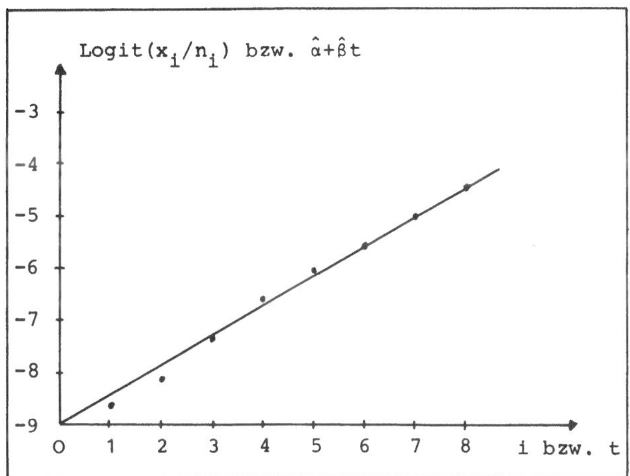

Abb. 6.2.1: Schätzung des Krebssterberisikos im Logit-Modell für das Kalenderjahr 1974.

i	K_i	n_i	x_i	x_i/n_i	$F(\hat{\alpha}+i\hat{\beta})$
1	[30J,35J)	54005	14	.000259	.000261
2	[35J,40J)	52830	30	.000568	.000452
3	[40J,45J)	38053	29	.000762	.000782
4	[45J,50J)	61571	73	.001186	.001352
5	[50J,55J)	67319	149	.002213	.002338
6	[55J,60J)	63306	258	.004075	.004039
7	[60J,65J)	47479	360	.007582	.006969
8	[65J,70J)	37342	430	.011515	.012000

Tabelle 6.2.2: Männliche Bevölkerungszahlen n_i und Krebssterbefälle x_i für die Altersklassen K_i in Hamburg im Kalenderjahr 1959.

Schätzungen für 1959: $\hat{\alpha} = -8.798755$, $\hat{\beta} = 0.548497$.

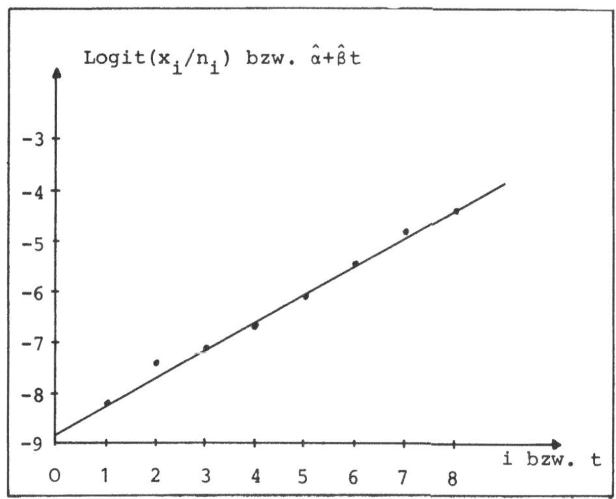

Abb. 6.2.2: Schätzung des Krebssterberisikos im Logit-Modell für das Kalenderjahr 1959.

6.3 Kleinste Quadrate Schätzer

In diesem Abschnitt soll eine in der Praxis unentbehrliche Schätzmethode vorgestellt werden, die sogen. Methode der kleinsten Quadrate. Die nach dieser Methode gewonnenen Schätzer werden wegen der englischsprachigen Bezeichnung "Least Squares Estimators" häufig kurz als *LS-Schätzer* bezeichnet.

In der Praxis kommt es häufig vor, daß aufgrund gewisser Modellvorstellungen der Wert einer Größe x in bekannter Form von unbekannten Parametern $\underset{\sim}{\vartheta} = (\vartheta_1, \ldots, \vartheta_k) \in \Theta \subset \mathbb{R}^k$ abhängt, z.B. kann man einen linearen Zusammenhang zwischen der Höhe x einer Pflanze und ihrem Alter z annehmen, sofern dieses nicht zu groß ist (d.h. die Pflanze noch nicht ausgewachsen ist). Es besteht dann eine lineare Beziehung $x = \vartheta_1 + \vartheta_2 z$, wobei z einen vorgegebenen Wert (z.B. das Alter) darstellt, die Parameterwerte ϑ_1 und ϑ_2 aber unbekannt sind. Tatsächlich wird man im obigen Beispiel - selbst im Fall, daß ϑ_1 und ϑ_2 bekannt sind - zufallsbedingte Abweichungen vom "wahren"

Wert x erhalten. Dies kann man modellmäßig berücksichtigen, indem man zu $\vartheta_1+\vartheta_2 z$ noch einen additiven (zufallsabhängigen) Störterm e hinzufügt. Als Meßwert X erhält man so $X=\vartheta_1+\vartheta_2 z+e$. Bei n-maliger unabhängiger Messung zu vorgegebenen Werten $z_1,\dots,z_n$ ergeben sich Meßwerte

(6.3.1) $\quad X_i = g_i(\vartheta_1,\vartheta_2) + e_i$ mit $g_i(\vartheta_1,\vartheta_2) = \vartheta_1+\vartheta_2 z_i,\ 1 \le i \le n.$

Da für die allgemeine Definition der LS-Schätzer die spezielle Form der in (6.3.1) eingeführten Funktionen $g_i : \Theta \to \mathbb{R}$ keine Rolle spielen wird, wollen wir den Modellansatz (6.3.1) in diesem Sinne erweitern. Im folgenden sei also für die i-te Messung eine Funktion $g_i : \Theta \to \mathbb{R}$ vorgegeben, i=1,...,n. In der Regel werden die Funktionen g_i in Analogie zu (6.3.1) einem Ansatz der Form $g_i(\underset{\sim}{\vartheta}) = h(\underset{\sim}{\vartheta},z_i)$ entstammen, d.h. vorgegebene Werte z_i der sogen. *unabhängigen Variablen* z legen die Funktionen g_i vollständig fest. Bei der Formulierung des folgenden Modells spielt die spezielle Entstehung der Funktionen $g_i(\underset{\sim}{\vartheta})$ aus der sog. *Regressionsfunktion* $h(\underset{\sim}{\vartheta},z)$ keine Rolle, weshalb wir direkt von Funktionen g_i ausgehen.

6.3.1 ALLGEMEINES REGRESSIONSMODELL: *$X_1,X_2,\dots,X_n$ seien $\mathbb{R}$-wertige ZV der Form*

(6.3.2) $\quad X_i = g_i(\underset{\sim}{\vartheta}) + e_i,\ i=1,\dots,n,$

wobei $\underset{\sim}{\vartheta} = (\vartheta_1,\dots,\vartheta_k) \in \Theta \subset \mathbb{R}^k$ einen (unbekannten) Parameter bezeichnet und $g_i : \Theta \to \mathbb{R}$ vorgegebene Funktionen sind. Außerdem sollen die (zufallsabhängigen) Störterme (errors) e_i die folgenden Voraussetzungen (zumindest approximativ) erfüllen:

(6.3.3) $\quad Ee_i = 0,\ 1 \le i \le n,$

(6.3.4) $\quad Var\ e_i = \sigma^2 > 0,\ 1 \le i \le n,$

(6.3.5) $\quad Cov(e_i,e_j) = 0,\ 1 \le i < j \le n.$

Die für alle i=1,...,n gleiche Varianz $\sigma^2 > 0$ wird ebenfalls als unbekannter (lästiger) Parameter des Modells angesehen.

Bedingung (6.3.3) besagt gerade, daß die ZV X_i bei Vorliegen von $\underset{\sim}{\vartheta}$ im Mittel den Wert $g_i(\underset{\sim}{\vartheta})$ annimmt,

(6.3.3a) $\quad E_{\underset{\sim}{\vartheta}}(X_i) = g_i(\underset{\sim}{\vartheta})\ \forall \underset{\sim}{\vartheta} \in \Theta\ \forall i.$

Die zweite Bedingung (6.3.4) bedeutet, daß unabhängig von i die

ZV X_i die gleiche Streuung um $g_i(\underset{\sim}{\vartheta})$ besitzt,

(6.3.4a) $\quad \mathrm{Var}_{\underset{\sim}{\vartheta}}(X_i) = E_{\underset{\sim}{\vartheta}}(X_i - g_i(\underset{\sim}{\vartheta}))^2 = \sigma^2 \quad \forall \underset{\sim}{\vartheta} \ \forall i.$

Diese Forderung ist insbesondere in Fällen, in denen die Größe der Werte $g_i(\underset{\sim}{\vartheta})$ mit i stark zu - oder abnimmt, häufig nur approximativ erfüllbar.
Die dritte Bedingung (6.3.5) fordert gerade die Unkorreliertheit der $X_1,\dots,X_n$,

(6.3.5a) $\quad \mathrm{Cov}_{\underset{\sim}{\vartheta}}(X_i, X_j) = 0 \quad \forall i \neq j \quad \forall \underset{\sim}{\vartheta} \in \Theta.$

Sie wird gelegentlich durch die stärkere Forderung der stochastischen Unabhängigkeit der $X_1,\dots,X_n$ ersetzt.
Im Fall (6.3.1) ist die Regressionsfunktion $h(\underset{\sim}{\vartheta}, z) = \vartheta_1 + \vartheta_2 z$ linear in z. Daher spricht man in diesem Fall von *linearer Regression*.
Der Name Regression selbst hat historischen Ursprung: Im Jahre 1885 berichtete F. Galton von seiner Feststellung, daß zwischen der Körpergröße von Vätern (z) und deren Söhnen (x) eine lineare Beziehung besteht und zwar derart, daß große Väter (im Mittel) Söhne haben, die kleiner als sie selbst sind, und entsprechend kleine Väter größere Söhne haben, was nichts anderes bedeutet, als daß die Steigung ϑ_2 der Regressionsgeraden $\vartheta_1 + \vartheta_2 z$ kleiner als 1 ist, vgl. Abb. 6.3.1. Diesen Rückschritt zur Durchschnittsgröße bezeichnete Galton mit *Regression*, und obwohl dieser Begriff eine ganz spezielle Situation kennzeichnete, wurde er schließlich auf das allgemeine Modell übertragen.

Setzen wir speziell voraus, daß die Störterme $e_1,\dots,e_n$ stochastisch unabhängige ZV sind mit $\mathcal{L}(e_i) = \mathcal{N}(0,\sigma^2)$, $i=1,\dots,n$, so sind die Voraussetzungen (6.3.3) bis (6.3.5) offenbar erfüllt. Unter dieser Modellannahme können wir ML-Schätzer $\hat{\underset{\sim}{\vartheta}} = (\hat{\vartheta}_1,\dots,\hat{\vartheta}_k)$ und $\hat{\sigma}^2$ für $\underset{\sim}{\vartheta} \in \Theta$ und $\sigma^2 > 0$ durch Maximierung der zu $\underset{\sim}{X} = (X_1,\dots,X_n)$ gehörigen Likelihood-Funktion

(6.3.6) $$f(\underset{\sim}{X}, \underset{\sim}{\vartheta}, \sigma^2) = (2\pi\sigma^2)^{-n/2} \exp\{-\frac{1}{2}\sum_{i=1}^{n}(X_i - g_i(\underset{\sim}{\vartheta}))^2/\sigma^2\}, \quad \underset{\sim}{\vartheta} \in \Theta, \ \sigma^2 > 0,$$

gewinnen. Für jedes festgehaltene $\sigma^2 > 0$ ist die Maximierung von (6.3.6) in $\underset{\sim}{\vartheta} \in \Theta$ äquivalent zur (von σ^2 unabhängigen) Minimierungsaufgabe

(6.3.7) $$\sum_{i=1}^{n}\{X_i - g_i(\underset{\sim}{\vartheta})\}^2 = \mathrm{Min}(\text{in } \underset{\sim}{\vartheta} \in \Theta).$$

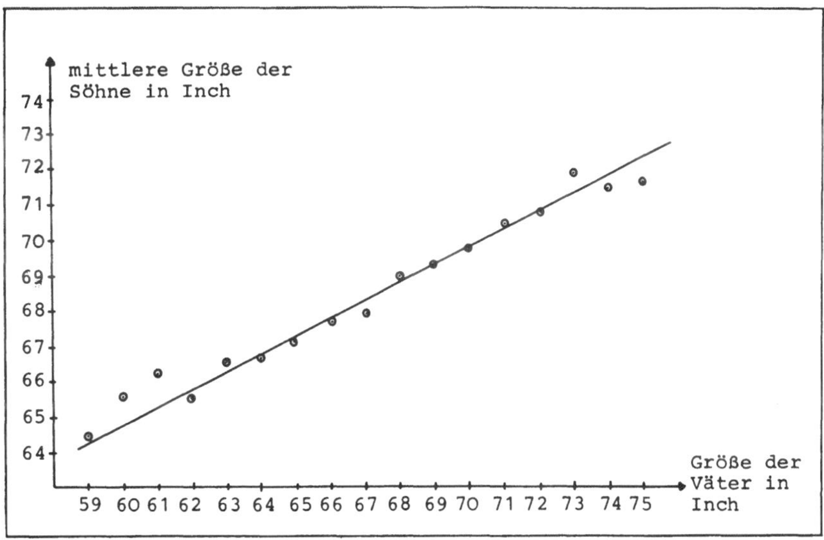

Abb. 6.3.1: Regression der mittleren Größe S der Söhne bzgl. der Größe V der Väter mit eingezeichneter Stichproben-Regressionsgeraden S=33.73+0.516 V für 1078 Fälle nach K. Pearson and A. Lee, Biometrika 2, 1903, p. 357.

Existiert eine Minimalstelle $\hat{\underset{\sim}{\vartheta}} = \hat{\underset{\sim}{\vartheta}}(\underset{\sim}{X}) \in \Theta$ von (6.3.7), so ist $\hat{\underset{\sim}{\vartheta}}$ ein ML-Schätzer für den Parameterteil $\underset{\sim}{\vartheta}$, und die anschließende Maximierung von $f(\underset{\sim}{X}, \hat{\underset{\sim}{\vartheta}}(\underset{\sim}{X}), \sigma^2)$ in $\sigma^2 > 0$ liefert den ML-Schätzer $\hat{\sigma}^2 = \hat{\sigma}^2(\underset{\sim}{X})$ für den Parameterteil σ^2 gemäß (vgl. Beispiel 6.2.3)

$$(6.3.8) \qquad \hat{\sigma}^2 = \frac{1}{n} \sum_{i=1}^{n} \{X_i - g_i(\hat{\underset{\sim}{\vartheta}})\}^2 .$$

Ist Θ eine *offene* Teilmenge von $\mathbb{R}^k$ und sind die Funktionen $g_1, \ldots, g_n$ über Θ (partiell) differenzierbar, so erfüllt jede Lösung $\hat{\underset{\sim}{\vartheta}}$ von (6.3.7) notwendig die sog. *Normalgleichungen*

$$(6.3.9) \qquad \sum_{i=1}^{n} \{X_i - g_i(\underset{\sim}{\vartheta})\} \frac{\partial g_i(\underset{\sim}{\vartheta})}{\partial \vartheta_j} = 0, \; j=1,\ldots,k.$$

Daher wird man versuchen, eine Lösung von (6.3.7) über Lösungen von (6.3.9) zu gewinnen.

Auch wenn die Störterme e_i nicht normalverteilt sind, ist die Forderung (6.3.7) der *Minimierung der Abstandsquadrate* zwischen den Beobachtungen X_i und ihren E-Werten $g_i(\underset{\sim}{\vartheta})$ eine durchaus sinnvolle Methode zur Gewinnung eines Schätzers $\hat{\underset{\sim}{\vartheta}}$, den man aus offensichtlichen Gründen *LS-Schätzer* (Least Squares Schätzer) oder *Kleinste-Quadrate Schätzer* nennt. Ebenso ist $\hat{\sigma}^2$ aus Formel (6.3.8) in dieser allgemeineren Situation ein sinnvoller Schätzer für σ^2, denn bei zugrundeliegendem $\underset{\sim}{\vartheta} \in \Theta$ ist $\{X_i - g_i(\hat{\underset{\sim}{\vartheta}})\}^2$ eine Approximation von $\{X_i - E_{\underset{\sim}{\vartheta}} X_i\}^2$, sofern nur $\hat{\underset{\sim}{\vartheta}}$ in der Nähe von $\underset{\sim}{\vartheta}$ liegt.

6.3.2 BEISPIEL *(Einfache lineare Regression):* Es liege das lineare Regressionsmodell (6.3.1) zugrunde, d.h. $X_i = \vartheta_1 + \vartheta_2 z_i + e_i$, $1 \le i \le n$, mit $\underset{\sim}{\vartheta} = (\vartheta_1, \vartheta_2) \in \mathbb{R}^2$. Die Normalgleichungen (6.3.9) lauten dann

$$(6.3.10) \qquad \sum_{i=1}^{n} (X_i - \vartheta_1 - \vartheta_2 z_i) = 0, \qquad \sum_{i=1}^{n} (X_i - \vartheta_1 - \vartheta_2 z_i) z_i = 0.$$

Als eine Lösung von (6.3.10) und damit von (6.3.7) ergibt sich mit $\overline{X}_n = \Sigma X_i / n$ und $\overline{z}_n = \Sigma z_i / n$

$$(6.3.11) \qquad \begin{aligned} \hat{\vartheta}_1 &= \overline{X}_n - \hat{\vartheta}_2 \overline{z}_n, \\ \hat{\vartheta}_2 &= \frac{\sum_{i=1}^{n} (X_i - \overline{X}_n) z_i}{\sum_{i=1}^{n} (z_i - \overline{z}_n) z_i} = \frac{\sum_{i=1}^{n} (X_i - \overline{X}_n)(z_i - \overline{z}_n)}{\sum_{i=1}^{n} (z_i - \overline{z}_n)^2} . \end{aligned}$$

Die zum LS-Schätzer $(\hat{\vartheta}_1, \hat{\vartheta}_2)$ gehörige Gerade $x = \hat{\vartheta}_1 + \hat{\vartheta}_2 z$ heißt *Stichproben-Regressionsgerade*. Sie ist diejenige Gerade $x = a + bz$, die die Summe der quadrierten Vertikalabstände $|x_i - (a + bz_i)|$ der Punkte (z_i, x_i) von der Geraden $x = a + bz$ minimiert, vgl. Abb. 6.3.1.

In Beispiel 6.2.9 gilt unter der Annahme des Logit-Modells die Beziehung $\mathrm{Logit}(p_i) = \alpha + \beta i$, $i = 1, \ldots, 8$. Da andererseits $\mathrm{Logit}(X_i/N_i)$ der ML-Schätzer für $\mathrm{Logit}(p_i)$ im saturierten Modell ist, machen wir den Ansatz

$$(6.3.12) \qquad Y_i := \mathrm{Logit}(X_i/N_i) = \alpha + \beta i + e_i, \quad i = 1, \ldots, 8.$$

Auch wenn die (zufallsabhängigen) Störterme e_i im Ansatz (6.3.12) sicher nicht die Voraussetzungen (6.3.3) bis (6.3.5) erfüllen, kann man nach Formel (6.3.11) eine LS-Schätzung für α und β auf der Basis der (transformierten) Beobachtungen $Y_i = \mathrm{Logit}(X_i/N_i)$ berechnen. Wenn keine große Genauigkeit erforderlich ist, kann man sich mit dieser Schätzung begnügen; andernfalls verwendet man die LS-Schätzung z.B. als Anfangswert für die Iteration (6.2.51) zur Berechnung der entsprechenden ML-Schätzung.

Die LS-Schätzungen auf der Basis der transformierten Daten $\text{Logit}(x_i/n_i)$, $i=1,\dots,8$, aus Beispiel 6.2.9 lauten $\hat{\alpha}=-9.2178$, $\hat{\beta}=0.6078$ für das Jahr 1974 und $\hat{\alpha}=-8.7492$, $\hat{\beta}=0.5392$ für das Jahr 1959. □

6.3.3 BEISPIEL: Während wir in Beispiel 6.2.9 ML-Schätzer für α und β unter der Annahme eines Logit-Modells berechneten, haben wir in Beispiel 6.3.2 die transformierten Beobachtungen $Y_i = \text{Logit}(X_i/N_i)$ in ein Modell der *linearen* Regression gezwungen und dann den zugehörigen LS-Schätzer für (α,β) berechnet. Eine weitere Möglichkeit, einen relativ guten Schätzer für (α,β) zu gewinnen, besteht darin, daß wir wegen (6.2.39) und (6.2.40) für die ZV X_i/N_i den (allgemeinen) Regressionsansatz

$$X_i/N_i = F(\alpha+\beta i)+e_i,\quad i=1,\dots,8, \tag{6.3.13}$$

benutzen, wobei F wieder die logistische VF (6.2.41) bezeichnet. Die Störterme e_i verletzen sicherlich die Bedingung (6.3.4), denn mit der natürlichen Setzung $X_i/N_i = 0$ auf der Menge $\{N_i=0\}$ kann man für große Werte der Parameter λ_i zeigen,

$$\begin{aligned} &E(X_i/N_i) \approx F(\alpha+\beta i),\\ &\text{Var}(X_i/N_i) \approx F(\alpha+\beta i)(1-F(\alpha+\beta i))/\lambda_i. \end{aligned} \tag{6.3.14}$$

Suchen wir trotzdem für das Modell (6.3.13) einen LS-Schätzer, so erhalten wir ihn aus den Lösungen der zugehörigen Normalgleichungen

$$\begin{aligned} &\sum_{i=1}^{8}\{X_i/N_i - F(\alpha+\beta i)\}F'(\alpha+\beta i) = 0,\\ &\sum_{i=1}^{8}\{X_i/N_i - F(\alpha+\beta i)\}iF'(\alpha+\beta i) = 0. \end{aligned} \tag{6.3.15}$$

Wir verzichten hier auf eine iterative Lösung von (6.3.15) für die Daten aus Beispiel 6.2.9, merken jedoch an, daß der Unterschied zwischen den Likelihood-Gleichungen (6.2.45), (6.2.46) und den Normalgleichungen (6.3.15) im wesentlichen dadurch zustande kommt, daß die von i abhängigen Varianzen (6.3.14) nicht angemessen berücksichtigt wurden. Eine Berücksichtigung unterschiedlicher Varianzen kann z.B. durch sog. *gewichtete LS-Schätzer* erfolgen. Im Rahmen dieser Einführung wollen wir hierauf jedoch nicht eingehen.

6.4. Parameterschätzung in approximativen Modellen

Ein Vergleich der ML-Schätzung für α und β aus Beispiel 6.2.9 mit der LS-Schätzung für α und β auf der Basis eines (linearen) Regressionsmodells für die transformierten Beobachtungen $Y_i = \log\{X_i/(N_i-X_i)\}$ in Beispiel 6.3.2 zeigt, daß die Schätzer und die Schätzwerte sehr wohl vom benutzten Modell abhängen können. Da jedes Modell eine Idealisierung der realen Verhältnisse darstellt, kann es zu erheblichen Diskrepanzen zwischen dem Verhalten der Schätzer im Modell und der Übertragbarkeit der Ergebnisse auf die reale Fragestellung kommen. Ein Beispiel möge dies erläutern:

6.4.1 Beispiel: Zur Bestimmung der unbekannten Schwingungsdauer a eines Pendels unter gegebenen Umweltbedingungen verwenden wir zunächst den folgenden Modellansatz: Die geplanten n gleichartigen Messungen, die ohne wechselseitige Beeinflussung durchgeführt werden sollen, modellieren wir durch einen Ansatz der Form

(6.4.1) $$X_i = a+Z_i,\ Z_i \sim N(0,\sigma^2),\ i=1,\dots,n,$$

wobei für die $\mathbb{R}$-wertigen ZV $Z_1,\dots,Z_n$, welche die (zufallsabhängigen) Meßfehler beschreiben, die stochastische Unabhängigkeit angenommen werde, und zwar mit unbekannter (aber von i unabhängiger) Varianz $\sigma^2 > 0$.
Unter diesen Modellvoraussetzungen ist das Stichprobenmittel $\overline{X}_n$ der gleichmäßig beste E-treue Schätzer für die unbekannte Schwingungsdauer a, und zwar mit der optimalen Varianz gemäß $\operatorname{Var}\overline{X}_n=\sigma^2/n$, vgl. Beispiel 6.1.8.

Damit scheint alles in bester Ordnung zu sein. Die Erfahrung lehrt jedoch, daß größere Datenmengen auch dann, wenn sie aus sorgfältigen Messungen stammen und sorgfältig in Dateien übertragen wurden, einen kleinen Prozentsatz grob fehlerhafter Daten enthalten. Dieser Prozentsatz wird in Huber (1981), je nach Qualität der Daten, mit 1 bis 10 Prozent angegeben.

Dies bedeutet, daß das oben formulierte Modell wohl unseren Idealvorstellungen von der Gewinnung der Meßwerte entspricht, nicht aber den tatsächlich benutzten (teilweise verfälschten) Daten.

Unterstellen wir einen relativen Anteil $\varepsilon \in [0.01, 0.10]$ von verfälschten Daten, so wäre z.B. das Modell

$$(6.4.2) \qquad \mathcal{L}(X_i) = (1-\varepsilon)\mathcal{N}(a,\sigma^2) + \varepsilon Q, \quad i=1,\ldots,n,$$

mit unbekannter Verteilung Q sehr viel wirklichkeitsnäher, denn der Modellansatz (6.4.2) kann so interpretiert werden, daß mit Wahrsch. $1-\varepsilon$ unverfälschte Meßwerte gemäß einer $\mathcal{N}(a,\sigma^2)$-Verteilung gewonnen werden, während mit Wahrsch. ε die Daten einer völlig unbekannten Verteilung Q entstammen.

Wie verhält sich nun der im Modell (6.4.1) optimale Schätzer $\overline{X}_n$ im Modell (6.4.2)?

Der Einfachheit halber nehmen wir im folgenden an, daß die Verteilung Q eine Dichte q besitzt und daß Q einen endlichen E-Wert und endliche Varianz besitzt. Offensichtlich ist dann

$$(6.4.3) \qquad f(x) = (1-\varepsilon)\,\frac{1}{\sigma}\,\varphi\!\left(\frac{x-a}{\sigma}\right) + \varepsilon q(x), \quad x \in \mathbb{R},$$

eine Dichte von $\mathcal{L}(X_i)$, und für den E-Wert von $\overline{X}_n$ gilt

$$(6.4.4) \qquad E\overline{X}_n = EX_1 = \int_{-\infty}^{+\infty} x f(x)\,dx = (1-\varepsilon)a + \varepsilon \int_{-\infty}^{+\infty} xq(x)\,dx.$$

Wird über die Verteilung Q der verfälschten Daten keine weitere Voraussetzung gemacht, so kann $\int xq(x)dx$ *jeden beliebigen* Wert annehmen, d.h. für jedes vorgegebene a kann die Verfälschung (*bias*) $|E\overline{X}_n - a|$ des Schätzers $\overline{X}_n$ unkontrollierbar groß werden, so daß hier $\overline{X}_n$ als Schätzer für a völlig unbrauchbar wird. Machen wir dagegen die Annahme, daß auch die nach Q verteilten groben Fehler (*gross errors*) symmetrisch um a streuen, d.h. $\int xq(x)dx = a$, so verschwindet die Verfälschung von $\overline{X}_n$, und $\overline{X}_n$ ist in diesem Fall ein E-treuer Schätzer für den Parameter a. Untersuchen wir jedoch die Qualität des Schätzers $\overline{X}_n$, die hier durch die Varianz beschrieben wird, so stellen wir dramatische Qualitätsverluste gegenüber der optimalen Varianz σ^2/n im Modell (6.4.1) fest. Denn wegen

$$(6.4.5) \qquad \operatorname{Var}\overline{X}_n = \frac{1}{n}\operatorname{Var}X_1 = \frac{1}{n}\int_{-\infty}^{+\infty}(x-a)^2 f(x)\,dx$$
$$= (1-\varepsilon)\,\frac{\sigma^2}{n} + \frac{\varepsilon}{n}\operatorname{Var}(Q)$$

und wegen der unkontrollierbaren Größe der Varianz der Verteilung Q der grob fehlerhaften Daten kann der Quotient

$$(6.4.6) \qquad \frac{\operatorname{Var} \overline{X}_n}{\sigma^2/n} = 1-\varepsilon+\varepsilon \, \frac{\operatorname{Var}(Q)}{\sigma^2}$$

beliebig groß werden. □

Im obigen Beispiel haben wir gesehen, daß der im gebräuchlichen Modell (6.4.1) optimale Schätzer $\overline{X}_n$ bei kleinen Abweichungen von diesem Modell total versagen bzw. erhebliche Güteverluste erleiden kann. Man sagt daher, der Schätzer $\overline{X}_n$ ist *nicht robust* gegenüber (kleinen) Abweichungen vom idealen Modell (6.4.1). Ein naheliegendes Ziel ist nun die Bestimmung von Schätzern, die einerseits robust gegenüber kleineren Modellabweichungen sind und die andererseits im Falle des idealen Modells ein nahezu optimales Verhalten besitzen.

Die systematische Untersuchung von vorhandenen Verfahren auf Robustheit bzw. die Bestimmung robuster (fast optimaler) Verfahren hat sich erst in den letzten 20 Jahren entwickelt. Eine Übersicht über die bisherigen Ansätze und Ergebnisse findet man in Huber (1981). Eine Darstellung dieses anspruchsvollen Gebietes geht weit über die Möglichkeiten und Ziele dieser Einführung hinaus. Trotzdem wollen wir zumindest im Zusammenhang mit dem idealen Modell (6.4.1) einen robusten Schätzer für a herleiten und mit dem modelloptimalen Schätzer $\overline{X}_n$ vergleichen.
Der von uns gewählte Zugang zur Robustheit weicht insoweit von Huber (1981) ab, als in unserer Auffassung nicht dem Parameter selbst die wesentliche Bedeutung zukommt, sondern dem zugehörigen W-Maß im Rahmen eines statistischen Modells $(\mathcal{X},\mathcal{B},\{P_\vartheta : \vartheta \in \Theta\})$ zur approximativen Beschreibung der tatsächlich vorliegenden Situation $(\mathcal{A},\mathcal{B},P)$. Natürlich sollte die unbekannte zugrunde liegende Verteilung P nicht "zu sehr" vom *approximativen Modell* $\{P_\vartheta : \vartheta \in \Theta\}$ abweichen dürfen. Wählen wir etwa in Beispiel 6.4.1 zur approximativen Modellierung einer Beobachtung das statistische Modell

$$(6.4.7) \qquad (\mathbb{R},\mathbb{B},\{\mathcal{N}(a,\sigma^2) : (a,\sigma^2) \in \mathbb{R}\times(0,\infty)\}),$$

während tatsächlich eine Verteilung P der Form (6.4.2) vorliegt, so weicht P für kleine Werte von ε nicht "zu sehr" vom approximativen Modell (6.4.7) ab, denn für alle $B \in \mathbb{B}$ gilt mit $P_0 = \mathcal{N}(a,\sigma^2)$ die Abschätzung

$$(6.4.8) \qquad |P(B)-P_0(B)| = \varepsilon\,|Q(B)-P_0(B)| \le \varepsilon .$$

Unser *Schätzprinzip* kann nun verbal in folgender Weise formuliert werden:

Ist $X_1,\dots,X_n$ eine Stichprobe aus $L(X)$ und wird $\{P_\vartheta : \vartheta \in \Theta\}$ als approximatives Modell für $L(X)$ benutzt, so verwende man diejenige Verteilung aus $\{P_\vartheta : \vartheta \in \Theta\}$ als Approximation (Schätzung) für die unbekannte zugrunde liegende Verteilung $L(X)$, die die Beobachtungen $X_1,\dots,X_n$ am ehesten hervorbringen könnte.

Da die Auswahl einer entsprechenden Verteilung aus $\{P_\vartheta : \vartheta \in \Theta\}$ nichts anderes bedeutet, als die Auswahl eines geeigneten Parameterwertes $\hat{\vartheta} \in \Theta$, wird durch das obige Schätzprinzip natürlich auch ein Schätzprinzip für den Parameter $\vartheta \in \Theta$ formuliert. Die formale Analogie zur ML-Schätzung ist sehr stark; der wesentliche Unterschied besteht jedoch darin, daß hier auch Verteilungen zugelassen werden, die nicht zum ausformulierten (approximativen) Modell $\{P_\vartheta : \vartheta \in \Theta\}$ gehören. Ein weiterer Unterschied zum ML-Prinzip besteht darin, daß hier noch völlig ungeklärt ist, was wir mit der Formulierung "..., *die die Beobachtungen ... am ehesten hervorbringen könnte*." eigentlich meinen. Da hier durchaus mehrere Antworten möglich sind, verzichten wir auf eine allgemeine Behandlung dieser Problematik; stattdessen beantworten wir die Frage im Rahmen von zwei einfachen Beispielen.

6.4.2 BEISPIEL: $X_1,\dots,X_n$ sei eine Stichprobe aus einer (unbekannten) Verteilung über $(\mathbb{R},\mathbb{B})$ und F bezeichne die zugehörige VF. Weiter nehmen wir an, daß das statistische Modell $(\mathbb{R},\mathbb{B},P_0)$ mit $P_0 = \{N(a,1) : a \in \mathbb{R}\}$ als approximatives Modell für die unbekannte Verteilung F geeignet sei.
In der vorliegenden Situation ist nach Beispiel 5.1.14 die empirische VF $\hat{F}_n(x) = n^{-1}\sum 1_{(-\infty,x]}(X_i)$, $x \in \mathbb{R}$, ein (konsistenter) Schätzer der (unbekannten) VF F. Daher liegt es nahe, diejenige Verteilung aus P_0 als modellgemäße Schätzung der Verteilung F zu nehmen, deren VF minimalen Abstand zur empirischen Verteilungsfunktion $\hat{F}_n$ besitzt. Dabei benutzen wir

$$\int_{-\infty}^{+\infty} \{\hat{F}_n(x) - G(x)\}^2 dx =: d(\hat{F}_n, G) \tag{6.4.9}$$

als Abstandsmaß zwischen einer zu P_0 gehörigen VF G und $\hat{F}_n$. Da jede zu P_0 gehörige VF G die Darstellung

$$G(x) = \Phi(x-a),\ x \in \mathbb{R}, \tag{6.4.10}$$

für einen geeigneten Parameterwert $a \in \mathbb{R}$ besitzt, ist die Suche von $\hat{G} \in \mathcal{P}_o$ mit der Eigenschaft

(6.4.11) $\quad d(\hat{F}_n,\hat{G}) = \inf\{d(\hat{F}_n,G) : G \in \mathcal{P}_o\}$

äquivalent zur Suche von $\hat{a} \in \mathbb{R}$ mit

(6.4.12) $\quad \hat{D}(\hat{a}) = \inf\{\hat{D}(a) : a \in \mathbb{R}\}$,

wobei $\hat{D} : \mathbb{R} \to [0,\infty)$ definiert ist durch $(\forall a \in \mathbb{R})$

(6.4.13) $$\hat{D}(a) = \int_{-\infty}^{+\infty} \{\hat{F}_n(x) - \Phi(x-a)\}^2 dx = \int_{-\infty}^{+\infty} \{\hat{F}_n(x+a) - \Phi(x)\}^2 dx.$$

Eine Schätzung $\hat{a}$ für den Mittelwert a im approximativen Modell $\mathcal{P}_o$ ergibt sich also als Lösung der Minimierungsaufgabe (6.4.12), (6.4.13). Zur Herleitung einer solchen Lösung (Schätzung) stellen wir bei gegebener Beobachtung $\underset{\sim}{x} = (x_1,\ldots,x_n)$ fest (vgl. Aufg. 6.4.1):

(a) Durch (6.4.13) ist die Funktion $\hat{D} : \mathbb{R} \to [0,\infty)$ wohldefiniert.

(b) $\hat{D}(a) \to \infty$, falls $|a| \to \infty$.

(c) $\hat{D}$ ist auf ganz $\mathbb{R}$ differenzierbar, und es gilt
$$\hat{D}'(a) = 1 - \frac{2}{n} \sum_{i=1}^{n} \Phi(x_i - a), \quad a \in \mathbb{R}.$$

(d) $\hat{D}'$ ist stetig und monoton nichtfallend über $\mathbb{R}$ mit $\hat{D}'(-\infty) = -1$, $\hat{D}'(+\infty) = 1$.

(e) Die Lösungsmenge von (6.4.12) ist identisch mit der Lösungsmenge von

(6.4.14) $$\sum_{i=1}^{n} \{2\Phi(x_i - a) - 1\} = 0, \quad a \in \mathbb{R};$$

sie ist ein nicht-leeres, abgeschlossenes Intervall.

(f) Wegen der strengen Isotonie von

(6.4.15) $\quad \psi(x) := 2\Phi(x) - 1, \; x \in \mathbb{R}$,

über $\mathbb{R}$ gibt es nur eine Lösung $\hat{a}$ von (6.4.14).

Die gesuchte Schätzung $\hat{a}(\underset{\sim}{x})$ für a ergibt sich also als eindeutige Lösung von (6.4.14), sie kann z.B. durch die Newton-Iteration

$$(6.4.16)\qquad a_{k+1} = a_k + \frac{\sum_{i=1}^{n} \psi(x_i - a_k)}{\sum_{i=1}^{n} \psi'(x_i - a_k)}, \quad k \in \mathbb{N}_0,$$

gewonnen werden. Ein naheliegender Anfangswert für die Iteration ist $a_0 = \overline{x}_n$.

Da der Schätzer $\hat{a}$ sich als (eindeutige) Lösung von

$$\sum_{i=1}^{n} \psi(x_i - a) = 0 \text{ mit } \psi \text{ gemäß (6.4.15)}$$

darstellt, ist $\hat{a}$ auch ein sog. *M-Schätzer zur Gewichtsfunktion* ψ. Wegen der Beschränktheit, Isotonie und Differenzierbarkeit von ψ ist $\hat{a}$ robust und hat vorzügliche asymptotische $(n \to \infty)$ Eigenschaften, vgl. z.B. Huber (1981). Da M-Schätzer sich in ihren Eigenschaften nur wenig unterscheiden, wenn die definierenden Gewichtsfunktionen ψ eine vergleichbare Gestalt haben, benutzen wir bei der numerischen Berechnung statt der numerisch etwas unbequemen Funktion ψ

die sehr ähnliche (aber numerisch bequemere) Gewichtsfunktion

$$(6.4.17)\qquad \psi_1(x) = 2F_1(\pi x/\sqrt{3}) - 1, \quad x \in \mathbb{R},$$

mit der logistischen VF $F_1(x) = 1/(1+e^{-x})$, $x \in \mathbb{R}$.

Für die Berechnung der Schätzung $\hat{a}(\underset{\sim}{x})$ auf der Basis der Gewichtsfunktion ψ_1 kann die Newton-Iteration (6.4.16) mit ψ_1 und ψ_1' anstelle von ψ und ψ' verwendet werden. Ein Datenbeispiel mit Vergleich zum Schätzer $\overline{X}_n$ wird im Anschluß an das nächste Beispiel vorgestellt.

Die qualitativen Unterschiede in der Verwertung der Daten $x_1,\dots,x_n$ sind offensichtlich: Während bei $\hat{a}(\underset{\sim}{x})$, der Lösung von $\Sigma\psi(x_i - a) = 0$, die extremen Werte in $\{x_1,\dots,x_n\}$ nur einen geringen Einfluß ausüben, ist der Einfluß der extremen Werte auf $\overline{x}_n$ nicht eingeschränkt, denn $\overline{x}_n$ ergibt sich gerade als Lösung von $\Sigma(x_i - a) = 0$. □

6.4.3 BEISPIEL: $X_1,\dots,X_n$ sei eine Stichprobe aus einer (unbekannten) Verteilung über $(\mathbb{R},\mathbb{B})$ mit F als zugehöriger VF. In Verallgemeinerung von Beispiel 6.4.2 nehmen wir hier an, daß das statistische Modell $(\mathbb{R},\mathbb{B},\mathcal{P})$ mit $\mathcal{P} = \{N(a,\sigma^2): (a,\sigma^2) \in \mathbb{R} \times (0,\infty)\}$ als approximatives Modell für die unbekannte VF F geeignet ist. Analog zu Beispiel 6.4.2 benutzen wir $\Phi((x-\hat{a})/\hat{\sigma})$ als Schätzung für die

VF $F(x)$, wobei die Parameterschätzungen $\hat{a}(\underset{\sim}{x})$ und $\hat{\sigma}(\underset{\sim}{x})$ für a und σ bei gegebenem Datentupel $\underset{\sim}{x} = (x_1,\ldots,x_n)$ als Lösungen des Minimierungsproblems

(6.4.18) $\quad \hat{D}(\hat{a},\hat{\sigma}) = \inf\{\hat{D}(a,\sigma) : (a,\sigma) \in \mathbb{R} \times (0,\infty)\}$

mit $\hat{D}(a,\sigma) = \int\limits_{-\infty}^{+\infty} \{\Phi(\frac{x-a}{\sigma}) - \hat{F}_n(x)\}^2 dx, \quad (a,\sigma) \in \mathbb{R} \times (0,\infty),$

gewonnen werden.

Zur Bestimmung einer Lösung $(\hat{a},\hat{\sigma})$ stellen wir in Analogie zu Beispiel 6.4.2 fest:

(a) Die Funktion $\hat{D} : \mathbb{R} \times (0,\infty) \to [0,\infty)$ ist wohldefiniert und $\forall \sigma \in (0,\infty)$ gilt $\hat{D}(a,\sigma) \to \infty$, falls $|a| \to \infty$.

(b) $\forall \sigma \in (0,\infty)$ ist $\hat{D}(\cdot,\sigma)$ stetig differenzierbar auf $\mathbb{R}$ mit
$$\frac{\partial \hat{D}(a,\sigma)}{\partial a} = 1 - \frac{2}{n} \sum_{i=1}^{n} \Phi(\frac{x_i-a}{\sigma}), \quad a \in \mathbb{R}.$$

(c) $\forall \sigma \in (0,\infty)$ gilt $\dfrac{\partial^2 \hat{D}(a,\sigma)}{\partial a^2} = \dfrac{2}{n} \sum\limits_{i=1}^{n} \varphi(\frac{x_i-a}{\sigma}) \, \frac{1}{\sigma} > 0, \quad a \in \mathbb{R}.$

(d) $\forall \sigma \in (0,\infty)$ hat $\hat{D}(\cdot,\sigma)$ genau eine (globale) Minimalstelle $\hat{a}_\sigma \in \mathbb{R}$. Sie ergibt sich als eindeutige Lösung der Gleichung [bei festgehaltenem $\sigma \in (0,\infty)$]
$$\sum_{i=1}^{n} \{2\Phi(\frac{x_i-a}{\sigma}) - 1\} = 0, \quad a \in \mathbb{R}.$$

(e) Definieren wir $A : (0,\infty) \to \mathbb{R}$ durch $A(\sigma) = \hat{a}_\sigma$, $\sigma \in (0,\infty)$, mit $\hat{a}_\sigma$ aus Bemerkung (d), so ist A eine *stetige* Funktion, und es gilt $-\infty < \min\{x_1,\ldots,x_n\} \le A \le \max\{x_1,\ldots,x_n\} < \infty$.

(f) $\forall a \in \mathbb{R}$ ist $\hat{D}(a,\cdot)$ stetig differenzierbar auf $(0,\infty)$ mit
$$\frac{\partial \hat{D}(a,\sigma)}{\partial \sigma} = 2\int \Phi(x)\varphi'(x)dx - \frac{2}{n} \sum_{i=1}^{n} \int\limits_{(x_i-a)/\sigma}^{\infty} \varphi'(x)dx$$
$$= \frac{1}{n} \sum_{i=1}^{n} \{2\varphi(\frac{x_i-a}{\sigma}) - \frac{1}{\sqrt{\pi}}\}, \quad \sigma \in (0,\infty).$$

(g) $\forall a \in \mathbb{R}$ gilt $\dfrac{\partial^2 \hat{D}(a,\sigma)}{\partial \sigma^2} = \dfrac{2}{n} \sum\limits_{i=1}^{n} (\frac{x_i-a}{\sigma})^2 \varphi(\frac{x_i-a}{\sigma}) \, \frac{1}{\sigma} > 0, \quad \sigma \in (0,\infty).$

(h) $\forall a \in \mathbb{R}$ $\forall \sigma \in (0,\infty)$ gilt
$$\frac{\partial^2 \hat{D}(a,\sigma)}{\partial a \partial \sigma} = \frac{\partial^2 \hat{D}(a,\sigma)}{\partial \sigma \partial a} = \frac{2}{n} \sum_{i=1}^{n} (\frac{x_i-a}{\sigma}) \varphi(\frac{x_i-a}{\sigma}) \, \frac{1}{\sigma} \; .$$

(i) Die Hessesche Matrix von $\hat{D}(a,\sigma)$ läßt sich darstellen in der

Form Y^TQY mit der $(n\times 2)$-Matrix

$$Y = \begin{bmatrix} 1,\dots,1 \\ (x_1-a)/\sigma,\dots,(x_n-a)/\sigma \end{bmatrix}^T$$

und der $(n\times n)$-Diagonalmatrix

$$Q = \operatorname{diag}\left[\frac{2}{n}\,\varphi\left(\frac{x_i-a}{\sigma}\right)\frac{1}{\sigma},\ i=1,\dots,n\right].$$

Sie ist also für alle $(a,\sigma)\in\mathbb{R}\times(0,\infty)$ strikt positiv definit, falls <u>nicht</u> $x_1=x_2=\dots=x_n$ gilt.

(j) Gilt für alle $x\in\mathbb{R}$, daß höchstens 70% der Beobachtungen $x_1,\dots,x_n$ mit x übereinstimmen, so besitzt $\hat{D}$ genau eine globale Minimalstelle $(\hat{a},\hat{\sigma})\in\mathbb{R}\times(0,\infty)$; sie ergibt sich als eindeutige Lösung des Gleichungssystems

$$\sum_{i=1}^{n}\psi\left(\frac{x_i-a}{\sigma}\right)=0,\quad \sum_{i=1}^{n}\chi\left(\frac{x_i-a}{\sigma}\right)=0 \qquad (6.4.19)$$

mit $\psi=2\Phi-1$ wie in (6.4.15) und

$$\chi=2\varphi-1/\sqrt{\pi}. \qquad (6.4.20)$$

Auch hier ist es für die numerische Berechnung des Schätzers $(\hat{a},\hat{\sigma})$ bequemer, in (6.4.19) statt der Gewichtsfunktion ψ die Gewichtsfunktion ψ_1 aus (6.4.17) zu benutzen. Eine Lösung kann wieder durch Newton-Iteration gewonnen werden, vgl. Formel (6.2.51). Naheliegende Anfangswerte für die Iteration sind $a_0=\bar{x}_n$ und $\sigma_0=\{\frac{1}{n-1}\sum_{i=1}^{n}(x_i-\bar{x}_n)^2\}^{1/2}$. □

Zum Abschluß dieses Abschnitts wollen wir die Wirkungsweise der beschriebenen Schätzer an einem teilweise verfälschten Datensatz demonstrieren.

6.4.4 BEISPIEL: Mit Hilfe einer Tafel von $R(0,1)$-Zufallszahlen ziehen wir eine Stichprobe vom Umfang 27 aus einer $N(5,1)$-Verteilung, vgl. Aufg. 5.6.13. Zusätzlich ziehen wir 3 "grob verfälschte Daten" aus einer $N(10,4)$-Verteilung, die wir hier (im Gegensatz zur Realität) zu besseren Analyse der einzelnen Schätzer getrennt ausweisen. Die gezogenen Daten lauten: 5.51; 6.22; 5.42; 4.90; 5.75; 3.96; 4.80; 5.28; 6.28; 4.48; 3.76; 3.97; 5.94; 4.56; 4.64; 5.85; 4.78; 5.15; 3.55; 3.79; 4.11; 6.91; 4.09; 5.66; 5.43; 5.12;

4.13 bzw. 11.15; 9.06; 11.27. Berechnen wir die Modell-optimalen Schätzer $\bar{x}_n$ und $S_{xx,n} = \frac{1}{n-1} \Sigma(x_i - \bar{x}_n)^2$ für den (in der Realität unbekannten) E-Wert 5 bzw. die Varianz 1, so erhalten wir auf der Basis der 27 Daten aus $N(5,1)$ die Schätzwerte

(6.4.21) $\bar{x}_{27} = 4.96$ und $S_{xx,27} = 0.78$,

während sich auf der Basis aller 30 Daten die Schätzwerte

(6.4.22) $\bar{x}_{30} = 5.52$ und $S_{xx,30} = 3.66$

ergeben. Die Schätzungen auf der Basis der unverfälschten Daten liegen offensichtlich sehr viel näher bei den zugrunde liegenden Parameterwerten. In der Realität sind wir jedoch leider nicht in der Lage, die verfälschten Daten zu erkennen. Bei Verwendung der obigen Schätzer würden wir also die (schlechteren) Schätzwerte (6.4.22) erhalten.

Wir wollen nun sehen, wie sich die robusten Schätzer aus Beispiel 6.4.2 und Beispiel 6.4.3 verhalten. Zunächst wird die Varianz 1 der zugrunde liegenden Verteilung $N(5,1)$ als bekannt angesehen. Dann ist nur der E-Wert a (hier $a = 5$) mit dem in Beispiel 6.4.2 angegebenen Schätzer $\hat{a}$ zu schätzen. Auch hier benutzen wir zu Vergleichszwecken zuerst nur die 27 unverfälschten Daten und anschließend alle 30 Daten. Als Schätzwerte erhalten wir

(6.4.23) $\hat{a}_{27} = 4.95$ und $\hat{a}_{30} = 5.13$.

Beide Schätzwerte liegen in der Nähe des zugrunde liegenden Parameterwertes $a = 5$. Sie unterscheiden sich nur wenig, so daß der Einfluß der verfälschten Daten hier offensichtlich gering ist. Nun wollen wir annehmen, daß auch die Varianz σ^2 (hier $\sigma^2 = 1$) unbekannt ist. Dann ist das Paar (a,σ^2) mit den in Beispiel 6.4.3 angegebenen Schätzern $\hat{a}$ und $\hat{\sigma}^2$ zu schätzen. Auf der Basis der 27 unverfälschten Daten ergeben sich die Schätzwerte

(6.4.24) $\hat{a}_{27} = 4.95$, $(\hat{\sigma}_{27})^2 = 0.87$

während wir mit allen 30 Daten die Schätzwerte

(6.4.25) $\hat{a}_{30} = 5.15$, $(\hat{\sigma}_{30})^2 = 1.42$

erhalten. Auch hier zeigt sich die Güte des Schätzverfahrens und der geringe Einfluß der verfälschten Daten. Die Schätzung für das zugrunde liegende $\sigma^2=1$ vermindert sich sogar von 3.66 auf 1.42. □

AUFGABEN ZU KAPITEL 6:

Aufg. 6.1.1: Sei $(X,\mathcal{B},\nu)$ ein endlicher Maßraum und T eine meßbare reellwertige Funktion auf X derart, daß $h(\vartheta) := \int \exp\{\vartheta\cdot T\}d\nu$ endlich ist $\forall\vartheta \in \Theta = (a,b)$. Man zeige: Die Funktion h ist auf Θ differenzierbar und die Ableitung darf unter dem Integral vorgenommen werden, d.h. $h'(\vartheta) = \int T\exp\{\vartheta\cdot T\}d\nu$. Hinweis: Man bilde den Differenzenquotienten $(h(\vartheta)-h(\vartheta_0))/(\vartheta-\vartheta_0)$ unter dem Integral und benutze die aus der Potenzreihenentwicklung der Exponentialfunktion folgende Ungleichung $|\exp\{T\cdot t\}-1|/t \le \delta^{-1}\exp\{\delta|T|\}$ für $|t| < \delta$, um eine Majorante zur Anwendung des Satzes 5.2.21 (Lebesgue) zu erhalten.

Aufg. 6.1.2: Mit den Bezeichnungen aus Definition 6.1.10 beweise man unter Verwendung von Aufg. 6.1.1 die Gleichung (6.1.24). Hinweis: Man setze zunächst voraus, daß $c(\vartheta) = \vartheta$ und $g \ge 0$ gilt und schreibe $\int 1_A \exp\{\vartheta T+S\}g\,d\mu = \int \exp\{(\vartheta-\vartheta_0)T\}d\nu$ mit dem endlichen Maß ν über $(X,\mathcal{B})$ mit $\nu(B) := \int_B 1_A\exp\{\vartheta_0 T+S\}g\,d\mu$, $B \in \mathcal{B}$, $\vartheta_0 \in \Theta = (a,b)$ fest. Die Differenzierbarkeit von $d(\vartheta)$ erhält man aus Aufg. 6.1.1 für $g \equiv 1$.

Aufg. 6.1.3: Man zeige unter Verwendung von (6.1.24), daß bei 1-par. Exp.-Familien aus Def. 6.1.10 die Bedingungen (6.1.11) bis (6.1.13) gelten, falls c die Vor. wie in (6.1.24) erfüllt. Gilt $E_\vartheta T = \vartheta\ \forall\vartheta \in \Theta$, so folgt $I(\vartheta) = 1/\mathrm{Var}_\vartheta T(X) \in (0,\infty)\ \forall\vartheta \in \Theta$.

Aufg. 6.1.4: Seien $X_1,\dots,X_n$ i.i.d. ZV mit $X_i \sim B(1,p)$. Man zeige, daß die Voraussetzungen aus Satz 6.1.5 erfüllt sind und zeige, daß das Stichprobenmittel $\overline{X}_n = (X_1 + \dots + X_n)/n$ gleichmäßig bester erwartungstreuer Schätzer für p ist.

Aufg. 6.1.5: Man zeige: Sind $X_1,\dots,X_n$ i.i.d. ZV derart, daß $L(X_i)$ zu einer 1-parametrigen Exponentialfamilie in $c(\vartheta)$ und $T(X_i)$ gemäß Definition 6.1.10 gehört, dann gehört $X = (X_1,\dots,X_n)$ zu einer 1-parametrigen Exponentialfamilie in $c(\vartheta)$ und $\sum_{i=1}^{n} T(X_i)$. Hinweis: Man verwende Aufg. 5.4.7.

Aufg. 6.1.6: Man zeige, daß die folgenden Verteilungsfamilien 1-parametrige Exponentialfamilien sind: a) NB(r,p), r fest, $0<p<1$, s. Aufg. 1.5.1. b) Gamma (α,β) mit α fest bzw. β fest, s. Aufg. 5.4.6. c) Binomial (n,p), n fest, $0<p<1$.

Aufg. 6.1.7: Bildet die Familie von W-Maßen mit den Dichten $f(x,\vartheta) = (1/2)\exp(-|x-\vartheta|)$, $x \in \mathbb{R}$, $\vartheta \in \mathbb{R}$ (Doppelexponentialverteilung) eine 1-parametrige Exponentialfamilie?

Aufg. 6.2.1: (Ferguson) Seien $X_1,X_2,\dots$ i.i.d. ZV mit Dichten $f(x,\vartheta)$, $\vartheta \in \Theta = [0,1]$, mit $f(x,\vartheta) = (1-\vartheta)\frac{1}{\delta(\vartheta)}(1-|x-\vartheta|/\delta(\vartheta))\cdot$ $\cdot\, 1_{[\vartheta-\delta(\vartheta),\vartheta+\delta(\vartheta)]}(x) + (\vartheta/2)1_{[-1,1]}(x)$ für $0\le\vartheta<1$, bzw. $f(x,\vartheta) =$ $= \frac{1}{2}1_{[-1,1]}(x)$ für $\vartheta=1$ (Schaubild?). Dabei sei $\delta(\vartheta) =$ $= (1-\vartheta)\exp(-(1-\vartheta)^{-4}+1)$. Man zeige: Ist $\hat{\vartheta}_n = \hat{\vartheta}_n(X_1,\dots,X_n)$ ein ML-Schätzer für ϑ, so gilt $\hat{\vartheta}_n \to 1$ n.W. bei jedem Wert von $\vartheta \in \Theta$. Hier liegt also ein Beispiel vor, bei dem der ML-Schätzer unsinnig ist. Hinweise: Sei $\underset{\sim}{l}_n(\vartheta)$ die log-Likelihoodfunktion (6.2.9). (Da Θ kompakt ist, gibt es stets einen maximierenden Wert $\hat{\vartheta}_n$, welcher in

Abhängigkeit von $x \in \mathbb{R}^n$ meßbar gewählt werden kann, s. Witting und Nölle (1970), Hilfssatz 2.30). Es gilt $f(x,\vartheta) \le 1/2 + 1/\delta(\vartheta)$ für $\vartheta < 1$ und folglich

(1) $\max\limits_{0 \le \vartheta \le \alpha} n^{-1} \, l_n(\vartheta) \le 1/2 + 1/\delta(\alpha)$ für $0 < \alpha < 1$. Für $M_n = \max(X_1,\dots,X_n)$ zeige man

(2) $\max\limits_{0 \le \vartheta \le 1} n^{-1} \, l_n(\vartheta) \ge n^{-1} \, l_n(M_n) \ge \frac{n-1}{n} \log(M_n/2) + \frac{1}{n} \log\{(1-M_n)/\delta(M_n)\}$ falls $M_n > 0$,

(3) $P_\vartheta\{M_n \le t\} \le P_0\{M_n \le t\} \; \forall t \ge t_0(\vartheta)$, (4) $P_0\{M_n \le 1 - \frac{\lambda}{\sqrt{n}}\} \to e^{-\lambda^2/2}$, $\lambda > 0$ (beachte: $(1+x_n/n)^n \to \exp x$ für $x_n \to x$, $n \to \infty$). Aus (1)-(4) folgt die Behauptung.

<u>Aufg. 6.2.2:</u> a) Seien $X_1,\dots,X_n$, i.i.d. mit $X_i \sim R(\vartheta-0.5,\vartheta+0.5)$, $\vartheta \in \mathbb{R}$. Man bestimme einen ML-Schätzer für ϑ und diskutiere die Eindeutigkeit. b) Seien $X_1,\dots,X_n$ i.i.d. mit $X_i \sim R(\vartheta,2\vartheta)$, $0 < \vartheta < \infty$, $n \ge 2$. Man zeige: $\hat{\vartheta} = \max(X_1,\dots,X_n)/2$ ist ML-Schätzer für ϑ. Man bestimme $\alpha > 0$ derart, daß $T_1 = \alpha\,\hat{\vartheta}$ erwartungstreu ist. Daneben betrachte man den Schätzer $T_2 = \beta \min(X_1,\dots,X_n) + (1-\beta)\max(X_1,\dots,X_n)$, wobei β so gewählt sei, daß auch T_2 erwartungstreu ist. Man zeige für $n > 1$: $\mathrm{Var}_\vartheta T_1 > \mathrm{Var}_\vartheta T_2$. Hinweis: Man zeige, daß $f_\vartheta(x,y) = n(n-1)\vartheta^{-n}(y-x)^{n-2}$, $\vartheta \le x \le y \le 2\vartheta$, eine λ_2-Dichte von $(\min(X_1,\dots,X_n),\max(X_1,\dots,X_n))$ ist.

<u>Aufg. 6.2.3:</u> (Fortsetzung von Aufg. 5.5.12). In den Fällen (1) bzw. (2) bzw. (3) der Aufg. 5.5.12 seien β bzw. α bzw. β fest und $\vartheta := \alpha \in \Theta := (0,\infty)$ bzw. $\vartheta := \beta \in \Theta = (0,\infty)$ bzw. $\vartheta := \alpha \in \Theta = \mathbb{R}$ unbekannt. Auf der Basis von n unabhängigen Wiederholungen $X_1,\dots,X_n$ berechne man in (1) bis (3) einen ML-Schätzer $\hat{\vartheta}(X_1,\dots,X_n)$ für ϑ. (Im Fall (3) nur für n=1,2 Angabe einer expliziten Lösung.)

<u>Aufg. 6.2.4:</u> Seien $X_1,\dots,X_n$ i.i.d. $X_i \sim R(a-\sqrt{3}\sigma,\ a+\sqrt{3}\sigma)$, $a \in \mathbb{R}$, $\sigma > 0$. Offenbar gilt $EX_i = a$, $\mathrm{Var}\, X_i = \sigma^2$. a) Man bestimme Schätzer für a und σ nach der Substitutionsmethode. b) Man bestimme einen ML-Schätzer für $\vartheta = (a,\sigma)$.

<u>Aufg. 6.3.1:</u> Man betrachte die Regressionsfunktion $h(\underset{\sim}{\vartheta},z) = \vartheta_1 z + \vartheta_2/z$, $\underset{\sim}{\vartheta} = (\vartheta_1,\vartheta_2)$, an Stellen $z_1,\dots,z_n$. Zu Meßwerten x_i an den Stellen z_i, $1 \le i \le n$, bestimme man die Normalgleichungen für $\underset{\sim}{\vartheta}$.

<u>Aufg. 6.3.2:</u> Ein Wirkstoff werde in r verschiedenen Dosierungen $t_1,\dots,t_r$ Versuchseinheiten verabreicht, die entweder "Wirkung" oder "keine Wirkung" zeigen. Für die Wahrsch. p(t) einer Wirkung bei einer Dosis t werde ein logistischer Ansatz $\mathrm{Logit}(p(t)) = \alpha + t\beta$ mit unbekannten Parametern $\alpha \in \mathbb{R}$, $\beta > 0$ gemacht, s. Beispiel 6.2.9. Es wurden n_i Versuchseinheiten mit der Dosis t_i behandelt, wobei x_i-mal eine Wirkung auftrat i=1,...,r.
a) Man bestimme *Minimum-Logit*-χ^2 Schätzer $\hat{\alpha},\hat{\beta}$, d.h. Werte (α,β), welche den Ausdruck $\mathrm{Logit}\text{-}\chi^2 = \sum\limits_{i=1}^{r} n_i\hat{p}_i(1-\hat{p}_i)(\alpha+\beta t_i - \mathrm{Logit}(\hat{p}_i))^2$, $\hat{p}_i := x_i/n_i$, minimieren.
b) Man berechne Minimum-Logit-χ^2 Schätzer $\hat{\alpha},\hat{\beta}$ für die Daten aus Beispiel 6.2.9.

<u>Aufg. 6.3.3:</u> Man betrachte die Regressionsfunktion $h(\underset{\sim}{\vartheta},z) = \vartheta_1\vartheta_2^z$, $\underset{\sim}{\vartheta} = (\vartheta_1,\vartheta_2)$, die durch Logarithmierung linear wird. Man bestimme für die lineare Version LS-Schätzer für ϑ_1 und ϑ_2 aus folgenden

Daten:

z	1	2	3	4	5	6	7	8
x	1.0	1.8	2.7	3.3	5.5	12.2	24.5	30.0

Aufg. 6.4.1: Man beweise die Aussagen (a)-(f) im Anschluß an (6.4.13).

Aufg. 6.4.2: Seien $X_1,\dots,X_n$ i.i.d. ZV mit Werten in $(0,\infty)$ und $EX_i^2<\infty$. Für $\vartheta\in\Theta=(0,\infty)$ besitze X_i/ϑ die VF F mit stetiger, beschränkter Dichte $f>0$ auf $(0,\infty)$. Mit der empirischen VF $\hat{F}_n$ zu $X_1,\dots,X_n$ betrachte man das Abstandsmaß (vgl. Beispiel 6.4.2)

$$D(\vartheta)=\int_0^\infty(\hat{F}_n(x)-F(\vartheta x))^2dx,\quad \vartheta>0.$$

Man zeige: a) $D(\vartheta)\to\infty$ für $\vartheta\to 0$. b) $D(\vartheta)$ ist differenzierbar auf Θ, und die Ableitung darf unter dem Integral vorgenommen werden. c) Derjenige Wert $\hat{\vartheta}\in\Theta$, der $D(\vartheta)$ minimiert, ist die eindeutige Lösung $\hat{\vartheta}=\vartheta$ der Gleichung $\sum_{i=1}^n\psi(X_i\vartheta)=0$ mit $\psi(x):=\int_0^x t\,f(t)dt-\int_0^\infty(1-F(t))\,t\,f(t)dt$, $x>0$. d) Im Spezialfall $f(x)=\exp(-x)$, $x>0$, (Exponential(ϑ) Verteilungen), zeige man $\psi(x)=(3/4)-(x+1)\exp(-x)$ und zeichne den Graphen von ψ. Hinweise: b) Man verwende Aufg. 5.2.13 unter Berücksichtigung von $\int_0^\infty x(1-F(x))dx<\infty$, s. Aufg. 5.4.1. c) Man verwende (5.4.3) mit $F(x):=\hat{F}_n(x/\vartheta)$ und $G(x)=\int_0^x t\,f(t)dt$, $x>0$.

Aufg. 6.4.3: Im Rahmen von Aufg. 6.4.2 d) seien die folgenden Lebensdauern $x_1,\dots,x_n$, $n=15$, beobachtet worden

i	1	2	3	4	5	6	7	8	9	10
x_i	1.31	6.99	4.84	1.09	3.39	3.47	2.21	8.23	.57	2.29

11	12	13	14	15
2.41	1.15	2.56	.21	.45

Mit Hilfe der Newton-Iteration $\vartheta_{k+1}=\vartheta_k-\sum_{i=1}^n\psi(X_i\vartheta_k)/\sum_{i=1}^n\psi'(X_i\vartheta_k)X_i$ und geeignetem Startwert ϑ_0 berechne man einen Schätzwert $\hat{\vartheta}_n$ gemäß Aufg. 6.4.2 d).

Aufg. 6.4.4: Seien $X_1,\dots,X_n$ i.i.d. ZV mit $X_i\sim$Exponential(ϑ), $\vartheta>0$. Man betrachte die transformierten ZV $Y_i:=\ln X_i$, $1\le i\le n$. Mit $\rho=\rho(\vartheta)=\ln\vartheta$ hat $Y_i+\rho$ die VF $H(t):=1-\exp\{-\exp t\}$, $t\in\mathbb{R}$. $\hat{G}_n$ sei die empirische VF der Y_j. In Analogie zu Beispiel 6.4.2 betrachte man das Abstandsmaß $D(\rho)=\int_{-\infty}^{+\infty}(\hat{G}_n(y)-H(y+\rho))^2dy$ und zeige, daß der Wert $\hat{\rho}=\rho$, der $D(\rho)$ minimiert, eindeutig bestimmte Lösung einer zu (6.4.14) analogen Gleichung ist. Für die Daten aus Aufg. 6.4.3 bestimme man mit einer Newton-Iteration den Wert $\hat{\rho}$. Man vergleiche den erhaltenen Schätzwert $\exp(\hat{\rho})$ für ϑ mit demjenigen aus Aufg. 6.4.3.

Aufg. 6.4.5: Seien $X_1,\dots,X_n$ i.i.d. ZV mit $X_i\sim$Bernoulli(ϑ), $0\le\vartheta\le 1$. $\hat{F}_n$ sei die empirische VF zu $X_1,\dots,X_n$. Man bestimme $\hat{\vartheta}_n=\hat{\vartheta}_n(X_1,\dots,X_n)\in[0,1]$, so daß $\sup_x|\hat{F}_n(x)-F(x,\vartheta)|$ minimal wird.

7 Konfidenzbereiche für Modellparameter

Im letzten Kapitel haben wir für einige Modelle die bestmöglichen (E-treuen) Schätzer für die Modellparameter hergeleitet. Auch wenn diese Schätzer nicht mehr verbessert werden können, sind wir doch sehr an einer Abschätzung der Abweichung des Schätzwertes vom (unbekannten) Parameterwert interessiert. Da in nichttrivialen Modellen solche Abweichungen notwendigerweise zufallsabhängig sind, konstruieren wir in Analogie zu den Abschnitten 3.1 und 3.2 Konfidenzbereiche bzw. Konfidenzintervalle für die interessierenden Parameterteile zu vorgegebenen Konfidenzniveaus (Mindestüberdeckungswahrsch.).

7.1 Die Pivot Methode zur Konstruktion von Konfidenzbereichen

In diesem Abschnitt werden wir die sog. Pivot Methode zur Konstruktion von Konfidenzbereichen anhand von Beispielen kennenlernen. Ebenso wie bei der Definition von Schätzern ist es mathematisch bequem, den allgemeinen Begriff des Konfidenzbereiches ohne Bezug auf Güteforderungen zu definieren.

7.1.1 Definition: *Gegeben seien ein statistisches Modell* $(X,B,\{P_\vartheta : \vartheta \in \Theta\})$ *und eine* $\mathbb{R}^k$*-wertige Abbildung* $\gamma : \Theta \to \mathbb{R}^k$. *Eine Abbildung* $C : X \to P(\mathbb{R}^k)$ *heißt dann ein* *__Konfidenzbereich__* *für den Parameterteil* $\gamma(\vartheta) \in \mathbb{R}^k$, *falls gilt*

$$(7.1.1) \qquad \{x \in X : C(x) \ni \gamma(\vartheta)\} \in B \quad \forall \vartheta \in \Theta.$$

Für gegebenen Parameterwert $\vartheta \in \Theta$ beschreibt $\{x : C(x) \ni \gamma(\vartheta)\}$ gerade das Ereignis "*$\gamma(\vartheta)$ wird vom zufallsabhängigen Bereich $C(X)$ überdeckt*". Der Grund für die Forderung (7.1.1) liegt darin, daß man die Wahrsch. für das Eintreten dieses Ereignisses zur Gütebeurteilung von C heranziehen möchte und deshalb die Meßbarkeit von $\{C(X) \ni \gamma(\vartheta)\}$ fordern muß. Die Zahl

$$(7.1.2) \qquad \inf_{\vartheta\in\Theta} P_\vartheta\{x \in X : C(x) \ni \gamma(\vartheta)\}$$

heißt *__effektives Konfidenzniveau von C__*.

Ist der interessierende Parameterteil $\gamma(\vartheta)$ reellwertig und sind T_1 und T_2 meßbare numerische Funktionen über (X,B) mit $T_1(x) \leq T_2(x)$ $\forall x \in X$, so heißt der durch

(7.1.3) $C(x) = (T_1(x), T_2(x)), \; x \in X,$

definierte Konfidenzbereich ein <u>*Konfidenzintervall für* $\gamma(\vartheta)$</u>, wobei in (7.1.3) auch halboffene oder abgeschlossene Intervalle zugelassen sein sollen. Die einzige Forderung, die bisher an einen Konfidenzbereich gestellt wurde, ist die Meßbarkeitsbedingung (7.1.1). Deshalb ist man wie bei den Schätzern in der Situation, daß man "gute" Konfidenzbereiche nach geeigneten Prinzipien finden muß. Eine naheliegende Forderung besteht darin, zu verlangen, daß der Konfidenzbereich C den wahren Parameter ϑ mit großer Wahrsch. "einfängt", d.h. man fordert, daß das Konfidenzniveau (7.1.2) "groß" ist, z.B. mindestens 0.95 beträgt.

7.1.2 DEFINITION: *Im statistischen Modell* $(X, \mathcal{B}, \{P_\vartheta : \vartheta \in \Theta\})$ *sei C ein Konfidenzbereich für den Parameterteil* $\gamma(\vartheta) \in \mathbb{R}^k$ *und* $\beta \in (0,1)$ *sei vorgegeben. Dann heißt C ein* <u>*Konfidenzbereich für* $\gamma(\vartheta)$ *zum (Konfidenz-)Niveau* β</u>, *falls gilt*

(7.1.4) $P_\vartheta\{x \in X : C(x) \ni \gamma(\vartheta)\} \geq \beta \quad \forall \vartheta \in \Theta.$

Die Forderung (7.1.4), z.B. mit $\beta = 0.95$, als alleinige Güteforderung an einen Konfidenzbereich zu stellen wäre jedoch wenig sinnvoll, denn der Konfidenzbereich $C(x) = \mathbb{R}^k$, $x \in X$, erfüllt (7.1.4) sogar mit $\beta = 1$, sagt aber offenbar überhaupt nichts aus über die tatsächliche Lage von $\gamma(\vartheta)$. Es müssen also noch Auswahlkriterien hinzukommen, die neben der Einhaltung des vorgegebenen Konfidenzniveaus die Präzision, bei Konfidenzintervallen z.B. die Kürze, in Betracht ziehen.

7.1.3 BEISPIEL: *(Konfidenzintervall für den Mittelwert einer Normalverteilung bei bekannter Varianz):* Seien $X_1, \dots, X_n$ i.i.d. ZV mit $X_i \sim N(a, \sigma_0^2)$, $\sigma_0^2 > 0$ bekannt. Das Stichprobenmittel $\overline{X}_n$ ist ein gleichmäßig bester Schätzer für a. Betrachten wir nun die Größe $Q(X_1, \dots, X_n, a) = \sqrt{n}(\overline{X}_n - a)/\sigma_0$, so stellen wir fest, daß $Q(\underset{\sim}{X}, a) \sim N(0,1)$ gilt, also insbesondere, daß die Verteilung von $Q(\underset{\sim}{X}, a)$ unabhängig vom Parameter a ist. Es ist deshalb möglich, von a unabhängige Konstanten $q_1 \leq q_2$ zu finden, so daß für ein vorgegebenes $\alpha \in (0,1)$ gilt, vgl. Abb. 7.1.1,

(7.1.5) $P\{q_1 < Q(\underset{\sim}{X}, a) < q_2\} = 1-\alpha$, falls $X_i \sim N(a, \sigma_0^2)$.

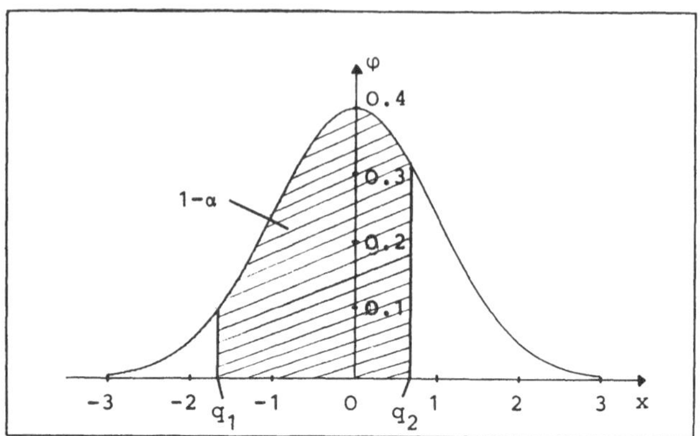

Abb. 7.1.1: Kritische Werte einer Pivot-Verteilung

Nun läßt sich die Ungleichungskette $\{q_1 < Q(\underset{\sim}{X},a) < q_2\}$ aber nach a auflösen,

$$\{q_1 < Q(\underset{\sim}{X},a) < q_2\} = \{q_1 < \sqrt{n}\,\frac{(\overline{X}_n - a)}{\sigma_o} < q_2\} = \{\overline{X}_n - \frac{\sigma_o q_2}{\sqrt{n}} < a < \overline{X}_n - \frac{\sigma_o q_1}{\sqrt{n}}\},$$

so daß $(\overline{X}_n - \frac{\sigma_o q_2}{\sqrt{n}}, \overline{X}_n - \frac{\sigma_o q_1}{\sqrt{n}})$ ein Konfidenzintervall für a zum Konfidenzniveau 1-α ist.

Eine Auswahl von $q_1 \leq q_2$ gemäß (7.1.5) ist auf verschiedenste Weise möglich. Man wird deshalb versuchen, q_1 und q_2 so zu wählen, daß die Länge $(q_2-q_1)\sigma_o/\sqrt{n}$ des Konfidenzintervalls möglichst klein wird. Aus Abb. 7.1.1 ist ersichtlich, daß dazu $-q_1 = q_2 = u_{\alpha/2}$, das $(\alpha/2)$-Fraktil der $N(0,1)$-Verteilung, zu wählen ist, vgl. Aufgabe 7.1.1. Als Konfidenzintervall zum Niveau 1-α für den Mittelwert einer Normalverteilung mit bekannter Varianz $\sigma_o^2 > 0$ erhalten wir somit

$$(7.1.6) \qquad (\overline{X}_n - \frac{\sigma_o u_{\alpha/2}}{\sqrt{n}}, \overline{X}_n + \frac{\sigma_o u_{\alpha/2}}{\sqrt{n}}). \quad \square$$

7.1.4 DEFINITION: *Gegeben sei das statistische Modell* $(X, B, \{P_\vartheta : \vartheta \in \Theta\})$ *und* $\gamma(\vartheta)$ *sei der interessierende Parameterteil. Dann heißt eine Abbildung* $Q : X \times \gamma(\Theta) \to \mathbb{R}^m$ *ein* <u>*Pivot*</u> *(Drehpunkt) für* $\gamma(\vartheta)$*, wenn* $Q(\cdot,\gamma(\vartheta)) : X \to \mathbb{R}^m$ *für jedes* $\vartheta \in \Theta$ *meßbar ist und die Verteilung* $L_\vartheta\{Q(X,\gamma(\vartheta))\}$ *nicht von* $\vartheta \in \Theta$ *abhängt.*

Da $L_\vartheta\{Q(X,\gamma(\vartheta))\}$ für alle $\vartheta \in \Theta$ die gleiche Verteilung über

$(\mathbb{R}^m, \mathbb{B}^m)$ darstellt, die wir mit Q_o bezeichnen wollen, ermöglicht ein Pivot immer die Konstruktion von Konfidenzbereichen zum Niveau β für $\gamma(\vartheta)$: Man wähle zunächst ein Ereignis $B \in \mathbb{B}^m$ mit $Q_o(B) \geq \beta$. Dies bedeutet, daß für die Mengen $D(\vartheta) := \{x \in X : Q(x,\gamma(\vartheta)) \in B\}$ die Beziehung $P_\vartheta(D(\vartheta)) = Q_o(B) \geq \beta$ gilt, $\forall \vartheta \in \Theta$. Setzt man sodann

(7.1.7) $\quad C(x) = \{\gamma(\vartheta) : Q(x,\gamma(\vartheta)) \in B\}, \; x \in X,$

so läßt sich eine Beziehung $x \in D(\vartheta)$ "pivotisieren" ("drehen") gemäß

(7.1.8) $\quad x \in D(\vartheta) \Leftrightarrow \gamma(\vartheta) \in C(x), \; x \in X, \; \vartheta \in \Theta,$

und es gilt

(7.1.9) $\quad P_\vartheta\{x : C(x) \ni \gamma(\vartheta)\} = P_\vartheta(D_\vartheta) = Q_o(B) \geq \beta \quad \forall \vartheta \in \Theta.$

Damit ist C ein Konfidenzbereich für $\gamma(\vartheta)$ zum Niveau β. Nach Möglichkeit sollte $B \in \mathbb{B}^m$ mit $Q_o(B) \geq \beta$ so gewählt werden, daß C eine einfache Form (z.B. Intervall bzw. Quader) und "minimales Volumen" besitzt, vgl. Beispiel 7.1.3.

7.1.5 BEISPIEL *(Konfidenzintervall für den Mittelwert einer Normalverteilung mit unbekannter Varianz):* Im Gegensatz zu Beispiel 7.1.3 werde hier angenommen, daß neben dem Mittelwert $a \in \mathbb{R}$ auch die Varianz $\sigma^2 > 0$ unbekannt sei. Wir suchen erneut nach einem Konfidenzintervall für a, wobei aber nun die Schwierigkeit hinzukommt, daß σ^2 als *Störparameter (nuisance parameter)* vorhanden ist. Ein Pivot $Q(\underset{\sim}{X},a)$ für a bei Vorliegen eines Störparameters σ^2 ist also dadurch erklärt, daß $\mathcal{L}_{(a,\sigma^2)}\{Q(\underset{\sim}{X},a)\}$ weder von a noch von σ^2 abhängt.

Probeweise ersetzen wir im Pivot aus Beispiel 7.1.3 die nun unbekannte Varianz durch die Stichprobenvarianz $S_{XX,n} = \Sigma(X_i - \overline{X}_n)^2/(n-1)$ und erhalten so

(7.1.10) $\quad Q(\underset{\sim}{X},a) = \sqrt{n}\,(\overline{X}_n - a)/\sqrt{S_{XX,n}}.$

Behauptung: $Q(\underset{\sim}{X},a)$ aus (7.1.10) ist ein Pivot für $a \in \mathbb{R}$.

Beweis: Ohne Beschränkung der Allgemeinheit können wir die stochastisch unabhängigen, $N(a,\sigma^2)$-verteilten ZV $X_1,\ldots,X_n$ darstellen in der Form $X_i = \sigma Y_i + a$ mit stochastisch unabhängigen $N(0,1)$-verteilten ZV $Y_1,\ldots,Y_n$. Dann gilt $\sqrt{n}(\overline{X}_n - a) = \sigma\sqrt{n}\,\overline{Y}_n$ und $S_{XX,n} = \sigma^2 S_{YY,n}$, woraus $Q(\underset{\sim}{X},a) = \sqrt{n}\,\overline{Y}_n/\sqrt{S_{YY,n}} = Q(\underset{\sim}{Y},0)$ und damit die Behauptung folgt.

Man kann die Verteilung von $Q(\underset{\sim}{Y},0)$ sogar explizit berechnen. Es gilt nämlich, vgl. Aufg. 5.5.3,

(7.1.11) $\sqrt{n}\,\overline{Y}_n$ und $S_{YY,n}$ sind stochastisch unabhängig,

(7.1.12) $\mathcal{L}\{\sqrt{n}\,\overline{Y}_n\} = \mathcal{N}(0,1)$,

(7.1.13) $\mathcal{L}\{\sum_{i=1}^{n}(Y_i-\overline{Y}_n)^2\} = \chi^2_{n-1}$.

Aus (7.1.11) bis (7.1.13) folgt nach Aufg. 5.5.4

(7.1.14) $\mathcal{L}\{\sqrt{n}\,\overline{Y}_n/\sqrt{S_{YY,n}}\} = t_{n-1}$-Verteilung.

Diese sog. *Student'sche t-Verteilung mit (n-1) Freiheitsgraden* geht auf W.S. Gosset zurück, der als Statistiker bei der Guiness Brauerei aus Vorsicht vor Industriespionage unter dem Pseudonym "Student" 1908 die Dichte der t_n-Verteilung veröffentlichte. Nach Aufgabe 5.5.4 lautet die *Dichte der Student'schen t-Verteilung mit n Freiheitsgraden*

(7.1.15) $$f_n(x) = \frac{1}{\sqrt{n\pi}}\frac{\Gamma((n+1)/2)}{\Gamma(n/2)}\left(1+\frac{x^2}{n}\right)^{-(n+1)/2}, \quad x \in \mathbb{R}.$$

Die t_1-Verteilung stimmt mit der Cauchy-Verteilung [vgl. Formel (5.2.36)] überein, während die t_n-Verteilung für große n der $\mathcal{N}(0,1)$-Verteilung sehr ähnlich ist. Bezeichnet nun $t_{n,\alpha}$ für $\alpha \in (0,1)$ und $n \in \mathbb{N}$ das *α-Fraktil der t_n-Verteilung*, d.h.

(7.1.16) $$\int_{t_{n,\alpha}}^{\infty} f_n(x)\,dx = \int_{-\infty}^{-t_{n,\alpha}} f_n(x)\,dx = \alpha,$$

so erhalten wir in Analogie zu (7.1.6) durch Auflösung der Ungleichung $-t_{n-1,\alpha/2} < Q(\underset{\sim}{X},a) < t_{n-1,\alpha/2}$ nach a ein Konfidenzintervall zum Niveau $1-\alpha$ für $a \in \mathbb{R}$ in der Form

(7.1.17) $$\left(\overline{X}_n - \frac{1}{\sqrt{n}}\sqrt{S_{XX,n}}\,t_{n-1,\alpha/2},\ \overline{X}_n + \frac{1}{\sqrt{n}}\sqrt{S_{XX,n}}\,t_{n-1,\alpha/2}\right). \quad \square$$

7.1.6 NUMERISCHES BEISPIEL: Sehen wir zunächst die ersten 27 Daten aus Beispiel 6.4.4 als Realisierung einer Stichprobe aus $\mathcal{N}(a,1)$ an, so erhalten wir mit $u_{0.025} = 1.960$ das Intervall $(4.96-1.96/\sqrt{27},\ 4.96+1.96/\sqrt{27}) = (4.58,\ 5.34)$ als Realisierung des entsprechenden 95%-Konfidenzintervalls (7.1.6). Verwenden wir alle 30 Daten, so erhalten wir die Realisierung

$(5.52-1.96/\sqrt{30},\ 5.52+1.96/\sqrt{30}) = (5.16,\ 5.88)$. Während das erste Intervall (erwartungsgemäß) den tatsächlich zugrunde liegenden Parameterwert a=5 enthält, ist dies beim zweiten Intervall nicht der Fall. Der Grund liegt in der Einbeziehung der drei (verfälschten) Daten aus $N(10,4)$. Berechnen wir nun nach Formel (7.1.17) die beiden entsprechenden Intervalle bei unbekannter Varianz σ^2, so erhalten wir einerseits wegen $t_{26,0.025} = 2.056$ das Intervall

$(4.96-2.056\sqrt{0.78/27},\ 4.96+2.056\sqrt{0.78/27}) = (4.61,5.31)$,

andererseits wegen $t_{29,0.025} = 2.045$ das Intervall

$(5.52-2.045\sqrt{3.66/30},\ 5.52+2.045\sqrt{3.66/30}) = (4.81,6.23)$.

Während sich das erste Intervall nicht wesentlich vom entsprechenden Intervall bei gegebener Varianz unterscheidet, hat das zweite Intervall wegen des großen Schätzwertes für die unbekannte Varianz eine wesentlich größere Länge als das entsprechende Intervall bei gegebener Varianz. Die drei grob verfälschten Daten verlängern hier das Konfidenzintervall so sehr, daß sogar das zugrunde liegende a=5 überdeckt wird. Da dies nicht immer so sein muß, ist bei Abweichungen von den in Beispiel 7.1.3 und Beispiel 7.1.5 vorausgesetzten Modellen Vorsicht geboten.

Robuste (approximative) Konfidenzintervalle auf der Basis der robusten Schätzer $\hat{a}$ und $\hat{\sigma}$ aus Beispiel 6.4.3 können im Rahmen dieser Einführung jedoch nicht behandelt werden. □

7.1.7 BEISPIEL *(Konfidenzintervall für die Varianz einer Normalverteilung mit unbekanntem Mittelwert):* Unter den Voraussetzungen und Bezeichnungen von Beispiel 7.1.5 ist

$$Q(\underset{\sim}{X},\sigma^2) = \sum_{i=1}^{n} (X_i-\overline{X}_n)^2/\sigma^2 \tag{7.1.18}$$

ein Pivot für $\sigma^2 \in (0,\infty)$, denn wegen (7.1.13) gilt $L_{(a,\sigma^2)}\{Q(\underset{\sim}{X},\sigma^2)\} = \chi^2_{n-1}\ \forall (a,\sigma^2) \in \mathbb{R} \times (0,\infty)$. Sind $0 < q_1 < q_2 < \infty$ für gegebenes $\alpha \in (0,1)$ so gewählt, daß $\chi^2_{n-1}((q_1,q_2)) = 1-\alpha$ gilt, so ergibt sich nach (7.1.7) das Konfidenzintervall

$$\left(\sum_{i=1}^{n} (X_i-\overline{X}_n)^2/q_2,\ \sum_{i=1}^{n} (X_i-\overline{X}_n)^2/q_1\right) \tag{7.1.19}$$

für $\sigma^2 \in (0,\infty)$ zum Niveau $1-\alpha$. Das Konfidenzintervall (7.1.19) zum Niveau $1-\alpha$ hat minimale Länge, wenn wir $(1/q_1-1/q_2)$ unter der Nebenbedingung $\chi^2_{n-1}((q_1,q_2)) = 1-\alpha$ minimieren. Diese Aufgabe ist schwieriger als in den vorhergehenden Beispielen, da die Dichte f_{n-1} der χ^2_{n-1}-Verteilung nicht symmetrisch ist. Man erhält die optimalen Werte von $0 < q_1 < q_2 < \infty$ als Lösung des Gleichungssystems [vgl. Aufg. 7.1.2]

$$(7.1.20) \qquad \int_{q_1}^{q_2} f_{n-1}(x)\,dx = 1-\alpha, \quad q_1^2 f_{n-1}(q_1) = q_2^2 f_{n-1}(q_2).$$

In den meisten Anwendungsfällen begnügt man sich damit, das wesentlich einfachere $(1-\alpha)$-Konfidenzintervall mit

$$(7.1.21) \qquad q_1 = \chi^2_{n-1,1-\alpha/2}, \quad q_2 = \chi^2_{n-1,\alpha/2}$$

zu benutzen.

Berechnen wir das Konfidenzintervall (7.1.19), (7.1.21) zum Niveau 0.90 für die Daten aus Beispiel 6.4.4, so erhalten wir auf der Basis der (unverfälschten) 27 Daten wegen $\chi^2_{26,0.95} = 15.379$, $\chi^2_{26,0.05} = 38.885$ das Intervall

$$(26(0.78)/(38.885),\ 26(0.78)/(15.379)) = (0.52, 1.32),$$

während sich für alle 30 Daten wegen $\chi^2_{29,0.95} = 17.707$, und $\chi^2_{29,0.05} = 42.557$ das Intervall

$$(29(3.66)/(42.557),\ 29(3.66)/(17.707)) = (2.49, 5.99)$$

ergibt. Das erste Intervall enthält (erwartungsgemäß) die zugrunde liegende Varianz $\sigma^2 = 1$. Das wesentlich längere zweite Intervall enthält wegen der drei verfälschten Daten die Varianz $\sigma^2 = 1$ nicht mehr. Auch hier zeigt sich wieder, daß schon kleine Modellabweichungen Probleme verursachen.

7.2 Konfidenzbereiche auf der Basis approximativer Pivots

In allen Beispielen des letzten Abschnitts wurden die Pivots auf der Basis von (guten) Schätzern für den interessierenden Parameterteil durch gewisse Standardisierungen gefunden: In Beispiel 7.1.3 wurde $\overline{X}_n$ dadurch in ein Pivot überführt, daß der E-Wert a abgezogen und dann durch die (bekannte) Streuung $\sigma_o/\sqrt{n}$ von $\overline{X}_n$ dividiert wurde. Die Vorgehensweise in Beispiel 7.1.5 war analog, nur daß statt der unbekannten Varianz σ^2/n der Schätzer $S_{XX,n}/n$ verwendet wurde. Schließlich wurde in Beispiel 7.1.7 der Schätzer $S_{XX,n}$ durch $ES_{XX,n}/(n-1) = \sigma^2/(n-1)$ dividiert, um ihn zu einem Pivot zu machen.

Diese Vorgehensweise ist typisch, denn so entstehen aus guten Schätzern präzise Konfidenzintervalle. Da jedoch häufig keine Standardisierung möglich ist, die auf ein (exaktes) Pivot führt, wollen wir in diesem Abschnitt die Anwendungsmöglichkeiten dadurch erweitern, daß wir auch sog. approximative Pivots zulassen.

7.2.1 DEFINITION: *Gegeben sei das statistische Modell* $(\mathfrak{X}, \mathfrak{B}, \{P_\vartheta : \vartheta \in \Theta\})$ *der ZV X, und* $\gamma(\vartheta)$ *sei der interessierende Parameterteil. Für* $n \in \mathbb{N}$ *sei* $\underset{\sim}{X}_n = (X_1, \ldots, X_n)$ *eine Stichprobe aus* $\mathfrak{L}(X)$ *vom Umfang n und* $Q_n : \mathfrak{X}^n \times \gamma(\Theta) \to \mathbb{R}$ *sei eine Abbildung, so daß* $Q_n(\cdot, \gamma(\vartheta))$ *für jedes* $\vartheta \in \Theta$ *meßbar sei. Dann heißt* Q_n *ein* <u>*approximatives Pivot*</u> *für* $\gamma(\vartheta)$ *mit Limesverteilung P, wenn für ein W-Maß P über* $(\mathbb{R}, \mathbb{B})$ *gilt*

$$(7.2.1) \qquad \lim_{n\to\infty} P_\vartheta\{s < Q_n(\underset{\sim}{X}_n, \gamma(\vartheta)) < t\} = P(s,t) \; \forall -\infty \leq s < t \leq +\infty \;\; \forall \vartheta \in \Theta.$$

7.2.2 BEISPIEL: In Abschnitt 3.2 haben wir bereits ein approximatives Pivot zur Berechnung von approximativen Konfidenzintervallen benutzt: Bezeichnet $\overline{X}_n$ den relativen Anteil der Erfolge in einem n-fachen Bernoulli(p) Experiment, so gilt nach Satz 3.2.3 (de Moivre-Laplace) für die standardisierte Größe

$Q_n(\underset{\sim}{X}_n, p) := \sqrt{n}\,(\overline{X}_n - p)/\sqrt{p(1-p)}$ für alle $-\infty \leq s < t \leq +\infty$ die Aussage

$$(7.2.2) \qquad \lim_{n\to\infty} P_{n,p}\{s < Q_n(\underset{\sim}{X}_n, p) < t\} = \Phi(t) - \Phi(s) \;\; \forall p \in (0,1).$$

Wählen wir für vorgegebenes $\alpha \in (0,1)$ Schranken q_1 und q_2 mit den Eigenschaften $-\infty \leq q_1 < q_2 \leq \infty$ und

$$(7.2.3) \qquad \int_{q_1}^{q_2} \varphi(x)\,dx = \Phi(q_2) - \Phi(q_1) = 1-\alpha,$$

so ist

$$(7.2.4) \qquad C_n(\underset{\sim}{X}_n) := \{p \in (0,1) : q_1 < Q_n(\underset{\sim}{X}_n, p) < q_2\}$$

wegen $P_{n,p}\{C_n(\underset{\sim}{X}_n) \ni p\} = P_{n,p}\{q_1 < Q_n(\underset{\sim}{X}_n, p) < q_2\} \underset{n\to\infty}{\longrightarrow} 1-\alpha$ ein Konfidenzbereich für p zum *approximativen* Niveau $1-\alpha$. Minimierung von $q_2 - q_1$ unter der Nebenbedingung (7.2.3) führt auf $q_2 = -q_1 = u_{\alpha/2}$ und der zugehörige $(1-\alpha)$-Konfidenzbereich (7.2.4) ist wegen Hilfssatz 3.2.1 ein *Konfidenzintervall* der Form

$$(7.2.5) \qquad (T_-(\overline{X}_n, \tfrac{1}{n}u^2_{\alpha/2}),\; T_+(\overline{X}_n, \tfrac{1}{n}u^2_{\alpha/2}))$$

mit T_- und T_+ aus Formel (3.2.2). Das $(1-\alpha)$-Konfidenzintervall (7.2.5) ist identisch mit dem in Satz 3.2.2 angegebenen Konfidenzintervall $I(u_{\alpha/2},n,\bar{X}_n)$.

Ein einfacheres, allerdings auch ungenaueres approximatives Konfidenzintervall für p erhält man, wenn man anstelle des approximativen Pivots $\sqrt{n}(\bar{X}_n-p)/\sqrt{p(1-p)}$ das approximative Pivot

$$(7.2.6) \qquad Q_n(\underset{\sim}{X}_n,p) = \sqrt{n}(\bar{X}_n-p)/\sqrt{\bar{X}_n(1-\bar{X}_n)}$$

verwendet. Wegen $\sqrt{p(1-p)}/\sqrt{\bar{X}_n(1-\bar{X}_n)} \underset{n\to\infty}{\Longrightarrow} 1$ n.W. bzgl. p kann man (7.2.2) auch für $Q_n(\underset{\sim}{X}_n,p)$ aus Formel (7.2.6) beweisen, vgl. Lemma 9.4.5. Daher ist auch

$$(7.2.7) \qquad (\bar{X}_n-u_{\alpha/2}\sqrt{\bar{X}_n(1-\bar{X}_n)/n},\ \bar{X}_n+u_{\alpha/2}\sqrt{\bar{X}_n(1-\bar{X}_n)/n})$$

ein approximatives $(1-\alpha)$-Konfidenzintervall für p. □

Das in Beispiel 7.2.2 demonstrierte Vorgehen kann in allen Fällen angewendet werden, in denen zu einer Stichprobe $X_1,X_2,\ldots$ aus $L(X)$ mit $0 < \text{Var } X < \infty$ ein (approximatives) Konfidenzintervall für den unbekannten E-Wert $\vartheta = EX$ gesucht wird. Man hat dazu statt Satz 3.2.3 (de Moivre-Laplace) die folgende Verallgemeinerung zu benutzen.

7.2.3 SATZ *(Zentraler Grenzwertsatz von Lindeberg-Lêvy): X sei eine $\mathbb{R}$-wertige ZV mit endlichem E-Wert $\vartheta = EX$ und endlicher Varianz $\sigma^2 = Var\ X > 0$. Dann gilt für die Stichprobe $X_1,\ldots,X_n$ aus $L(X)$ vom Umfang n für $n\to\infty$ die Grenzwertaussage*

$$(7.2.8) \qquad \lim_{n\to\infty} P\{s < \frac{\sqrt{n}\ (\bar{X}_n-\vartheta)}{\sqrt{\sigma^2}} < t\} = \Phi(t)-\Phi(s)\quad \forall -\infty \leq s < t \leq +\infty.$$

Den *Beweis* dieser Aussage findet man in Abschnitt 9.4.

7.2.4 BEISPIEL *(Approximatives Konfidenzintervall für den E-Wert):* Nach (7.2.8) ist $\sqrt{n}\ (\bar{X}_n-\vartheta)/\sigma$ ein approximatives Pivot für das Parameterpaar $(\vartheta,\sigma^2) \in \mathbb{R}\times(0,\infty)$, so daß

$$\{(\vartheta,\sigma^2) \in \mathbb{R}\times(0,\infty) : -u_{\alpha/2} < \sqrt{n}\ (\bar{X}_n-\vartheta)/\sigma < u_{\alpha/2}\}$$

einen approximativen $(1-\alpha)$-Konfidenzbereich für den zweidimensionalen Parameter (ϑ,σ^2) darstellt. Interessieren wir uns nur für $\vartheta = EX$, so stellt $\sigma^2 = \text{Var } X$ einen Störparameter dar, und wir erhalten durch Verwendung eines <u>konsistenten</u> Schätzers $\hat{\sigma}_n^2 = \hat{\sigma}_n^2(\underset{\sim}{X}_n)$ für σ^2, z.B. $\hat{\sigma}_n^2(\underset{\sim}{X}_n) = \Sigma(X_i - \overline{X}_n)^2/(n-1)$, ein approximatives Pivot für ϑ gemäß, vgl. Lemma 9.4.5,

$$(7.2.9) \qquad \lim_{n\to\infty} P\{s < \frac{\sqrt{n}\,(\overline{X}_n - \vartheta)}{\hat{\sigma}_n(\underset{\sim}{X}_n)} < t\} = \Phi(t) - \Phi(s) \quad \forall s < t.$$

Das kürzeste *approximative (1-α)-Konfidenzintervall für* ϑ auf der Basis von (7.2.9) und $\hat{\sigma}_n^2 = s_{XX,n}$ lautet dann

$$(7.2.10) \qquad (\overline{X}_n - u_{\alpha/2}\sqrt{s_{XX,n}}/\sqrt{n},\ \overline{X}_n + u_{\alpha/2}\sqrt{s_{XX,n}}/\sqrt{n}).$$

Es unterscheidet sich vom (unter Normalverteilungsannahme gewonnenen exakten) Konfidenzintervall (7.1.17) nur durch die Verwendung des $\alpha/2$-Fraktils $u_{\alpha/2}$ der (Limes-)Normalverteilung anstelle des $\alpha/2$-Fraktils $t_{n-1,\alpha/2}$ der t_{n-1}-Verteilung. □

7.2.5 BEISPIEL *(Approximativer Konfidenzbereich für den Parameter einer Multinomialverteilung)*: Für $n \in \mathbb{N}$ sei $\underset{\sim}{Y}_n = (Y_{1n}, \ldots, Y_{kn})$ eine $\mathbb{R}^k$-wertige ZV mit $M(n,\underset{\sim}{p})$-Verteilung, wobei der W-Vektor $\underset{\sim}{p} = (p_1, \ldots, p_k)$ mit $p_j > 0$ $\forall j=1,\ldots,k$ und $\Sigma p_j = 1$ als (unbekannter) Modellparameter angesehen werde. Nach Satz 5.7.1 ist dann

$$(7.2.11) \qquad \chi_n^2(\underset{\sim}{Y}_n, \underset{\sim}{p}) = \sum_{j=1}^{k} (Y_{jn} - np_j)^2/(np_j)$$

ein approximatives Pivot für $\underset{\sim}{p}$ (bei $n \to \infty$) mit Limesverteilung $P = \chi_{k-1}^2$. Für k=2 gilt $\chi_n^2(\underset{\sim}{Y}_n, \underset{\sim}{p}) = \{\sqrt{n}(n^{-1}Y_{1n} - p_1)/\sqrt{p_1(1-p_1)}\}^2$. Wegen $Y_{1n} \sim B(n,p_1)$ ist man also in der Situation von Beispiel 7.2.2. Dort wurde der approximative Konfidenzbereich (7.2.4) mit $q_2 = -q_1 = u_{\alpha/2}$ verwendet, welcher sich umschreiben läßt zu $\{p \in (0,1) : (\sqrt{n}(\overline{X}_n - p)/\sqrt{p(1-p)})^2 < u_{\alpha/2}^2\}$. Wegen $u_{\alpha/2}^2 = \chi_{1,\alpha}^2$ wird man deshalb für beliebiges $k \geq 1$ den analogen approximativen (1-α)-Konfidenzbereich für $\underset{\sim}{p}$ gemäß

$$(7.2.12) \qquad \{\underset{\sim}{p} : \chi_n^2(\underset{\sim}{Y}_n, \underset{\sim}{p}) < \chi_{k-1,\alpha}^2\}$$

wählen.

Die Ergebnisse $(y_1, \ldots, y_6) = (19,14,14,10,27,16)$ des 100-fachen Würfelns aus Beispiel 5.7.2 liefern die folgende Realisierung des approximativen 90%-Konfidenzbereiches (7.2.12) für $(p_1, \ldots, p_6)$:

$$\{(p_1,\dots,p_6)\in(0,1)^6 : \sum_{j=1}^{6} p_j=1,\ \sum_{j=1}^{6}\frac{(y_j-100\ p_j)^2}{100\ p_j} < 9.236\}.$$

Wegen $\sum_{j=1}^{6}(y_j-100/6)^2/(100/6) = 10.28$ wird der *ideale Würfel* $\underset{\sim}{p}^o = (1/6,\dots,1/6)$ nicht überdeckt. Halten wir das Konfidenzniveau 0.90 für "hinreichend groß", so haben wir davon auszugehen, daß die 100 Würfe nicht mit einem vollständig idealen Würfel ausgeführt wurden. □

7.3 Optimale Konfidenzbereiche und Tests

Als einzigen expliziten Optimalitätsbegriff für Konfidenzbereiche zum vorgegebenen Niveau $\beta \in (0,1)$ haben wir bisher im Fall von Konfidenz*intervallen* deren Länge benutzt. Dieser Optimalitätsbegriff versagt, wenn wir kompliziertere Formen für Konfidenzbereiche zulassen. Schon in Fällen, in denen wir uns nur für *untere Konfidenzschranken* (z.B. für die Tragkraft einer Brücke) oder *obere Konfidenzschranken* (z.B. für die Kosten eines Großprojektes), d.h. für Konfidenzbereiche der Form $(T_1(\underset{\sim}{X}),\infty)$ bzw. $(-\infty,T_2(\underset{\sim}{X}))$ interessieren, wird die Länge als Maß für die Güte des Konfidenzbereiches i.a. unbrauchbar.

In der Situation von Beispiel 7.1.5 (Mittelwert einer $N(a,\sigma^2)$-Verteilung) wird man vermuten, daß $T_1(\underset{\sim}{X}) = \overline{X}_n-(1/\sqrt{n})\sqrt{S_{XX,n}}\ t_{n-1,\alpha}$ eine "gute" untere Konfidenzschranke für a bezeichnet. Dabei wurde hier anstelle des $\alpha/2$-Fraktils $t_{n-1,\alpha/2}$ das α-Fraktil $t_{n-1,\alpha}$ verwendet, um das Konfidenzniveau $1-\alpha$ auszuschöpfen. Bei der nun folgenden Definition des Optimalitätsbegriffs orientieren wir uns an diesem Beispiel: Ist $a \in \mathbb{R}$ die (unbekannte) Tragkraft der Brücke, so soll $T(\underset{\sim}{X})$ natürlich mindestens mit Wahrsch. $1-\alpha$ unterhalb von a liegen, während für $a' \in \mathbb{R}$ mit $a' < a$ die untere $(1-\alpha)$-Konfidenzschranke $T(\underset{\sim}{X})$ den Wert a' mit möglichst geringer Wahrsch. unterschreiten sollte, damit die tatsächliche Tragkraft a nicht zu sehr unterschätzt wird. Dies bedeutet, daß wir neben der Basisforderung

(7.3.1) $$P_{a,\sigma^2}\{T(\underset{\sim}{X}) < a\} \geq 1-\alpha \quad \forall (a,\sigma^2) \in \mathbb{R}\times(0,\infty),$$

die wir an alle zur Konkurrenz zugelassenen unteren Konfidenzschranken $T(\underset{\sim}{X})$ stellen, für eine *optimale untere Konfidenzschranke* $T^*(\underset{\sim}{X})$ zusätzlich fordern

$$(7.3.2) \qquad P_{a,\sigma^2}\{T^*(\underset{\sim}{X}) < a'\} = \inf_T P_{a,\sigma^2}\{T(\underset{\sim}{X}) < a'\} \quad \forall a' < a \, \forall (a,\sigma^2) \in \mathbb{R} \times (0,\infty),$$

wobei bei der Bildung des Infimums alle T mit der Eigenschaft (7.3.1) zugelassen sind.

7.3.1 Definition: *Im statistischen Modell $(X, \mathcal{B}, \{P_\vartheta : \vartheta \in \Theta\})$ seien C und C* Konfidenzbereiche für den Parameterteil $\gamma(\vartheta)$ zum vorgegebenen Niveau $\beta \in (0,1)$. Wird ϑ als zugrunde liegender Parameterwert angesehen, so bezeichne $\widetilde{H}_1(\vartheta) \subset \Theta$ die Teilmenge derjenigen Werte ϑ', für die wir eine Überdeckung von $\gamma(\vartheta')$ [bei Vorliegen von ϑ] durch $C(X)$ bzw. $C^*(X)$ als unerwünscht ansehen.*
Dann heißt C gleichmäßig besserer Konfidenzbereich für $\gamma(\vartheta)$ zum Niveau β als C, wenn gilt*

$$(7.3.3) \qquad P_\vartheta\{C^* \ni \gamma(\vartheta')\} \leq P_\vartheta\{C \ni \gamma(\vartheta')\} \quad \forall \vartheta' \in \widetilde{H}_1(\vartheta) \quad \forall \vartheta \in \Theta,$$

also wenn Werte $\gamma(\vartheta')$, deren Überdeckung bei Vorliegen von ϑ unerwünscht ist, von C mit kleinerer Wahrsch. überdeckt werden als von C. Gilt für alle Konfidenzbereiche C zum Niveau β die Ungleichung (7.3.3), so heißt C* gleichmäßig bester Konfidenzbereich für $\gamma(\vartheta)$ zum Niveau β.*

Bemerkung: Etwas verkürzt nennt man $\widetilde{H}_1(\vartheta)$ die *Menge der unerwünschten Parameterwerte* bei zugrunde liegendem Parameterwert ϑ. Im Einführungsbeispiel ist die Menge der unerwünschten Parameterwerte [bei vorliegendem (a,σ^2)] gegeben durch $\widetilde{H}_1(a,\sigma^2) = \{(a',\sigma^2) : a' < a\}$. Entsprechend wird man bei der Suche nach optimalen oberen Konfidenzschranken für a bzw. bei der Suche nach optimalen Konfidenzintervallen für a von den unerwünschten Parameterwerten $\widetilde{H}_1(a,\sigma^2) = \{(a',\sigma^2) : a' > a\}$ bzw. $\widetilde{H}_1(a,\sigma^2) = \{(a',\sigma^2) : a' \neq a\}$ ausgehen.

In vielen klassischen Modellen kann man tatsächlich gleichmäßig beste Konfidenzbereiche konstruieren. Ist dies nicht möglich, so kann man versuchen, aufgrund heuristisch naheliegender Einschränkungen an die Klasse der betrachteten Konfidenzbereiche sich das Problem der Suche nach einem optimalen Verfahren zu erleichtern. Als Beispiel geben wir den Begriff der Unverfälschtheit an.

7.3.2 Definition: *In der Situation von Definition 7.3.1 heißt ein Konfidenzbereich C unverfälscht für $\gamma(\vartheta)$ zum Niveau β, wenn gilt*

(7.3.4) $\quad P_\vartheta\{C \ni \gamma(\vartheta)\} \geq \beta, \; P_\vartheta\{C \ni \gamma(\vartheta')\} \leq \beta \;\; \forall \vartheta' \in \tilde{H}_1(\vartheta) \;\; \forall \vartheta \in \Theta,$

d.h. wenn bei Vorliegen von ϑ unerwünschte Parameterwerte $\gamma(\vartheta')$ zumindest nicht mit größerer Wahrsch. überdeckt werden als das tatsächlich vorliegende $\gamma(\vartheta)$.

Die Konstruktion von Konfidenzbereichen mit (7.3.3), gegebenenfalls unter Nebenbedingungen wie (7.3.4), hängt eng mit der Testtheorie zusammen, wie wir unten sehen werden. Es wird unter Ausnutzung dieses Zusammenhangs später möglich sein, Resultate der Testtheorie unmittelbar auf Konfidenzbereiche zu übertragen.

7.3.3 BEISPIEL *(Der Student'sche t-Test):* In Beispiel 7.1.5 wurde gezeigt, daß das Konfidenzintervall

$$I(\underset{\sim}{X}) := (\overline{X}_n - \frac{1}{\sqrt{n}} \sqrt{S_{XX,n}}\; t_{n-1,\alpha/2}, \overline{X}_n + \frac{1}{\sqrt{n}} \sqrt{S_{XX,n}}\; t_{n-1,\alpha/2})$$

den zugrunde liegenden Parameter a mit der Wahrsch. $1-\alpha$ überdeckt. Hat man über den zugrunde liegenden Parameter a eine Hypothese $H_o : a = a_o$ mit vorgegebenem $a_o \in \mathbb{R}$, so erscheint es naheliegend, eine Entscheidung darüber, ob man die *Nullhypothese* H_o oder die *Gegenhypothese* $H_1 : a \neq a_o$ als gültig ansehen will, davon abhängig zu machen, ob $I(\underset{\sim}{X})$ den Wert a_o enthält oder nicht. D.h. wir benutzen die *Testfunktion*

$$(7.3.5) \qquad \psi(\underset{\sim}{x}) = \begin{cases} 1, & \text{falls } I(\underset{\sim}{x}) \not\ni a_o \\ 0, & \text{falls } I(\underset{\sim}{x}) \ni a_o \end{cases} = \begin{cases} 1, & \text{falls } |T(\underset{\sim}{x})| \geq t_{n-1,\alpha/2} \\ 0, & \text{falls } |T(\underset{\sim}{x})| < t_{n-1,\alpha/2} \end{cases}$$

wobei $\psi(\underset{\sim}{x}) = 1$ bzw. $\psi(\underset{\sim}{x}) = 0$ der Ablehnung bzw. der Annahme der Nullhypothese H_o entspricht [$K = \{\underset{\sim}{x} \in \mathbb{R}^n : \psi(\underset{\sim}{x}) = 1\}$ ist der entsprechende kritische Bereich] und wobei T die sog. *t-Statistik für $H_o : a = a_o$* bezeichnet,

$$(7.3.6) \qquad T(\underset{\sim}{x}) = \sqrt{n}\,(\overline{x}_n - a_o)/\sqrt{S_{xx,n}}\,.$$

Wegen $E_{a_o}\psi(\underset{\sim}{X}) = P_{a_o}\{I(\underset{\sim}{X}) \not\ni a_o\} = 1 - P_{a_o}\{I(\underset{\sim}{X}) \ni a_o\} = \alpha$ ist ψ ein *Test für H_o zum Niveau* α. Er heißt *zweiseitiger (Student'scher) t-Test zum Niveau* α. Die Bezeichnung *zweiseitig* bezieht sich dabei auf die zweiseitige Form des Testproblems $H_o : a = a_o$ gegen $H_1 : a \neq a_o$. Entsprechend kann man aus der unteren Konfidenzschranke $T_1(\underset{\sim}{X}) = \overline{X}_n - (1/\sqrt{n})\sqrt{S_{XX,n}}\; t_{n-1,\alpha}$ für a zum Niveau $1-\alpha$ einen Test für das *einseitige* Testproblem $H_o : a \leq a_o$ gegen $H_1 : a > a_o$ gewinnen gemäß

$$(7.3.7)\qquad \psi(\underset{\sim}{x}) = \begin{cases} 1, \text{ falls } T_1(\underset{\sim}{x}) \geq a_o \\ 0, \text{ falls } T_1(\underset{\sim}{x}) < a_o \end{cases} = \begin{cases} 1, \text{ falls } T(\underset{\sim}{x}) \geq t_{n-1,\alpha} \\ 0, \text{ falls } T(\underset{\sim}{x}) < t_{n-1,\alpha} \end{cases}$$

wobei wieder $\psi(\underset{\sim}{x}) = 1$ bzw. $\psi(\underset{\sim}{x}) = 0$ der Ablehnung bzw. der Annahme von H_o entspricht und T die t-Statistik für $a=a_o$ aus (7.3.6) bezeichnet.
Da für alle $a \leq a_o$, d.h. $a_o - a \geq 0$, gilt

$$E_a\psi(\underset{\sim}{X}) = P_a\{T_1(\underset{\sim}{X}) \geq a + a_o - a\} \leq P_a\{T_1(\underset{\sim}{X}) \geq a\} = \alpha,$$

ist ψ tatsächlich ein *Test für* $H_o : a \leq a_o$ *zum Niveau* α. Er heißt (entsprechend) *einseitiger (Student'scher)t-Test* *zum Niveau* α. Ist die Var. $\sigma^2 = \sigma_o^2$ bekannt, so erhält man in analoger Weise mit der *Teststatistik*

$$(7.3.8)\qquad T_o(\underset{\sim}{x}) = \sqrt{n}\,(\bar{x}_n - a_o)/\sigma_o$$

den sog. *zweiseitigen Gauß-Test* *zum Niveau* α

$$(7.3.9)\qquad \psi(\underset{\sim}{x}) = \begin{cases} 1, \text{ falls } |T_o(\underset{\sim}{x})| \geq u_{\alpha/2} \\ 0, \text{ falls } |T_o(\underset{\sim}{x})| < u_{\alpha/2} \end{cases}$$

für $H_o : a = a_o$ gegen $H_1 : a \neq a_o$ bzw. den *einseitigen Gauß-Test* *zum Niveau* α

$$(7.3.10)\qquad \psi(\underset{\sim}{x}) = \begin{cases} 1, \text{ falls } T_o(\underset{\sim}{x}) \geq u_\alpha \\ 0, \text{ falls } T_o(\underset{\sim}{x}) < u_\alpha \end{cases}$$

für $H_o : a \leq a_o$ gegen $H_1 : a > a_o$. □

7.3.4 BEMERKUNG: Während wir früher ein Testverfahren durch einen kritischen Bereich $K \in \mathcal{B}$ beschrieben haben, wobei der Eintritt von K mit der Ablehnung der Nullhypothese gleichgesetzt wurde, haben wir es in Beispiel 7.3.3 vorgezogen, den Indikator $\psi = 1_K$ (Testfunktion) des kritischen Bereichs anzugeben, wobei $\psi(x) = 1$ bzw. $\psi(x) = 0$ der Ablehnung bzw. der Annahme von H_o entsprach. Beide Darstellungsweisen sind gleichbedeutend. Generell heißt eine Funktion ψ der Gestalt

$$(7.3.11)\qquad \psi(x) = 1_K(x),\ x \in \mathcal{X},\ \text{mit } K \in \mathcal{B}$$

ein *nichtrandomisierter Test* (im Gegensatz zu den in Abschnitt

8.1 definierten allgemeineren randomisierten Tests).
Die exakte <u>*Fehlerwahrscheinlichkeit 1. Art*</u> eines nichtrandomisierten Tests $\psi = 1_K$ ist

(7.3.12) $\quad \sup\{\int \psi \, dP_\vartheta : P_\vartheta \in H_o\} = \sup\{P_\vartheta(K) : P_\vartheta \in H_o\}$

und die <u>*Gütefunktion*</u> $\beta(\cdot,\psi) : \Theta \to [0,1]$ von $\psi = 1_K$ ist

(7.3.13) $\quad \beta(\vartheta,\psi) = E_\vartheta \psi(X) = P_\vartheta(K), \; \vartheta \in \Theta.$ □

In den beiden Fällen des obigen Beispiels gelangten wir, ausgehend von einem Konfidenzintervall bzw. einer unteren Konfidenzschranke für a, in natürlicher Weise zu einem nichtrandomisierten Test für das Testproblem $H_o : a = a_o$ gegen $H_1 : a \neq a_o$ bzw. $H_o : a \leq a_o$ gegen $H_1 : a > a_o$. Da $a_o \in \mathbb{R}$ beliebig vorgegeben werden kann, erhält man tatsächlich aus einem Konfidenzintervall bzw. einer Konfidenzschranke eine durch a_o indizierte Familie von nichtrandomisierten Tests für die entsprechenden Testprobleme.
Diese Zuordnung kann man auch im Rahmen allgemeiner Konfidenzbereiche formulieren. Wir werden darüberhinaus zeigen, daß zwischen Konfidenzbereichen und Familien zugeordneter Tests eine Bijektion besteht, die außerdem die in Definition 7.3.1 und Definition 7.3.2 für Konfidenzbereiche formulierten (Optimalitäts-) Eigenschaften in entsprechende (Optimalitäts-) Eigenschaften für die korrespondierenden Tests übersetzt.
Aus der im nächsten Kapitel bewiesenen Optimalität der Gauß-Tests folgt daher zum Beispiel, daß das Konfidenzintervall (7.1.6) aus Beispiel 7.1.3 ein *gleichmäßig bester unverfälschter Konfidenzbereich zum Niveau 1-α für a* ist, und zwar mit den unerwünschten Parameterwerten $\tilde{H}_1(a) = \{a' \in \mathbb{R} : a' \neq a\} \; \forall a \in \mathbb{R}$. Dagegen ist $(\overline{X}_n - \sqrt{\sigma^2/n}\, u_\alpha, \infty)$ ein *gleichmäßig bester Konfidenzbereich zum Niveau 1-α für a,* wenn die unerwünschten Parameterwerte (einseitig) gemäß $\tilde{H}_1(a) = \{a' \in \mathbb{R} : a' < a\} \; \forall a \in \mathbb{R}$ gewählt werden. (Der Nachweis einer entsprechenden Optimalität für das Konfidenzintervall (7.1.17) geht über den Rahmen dieser Einführung hinaus; vgl. jedoch Witting (1978).)

7.3.5 SATZ: *Die Voraussetzungen und Bezeichnungen seien wie in Definition 7.3.1. Dann gilt:*

a) Durch die Beziehung

(7.3.14) $\quad [\eta \in C(x) \Leftrightarrow \psi_\eta(x) = 0] \quad \forall \eta \in \gamma(\Theta) \; \forall x \in X$

wird eine Bijektion zwischen der Menge $\mathcal{C}$ *der Konfidenzbereiche* C *für* $\gamma(\vartheta)$ *und der Menge* Ψ *der Familien* $\{\psi_\eta : \eta \in \gamma(\Theta)\}$ *von* ***nichtrandomisierten*** *Tests* ψ_η *für die Nullhypothese* $\gamma(\vartheta) = \eta$ *definiert:*

$$(7.3.15) \qquad C(x) = \{\eta \in \gamma(\Theta) : \psi_\eta(x) = 0\} \quad \forall x \in \mathcal{X},$$

$$(7.3.16) \qquad \psi_\eta(x) = \begin{cases} 1, & \text{falls } C(x) \not\ni \eta \\ 0, & \text{falls } C(x) \ni \eta \end{cases} \quad \forall x \in \mathcal{X} \quad \forall \eta \in \gamma(\Theta).$$

b) Die Konfidenzbereiche C *und* C^* *mögen den Familien* $\{\psi_\eta : \eta \in \gamma(\Theta)\}$ *bzw.* $\{\psi^*_\eta : \eta \in \gamma(\Theta)\}$ *entsprechen. Dann gilt für die* ***Einhaltung des Niveaus*** $\alpha \in (0,1)$ *die Äquivalenz*

$$(7.3.17) \qquad E_\vartheta \psi_{\gamma(\vartheta)}(X) \leq \alpha \;\; \forall \vartheta \in \Theta \Leftrightarrow P_\vartheta\{C \ni \gamma(\vartheta)\} \geq 1-\alpha \;\; \forall \vartheta \in \Theta.$$

Bezeichnet $\tilde{H}_1(\vartheta)$ *wie in Definition 7.3.1 die Menge der bei zugrunde liegendem* $\vartheta \in \Theta$ *unerwünschten Parameterwerte, so gelten mit der Setzung (vgl. Abb. 7.3.1)*

$$(7.3.18) \qquad H_1(\vartheta') := \{\vartheta \in \Theta : \tilde{H}_1(\vartheta) \ni \vartheta'\} \quad \forall \vartheta' \in \Theta$$

für den ***Vergleich der beiden Verfahren*** *bzw. für die* ***Unverfälschtheit*** *die Äquivalenzen*

$$(7.3.19) \qquad E_\vartheta \psi_{\gamma(\vartheta')}(X) \leq E_\vartheta \psi^*_{\gamma(\vartheta')}(X) \;\; \forall \vartheta \in H_1(\vartheta') \;\; \forall \vartheta' \in \Theta$$
$$\Leftrightarrow P_\vartheta\{C^* \ni \gamma(\vartheta')\} \leq P_\vartheta\{C \ni \gamma(\vartheta')\} \;\; \forall \vartheta' \in \tilde{H}_1(\vartheta) \;\; \forall \vartheta \in \Theta,$$

bzw.

$$(7.3.20) \qquad E_\vartheta \psi_{\gamma(\vartheta')}(X) \geq \alpha \;\; \forall \vartheta \in H_1(\vartheta') \;\; \forall \vartheta' \in \Theta$$
$$\Leftrightarrow P_\vartheta\{C \ni \gamma(\vartheta')\} \leq 1-\alpha \;\; \forall \vartheta' \in \tilde{H}_1(\vartheta) \;\; \forall \vartheta \in \Theta.$$

Beweis: a) Um eine Bijektion zu erhalten, haben wir für die Konfidenzbereiche C natürlich $C(x) \subset \gamma(\Theta) \;\forall x \in \mathcal{X}$ zu fordern. Die behauptete Bijektion mit (7.3.14) ist dann offensichtlich in (7.3.15) und (7.3.16) explizit angegeben, wenn wir noch beachten, daß die Meßbarkeitsbedingung $\{x \in \mathcal{X} : C(x) \ni \gamma(\vartheta)\} \in \mathcal{B} \;\forall \vartheta \in \Theta$ äquivalent ist mit der Meßbarkeit von $\psi_\eta \;\forall \eta \in \gamma(\Theta) : \{x \in \mathcal{X} : \psi_\eta(x) = 0\} = \{x \in \mathcal{X} : C(X) \ni \eta\} \in \mathcal{B} \;\forall \eta \in \gamma(\Theta)$.

b) Die Aussagen (7.3.17) bis (7.3.20) folgen nun unmittelbar aus der für alle Paare $(\vartheta,\vartheta') \in \Theta \times \Theta$ und für alle Konfidenzbereiche C geltenden Beziehung

$$(7.3.21) \qquad P_\vartheta\{C \not\ni \gamma(\vartheta')\} = P_\vartheta\{\psi_{\gamma(\vartheta')} = 1\} = E_\vartheta \psi_{\gamma(\vartheta')}(X).$$

So schreibt sich mit (7.3.21) z.B. die linke Seite von (7.3.19) als $P_\vartheta\{C \not\ni \gamma(\vartheta')\} \leq P_\vartheta\{C^* \not\ni \gamma(\vartheta')\}$ $\forall \vartheta \in H_1(\vartheta')$ $\forall \vartheta' \in \Theta$, was wegen $\vartheta \in H_1(\vartheta') \Leftrightarrow \vartheta' \in \tilde{H}_1(\vartheta)$ offenbar mit der rechten Seite von (7.3.19) übereinstimmt. Analog verläuft der Nachweis von (7.3.17) und (7.3.20). □

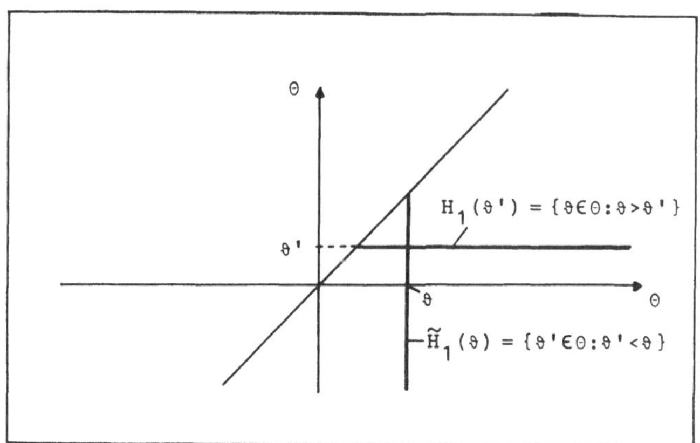

Abb. 7.3.1: Die Mengen $\tilde{H}_1(\vartheta)$ der unerwünschten Parameterwerte bei unteren Konfidenzschranken für $\vartheta \in \Theta = \mathbb{R}$ und ihre "Umkehrungen" $H_1(\vartheta')$.

Ist für jedes vorgegebene $\vartheta' \in \Theta$ ein nichtrandomisierter Test $\psi_{\gamma(\vartheta')}(X)$ für die Nullhypothese $H_0(\vartheta') = \{\vartheta \in \Theta : \gamma(\vartheta) = \gamma(\vartheta')\}$ gegen die Alternative $H_1(\vartheta') = \{\vartheta \in \Theta : \tilde{H}_1(\vartheta) \ni \vartheta'\}$ gegeben, so besagt Satz 7.3.5 gerade, daß sich die Eigenschaften von $\{\psi_{\gamma(\vartheta')} : \vartheta' \in \Theta\}$ in entsprechende Eigenschaften des Konfidenzbereiches $C(X) = \{\eta \in \gamma(\Theta) : \psi_\eta(X) = 0\}$ übersetzen. Insbesondere ist $C^*(X)$ genau dann ein gleichmäßig bester [unverfälschter] Konfidenzbereich zum Niveau $1-\alpha$ für $\gamma(\vartheta)$, wenn jeder Test $\psi^*_{\gamma(\vartheta')}(X)$ ein gleichmäßig bester [unverfälschter] Test zum Niveau α für $H_0(\vartheta')$ gegen $H_1(\vartheta')$ ist.

Ein Test $\psi(X)$ heißt dabei *unverfälscht zum Niveau* α *für* H_0 *gegen* H_1, wenn gilt

(7.3.22) $\quad E_\vartheta\psi(X) \leq \alpha \quad \forall \vartheta \in H_0, \quad E_\vartheta\psi(X) \geq \alpha \quad \forall \vartheta \in H_1.$

Unverfälschtheit bedeutet, daß der Test $\psi(X)$ mit größerer Wahrsch. einen Parameter ϑ als zur Gegenhypothese H_1 zugehörig erklärt, wenn ϑ tatsächlich zu H_1 gehört, als wenn ϑ ein Element der Nullhypothese H_o ist.

Im nächsten Kapitel werden wir uns ausführlich mit der Konstruktion von optimalen [unverfälschten] Tests beschäftigen und über den dargestellten Zusammenhang auch optimale [unverfälschte] Konfidenzbereiche gewinnen.

Aufgaben zu Kapitel 7:

<u>Aufg. 7.1.1:</u> Man zeige in Beispiel 7.1.3, daß das Konfidenzintervall am kürzesten wird, wenn $-q_1 = q_2 = u_{\alpha/2}$ gewählt wird.

<u>Aufg. 7.1.2:</u> Man zeige in Beispiel 7.1.7, daß die optimalen Werte $0 < q_1 < q_2 < \infty$ Lösung von (7.1.20) sind. Hinweis: Wegen $\int_{q_1}^{q_2} f_{n-1}(x)dx = 1-\alpha$ ist q_2 eine Funktion von q_1. Man leite die Intervallänge sowie q_2 nach q_1 ab.

<u>Aufg. 7.1.3:</u> Seien $X_1,\dots,X_n$ i.i.d. ZV mit $X_i \sim \mathcal{R}(0,\vartheta)$, $\vartheta > 0$. Man zeige: M_n/ϑ mit $M_n = \max(X_1,\dots,X_n)$ ist ein Pivot für ϑ. Man bilde ein $(1-\alpha)$ Konfidenzintervall $(M_n/b, M_n/a)$ der Länge $L_n = M_n(a^{-1} - b^{-1})$. Dann wird L_n minimal für $b=1$ und $a=\alpha^{1/n}$. Für die Intervallänge $L_n = M_n(\alpha^{-1/n} - 1)$ gilt $L_n/\{(\vartheta/n)\log\alpha^{-1}\} \to 1$ n.W. Hinweis: Man betrachte a als Funktion von b und differenziere die Intervallänge nach b.

<u>Aufg. 7.1.4:</u> Seien $X_1,\dots,X_n$ i.i.d. ZV mit Dichten $f(x,\vartheta) = e^{-(x-\vartheta)} 1_{(\vartheta,\infty)}(x)$, $x \in \mathbb{R}$. Man bestimme das kürzeste Konfidenzintervall zum Niveau $1-\alpha$ auf der Basis von $T_n := \min(X_1,\dots,X_n)$.

<u>Aufg. 7.1.5:</u> Seien $X_1,\dots,X_m$, $Y_1,\dots,Y_n$ stochastisch unabhängig mit $X_i \sim \mathcal{N}(a,\sigma^2)\,\forall i$, $Y_j \sim \mathcal{N}(b,\sigma^2)\,\forall j$, $\sigma^2 > 0$; a,b und σ^2 seien unbekannt. Man zeige: Die Statistik $Q = [(\bar{Y}_n - \bar{X}_m) - (b-a)]/[(m^{-1}+n^{-1})(\sum(X_i-\bar{X}_m)^2 + \sum(Y_j-\bar{Y}_n)^2)/(m+n-2)]^{1/2}$ ist ein Pivot für (b-a), genauer: ist t_{m+n-2}-verteilt, s. Aufg. 5.5.3, Aufg. 5.5.4. Mit Hilfe von Q gebe man ein Konfidenzintervall für b-a an.

<u>Aufg. 7.1.6:</u> (Konfidenzintervall für die Erfolgswahrscheinlichkeit bei einer Bernoulliverteilung). Seien $X_1,\dots,X_n$ i.i.d. mit $X_i \sim B(\vartheta)$, $0 < \vartheta < 1$, und $T := X_1+\dots+X_n$. Bekanntlich gilt $T \sim B(n,\vartheta)$. Mit $g(t,\vartheta) := P\{T \le t\}$, $h(t,\vartheta) := P\{T \ge t\}$, $t \in Z = \{0,\pm 1,\pm 2,\dots\}$ bestimme man für $\alpha_i \in (0,1/2)$, i=1,2, Zahlen $a_1 = a_1(\vartheta) \in \{-1,0,1,\dots,n-1\}$, bzw. $a_2 = a_2(\vartheta) \in \{1,\dots,n+1\}$ gemäß $a_1 = \max\{k \in Z : g(k,\vartheta) \le \alpha_1\}$, $a_2 = \min\{k \in Z : h(k,\vartheta) \le \alpha_2\}$. a) Man zeige: $a_1(\vartheta) < t \Leftrightarrow g(t,\vartheta) > \alpha_1$; $a_2(\vartheta) > t \Leftrightarrow h(t,\vartheta) > \alpha_2$, $t \in Z$. b) Man definiere $\underline{\vartheta}(0) = 0$, $\underline{\vartheta}(n) = \alpha_2^{1/n}$, $\bar{\vartheta}(0) = 1-\alpha_1^{1/n}$, $\bar{\vartheta}(n) = 1$ und für $1 \le t \le n-1$ die Parameterwerte $\underline{\vartheta}(t)$ bzw. $\bar{\vartheta}(t)$ gemäß $g(t,\underline{\vartheta}(t)) = \alpha_1$ bzw. $h(t,\bar{\vartheta}(t)) = \alpha_2$ (s. Aufg. 3.2.5) und zeige $a_1(\vartheta) < t < a_2(\vartheta) \Leftrightarrow \underline{\vartheta}(t) < \vartheta < \bar{\vartheta}(t)$, sowie $P_\vartheta\{\underline{\vartheta}(T) < \vartheta < \bar{\vartheta}(T)\} \ge 1-\alpha_1-\alpha_2$, $\forall \vartheta \in (0,1)$. $(\underline{\vartheta},\bar{\vartheta})$ ist also ein Konfidenzintervall zum Niveau $1-\alpha_1-\alpha_2$. Üblicherweise wählt man $\alpha_1 = \alpha_2$.

Aufg. 7.2.1: Seien $X_1,...,X_n$ i.i.d. mit Var $X_i = 1$. a) Mit Hilfe von Ungleichung (5.6.9) konstruiere man ein Konfidenzintervall für $a := EX_i$ mit Mindestüberdeckungswahrscheinlichkeit $1-\alpha = 0.95$ bei $n = 20$. b) Man setze zusätzlich $X_i \sim N(a,1)$ $\forall i$ und konstruiere nun ein Konfidenzintervall zum exakten Niveau 0.95. Man vergleiche die Ergebnisse.

Aufg. 7.2.2: Seien $X_1,...,X_n,...$ i.i.d. mit $X_i \sim$Poisson(λ), $\lambda > 0$. Unter Verwendung von Satz 7.2.3 (Lindeberg-Lévy) gebe man ein approximatives $(1-\alpha)$-Konfidenzintervall für λ an.

Aufg. 7.2.3: Seien $X_1,...,X_n$ i.i.d. mit stetiger VF F und empirischer VF $\hat{F}_n$. Die (zweiseitige) Kolmogorov-Smirnov Statistik D_n sei definiert durch $D_n = \sup_x |\hat{F}_n(x) - F(x)|$ (vgl. auch Aufg. 1.6.6 und Aufg. 5.1.6. a) Man zeige: D_n ist ein Pivot für F. Man sagt dazu auch: D_n ist verteilungsunabhängig. b) Nach einem bekannten Satz von Kolmogorov und Smirnov gilt die Grenzwertaussage $P\{n^{1/2}D_n \le x\} \to L(x) := [1 - 2\sum_{i=1}^{\infty}(-1)^{i-1}\exp\{-2i^2x^2\}]1_{(0,\infty)}(x)$. Man fasse D_n als approximatives Pivot mit Limes-VF L auf und zeige: $P\{\hat{F}_n(x) - k n^{-1/2} \le F(x) \le \hat{F}_n(x) + k n^{-1/2} \ \forall x\} \to L(k)$ für $n \to \infty$ bei $k > 0$. Die Funktionen $x \to \hat{F}_n(x) \pm k n^{-1/2}$ bestimmen ein *Konfidenzband* für die unbekannte VF zum Konfidenzniveau $1 - \alpha := L(k)$. Unter Verwendung von $L(1.36) = 0.95$ zeichne man für die folgenden Beobachtungswerte das zugehörige Konfidenzband zum Niveau 0.95: (n=20) .63, .92, -.56, 1.86, 1.74, .56, -.95, .24, -.15, -.74, .32, .82, .70, -.10, -1.06, .15, .55, -.48, -.49, -1.26.
Hinweis zu a) Man zeige für jedes i:
$P\{1_{(-\infty,x]}(X_i) = 1_{(-\infty,F(x)]}(F(X_i)) \ \forall x\} = 1$ und verwende die Aussage $F(X_i) \sim R(0,1)$, s. Aufg. 5.6.14.

Aufg. 7.2.4: Man zeige die Aussage (2.1.25) mit Hilfe des zentralen Grenzwertsatzes von Lindeberg-Lévy.

Aufg. 7.3.1: Sei $\Theta \subset \mathbb{R}$ und $(X,\mathcal{B},\{P_\vartheta : \vartheta \in \Theta\})$ ein statistisches Modell. C sei ein Konfidenzbereich für ϑ derart, daß $\{(x,\vartheta) \in X \times \Theta : C(x) \ni \vartheta\} \in \mathcal{B} \otimes (\mathbb{B} \cap \Theta)$ gilt. Dann ist $L(x) := \lambda(C(x))$ das Volumen (Länge) von $C(x)$. Man zeige:

$$E_\vartheta L(X) = \int_\Theta P_\vartheta\{C \ni \vartheta'\}\,\lambda(d\vartheta') \quad \forall \vartheta \in \Theta.$$

Hinweis: Man verwende den Satz von Fubini. Folgerung: Ist $C(x) = (\underline{\vartheta}(x), \overline{\vartheta}(x))$ für jedes $x \in X$ ein endliches Intervall und ist C gleichmäßig bestes (unverfälschtes) $(1-\alpha)$-Konfidenzintervall für $\vartheta \in \Theta = (a,b)$, $-\infty \le a < b \le \infty$, so ist die erwartete Länge von C nicht größer als bei jedem anderen (unverfälschten) $(1-\alpha)$-Konfidenzintervall.

8 Das Testen von Hypothesen über Modellparameter

In diesem Kapitel soll eine erste systematische Einführung in die Grundbegriffe des optimalen Testens gegeben und an Beispielen erprobt werden. Eine weitergehende Darstellung, die insbesondere auch bedingte Tests und asymptotisch optimale Verfahren umfaßt, findet man z.B. in Witting (1978) bzw. in Witting und Nölle (1970).

8.1 Optimale Tests für einfache Hypothesen

Wenn nichts anderes gesagt wird, liege im folgenden immer ein allgemeiner statistischer Raum $(\mathcal{X},\mathcal{B},\{P_\vartheta : \vartheta \in \Theta\})$ zugrunde. Weiter bezeichnen wir mit X eine $(\mathcal{X},\mathcal{B})$-wertige ZV mit $\mathcal{L}_\vartheta(X) = P_\vartheta$. Ein Test soll dann auf der Basis einer Beobachtung $x \in \mathcal{X}$ zwischen einer vorgegebenen Nullhypothese $H_0 \subset \Theta$ und der Gegenhypothese $H_1 = \Theta \setminus H_0$ entscheiden. Wir definieren einen Test über eine $\mathcal{B}$-meßbare Testfunktion $\psi : \mathcal{X} \to [0,1]$, wobei $\psi(x)$ als Wahrsch. für die Ablehnung von H_0 bei Vorliegen der Beobachtung $x \in \mathcal{X}$ interpretiert wird. Der Fall des nichtrandomisierten Tests $\psi = 1_K$ mit dem kritischen Bereich (Ablehnungsbereich) K ist offenbar als Spezialfall enthalten (vgl. Bemerkung 7.3.4).

8.1.1 Definition: *Jede $\mathcal{B}$-meßbare Abbildung $\psi : \mathcal{X} \to [0,1]$ heißt* ***Test*** *oder* ***Testfunktion****. Die Mengen $K := \{x \in \mathcal{X} : \psi(x) = 1\}$, $A := \{x \in \mathcal{X} : \psi(x) = 0\}$ und $R := \{x \in \mathcal{X} : 0 < \psi(x) < 1\}$ heißen* ***Ablehnungsbereich****,* ***Annahmebereich*** *bzw.* ***Randomisierungsbereich*** *des Tests ψ.*

Bei einem nichtrandomisierten Test $\psi = 1_K$ stimmt der Ablehnungsbereich mit dem kritischen Bereich K überein, während der Randomisierungsbereich leer ist. Bei einem (randomisierten) Test kann man die Beobachtung der ZV X als ein 1. Experiment mit Verteilung P_ϑ über $(\mathcal{X},\mathcal{B})$ ansehen, während das 2. Experiment (Ablehnung von H_0 oder nicht auf der Basis von $X = x$) durch die ÜW $P_2^1(x;H_1) = \psi(x)$ erklärt wird. Das 2. Experiment wird man bei der realen Anwendung eines Tests i.a. nicht ausführen, sondern man begnügt sich mit der Angabe von $\psi(x)$. Ist $\psi(x)$ hinreichend groß, z.B. $\psi(x) = 1$, so wird die Nullhypothese H_0 als falsch angesehen.

Wie bei Schätzern und Konfidenzbereichen ist ein Test zunächst rein formal definiert worden, ohne Rücksicht auf irgendwelche Güteeigenschaften. Die Gütebeurteilung eines Tests ψ erfolgt (wie beim Anpassungstest für $H_o : p = p_o$ in Beispiel 3.2.8 und beim χ^2-Anpassungstest in Abschnitt 5.7) üblicherweise mit Hilfe der *Gütefunktion $\beta(\cdot,\psi)$ von ψ*,

(8.1.1) $$\beta(\vartheta,\psi) = E_\vartheta \psi(X) = \int \psi dP_\vartheta, \quad \vartheta \in \Theta.$$

Die Größe $\beta(\vartheta,\psi)$ gibt die erwartete Wahrsch. dafür an, daß die Nullhypothese H_o abgelehnt wird, wenn ϑ der zugrunde liegende Parameter ist. *Ist der tatsächlich vorliegende Parameter ein Element von H_o*, so bedeutet die Entscheidung "Ablehnung von H_o" einen Fehler, den wir wie früher *Fehler 1. Art* nennen. Die Größe $\sup\{\beta(\vartheta,\psi) : \vartheta \in H_o\}$ ist die obere Grenze aller *erwarteten Fehlerwahrsch. 1. Art* und wird als *effektives Niveau von ψ* bezeichnet. *Ist der tatsächlich vorliegende Parameter ein Element von H_1*, so bedeutet umgekehrt die Entscheidung "Annahme von H_o" einen Fehler, den wir wie früher *Fehler 2. Art* nennen. Bei festem $\vartheta \in H_1$ ist die *erwartete Fehlerwahrsch. 2. Art* gleich $1-\beta(\vartheta,\psi)$. Da kleine Werte von $1-\beta(\vartheta,\psi)$ gleichbedeutend mit großen Werten von $\beta(\vartheta,\psi)$ sind, wäre es "ideal", wenn $\beta(\cdot,\psi)$ auf H_o identisch 0 und auf H_1 identisch 1 wäre. Eine derartige Idealform von $\beta(\cdot,\psi)$ ist nur in trivialen Sonderfällen erreichbar (z.B. wenn sich die Verteilungen unter H_o und H_1 auf disjunkte Träger konzentrieren). Im allgemeinen Fall widersprechen sich jedoch die Forderungen, die Gütefunktion eines Tests auf H_o möglichst klein und auf H_1 möglichst groß zu machen: So verkleinert z.B. eine Vergrößerung des Annahmebereiches A eines nichtrandomisierten Tests die Fehlerwahrsch. 1. Art, vergrößert dabei aber gleichzeitig die Fehlerwahrsch. 2. Art. Ein gängiger Ausweg aus diesem Dilemma besteht darin, nur *Tests ψ zum vorgegebenen Niveau $\alpha \in (0,1)$* zu betrachten, d.h. Tests ψ mit der Eigenschaft

(8.1.2) $$\beta(\vartheta,\psi) = E_\vartheta \psi(X) \leq \alpha \quad \forall \vartheta \in H_o,$$

und unter den Tests ψ für H_o zum Niveau α einen "möglichst guten" Test ψ^* auszuwählen:

8.1.2 DEFINITION: *ψ und ψ^* seien Tests für H_o gegen H_1 zum vorgegebenen Niveau α. Dann heißt ψ^* gleichmäßig besser als ψ, wenn für die zugehörigen Gütefunktionen gilt*

(8.1.3) $$\beta(\vartheta,\psi) \leq \beta(\vartheta,\psi^*) \quad \forall \vartheta \in H_1.$$

Gilt für alle Tests ψ für H_0 gegen H_1 zum Niveau α die Ungleichung (8.1.3), so heißt ψ^* gleichmäßig bester Test zum Niveau α für H_0 gegen H_1.

In vielen klassischen Testproblemen kann man tatsächlich gleichmäßig beste Tests finden. Ist dieses nicht möglich in der Klasse aller Tests zum Niveau α, so schränkt man die Klasse der zur Konkurrenz zugelassenen Tests in sinnvoller Weise ein, z.B. durch eine *Unverfälschtheitsforderung*, vgl. (7.3.22).

Definition: Ein Test ψ heißt unverfälscht zum Niveau α für H_0 gegen H_1, wenn gilt

(8.1.4) $\quad \beta(\vartheta,\psi) \leq \alpha \ \forall \vartheta \in H_0, \quad \beta(\vartheta,\psi) \geq \alpha \ \forall \vartheta \in H_1.$

8.1.3 BEISPIEL: Zur Einordnung der Begriffe betrachten wir den einseitigen Gauß-Test (7.3.10) für $H_0 : a \leq a_0$ gegen $H_1 : a > a_0$ aus Beispiel 7.3.3. Die Gütefunktion $\beta(\cdot,\psi)$ hat für $a \in \mathbb{R}$ die Gestalt

$$\begin{aligned}\beta(a,\psi) &= E_a\psi(\underset{\sim}{X}) = P_a\{\sqrt{n}\,(\overline{X}_n - a_0)/\sigma_0 \geq u_\alpha\}\\ &= P_a\{\sqrt{n}\,(\overline{X}_n - a)/\sigma_0 \geq u_\alpha - \sqrt{n}\,(a-a_0)/\sigma_0\}\\ &= 1-\Phi(u_\alpha - \sqrt{n}\,(a-a_0)/\sigma_0);\end{aligned}$$

sie ist in Abb. 8.1.1 dargestellt.

Der Wert $\beta(a,\psi)$ der Gütefunktion ist die Wahrsch. für die Ablehnung von H_0, wenn a der zugrunde liegende Parameterwert ist. Der Test wurde dabei durch die Wahl des kritischen Wertes u_α so festgelegt, daß $\beta(a_0,\psi) = \alpha$ gilt, wobei α eine vom Statistiker festgelegte maximale Irrtumswahrsch. 1. Art (d.h. Wahrsch. für fälschliches Ablehnen) ist.

Hätten wir statt des kritischen Wertes u_α in (7.3.10) einen Wert $c > u_\alpha$ verwendet, so wäre die Gütefunktion in Abb. 8.1.1 um einen positiven Betrag nach rechts translatiert worden, was zu einer Verkleinerung der Funktionswerte für alle a führt. Für $a \leq a_0$ ist dieser Effekt positiv zu bewerten, denn er besagt, daß sich die Fehlerwahrsch. 1. Art vermindert, dagegen bedeutet die Verkleinerung der Gütefunktion für $a > a_0$ eine Vergrößerung der Fehlerwahrsch. 2. Art (Wahrsch. für fälschliche Annahme von H_0). Der Wert $c = u_\alpha$ sichert minimale Fehlerwahrsch. 2. Art unter der Nebenbedingung, daß die Fehlerwahrsch. 1. Art unterhalb α bleibt.

Schließlich garantiert die Monotonie der Gütefunktion $\beta(\cdot,\psi)$ auch die Unverfälschtheit zum Niveau α des Gauß-Tests. □

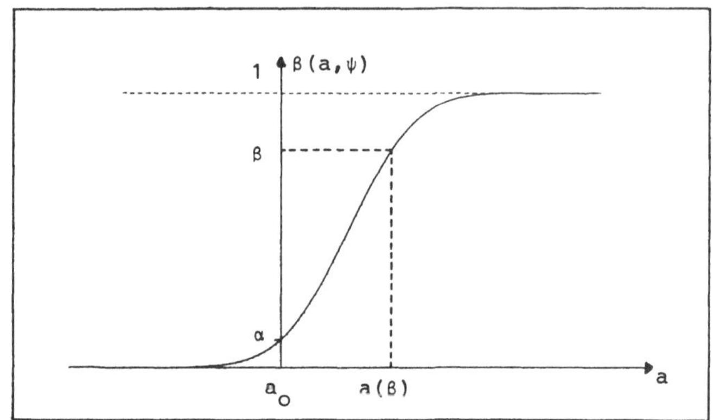

Abb. 8.1.1: Gütefunktion des einseitigen Gauß-Tests für $H_o : a \leq a_o$ gegen $H_1 : a > a_o$ zum Niveau α.

Nun zunächst einige Bemerkungen zur Unsymmetrie in der Formulierung des allgemeinen Testproblems: Jeder Test zum Niveau α ist so angelegt, daß er fälschliches Ablehnen der Hypothese H_o (Irrtum 1. Art) durch die erwartete Höchstwahrsch. α begrenzt, während man fälschliche Annahme von H_o (Irrtum 2. Art) als das geringere Übel ansieht und demgemäß die erwartete Wahrsch. dafür unter der Nebenbedingung der Niveaueinhaltung minimieren möchte.
Dieser Unsymmetrie in der Behandlung von H_o und H_1 liegt die Erfahrung zugrunde, daß in vielen Situationen ein Irrtum 1. Art wesentlich schwerwiegender ist als ein Irrtum 2. Art und deshalb in kontrollierter Weise eine kleine erwartete Wahrsch. besitzen sollte. Dazu die folgenden Beispiele:

(1) Ein bewährtes Medikament besitze eine Heil-Wahrscheinlichkeit p_o, während ein neues Medikament eine Heil-Wahrscheinlichkeit von p_1 besitze. Der schwerwiegendere Fehler ist sicherlich die Entscheidung für $p_1 > p_o$ obwohl $p_1 \leq p_o$ gilt (Ablösung eines bewährten Medikaments zugunsten eines schlechteren), als die Entscheidung für $p_1 \leq p_o$ obwohl $p_1 > p_o$ gilt (Beibehaltung des bewährten Medikamentes obwohl das neue Medikament besser ist). Als Nullhypothese H_o wird man in diesem Fall $H_o : p_1 \leq p_o$ wählen.

(2) Es sei aufgrund einer physikalischen Theorie geboten, die Zahl der in einem bestimmten Zeitraum von einer radioaktiven Substanz emittierten Teilchen durch Poisson-Verteilungen zu beschreiben. Werden an dieser Theorie Zweifel geäußert, ohne daß ein neuer konkreter Vorschlag für eine andere, besser geeignete Verteilungsklasse vorliegt, so wird man die Poisson-Annahme nur ungern aufgeben, ohne ein anderes Modell zur Verfügung zu haben. In einem solchen Fall wird man als Nullhypothese H_o die Klasse der Poisson-Verteilungen und als Alternative H_1 alle sonstigen diskreten Verteilungen über $\{0,1,2,...\}$ wählen.

Führt man in (1) und (2) einen Test tatsächlich durch mit dem Ergebnis "Ablehnung von H_o", so kann man bei hinreichend kleinem α nach dem Anwendungspostulat praktisch sicher sein, daß die Entscheidung richtig ist. Man spricht dann davon, daß die Ablehnung von H_o *signifikant* ist. In (1) würde man z.B. sagen: Das neue Medikament ist signifikant besser als das alte, oder in (2): Die wahre Verteilung ist signifikant verschieden von einer Poisson-Verteilung.

Ergibt die Durchführung des Tests "Annahme von H_o", so bedeutet dies nicht von vornherein einen Beweis für die Richtigkeit von H_o, sondern zunächst nur die Aussage, daß die Daten H_o nicht widerlegen, was einfach dadurch zustande kommen kann, daß aufgrund einer zu geringen Zahl von Beobachtungen sich eine tatsächlich vorhandene Alternative nicht von der Hypothese H_o unterscheiden läßt.

Wir haben diese Frage früher anhand des Anpassungstests für $p = p_o$ in Beispiel 3.2.8 genauer diskutiert und erkannt, daß "Annahme von H_o" bedeutet, daß jede Verteilung aus H_o als Kandidat für die tatsächlich zugrunde liegende Verteilung im Rennen bleibt und nur solche Verteilungen auszuschließen sind, für welche die Gütefunktion einen gewissen vom Statistiker vorgegebenen Wert β in der Nähe von 1 überschreitet. H_o wird also dadurch "bestätigt", daß gewisse Alternativ-Verteilungen ausgeschlossen werden. Welche Alternativen auszuschließen sind, kann man jedoch nur anhand der Werte der Gütefunktion für diese Alternativen beurteilen. In Beispiel 3.2.8 haben wir dazu die approximative Formel (3.2.12) für die Gütefunktion verwendet, während wir z.B. für den Gauß-Test aus Beispiel 8.1.3 die exakte Formel $\beta(a,\psi) = 1-\Phi(u_\alpha-\sqrt{n}\,(a-a_o)/\sigma_o)$ zur

Verfügung haben. Bei vorgegebenem β bedeutet also im Falle des Gauß-Tests die Annahme von H_o den Ausschluß aller Parameterwerte $a > a(\beta)$, wobei $a(\beta) = a_o + (u_\alpha - \Phi^{-1}(1-\beta))\sigma_o/\sqrt{n}$ die Lösung von $\beta(a,\psi) = \beta$ ist, vgl. Abb. 8.1.1. Man erkennt an der Form von $a(\beta)$, daß bei wachsendem Stichprobenumfang n der Wert $a(\beta)$ beliebig nahe an a_o heranrückt, die Bestätigung von $H_o : a \leq a_o$ bei "Annahme von H_o" also immer perfekter wird in dem Sinne, daß immer näher bei a_o liegende Alternativparameter $a > a_o$ ausgeschlossen werden.

In weniger einfachen Problemen muß man jedoch häufig darauf verzichten, die Werte der Gütefunktion explizit zu berechnen. In solchen Fällen kann das Ergebnis des Tests bei "Annahme von H_o" also nur in der eingangs gewählten Sprechweise "die Daten widerlegen H_o nicht" verwendet werden.

Wir wollen nun zeigen, daß man in der einfachsten Situation $\Theta = \{\vartheta_o, \vartheta_1\}$ immer einen optimalen Test zum Niveau $\alpha \in (0,1)$ für $H_o = \{\vartheta_o\}$ gegen $H_1 = \{\vartheta_1\}$ konstruieren kann. Auf der Basis dieser Konstruktion werden wir dann in den nächsten Abschnitten optimale Tests für einige allgemeinere Fälle herleiten.

Im restlichen Teil dieses Abschnitts sei das <u>statistische Modell</u> $(\mathcal{X}, \mathcal{B}, \{P_o, P_1\})$ gegeben, d.h. es stehen <u>*nur zwei* vorgegebene Verteilungen</u> P_o und P_1 als Kandidaten für die (unbekannte) zugrunde liegende Verteilung zur Verfügung. Weiter werde angenommen, daß die W-Maße P_o und P_1 bezüglich des vorgegebenen σ-endlichen Maßes μ über $(\mathcal{X}, \mathcal{B})$ Dichten p_o bzw. p_1 besitzen, d.h.

(8.1.5) $$P_i(B) = \int_B p_i \, d\mu \quad \forall B \in \mathcal{B}, \; i = 0,1.$$

Es sei angemerkt, daß dies keine Einschränkung bedeutet, da nach einem bekannten Satz der Maßtheorie, dem Satz von Radon-Nikodym (vgl. Bauer (1978), Satz 17.10), zum Beispiel für $\mu = P_o + P_1$ immer μ-Dichten p_i von P_i mit $0 \leq p_i(x) < \infty \quad \forall x \in \mathcal{X}$, $i = 0,1$, existieren.

Bevor wir den allgemeinen Satz über die Form eines optimalen Tests für die Nullhypothese P_o gegen die Alternative P_1 beweisen, wollen wir zur Orientierung eine Lösung im Spezialfall *diskreter* W-Maße P_i mit Zähldichten p_i überlegen, und zwar in der Klasse der nichtrandomisierten Tests $\psi = 1_K$, $K \subset \mathcal{X}$. Offenbar spielt der Bereich $N := \{x \in \mathcal{X} : p_o(x) = p_1(x) = 0\}$ für unsere Überlegungen keinerlei Rolle, da er weder unter P_o noch unter P_1 Wahrsch. trägt. Daher können wir uns auf kritische Bereiche der Form $K \subset X \setminus N$ beschränken.

Die Einhaltung des vorgegebenen Niveaus $\alpha \in (0,1)$ bedeutet

(8.1.6) $\quad \int \psi dP_o = P_o(K) = \sum_{x \in K} p_o(x) \leq \alpha \quad$ *(Nebenbedingung).*

Unter allen kritischen Bereichen $K \subset X \setminus N$ mit der Nebenbedingung (8.1.6) ist derjenige mit maximaler Güte zu bestimmen

(8.1.7) $\quad \int \psi dP_1 = P_1(K) = \sum_{x \in K} p_1(x) \overset{!}{=} \text{Max} \quad$ *(Optimierungsbedingung).*

Wie ist ein solches optimales K zu finden?

Wird der Punkt $x \in X \setminus N$ zu K hinzugenommen, so liefert er in (8.1.6) den Beitrag $p_o(x)$ zum effektiven Niveau und in (8.1.7) den Beitrag $p_1(x)$ zur Güte von K. Am günstigsten sind Punkte x, die pro "Niveau-Einheit" einen möglichst großen "Güte-Beitrag" liefern, d.h. für die $p_1(x)/p_o(x)$ möglichst groß ist. Man wird also eine möglichst kleine Zahl $k_\alpha (\geq 0)$ mit der Eigenschaft

(8.1.8) $\quad \sum_{x \in X \setminus N} p_o(x) 1_{[k_\alpha, \infty]}(p_1(x)/p_o(x)) \leq \alpha$

bestimmen und dann

(8.1.9) $\quad K = K_\alpha = \{x \in X \setminus N : p_1(x) \geq k_\alpha p_o(x)\}$

setzen. (Dabei gilt nach Konvention $p_1(x)/p_o(x) = \infty$, falls $p_1(x) > 0$ und $p_o(x) = 0$.)

Diese heuristisch naheliegende Konstruktion führt auch im allgemeinen Fall zum Erfolg:

8.1.4 SATZ: *Gegeben seien eine Konstante $k \in [0,\infty)$ und der zugehörige Neyman-Pearson-Test*

(8.1.10) $\quad \psi_k(x) = \begin{cases} 1, & \text{falls } p_1(x) \geq kp_o(x), \\ 0, & \text{falls } p_1(x) < kp_o(x), \quad x \in X. \end{cases}$

Für $\alpha := E_o\psi_k(X) = \int \psi_k dP_o$ ist dann ψ_k ein (gleichmäßig) bester Test zum Niveau α für P_o gegen P_1.

Beweis: ψ sei ein konkurrierender Test zum Niveau α, d.h. $\int \psi dP_o \leq \alpha$. Für die meßbaren Mengen $M^+ := \{x : \psi_k(x) > \psi(x)\}$ und $M^- := \{x : \psi_k(x) < \psi(x)\}$ gelten dann die Beziehungen

$$(8.1.11)\quad \begin{aligned} x\in M^+ &\Rightarrow \psi_k(x) > 0 \Rightarrow p_1(x) - kp_o(x) \geq 0,\\ x\in M^- &\Rightarrow \psi_k(x) < 1 \Rightarrow p_1(x) - kp_o(x) \leq 0. \end{aligned}$$

Hieraus folgt

$$\int(\psi_k-\psi)(p_1-kp_o)d\mu =$$

$$\int_{M^+}(\psi_k-\psi)(p_1-kp_o)d\mu + \int_{M^-}(\psi_k-\psi)(p_1-kp_o)d\mu \geq 0,$$

also $\int\psi_k dP_1 - \int\psi dP_1 = \int(\psi_k-\psi)p_1 d\mu \geq k\int(\psi_k-\psi)p_o d\mu = k(\alpha-\int\psi dP_o) \geq 0.$

Die Güte $\int\psi_k dP_1$ von ψ_k ist also mindestens so groß wie die Güte $\int\psi dP_1$ des Vergleichstests ψ. □

Ist die Verteilung $Q_o = P_o^T$ von

$$(8.1.12)\quad T(x) := (p_1(x)/p_o(x))1_{(0,\infty)}(p_o(x)),\ x\in X,$$

unter P_o nicht stetig, so besitzt $\alpha = \alpha(k) = \int\psi_k dP_o = 1-P_o\{T<k\} = 1-Q_o([0,k))$ als Funktion von k offenbar Unstetigkeitsstellen (Sprungstellen). Daher kann in diesem Fall ein Neyman-Pearson-Test der Form (8.1.10) nicht jedes vorgegebene Niveau $\alpha\in(0,1)$ erreichen. Um eine Optimalitätsaussage für jedes vorgegebene Niveau $\alpha\in(0,1)$ beweisen zu können, lassen wir nun auch *(randomisierte) Neyman-Pearson-Tests* der Form

$$(8.1.13)\quad \psi_k(x) = \begin{cases} 1, & > \\ \gamma(x), \text{ falls } p_1(x) & = kp_o(x),\ x\in X, \\ 0, & < \end{cases}$$

mit $0\leq k<\infty$ und $0\leq\gamma(x)\leq 1$ zu.

8.1.5 SATZ *(Neyman-Pearson-Lemma):*

a) Jeder Test ψ_k der Form (8.1.13) ist ein (gleichmäßig) bester Test zum Niveau α := $\int\psi_k dP_o$ für P_o gegen P_1.

b) Für jedes vorgegebene $\alpha\in(0,1)$ gibt es einen Neyman-Pearson-Test zum Niveau α für P_o gegen P_1 der Form (8.1.13) mit konstanter Randomisierung $\gamma(x)\equiv\gamma\in[0,1]$, d.h. es gibt ein $k = k(\alpha)\in[0,\infty)$ und ein $\gamma=\gamma(\alpha)\in[0,1]$ mit $P_o\{p_1>kp_o\}+\gamma P_o\{p_1=kp_o\}=\alpha$. Ein solcher Test ist dann natürlich nach Teil a) ein optimaler Test zum Niveau α für P_o gegen P_1.

Beweis: a) Dieser Beweis stimmt wörtlich mit dem Beweis von Satz

8.1.4 überein.

b) Mit der Bezeichnung T aus (8.1.12) gilt für $\gamma(x) \equiv \gamma$

$$E_0\psi_k(X) = \int \psi_k dP_0 = P_0\{T > k\} + \gamma P_0\{T = k\}.$$

Die Konstanten $k \in [0,\infty)$ und $\gamma \in [0,1]$ sind also so zu bestimmen, daß gilt

(8.1.14) $\alpha(k,\gamma) := P_0\{T > k\} + \gamma P_0\{T = k\} = \alpha.$

Bezeichnet G_0 die VF von P_0^T, so gilt $G_0(x) = 0 \ \forall x < 0$ und $\alpha(k,\gamma) = 1-G_0(k) + \gamma(G_0(k)-G_0(k_-))$. Wählen wir nun k als <u>α-Fraktil von G_0</u>, d.h.

$$k = G_0^{-1}(1-\alpha) = \inf\{x \in \mathbb{R} : G_0(x) \geq 1-\alpha\},$$

so folgt $0 \leq k$ und $1-G_0(k) \leq \alpha \leq 1-G_0(k_-)$. Gilt schon $G_0(k) = 1-\alpha$, so ist offenbar

(8.1.15) $k = G_0^{-1}(1-\alpha)$ und $\gamma = 0$

eine zulässige Lösung von (8.1.14), gilt dagegen $G_0(k_-) \leq 1-\alpha < G_0(k)$, so ist

(8.1.16) $k = G_0^{-1}(1-\alpha)$ und $\gamma = \dfrac{G_0(k)-(1-\alpha)}{G_0(k)-G_0(k_-)}$

eine zulässige Lösung von (8.1.14). □

8.1.6 BEMERKUNG *(Eindeutigkeit des optimalen Tests)*: Bezeichnet ψ_0 den optimalen Neyman-Pearson-Test (8.1.13) zum Niveau $\alpha \in (0,1)$ mit k und γ gemäß (8.1.15) bzw. (8.1.16) und ist ψ^* ebenfalls ein bester Test zum Niveau α für P_0 gegen P_1, so gilt

(8.1.17) $\psi^* = \psi_0$ μ-f.s. auf $\{x \in X : p_1(x) \neq kp_0(x)\}$, s. Aufg. 8.1.2.

Außerhalb des Bereiches $R_0 := \{x \in X : p_1(x) = kp_0(x)\}$ stimmt also ψ^* mit dem optimalen Neyman-Pearson-Test ψ_0 μ-fast sicher überein. Dagegen ist ψ^* auf R_0 nicht eindeutig festgelegt, denn es gilt

(8.1.18) $\int_{R_0} \psi^* p_1 d\mu = k \int_{R_0} \psi^* p_0 d\mu,$

so daß bei $k = 0$ z.B. $\psi^*(x) = 0 \ \forall x \in R_0$ gewählt werden kann, während bei $k > 0$ offenbar jede (meßbare) Abänderung von ψ^* über R_0

mit

$$(8.1.19)\qquad \int_{R_o} \psi^* p_o d\mu = \int_{R_o} \psi_k p_o d\mu = \gamma P_o(R_o)$$

möglich ist.

8.1.7 BEMERKUNG: Ein bester Test ψ zum Niveau $\alpha \in (0,1)$ für P_o gegen P_1 schöpft entweder das Niveau aus ($\int \psi dP_o = \alpha$), oder für die Güte von ψ gilt $\int \psi dP_1 = 1$. Denn nehmen wir $\int \psi dP_o < \alpha$ und $\int \psi dP_1 < 1$ an und wählen $\varepsilon \in (0,1)$ mit $\int \psi dP_o + \varepsilon \int (1-\psi) dP_o \leq \alpha$, so ist $\psi^* = \psi + \varepsilon(1-\psi) = (1-\varepsilon)\psi + \varepsilon \cdot 1$ ein Test zum Niveau α mit der Eigenschaft

$$\int \psi^* dP_1 = \int \psi dP_1 + \varepsilon(1 - \int \psi dP_1) > \int \psi dP_1;$$

dies steht jedoch im Widerspruch zur Optimalität von ψ.

8.1.8 BEMERKUNG: Ein bester Test ψ zum Niveau $\alpha \in [0,1]$ für P_o gegen P_1 ist unverfälscht ($\int \psi dP_1 \geq \alpha$), denn der Test $\overline{\psi}(x) = \alpha \ \forall x \in X$ ist ein Test zum Niveau α, also $\int \psi dP_1 \geq \int \overline{\psi} dP_1 = \alpha$.

Bei $0 < \alpha < 1$ und $P_o \neq P_1$ gilt sogar $\int \psi dP_1 > \alpha$. Denn aus der Annahme $\int \psi dP_1 = \alpha$ folgt, daß auch der Test $\overline{\psi} \equiv \alpha$ ein bester Test zum Niveau α für P_o gegen P_1 ist. Bezeichnet ψ_o den optimalen Neyman-Pearson-Test, so folgt nach Bemerkung 8.1.6 die Aussage $\mu\{\alpha \neq \psi_o, p_1 \neq kp_o\} = 0$. Da wegen $0 < \alpha < 1$ auf der Menge $\{p_1 \neq kp_o\}$ aber stets $\psi_o \neq \alpha$ gilt, folgt hieraus $\mu\{p_1 \neq kp_o\} = 0$, also für alle $B \in \mathcal{B}$ die Gleichheit $P_1(B) = \int_B p_1 d\mu = k \int_B p_o d\mu = kP_o(B)$. Hieraus folgt mit $B=X$ zunächst $k=1$ und dann $P_1 = P_o$.

8.2 DER EINSEITIGE GAUSS-TEST UND MODELLE MIT MONOTONEM DICHTEQUOTIENTEN

In diesem Abschnitt werden wir uns durch Zusatzüberlegungen von der sehr einschneidenden Voraussetzung der *einfachen Nullhypothese* $H_o = \{\vartheta_o\}$ und der *einfachen Gegenhypothese* $H_1 = \{\vartheta_1\}$ im Neyman-Pearson Lemma 8.1.5 lösen und dadurch gleichmäßig beste Tests in gebräuchlichen Modellen gewinnen. Wir erläutern die Vorgehensweise zunächst am Beispiel des Gauß-Test.

8.2.1 BEISPIEL: *(Optimalität des einseitigen Gauß-Tests):* Wir betrachten das Testproblem $H_o : a \leq a_o$ gegen $H_1 : a > a_o$ für das Normalverteilungsmodell aus Beispiel 7.1.3, d.h. $X_1,\ldots,X_n$ i.i.d. ZV mit $X_i \sim N(a,\sigma_o^2)$ bei vorgegebener Varianz $\sigma_o^2 > 0$. Unser Ziel ist der Nachweis der gleichmäßigen Optimalität des einseitigen Gauß-Tests (7.3.10) zum Niveau $\alpha \in (0,1)$ für die *zusammengesetzte Nullhypothese* $H_o : a \leq a_o$ gegen die *zusammengesetzte Alternative* $H_1 : a > a_o$. Dazu betrachten wir zunächst die *größere* Klasse $\tilde{\Psi}_o$ der Tests $\psi(\underset{\sim}{X})$ zum Niveau α für die *einfache Nullhypothese* $\tilde{H}_o : a = a_o$,

$$\tilde{\Psi}_o = \{\psi : \psi \text{ Test über } (\mathbb{R}^n,\mathbb{B}^n) \text{ mit } E_{a_o}\psi(\underset{\sim}{X}) \leq \alpha\}.$$

Weiter sei $a_1 > a_o$ ein Punkt aus H_1. Dann können wir mit Hilfe des Neyman-Pearson-Lemmas 8.1.5 einen optimalen Test $\psi^* \in \tilde{\Psi}_o$ für $\tilde{H}_o$ gegen die *einfache Alternative* $\tilde{H}_1 : a = a_1$ angeben, nämlich

$$\text{(8.2.1)} \qquad \psi^*(\underset{\sim}{x}) = \begin{cases} 1, & > \\ \gamma, \text{ falls } p_1(\underset{\sim}{x})/p_o(\underset{\sim}{x}) & = k \\ 0, & < \end{cases}$$

mit den λ_n-Dichten

$$p_j(\underset{\sim}{x}) = (2\pi\sigma_o^2)^{-n/2} \exp\{-\frac{1}{2} \sum_{i=1}^{n} (x_i-a_j)^2/\sigma_o^2\},\ j=0,1,$$

und $0 \leq k < \infty$, $0 \leq \gamma \leq 1$, aus

$$\text{(8.2.2)} \qquad P_{a_o}\{p_1/p_o > k\} + \gamma P_{a_o}\{p_1/p_o = k\} = \alpha.$$

Für $0 < k < \infty$ gilt nun aber die Gleichungskette

$$\text{(8.2.3)} \qquad \{\underset{\sim}{x} : p_1(\underset{\sim}{x})/p_o(\underset{\sim}{x}) \underset{(<)}{>} k\}$$

$$= \{\underset{\sim}{x} : \exp(-\frac{1}{2\sigma_o^2} \sum_{i=1}^{n} [(x_i-a_1)^2-(x_i-a_o)^2]) \underset{(<)}{>} k\}$$

$$= \{\underset{\sim}{x} : (a_1-a_o) \sum_{i=1}^{n} x_i - n(a_1^2-a_o^2)/2 \underset{(<)}{>} \sigma_o^2 \log k\}$$

$$= \{\underset{\sim}{x} : \sqrt{n}\,(\bar{x}_n-a_o)/\sigma_o \underset{(<)}{>} \frac{\sigma_o \log k}{\sqrt{n}(a_1-a_o)} + \frac{\sqrt{n}(a_1-a_o)}{2\sigma_o}\}.$$

Da die Statistik $T_o(\underset{\sim}{X}) = \sqrt{n}\,(\bar{X}_n-a_o)/\sigma_o$ unter a_o eine $N(0,1)$-Verteilung besitzt (und zwar unabhängig von den gewählten Werten von a_o und a_1), ist der durch (8.2.1) und (8.2.2) gegebene Test identisch mit

$$\psi^*(\underset{\sim}{x}) = \begin{cases} 1, & > \\ \gamma, \text{ falls } T_o(\underset{\sim}{x}) & = c, \text{ wobei } c \in \mathbb{R} \text{ und} \\ 0, & < \end{cases}$$

$0 \leq \gamma \leq 1$ als Lösung von

$$\alpha = P_{a_o}\{T_o > c\} + \gamma P_{a_o}\{T_o = c\} = 1-\Phi(c) + \gamma \cdot 0$$

zu wählen sind, d.h. $c = \Phi^{-1}(1-\alpha) = u_\alpha$. Mit der (zulässigen) Wahl von $\gamma = 1$ erhalten wir also den einseitigen Gauß-Test

(8.2.4) $$\psi^*(\underset{\sim}{x}) = \begin{cases} 1, & \text{falls } T_o(\underset{\sim}{x}) \geq u_\alpha \\ 0, & \qquad\qquad\quad < \end{cases}$$

als optimalen Test zum Niveau α für $\tilde{H}_o : a = a_o$ gegen $\tilde{H}_1 : a = a_1$. Da im Test (8.2.4) der Parameterwert $a_1 > a_o$ gar nicht mehr in Erscheinung tritt, ist der obige Gauß-Test sogar *gleichmäßig* bester Test für $\tilde{H}_o : a = a_o$ gegen $H_1 : a > a_o$. Wie wir schon in Beispiel 8.1.3 bemerkt haben, hält der Gauß-Test (8.2.4) auch auf der zusammengesetzten Nullhypothese $H_o : a \leq a_o$ das Niveau α ein. Also liegt das in der größeren Klasse $\tilde{\Psi}_o$ gefundene, gegen $H_1 : a > a_o$ gleichmäßig optimale Element ψ^* auch in der kleineren Klasse Ψ_o der Tests zum Niveau α für $H_o : a \leq a_o$,

$$\Psi_o = \{\psi : \psi \text{ Test über } (\mathbb{R}^n, \mathbb{B}^n) \text{ mit } E_a\psi(\underset{\sim}{X}) \leq \alpha \ \forall a \leq a_o\},$$

und ist somit gleichmäßig bester Test zum Niveau α für $H_o : a \leq a_o$ gegen $H_1 : a > a_o$. □

Die Grundidee des obigen Optimalitätsbeweises bestand in der Umformung (8.2.3) des Ablehnungsbereichs $\{p_1/p_o > k\}$ und des Annahmebereichs $\{p_1/p_o < k\}$ des Neyman-Pearson-Tests für a_o gegen a_1 in eine Gestalt $\{T > k'\}$ bzw. $\{T < k'\}$ mit einer Statistik T, die nicht mehr von dem speziellen Alternativpunkt $a_1 > a_o$ abhing. Dies war im obigen Beispiel mit der Statistik $T(\underset{\sim}{x}) = \sqrt{n}\,(\bar{x}_n - a_o)/\sigma_o$ möglich, weil $p_1(\underset{\sim}{x})/p_o(\underset{\sim}{x})$ darstellbar war in der Form $p_1(\underset{\sim}{x})/p_o(\underset{\sim}{x}) = h(T(\underset{\sim}{x}), a_o, a_1)$ mit einer (streng) monoton wachsenden Funktion $h(\cdot, a_o, a_1) : \mathbb{R} \to \mathbb{R}$. Da viele interessante Verteilungsklassen diese Eigenschaft besitzen, lohnt sich eine allgemeine Darstellung dieses Beweisprinzips.

8.2.2 DEFINITION: *Gegeben sei eine Familie* $P = \{P_\vartheta : \vartheta \in \Theta\}$ *von W-Maßen* P_ϑ *über* (X, B) *mit* $\Theta \subset \mathbb{R}$ *und mit* μ*-Dichten* $p(\cdot, \vartheta)$ *bezüglich eines gegebenen* σ*-endlichen Maßes* μ. *Weiter sei* T *eine B-meßbare*

Abbildung von X nach $\mathbb{R}$. Dann heißt P eine Klasse mit monotonem Dichtequotienten (DQ) in T, falls gilt:

(8.2.5) Die Abbildung $\vartheta \to P_\vartheta$ ist injektiv (eindeutige Parametrisierung).

(8.2.6) Für alle $\vartheta, \vartheta' \in \Theta$ mit $\vartheta < \vartheta'$ gibt es eine (schwach) monoton wachsende Funktion $h(\cdot, \vartheta, \vartheta') : \mathbb{R} \to \mathbb{R} \cup \{\infty\}$ mit der Eigenschaft

$p(x, \vartheta')/p(x, \vartheta) = h(T(x), \vartheta, \vartheta')$ für $(P_\vartheta + P_{\vartheta'})$-fast alle $x \in X$.

(Nach Konvention ist dabei für $a > 0$ stets $a/0 = \infty$ zu setzen, während der undefinierte Ausdruck $0/0$ in (8.2.6) höchstens mit dem $(P_\vartheta + P_{\vartheta'})$-Maß Null vorkommt und daher ignoriert werden kann.)

Bevor wir das Beweisprinzip aus Beispiel 8.2.1 auf einseitige Testprobleme für Familien mit monotonem DQ verallgemeinern, überprüfen wir einige vertraute Familien von W-Maßen auf monotonen DQ.

8.2.3 BEISPIEL *(n-faches Bernoulli(ϑ) Experiment):* Die ZV $X_1, \ldots, X_n$ seien i.i.d. mit $X_i \sim B(\vartheta)$, $\vartheta \in (0,1) = \Theta$. Die Familie $P_\vartheta = L_\vartheta(\underset{\sim}{X}) = \bigotimes_1^n B(\vartheta)$, $\vartheta \in \Theta$, hat dann *monotonen DQ* in $S(\underset{\sim}{x}) = \sum_{i=1}^n x_i$. Denn einerseits ist die Parametrisierung eindeutig, während andererseits mit dem abzählenden Maß $\mu = \mu_a$ über $X = \{0,1\}^n$ eine μ-Dichte von P_ϑ gegeben ist durch

$$p(\underset{\sim}{x}, \vartheta) = P_\vartheta\{\underset{\sim}{x}\} = \vartheta^{S(\underset{\sim}{x})} (1-\vartheta)^{n-S(\underset{\sim}{x})}, \quad \underset{\sim}{x} \in X.$$

Für $\underset{\sim}{x} \in X$ und $0 < \vartheta < \vartheta' < 1$ folgt hieraus

$$p(\underset{\sim}{x}, \vartheta')/p(\underset{\sim}{x}, \vartheta) = \{\frac{1-\vartheta'}{1-\vartheta}\}^n \{\frac{\vartheta'(1-\vartheta)}{(1-\vartheta')\vartheta}\}^{S(\underset{\sim}{x})},$$

so daß wegen $a := \vartheta'(1-\vartheta)/((1-\vartheta')\vartheta) > 1$ und $b := (1-\vartheta')^n/(1-\vartheta)^n > 0$ auch die Voraussetzung (8.2.6) mit $h(t, \vartheta, \vartheta') = ba^t$ erfüllt ist. □

8.2.4 BEISPIEL *(Hypergeometrische Verteilungen H(N,K,n)):* In einer Sendung von N Glühbirnen sei eine unbekannte Anzahl $\vartheta = K$ defekt. X sei die Zahl der bei einer n-elementigen Stichprobe festgestellten defekten Exemplare. Dann besitzt die ZV X nach Abschnitt 3.5 eine $H(N, \vartheta, n)$-Verteilung über $X = \{0, 1, \ldots, n\}$ mit $\vartheta \in \{0, 1, \ldots, N\} = \Theta$, und $P_\vartheta = L_\vartheta(X) = H(N, \vartheta, n)$ besitzt bezüglich des abzählenden Maßes $\mu = \mu_a$ über X die μ-Dichte

$$p(x,\vartheta) = P_\vartheta\{x\} = \begin{cases} \binom{\vartheta}{x}\binom{N-\vartheta}{n-x}/\binom{N}{n}, & \text{falls } \max(0,n-N+\vartheta) \le x \le \min(\vartheta,n), \\ 0 & \text{, sonst.} \end{cases}$$

Für $0 \le \vartheta < \vartheta' \le N$ und $x \in \{\text{Träger von } P_\vartheta\} \cup \{\text{Träger von } P_{\vartheta'}\}$ gilt $p(x,\vartheta')/p(x,\vartheta) = 0$ bzw. ∞, falls $x < \max(0,n-N+\vartheta')$ bzw. falls $x > \min(\vartheta,n)$; weiter gilt dann im Fall $\max(0,n-N+\vartheta') \le x \le \min(\vartheta,n)$ die Darstellung

$$p(x,\vartheta')/p(x,\vartheta) = \prod_{r=\vartheta}^{\vartheta'-1} [p(x,r+1)/p(x,r)],$$

und in diesem Bereich ist der Quotient

$$0 < p(x,r+1)/p(x,r) = \frac{(r+1)(N-r-n+x)}{(N-r)(r+1-x)}$$

offenbar monoton wachsend in x. Also hat die Familie der hypergeometrischen Verteilungen $\{H(N,\vartheta,n) : \vartheta = 0,1,\ldots,N\}$ monotonen DQ in $T(x) = x$. □

In den Beispielen 8.2.1 und 8.2.3 liegen 1-parametrige Exponentialfamilien vor (vgl. Definition 6.1.10), und zwar in $c(a) = a/\sigma_0^2$ und $T(\underset{\sim}{x}) = \sum_{i=1}^{n} x_i$ bzw. in $c(\vartheta) = \log(\vartheta/(1-\vartheta))$ und $T(\underset{\sim}{x}) = \sum_{i=1}^{n} x_i$. Tatsächlich besitzen solche Exponentialfamilien monotonen DQ:

8.2.5 SATZ *(Monotoner DQ bei 1-parametrigen Exponentialfamilien): Im statistischen Modell* $(\mathcal{X},\mathcal{B},\{P_\vartheta : \vartheta \in \Theta\})$ *mit* $\Theta \subset \mathbb{R}$ *sei* $\{P_\vartheta : \vartheta \in \Theta\}$ *eine 1-parametrige Exponentialfamilie in* $c(\vartheta)$ *und* $T(X)$ *im Sinne von Definition 6.1.10, d.h. jede Verteilung* P_ϑ *besitzt eine* μ*-Dichte* $p(\cdot,\vartheta)$ *der Form*

$$p(x,\vartheta) = 1_A(x)\exp\{c(\vartheta)T(x) + d(\vartheta) + S(x)\}, \quad x \in \mathcal{X}.$$

Weiter sei die Abbildung $c : \Theta \to \mathbb{R}$ *streng monoton wachsend. Dann hat* $\{P_\vartheta : \vartheta \in \Theta\}$ *monotonen DQ in T.*

<u>*Beweis:*</u> Für alle W-Maße P_ϑ gilt $P_\vartheta(\mathcal{X} \setminus A) = 0$, so daß wir unsere Überlegungen auf A beschränken können. Für $\vartheta, \vartheta' \in \Theta$ mit $\vartheta < \vartheta'$ und $x \in A$ gilt

$$\log\{p(x,\vartheta')/p(x,\vartheta)\} = (c(\vartheta')-c(\vartheta))T(x) + d(\vartheta') - d(\vartheta).$$

Wegen der Isotonie von c ist also die Bedingung (8.2.6) erfüllt. Zum Nachweis der eindeutigen Parametrisierung (8.2.5) nehmen wir umgekehrt an, daß es $\vartheta, \vartheta' \in \Theta$ gibt mit $\vartheta \neq \vartheta'$ und $P_\vartheta = P_{\vartheta'}$. Hieraus folgt $\int_B p(\cdot,\vartheta)d\mu = \int_B p(\cdot,\vartheta')d\mu \;\; \forall B \in \mathcal{B}$, also nach Satz 5.2.14 für μ-fast alle $x \in A$

$$c(\vartheta)T(x)+d(\vartheta)+S(x) = \log p(x,\vartheta) = \log p(x,\vartheta') = c(\vartheta')T(x)+d(\vartheta')+S(x).$$

Wegen der *strengen* Isotonie von c erhalten wir hieraus $T(x) = (d(\vartheta)-d(\vartheta'))/(c(\vartheta')-c(\vartheta))$ für μ-fast alle $x \in A$, was im Widerspruch steht zur Voraussetzung (vgl. Def. 6.1.10), daß T nicht μ-fast sicher konstant auf A ist. □

8.2.6 BEISPIEL *(Monotoner DQ bei Binomial(n,ϑ) Verteilungen):* Mit dem abzählenden Maß $\mu = \mu_a$ über $X = \{0,1,\ldots,n\}$ sind die μ-Dichten von $B(n,\vartheta)$-Verteilungen für $\vartheta \in (0,1)$ und $x \in X$ gegeben durch

$$p(x,\vartheta) = \binom{n}{x}\vartheta^x(1-\vartheta)^{n-x} = \exp\{x \log (\tfrac{\vartheta}{1-\vartheta}) + n \log(1-\vartheta) + \log\binom{n}{x}\}.$$

Es liegt also eine 1-parametrige Exponentialfamilie in der streng isotonen Funktion $c(\vartheta) = \log(\vartheta/(1-\vartheta))$ und in $T(x) = x$ vor. Nach Satz 8.2.5 besitzt diese Familie monotonen DQ in T. □

Entsprechende Aussagen gelten für Poisson(ϑ) Verteilungen, $\vartheta \in \Theta = (0,\infty)$, mit $c(\vartheta) = \log \vartheta$ und $T(x) = x$ und für Normal (ϑ,σ_0^2) Verteilungen, $\vartheta \in \Theta = \mathbb{R}$, mit $c(\vartheta) = \vartheta/\sigma_0^2$ und $T(x) = x$.
In Verallgemeinerung von Beispiel 8.2.1 beweisen wir nun für Familien mit monotonen DQ die Existenz optimaler Tests für einseitige Testprobleme.

8.2.7 SATZ: *$\{P_\vartheta : \vartheta \in \Theta\}$ mit $\Theta \subset \mathbb{R}$ sei eine Familie von Verteilungen über $(X,\mathcal{B})$ mit monotonem DQ in T. Bei vorgegebenem $\alpha \in (0,1)$ und $\vartheta_0 \in \Theta$ gilt dann:*

a) Unter allen Tests ψ für $H_0 : \vartheta \le \vartheta_0$ gegen $H_1 : \vartheta > \vartheta_0$ mit $E_{\vartheta_0}\psi(X) = \alpha$ gibt es einen Test ψ^*, der die erwarteten Fehlerwahrsch. 1. und 2. Art gleichmäßig minimiert, nämlich

$$\psi^*(x) = \begin{cases} 1, & \\ \gamma, & \text{falls } T(x) \overset{>}{\underset{<}{=}} k, \\ 0, & \end{cases} \qquad (8.2.7)$$

wobei $k \in \mathbb{R}$ und $0 \le \gamma \le 1$ Lösungen der Gleichung

$$E_{\vartheta_0}\psi^*(X) = P_{\vartheta_0}\{T > k\} + \gamma P_{\vartheta_0}\{T = k\} = \alpha \qquad (8.2.8)$$

sind.

b) Der obige Test ψ^* ist gleichmäßig bester Test zum Niveau α für

$H_0: \vartheta \le \vartheta_0$ gegen $H_1: \vartheta > \vartheta_0$.

c) *Für alle $\vartheta, \vartheta' \in \Theta$ mit $\vartheta < \vartheta'$ gilt $\int \psi^* dP_\vartheta \le \int \psi^* dP_{\vartheta'}$, wobei im Fall $0 < \int \psi^* dP_\vartheta < 1$ oder $0 < \int \psi^* dP_{\vartheta'} < 1$ sogar $\int \psi^* dP_\vartheta < \int \psi^* dP_{\vartheta'}$ gilt.*

<u>*Beweis:*</u> a) Bezeichnet F_0 die VF von $\mathcal{L}_{\vartheta_0}(T(X))$ und setzen wir $k = k(\alpha) = F_0^{-1}(1-\alpha)$ und

$$\gamma = \gamma(\alpha) = \begin{cases} (\alpha - P_{\vartheta_0}\{T>k\})/P_{\vartheta_0}\{T=k\}, & \text{falls } P_{\vartheta_0}\{T=k\} > 0, \\ \text{beliebig aus } [0,1], & \text{falls } P_{\vartheta_0}\{T=k\} = 0, \end{cases}$$

so ist (k,γ) eine zulässige Lösung von (8.2.8). Im folgenden sei (k,γ) irgendeine zulässige Lösung von (8.2.8). Dann gilt für alle $\vartheta_1 \in \Theta$ mit $\vartheta_1 > \vartheta_0$ die Ungleichung $k' := h(k,\vartheta_0,\vartheta_1) < \infty$, denn andernfalls würde folgen

$$\alpha \le P_{\vartheta_0}\{T \ge k\} \le P_{\vartheta_0}\{h(T,\vartheta_0,\vartheta_1) \ge h(k,\vartheta_0,\vartheta_1) = \infty\}$$

$$= P_{\vartheta_0}\{x: p(x,\vartheta_1)/p(x,\vartheta_0) = \infty\} \le P_{\vartheta_0}\{x: p(x,\vartheta_0) = 0\} = 0,$$

was im Widerspruch zur Voraussetzung $\alpha > 0$ steht.
Weiter gilt stets $k' \ge 0$, denn für $k' < 0$ würde folgen $\alpha \ge P_{\vartheta_0}\{T > k\} \ge P_{\vartheta_0}\{x: p(x,\vartheta_1)/p(x,\vartheta_0) > k'\} = 1$, was im Widerspruch zur Voraussetzung $\alpha < 1$ steht. Also gilt für das oben definierte k' die Ungleichung $0 \le k' < \infty$. Daher gilt für $(P_{\vartheta_0} + P_{\vartheta_1})$-fast alle $x \in \mathfrak{X}$ die folgende Kette von Implikationen

$$p(x,\vartheta_1) \underset{(<)}{>} k' p(x,\vartheta_0) \Rightarrow p(x,\vartheta_1)/p(x,\vartheta_0) \underset{(<)}{>} k' = h(k,\vartheta_0,\vartheta_1)$$

$$\Rightarrow h(T(x),\vartheta_0,\vartheta_1) \underset{(<)}{>} h(k,\vartheta_0,\vartheta_1) \Rightarrow T(x) \underset{(<)}{>} k \Rightarrow \psi^*(x) \underset{(=0)}{=} 1.$$

Da (meßbare) Abänderungen eines Tests ψ auf einer $(P_{\vartheta_0} + P_{\vartheta_1})$-Nullmenge weder $\int \psi dP_{\vartheta_0}$ noch $\int \psi dP_{\vartheta_1}$ verändern, folgt nach Satz 8.1.5, Teil a, daß jeder durch (8.2.7) und (8.2.8) festgelegte Test ein bester Test zum Niveau α für $\{\vartheta_0\}$ gegen $\{\vartheta_1\}$ ist, und zwar für alle $\vartheta_1 > \vartheta_0$. Da auch die Existenz gesichert wurde, haben wir mit (8.2.7) und (8.2.8) einen gleichmäßig besten Test zum Niveau α für $\{\vartheta_0\}$ gegen $H_1: \vartheta > \vartheta_0$ gefunden. Wir zeigen nun, daß ψ^* auch die erwartete Fehlerwahrsch. 1. Art unter allen Tests ψ mit $\int \psi dP_{\vartheta_0} = \alpha$ minimiert. Dazu führen wir den Test $\tilde{\psi}^* = 1 - \psi^*$ ein und definieren $\tilde{k}' := h(k,\vartheta_1,\vartheta_0)$. (Reihenfolge ϑ_0, ϑ_1 vertauscht!) Dabei gilt $0 < \tilde{k}' \le \infty$, denn für $\tilde{k}' \le 0$ würde $0 < 1-\alpha \le P_{\vartheta_0}\{T \le k\} \le$

$P_{\vartheta_0}\{p(\cdot,\vartheta_0)/p(\cdot,\vartheta_1) \leq \tilde{k}'\} \leq P_{\vartheta_0}\{p(\cdot,\vartheta_0)=0\}=0$ folgen. Eine ähnliche Implikationskette wie bei $\vartheta_0 < \vartheta_1$, beginnend mit $p(x,\vartheta_1) > \tilde{k}'^{-1}p(x,\vartheta_0)$ (bzw. "<"), zeigt, daß $\tilde{\psi}^*$ gleichmäßig bester Test zum Niveau $1-\alpha$ für $\{\vartheta_0\}$ gegen $\tilde{H}_1 : \vartheta < \vartheta_0$ ist. Also gilt für jeden Test ψ mit $\int\psi dP_{\vartheta_0} = \alpha$, daß $1-\psi$ ein Test zum Niveau $1-\alpha$ für $\{\vartheta_0\}$ ist und damit für alle $\vartheta < \vartheta_0$ die Ungleichung

$$\int\psi^* dP_\vartheta = 1 - \int\tilde{\psi}^* dP_\vartheta \leq 1 - \int(1-\psi)dP_\vartheta = \int\psi dP_\vartheta$$

erfüllt.

b) Da der obige Test ψ^* gleichmäßig bester Test zum Niveau α für $\{\vartheta_0\}$ gegen $H_1 : \vartheta > \vartheta_0$ ist, genügt der Nachweis von $\int\psi^* dP_\vartheta \leq \alpha \;\forall\vartheta < \vartheta_0$. Nach Teil a) erhalten wir aber durch Vergleich mit dem Test $\overline{\psi} \equiv \alpha$ für alle $\vartheta < \vartheta_0$ die Abschätzung $\int\psi^* dP_\vartheta \leq \int\overline{\psi}dP_\vartheta = \alpha$.

c) $\vartheta,\vartheta' \in \Theta$ mit $\vartheta < \vartheta'$ seien gegeben. Gilt $0 < \int\psi^* dP_\vartheta < 1$, so ist ψ^* nach Teil a) ein bester Test zum Niveau $\int\psi^* dP_\vartheta$ für $\{\vartheta\}$ gegen $\{\vartheta'\}$. Wegen $P_\vartheta \neq P_{\vartheta'}$ folgt daher aus Bemerkung 8.1.8 die Ungleichung $\int\psi^* dP_\vartheta < \int\psi^* dP_{\vartheta'}$. Gilt dagegen $0 < \int\psi^* dP_{\vartheta'} < 1$, so ist $(1-\psi^*)$ nach Teil a) ein bester Test zum Niveau $\int(1-\psi^*)dP_{\vartheta'}$ für $\{\vartheta'\}$ gegen $\{\vartheta\}$. Wieder mit Bemerkung 8.1.8 folgt dann

$$\int\psi^* dP_\vartheta = 1 - \int(1-\psi^*)dP_\vartheta < 1 - \int(1-\psi^*)dP_{\vartheta'} = \int\psi^* P_{\vartheta'}\,.$$

Da nicht gleichzeitig $\int\psi^* dP_\vartheta = 1$ und $\int\psi^* dP_{\vartheta'} = 0$ gelten, wie ein Vergleich mit $\int\psi dP_{\vartheta_0} = \alpha \in (0,1)$ zeigt, ist die Behauptung erbracht. □

Ist also $\{P_\vartheta : \vartheta\in\Theta\}$ eine Familie mit monotonem DQ, so ist die Gütefunktion eines optimalen Tests für ein einseitiges Testproblem $H_0 : \vartheta \leq \vartheta_0$ gegen $H_1 : \vartheta > \vartheta_0$ dort *streng monoton wachsend*, wo sie echt zwischen 0 und 1 liegt.

Nach Satz 8.2.7 sind bei Familien mit monotonem DQ optimale einseitige Tests direkt aus einer Darstellung der Form (8.2.6) abzulesen. Insbesondere bei 1-parametrigen Exponentialfamilien in $c(\vartheta)$ und $T(X)$ mit streng monoton wachsender Funktion $c(\vartheta)$ [vgl. Satz 8.2.5] sind damit optimale einseitige Tests (und Konfidenzschranken) bekannt. Etwas problematischer sind zweiseitige Testprobleme, die wir im nächsten Abschnitt untersuchen wollen.

8.3 Optimale zweiseitige Tests bei einparametrigen Exponentialfamilien

Im letzten Abschnitt wurde für *einseitige* Testprobleme $H_0 : \vartheta \leq \vartheta_0$

gegen $H_1:\vartheta > \vartheta_o$ (bzw. $H_o:\vartheta \geq \vartheta_o$ gegen $H_1:\vartheta < \vartheta_o$) die Frage nach gleichmäßig besten Tests zum Niveau $\alpha \in (0,1)$ in Familien mit monotonem DQ vollständig beantwortet. Offen ist jedoch z.B. noch die Frage nach der Optimalität des zweiseitigen Gauß-Tests (7.3.9) für das *zweiseitige* Testproblem $H_o:a=a_o$ gegen $H_1:a \neq a_o$.

Diese Frage werden wir in diesem Abschnitt im allgemeineren Rahmen positiv beantworten, wenn nur *unverfälschte Tests* zur Konkurrenz zugelassen sind. Wir werden nämlich zeigen, daß für 1-parametrige Exponentialfamilien eine recht vollständige Lösung des zweiseitigen Testproblems

(8.3.1) $\quad H_o:\vartheta = \vartheta_o$ gegen $H_1:\vartheta \neq \vartheta_o$

(mit vorgegebenem ϑ_o aus dem nichtleeren Inneren von Θ)

in der Klasse der unverfälschten Tests gefunden werden kann.

Zunächst wollen wir überlegen, weshalb es im obigen Testproblem nicht sinnvoll ist, *alle* Tests zum Niveau α zur Konkurrenz zuzulassen: Ein bester Test ψ^* zum Niveau $\alpha \in (0,1)$ für $H_o:\vartheta=\vartheta_o$ gegen $H_1:\vartheta \neq \vartheta_o$ wäre sowohl ein bester Test zum Niveau α für H_o gegen $H_2:\vartheta > \vartheta_o$ als auch für H_o gegen $H_3:\vartheta < \vartheta_o$. In der Modell-Situation von Satz 8.2.5 würde hieraus z.B. für $\vartheta < \vartheta_o$ einerseits $\int\psi^* dP_\vartheta < \alpha$, andererseits $\int\psi^* dP_\vartheta > \alpha$ folgen. Dies bedeutet, daß hier kein gleichmäßig optimaler Test existieren kann, weil die Optimalität für $\vartheta \underset{(<)}{>} \vartheta_o$ nur auf Kosten der Güte für $\vartheta < \vartheta_o$ bzw. $\vartheta > \vartheta_o$ erreicht werden kann.

Dieses unerwünschte Verhalten kann vermieden werden, wenn wir nur *unverfälschte Tests zum Niveau* α für $H_o:\vartheta=\vartheta_o$ gegen $H_1:\vartheta \neq \vartheta_o$ zur Konkurrenz zulassen, d.h. Tests ψ mit der Eigenschaft

(8.3.2) $\quad \int\psi dP_{\vartheta_o} \leq \alpha \quad$ und $\quad \int\psi dP_\vartheta \geq \alpha \quad \forall\vartheta \neq \vartheta_o$.

Im restlichen Teil dieses Abschnitts beschränken wir unsere Überlegungen auf eine 1-parametrige Exponentialfamilie $\{P_\vartheta : \vartheta \in \Theta\}$ in $c(\vartheta)$ und $T(X)$ im Sinne von Definition 6.1.10 mit Θ *offen* in $\mathbb{R}$ und *stetig differenzierbarer, monotoner* Funktion $c:\Theta \to \mathbb{R}$ mit $c'(\vartheta_o) \neq 0$. Dann folgt aus (6.1.24), daß für jeden Test ψ die *Gütefunktion* $\beta(\vartheta,\psi)=\int\psi p(\cdot,\vartheta)d\mu, \vartheta\in\Theta$, in einer Umgebung von ϑ *differenzierbar* ist und daß die Ableitung durch *Vertauschung* der *Differentiation* mit der μ-*Integration* gewonnen werden kann.
Daher folgen aus der Unverfälschtheits-Forderung (8.3.2) die ana-

lytisch besser verwertbaren Bedingungen

(8.3.3) $\quad \beta(\vartheta_o,\psi)=\alpha \quad$ und $\quad \partial\beta(\vartheta,\psi)/\partial\vartheta=0$ für $\vartheta=\vartheta_o$.

Mit Hilfe der ersten Bedingung in (8.3.3) läßt sich die zweite Bedingung umformen: Aus der Darstellung (6.1.22) von $p(x,\vartheta)$ erhalten wir zunächst

$$\frac{\partial\beta(\vartheta,\psi)}{\partial\vartheta}=\int_A\psi(x)\,\frac{\partial}{\partial\vartheta}\,[\exp\{c(\vartheta)T(x)+d(\vartheta)+S(x)\}]\,d\mu(x)$$

$$=\int\psi(x)p(x,\vartheta)\{c'(\vartheta)T(x)+d'(\vartheta)\}d\mu(x)=c'(\vartheta)\int T\psi dP_\vartheta+d'(\vartheta)\int\psi dP_\vartheta.$$

Durch Einsetzen von $\vartheta=\vartheta_o$ folgt $0=c'(\vartheta_o)\int T\psi dP_{\vartheta_o}+d'(\vartheta_o)\int\psi dP_{\vartheta_o}$. Anschließendes Einsetzen von $\psi=1$ liefert $0=c'(\vartheta_o)\int TdP_{\vartheta_o}+d'(\vartheta_o)$. Wegen $c'(\vartheta_o)\neq 0$ und $\int\psi dP_{\vartheta_o}=\beta(\vartheta_o,\psi)=\alpha$ erhalten wir für (8.3.3) die explizite Darstellung

(8.3.4) $\quad \int\psi dP_{\vartheta_o}=\alpha \quad$ und $\quad \int T\psi dP_{\vartheta_o}=\alpha\int TdP_{\vartheta_o}$.

Bei der Herleitung eines optimalen Tests zum Niveau α für $H_o:\vartheta\leq\vartheta_o$ gegen $H_1:\vartheta>\vartheta_o$ haben wir zunächst einen optimalen Test unter der schwächeren Nebenbedingung $\int\psi dP_{\vartheta_o}\leq\alpha$ gesucht und dann für den gefundenen Test nachgewiesen, daß er auch die stärkere Nebenbedingung $\int\psi dP_\vartheta\leq\alpha\ \forall\vartheta\in H_o$ erfüllt. Hier gehen wir analog vor: Zunächst werden wir einen optimalen Test unter der schwächeren Nebenbedingung (8.3.4) konstruieren und dann nachweisen, daß der gefundene Test auch die stärkere Nebenbedingung (8.3.2) der Unverfälschtheit erfüllt.

Das erste Problem hier unterscheidet sich von dem entsprechenden früheren Problem nur dadurch, daß statt der *einen* Ungleichung $\int\psi dP_{\vartheta_o}\leq\alpha$ nun die *zwei* Gleichungen aus (8.3.4) als Nebenbedingungen auftreten.

Betrachten wir für $\vartheta_1\in\Theta$ mit $\vartheta_1\neq\vartheta_o$ das (einfache) Testproblem $H_o:\vartheta=\vartheta_o$ gegen $\tilde{H}_1:\vartheta=\vartheta_1$ unter der Nebenbedingung (8.3.4), so gilt eine zum Neyman-Pearson-Lemma 8.1.5 a) analoge Aussage:

8.3.1 SATZ *(Verallgemeinertes Neyman-Pearson-Lemma): Erfüllt ein Test ψ der Form*

$$(8.3.5)\qquad \psi(x)=\begin{cases}1, & \\ \gamma(x), & \text{falls } p(x,\vartheta_1)\ \substack{>\\=\\<}\ kp(x,\vartheta_o)+\ell T(x)p(x,\vartheta_o)\\ 0, & \end{cases}$$

mit Konstanten $k, \ell \in \mathbb{R}$ die Nebenbedingungen

(8.3.6) $$\int \psi p(\cdot,\vartheta_0)d\mu = \alpha, \quad \int \psi T p(\cdot,\vartheta_0)d\mu = \alpha \int T dP_{\vartheta_0},$$

so maximiert er die Güte

(8.3.7) $$\beta(\vartheta_1,\psi) = \int \psi p(\cdot,\vartheta_1)d\mu$$

in der Klasse aller Tests, die die Nebenbedingungen (8.3.6) erfüllen.

Beweis: $\tilde{\psi}$ sei ein konkurrierender Test mit (8.3.6). Völlig analog zum Beweis von Satz 8.1.4 folgt mit den Abkürzungen $p_0 = p(\cdot,\vartheta_0)$ und $p_1 = p(\cdot,\vartheta_1)$ die Ungleichung

$$\int (\psi-\tilde{\psi})(p_1 - kp_0 - \ell T p_0)d\mu \geq 0.$$

Wegen der Gültigkeit von (8.3.6) für ψ und $\tilde{\psi}$ folgt $\int(\psi-\tilde{\psi})(kp_0+\ell T p_0)d\mu = 0$, also $\int \psi p_1 d\mu \geq \int \tilde{\psi} p_1 d\mu$. □

Bemerkung: Eine analoge Aussage kann offenbar auch für mehr als zwei Nebenbedingungen in (8.3.6) bewiesen werden.

Durch Anwendung von Satz 8.3.1 auf 1-parametrige Exponentialfamilien läßt sich nun die angestrebte Optimalitätsaussage für das zweiseitige Testproblem $H_0: \vartheta = \vartheta_0$ gegen $H_1: \vartheta \neq \vartheta_0$ beweisen.

8.3.2 SATZ *(Optimale zweiseitige Tests bei 1-parametrigen Exponentialfamilien): $(X,\mathcal{B},P)$ sei ein statistisches Modell mit 1-parametriger Exponentialfamilie $P = \{P_\vartheta : \vartheta \in \Theta\}$ in $c(\vartheta)$ und $T(X)$ im Sinne von Definition 6.1.10. Die Parametermenge Θ sei offen in $\mathbb{R}$ und die Funktion $c: \Theta \to \mathbb{R}$ sei stetig differenzierbar und streng monoton [wachsend oder fallend] mit $c'(\vartheta_0) \neq 0$. Für $\alpha \in (0,1)$ und geeignete Konstanten $c_1 \leq c_2$ und $\gamma_1,\gamma_2 \in [0,1]$ erfülle der Test*

(8.3.8) $$\psi^*(x) = \begin{cases} 1, & T(x) < c_1 \text{ oder } c_2 < T(x), \\ \gamma_i, \text{ falls} & T(x) = c_i,\ i=1,2, \\ 0, & c_1 < T(x) < c_2, \end{cases}$$

für gegebenes $\vartheta_0 \in \Theta$ die Nebenbedingungen

(8.3.9) $$E_{\vartheta_0}\psi^*(X) = \alpha, \quad E_{\vartheta_0}\psi^*(X)T(X) = \alpha\, E_{\vartheta_0}T(X).$$

Dann ist ψ^* ein gleichmäßig bester unverfälschter Test zum Niveau α für $H_0: \vartheta = \vartheta_0$ gegen $H_1: \vartheta \neq \vartheta_0$.

Beweis: Sei $\vartheta_1 \in \Theta$ mit $\vartheta_1 \neq \vartheta_o$ gegeben. Mit den Abkürzungen $p_o = p(\cdot,\vartheta_o)$ und $p_1 = p(\cdot,\vartheta_1)$ zeigen wir zunächst, daß ψ^* die Gestalt (8.3.5) besitzt, also wegen (8.3.9) [= (8.3.6)] unter allen Tests ψ mit (8.3.6) die Güte $\beta(\vartheta_1,\psi)$ maximiert: Mit vorerst noch beliebigen Zahlen $k,\ell \in \mathbb{R}$ gilt wegen $p_i = 1_A \exp(c(\vartheta_i)T+d(\vartheta_i)+S)$ die Gleichheit

$$\{x \in A : p_1(x) \underset{(<)}{>} (\ell T(x)+k)p_o(x)\} = \{x \in A : \exp(aT(x)+b) \underset{(<)}{>} \ell T(x)+k\}$$

mit $a = c(\vartheta_1)-c(\vartheta_o) \neq 0$ und $b = d(\vartheta_1)-d(\vartheta_o)$. Nun bestimmen wir $k,\ell \in \mathbb{R}$ in der Weise, daß die Gerade $\ell t+k, t \in \mathbb{R}$, die Exponentialkurve $\exp(at+b)$, $t \in \mathbb{R}$, genau an den Stellen $t=c_1$ und $t=c_2$ schneidet. Im Fall $c_1 < c_2$ gibt es offenbar stets eine eindeutige Lösung $(k,\ell) \in \mathbb{R}^2$ für dieses Problem, und da die Kurve $\exp(at+b)$ wegen $a \neq o$ streng konvex ist, gilt außerdem (vgl. Abb. 8.3.1,a))

$$\text{(8.3.10)} \qquad \begin{aligned} &\exp(at+b) > \ell t+k \Leftrightarrow t < c_1 \text{ oder } c_2 < t, \\ &\exp(at+b) < \ell t+k \Leftrightarrow c_1 < t < c_2. \end{aligned}$$

Aber auch im Fall $c_1 = c_2$ gibt es wegen der strengen Konvexität von $\exp(at+b)$ eine eindeutige Lösung $(k,\ell) \in \mathbb{R}^2$ mit der Eigenschaft (8.3.10), vgl. Abb. 8.3.1,b. Bei dieser Wahl von k und ℓ hat also ψ^* in beiden Fällen auf dem Träger A die Gestalt (8.3.5).

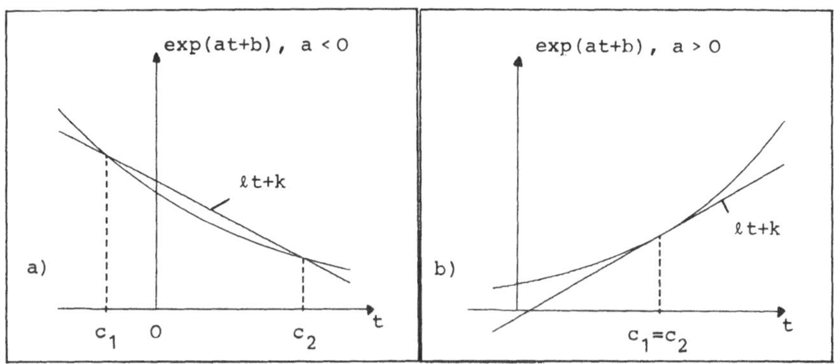

Abb. 8.3.1: Wahl von k und ℓ mit (8.3.10).

Da der Test ψ^* nicht von $\vartheta_1 \neq \vartheta_o$ abhängt, gilt für jeden Vergleichstest ψ mit (8.3.6), also insbesondere für jeden *unverfälschten* Vergleichstest [vgl. (8.3.2) bis (8.3.4)], die Ungleichung

(8.3.11) $\quad \int \psi^* dP_\vartheta \geq \int \psi dP_\vartheta \quad \forall \vartheta \in H_1.$

Somit ist nur noch die Unverfälschtheit (8.3.2) für ψ^* nachzuweisen. Dies geschieht durch Vergleich mit dem Test $\overline{\psi} \equiv \alpha$. Da $\overline{\psi}$ trivialerweise unverfälscht ist, folgt aus (8.3.11) die Ungleichung

(8.3.12) $\quad \int \psi^* dP_\vartheta \geq \int \overline{\psi} dP_\vartheta = \alpha \quad \forall \vartheta \in H_1.$ □

8.3.3 BEMERKUNG: Der Satz 8.3.2 enthält kein Existenzkriterium für einen optimalen zweiseitigen Test. Für unsere Zwecke reicht er aber aus, da wir in den Beispielen leicht Tests mit (8.3.8) und (8.3.9) konstruieren können. Mit größerem Aufwand kann man unter den Voraussetzungen des Satzes auch die Existenz eines Tests mit (8.3.8) und (8.3.9) beweisen, vgl. Witting (1978), Satz 2.38. Im folgenden Spezialfall kann man einen optimalen zweiseitigen Test sogar explizit angeben:

8.3.4 KOROLLAR: *Unter den Voraussetzungen von Satz 8.3.2 sei zusätzlich die Verteilung $L_{\vartheta_0}(T(X))$ symmetrisch zum Punkt $a_0 \in \mathbb{R}$, d.h. es gilt $L_{\vartheta_0}(T(X)-a_0) = L_{\vartheta_0}(a_0-T(X))$. Weiter bezeichne G_0 die VF von $Q_0 := L_{\vartheta_0}(T(X)-a_0)$ und k das $\alpha/2$-Fraktil von G_0,*

(8.3.13) $\quad k = G_0^{-1}(1-\alpha/2) = \inf\{x \in \mathbb{R} : G_0(x) \geq 1-\alpha/2\}.$

Schließlich setzen wir mit k aus (8.3.13)

$$(8.3.14) \qquad \gamma = \begin{cases} 0 & , \text{ falls } G_0(k) = 1-\alpha/2, \\ \dfrac{G_0(k)-(1-\alpha/2)}{G_0(k)-G_0(k_-)} & , \text{ falls } G_0(k) > 1-\alpha/2. \end{cases}$$

Dann ist der Test

$$(8.3.15) \qquad \psi^*(x) = \begin{cases} 1, & \\ \gamma, & \text{falls } |T(x)-a_0| \begin{matrix} > \\ = \\ < \end{matrix} k \\ 0, & \end{cases}$$

ein gleichmäßig bester unverfälschter Test zum Niveau α für $H_0: \vartheta = \vartheta_0$ gegen $H_1: \vartheta \neq \vartheta_0$.

Beweis: Wegen $Q_0((-\infty,0)) = Q_0((0,\infty)) \leq 1/2$ und $0 < \alpha < 1$ folgt $k = G_0^{-1}(1/2+(1-\alpha)/2) \geq 0$; also hat der Test (8.3.15) die Form (8.3.8) mit $c_1 = a_0-k \leq a_0+k = c_2$ und $\gamma_1 = \gamma_2 = \gamma \in [0,1]$. Zu zeigen bleibt

(8.3.9): Zunächst gilt mit der Symmetrie von Q_o

$$E_{\vartheta_o}\psi^*(X) = Q_o[(-\infty,-k)\cup(k,\infty)] + \gamma Q_o[\{-k\}\cup\{k\}]$$
$$= 2(1-G_o(k) + \gamma[G_o(k)-G_o(k_-)]) = \alpha$$

und $E_{\vartheta_o}T(X) = a_o + E_{\vartheta_o}(T(X)-a_o) = a_o + \int x dQ_o(x) = a_o$.

Hiermit folgt nun (ebenfalls wegen der Symmetrie von Q_o)

$$E_{\vartheta_o}\psi^*(X)T(X) = E_{\vartheta_o}\psi^*(X)(T(X)-a_o) + \alpha a_o$$

$$= \alpha a_o + \int_{(-\infty,-k)} y dQ_o(y) + \int_{(k,\infty)} y dQ_o(y) + \gamma \int_{\{-k\}} y dQ_o(y) + \gamma \int_{\{k\}} y dQ_o(y)$$

$$= \alpha a_o = \alpha\, E_{\vartheta_o}T(X). \quad \square$$

8.3.5 BEISPIEL *(Optimalität des zweiseitigen Gauß-Tests):* $X_1,\dots,X_n$ sei eine Stichprobe vom Umfang n aus $N(\vartheta,\sigma_o^2)$ mit bekannter Varianz $\sigma_o^2 > 0$ und (unbekanntem) Parameter $\vartheta \in \mathbb{R} = \Theta$. Die ZV $\underset{\sim}{X} = (X_1,\dots,X_n)$ hat dann unter $\vartheta \in \Theta$ eine λ_n-Dichte der Form

$$p(\underset{\sim}{x},\vartheta) = (2\pi\sigma_o^2)^{-n/2} \exp\{-\frac{1}{2}\sum_{i=1}^{n}(x_i-\vartheta)^2/\sigma_o^2\} = \exp\{c(\vartheta)T(\underset{\sim}{x}) + d(\vartheta) + S(\underset{\sim}{x})\}$$

mit $c(\vartheta) = \vartheta/\sigma_o^2$ und $T(\underset{\sim}{x}) = \sum x_i$. Also liegt eine 1-parametrige Exponentialfamilie in $c(\vartheta)$ und $T(\underset{\sim}{X})$ vor, die wegen $c'(\vartheta) = 1/\sigma_o^2 > 0$ und $\Theta = \mathbb{R}$ alle Voraussetzungen von Satz 8.3.2 erfüllt. Da außerdem für $\vartheta_o \in \Theta$ die Verteilung $L_{\vartheta_o}(T(\underset{\sim}{X})) = N(n\vartheta_o, n\sigma_o^2)$ symmetrisch zum Punkt $n\vartheta_o$ verteilt ist, erhalten wir nach Korollar 8.3.4 einen *gleichmäßig besten unverfälschten* Test zum Niveau $\alpha \in (0,1)$ für $H_o:\vartheta = \vartheta_o$ gegen $H_1:\vartheta \neq \vartheta_o$ aus (8.3.13) bis (8.3.15). Aus (8.3.13) und (8.3.14) erhalten wir wegen $Q_o = N(0,n\sigma_o^2)$ und $G_o(x) = \Phi(x/\sqrt{n\sigma_o^2})$ [stetige VF] den kritischen Wert

$$k = G_o^{-1}(1-\alpha/2) = \sqrt{n}\,\sigma_o\Phi^{-1}(1-\alpha/2) = \sqrt{n}\,\sigma_o u_{\alpha/2}.$$

Da $T(\underset{\sim}{X})$ für jedes ϑ eine stetige Verteilung besitzt, kann die Randomisierungskonstante $\gamma = 1$ gesetzt werden, d.h. der optimale Test (8.3.15) ist gerade der zweiseitige Gauß-Test

$$\psi^*(\underset{\sim}{x}) = \begin{cases} 1, & \text{falls } |\sqrt{n}\,(\bar{x}_n - a_o)/\sigma_o| \begin{smallmatrix} \geq \\ < \end{smallmatrix} u_{\alpha/2} \\ 0, & \end{cases},$$

vgl. Formel (7.3.9). Nach Satz 7.3.5 und Beispiel 7.3.3 folgt nun auch, daß

$$(\overline{X}_n - n^{-1/2}\sigma_o u_{\alpha/2}\,,\ \overline{X}_n + n^{-1/2}\sigma_o u_{\alpha/2})$$

ein *gleichmäßig bestes unverfälschtes Konfidenzintervall* für ϑ zum Niveau $1-\alpha$ ist, und zwar mit den für $\vartheta \in \mathbb{R}$ unerwünschten Parameterwerten $\widetilde{H}_1(\vartheta) = \{\vartheta' \in \mathbb{R} : \vartheta' \neq \vartheta\}$.

8.3.6 BEISPIEL *(Zweiseitiger Test bei Exponential(ϑ) Verteilungen):* $X_1,\dots,X_n$ sei eine Stichprobe vom Umfang n aus einer Exponential(ϑ) Verteilung mit (unbekanntem) Parameter $\vartheta \in (0,\infty) = \Theta$. Nach Beispiel 4.2.3 hat dann die ZV $\underset{\sim}{X} = (X_1,\dots,X_n)$ unter $\vartheta \in \Theta$ eine λ_n-Dichte der Form

$$p(\underset{\sim}{x},\vartheta) = \prod_{i=1}^{n} [\vartheta \exp(-\vartheta x_i) 1_{(0,\infty)}(x_i)] = 1_{(0,\infty)^n}(\underset{\sim}{x}) \exp\{-\vartheta \sum_{i=1}^{n} x_i + n \log \vartheta\}.$$

Es liegt also eine 1-parametrige Exponentialfamilie in $c(\vartheta) = -\vartheta$ und $T(\underset{\sim}{x}) = \sum_{i=1}^{n} x_i$ vor, die wegen $c'(\vartheta) = -1 < 0$ und $\Theta = (0,\infty)$ alle Voraussetzungen von Satz 8.3.2 erfüllt. Mit Hilfe von Korollar 5.4.7 (Faltungsformel) [oder aus Aufgabe 5.4.6] erhält man leicht, daß $L_\vartheta(T(\underset{\sim}{X}))$ die λ_1-Dichte

$$g(t,\vartheta) = 1_{(0,\infty)}(t)\,\vartheta^n t^{n-1} \exp(-\vartheta t)/(n-1)!\,,\quad t \in \mathbb{R}, \tag{8.3.16}$$

besitzt, sie ist jedoch nicht symmetrisch im Sinne von Korollar 8.3.4. Daher müssen wir nach Satz 8.3.2 für die Gewinnung eines *gleichmäßig besten unverfälschten* Tests zum vorgegebenen Niveau $\alpha \in (0,1)$ für $H_0: \vartheta = \vartheta_0$ gegen $H_1: \vartheta \neq \vartheta_0$ reelle Konstanten $c_1 \leq c_2$ und $\gamma_1, \gamma_2 \in [0,1]$ mit den Eigenschaften (8.3.9) bestimmen: Wegen der Stetigkeit von $L_\vartheta(T(\underset{\sim}{X}))$ $\forall \vartheta$ ist klar, daß in jedem Fall $\gamma_1 = \gamma_2 = 1$ gesetzt werden kann. Wegen $g(t,\vartheta_0) = 0$ $\forall t \leq 0$ sind dann nur noch $0 \leq c_1 \leq c_2 < \infty$ aus den beiden Gleichungen

$$\begin{aligned} \alpha &= E_{\vartheta_0}\psi^*(\underset{\sim}{X}) \left[= \int_0^{c_1} g(t,\vartheta_0)\,dt + \int_{c_2}^{\infty} g(t,\vartheta_0)\,dt\right], \\ \alpha E_{\vartheta_0} T(\underset{\sim}{X}) &= E_{\vartheta_0}\psi^*(\underset{\sim}{X}) T(\underset{\sim}{X}) \left[= \int_0^{c_1} t g(t,\vartheta_0)\,dt + \int_{c_2}^{\infty} t g(t,\vartheta_0)\,dt\right] \end{aligned} \tag{8.3.17}$$

zu bestimmen. Wegen

$$\int_0^{\infty} t g(t,\vartheta_0)\,dt = E_{\vartheta_0} T(\underset{\sim}{X}) = n E_{\vartheta_0} X_1 = n \int_0^{\infty} x \vartheta_0 \exp(-\vartheta_0 x)\,dx = n/\vartheta_0$$

sind die Gleichungen (8.3.17) für $0 \leq c_1 \leq c_2 < \infty$ äquivalent mit den

Gleichungen

$$\int_{c_1}^{c_2} \vartheta_o^{\,n} t^{n-1} \exp(-\vartheta_o t)\, dt/(n-1)! = 1-\alpha,$$

$$\int_{c_1}^{c_2} t\vartheta_o^{\,n} t^{n-1} \exp(-\vartheta_o t)\, dt/(n-1)! = (1-\alpha)n/\vartheta_o.$$

Durch Substitution von $x := 2\vartheta_o t$ ergeben sich hieraus für $0 \leq c_1 \leq c_2 < \infty$ die beiden Gleichungen

(8.3.18) $$\int_{2\vartheta_o c_1}^{2\vartheta_o c_2} f(x,2n)\,dx = 1-\alpha, \quad \int_{2\vartheta_o c_1}^{2\vartheta_o c_2} f(x,2n+2)\,dx = 1-\alpha,$$

wobei für $n \in \mathbb{N}$ die Funktion $f(\cdot,n)$ die Dichte

(8.3.19) $$f(x,n) = 1_{(0,\infty)}(x)x^{(n/2)-1}\exp(-x/2)/(2^{n/2}\Gamma(n/2)), \; x \in \mathbb{R},$$

der (zentralen) χ_n^2-Verteilung bezeichnet, vgl. auch Aufgabe 5.4.6. Die Punkte $a := 2\vartheta_o c_1$ und $b := 2\vartheta_o c_2$ sind also in Abb. 8.3.2 so zu wählen, daß jede der beiden schraffierten Flächen gleich $1-\alpha$ wird. Aus (8.3.18) ergibt sich, daß die Lösung (a,b) nicht von ϑ_o abhängt, so daß eine Vertafelung von $a = a(n,\alpha)$ und $b = b(n,\alpha)$ in Abhängigkeit von n und α möglich ist. Für n=5 und α=0.05 erhält man z.B. a=3.5 und b=21.7.

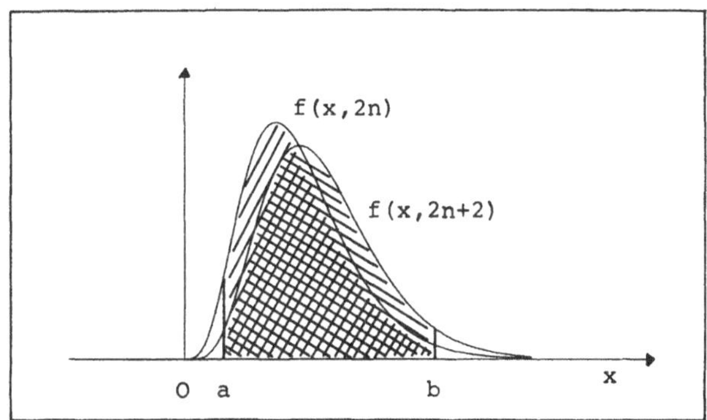

Abb. 8.3.2: $\int_a^b f(x,2n)\,dx = \int_a^b f(x,2n+2)\,dx = 1-\alpha$

Der gleichmäßig beste unverfälschte Test zum Niveau α für $H_o: \vartheta = \vartheta_o$

gegen $H_1: \vartheta \neq \vartheta_o$ hat also mit den so bestimmten Werten $a(n,\alpha)$ und $b(n,\alpha)$ die Form

$$\psi^*_{\vartheta_o}(\underset{\sim}{x}) = \begin{cases} 1, & \text{falls} \quad 2n\vartheta_o\overline{x}_n \leq a(n,\alpha) \text{ oder } b(n,\alpha) \leq 2n\vartheta_o\overline{x}_n, \\ 0, & \phantom{\text{falls}} \quad a(n,\alpha) < 2n\vartheta_o\overline{x}_n < b(n,\alpha). \end{cases}$$

Nutzt man den in Satz 7.3.5 bewiesenen Zusammenhang zwischen optimalen Tests und Konfidenzbereichen aus, so erhält man aus der Familie $\{\psi^*_{\vartheta_o}: \vartheta_o \in \Theta\}$ ein *gleichmäßig bestes unverfälschtes Konfidenzintervall* zum Niveau $1-\alpha$ für den Parameter $\vartheta \in \Theta$ in der Form

$$C^*(\underset{\sim}{x}) = \{\vartheta \in (0,\infty) : \psi^*_\vartheta(\underset{\sim}{x}) = 0\} = (\frac{a(n,\alpha)}{2n\overline{x}_n}, \frac{b(n,\alpha)}{2n\overline{x}_n}). \quad \square$$

Aufgaben zu Kapitel 8:

Aufg. 8.1.1: Im Beweis von Satz 8.1.5 diskutiere man den Fall $k = \infty$.

Aufg. 8.1.2: Man zeige die Eindeutigkeitsaussage (8.1.17).

Aufg. 8.1.3: (Geometrische Interpretation des Neyman-Pearson-Lemmas).
a) Sei $(X,\mathcal{B},\{P_o,P_1\})$ ein statistisches Modell und $\Psi := \{\psi: X \to [0,1]: \psi$ Test$\}$. Man zeige: (1) Die Menge $S := \{(\int\psi dP_o, \int\psi dP_1): \psi \in \Psi\} \subset [0,1]^2$ ist konvex, d.h. $\forall s_1,s_2 \in S$, $\forall\lambda \in [0,1]$ gilt $\lambda s_1 + (1-\lambda)s_2 \in S$; (2) $s \in S \Rightarrow (1,1) - s \in S$; (3) $(0,0),(1,1) \in S$. Man kann zeigen (s. Witting (1978)), daß S abgeschlossen ist. Welche Punkte aus S entsprechen dem Test zum Niveau α, bzw. welcher Punkt von S entspricht einem besten Test zum Niveau α? (Schaubild).
b) Man beweise durch geometrische Argumentation die Bemerkung 8.1.7.
c) Man beweise durch geometrische Argumentation die Bemerkung 8.1.8. Hinweis: Gilt für einen besten Test ψ $\int\psi dP_o = \int\psi dP_1 \in (0,1)$, so besteht S nur aus der Diagonalen von $[0,1]^2$.

Aufg. 8.1.4: Im Rahmen von Aufg. 8.1.3 zeichne man die Menge S für a) $P_o = \mathcal{R}(0,1)$, $P_1 = \mathcal{R}(1/2,3/2)$; b) $P_o = \text{Gamma}(1,1)$, $P_1 = \text{Gamma}(1,1/2)$.

Aufg. 8.1.5: Seien $X_1,\ldots,X_n$ i.i.d. ZV mit $X_i \sim \mathcal{R}(0,\vartheta)$, $\vartheta > 0$, $X := (X_1,\ldots,X_n)$. Man zeige: a) Für das Testproblem $H_o: \vartheta \leq \vartheta_o$ gegen $H_1: \vartheta > \vartheta_o$ ist jeder Test ψ mit $E_{\vartheta_o}\psi(X) = \alpha$, $E_\vartheta\psi(X) \leq \alpha$ $\forall\vartheta \leq \vartheta_o$ und $\psi(X) = 1$ für $M_n := \max(X_1,\ldots,X_n) > \vartheta_o$ ein gleichmäßig bester Test zum Niveau α, $0 < \alpha < 1$. b) Für das Testproblem $H_o: \vartheta = \vartheta_o$ gegen $H_1: \vartheta \neq \vartheta_o$ gibt es einen eindeutig bestimmten gleichmäßig besten Test zum Niveau $\alpha \in (0,1)$, nämlich den Test ψ mit $\psi = 1_K(M_n)$ mit $K = (\vartheta_o\alpha^{1/n}, \vartheta_o]^c$. Man bilde das zugehörige Konfidenzintervall für ϑ gemäß Satz 7.3.5 und vergleiche das Ergebnis mit Aufg. 7.1.3. Hinweis: b) Man bestimme die gleichmäßig besten Tests für $\vartheta = \vartheta_o$ gegen $\vartheta < \vartheta_o$ und fasse die Ergebnisse mit denen aus a) zusammen.

Aufg. 8.1.6: Seien $X_1,\ldots,X_n$ i.i.d. ZV mit Dichten $f(x,\vartheta) = \exp\{-(x-\vartheta)\}$, $x \geq \vartheta$, $\vartheta \in \mathbb{R}$. Man bestimme einen gleichmäßig besten Test zum Niveau $\alpha \in (0,1)$ für $H_0: \vartheta = \vartheta_0$ gegen $H_1: \vartheta \neq \vartheta_0$, $\vartheta_0 > 0$ fest. Hinweis: $Y_i := \exp(-X_i) \sim R(0, e^{-\vartheta})$, Aufg. 8.1.5.

Aufg. 8.2.1: Man zeige: Die Familie der translatierten logistischen Verteilungen mit Dichten $f(x,\vartheta) = \exp(x-\vartheta)/(1+\exp(x-\vartheta))^2$, $x \in \mathbb{R}$, $\vartheta \in \mathbb{R}$, hat monotonen DQ in $T(x) = x$.

Aufg. 8.2.2: Seien $X_1,\ldots,X_n$ i.i.d. ZV mit $X_i \sim R(0,\vartheta)$, $\vartheta > 0$, $X := (X_1,\ldots,X_n)$. Man zeige: Die Verteilungen von X besitzen monotonen DQ in $T(x) = \max(x_1,\ldots,x_n)$.

Aufg. 8.2.3: Seien $X_1,\ldots,X_n$ i.i.d. ZV mit $X_i \sim N(0,\sigma^2)$, $\sigma^2 > 0$. Man gebe einen gleichmäßig besten Test zum Niveau $\alpha \in (0,1)$ für das Testproblem $H_0: \sigma^2 \leq \sigma_0^2$ gegen $H_1: \sigma^2 > \sigma_0^2$, $\sigma_0^2 > 0$ fest, an.

Aufg. 8.2.4: Man zeige: Die Familie der nichtzentralen χ^2-Verteilungen $\{\chi_n^2(\delta^2): \delta^2 \geq 0\}$, s. Aufg. 5.5.14, hat monotonen DQ in $T(x)=x$ und δ^2. Hinweis: Mit den Bezeichnungen aus Aufg. 5.5.14 stelle man die Dichte f_{δ^2} von $\chi_n^2(\delta^2)$ dar als Potenzreihe: $f_{\delta^2}(x) = \sum_{k=0}^{\infty} a_k(\delta^2)x^k$. Für $\delta_0^2 < \delta_1^2$ ist $a_k(\delta_1^2)/a_k(\delta_0^2)$ streng monoton wachsend in k. Hieraus folgt $d(f_{\delta_1^2}(x)/f_{\delta_0^2}(x))/dx > 0$.

Aufg. 8.2.5: Seien $X_1,\ldots,X_n$ stoch. unabh. mit $X_i \sim N(\delta_i,\sigma^2)$, $\delta_i \in \mathbb{R}$, $\delta_1+\ldots+\delta_n = 0$, $\sigma^2 > 0$ bekannt. Zur Behandlung des Testproblems $H_0: \delta_1 = \ldots = \delta_n = 0$ gegen $H_1: \delta_1^2 + \ldots + \delta_n^2 =: \delta^2 > 0$ sollen nur Tests betrachtet werden, die von der Statistik $T(x) = \sum_{i=1}^{n}(x_i - \bar{x}_n)^2/\sigma^2$, $x = (x_1,\ldots,x_n)$, abhängen, also Tests der Form $\psi = h \circ T$ mit einem Test h auf $(\mathbb{R},\mathbb{B})$. Man gebe unter diesen Tests einen gleichmäßig besten zum Niveau α an. Hinweis: Aufg. 8.2.4.

Aufg. 8.2.6: Seien $X_1,\ldots,X_n$ i.i.d. ZV mit $X_i \sim \text{Weibull}(\alpha,\beta)$, $\alpha > 0$ unbekannt, $\beta > 0$ bekannt. Man zeige: a) $X_1^\beta + \ldots + X_n^\beta$ ist eine optimale Teststatistik für $H_0: 1/a \leq 1/a_0$ gegen $H_1: 1/a > 1/a_0$. b) Der kritische Wert des zugehörigen Tests ist $\chi^2_{2n,\alpha}/2a_0$. Hinweis: $X_i^\beta \sim$ Exponential(α).

Aufg. 8.3.1: Seien $X_1,\ldots,X_n$ i.i.d. ZV mit $X_i \sim B(1,p)$, $0 < p < 1$. Man bestimme einen gleichmäßig besten unverfälschten Test zum Niveau α für das Testproblem $H_0: p = 0.5$ gegen $H_1: p \neq 0.5$. Hinweis: Korollar 8.3.4.

Aufg. 8.3.2: Seien $X_1,\ldots,X_n$ i.i.d. ZV mit $X_i \sim \text{Poisson}(\vartheta)$, $\vartheta > 0$. Man gebe einen gleichmäßig besten unverfälschten Test zum Niveau α für $H_0: \vartheta = \vartheta_0$ gegen $H_1: \vartheta \neq \vartheta_0$ an. Man zeige, daß in Satz 8.3.2 mit $T(x) = \sum_{i=1}^{n} x_i$ die Konstanten $c_1, c_2, \gamma_1, \gamma_2$ die folgenden Gleichungen erfüllen:

$$F(c_1,\gamma_1) + G(c_2,\gamma_2) = \alpha, \quad F(c_1-1,\gamma_1) + G(c_2-1,\gamma_2) = \alpha$$

mit $F(c,\gamma) := P\{Y \leq c-1\} + \gamma P\{Y=c\}$, $G(c,\gamma) := P\{Y \geq c+1\} + \gamma P\{Y=c\}$ für $Y \sim \text{Poisson}(n\vartheta_0)$.

9 MASS- UND WAHRSCHEINLICHKEITSTHEORETISCHE ERGÄNZUNGEN

Auf dieses Kapitel wurde im bisherigen Text bereits mehrfach verwiesen. Es enthält einerseits die Beweise einiger maß- und integrationstheoretischer Aussagen, deren Durchführung an den entsprechenden Stellen des bisherigen Textes den Fluß einer ersten Einführung in die Wahrscheinlichkeitstheorie *und* Mathematische Statistik zu sehr unterbrochen hätte; andererseits wird der bei der Herleitung approximativer Konfidenzbereiche und Tests benutzte zentrale Grenzwertsatz von Lindeberg-Lévy bewiesen.

Neben der Hilfsfunktion für den Haupttext kann dieses Kapitel den Ausgangspunkt für einen systematischen Ausbau des maß- und wahrscheinlichkeitstheoretischen Fundaments bilden, das für ein Hauptstudium mit dem Schwerpunkt "Mathematische Stochastik" unerläßlich ist.

9.1 DYNKIN-SYSTEME UND σ-ALGEBREN

Es ist häufig schwierig, bei einem vorgegebenen Mengensystem γ auf einer (nichtleeren) Menge Ω nachzuprüfen, ob dieses eine σ-Algebra bildet, und zwar macht üblicherweise der Nachweis, daß die Vereinigung abzählbar vieler Mengen aus γ wieder zu γ gehört, Schwierigkeiten, weil diese nicht paarweise disjunkt sind. Einen Ausweg bieten hier häufig die sog. Dynkin-Systeme. In diesem und teilweise auch im folgenden Abschnitt halten wir uns eng an Bauer (1978).

9.1.1 DEFINITION: *Ein Mengensystem $\mathcal{D} \subset \mathcal{P}(\Omega)$ heißt* <u>*Dynkin-System*</u> *über dem Stichprobenraum Ω, falls die folgenden drei Bedingungen erfüllt sind:*

(9.1.1) $\Omega \in \mathcal{D}$,

(9.1.2) $A, B \in \mathcal{D}$ *mit* $A \subset B$ *impliziert* $B \setminus A \in \mathcal{D}$,

(9.1.3) *Für jedes abzählbare Teilsystem* $\{A_i : i \in \mathbb{N}\} \subset \mathcal{D}$ *mit* $A_i \cap A_j = \emptyset \quad \forall i \neq j$ *gilt* $\bigcup_{i=1}^{\infty} A_i \in \mathcal{D}$.

9.1.2 BEMERKUNG: Ist $\mathcal{E} \subset \mathcal{P}(\Omega)$ ein vorgegebenes Mengensystem, so gibt es analog zu Lemma 4.1.2 unter allen Dynkin-Systemen $\mathcal{D}$ über Ω mit der Eigenschaft $\mathcal{E} \subset \mathcal{D}$ ein *"kleinstes" Dynkin-System*, nämlich

(9.1.4) $\quad \delta_\Omega(E) := \{A \subset \Omega : A \in \mathcal{D} \quad \forall$ Dynkin-Systeme $\mathcal{D}$ über Ω mit $E \subset \mathcal{D}\}$.

Das Dynkin-System $\delta_\Omega(E)$ heißt das *von E (über Ω) erzeugte Dynkin-System* und E heißt Erzeuger von $\delta_\Omega(E)$.

9.1.3 SATZ: *Ein Mengensystem $A \subset P(\Omega)$ ist genau dann eine σ-Algebra über Ω, wenn A ein ∩-stabiles Dynkin-System über Ω ist.*

Beweis: Ist A eine σ-Algebra über Ω, so ist A wegen (1.3.3) und (1.3.4) auch ein ∩-stabiles Dynkin-System über Ω. Sei nun umgekehrt A ein ∩-stabiles Dynkin-System über Ω. Wir zeigen für A die Eigenschaften (1.2.9) bis (1.2.11) einer σ-Algebra: Wegen $\Omega \in A$ und $A^c = \Omega \setminus A \in A$, $\forall A \in A$, sind die beiden ersten Eigenschaften erfüllt. Zum Nachweis von (1.2.11) folgt wegen der ∩-Stabilität und wegen $\emptyset = \Omega \setminus \Omega \in A$ zunächst die Implikation

$$A,B \in A \Rightarrow A, AB \in A \Rightarrow A \cup B = A + (B \setminus AB) + \emptyset + \emptyset + \dots \in A.$$

Mit Induktion folgt, daß jede Vereinigung von *endlich* vielen Elementen aus A wieder Element von A ist.
Nun sei $A_1, A_2, \dots$ eine Folge in A. Mit $D_1 = A_1$ und $D_n = \bigcup_{i=1}^{n} A_i \setminus \bigcup_{i=1}^{n-1} A_i$, $n \geq 2$, ist dann einerseits $\{D_n : n \in \mathbb{N}\}$ ein abzählbares Teilsystem von A mit $D_n \cap D_m = \emptyset$ $\forall n \neq m$, andererseits gilt $\bigcup_{i=1}^{\infty} A_i = \bigcup_{n=1}^{\infty} D_n$; also folgt (1.2.11) wegen (9.1.3). □

9.1.4 SATZ: *Für jedes ∩-stabile Mengensystem $E \subset P(\Omega)$ gilt die Identität*

(9.1.5) $\quad \sigma_\Omega(E) = \delta_\Omega(E)$.

Beweis: Da nach Satz 9.1.3 jede σ-Algebra insbesondere ein Dynkin-System ist, folgt die Inklusion $\sigma_\Omega(E) \supset \delta_\Omega(E)$. Für den Nachweis der umgekehrten Inklusion zeigen wir, daß $\delta_\Omega(E)$ eine σ-Algebra ist; denn wegen $E \subset \delta_\Omega(E)$ folgt dann $\sigma_\Omega(E) \subset \delta_\Omega(E)$. Nach Satz 9.1.3 genügt es zu zeigen, daß $\delta_\Omega(E)$ ∩-stabil ist. Hierzu werden wir für jedes $A \in \delta_\Omega(E)$ zeigen:

(9.1.6) $\quad \mathcal{D}_A := \{B \subset \Omega : A \cap B \in \delta_\Omega(E)\}$ ist ein Dynkin-System mit $\delta_\Omega(E) \subset \mathcal{D}_A$.

Denn aus (9.1.6) folgt die Implikation $A,B \in \delta_\Omega(E) \Rightarrow B \in \mathcal{D}_A \Rightarrow A \cap B \in \delta_\Omega(E)$, also die ∩-Stabilität von $\delta_\Omega(E)$.

Nun zum Nachweis von (9.1.6): $\mathcal{D}_A$ ist ein Dynkin-System, denn es gelten die drei charakteristischen Aussagen $\Omega \in \mathcal{D}_A$,

$B,C\in\mathcal{D}_A$ mit $B\subset C \Rightarrow A\cap(C\setminus B) = AC\setminus AB\in\delta_\Omega(\mathcal{E}) \Rightarrow C\setminus B\in\mathcal{D}_A$,

$\{B_i : i\in\mathbb{N}\}\subset\mathcal{D}_A$ mit $B_i\cap B_j=\emptyset\ \forall i\neq j \Rightarrow A\cap\bigcup_{i=1}^{\infty}B_i = \bigcup_{i=1}^{\infty}AB_i\in\delta_\Omega(\mathcal{E}) \Rightarrow \bigcup_{i=1}^{\infty}B_i\in\mathcal{D}_A$.

Außerdem folgt aus der $\cap$-Stabilität von $\mathcal{E}$ die Inklusion $\mathcal{E}\subset\mathcal{D}_E\ \forall E\in\mathcal{E}$, also auch $\delta_\Omega(\mathcal{E})\subset\mathcal{D}_E\ \forall E\in\mathcal{E}$. Dies bedeutet gerade $E\cap A\in\delta_\Omega(\mathcal{E})\ \forall A\in\delta_\Omega(\mathcal{E})\ \forall E\in\mathcal{E}$ bzw. $\mathcal{E}\subset\mathcal{D}_A\ \forall A\in\delta_\Omega(\mathcal{E})$, also auch $\delta_\Omega(\mathcal{E})\subset\mathcal{D}_A\ \forall A\in\delta_\Omega(\mathcal{E})$. □

9.1.5 BEISPIEL: *(Eindeutigkeitssatz für Maße):* Als Anwendungsbeispiel von Satz 9.1.4 beweisen wir den Eindeutigkeitssatz 4.1.8: Gegeben waren ein Meßraum $(\Omega,\mathcal{A})$ und ein $\cap$-*stabiler Erzeuger* $\mathcal{E}$ von $\mathcal{A}$. Weiter waren μ_1 und μ_2 Maße über $(\Omega,\mathcal{A})$ mit $\mu_1(E)=\mu_2(E)\ \forall E\in\mathcal{E}$. Schließlich wurde die Existenz einer Folge $(E_n\in\mathcal{E}, n\in\mathbb{N})$ mit $E_n\subset E_{n+1}, \mu_1(E_n)<\infty\ \forall n$ und $\bigcup_{n=1}^{\infty}E_n=\Omega$ vorausgesetzt. Die *Behauptung* lautet dann: $\mu_1(A)=\mu_2(A)\ \forall A\in\mathcal{A}$.

Zum *Nachweis* der Behauptung stellen wir zunächst mit Hilfe von Satz 9.1.4 fest

$$\mathcal{A}=\sigma_\Omega(\mathcal{E})=\delta_\Omega(\mathcal{E}). \tag{9.1.7}$$

Aufgrund der Gleichheit (9.1.7) werden wir für $E\in\mathcal{E}$ mit $\mu_1(E)[=\mu_2(E)]<\infty$ zeigen:

(9.1.8) $\mathcal{D}_E := \{A\in\mathcal{A} : \mu_1(A\cap E)=\mu_2(A\cap E)\}$ ist ein Dynkin-System mit $\mathcal{D}_E=\mathcal{A}$.

Hieraus folgt sofort die Behauptung, denn für beliebiges $A\in\mathcal{A}$ erhalten wir aus (9.1.8) und den Voraussetzungen an die Folge $(E_n, n\in\mathbb{N})$ die Aussage

$$\mu_1(A)=\mu_1\Big(\bigcup_{n=1}^{\infty}AE_n\Big)=\lim_{n\to\infty}\mu_1(AE_n)=\lim_{n\to\infty}\mu_2(AE_n)=\mu_2(A).$$

Zum Abschluß beweisen wir (9.1.8): $\mathcal{D}_E$ ist ein Dynkin-System, denn es gelten die drei charakteristischen Aussagen

$\Omega\in\mathcal{D}_E$ [wegen $\mu_1(\Omega\cap E)=\mu_1(E)=\mu_2(E)=\mu_2(\Omega\cap E)$],

$A,B\in\mathcal{D}_E$ mit $A\subset B \Rightarrow \mu_1((B\setminus A)\cap E)=\mu_1(BE\setminus AE)=$

$\mu_1(BE)-\mu_1(AE)=\mu_2(BE)-\mu_2(AE)=\mu_2((B\setminus A)\cap E) \Rightarrow B\setminus A\in\mathcal{D}_E$,

$\{A_i : i\in\mathbb{N}\}\subset\mathcal{D}_E$ mit $A_i\cap A_j\neq\emptyset\ \forall i\neq j \Rightarrow \mu_1\Big(\Big(\bigcup_{i=1}^{\infty}A_i\Big)\cap E\Big)=$

$$\mu_1(\bigcup_{i=1}^{\infty} A_i E) = \sum_{i=1}^{\infty} \mu_1(A_i E) = \sum_{i=1}^{\infty} \mu_2(A_i E) = \mu_2((\bigcup_{i=1}^{\infty} A_i) \cap E) \Rightarrow \bigcup_{i=1}^{\infty} A_i \in \mathcal{D}_E.$$

Da $\mathcal{E}$ $\cap$-stabil ist, gilt außerdem $\mathcal{E} \subset \mathcal{D}_E \subset \mathcal{A}$, also wegen (9.1.7) auch $\mathcal{A} = \delta_\Omega(\mathcal{E}) \subset \mathcal{D}_E \subset \mathcal{A}$. □

9.2 Erzeugung von Maßen aus Prämaßen

In diesem Abschnitt werden wir insbesondere beweisen, daß zu jeder maßdefinierenden Funktion $F : \mathbb{R} \to \mathbb{R}$ ein Maß μ_F über $(\mathbb{R}, \mathbb{B})$ mit der Eigenschaft $\mu_F((a,b]) = F(b) - F(a)$ $\forall a \leq b$ *existiert*. Da die Eindeutigkeit von μ_F (unter der Hypothese der Existenz) schon bewiesen wurde, ist dann auch der Beweis von Satz 4.1.7 vollständig abgeschlossen.
Zunächst beweisen wir den für beliebige Stichprobenräume Ω gültigen *Fortsetzungssatz von Carathéodory* und zeigen dann später, daß dieser Satz auf die oben beschriebene Situation angewendet werden kann.

9.2.1 Satz *(Carathéodory): Gegeben seien ein Stichprobenraum Ω und ein (Mengen-)Ring R über Ω, d.h. ein System von Teilmengen von Ω mit den Eigenschaften*

(9.2.1) $\emptyset \in R$,

(9.2.2) $A, B \in R$ *impliziert* $A \cup B \in R$,

(9.2.3) $A, B \in R$ *impliziert* $A \setminus B \in R$.

Weiter sei ν ein Prämaß über R, d.h. eine Abbildung $\nu : R \to \mathbb{R} \cup \{+\infty\}$ mit den Eigenschaften

(9.2.4) $\nu(A) \geq 0$ $\forall A \in R$ *(ν ist nichtnegativ),*

(9.2.5) $\nu(\emptyset) = 0$ *(ν ist nulltreu),*

(9.2.6) $\nu(\sum_{i=1}^{\infty} A_i) = \sum_{i=1}^{\infty} \nu(A_i)$ *(ν ist σ-additiv auf R)*

$\forall$ *Folgen* $(A_i \in R, i \in \mathbb{N})$ *mit* $A_i \cap A_j = \emptyset$ $\forall i \neq j$ *und* $\sum_{i=1}^{\infty} A_i \in R$.

Dann gibt es mindestens ein Maß μ über $(\Omega, \sigma_\Omega(R))$ mit der Eigenschaft

(9.2.7) $\mu(A) = \nu(A)$ $\forall A \in R$ *(μ ist Fortsetzung von ν).*

Bemerkung: Über dem Ring R hat das Prämaß ν alle Eigenschaften eines Maßes (vgl. Definition 1.3.1). Es ist nur deshalb i.a. kein Maß, weil der Definitionsbereich $\mathcal{R}$ keine σ-Algebra ist, denn ein Ring $\mathcal{R}$ über Ω muß weder Ω als Element enthalten, noch muß $\bigcup_{i=1}^{\infty} A_i$ automatisch ein Element von $\mathcal{R}$ sein, wenn $A_i \in \mathcal{R}\ \forall i \in \mathbb{N}$ gilt. Jedoch ist wegen $A \cap B = A \setminus (A \setminus B)$ jeder Ring $\cap$-stabil. Bei der Anwendung von Satz 9.2.1 wird i.a. die Überprüfung der σ-Additivität von ν auf $\mathcal{R}$ das schwierigste Problem darstellen.

Beweis: Um den relativ langen Beweis übersichtlich zu gestalten, führen wir ihn in hierarchisch angeordneten Beweis-Ebenen.

Ebene 1 (Zusammenbau der Ergebnisse aus den niederen Ebenen): In Ebene 2 wird eine Mengenfunktion $\mu^* : \mathcal{P}(\Omega) \to \mathbb{R} \cup \{\infty\}$ definiert mit der Eigenschaft

(9.2.8) $\qquad \mu^*(A) = \nu(A) \quad \forall A \in \mathcal{R}.$

In Ebene 3 wird dann mit Hilfe von μ^* eine σ-Algebra $\mathcal{A}^*$ über Ω konstruiert, so daß die Einschränkung von μ^* auf $\mathcal{A}^*$ ein *Maß* über $(\Omega, \mathcal{A}^*)$ ist mit (s. Ebene 4) $\mathcal{R} \subset \mathcal{A}^*$. Wegen (9.2.8) und $\sigma_\Omega(\mathcal{R}) \subset \mathcal{A}^*$ ist dann offenbar die Einschränkung von μ^* auf $\sigma_\Omega(\mathcal{R})$ ein Maß μ über $(\Omega, \sigma_\Omega(\mathcal{R}))$ mit (9.2.7).

Zwischenbemerkung: Die obige Mengenfunktion μ^* wird sich als ein sog. äußeres Maß erweisen. Dabei heißt eine Abbildung $\mu^* : \mathcal{P}(\Omega) \to \mathbb{R} \cup \{+\infty\}$ mit den Eigenschaften

(9.2.9) $\qquad \mu^*(A) \geq 0 \quad \forall A \subset \Omega \qquad$ (μ^* ist *nichtnegativ*),

(9.2.10) $\qquad \mu^*(\emptyset) = 0 \qquad$ (μ^* ist *nulltreu*),

(9.2.11) $\qquad A \subset B \subset \Omega$ impliziert $\mu^*(A) \leq \mu^*(B) \qquad$ (μ^* ist *isoton*),

(9.2.12) $\qquad \mu^*\left(\bigcup_{i=1}^{\infty} A_i\right) \leq \sum_{i=1}^{\infty} \mu^*(A_i) \qquad$ (μ^* ist *sub-σ-additiv*) $\forall$ Folgen $(A_i \subset \Omega,\ i \in \mathbb{N})$,

ein *äußeres Maß über Ω*.

Ebene 2: Für eine beliebige Teilmenge $A \subset \Omega$ sei $\mathcal{U}(A)$ das System aller Folgen $(A_i \in \mathcal{R}, i \in \mathbb{N})$ mit $\bigcup_{i=1}^{\infty} A_i \supset A$, und $\mu^*(A)$ werde definiert durch

$$\mu^*(A) := \begin{cases} \infty, & \text{falls } \mathcal{U}(A) = \emptyset, \\ \inf\{\sum_{i=1}^{\infty} \nu(A_i) : (A_i, i \in \mathbb{N}) \in \mathcal{U}(A)\}, & \text{sonst.} \end{cases} \tag{9.2.13}$$

Dann ist μ^* ein äußeres Maß über Ω mit $\mu^*(A) = \nu(A)\ \forall A \in \mathcal{R}$: Nach Definition ist μ^* eine nichtnegative Abbildung von $\mathcal{P}(\Omega)$ nach

$\mathbb{R}\cup\{+\infty\}$, die wegen $(\emptyset,\emptyset,\ldots)\in\mathcal{U}(\emptyset)$ und $0\le\mu^*(\emptyset)\le\nu(\emptyset)+\nu(\emptyset)+\ldots=0$ auch nulltreu ist. Weiter gilt für $A\subset B\subset\Omega$ die Inklusion $\mathcal{U}(B)\subset\mathcal{U}(A)$, also $\mu^*(A)\le\mu^*(B)$. Sei nun $(A_i\subset\Omega, i\in\mathbb{N})$ gegeben. Zum Nachweis der Ungleichung (9.2.12) können wir dann o.B.d.A. $\mu^*(A_i)<\infty\ \forall i\in\mathbb{N}$ annehmen, was insbesondere $\mathcal{U}(A_i)\neq\emptyset\ \forall i\in\mathbb{N}$ impliziert. Zu vorgegebenem $\varepsilon>0$ existiert daher nach Definition (9.2.13) zu A_i eine Folge $(A_{ij}, j\in\mathbb{N})\in\mathcal{U}(A_i)$ mit der Eigenschaft

$$\sum_{j=1}^{\infty}\nu(A_{ij})\le\mu^*(A_i)+\varepsilon/2^i,\quad i\in\mathbb{N}.$$

Wegen $\bigcup_{i=1}^{\infty}\bigcup_{j=1}^{\infty}A_{ij}\supset\bigcup_{i=1}^{\infty}A_i$ folgt also

$$\mu^*\Big(\bigcup_{i=1}^{\infty}A_i\Big)\le\sum_{i=1}^{\infty}\sum_{j=1}^{\infty}\nu(A_{ij})\le\sum_{i=1}^{\infty}(\mu^*(A_i)+\varepsilon/2^i)=\sum_{i=1}^{\infty}\mu^*(A_i)+\varepsilon.$$

Da $\varepsilon>0$ beliebig war, folgt die sub-σ-Additivität von μ^*, d.h. μ^* ist ein äußeres Maß über Ω.

Nun sei $A\in\mathcal{R}$ vorgegeben. Wegen $(A,\emptyset,\emptyset,\ldots)\in\mathcal{U}(A)$ gilt dann die Ungleichung

$$\mu^*(A)\le\nu(A)+\nu(\emptyset)+\nu(\emptyset)+\ldots=\nu(A).$$

Zum Nachweis von $\mu^*(A)=\nu(A)$ ist nur noch die umgekehrte Ungleichung zu zeigen: Da $\mathcal{R}$ ein Ring ist, gilt die Implikation $B,C\in\mathcal{R}\Rightarrow B\cap C=B\setminus(B\setminus C)\in\mathcal{R}$. Für jede Folge $(A_i, i\in\mathbb{N})\in\mathcal{U}(A)$ gilt daher wegen $A_i, A\in\mathcal{R}$ auch $(AA_i, i\in\mathbb{N})\in\mathcal{U}(A)$ und $\bigcup_{i=1}^{\infty}AA_i=A$, also

$$\nu(A)=\nu\Big(\bigcup_{i=1}^{\infty}AA_i\Big)\le\sum_{i=1}^{\infty}\nu(AA_i)\le\sum_{i=1}^{\infty}\nu(A_i).$$

Nach Definition (9.2.13) folgt hieraus $\nu(A)\le\mu^*(A)$. In der vorstehenden Ungleichungskette wurden die sub-σ-Additivität und die Isotonie von ν auf $\mathcal{R}$ benutzt. Beide Eigenschaften können für Prämaße über einem Ring ebenso bewiesen werden wie für Maße über einer σ-Algebra, vgl. Aufgabe 9.2.1.

Zwischenbemerkung: Die Definition des in Ebene 3 benutzten Mengensystems

(9.2.14) $\quad\mathcal{A}^*:=\{A\subset\Omega:\mu^*(MA)+\mu^*(MA^c)=\mu^*(M)\ \forall M\subset\Omega\}$

der sog. *additiven Zerleger von* μ^* kann wohl beweistechnisch aber kaum anschaulich begründet werden.

Ebene 3: Wir zeigen für das in (9.2.14) definierte System $\mathcal{A}^*$ der additiven Zerleger von μ^* zunächst, daß $\mathcal{A}^*$ ein $\cap$-stabiles Dynkin-

System, also eine σ-Algebra über Ω ist und daß die Einschränkung von μ^* auf A^* σ-additiv, also ein Maß ist.
Unmittelbar aus Definition (9.2.14) folgt $\Omega \in A^*$ und $A^c \in A^*$, falls $A \in A^*$. Weiter gilt die Implikation

$$(9.2.15)\qquad A,B \in A^* \Rightarrow A \cap B \in A^*,$$

denn wegen $A \in A^*$ und $B \in A^*$ folgt für alle $M \subset \Omega$
$\mu^*(M) = \mu^*(MA) + \mu^*(MA^c) = \mu^*(MAB) + \mu^*(MAB^c) + \mu^*(MA^cB) + \mu^*(MA^cB^c)$
und durch Substitution von M durch $M(AB)^c = MA^c \cup MB^c$

$$(9.2.16)\qquad \mu^*(M(AB)^c) = 0 + \mu^*(MAB^c) + \mu^*(MA^cB) + \mu^*(MA^cB^c).$$

Kombination der beiden Gleichungen liefert
$\mu^*(M) = \mu^*(MAB) + \mu^*(M(AB)^c)\ \forall M \subset \Omega$, also (9.2.15). Mit (9.2.15) folgen die beiden Implikationen

$$(9.2.17)\qquad A,B \in A^* \Rightarrow B \setminus A = BA^c \in A^*$$

$$(9.2.18)\qquad A_1,\ldots,A_n \in A^* \Rightarrow \bigcup_{i=1}^{n} A_i = (\bigcap_{i=1}^{n} A_i^c)^c \in A^*,$$

und aus (9.2.16) folgt mit $A_1 = A^c$ und $A_2 = B^c$ die Gleichheit
$\mu^*(M(A_1 \cup A_2)) = \mu^*(MA_1) + \mu^*(MA_2)\ \forall A_1,A_2 \in A^*$ mit $A_1A_2 = \emptyset\ \forall M \subset \Omega$. Wegen (9.2.18) folgt hieraus (Induktion) $\forall M \subset \Omega$

$$(9.2.19)\qquad \mu^*(\bigcup_{i=1}^{n} MA_i) = \sum_{i=1}^{n} \mu^*(MA_i)\quad \forall A_1,\ldots,A_n \in A^* \text{ mit } A_iA_j = \emptyset\ \forall i \neq j.$$

Nun sei $(A_i, i \in \mathbb{N})$ eine Folge von Elementen $A_i \in A^*$ mit $A_i \cap A_j = \emptyset$ $\forall i \neq j$. Mit den Bezeichnungen $B := \bigcup_{i=1}^{\infty} A_i$ und $B_n := \bigcup_{i=1}^{n} A_i \in A^*\ \forall n \in \mathbb{N}$ gilt dann $\forall M \subset \Omega\ \forall n \in \mathbb{N}$ wegen $MB_n^c \supset MB^c$ und (9.2.19) die Abschätzung
$\mu^*(M) = \mu^*(MB_n) + \mu^*(MB_n^c) \geq \sum_{i=1}^{n} \mu^*(MA_i) + \mu^*(MB^c)$, also wegen (9.2.12) $\forall M \subset \Omega$

$$(9.2.20)\qquad \mu^*(M) \geq \sum_{i=1}^{\infty} \mu^*(MA_i) + \mu^*(MB^c) \geq \mu^*(\bigcup_{i=1}^{\infty} MA_i) + \mu^*(MB^c)$$
$$= \mu^*(MB) + \mu^*(MB^c).$$

Da für alle $M \subset \Omega$ andererseits aus (9.2.12) die Abschätzung $\mu^*(M) = \mu^*(MB \cup MB^c) \leq \mu^*(MB) + \mu^*(MB^c)$ folgt, gilt in Formel (9.2.20) sogar überall Gleichheit, also $\bigcup_{i=1}^{\infty} A_i = B \in A^*$. Insgesamt ist damit A^* als $\cap$-stabiles Dynkin-System nachgewiesen. Aber auch die σ-Additivität von μ^* auf A^* wurde mitbewiesen, denn aus (9.2.20) mit Gleichheit folgt für $M = B = \bigcup_{i=1}^{\infty} A_i$ gerade

$$\mu^*(\bigcup_{i=1}^{\infty} A_i) = \sum_{i=1}^{\infty} \mu^*(A_i).$$

Ebene 4: Es gilt die Inklusion $R \subset A^*$, d.h. es gilt

(9.2.21) $\quad \mu^*(M) = \mu^*(MA) + \mu^*(MA^c) \quad \forall M \subset \Omega \quad \forall A \in R,$

denn für alle $M, A \subset \Omega$ gilt $\mu^*(M) \leq \mu^*(MA) + \mu^*(MA^c)$, während wir für $A \in R$ die umgekehrte Ungleichung in folgender Weise erhalten: Sei $(M_i, i \in \mathbb{N}) \in U(M)$ gegeben. Wegen $M_i, A \in R$ gilt dann $M_iA^c = M_i \setminus A \in R$ und wegen der $\cap$-Stabilität von Ringen auch $M_i \cap A \in R$ also (vgl. Ebene 2) $\nu(M_i) = \nu(M_iA) + \nu(M_iA^c) = \mu^*(M_iA) + \mu^*(M_iA^c) \quad \forall i \in \mathbb{N}$.

Wegen (9.2.12), (9.2.11) und $\bigcup_{i=1}^{\infty} M_iA \supset MA$, $\bigcup_{i=1}^{\infty} M_iA^c \supset MA^c$ folgt hieraus für jede Folge $(M_i, i \in \mathbb{N}) \in U(M)$ die Abschätzung

$$\sum_{i=1}^{\infty} \nu(M_i) = \sum_{i=1}^{\infty} (\mu^*(M_iA) + \mu^*(M_iA^c)) \geq \mu^*(\bigcup_{i=1}^{\infty} M_iA) + \mu^*(\bigcup_{i=1}^{\infty} M_iA^c)$$
$$\geq \mu^*(MA) + \mu^*(MA^c),$$

also nach Definition (9.2.13) die Ungleichung

$$\mu^*(M) \geq \mu^*(MA) + \mu^*(MA^c). \quad \square$$

Mit Hilfe des Fortsetzungssatzes 9.2.1 sind wir nun in der Lage, zu jeder maßdefinierenden Funktion $F : \mathbb{R} \to \mathbb{R}$ die *Existenz* eines Maßes μ_F über $(\mathbb{R}, \mathbb{B})$ mit der Eigenschaft (4.1.19) zu beweisen.

9.2.2 SATZ: *a) Das System R_1 der endlichen Intervallsummen*

(9.2.22) $\quad R_1 = \{\sum_{i=1}^{m} (a_i, b_i] : -\infty < a_i \leq b_i < \infty,\ i=1,\dots,m,$
$\qquad (a_i, b_i] \cap (a_j, b_j] = \emptyset \ \forall i \neq j, m \in \mathbb{N}\},$

ist ein <u>Ring über $\mathbb{R}$</u> mit $\sigma_{\mathbb{R}}(R_1) = \mathbb{B}$.

b) Zu jeder maßdefinierenden Funktion $F : \mathbb{R} \to \mathbb{R}$ gibt es ein <u>Prämaß μ über R_1</u> mit der Eigenschaft

(9.2.23) $\quad \mu(\sum_{i=1}^{m} (a_i, b_i]) = \sum_{i=1}^{m} (F(b_i) - F(a_i)) \quad \forall \sum_{i=1}^{m} (a_i, b_i] \in R_1.$

Also gibt es nach Satz 9.2.1 mindestens ein Maß μ_F über $(\mathbb{R}, \mathbb{B})$ mit der Eigenschaft $\mu_F((a,b]) = F(b) - F(a) \ \forall a \leq b$. Hiermit ist μ_F nach dem Eindeutigkeitssatz 4.1.8 auch eindeutig bestimmt.

<u>Beweis:</u> a) Es besteht ein enger Zusammenhang zwischen dem (bei der Erzeugung von $\mathbb{B}$ benutzten) Mengensystem $G_1 = \{(a,b] : a, b \in \mathbb{R}$ mit $a \leq b\}$ und dem Mengensystem R_1, denn jedes Element $A \in R_1$ hat eine Darstellung $A = \sum_{i=1}^{m} A_i$ mit geeignetem $m \in \mathbb{N}$ und geeigneten (paarweise

disjunkten) $A_i \in G_1$. Außerdem gelten die folgenden Beziehungen

(9.2.24) $\quad G_1 \subset R_1,\ \emptyset \in G_1,$

(9.2.25) $\quad A,B \in G_1 \Rightarrow A \cap B \in G_1,\ A \cup B \in R_1,\ AB^c \in R_1,$

(9.2.26) $\quad A \in R_1,\ B \in G_1 \Rightarrow A \cup B \in R_1,$

(9.2.27) $\quad A_1,\ldots,A_n \in G_1 \Rightarrow \bigcup_{i=1}^{n} A_i \in R_1.$

Der einfache Beweis von (9.2.24) und (9.2.25) sei dem Leser überlassen. Zum Nachweis von (9.2.26) wählen wir für $A \in R_1$ eine Darstellung $A = \sum_{i=1}^{m} A_i$ mit $A_i \in G_1$. Nach (9.2.25) folgt dann $A_iB^c \in R_1$ $\forall i$ und damit $A \cup B = B + AB^c = B + \Sigma A_iB^c \in R_1$, denn eine *endliche* disjunkte Vereinigung von Elementen aus R_1 ist wieder Element von R_1. Die Beziehung (9.2.27) folgt durch Induktion über $n \in \mathbb{N}$ direkt aus (9.2.24) bis (9.2.26).

Mit Hilfe der gerade bewiesenen Aussagen lassen sich nun für R_1 die drei Ring-Eigenschaften leicht überprüfen: Unmittelbar aus (9.2.24) folgt $\emptyset \in R_1$, also (9.2.1). Zum Nachweis der weiteren Eigenschaften seien $A,B \in R_1$ in der Darstellung

$A = \sum_{i=1}^{m} A_i, A_i \in G_1$ und $B = \sum_{j=1}^{n} B_j,\ B_j \in G_1$ gegeben.

Dann gilt wegen (9.2.27) zunächst $A \cup B \in R_1$, also (9.2.2). Weiter gilt wegen (9.2.25) die Eigenschaft $A \cap B = (\sum A_i) \cap (\sum B_j) = \sum\sum (A_i \cap B_j) \in R_1$, d.h. das System R_1 ist $\cap$-stabil. Hiermit und mit (9.2.25) folgt schließlich

$$A \setminus B = \sum_i A_i (\sum_j B_j)^c = \sum_i \bigcap_j A_i B_j^c \in R_1, \text{ also (9.2.3).}$$

Insgesamt haben wir gezeigt

(9.2.28) $\quad R_1$ ist ein Ring über $\mathbb{R}$ mit $G_1 \subset R_1$.

Wegen $R_1 \subset \mathbb{B}$ folgt auch $\mathbb{B} = \sigma_{\mathbb{R}}(G_1) \subset \sigma_{\mathbb{R}}(R_1) \subset \mathbb{B}$, also $\sigma_{\mathbb{R}}(R_1) = \mathbb{B}$.

Bemerkung: Offenbar ist R_1 der kleinste G_1 umfassende Ring, d.h. $R_1 = \{A \subset \mathbb{R} : A \in R\ \forall$ Ringe R über $\mathbb{R}$ mit $G_1 \subset R\}$.

b) Wir zeigen zunächst, daß durch (9.2.23) eine Abbildung $\mu: R_1 \to \mathbb{R}$ *wohldefiniert* ist: Für alle $m,n \in \mathbb{N}$ und alle Folgen $(A_i \in G_1,$

$i=1,\ldots,m)$, $(B_j \in G_1,\ j=1,\ldots,n)$ mit $A_iA_k = \emptyset\ \forall i \neq k$ bzw. $B_jB_\ell = \emptyset\ \forall j \neq \ell$ ist zu zeigen:

$$\sum_{i=1}^{m} A_i = \sum_{j=1}^{n} B_j \Rightarrow \sum_{i=1}^{m} \varphi(A_i) = \sum_{j=1}^{n} \varphi(B_j), \tag{9.2.29}$$

wobei $\varphi(A)$ für $A = (a,b] \in G_1$ durch $\varphi(A) := F(b)-F(a)$ definiert ist.

Dazu nehmen wir in einem *ersten Schritt* $m=1$ an, zeigen also

$$(a,b] = \sum_{j=1}^{n} (a_j,b_j] \Rightarrow F(b)-F(a) = \sum_{j=1}^{n} (F(b_j)-F(a_j)), \tag{9.2.30}$$

wobei o.B.d.A. $a = a_1 \leq b_1 = a_2 \leq b_2 = a_3 \leq \ldots \leq b_{n-1} = a_n \leq b_n = b$ gelte. Offenbar heben sich in der rechten Summe in (9.2.30) wechselweise alle Zwischenglieder auf, woraus schon die Implikation (9.2.30) folgt.

Mit Hilfe von (9.2.30) beweisen wir nun die Behauptung (9.2.29): Wegen $A_i \subset \sum_j B_j$ folgt $A_i = \sum_{j=1}^{n} A_iB_j$ und analog $B_j = \sum_{i=1}^{m} B_jA_i$. Wegen $A_iB_j \in G_1$ läßt sich auf diese Darstellungen die Formel (9.2.30) anwenden, d.h.

$$\sum_{i=1}^{m} \varphi(A_i) = \sum_{i=1}^{m} \Big(\sum_{j=1}^{n} \varphi(A_iB_j) \Big) = \sum_{j=1}^{n} \Big(\sum_{i=1}^{m} \varphi(A_iB_j) \Big) = \sum_{j=1}^{n} \varphi(B_j).$$

Damit ist (9.2.29) bewiesen.

Wir zeigen nun, daß die durch (9.2.23) definierte Abbildung $\mu: R_1 \to \mathbb{R}$ die drei Eigenschaften eines Prämaßes besitzt:

1) Wegen der Isotonie von F ist μ *nichtnegativ*.
2) Wegen $\emptyset = (a,a] \in R_1$ ist μ *nulltreu*.
3) Zum Nachweis der σ-Additivität von μ auf R_1 stellen wir zunächst die *endliche Additivität* von μ auf R_1 fest,

$$\mu\Big(\sum_{i=1}^{n} A_i\Big) = \sum_{i=1}^{n} \mu(A_i), \text{ falls } A_i \in R_1 \text{ mit } A_iA_j = \emptyset\ \forall i \neq j, \tag{9.2.31}$$

denn mit der Darstellung $A_i = \sum_{j=1}^{m_i} (a_{ij},b_{ij}]$ gilt

$$\mu\Big(\sum_{i=1}^{n} A_i\Big) = \mu\Big(\sum_{i=1}^{n} \sum_{j=1}^{m_i} (a_{ij},b_{ij}]\Big) = \sum_{i=1}^{n} \sum_{j=1}^{m_i} (F(b_{ij})-F(a_{ij})) = \sum_{i=1}^{n} \mu(A_i).$$

Nun sei eine Folge $(A_i \in R_1, i \in \mathbb{N})$ mit $A_iA_j = \emptyset\ \forall i \neq j$ und $A := \sum_{i=1}^{\infty} A_i \in R_1$ gegeben. Dann gibt es Darstellungen

$$A = \sum_{j=1}^{m} B_j \text{ und } A_i = \sum_{k=1}^{m_i} A_{ik} \text{ mit } B_j, A_{ik} \in G_1.$$

Hieraus folgt für alle $j=1,\ldots,m$ die Darstellung

$$B_j = B_j A = \sum_{i=1}^{\infty} B_j A_i = \sum_{i=1}^{\infty} \sum_{k=1}^{m_i} B_j A_{ik} \text{ mit } B_j A_{ik} \in G_1.$$

Für solche Darstellungen wird unten die Gleichheit

$$(9.2.32) \qquad \mu(B_j) = \sum_{i=1}^{\infty} \sum_{k=1}^{m_i} \mu(B_j A_{ik})$$

gezeigt. Wegen der endlichen Additivität (9.2.31) folgt hieraus

$$\mu\Big(\sum_{i=1}^{\infty} A_i\Big) = \mu(A) = \mu\Big(\sum_{j=1}^{m} B_j\Big) = \sum_{j=1}^{m} \mu(B_j)$$

$$= \sum_{j=1}^{m} \sum_{i=1}^{\infty} \sum_{k=1}^{m_i} \mu(B_j A_{ik}) = \sum_{i=1}^{\infty} \sum_{j=1}^{m} \mu(B_j A_i) = \sum_{i=1}^{\infty} \mu(A_i),$$

also die σ-*Additivität* von μ auf R_1.

Zum Nachweis von (9.2.32) haben wir zu zeigen:

$$(9.2.33) \qquad (a,b] = \sum_{i=1}^{\infty} (a_i,b_i] \Rightarrow \mu((a,b]) = \sum_{i=1}^{\infty} \mu((a_i,b_i]).$$

Die Schwierigkeit für einen Beweis besteht darin, daß sich das Intervall $(a,b]$ auf sehr komplizierte Weise aus den Intervallen $(a_i,b_i]$ zusammensetzen kann, z.B. können die Endpunkte der Intervalle Häufungspunkte im Innern von $(a,b]$ besitzen.

Da für $a=b$ die Implikation (9.2.33) offensichtlich richtig ist, können wir o.B.d.A. die Annahme $a<b$ machen. Aus den oben schon bewiesenen Eigenschaften von μ (nicht-negativ, nulltreu und endlich additiv) erhalten wir zunächst die Ungleichung

$$\mu((a,b]) = \mu\Big(\sum_{i=1}^{\infty} (a_i,b_i]\Big) \geq \lim_{n\to\infty} \mu\Big(\sum_{i=1}^{n} (a_i,b_i]\Big) = \lim_{n\to\infty} \sum_{i=1}^{n} \mu((a_i,b_i])$$

$$= \sum_{i=1}^{\infty} \mu((a_i,b_i]).$$

Zum Nachweis der umgekehrten Ungleichung sei $\varepsilon > 0$ gegeben und $\rho \in (0,b-a)$ so gewählt, daß gilt

$$0 \leq \mu((a,b]) - \mu((a+\rho,b]) = F(a+\rho) - F(a) \leq \varepsilon$$

(Dies ist wegen der rechtsseitigen Stetigkeit von F möglich.) Entsprechend wählen wir für $i \in \mathbb{N}$ Zahlen $\rho_i > 0$ mit

$$0 \leq \mu((a_i,b_i+\rho_i]) - \mu((a_i,b_i]) = F(b_i+\rho_i) - F(b_i) \leq \varepsilon/2^i .$$

Da die Intervalle $(a_i,b_i+\rho_i)$, $i \in \mathbb{N}$, eine *offene Überdeckung* des kompakten Intervalls $[a+\rho,b]$ bilden, kann $[a+\rho,b]$ nach Heine-Borel schon von endlich vielen der Intervalle $(a_i,b_i+\rho_i)$ überdeckt werden. Also gibt es ein $m \in \mathbb{N}$ mit der Eigenschaft

$$(a+\rho,b] \subset [a+\rho,b] \subset \bigcup_{i=1}^{m} (a_i,b_i+\rho_i) \subset \bigcup_{i=1}^{m} (a_i,b_i+\rho_i].$$

Da μ offenbar auch isoton und subadditiv ist, folgt nun

$$\mu((a,b]) \leq \varepsilon+\mu((a+\rho,b]) \leq \varepsilon+\mu(\bigcup_{i=1}^{m} (a_i,b_i+\rho_i]) \leq \varepsilon +$$

$$\sum_{i=1}^{m} \mu((a_i,b_i+\rho_i]) \leq \varepsilon + \sum_{i=1}^{m} \{\varepsilon/2^i + \mu((a_i,b_i])\} \leq 2\varepsilon + \sum_{i=1}^{\infty} \mu((a_i,b_i]).$$

Weil $\varepsilon > 0$ beliebig vorgegeben wurde, ist auch die umgekehrte Ungleichung [und damit die Behauptung (9.2.33)] bewiesen. □

9.2.3 SATZ: *Gegeben sei $k \in \mathbb{N}$. Mit der Bezeichnung $(\underset{\sim}{a},\underset{\sim}{b}] = \mathop{X}_{j=1}^{k} (a_j,b_j]$ für $\underset{\sim}{a} = (a_1,\ldots,a_k) \in \mathbb{R}^k$, $\underset{\sim}{b} = (b_1,\ldots,b_k) \in \mathbb{R}^k$ mit $\underset{\sim}{a} \leq \underset{\sim}{b}$, d.h. mit $a_j \leq b_j$ $\forall j=1,\ldots,k$, gilt:*

a) Das System R_k der endlichen "Intervallsummen"

$$(9.2.34) \qquad R_k = \{ \sum_{i=1}^{m} (\underset{\sim}{a}_i,\underset{\sim}{b}_i] : (\underset{\sim}{a}_i,\underset{\sim}{b}_i] \cap (\underset{\sim}{a}_j,\underset{\sim}{b}_j] = \emptyset \ \forall i \neq j, m \in \mathbb{N}\}$$

ist ein <u>Ring über $\mathbb{R}^k$</u> mit $\sigma_{\mathbb{R}^k}(R_k) = \mathbb{B}^k$.

b) Zu jeder maßdefinierenden Funktion F über $\mathbb{R}^k$ gibt es genau ein <u>Prämaß μ über R_k</u> mit der Eigenschaft

$$(9.2.35) \qquad \mu(\sum_{i=1}^{m} (\underset{\sim}{a}_i,\underset{\sim}{b}_i]) = \sum_{i=1}^{m} \Delta_{\underset{\sim}{a}_i}^{\underset{\sim}{b}_i} F \quad \forall \sum_{i=1}^{m} (\underset{\sim}{a}_i,\underset{\sim}{b}_i] \in R_k.$$

Also gibt es nach Satz 9.2.1 und dem Eindeutigkeitssatz genau ein Maß μ_F über $(\mathbb{R}^k,\mathbb{B}^k)$ mit der Eigenschaft (9.2.35) bzw. der Eigenschaft

$$(9.2.36) \qquad \mu_F((\underset{\sim}{a},\underset{\sim}{b}]) = \Delta_{\underset{\sim}{a}}^{\underset{\sim}{b}} F \quad \forall \underset{\sim}{a},\underset{\sim}{b} \in \mathbb{R}^k \text{ mit } \underset{\sim}{a} \leq \underset{\sim}{b}.$$

<u>*Beweis:*</u> Der formale Beweisablauf ist völlig analog zum Beweis von Satz 9.2.2. An die Stelle des Systems G_1 tritt das in Formel (4.3.1) definierte System

$$G_k = \{(\underset{\sim}{a},\underset{\sim}{b}] : \underset{\sim}{a},\underset{\sim}{b} \in \mathbb{R}^k \text{ mit } \underset{\sim}{a} \leq \underset{\sim}{b}\}$$

und an die Stelle der Monotonie von F tritt die Δ-Monotonie. □

9.3 KOPPELUNG VON EXPERIMENTEN

In Satz 5.3.5 haben wir allgemeine n-stufige Experimente durch Koppelung eines W-Maßes P_1^o mit geeigneten ÜW $P_2^1,\ldots,P_n^{n-1}$ modelliert. Hierbei wurden einige bisher nicht bewiesene Meßbarkeitsaussagen (vgl. Lemma 5.3.3) benutzt. In diesem Abschnitt werden wir daher zunächst die noch fehlenden Beweise nachtragen. Anschließend werden wir dann die Koppelung von abzählbar unendlich vielen Experimenten modellieren und dabei insbesondere auch die Existenz von (abzählbar) unendlich vielen stochastisch unabhängigen ZV mit vorgegebenen Verteilungen sicherstellen, vgl. Bemerkung 5.3.10.

9.3.1 LEMMA *(vgl. Lemma 5.3.3): Gegeben seien zwei Meßräume $(\Omega_1,A_1),(\Omega_2,A_2)$, eine nichtnegative $(A_1\otimes A_2)$-meßbare Funktion $f:\Omega_1\times\Omega_2\to\overline{\mathbb{R}}$ und eine ÜW P_2^1 von (Ω_1,A_1) nach (Ω_2,A_2) bzw. ein σ-endliches Maß μ über (Ω_2,A_2).*

a) Für alle $\omega_1\in\Omega_1$ ist $f(\omega_1,\cdot):\Omega_2\to\overline{\mathbb{R}}$ eine A_2-meßbare nichtnegative Funktion.

b) Die Funktionen $g:\Omega_1\to\overline{\mathbb{R}}$ bzw. $h:\Omega_1\to\overline{\mathbb{R}}$ gemäß

$$g(\omega_1)=\int P_2^1(\omega_1;d\omega_2)f(\omega_1,\omega_2),\quad \omega_1\in\Omega_1,$$
$$h(\omega_1)=\int \mu(d\omega_2)f(\omega_1,\omega_2),\quad \omega_1\in\Omega_1, \tag{9.3.1}$$

sind A_1-meßbar mit $g\geq 0$ bzw. $h\geq 0$.

<u>*Beweis:*</u> a) Siehe Aufgabe 5.3.2 und Aufgabe 5.3.3.

b) Bei festem $\omega_1\in\Omega_1$ ist $f(\omega_1,\cdot)$ nach Teil a) eine A_2-meßbare nichtnegative Funktion, so daß die Integrale in (9.3.1) wohldefiniert und nichtnegativ sind. Wegen der σ-Endlichkeit von μ gibt es paarweise disjunkte Ereignisse $E_1,E_2,\ldots\in A_2$ mit $\mu(E_i)<\infty$ $\forall i\in\mathbb{N}$ und $\Omega_2=\sum_{i=1}^{\infty}E_i$. Hieraus folgt $\forall\omega_1\in\Omega_1$ die Darstellung

$$h(\omega_1)=\sum_{i=1}^{\infty}\int\mu(d\omega_2)1_{E_i}(\omega_2)f(\omega_1,\omega_2)=\sum_{i=1}^{\infty}\int\mu_i(d\omega_2)f(\omega_1,\omega_2)$$

mit den <u>endlichen</u> Maßen $\mu_i(B)=\mu(BE_i)$, $B\in A_2$. Daher (vgl. Satz 5.2.7) können wir im Beweis o.B.d.A. das Maß μ als endlich annehmen. Da im nachfolgenden Beweis nur die Endlichkeit von $P_2^1(\omega_1,\cdot)$, nicht aber die Normiertheit benutzt wird, kann μ hier sogar als Spezialfall von P_2^1 angesehen werden.

Ebene 1: Für den Spezialfall $f=1_A$ mit $A \in \mathcal{A}_1 \otimes \mathcal{A}_2$ zeigen wir in Ebene 2 die $\mathcal{A}_1$-Meßbarkeit von

(9.3.2) $\quad g_A(\omega_1) = \int P_2^1(\omega_1;d\omega_2)1_A(\omega_1,\omega_2), \quad \omega_1 \in \Omega_1.$

Wegen der Linearität des Integrals folgt hieraus die $\mathcal{A}_1$-Meßbarkeit von g für primitive Funktionen f. Schließlich gibt es im allgemeinen Fall $f \geq 0$ eine isotone Folge primitiver Funktionen f_n mit $\lim f_n = f$. Also gilt $\forall \omega_1 \in \Omega_1$ nach dem Satz von der monotonen Konvergenz $g(\omega_1) = \int P_2^1(\omega_1;d\omega_2)f(\omega_1,\omega_2) = \lim \int P_2^1(\omega_1;d\omega_2)f_n(\omega_1,\omega_2)$. Hieraus folgt insbesondere die $\mathcal{A}_1$-Meßbarkeit von g.

Ebene 2: Wir definieren das Mengensystem

$$\mathcal{D} := \{A \in \mathcal{A}_1 \otimes \mathcal{A}_2 : g_A \text{ gemäß (9.3.2) ist } \mathcal{A}_1\text{-meßbar}\}$$

und zeigen in Ebene 3, daß $\mathcal{D}$ ein Dynkin-System über $\Omega_1 \times \Omega_2$ ist. Weiter gilt für $A_1 \in \mathcal{A}_1$, $A_2 \in \mathcal{A}_2$ die Darstellung $g_{A_1 \times A_2}(\omega_1) = 1_{A_1}(\omega_1)P_2^1(\omega_1;A_2)$, d.h. das Dynkin-System $\mathcal{D}$ umfaßt den Erzeuger $\mathcal{E} = \{A_1 \times A_2 : A_1 \in \mathcal{A}_1, A_2 \in \mathcal{A}_2\}$ von $\mathcal{A}_1 \otimes \mathcal{A}_2$. Da $\mathcal{E}$ außerdem $\cap$-stabil ist, folgt hieraus

$$\mathcal{A}_1 \otimes \mathcal{A}_2 = \sigma_{\Omega_1 \times \Omega_2}(\mathcal{E}) = \delta_{\Omega_1 \times \Omega_2}(\mathcal{E}) \subset \mathcal{D} \subset \mathcal{A}_1 \otimes \mathcal{A}_2.$$

Also ist für alle $A \in \mathcal{A}_1 \otimes \mathcal{A}_2$ die $\mathcal{A}_1$-Meßbarkeit von g_A gezeigt.

Ebene 3: Das in Ebene 2 definierte System $\mathcal{D}$ ist ein Dynkin-System über $\Omega_1 \times \Omega_2$, denn es gilt:

1) Wegen $g_{\Omega_1 \times \Omega_2}(\omega_1) = P_2^1(\omega_1;\Omega_2)$ folgt $\Omega_1 \times \Omega_2 \in \mathcal{D}$.

2) Für $A,B \in \mathcal{D}$ mit $A \subset B$ gilt $\forall \omega_1 \in \Omega_1$ die Gleichheit
$g_{B \setminus A}(\omega_1) = \int P_2^1(\omega_1;d\omega_2)(1_B(\omega_1,\omega_2) - 1_A(\omega_1,\omega_2)) = g_B(\omega_1) - g_A(\omega_1)$,
also auch $B \setminus A \in \mathcal{D}$.

3) Für paarweise disjunkte Elemente $A_1, A_2, \ldots \in \mathcal{D}$ gilt $\forall \omega_1 \in \Omega_1$ die Gleichheit

$$g_{\sum_{i=1}^{\infty} A_i}(\omega_1) = \int P_2^1(\omega_1;d\omega_2)1_{\sum_{i=1}^{\infty} A_i}(\omega_1,\omega_2) = \sum_{i=1}^{\infty} g_{A_i}(\omega_1),$$

also auch $\sum_{i=1}^{\infty} A_i \in \mathcal{D}$. □

Bei der Modellierung von Zufallsexperimenten ist es gelegentlich erforderlich mit unendlich vielen stochastisch unabhängigen ZV mit vorgegebenen Verteilungen zu arbeiten, vgl. Beispiel 1.5.7 und Bemerkungen 2.3.4 und 5.3.10. Daher wollen wir nun zeigen, daß eine solche Modellierung tatsächlich möglich ist. Um (allgemeiner) auch vorgegebene Abhängigkeiten zwischen den ZV modellieren zu können, werden wir den allgemeinen Fall der *Koppelung abzählbar unendlich vieler Experimente* diskutieren.

9.3.2 DEFINITION: *Gegeben seien die Meßräume $(X_i, \mathcal{B}_i)$, $i \in \mathbb{N}$. Dann wird die sog. Produkt σ-Algebra $\bigotimes_{i=1}^{\infty} \mathcal{B}_i$ über dem (unendlichen) Produktraum $X := \times_{i=1}^{\infty} X_i$ definiert durch*

$$(9.3.3) \qquad \mathcal{B} := \bigotimes_{i=1}^{\infty} \mathcal{B}_i := \sigma_X(\mathcal{E}_\infty) \text{ mit } \mathcal{E}_\infty := \{ \times_{i=1}^{\infty} B_i : B_i \in \mathcal{B}_i \forall i \}.$$

Bemerkung: Für alle $n \in \mathbb{N}$ gilt die Inklusion

$$(9.3.4) \qquad \mathcal{E}_n := \{ \times_{i=1}^{n} B_i \times \times_{j=n+1}^{\infty} X_j : B_i \in \mathcal{B}_i \ \forall i=1,\dots,n\} \subset \mathcal{E}_\infty .$$

Da andererseits auch die Inklusion $\mathcal{E}_\infty \subset \sigma_X(\bigcup_{n=1}^{\infty} \mathcal{E}_n)$ gilt, folgt die für unsere Zwecke günstigere Darstellung

$$(9.3.5) \qquad \mathcal{B} = \bigotimes_{i=1}^{\infty} \mathcal{B}_i = \sigma_X(\mathcal{E}) \text{ für } \mathcal{E} := \bigcup_{n=1}^{\infty} \mathcal{E}_n .$$

Das folgende Lemma stellt fest, daß ein W-Maß P über dem oben definierten Meßraum $(X, \mathcal{B})$ schon vollständig durch seine Werte über den $\mathcal{E}_n$, $n \in \mathbb{N}$, bestimmt ist.

9.3.3 LEMMA: *P_1 und P_2 seien W-Maße über dem oben definierten Meßraum $(X, \mathcal{B})$ mit der Eigenschaft*

$$(9.3.6) \qquad P_1(E) = P_2(E) \ \forall E \in \mathcal{E}_n \ \forall n \in \mathbb{N}.$$

Dann gilt $P_1 = P_2$.

Beweis: Wegen $\mathcal{E}_1 \subset \mathcal{E}_2 \subset \mathcal{E}_3 \subset \dots$ und der ∩-Stabilität von $\mathcal{E}_n$ $\forall n$ ist der Erzeuger $\mathcal{E} = \bigcup_{n=1}^{\infty} \mathcal{E}_n$ von $\mathcal{B}$ ein ∩-stabiles System mit $X \in \mathcal{E}$. Daher folgt die Behauptung mit dem Eindeutigkeitssatz. □

9.3.4 SATZ *(C. Ionescu-Tulcea): P_1^o sei ein W-Maß über $(X_1,\mathcal{B}_1)$. Weiter sei für jedes $n\in\mathbb{N}$ eine ÜW P_{n+1}^n von $(\mathop{X}\limits_{i=1}^{n} X_i, \bigotimes\limits_{i=1}^{n}\mathcal{B}_i)$ nach $(X_{n+1},\mathcal{B}_{n+1})$ gegeben. Dann gibt es genau ein W-Maß P über $(X,\mathcal{B}) = (\mathop{X}\limits_{i=1}^{\infty} X_i, \bigotimes\limits_{i=1}^{\infty}\mathcal{B}_i)$ mit der Eigenschaft*

$$(9.3.7)\qquad P(\mathop{X}\limits_{i=1}^{n} B_i \times \mathop{X}\limits_{j=n+1}^{\infty} X_j) = (\bigotimes_{i=1}^{n} P_i^{i-1})(\mathop{X}\limits_{i=1}^{n} B_i)\ \forall B_i\in\mathcal{B}_i,\ i=1,\dots,n,\ \forall n\in\mathbb{N}.$$

P heißt Koppelung von $(P_n^{n-1}, n\in\mathbb{N})$ und wird mit $\bigotimes\limits_{i=1}^{\infty} P_i^{i-1}$ bezeichnet. Im Falle unabhängiger Koppelung, d.h. für jedes $n\in\mathbb{N}$ gilt $P_n^{n-1} = P_n$ = W-Maß über $(X_n,\mathcal{B}_n)$, heißt $P = \bigotimes\limits_{i=1}^{\infty} P_i$ das Produktmaß der P_i, $i\in\mathbb{N}$.

Beweis: Existieren zwei W-Maße P_1 und P_2 über $(X,\mathcal{B})$ mit der Eigenschaft (9.3.7), so folgt mit den Bezeichnungen von Lemma 9.3.3 die Gleichheit (9.3.6), also $P_1=P_2$. Somit ist nur noch die *Existenz von P zu zeigen:*

Ebene 1: Für $n\in\mathbb{N}$ und $\mathcal{E}_n$ gemäß (9.3.4) definieren wir $Q_n:\mathcal{E}_n\to\mathbb{R}$ durch

$$(9.3.8)\qquad Q_n(\mathop{X}\limits_{i=1}^{n} B_i \times \mathop{X}\limits_{j=n+1}^{\infty} X_j) = (\bigotimes_{i=1}^{n} P_i^{i-1})(\mathop{X}\limits_{i=1}^{n} B_i),\ B_i\in\mathcal{B}_i\ \forall i$$

und setzen $\mathcal{A}_n := \sigma_X(\mathcal{E}_n)$, $\mathcal{A} := \bigcup\limits_{n=1}^{\infty}\mathcal{A}_n$. Wegen (9.3.5) gilt dann $\mathcal{E}\subset\mathcal{A}\subset\mathcal{B}$, also $\mathcal{B}=\sigma_X(\mathcal{A})$. Außerdem ist $\mathcal{A}$ ein Ring über X, s. *Ebene 2.* Schließlich konstruieren wir in *Ebene 3* ein Prämaß Q über dem Ring $\mathcal{A}$ mit der Eigenschaft

$$(9.3.9)\qquad Q(E_n) = Q_n(E_n)\ \forall E_n\in\mathcal{E}_n\ \forall n\in\mathbb{N}.$$

Nach dem Fortsetzungssatz 9.2.1 gibt es daher ein Maß P über $\sigma_X(\mathcal{A})=\mathcal{B}$ mit $P(A)=Q(A)\ \forall A\in\mathcal{A}$. Wegen (9.3.8) und (9.3.9) besitzt P insbesondere die Eigenschaft (9.3.7), und wegen $X\in\mathcal{E}_n$ ist P ein *normiertes* Maß, $P(X)=Q_n(A)=1$. Damit wäre Satz 9.3.4 bewiesen.

Ebene 2: $\mathcal{A}=\mathcal{A}_1\cup\mathcal{A}_2\cup\dots$ ist ein Ring über X, denn wegen $\mathcal{E}_1\subset\mathcal{E}_2\subset\mathcal{E}_3\subset\dots$ gilt für die *σ-Algebren* $\mathcal{A}_n=\sigma_X(\mathcal{E}_n)$ über X die Inklusion $\mathcal{A}_1\subset\mathcal{A}_2\subset\mathcal{A}_3\subset\cdots$. Hieraus folgen für $\mathcal{A}$ sofort die drei Ring-Eigenschaften.

Zwischenbemerkung: Wegen $\mathcal{E}_1\subset\mathcal{E}_2\subset\dots$ können wir höchstens dann die Existenz eines Prämaßes Q über dem Ring $\mathcal{A}$ *mit der Eigenschaft (9.3.9)* erwarten, wenn für jedes n die Abbildung Q_{n+1} eine Fortsetzung der Abbildung Q_n auf $\mathcal{E}_{n+1} \supset \mathcal{E}_n$ ist. Wegen

$$(9.3.10) \qquad (\bigotimes_{i=1}^{n+1} P_i^{i-1})(B \times X_{n+1}) = (\bigotimes_{i=1}^{n} P_i^{i-1})(B) \quad \forall B \in \bigotimes_{i=1}^{n} \mathcal{B}_i$$

ist dies auch tatsächlich der Fall. Daher ist es naheliegend, zunächst für jedes n die Abbildung $Q_n:\mathcal{E}_n \to \mathbb{R}$ so zu einem Maß $\tilde{Q}_n$ über $\mathcal{A}_n = \sigma_X(\mathcal{E}_n)$ zu erweitern, daß auch $\tilde{Q}_{n+1}$ eine Fortsetzung von $\tilde{Q}_n$ auf $\mathcal{A}_{n+1} \supset \mathcal{A}_n$ ist. *Wenn dies möglich ist*, dann ist offenbar durch

$$(9.3.11) \qquad Q(A_n) = \tilde{Q}_n(A_n) \quad \forall A_n \in \mathcal{A}_n \quad \forall n \in \mathbb{N}$$

eine Abbildung $Q:\mathcal{A} \to \mathbb{R}$ *wohldefiniert*. Diese Abbildung besitzt nach Konstruktion die Eigenschaft (9.3.9), und wir können vermuten, daß Q auch die Eigenschaften eines Prämaßes besitzt.

Ebene 3: Zur Konstruktion eines Prämaßes Q über dem Ring $\mathcal{A}$ mit der Eigenschaft (9.3.9) stellen wir fest, vgl. Aufg. 9.3.1:

$$(9.3.12) \qquad \mathcal{A}_n = \sigma_X(\mathcal{E}_n) = \{B \times \mathop{\times}_{j=n+1}^{\infty} X_j : B \in \bigotimes_{i=1}^{n} \mathcal{B}_i\}, \quad n \in \mathbb{N}.$$

Also wird Q_n durch die Setzung

$$(9.3.13) \qquad \tilde{Q}_n(B \times \mathop{\times}_{j=n+1}^{\infty} X_j) := (\bigotimes_{i=1}^{n} P_i^{i-1})(B) \quad \forall B \in \bigotimes_{i=1}^{n} \mathcal{B}_i$$

zu einem W-Maß $\tilde{Q}_n$ über $\mathcal{A}_n \supset \mathcal{E}_n$ fortgesetzt. (Da $\mathcal{E}_n$ ein $\cap$-stabiler Erzeuger von $\mathcal{A}_n$ mit $X \in \mathcal{E}_n$ ist, ist $\tilde{Q}_n$ sogar die einzig mögliche Fortsetzung von Q_n zu einem Maß auf $\mathcal{A}_n$.) Wegen (9.3.10) ist $\tilde{Q}_{n+1}$ eine Fortsetzung von $\tilde{Q}_n$ auf $\mathcal{A}_{n+1} \supset \mathcal{A}_n$, so daß eine Abbildung $Q:\mathcal{A} \to \mathbb{R}$ durch (9.3.11) wohldefiniert ist und die Eigenschaft (9.3.9) besitzt.

Es bleibt zu zeigen, daß Q über dem Ring $\mathcal{A}$ die drei Eigenschaften eines Prämaßes besitzt: Nach Definition ist Q *nichtnegativ* und *nulltreu*. Weiter gibt es zu $A,B \in \mathcal{A}$ wegen $\mathcal{A}_1 \subset \mathcal{A}_2 \subset \ldots$ ein $n \in \mathbb{N}$ mit $A \in \mathcal{A}_n$ *und* $B \in \mathcal{A}_n$. Wegen (9.3.11) und der Additivität von $\tilde{Q}_n$ über $\mathcal{A}_n$ folgt die Additivität von Q und durch Induktion die *endliche Additivität* von Q über $\mathcal{A}$. Zum *Nachweis der σ-Additivität* von Q über $\mathcal{A}$ ist daher nur noch die *∅-Stetigkeit* von Q über $\mathcal{A}$ zu zeigen, d.h. für jede Folge $(A_i \in \mathcal{A}, i \in \mathbb{N})$ mit der Eigenschaft $A_1 \supset A_2 \supset \ldots$ ist zu zeigen:

$$(9.3.14) \qquad \bigcap_{i=1}^{\infty} A_i = \emptyset \Rightarrow \lim_{i\to\infty} Q(A_i) = 0.$$

Zum abschließenden Nachweis von (9.3.14) sei eine Folge $A_1 \supset A_2 \supset \ldots$ aus $\mathcal{A}$ vorgegeben. Zu jedem i gibt es dann ein n_i mit $A_i \in \mathcal{A}_{n_i}$, wobei wir wegen $\mathcal{A}_1 \subset \mathcal{A}_2 \subset \ldots$ o.B.d.A. die Annahme $1 < n_1 < n_2 < \ldots$ machen dürfen. Durch Umindizierung ($i \leftrightarrow n_i$) erhalten wir die Folge $A_{n_1} \supset A_{n_2} \supset \ldots$ mit $A_{n_i} \in \mathcal{A}_{n_i}$. Wegen (9.3.11) und $\mathcal{A}_1 \subset \mathcal{A}_2 \subset \ldots$ können wir für den Nachweis von (9.3.14) die Folge o.B.d.A. auffüllen gemäß $A_1 = \ldots = A_{n_1-1} = \mathcal{X}$, $A_{n_i} = \ldots = A_{n_{i+1}-1}$ $\forall i$, d.h. wir können o.B.d.A. Folgen $A_1 \supset A_2 \supset \ldots$ voraussetzen mit $A_n \in \mathcal{A}_n$ $\forall n \in \mathbb{N}$. Für jedes n liefert (9.3.12) dann eine Darstellung

$$A_n = A_n' \times \mathop{\times}_{j=n+1}^{\infty} \mathcal{X}_j \text{ mit } A_n' \in \bigotimes_{i=1}^{n} \mathcal{B}_i,$$

und wegen $1 \geq Q(A_n) = \tilde{Q}_{n+1}(A_n) \geq \tilde{Q}_{n+1}(A_{n+1}) = Q(A_{n+1}) \geq 0$ existiert $q := \lim_{n\to\infty} Q(A_n) \in [0,1]$.

Zum Nachweis von (9.3.14) nehmen wir $q > 0$ an und folgern $\bigcap_{n=1}^{\infty} A_n \neq \emptyset$: Für $n \geq 2$ setzen wir $f_n^n := 1_{A_n'}$, und für $k=1,\ldots n-1$ definieren f_n^k rekursiv durch

$$f_n^k(x_1,\ldots,x_k) = \int P_{k+1}^k(x_1,\ldots,x_k;dx_{k+1}) f_n^{k+1}(x_1,\ldots,x_{k+1}).$$

Wegen

$$Q(A_n) = \tilde{Q}_n(A_n) = \Big(\bigotimes_{i=1}^{n} P_i^{i-1}\Big)(A_n')$$

$$= \int P_1^0(dx_1) \int P_2^1(x_1;dx_2) \cdots \int P_n^{n-1}(x_1,\ldots,x_{n-1};dx_n) 1_{A_n'}(x_1,\ldots,x_n)$$

gilt dann einerseits

$$(9.3.15) \qquad 0 < q = \lim_{n\to\infty} Q(A_n) = \lim_{n\to\infty} \int P_1^0(dx_1) f_n^1(x_1),$$

andererseits gilt wegen $A_{n+1} \subset A_n$ bzw. $A_{n+1}' \subset A_n' \times \mathcal{X}_{n+1}$ die Abschätzung

$$0 \leq f_{n+1}^n(x_1,\ldots,x_n) \leq \int P_{n+1}^n(x_1,\ldots,x_n;dx_{n+1}) 1_{A_n' \times \mathcal{X}_{n+1}}(x_1,\ldots,x_{n+1})$$
$$= f_n^n(x_1,\ldots,x_n) \leq 1,$$

also durch Rekursion

$$(9.3.16) \qquad 0 \leq f_{n+1}^k \leq f_n^k \leq 1 \quad \forall k=1,\ldots,n.$$

Hieraus folgt nach dem Satz von der monotonen Konvergenz für jedes $k \in \mathbb{N}$ die Aussage

$$\begin{aligned}
0 \leq f^k(x_1,\ldots,x_k) &:= \lim_{n\to\infty} f_n^k(x_1,\ldots,x_k) \\
&= \lim_{n\to\infty} \int P_{k+1}^k(x_1,\ldots x_k;dx_{k+1}) f_n^{k+1}(x_1,\ldots,x_{k+1}) \\
&= \int P_{k+1}^k(x_1,\ldots,x_k;dx_{k+1}) \lim_{n\to\infty} f_n^{k+1}(x_1,\ldots,x_{k+1}) \\
&= \int P_{k+1}^k(x_1,\ldots,x_k;dx_{k+1}) f^{k+1}(x_1,\ldots,x_{k+1}) \leq 1
\end{aligned}$$

und wegen (9.3.15) außerdem

$$0 < q = \int P_1^o(dx_1) \lim_{n\to\infty} f_n^1(x_1) = \int P_1^o(dx_1) f^1(x_1).$$

Also gibt es ein $x_1 \in X_1$ mit

$$0 < f^1(x_1) = \int P_2^1(x_1;dx_2) f^2(x_1,x_2).$$

Durch Induktion über $k \in \mathbb{N}$ erhalten wir die Existenz einer Folge $(x_i \in X, i \in \mathbb{N})$ mit $f^k(x_1,\ldots,x_k) > 0 \;\forall k$, d.h. [wegen (9.3.16)]

$$1_{A_k'}(x_1,\ldots,x_k) = f_k^k(x_1,\ldots,x_k) \geq f^k(x_1,\ldots,x_k) > 0 \;\forall k \in \mathbb{N}.$$

Dies bedeutet $x := (x_1,x_2,x_3,\ldots) \in A_n' \times \mathop{\times}\limits_{j=n+1}^{\infty} X_j = A_n \;\forall n \in \mathbb{N}$ bzw. $x \in \bigcap\limits_{n=1}^{\infty} A_n$, also $\bigcap\limits_{n=1}^{\infty} A_n \neq \emptyset$. □

9.4 Verteilungskonvergenz und zentraler Grenzwertsatz

In Abschnitt 3.2 haben wir den zentralen Grenzwertsatz von de Moivre-Laplace zur approximativen Berechnung eines Konfidenzintervalls für eine unbekannte Erfolgswahrsch. benutzt. Für den Beweis haben wir auf den allgemeineren zentralen Grenzwertsatz von Lindeberg-Lévy (Satz 7.2.3) verwiesen, der in Abschnitt 7.2 zur Herleitung von approximativen Konfidenzintervallen für einen unbekannten E-Wert verwendet wurde. In diesem Abschnitt wollen wir den Begriff der Verteilungskonvergenz für W-Maße über $(\mathbb{R},\mathbb{B})$ bereitstellen und mit diesem Hilfsmittel insbesondere den zentralen Grenzwertsatz von Lindeberg-Lévy beweisen.

9.4.1 DEFINITION: *P und P_n, $n \in \mathbb{N}$, seien W-Maße über $(\mathbb{R},\mathbb{B})$ mit zugehörigen Verteilungsfunktionen F bzw. F_n. Gilt die Aussage*

(9.4.1) $$\lim_{n\to\infty} F_n(x) = F(x) \quad \forall x \in C(F) := \{y \in \mathbb{R}: F \text{ stetig im Punkt } y\},$$

so heißt die Folge P_n, $n \geq 1$, verteilungskonvergent gegen P, kurz: $P_n \xrightarrow{L} P$ oder $F_n \xrightarrow{L} F$. Eine Folge X_n, $n \geq 1$, von reellwertigen ZV heißt verteilungskonvergent gegen die reellwertige ZV X, wenn gilt $L(X_n) \xrightarrow{L} L(X)$. Hierfür schreiben wir auch kurz $X_n \xrightarrow{L} X$.

Das *L* steht für den englischsprachigen Ausdruck "Law", der in diesem Zusammenhang mit "Verteilungsgesetz" zu übersetzen wäre. Die Verteilungskonvergenz einer Folge von ZV X_n gegen eine ZV X ist nach obiger Definition lediglich eine *Eigenschaft der zugehörigen induzierten Verteilungen* bzw. der entsprechenden Verteilungsfunktionen. Daher ist es völlig irrelevant, ob die ZV auf unterschiedlichen W-Räumen (Ω_n, A_n, Q_n) und (Ω, A, Q) definiert sind.

Die Unstetigkeitspunkte der Grenz-VF F werden in (9.4.1) nicht berücksichtigt, um Situationen wie in Abb. 9.4.1 noch als verteilungskonvergent gelten zu lassen.

Liegt Verteilungskonvergenz $P_n \xrightarrow{L} P$ vor, so kann (für große n) die Wahrsch. $P_n((a,b])$ durch $P((a,b])$ approximiert werden, wenn $P\{a\} = P\{b\} = 0$ gilt.

Der Begriff der Verteilungskonvergenz ist schwächer als der Begriff der Konvergenz nach Wahrscheinlichkeit.

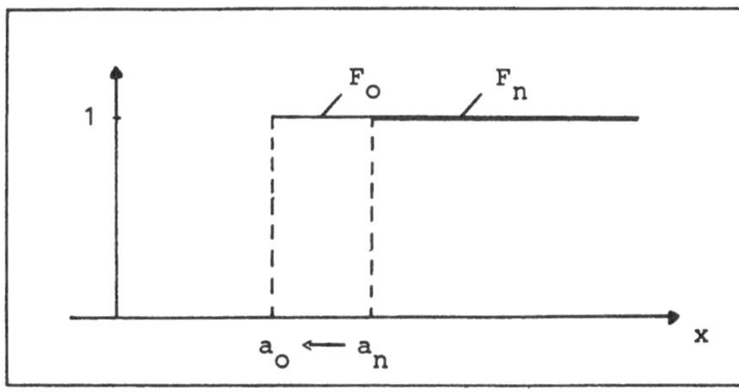

Abb. 9.4.1: $F_n(x) \to F_o(x)\ \forall x \neq a_o$.

9.4.2 LEMMA: *$X_n, n \in \mathbb{N}$, und X seien reellwertige ZV über (Ω, A, P) mit $P\text{-}\lim_{n\to\infty} X_n = X$. Dann folgt $P^{X_n} \xrightarrow{L} P^X$.*

<u>*Beweis:*</u> F_n und F seien die VF von P^{X_n} bzw. P^X. Zu $x \in C(F)$ und $\varepsilon > 0$ gibt es dann ein $y > 0$ mit den Eigenschaften

$$F(x)-\varepsilon \leq F(x-y) = P\{X \leq x-y\} \text{ und } F(x+y) \leq F(x)+\varepsilon.$$

Nun gilt aber für alle n die Inklusion

$$\{X \leq x-y\} \subset \{X_n \leq x\} \cup \{|X_n - X| > y\},$$

denn aus $X_n > x$ und $|X_n - X| \leq y$ folgt $X = (X-X_n)+X_n > x-y$. Hiermit folgt die Abschätzung

$$F(x) \leq F(x-y)+\varepsilon \leq F_n(x)+y_n+\varepsilon \text{ mit } y_n := P\{|X_n-X|>y\} \to 0.$$

Entsprechend gilt für alle n die Inklusion

$$\{X_n \leq x\} \subset \{X \leq x+y\} \cup \{|X_n - X| > y\},$$

was die Abschätzung

$$F_n(x) \leq F(x+y)+y_n \leq F(x)+\varepsilon+y_n$$

impliziert. Insgesamt folgt $|F_n(x)-F(x)| \leq \varepsilon+y_n$ mit $y_n = y_n(x,\varepsilon) \to 0$ und $\varepsilon > 0$ beliebig, also $F_n(x) \to F(x)$. □

9.4.3 BEMERKUNG: Aus $X_n \xrightarrow{L} X$ folgt i.a. *nicht* $X_n \to X$ n.W. Denn z.B. für $X \sim B(1,1/2)$ und $X_n := X$, falls n gerade, bzw. $X_n := 1-X$, falls n ungerade, gilt $L(X_n) = L(X)\ \forall n$, also auch $X_n \xrightarrow{L} X$, jedoch $P\{|X_n-X| \geq \varepsilon\} = 1 \not\to 0$ für alle ungeraden $n \in \mathbb{N}$ und $0 < \varepsilon < 1$.

Allerdings sind Verteilungskonvergenz gegen eine Einpunktverteilung und Konvergenz n.W. äquivalent, wenn alle ZV X_n auf demselben W-Raum definiert sind:

9.4.4 LEMMA: *Gegeben sei eine Folge reellwertiger ZV $X_n, n \in \mathbb{N}$, über dem W-Raum (Ω, A, P). Für $a \in \mathbb{R}$ bezeichne δ_a die Einpunktverteilung mit Träger $\{a\}$. Dann gilt:*

$$(9.4.2) \qquad X_n \xrightarrow{P} a \Leftrightarrow L(X_n) \xrightarrow{L} \delta_a.$$

<u>*Beweis:*</u> Es gilt die nachfolgende Kette von Äquivalenzen (mit F_n=VF von $L(X_n)$ und F=VF von δ_a):

$$X_n \xrightarrow{P} a \Leftrightarrow \forall \varepsilon > 0 \text{ gilt } \lim P\{|X_n - a| \leq \varepsilon\} = 1$$
$$\Leftrightarrow \forall \varepsilon > 0 \text{ gilt } \lim P\{X_n \leq a+\varepsilon\} = 1,\ \lim P\{X_n \geq a-\varepsilon\} = 1$$
$$\Leftrightarrow \lim F_n(x) = 1\ \forall x > a,\ \lim F_n(x) = 0\ \forall x < a$$
$$\Leftrightarrow \lim F_n(x) = 1_{[a,\infty)}(x) = F(x)\ \forall x \in C(F) = \mathbb{R}\setminus\{a\}. \quad \square$$

In Anwendungen treten häufig Ausdrücke auf, in denen gleichzeitig stochastisch konvergente und verteilungskonvergente ZV vorkommen. In solchen Situationen erweist sich das folgende Resultat als wichtiges Hilfsmittel zum Nachweis der Verteilungskonvergenz.

9.4.5 LEMMA *(Slutsky): Seien X, X_n, Y_n, $n \geq 1$, $\mathbb{R}$-wertige ZV, wobei X_n und Y_n bei festem n auf demselben W-Raum erklärt seien. Unter der Voraussetzung $X_n \xrightarrow{L} X$ und $Y_n \longrightarrow c$ n.W., $c \in \mathbb{R}$, gilt*

$$(9.4.3) \qquad X_n + Y_n \xrightarrow{L} X + c$$

und

$$(9.4.4) \qquad X_n Y_n \xrightarrow{L} Xc.$$

Beweis: Sei F_n = VF von $L(X_n)$, F = VF von $L(X)$. Zu (9.4.3): Ohne Einschränkung sei $c = 0$. Seien $x, x\pm\varepsilon \in C(F)$, $\varepsilon > 0$. Dann gilt

$$\begin{aligned} P\{X_n+Y_n \leq x\} &= P\{X_n+Y_n \leq x, |Y_n| < \varepsilon\} + P\{X_n+Y_n \leq x, |Y_n| \geq \varepsilon\} \\ &\leq P\{X_n \leq x+\varepsilon\} + P\{|Y_n| \geq \varepsilon\}. \end{aligned}$$

Analog gilt

$$P\{X_n+Y_n \leq x\} \geq P\{X_n \leq x-\varepsilon\} - P\{|Y_n| \geq \varepsilon\},$$

und damit

$$F(x-\varepsilon) \leq \liminf_{n\to\infty} P\{X_n+Y_n \leq x\} \leq \limsup_{n\to\infty} P\{X_n+Y_n \leq x\} \leq F(x+\varepsilon).$$

Da F nur abzählbar viele Unstetigkeitsstellen besitzt (s. Aufg. 4.1.3), gibt es beliebig kleine Werte $\varepsilon > 0$ mit $x\pm\varepsilon \in C(F)$. Die letzte Ungleichungskette liefert somit die Behauptung.

Zu (9.4.4): Wegen $X_nY_n = X_n(Y_n - c) + X_nc$ und $X_nc \xrightarrow{L} Xc$, vgl. Aufg. 9.4.2, reicht es nach (9.4.3), den Fall $c = 0$ zu betrachten. Für $\delta \in (0,1)$ seien $\pm h \in C(F)$ so gewählt, daß $F(h) - F(-h) \geq 1-\delta$ gilt. Für beliebiges $\varepsilon > 0$ gilt dann

$$P\{|X_nY_n|\geq\varepsilon\} \leq P\{|X_nY_n|\geq\varepsilon, |X_n|\leq h\} + P\{|X_n|>h\}$$
$$\leq P\{|Y_n|\geq\varepsilon/h\} + 1-F_n(h)+F_n(-h)$$
$$\underset{n\to\infty}{\to} 1-F(h) + F(-h) \leq \delta.$$

Für $\delta\to 0$ folgt die Behauptung. □

Wir werden nun ein (hinreichendes) Kriterium für die Verteilungskonvergenz von P_n gegen P beweisen, das einen relativ einfachen Beweis des zentralen Grenzwertsatzes ermöglicht.

9.4.6 SATZ: *P und $P_n, n\in\mathbb{N}$, seien W-Maße über $(\mathbb{R},\mathbb{B})$, und es gelte*

(9.4.5) $$\lim_{n\to\infty} \int f dP_n = \int f dP \quad \forall f\in F$$

mit $F = \{f:\mathbb{R}\to\mathbb{R}:\ f$ stetig, $\lim_{x\to\pm\infty} f(x)$ existiert$\}$; offenbar sind alle $f\in F$ gleichmäßig stetig und beschränkt. Dann ist die Folge P_n verteilungskonvergent gegen P.

<u>*Beweis:*</u> Sei $g\in F$ definiert durch $g(x) = 1_{(-\infty,0]}(x) + (1-x)1_{(0,1)}(x)$, $x\in\mathbb{R}$.

Mit Hilfe von g definieren wir für jedes $k\in\mathbb{N}$ die Funktion $f_k(x) = g(kx)$, $x\in\mathbb{R}$, die offenbar in F liegt. Weiter bezeichne F_n bzw. F die VF von P_n bzw. P. Wegen (9.4.5) gilt dann für alle $x\in\mathbb{R}$ und alle $k\in\mathbb{N}$ einerseits

$$\limsup_{n\to\infty} F_n(x) = \limsup_n \int 1_{(-\infty,x]}(y)dP_n(y) \leq \limsup_n \int f_k(y-x)dP_n(y)$$
$$= \int f_k(y-x)dP(y) \leq \int 1_{(-\infty,x+1/k]}(y)dP(y) = F(x+1/k),$$

und andererseits

$$\liminf_{n\to\infty} F_n(x) = \liminf_n \int 1_{(-\infty,x]}(y)dP_n(y) \geq \liminf_n \int f_k(y-x+1/k)dP_n(y)$$
$$= \int f_k(y-x+1/k)dP(y) \geq \int 1_{(-\infty,x-1/k]}(y)dP(y) = F(x-1/k).$$

Ist x ein Stetigkeitspunkt von F, d.h. $x\in C(F)$, so folgt zusätzlich $F(x+1/k) \xrightarrow[k\to\infty]{} F(x)$ und $F(x-1/k) \xrightarrow[k\to\infty]{} F(x)$, also $\lim_{n\to\infty} F_n(x) = F(x)$. □

Mit Satz 9.4.6 haben wir ein handliches hinreichendes Kriterium für Verteilungskonvergenz bewiesen. Tatsächlich ist die in Satz 9.4.6 angegebene Bedingung sogar *äquivalent* zur Verteilungskonvergenz von P_n gegen P, vgl. Aufg. 9.4.4.

9.4.7 SATZ *(Zentraler Grenzwertsatz von Lindeberg-Lêvy; vgl. Satz 7.2.3): X sei eine* $\mathbb{R}$*-wertige ZV mit endlichem E-Wert* $\vartheta = EX$ *und endlicher Varianz* $\sigma^2 = Var\ X > 0$. *Dann gilt für die Stichprobe* $X_1, X_2, \ldots$ *aus* $L(X)$ *für* $n \to \infty$ *die Grenzwertaussage*

$$(9.4.6) \qquad L\left(\frac{\sqrt{n}(\overline{X}_n - \vartheta)}{\sigma}\right) \xrightarrow{L} N(0,1).$$

Bemerkung: Die Aussage (7.2.8) ist eine einfache Folgerung aus (9.4.6) und Aufg. 9.4.2.

Beweis: Wir definieren die standardisierten ZV $Y_j := (X_j - \vartheta)/\sigma\ \forall j$. Die ZV $Y_1, Y_2, \ldots$ sind i.i.d. mit $EY_j = 0$, $Var\ Y_j = 1\ \forall j$, und es gilt $\sqrt{n}\ \overline{Y}_n = \sqrt{n}\ (\overline{X}_n - \vartheta)/\sigma\ \forall n$.

Nach Satz 9.4.6 erhalten wir die Verteilungskonvergenz $L(\sqrt{n}\ \overline{Y}_n) \xrightarrow{\mathcal{D}} N(0,1)$, wenn wir für jedes $f \in F$ zeigen

$$(9.4.7) \qquad \lim_{n\to\infty} Ef(\sqrt{n}\ \overline{Y}_n) = \int_{-\infty}^{+\infty} f(x)\varphi(x)dx =: I(f),$$

mit $\varphi(x) = (2\pi)^{-1/2} \exp(-x^2/2)$. Ohne Einschränkung gelte $I(f) = 0$; andernfalls gehe man zu $\overline{f} := f - I(f)$ über.

Wir betrachten nun die folgende stetige Funktion $h: \mathbb{R} \to \mathbb{R}$

$$(9.4.8) \qquad h(x) = \int_{-\infty}^{x} f(y)\varphi(y)dy/\varphi(x).$$

Wegen $\varphi'(x) = -x\ \varphi(x)$ gilt dann für die Ableitung h' von h

$$(9.4.9) \qquad h'(x) = x\,h(x) + f(x) \quad \forall x \in \mathbb{R}.$$

Zunächst zeigen wir, daß h' zu F gehört. Wegen $f \in F$ reicht es, dies von der (stetigen) Funktion $x \to x\,h(x)$ zu zeigen. Es ist also die Existenz von $\lim x\,h(x)$ für $x \to \pm\infty$ zu zeigen, was durch Anwendung der Regel von l'Hospital erfolgt:

$$\lim_{x\to\pm\infty} \int_{-\infty}^{x} f(y)\varphi(y)dy/(\varphi(x)/x) = \lim_{x\to\pm\infty} [f(x)\varphi(x)/\{-\varphi(x)(1+1/x^2)\}]$$

$$= -\lim_{x\to\pm\infty} f(x).$$

Wir kommen nun zum Beweis von (9.4.7): Wegen (9.4.9) gilt

$$E\,f(\sqrt{n}\overline{Y}_n) = E\,h'(\sqrt{n}\overline{Y}_n) - E(\sqrt{n}\overline{Y}_n h(\sqrt{n}\overline{Y}_n))$$

$$= E\,h'(\sqrt{n}\overline{Y}_n) - \sqrt{n}\frac{1}{n}\sum_{j=1}^{n} E(Y_j\,h(\sqrt{n}\overline{Y}_n)).$$

Da $Y_1,\dots,Y_n$ i.i.d. ZV sind, erhalten wir

$$E\,f(\sqrt{n}\,\overline{Y}_n) = E\,h'(\sqrt{n}\,\overline{Y}_n) - \sqrt{n}\,E(Y_1\,h(\sqrt{n}\,\overline{Y}_n)).$$

Eine Taylorentwicklung von h um $Z_n := (\sum_{j=2}^{n} Y_j)/\sqrt{n}$ ergibt mit $\vartheta = \vartheta(Y_1,\dots,Y_n) \in (0,1)$

$$h(\sqrt{n}\,\overline{Y}_n) = h(Z_n) + h'(Z_n)\,Y_1/\sqrt{n} + Y_1 R_n/\sqrt{n}$$

mit $R_n = \{h'(Z_n + \vartheta Y_1/\sqrt{n}) - h'(Z_n)\}$. Da aber Y_1 und Z_n stochastisch unabhängig sind, folgt

$$\begin{aligned} E(Y_1\,h(\sqrt{n}\,\overline{Y}_n)) &= E\,Y_1 \cdot E\,h(Z_n) + E\,Y_1^2\,E\,h'(Z_n)/\sqrt{n} + E\,Y_1^2\,R_n/\sqrt{n} \\ &= E\,h'(Z_n)/\sqrt{n} + E\,Y_1^2\,R_n/\sqrt{n}. \end{aligned}$$

Insgesamt erhalten wir

$$(9.4.10)\qquad E\,f(\sqrt{n}\,\overline{Y}_n) = E\{h'(Z_n + Y_1/\sqrt{n}) - h'(Z_n)\} - E\,Y_1^2\{h'(Z_n + \vartheta\,Y_1/\sqrt{n}) - h'(Z_n)\}.$$

Da h' als Element von $\mathcal{F}$ gleichmäßig stetig ist, konvergieren die Integranden unter beiden E-Zeichen wegen $\lim_{n\to\infty} Y_1(\omega)/\sqrt{n} = 0$, ω fest, punktweise in ω gegen 0. Da h' außerdem beschränkt ist, läßt sich in beiden Fällen der Satz von der majorisierten Konvergenz 5.2.21 anwenden, so daß die Behauptung $\lim_{n\to\infty} E\,f(\sqrt{n}\,\overline{Y}_n) = 0$ folgt. □

AUFGABEN ZU KAPITEL 9

__Aufg. 9.1.1:__ Man gebe ein Dynkin-System an, das keine σ-Algebra ist.

__Aufg. 9.1.2:__ Sei $\mathcal{D} \subset \mathcal{P}(\Omega)$. Man zeige: $\mathcal{D}$ ist genau dann ein Dynkin-System, wenn gilt: (1) $A \in \mathcal{D} \Rightarrow A^c \in \mathcal{D}$, (2) $A,B \in \mathcal{D}$, $AB = \emptyset \Rightarrow A+B \in \mathcal{D}$, (3) $\bigcup_{n=1}^{\infty} A_n \in \mathcal{D}$, falls $A_n \in \mathcal{D}\ \forall n$ und $A_1 \subset A_2 \subset \cdots$.

__Aufg. 9.1.3:__ Sei $\mathcal{M} \subset \mathcal{P}(\Omega)$. $\mathcal{M}$ heißt eine *monotone Klasse*, wenn für jede aufsteigende bzw. absteigende Folge A_n, $n \geq 1$, in $\mathcal{M}$ auch $\bigcup A_n$ bzw. $\bigcap A_n$ zu $\mathcal{M}$ gehört. In Analogie zur Erzeugung von σ-Algebren definiere man für $\mathcal{C} \subset \mathcal{P}(\Omega)$ die von $\mathcal{C}$ erzeugte monotone Klasse $m_\Omega(\mathcal{C})$ und zeige: Ist $\mathcal{C}$ eine Algebra, so gilt $\sigma_\Omega(\mathcal{C}) = m_\Omega(\mathcal{C})$. Hinweise: (1) Jede Algebra, die eine monotone Klasse ist, ist schon eine σ-Algebra. (2) Für $B \subset \Omega$ sei $\mathcal{D}_B := \{A : AB^c \in m_\Omega(\mathcal{C}),\ BA^c \in m_\Omega(\mathcal{C})\}$. Man zeige: $\mathcal{D}_B$ ist eine monotone Klasse für jedes $B \subset \Omega$ und schließe ähnlich wie im Beweis von Satz 9.1.4, daß $m_\Omega(\mathcal{C})$ eine Algebra ist.

__Aufg. 9.2.1:__ Man zeige für ein Prämaß ν über einem Ring $\mathcal{R}$ die Isotonie und sub-σ-Additivität.

Aufg. 9.2.2: Sei $(\Omega,\mathcal{A},\mu)$ ein Maßraum und μ σ-endlich. μ^* sei das in (9.2.13) definierte äußere Maß mit $\mathcal{R} := \mathcal{A}$ und $\mathcal{A}^*$ die σ-Algebra der additiven Zerleger (9.2.14). Man zeige: Zu jeder Menge $B \subset \Omega$ gibt es eine Menge $A \in \mathcal{A}$, die sog. *meßbare Hülle* von B, mit den Eigenschaften: $B \subset A$, $\mu^*(B) = \mu(A)$ und $\mu(N) = 0$ $\forall N \in \mathcal{A}$ mit $N \subset A \setminus B$. Hinweis: Bei $\mu^*(B) < \infty$ zeige man die Existenz einer Folge A_n, $n \geq 1$, in $\mathcal{A}$ mit $B \subset A_n$ und $\mu(A_n) \leq \mu^*(B) + 1/n$ $\forall n$. Dann setze man $A = \bigcap_n A_n$.

Aufg. 9.2.3: Man führe den Beweis von Satz 9.2.3 durch. Hinweis: Zum Beweis der endlichen Additivität von μ_F aus (9.2.36) zeige man zunächst: Für $\underset{\sim}{a} < \underset{\sim}{b}$ (komponentenweise) und $a_i = t_{i1} < \ldots < t_{in_i} = b_i$, $1 \leq i \leq k$ gilt

$$\Delta_{\underset{\sim}{a}}^{\underset{\sim}{b}} F = \sum_{j_1=1}^{n_1-1} \ldots \sum_{j_k=1}^{n_k-1} \Delta_{(t_{j_1}, \ldots, t_{j_k})}^{(t_{j_1+1}, \ldots, t_{j_k+1})} F.$$

Aufg. 9.3.1: Man beweise die Aussage in (9.3.12).

Aufg. 9.3.2: Mit den Bezeichnungen von Satz 9.3.4 sei $f : \mathop{\times}\limits_{i=1}^{n} X_i \to \overline{\mathbb{R}}$ eine $\bigotimes\limits_{i=1}^{n} \mathcal{B}_i$-$\overline{\mathbb{B}}$-meßbare Funktion derart, daß $\int f \circ \pi_n dP$ existiert. Dabei sei $\pi_n(x) = (x_1,\ldots,x_n)$, $x = (x_1,x_2,\ldots) \in X$, die Projektion auf die ersten n Komponenten von X. Man zeige:

$$\int f \circ \pi_n dP = \int P_1^0(dx_1) \ldots \int P_n^{n-1}(dx_n) f(x_1,\ldots,x_n).$$

Aufg. 9.4.1: Seien $F,F_n,n \geq 1$, eindimensionale VF und D eine dichte Teilmenge von C(F). Man zeige: $F_n \xrightarrow{\mathcal{L}} F \Leftrightarrow F_n(x) \to F(x)$ $\forall x \in D$.

Aufg. 9.4.2: Seien $X,X_n,n \geq 1$, reelle ZV. Man zeige die Äquivalenzen: $X_n \xrightarrow{\mathcal{L}} X \Leftrightarrow -X_n \xrightarrow{\mathcal{L}} -X \Leftrightarrow F_n(x_-) \to F(x)$ $\forall x \in C(F)$.

Aufg. 9.4.3: Seien $F,F_n,n \geq 1$, eindimensionale VF mit $F_n \xrightarrow{\mathcal{L}} F$. Man zeige für die Pseudoinversen aus Aufg. 5.6.14: a) $\liminf\limits_{n\to\infty} F_n^{-1}(u) \geq$ $\geq F^{-1}(u)$ $\forall u \in (0,1)$. b) $\limsup\limits_{n\to\infty} F_n^{-1}(u) \leq F^{-1}(u+) := \lim\limits_{n\to\infty} F^{-1}(u+1/n)$. Insbesondere ergibt sich also: $F_n^{-1}(u) \to F^{-1}(u)$ $\forall u \in C(F^{-1}) := \{v : F^{-1}$ stetig in $v\}$. Hinweis zu a): Man verwende die Äquivalenz $F(x) \geq u \Leftrightarrow$ $\Leftrightarrow F^{-1}(u) \leq x$.

Aufg. 9.4.4: (Satz von Helly-Bray) Seien $P,P_n,n \geq 1$, W-Maße über $(\mathbb{R},\mathbb{B})$ mit $P_n \xrightarrow{\mathcal{L}} P$ und $g:\mathbb{R} \to \mathbb{R}$ eine stetige und beschränkte Funktion. Man zeige: $\int g dP_n \to \int g dP$. Man verwende zum Beweis die Aufg. 5.6.14 und Aufg. 9.4.3.

Aufg. 9.4.5: Seien $F,F_n,n \geq 1$, eindimensionale VF und F sei stetig. Man zeige: $F_n \xrightarrow{\mathcal{L}} F \Rightarrow \sup\limits_{x\in\mathbb{R}} |F_n(x)-F(x)| \to 0$.

Aufg. 9.4.6: Sei $\mathcal{F}$ der Raum aller eindimensionalen VF. Sei für $F,G \in \mathcal{F}$

$$L(F,G) := \inf\{h > 0 : F(x-h)-h \leq G(x) \leq F(x+h)+h \ \forall x \in \mathbb{R}\}$$

der sog. *Lévy-Abstand* von F und G. Man zeige: a) L ist eine Metrik auf $\mathcal{F}$. b) Für $F,F_n,n \geq 1$, in $\mathcal{F}$ gilt $F_n \xrightarrow{\mathcal{L}} F \Leftrightarrow L(F_n,F) \to 0$.

TABELLE I: Werte der VF $\Phi(x) = \int_{-\infty}^{x}\varphi(t)\,dt = 1-\Phi(-x)$ der Standard-Normalverteilung für $0 \le x < 3.50$:

x	.00	.02	.04	.06	.08
.0	.5000	.5080	.5160	.5239	.5319
.1	.5398	.5478	.5557	.5636	.5714
.2	.5793	.5871	.5948	.6026	.6103
.3	.6179	.6255	.6331	.6406	.6480
.4	.6554	.6628	.6700	.6772	.6844
.5	.6915	.6985	.7054	.7123	.7190
.6	.7257	.7324	.7389	.7454	.7517
.7	.7580	.7642	.7704	.7764	.7823
.8	.7881	.7939	.7995	.8051	.8106
.9	.8159	.8212	.8264	.8315	.8365
1.0	.8413	.8461	.8508	.8554	.8599
1.1	.8643	.8686	.8729	.8770	.8810
1.2	.8849	.8888	.8925	.8962	.8997
1.3	.9032	.9066	.9099	.9131	.9162
1.4	.9192	.9222	.9251	.9279	.9306
1.5	.9332	.9357	.9382	.9406	.9429
1.6	.9452	.9474	.9495	.9515	.9535
1.7	.9554	.9573	.9591	.9608	.9625
1.8	.9641	.9656	.9671	.9686	.9699
1.9	.9713	.9726	.9738	.9750	.9761
2.0	.9772	.9783	.9793	.9803	.9812
2.1	.9821	.9830	.9838	.9846	.9854
2.2	.9861	.9868	.9875	.9881	.9887
2.3	.9893	.9898	.9904	.9909	.9913
2.4	.9918	.9922	.9927	.9931	.9934
2.5	.9938	.9941	.9945	.9948	.9951
2.6	.9953	.9956	.9959	.9961	.9963
2.7	.9965	.9967	.9969	.9971	.9973
2.8	.9974	.9976	.9977	.9979	.9980
2.9	.9981	.9982	.9984	.9985	.9986
3.0	.9987	.9987	.9988	.9989	.9990
3.1	.9990	.9991	.9992	.9992	.9993
3.2	.9993	.9994	.9994	.9994	.9995
3.3	.9995	.9995	.9996	.9996	.9996
3.4	.9997	.9997	.9997	.9997	.9997

TABELLE II: Fraktile $u_\alpha = \Phi^{-1}(1-\alpha)$ der Standard-Normalverteilung:

α	0.1	0.05	0.025	0.01	0.005	0.0025	0.001
u_α	1.282	1.645	1.960	2.326	2.576	2.807	3.090

TABELLE III: Fraktile $t_{n,\alpha}$ der Student'schen t_n-Verteilung, $P\{X > t_{n,\alpha}\} = \alpha$ für $L(X) = t_n$-Verteilung:

n \ α	0.1	0.05	0.025	0.01	0.005	0.0025
1	3.078	6.314	12.706	31.821	63.657	127.321
2	1.886	2.920	4.303	6.965	9.925	14.089
3	1.638	2.353	3.182	4.541	5.841	7.453
4	1.533	2.132	2.776	3.747	4.604	5.598
5	1.476	2.015	2.571	3.365	4.032	4.773
6	1.440	1.943	2.447	3.143	3.707	4.317
7	1.415	1.895	2.365	2.998	3.499	4.029
8	1.397	1.860	2.306	2.896	3.355	3.833
9	1.383	1.833	2.262	2.821	3.250	3.690
10	1.372	1.812	2.228	2.764	3.169	3.581
11	1.363	1.796	2.201	2.718	3.106	3.497
12	1.356	1.782	2.179	2.681	3.055	3.428
13	1.350	1.771	2.160	2.650	3.012	3.372
14	1.345	1.761	2.145	2.624	2.977	3.326
15	1.341	1.753	2.131	2.602	2.947	3.286
16	1.337	1.746	2.120	2.583	2.921	3.252
17	1.333	1.740	2.110	2.567	2.898	3.222
18	1.330	1.734	2.101	2.552	2.878	3.197
19	1.328	1.729	2.093	2.539	2.861	3.174
20	1.325	1.725	2.086	2.528	2.845	3.153
21	1.323	1.721	2.080	2.518	2.831	3.135
22	1.321	1.717	2.074	2.508	2.819	3.119
23	1.319	1.714	2.069	2.500	2.807	3.104
24	1.318	1.711	2.064	2.492	2.797	3.091
25	1.316	1.708	2.060	2.485	2.787	3.078
26	1.315	1.706	2.056	2.479	2.779	3.067
27	1.314	1.703	2.052	2.473	2.771	3.057
28	1.313	1.701	2.048	2.467	2.763	3.047
29	1.311	1.699	2.045	2.462	2.756	3.038
30	1.310	1.697	2.042	2.457	2.750	3.030

TABELLE IV: Fraktile $\chi^2_{n,\alpha}$ der zentralen χ^2_n-Verteilung,

$P\{X > \chi^2_{n,\alpha}\} = \alpha$ für $L(X) = \chi^2_n$-Verteilung:

n \ α	0.1	0.05	0.01	0.005
1	2.706	3.841	6.635	7.879
2	4.605	5.991	9.210	10.597
3	6.251	7.815	11.345	12.838
4	7.779	9.488	13.277	14.860
5	9.236	11.070	15.086	16.750
6	10.645	12.592	16.812	18.548
7	12.017	14.067	18.475	20.278
8	13.362	15.507	20.090	21.955
9	14.684	16.919	21.666	23.589
10	15.987	18.307	23.209	25.188
11	17.275	19.675	24.725	26.757
12	18.549	21.026	26.217	28.300
13	19.812	22.362	27.688	29.819
14	21.064	23.685	29.141	31.319
15	22.307	24.996	30.578	32.801
16	23.542	26.296	32.000	34.267
17	24.769	27.587	33.409	35.718
18	25.989	28.869	34.805	37.156
19	27.204	30.144	36.191	38.582
20	28.412	31.410	37.566	39.997
21	29.615	32.671	38.932	41.401
22	30.813	33.924	40.289	42.796
23	32.007	35.172	41.638	44.181
24	33.196	36.415	42.980	45.559
25	34.382	37.652	44.314	46.928
26	35.563	38.885	45.642	48.290
27	36.741	40.113	46.963	49.645
28	37.916	41.337	48.278	50.993
29	39.087	42.557	49.588	52.336
30	40.256	43.773	50.892	53.672

LITERATUR

Bauer, H. (1978): Wahrscheinlichkeitstheorie und Grundzüge der Maßtheorie, 3. Aufl., W. de Gruyter, Berlin.

Bickel, P.J./Doksum, K.A. (1977): Mathematical Statistics, Holden-Day, San Francisco/Düsseldorf.

Dinges, H./Rost, H. (1982): Prinzipien der Stochastik, B.G. Teubner, Stuttgart.

Feller, W. (1970): An Introduction to Probability Theory and Its Applications, Vol. I, 3rd.ed., revised printing, J. Wiley & Sons, New York.

Gänssler, P./Stute, W. (1977): Wahrscheinlichkeitstheorie, Springer, Berlin.

Heuser, H. (1981): Lehrbuch der Analysis, Teil 2, B.G. Teubner, Stuttgart.

Hinderer, K. (1980): Grundbegriffe der Wahrscheinlichkeitstheorie, 2. Nachdruck, Springer, Berlin.

Huber, P.J. (1981): Robust Statistics, J. Wiley & Sons, New York.

Knuth, D.E. (1969): The Art of Computer Programming, Vol. 2, Addison-Wesley P.C., Reading, Mass.

Krickeberg, K./Ziezold, H. (1977): Stochastische Methoden, Springer, Berlin.

Lehmann, E.L. (1983): Theory of Point Estimation, J. Wiley & Sons, New York.

Mangoldt, H./Knopp, K. (1973): Einführung in die höhere Mathematik, Bd. 4, S. Hirzel, Leipzig.

Owen, D.B. (1962): Handbook of Statistical Tables, Reading, Mass.

Pearson, E.S./Hartley, H.O. (1970/1972): Biometrika Tables for Statisticians, Vol. I, Vol. II, Cambridge University Press.

Plachky, D. (1981): Stochastik II, Akad. Verlagsgesellsch., Wiesbaden.

Wilcoxon, F./Katti, S.K./Wilcox, R.A. (1970): Critical Values and Probability Levels for the Wilcoxon Rank Sum Test and the Wilcoxon Signed Rank Test. *Selected Tables in Mathematical Statistics*, Vol. 1, Harter/Owen, eds., Markham Publishing Co., Chicago.

Witting, H. (1978): Mathematische Statistik, 3. Aufl., B.G. Teubner, Stuttgart.

Witting, H./Nölle, G. (1970): Angewandte Mathematische Statistik, B.G. Teubner, Stuttgart.

SACHVERZEICHNIS

Teubner Studienbücher Fortsetzung

Mathematik Fortsetzung

Topsøe: **Informationstheorie.** DM 16,80

Uhlmann: **Statistische Qualitätskontrolle.** 2. Aufl. DM 39,– (LAMM)

Velte: **Direkte Methoden der Variationsrechnung.** DM 26,80 (LAMM)

Vogt: **Grundkurs Mathematik für Biologen.** DM 21,80

Walter: **Biomathematik für Mediziner.** 2. Aufl. DM 24,80

Winkler: **Vorlesungen zur Mathematischen Statistik.** DM 28,80

Witting: **Mathematische Statistik.** 3. Aufl. DM 28,80 (LAMM)

Wolfsdorf: **Versicherungsmathematik.** Teil 1: Personenversicherung. DM 38,–

Mechanik

Becker: **Technische Strömungslehre.** 6. Aufl. DM 22,80

Becker: **Technische Thermodynamik.** DM 28,80

Becker/Bürger: **Kontinuumsmechanik.** DM 36,– (LAMM)

Becker/Piltz: **Übungen zur Technischen Strömungslehre** 3. Aufl. DM 19,80

Bishop: **Schwingungen in Natur und Technik.** DM 23,80

Böhme: **Strömungsmechanik nicht-newtonscher Fluide.** DM 36,– (LAMM)

Hahn: **Bruchmechanik.** DM 36,– (LAMM)

Magnus: **Schwingungen.** 4. Aufl. DM 29,80 (LAMM)

Magnus/Müller: **Grundlagen der Technischen Mechanik.** 4. Aufl. DM 34,– (LAMM)

Müller/Magnus: **Übungen zur Technischen Mechanik.** 2. Aufl. DM 34,– (LAMM)

Schiehlen: **Technische Dynamik.** DM 32,– (LAMM)

Wieghardt: **Theoretische Strömungslehre.** 2. Aufl. DM 28,80 (LAMM)

Preisänderungen vorbehalten